教育部高等学校材料类专业教学指导委员会规划教材

战略性新兴领域"十四五"高等教育教材

能量转化与存储原理

李美成 苏岳锋 李英峰 周莹 等 编著

PRINCIPLES OF ENERGY CONVERSION AND STORAGE

U0222832

化学工业出版社

·北京·

内容简介

　　《能量转化与存储原理》是教育部高等学校材料类专业教学指导委员会规划教材，同时也是战略性新兴领域"十四五"高等教育教材体系建设团队项目的核心教材之一。书中针对新能源相关专业学科交叉性强的特点，对能量转化和能量存储的物理基础进行了梳理和凝练；结合新能源领域的前沿进展，全面深入地阐述了光能转化原理与过程、热能转化原理与过程、化学能转化原理与过程、化学储能原理、物理储能原理以及其他能量转化及存储原理，介绍了相关过程中用到的关键材料和工艺技术。鉴于能量转化与存储过程中能源管理的重要性，教材涵盖了能源系统能量管理原理与技术方面的知识。

　　本书是高等院校新能源材料与器件、新能源科学与工程、储能科学与工程等新能源相关专业本科生、研究生的教材或参考书；同时，也可以作为光伏器件、储能器件、能源管理等相关技术领域从业人员的参考书。

图书在版编目（CIP）数据

能量转化与存储原理 / 李美成等编著. -- 北京：
化学工业出版社，2024. 8. --（教育部高等学校材料类
专业教学指导委员会规划教材）. -- ISBN 978-7-122-
46457-6

Ⅰ. TK12

中国国家版本馆 CIP 数据核字第 2024KC2106 号

责任编辑：陶艳玲　　　文字编辑：胡艺艺　黄福芝
责任校对：宋　夏　　　　装帧设计：史利平

出版发行：化学工业出版社
　　　　　（北京市东城区青年湖南街 13 号　邮政编码 100011）
印　　装：高教社（天津）印务有限公司
787mm×1092mm　1/16　印张 29½　字数 728 千字
2025 年 1 月北京第 1 版第 1 次印刷

购书咨询：010-64518888　　售后服务：010-64518899
网　　址：http://www.cip.com.cn
凡购买本书，如有缺损质量问题，本社销售中心负责调换。

定　　价：89.00 元　　　　　　　　版权所有　违者必究

系列教材顾问委员会名单

顾问委员会：（以姓名拼音为序）

系列教材编写委员会名单

主　　任：吴　锋　北京理工大学

执行主任：李美成　华北电力大学

副 主 任：张　云　四川大学

　　　　　吴　川　北京理工大学

　　　　　吴宇平　东南大学

委　　员：(以姓名拼音为序)

　　　　　卜令正　厦门大学

　　　　　曹余良　武汉大学

　　　　　常启兵　景德镇陶瓷大学

　　　　　方晓亮　嘉庚创新实验室

　　　　　顾彦龙　华中科技大学

　　　　　纪效波　中南大学

　　　　　雷维新　湘潭大学

　　　　　李　星　西南石油大学

　　　　　李　雨　北京理工大学

　　　　　李光兴　华中科技大学

　　　　　李相俊　中国电力科学研究院有限公司

　　　　　李欣欣　华东理工大学

　　　　　李英峰　华北电力大学

　　　　　刘　赟　上海重塑能源科技有限公司

　　　　　刘道庆　中国石油大学

　　　　　刘乐浩　华北电力大学

　　　　　刘志祥　国鸿氢能科技股份有限公司

　　　　　吕小军　华北电力大学

　　　　　木士春　武汉理工大学

牛晓滨　电子科技大学

沈　杰　武汉理工大学

史翊翔　清华大学

苏岳锋　北京理工大学

谭国强　北京理工大学

王得丽　华中科技大学

王亚雄　福州大学

吴朝玲　四川大学

吴华东　武汉工程大学

武莉莉　四川大学

谢淑红　湘潭大学

晏成林　苏州大学

杨云松　基创能科技（广州）有限公司

袁　晓　华东理工大学

张　防　南京航空航天大学

张加涛　北京理工大学

张静全　四川大学

张校刚　南京航空航天大学

张兄文　西安交通大学

赵春霞　武汉理工大学

赵云峰　天津理工大学

郑志锋　厦门大学

周　浪　南昌大学

周　莹　西南石油大学

朱继平　合肥工业大学

丛书序

新能源技术是 21 世纪世界经济发展中最具有决定性影响的五大技术领域之一，清洁能源转型对未来全球能源安全、经济社会发展和环境可持续性至关重要。新能源材料与器件是实现新能源转化和利用以及发展新能源技术的基础和先导。2010 年教育部批准创办"新能源材料与器件"专业，该专业是适应我国新能源、新材料、新能源汽车、高端装备制造等国家战略性新兴产业发展需要而设立的战略性新兴领域相关本科专业。2011 年，全国首批仅有 15 所高校设立该专业，随后设立学校和招生规模不断扩大，截至 2023 年底，全国共有 150 多所高校设立该专业。更多的高校在大材料培养模式下，设立新能源材料与器件培养方向，新能源材料与器件领域的人才培养欣欣向荣，规模日益扩大。

由于新能源材料与器件为新兴的交叉学科，专业跨度大，涉及材料、物理、化学、电子、机械、动力等多学科，需要重新整合各学科的知识进行人才培养，这给该专业的教学工作和教材编写带来极大的困难，致使本专业成立 10 余年以来，既缺乏规范的核心专业课程体系，也没有相匹配的核心专业教材，严重影响人才培养的质量和专业的发展。教材作为学生进行知识学习、技能掌握和价值观念形成的主要载体，也是教师开展教学活动的基本依据，故急需解决教材短缺的问题。

为解决这一问题，在化学工业出版社的倡导下，邀请全国 30 余所重点高校多次召开教材建设研讨会，2019 年在北京理工大学达成共识，结合国内的人才需求、教学现状和专业发展趋势，共同制定新能源材料与器件专业的培养体系和教学标准，打造《能量转化与存储原理》《新能源材料与器件制备技术》《新能源器件与系统》3 种专业核心课程教材。

《能量转化与存储原理》的主要内容为能量转化与存储的共性原理，从电子、离子、分子、能级、界面等过程来阐述；《新能源材料与器件制备技术》的内容承接《能量转化与存储原理》的落地，目前阶段可以综合太阳电池、锂离子电池、燃料电池、超级电容器等材料和器件的工艺与制备技术；《新能源器件与系统》的内容注重器件的设计构建、同种器件系统优化、不同能源转换或存储器件的系统集成等，是《新能源材料与器件制备技术》的延伸。三门核心课程是总-分-总的关系。在完成专业大类基础课的学习后，三门课程从原理-工艺技术-器件与系统，逐步深入融合新能源相关基础理论和技术，形成专业大类知识体系与新能源材料与器件知识体系水乳交融的培养体系，培养新能源材料与器件的复合型人才，适合国家的发展战略人才需求。

在三门课程学习的基础上，继续延伸太阳电池、锂离子电池、燃料电池、超级电容器和新型电力电子元器件等方向的专业特色课程，每个方向设立 2～3 门核心课程。按照这个课程体系，制定了本丛书 9 种核心课程教材的编写任务，后期将根据专业的发展和需要，不断更新和改善教学体系，适时增加新的课程和教材。

2020 年，该系列教材得到了教育部高等学校材料类专业教学指导委员会（简称教指委）的立项支持和指导。2021 年，在材料教指委的推荐下，本系列教材加入"教育部新兴领域教材研究与实践项目"，在教指委副主任张联盟院士的指导下，进一步广泛团结全国的力量进行建设，结合新兴领域的人才培养需要，对系列教材的结构和内容安排详细研讨、再次充分论证。

2023 年，系列教材编写团队入选教育部战略性新兴领域"十四五"高等教育教材体系建设团队，团队负责人为教指委委员、长江学者特聘教授、国家"万人"科技领军人才李美成教授，并以此团队为基础，成立教育部新能源技术虚拟教研室，完成对 9 本规划教材的编写、知识图谱建设、核心示范课建设、实验实践项目建设、数字资源建设等工作，积极组建国内外顶尖学者领衔、高水平师资构成的教学团队。未来，将依托新能源技术虚拟教研室等载体，继续积极开展名师示范讲解、教师培训、交流研讨等活动，提升本专业及新能源、储能等相关专业教师的教育教学能力。

本系列教材的出版，全面贯彻党的二十大精神，深入落实习近平总书记关于教育的重要论述，深化新工科建设，加强高等学校战略性新兴领域卓越工程师培养，解决新能源领域高等教育教材整体规划性不强、部分内容陈旧、更新迭代速度慢等问题，完成了对新能源材料与器件领域核心课程、重点实践项目、高水平教学团队的建设，体现时代精神、融汇产学共识、凸显数字赋能，具有战略性新兴领域特色，未来将助力提升新能源材料与器件领域人才自主培养质量。

中国工程院院士
2024 年 3 月

前言

能源是经济社会发展的重要物质基础和动力源泉，也是推进"双碳目标实现"的主战场。"双碳"背景下，大力发展新能源是保障能源安全和推进能源绿色转型的必由之路。以中国式现代化全面推进中华民族伟大复兴，走出生态优先、绿色低碳的高质量发展道路，需要加快推进能源生产和消费革命，全面构建清洁低碳、安全高效的现代能源体系。大力发展新能源也是应对我国能源发展、低碳转型所面临一系列挑战的出路。

"教育、科技、人才是中国式现代化的基础性、战略性支撑。必须深入实施科教兴国战略、人才强国战略创新驱动发展战略，统筹推进教育科技人才体制机制一体改革，健全新型举国体制，提升国家创新体系整体效能。"高等教育是教育、科技、人才的关键联结点和集中交汇处，是基础研究的主力军、重大科技突破的策源地，是建设教育强国的引领者。2009 年，教育部向全国高校征集服务国家战略性新兴产业的新专业设立方案，并通过战略性新兴产业相关专业教指委专家评审会议和教育部学科发展与专业设置专家委员会特别会议的评议，2010 年新设置了"新能源材料与器件"和"新能源科学与工程"等战略性新兴产业相关本科专业。随着新能源的规模化发展，新型能源体系急需储能技术，教育部、国家发展和改革委员会、国家能源局联合制定《储能技术专业学科发展行动计划（2020—2024 年）》，"储能科学与工程"专业也被列入2019 年度普通高等学校本科专业目录。近年来，百余所高等学校开设了新能源和储能方面本科专业，并增设了新能源相关的硕士点和博士点。我国高等学校正在努力培养具有专业学识和创新能力的创新型人才，新能源领域的"专精特新"人才是新能源行业高质量发展的重要动力源。大力培养具备卓越工程师技术技能的应用型人才，培养具有国际视野和市场洞察力的复合型人才，可为发展新能源领域新质生产力提供强有力的人才支撑。

新能源相关学科是典型的交叉学科，涉及物理、电子、机械、材料、化学、电气、控制、动力等多个传统学科，新能源专业人才的培养面临巨大的困难和挑战。华北电力大学新能源学院经过 17 年的探索，凝练出围绕新能源的能量捕获、转化、存储、综合利用这一链条，聚焦能量转化、能量存储与能量控制和管理等过程中的科学和技术问题，开展新能源基础理论、关键技术和核心器件装备的教学和科研工作，凝练出新能源专业的内涵，打造了新能源交叉学科的知识体系。本书主要阐述能量转化与存储的共性原理，从电子、离子、分子以及能级、界面等能量载体阐明能量的时间和空间转移过程，有效地将传统物理、化学、能源动力、电气、控制等学科中与新能源能量转化与存储相关的基本原理汇聚凝练，既能成为新能源技术开发的基础，也能用有限的篇幅和学时完成基本理论的积累和掌握。2021年，《能量转化与存储原理》被评为教育部高等学校材料类专业教学指导委员会规划教材，2023年，《能量转化与存储原理》被列入战略性新兴领域"十四五"高等教育教材体系建设团队项目。教育部建立了新能源技术虚拟教研室，组建了国内外顶尖学者领衔的高水平教材编写团队，完成对本核心教材知识图谱建设、实验实践项目建设、数字资源建设等工作。

针对新能源专业学科交叉的特点，《能量转化与存储原理》注重知识体系的清晰完整性，简明且系统地介绍新能源技术所涉及的必要和关键的物理化学基础知识；结合代表性能源转换与存储器件，全面梳理各类能量转化与存储技术相关的原理和过程，并介绍各类技术的现状和前沿发展趋势。同时，鉴于智慧能源管理在新能源开发利用中的重要性，本书还涵盖了能量管理原理与技术方面的知识。该书旨在面向新能源专业人才培养，建立一个完整的、清晰的能量转化与存储原理的知识体系，尽可能让学生通过一本教材的学习能够系统、全面地掌握能量转化与存储相关的基础理论、原理和代表性技术。

本书共分为10章，第1章由华北电力大学李美成、樊冰冰和吕小军编写，第2章由华北电力大学李英峰、李美成编写，第3章由华北电力大学李英峰、巨星和西南石油大学周莹、唐春编写，第4章由华北电力大学巨星编写，第5章由合肥工业大学朱继平编写，第6章由华北电力大学姜冰、刘乐浩和东南大学吴宇平以及中国石油大学（北京）刘道庆编写，第7章由北京理工大学苏岳锋和华北电力大学巨星、吕小军编写，第8章由北京理工大学苏岳锋、武汉理工大学沈杰和华北电力大学李海方编写，第9章由华北电力大学张妍、王龙泽和胡俊杰编写，第10章由华北电力大学褚立华、李美成等编写。本书编写过程中还得到了北京理工大学张加涛、刘佳和陈来老师，华北电力大学何少剑、段志强、孙健、黄浩、仇恒伟、贾东霖、顾佳男和孙鑫老师，以及许多研究生在资料收集、整理以及格式方面的帮助。

该书的各章作者基本上都是在每章相关领域耕耘多年的科研和教学人员，各章内容体现了作者的亲身体会。对能量转化与存储原理知识体系的全面梳理，对相关物理化学基础的凝练以及各章作者对相关内容的独特见解是该书与其他新能源类书籍的一个主要区别。

相信本书的出版将对新能源行业的发展和高级专业人才的培养起到重要的推动作用。由于水平有限，本书难免有疏漏之处，恳请专家和读者批评指正，以便在后续修订再版中借鉴和改进。

编者
2024年6月

目 录

第3章 光能转化原理与过程

第4章　热能转化原理与过程

第5章　化学能转化原理与过程

第6章　　化学储能原理

第 7 章 物理储能原理

第 **8** 章　　其他能量转化及存储原理

第 **9** 章　　能源系统能量管理原理与技术

第**10**章 新型能量转化与存储技术

思考题及课后习题答案（二维码）

第 1 章

绪 论

　　能源危机与环境污染已成为人类社会的重大问题。全球能源消费结构亟须向以非化石能源为主导转型。世界各国纷纷推出扶植政策推动能源结构变革。美国相继颁布了两项法案，通过高额补贴、大幅减税等措施加快部署太阳能和风能，大力支持新能源利用与存储相关领域的发展。韩国、日本等明确要最大限度利用新能源，减少碳排放。2020 年，我国提出力争 2030 年前二氧化碳排放达到峰值（碳达峰）、2060 年前实现碳中和的"双碳"目标。我国能源资源的结构特征是富煤、贫油、少气、可再生能源丰富，降低对油气资源的依赖，发展新能源产业，是实现"双碳"目标的必由之路。

　　新能源中蕴含的能量可谓取之不尽，用之不竭，但大部分不能直接满足人类的需求，需要转换为其他形式的能量才能为人类所用。此外，有些新能源存在波动性和间歇性等缺陷，能量的有效存储也是持续、稳定的能源系统中不可缺少的一环。新能源开发利用的关键在于针对资源特点，研究开发各种能量转化技术，从而将能源中的原始能量形式转换为电能、热能等加以利用和存储。能量转换与存储原理可以揭示新能源利用过程中的物理、化学或生物机制，是新能源利用技术革新以及实现能量间高效转化的关键，对于新能源产业的发展具有战略意义。

1.1 能源的分类与特征

　　太阳能、风能、水能、海洋能、地热能、生物质能、核能等共同组成了庞大的新能源家族。新能源开发利用过程中各种能量形式之间的转化关系如图 1-1 所示。热能、电能和机械能是目前人类使用最多、最普遍的能量形式，它们之间可以相互转化，也可由其他形式的能量转化而来。能量转化效率高、速度快、具备可调节性以及经济性是对新能源利用技术的基本要求。新能源蕴含的各种能量类型、储量、特征及转化形式如表 1-1 所示。新能源普遍具有储量大、分布范围广、环境污染小、可持续利用等优点。本章将对主要新能源的类型、特征及转化形式进行概述。

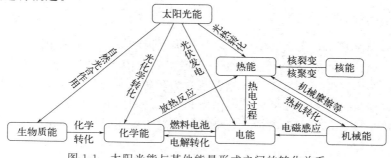

图 1-1　太阳光能与其他能量形式之间的转化关系

表 1-1　新能源类型、储量、特征及转化形式

能量类型	可利用蕴藏量	特征	能量转化形式
太阳能	8.5×10^{10} MW	蕴藏量巨大、分布广泛、清洁无污染、能流密度低、不连续性	太阳能→电能 太阳能→热能 太阳能→化学能 太阳能→生物质能
风能	2×10^{7} MW	资源丰富、清洁无污染、分布范围广、能量密度低、不稳定	风能→机械能→电能
水能	5.5×10^{6} MW	资源丰富、相对稳定、成本低廉、清洁无污染	水能→机械能 水能→机械能→电能
潮汐能	3×10^{6} MW	蕴藏量大、清洁无污染、不稳定但变化有规律、利用难度大	潮汐能→机械能→电能
海流能	5×10^{6} MW	蕴藏量大、清洁无污染、不稳定但变化有规律、利用难度大	海流能→机械能→电能
波浪能	2.5×10^{6} MW	蕴藏量大、清洁无污染、不稳定、利用难度大	波浪能→机械能→电能
地热能	约 1.45×10^{26} J	储量巨大、分布广泛、来源稳定、热流密度大	热能→电能 热能→机械能→电能
海洋温差能	2×10^{6} MW	蕴藏量大、清洁无污染、能量输出波动小	热能→电能
生物质能	约 2000 亿吨/年	清洁、分布广、储量丰富、应用范围广、可储存与运输	生物质能→化学能→电能 生物质能→化学能→热能→电能
核能	铀的储量约为417 万吨	能量密度高、环保、安全、高效、能量转化设备占地面积小、不可再生	核能→热能→机械能→电能

注：2022 年全球一次能源消耗总量约 6×10^{20} J，即 1.7×10^{14} kW·h，换算成功率为 5.4×10^{3} MW。

1.1.1　光能

光能主要是指太阳光的辐射能量，是最主要的可再生能源。太阳并不像表面看起来那么平静，其中心区时刻发生着核聚变反应，产生的能量以辐射的方式向宇宙空间发射。太阳辐射到地球表面的能量做功能力约为 8.5×10^{10} MW，相当于每年往地球上投放了 1.8×10^{16} 吨标准煤（1 吨标准煤＝29.3076GJ），远大于目前人类每年所需的能量总和，是取之不尽、用之不竭的清洁能源。研究太阳能向不同能量形式的转换规律，开发满足不同需求的高效的太阳能转换应用体系具有重要的意义。

（1）光能的特征

与传统化石能源相比，太阳光能具有以下特征：清洁性，开发利用过程中不会产生任何有害环境的废气或废料，是绿色清洁能源；普遍性，太阳光普照大地，各个地区都有太阳能，可就地取用；丰富性，每年到达地球表面的太阳辐射能量，远远高于全球能耗的总和；分散性，太阳光能量密度相对较低，不同国家和地区之间差异较大；不连续性，受天气、昼夜变化等因素影响较大，存在不连续、不稳定的状况，使用时受到一定限制；成本低，与传统化石能源比成本更低。

（2）光能的转化形式

光能本质上是具有一定能量范围的电磁波，光能向其他能量转化的过程本质上是电磁波与其他材料的电荷相互作用的过程，其基本利用形式主要分为四种。

① 光-电转化

光-电转化是指利用光生伏特效应直接将太阳辐射能转化为电能，即具有一定能级结构的半导体吸收大于其带隙能量的入射光子后，能够产生光生载流子（电子-空穴），在 p-n 结或异质结的作用下，光生电子和空穴发生空间上的分离，将太阳能转化为电能的形式向外输出，实现光伏发电或者光电探测。太阳电池是进行光-电转化实现光伏发电的重要载体，目前单晶硅太阳电池技术最为成熟。

② 光-热转化

能光-热转化是指通过与物质的相互作用将太阳辐射能转化为热能加以利用。太阳能光-热转化也有不同的方式：一是太阳热能的低中温利用，即直接将光能转化为热能用于建筑供暖、空调制冷或存储于太阳能热水器中；二是太阳能的高温利用，即利用聚光装置将太阳光汇聚在集热器上从而实现太阳能转化为热能，较多应用于太阳灶、太阳能高温发电、太阳能冶金等。

③ 光-化学能转化

光-化学能转化是在催化材料的作用下，直接将太阳能转化为化学能。在光-化学能转化过程中，迁移到材料表面的光生载流子仍然保持着较强的氧化还原能力，当接触到材料表面的物质时，能发生氧化还原反应，将光能转化为储存在其他物质中的化学能，该过程也被定义为人工光合成过程。常见的人工光合成反应有电解水制氢、二氧化碳还原等。

④ 光-生物质能转化

光-生物质能转化即绿色植物或其他光合生物通过光合作用吸收空气中的 CO_2，将太阳能转化为生物质能储存下来，同时将水分子裂解并释放出氧气的过程。地球上的大多数生物都是直接或间接地依赖光合作用固定的太阳能，以获取维持其生存所需要的能量。自然光合作用的转化效率很低，最终储存的光能小于 1%。提高光合作用效率，对有效利用太阳能、促进农业增产增收、加速工业 CO_2 减排和资源化利用等都具有重要意义。

1.1.2 机械能

机械能是与物体机械运动或空间状态相关的物理量。宏观机械能包括固体或流体（水、空气等）的动能与势能，是人类认识最早的能量。机械能的类型多样，其特征和转换形式也各有不同。可再生能源中的风能、常规水能、潮汐能、海流能、波浪能等即属于这种能量形式。

（1）风能的特征及转换形式

地球上的风能是太阳能的一种能量转换形式。由于不同地区接收太阳能辐射量有差异，地球表面受热不均产生温差，引起大气层中压力分布不平衡，在压力梯度的作用下空气沿水平方向运动形成风。风能的主要特征为：a. 储量巨大、可再生，虽然到达地球的太阳能中只有 1%～3% 转换为了风能，但是其总量依然十分可观，全球可利用风能为 $2 \times 10^7 \, MW$，约为水能总量的 10 倍，远超全球每年能耗总和；b. 清洁无污染；c. 分布广泛，无运输成本，可就地取材，开发利用成本低廉。风能的局限性在于其来源于空气的流动，而空气的密度很低，因此具有能量密度低的特点。此外，气流瞬息万变，风能会随着季节变换、地形地势不同而发生明显变化，具有不稳定性和地区差异性。

风能的利用是将大气运动时产生的动能转化为机械能、电能、热能等其他能量形式，主要利用方式包括风力提水、风帆助航、风力发电、风力制热等。其中风力发电是可再生能源的发展重点，也是当前最重要的一种风能利用形式，其原理是把风能转化为机械的动能，再通过发电机将机械的动能转化为电能进行输出。

（2）水能的特征及转换形式

水能是指水体所具有的动能、势能、压力能等能量资源。狭义的水能主要包括河流、湖泊所具有的水能资源，广义的水能还包括潮汐能、波浪能、海流能等。此书的水能指狭义的水能资源，世界上无数条大江大河蕴藏了巨大的能量，技术上可开发的水能资源总量约为 $5 \times 10^6 MW$，在可再生能源体系中占据了较大的比重。

水力发电是水能的主要利用方式。水力发电能源具有洁净性、可再生性、可调节性、综合利用性及经济带动性的特点。常规水电站通常利用天然河流、湖泊等水能资源，使水电站的上、下游形成一定的落差，由水位落差产生的势能经水轮机转化为机械能，再经发电机将机械能转化为符合电网要求的电能。

此外，还有一种兼具水力发电与储能功能的特殊电站——抽水蓄能电站。抽水蓄能电站具有大规模能量储备能力，能够根据电网负荷曲线对电能进行调节。在电网低负荷时，电站处于水泵模式将低处水库的水抽到高处水库进行水能储备，待到电网负荷高峰时，电站切换为发电模式放水发电，从而满足电网电力高峰负荷的需要。

（3）潮汐能的特征及转换形式

潮汐能指在涨潮和落潮过程中产生的势能及潮水流动所产生的动能，影响因素是地球自转以及地球与天体间的引力作用。潮汐能是一种不稳定但有一定变化规律的海洋能，全世界的理论蕴藏量约为 $3 \times 10^9 kW$。潮汐能的主要利用方式是潮汐发电，原理是利用潮汐涨落时的海水驱动水轮发电机组，先将潮水中的势能转化为电机的机械能，进而转化为电能。我国海岸线曲折且长，潮汐能资源丰富，理论蕴藏量达 $1.1 \times 10^8 kW$。浙江、福建两省沿海的潮汐能资源最丰富，国内最大的潮汐能电站即位于浙江温岭。

（4）海流能的特征及转换形式

海流能是指海水流动的动能，主要是指海底水道和海峡中较为稳定的流动以及由潮汐导致的有规律的海水流动所产生的能量。海流能的能量与流速的平方和流量成正比。相对波浪而言，海流能的变化要平稳且有规律得多。一般来说，最大流速在 $2m/s$ 以上的水道，其海流能均有实际开发的价值。全世界海流能的理论估算值约为 $10^8 kW$ 数量级，中国沿海海流能的年平均功率理论值约为 $1.4 \times 10^7 kW$，属于世界上功率密度较大的地区之一。海流能的利用方式主要是发电，其原理和风力发电相似。

（5）波浪能的特征及转换形式

波浪能指蕴藏在海面波浪中的动能和势能，其能量来源于海面上风的动能，能量传递速率与风速及风与海水的作用距离相关，是海洋能中能量最不稳定的一种能源。海洋深处的波浪能难以提取，可供利用的波浪能资源局限于靠近海岸线的地方。但全世界可开发利用的波浪能达 2.5TW，储量非常丰富。利用波浪能的方式有很多，但通常具有两级能量转换过程：首先通过采集系统捕获波浪能，并将其转化为水的势能或装置的动能等，然后通过转化系统将一级转化所得的能量转化为某种特定形式的机械能或电能。

1.1.3 热能

热能在生活中无处不在，在不同领域的分类和利用都不同。在新能源领域，热能的来源主要为太阳热能、地热能、温差能、生物质能燃烧等。太阳热能在前文太阳能光-热转化部分已有介绍，生物质能燃烧详见后文（1.1.4 部分），此处主要介绍地热能和海洋温差能。

（1）地热能的特征及转换形式

地热能是蕴藏于地球内部岩土体、流体和岩浆体中，能够为人类开发和利用的热能，具有储量大、分布广及开发利用安全、稳定、清洁、高效的特点。埋深在 5000m 以内的地热能基础资源量约 1.45×10^{26} J，相当于全球煤热能的 1.7 亿倍，远超全球一次性能源的年消耗量。地热资源按其赋存状态，可分为水热型（包括蒸汽型和热水型）、地压型和油气伴生型地热资源；按成因，可分为现（近）代火山型、岩浆型、断裂型、断陷盆地型和凹陷盆地型地热资源等；按构造成因，可分为沉积盆地型和隆起山地型地热资源；按热传输方式，可分为传导型和对流型地热资源；按温度，可分为高温（大于 150℃）、中温（90～150℃）和低温地热资源（小于 90℃）。其中，大于 150℃的高温地热资源主要出现在地壳表层各大板块的边缘，如板块的碰撞带、板块开裂部位和现代裂谷带，小于等于 150℃的中低温地热资源则分布于板块内部的活动断裂带、断陷谷和凹陷盆地地区。

地热资源的利用方式因其温度而有所不同。温度在 200～400℃范围内的地热资源可直接用来发电；低于 200℃高于 150℃的地热资源可以用在制冷、干燥、热加工等领域；100～150℃范围内的地热资源可以用于供暖、脱水加工、回收盐类、罐头食品等；温度更低的地热资源可依次应用于温室、家庭用热水、沐浴、水产养殖、饲养牲畜等。我国现阶段地热能的利用主要集中在地热发电、地热采暖以及种植和养殖业。地热发电一般要求地热流体的温度在 200℃以上、地热能发电是将地热能转变为机械能，后转变为电能的过程。

（2）温差能的特征及转换形式

温差能主要指海洋温差能，即海洋中浅层温海水（温度为 25～28℃）和深层冷海水（温度为 4～6℃）之间水温差的热能，它本质上是储存的太阳能。温差能在全球海洋能中储量最大，遍布地区广泛，具有可再生、清洁、能量输出波动小等优点，极具开发利用价值与潜力，其能量与温差的大小和水量成正比。我国海洋温差能十分丰富，理论储量为 $14.4 \times 10^{21} \sim 15.9 \times 10^{21}$ J，可开发总装机容量为 $17.47 \times 10^{8} \sim 18.39 \times 10^{8}$ kW，主要集中在南海海域。海洋温差能主要用于发电，其基本原理是利用海洋表面的温海水加热低沸点工质并使之汽化以驱动涡轮机运行并发电，排出的气体通过深层冷海水冷凝成液体后，再通过工质泵输送到蒸发器中，完成一次循环。

1.1.4 生物质能

生物质指的是通过光合作用形成的各种有机体，不但包括各种动植物，而且还包括微生物。这些生命在自然界中不断自身循环，依靠自身性能把太阳能转化成化学能或者其他能量，储存在自己的身体内，这就形成了生物质能。生物质能是一种兼具可再生和可循环利用价值的能源。

（1）生物质能的类型

生物质能的类型依据来源的不同，可以分为六大类：a.林业资源，即森林生长和林业生产过程提供的生物质能源，包括经济林、木材砍伐加工过程中的树枝、锯末以及林业副产品的废弃物等。b.农业资源，指农业作物中的能源作物，如油菜、甘蔗等，以及农业生产过程中的废弃物，如农作物收获时残留的秸秆、农业生产过程中剩余的稻壳等。c.城市固体废物，主要是由城镇居民生活垃圾、商业与服务业垃圾和少量建筑业垃圾等固体废物构成。d.生活污水和工业有机废水，其中生活污水主要由城镇居民生活的各种排水组成，如洗浴排水、厨房排水等；工业有机废水主要是酿酒、食品、造纸等行业生产过程中排出的废水等。e.畜禽粪便，为畜禽排泄物的总称，是其他形态生物质（主要是粮食、农作物秸秆和牧草等）的转化形式，包括畜禽排出的粪便、尿及其与垫草的混合物。f.以制取燃料原料或提供燃料油为目的栽培的能源植物，如专门提供薪材的薪炭林等。

（2）生物质能的特征及转化形式

生物质能具有诸多的优点，其主要有以下特征：a.可再生，生物质能由于通过植物的光合作用可以再生，可保证能源的永续利用；b.环境友好，生物质的硫、氮含量低，对大气的二氧化碳净排放量近似于零，可有效地减轻温室效应；c.分布广泛，在缺乏煤炭的地域，可充分利用生物质能；d.储量丰富，生物质能是世界第四大能源，仅次于煤炭、石油和天然气，生物质能目前占全球能源总消耗量的14%，地球上的植物每年生产的能量是目前人类每年消耗矿物能的20倍；e.应用范围广，生物质能源可以以沼气、压缩成型固体燃料、气化生产燃气、气化发电、生产燃料酒精、热裂解生产生物柴油等形式存在，应用在国民经济的各个领域。

生物质能的利用技术日益成熟，其转化形式丰富多样，如图1-2所示，目前主要有以下几种形式：a.直接燃烧，生物质可通过固化成型直接燃烧转化成热能加以利用或通过热能发电进一步转化成电能。b.生物质气化，是将固体生物质置于气化炉内加热，同时通入空气、氧气或水蒸气，来产生品位较高的可燃气体；生物质气化生成的可燃气体经过处理可用于合成、取暖、发电等不同用途。c.液体生物燃料，是由生物质制成的液体燃料，主要包括生物乙醇、生物柴油等。d.沼气，是有机物质在厌氧条件下，经过微生物的发酵作用而生成的一种混合气体。e.生物制氢，可分为厌氧光合制氢和厌氧发酵制氢两大类。f.生物质发电技

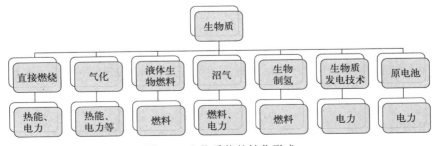

图1-2　生物质能的转化形式

术，是将生物质能源转化为电能的一种技术。g. 原电池，通过化学反应时电子的转移制成原电池，产物和直接燃烧相同但是能量能充分利用。

1.1.5　核能

核能是指原子核结构发生变化时所释放出的能量。自 19 世纪末英国物理学家汤姆逊（Joseph John Thomson）首次发现电子以来，一百多年的现代科学对原子、原子核结构的研究为核能的开发利用提供了理论基础。1945 年第一颗核弹试爆成功，让人们认识到了原子能中所蕴含的巨大能量，其和平开发利用对于缓解能源危机、促进人类社会蓬勃发展具有重要意义。

（1）核能的类型

核能的释放方式分为三种：a. 核裂变能，是指通过一些重原子（如铀、钍等）发生裂变反应所释放出的能量。b. 核聚变能，指由两个轻元素（主要是指氘和氚）原子核结合在一起释放出的能量。作为核聚变能原料的氢及其同位素氘和氚在地球上储量十分丰富，海洋中约含氘 23.4 万亿吨，足够人类使用几十亿年，因此核聚变能将是一种取之不尽、用之不竭的“长寿能源”。c. 放射性衰变，指不稳定原子核自发地放射出粒子而转变为另一种原子核的过程，是一种缓慢的裂变形式。

（2）核能的特征及转化形式

核能相比传统能源的优势体现在经济性、清洁性与安全性上。a. 经济性。铀燃料储量丰富，除了核能发电暂无其他用途；核燃料能量密度大，体积小，运输和储存都很方便；核燃料费用占核能发电成本的比例较低，因此核电成本受国际经济形势影响较小。b. 清洁性。核电站不会像化石燃料发电厂那样排放大量污染环境的物质。c. 安全性。核电站正常运行一年带给附近每位居民的放射性影响低于一次胸部 X 光摄影的辐射量，而且我国核电产业链的归一化事故死亡率比煤电燃料链低，因此核能发电是一种很安全的电力生产方式。

但核能应用也存在一些缺点。显而易见的是，核电厂产生的废气、废水、固体废料（“三废”）因含有放射性元素物质而危害较大，需慎重处理；核电厂的反应器内有大量的放射性物质，万一发生事故释放到外界环境，会对生态及民众造成伤害。上述风险的存在导致兴建核电厂较易引发分歧。

核能广泛应用于发电、工业探伤、辐照育种、放射性诊断和治疗等领域。迄今为止，核电技术是工业利用核能的主要方式。目前全球商业运行中的核电站都是利用核裂变反应发电，可控核聚变发电尚未实现产业化。核能发电的原理与火力发电极为相似，都包含热能-机械能-电能的能量转化过程。不同的是核电站以核反应堆及蒸汽发生器代替火电站的锅炉，以核燃料的原子能取代了火电站所用矿物燃料的化学能，具体能量转化路径是利用铀燃料进行链式反应所产生的热量，将热水加热成高温高压的水蒸气，水蒸气推动汽轮机转动，汽轮机带动发电机发电。

1.2　新能源利用发展现状及趋势

随着全球资源供应紧张以及环保意识的提高，新能源战略已经成为国际市场竞争新的制高点、主导全球价值链的新王牌。2010—2022 年间新能源技术不断升级，发电量、市场份额持续增加，成为世界能源绿色可持续发展的有力支撑。在"双碳"背景下，新能源必将迎来新一轮爆发式增长。据 2023 版《BP 世界能源展望》预测，化石能源在全球一次能源中的占比将从 2019 年的 80%左右下降至 2050 年的 55%～20%，可再生能源占比将从 2019 年的大约 10%提升至 2050 年的 35%～65%，新型清洁能源的快速发展和扩张是全球能源的未来趋势。下文将从各个新能源类型入手，对新能源利用发展现状及趋势进行分析与总结。

1.2.1 光能利用发展现状及趋势

在各个国家和地区的政策支持下，光能利用产业在过去几十年中取得了长足的发展，在改善能源消费结构、保护环境方面发挥了重要作用。随着技术的进步，光伏发电已进入规模化应用阶段，近十年来全球光伏市场保持快速增长。作为利用太阳光能的另一种主要形式，光-热转化技术在供暖、制冷、工农业供热等领域的发展持续稳定，同时光热发电技术具备作为可调节电源的潜在优势，已实现商业化利用。随着技术的进步和生产水平的提高，光能利用将进入多元化、规模化、智能化发展的新阶段。

（1）光-电转化发展现状及趋势

太阳能光伏发电是光-电转化的重要利用方式，近年来太阳能光伏发电已经全面进入规模化发展阶段。全球太阳能光伏装机总量在过去十年中持续增长，截至 2023 年底，全球太阳能光伏装机容量达到了 1419GW，比上一年增长近 346GW，是年增加量最大的一年（图1-3）。其中，中国的太阳能光伏装机量在 2023 年达到了 610GW，连续十余年位居全球光伏装机规模之首。在"双碳"目标的战略驱动下，利好光伏产业的国家政策不断出台，促进了我国光伏产业的飞速发展。中国光伏组件和电池产能居世界首位，目前，我国已具备全球最完整的光伏产业链。我国太阳能光伏发电逐渐形成中西部共同发展、集中式和分布式并举的格局。光伏发电与农业、养殖业、生态治理等各种产业融合发展的模式不断创新，已进入多元化、规模化发展的新阶段。

图 1-3　全球太阳能光伏发电装机容量发展趋势

研发更高效率、更低成本的晶硅太阳电池及其他新型太阳电池（钙钛矿太阳电池、有机太阳电池等）是光伏技术发展的重要方向。晶硅太阳电池在光伏市场的主导地位将持续很长时间，因此通过技术改进提高效率、降低成本对于光-电转化的应用与发展具有重要意义。此外，高效新型薄膜太阳电池（如有机太阳电池、钙钛矿太阳电池等）具有质量轻、可制备柔性器件的优点，可用在不适用基于硬质基底晶硅太阳电池的场合，是传统晶硅太阳电池的重要补充。

由于太阳光能具有不连续性，在以光伏为基础的多能互动模式中，光伏+储能是被广泛看好的能源解决方案，未来几年储能系统在光伏电力系统中的市场占比将越来越高。

（2）光-热转化发展现状及趋势

早期太阳能光-热转化最广泛的利用形式是水的加热，我国在 20 世纪 50 年代研发出第一台热水器，经过几十年的发展我国热水器产销量均居世界首位。如今，基于光-热转化原理的太阳能加热和制冷系统广泛应用于人们的生产、生活中。2022 年，全球太阳能集热器共提供了约 440TW·h（1584GJ）的热量，相当于 2.58 亿桶石油的能量，为节能减排作出了突出贡献。

随着太阳能集热技术的不断发展，光-热转化利用方式得到充分拓展，其中聚光太阳能热发电（CSP）技术已经完成了试验和调试阶段，正朝着规模化方向发展。在 2010—2020 年间，CSP 成本已经下降了 50%，但相比光伏技术投资成本仍然较高。光热电站前期的建设和投资成本比较昂贵。我国于 2012 年突破光热发电技术，2013 年实现并网发电。截至 2023 年底，我国兆瓦级规模以上光热发电机组累计装机容量 588MW，在全球太阳能热发电累计装机容量中占比 7.8%。

太阳能热利用将继续扩大应用领域，在生活热水、供暖制冷和工农业生产中逐步普及。聚光太阳能热发电是一种前景十分广阔的光-热转化利用方式，将光-热发电设备建设在光伏电站附近，能够有效降低成本并提高容量因数。而且光热电站更易安装配套的储能设施，可利用集热器收集光能并转化为热能储存起来，供太阳光能量不足时发电使用，充分发挥光-热发电的调峰和储能潜力。

此外，太阳能聚光、分光、热电联用集成技术是光-热利用的重要发展方向。通过对太阳能全波段能量进行一体化综合利用，得到效率超过 60% 的太阳能光伏/光热综合利用体系，能够有效克服单一利用技术对太阳能利用效率低的难题，极大地提高太阳能的利用效率，降低成本。

（3）光-化学能转化发展现状及趋势

目前，光-化学能转化能量利用效率较低，相关能源应用技术仍处于基础研究阶段。自 1972 年日本东京大学研究发现利用 TiO_2 半导体单晶电极可催化分解水制得氢气以来，太阳能驱动的全解水制氢的研究逐渐成为各国关注的热点。催化剂是太阳能全解水制氢技术应用的关键。科研工作者通过对 TiO_2 半导体材料进行改性，以及利用量子尺寸效应，开发新型的纳米催化材料来提高太阳能利用率。此外，太阳能驱动催化还原 CO_2 合成小分子碳氢燃料也是很重要的研究方向，该项技术的开发利用能够缓解当前突出的温室效应环境问题，对实现"碳达峰"和"碳中和"的目标具有积极作用。此外，太阳能光-化学能转化结合 F-T 合成制取碳氢燃料技术也引起了一些国家的高度重视。

（4）光-生物质能转化发展现状及趋势

光合作用是一个异常复杂的生物化学过程，提高光合作用效率是提高光-生物质能转化效率的前提。近几十年来，光能高效转化与利用的机理和应用不断取得进展，科学家们逐渐将光合作用基础研究与实践相结合，在农作物光能高效利用、可再生生物质能源、人工仿生模拟及太空植物生产方面展开多项尝试。但光-生物质能转化效率始终没有取得重大的突破，其根本原因是光合作用光能高效转化的机理仍然没有被揭示，光合作用吸能、传能和转能过程及其调控的原理尚不清楚。

未来光-生物质能转化研究的主要发展趋势是通过多学科交叉，利用现代分子遗传学、晶体学、生物化学、生物信息学等相关学科的最新技术，进一步揭示光合作用的分子机理及其调控方式。重点研究领域包括光合膜蛋白架构与功能的多维度协同、光合作用的人工模拟、将基础研究成果助力生产实践提升光-生物质能产量以及温室气体对光合作用的影响。

1.2.2 机械能利用发展现状及趋势

机械能包含数个蕴藏量巨大的能源类型，开发利用过程中的能量转化方式以机械能→电能为主，即发电是机械能的主要利用形式。利用风能中蕴含的动能、水能中的势能或动能发电的技术较为成熟，风电、水电已成为部分国家电力系统中的重要组成部分。潮汐能、海流能、波浪能等又属于海洋能，海洋电力技术在可再生能源市场中所占份额最小，但它们正稳步走向商业化，目前正从小型示范和试点项目向半永久性设备发展。机械能利用的发展趋势主要是技术革新及解决新能源消纳问题。潮汐能、海流能、波浪能的大规模开发利用还有很长的路要走。

（1）风电转化发展现状及趋势

风电作为一种清洁电力，为国家能源结构调整、经济转型升级、应对环境气候变化中作出了积极贡献。"十三五"时期，我国风力发电技术获得了平稳快速发展，截至2020年年底，我国风电装机量占国内电力装机总量的12.8%，是仅次于水电的可再生能源。风电已成为我国的重要能源之一。全球风电装机容量从2013年的300GW跃升到了2023年的1017GW（图1-4），其中，中国的风电装机量在2023年达到了442GW。经济性是风能新增装机的主要驱动力。根据全球风能理事会统计，当前全球风电总装机容量发展较快的国家包括中国、美国、德国、印度、西班牙、法国、巴西等。

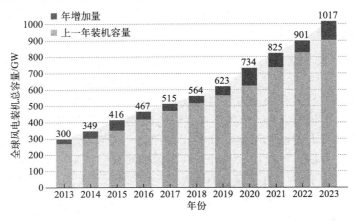

图1-4　2013—2023年全球风电装机容量发展情况

国际上风电的发展趋势主要集中在四个方面：a.风电原理、新型材料等基础研究的进一步深入；b.更大型风电装备的研发及性能的改善；c.陆上及海上风电场设计建设与运行维护水平的持续提升，更加高效、低成本地实现风能的规模化开发利用；d.公共研究试验能力的持续完善，支撑大型及新型技术和装备的研发验证。

对我国而言，风电与光伏是实现"双碳"目标的两个重要支撑产业，未来风电开发市场潜力巨大，风电开发规模仍将继续保持增长的态势。我国陆上风电的技术已基本成熟，后续发展过程中应致力于提高风电的发电效率与稳定性、加强对电力储存技术的研究与开发以及风电产品的安全性能。清洁能源的消纳问题一直较为突出，而海上风资源稳定、风量充足，可以实现就地消纳或就近消纳。但我国海上风电开发、建设、运维经验不足，整体技术水平落后于欧洲国家。海上风电将成发展重点。

（2）水电转化发展现状及趋势

水能资源最显著的特点是可再生、无污染，开发水能对改善能源消费结构、缓解由于消耗煤炭、石油资源所带来的环境污染有重要意义。世界上水电装机容量前十位的国家分别为中国、巴西、加拿大、美国、俄罗斯联邦、印度、挪威、土耳其、日本和法国，合计占全球总容量的三分之二以上。2020年，中国的水电装机容量增加了12.6GW，在新水电装机调试方面超越巴西重回世界首位。中国水能资源理论蕴藏量、技术可开发和经济可开发水能资源居世界第一位，理论蕴藏量6.76亿千瓦，技术可开发容量4.93亿千瓦，约占世界总量的1/6。2020年，水力发电装机容量占我国电力总装机容量的16.82%，是占比最高的可再生能源（图1-5）。但是，中国水能资源存在分布不均和资源开发程度低的问题。

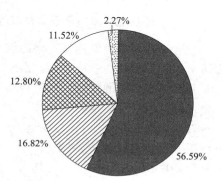

图1-5　2020年全国电力装机容量占比情况

（图例：■火电　□水电　▨风电　▢太阳能发电　▢核电）

（饼图数值：2.27%　11.52%　12.80%　16.82%　56.59%）

水电开发技术在世界范围内也已成熟，已从大规模集中发展进入适度有序的阶段。水电面临的挑战包括运营和技术因素、环境和社会可接受性、全球批发电价下降以及对水电生产和基础设施不利的气候影响，行业继续向前发展的驱动力在于技术的改进和性能的提高，且需要面对水资源剩余开发潜力较少及对电网灵活性要求较高的问题。

抽水蓄能技术在未来水电领域具有巨大潜力。2021年9月，国家能源局印发了《抽水蓄能中长期发展规划（2021—2035年）》，规划中提出以下发展目标：到2025年，抽水蓄能投产总规模6200万千瓦以上；到2030年，投产总规模1.2亿千瓦左右；到2035年，形成满足新能源高比例大规模发展需求的、技术先进、管理优质、国际竞争力强的抽水蓄能现代化产业，培育形成一批抽水蓄能大型骨干企业。

（3）潮汐能利用发展现状及趋势

潮汐能发电技术已趋于成熟。法国的La Rance潮汐电站（240MW）和韩国始华湖潮汐电站（254MW）占全球装机容量的90%以上。我国曾先后建成40余座潮汐电站，因成本高现在仍在运行的仅有江厦和海山两座潮汐电站，其中位于浙江温岭的江厦潮汐电站，是我国第一座双向潮汐电站，装机容量为3900kW，平均潮差5.08m，第一台机组于1980年5

月投产发电。

（4）波浪能利用发展现状及趋势

波浪能发电设备仍处于研发阶段。由于从各种波况中提取波浪能的技术较为复杂以及不同技术的工作原理差异较大，设计上还没有趋同。波浪能开发利用途径主要有两种：100kW以上的设备主要面向公共事业规模的电力市场，而较小的设备（通常低于50kW）主要应用于专业领域（水产养殖、海洋监测和防御等）。

1.2.3　热能利用发展现状及趋势

热能是一种重要的能量形式，大多数能量都是通过热能环节被进一步利用的。如太阳能光-热转化、生物质燃烧都会产生热能，相关内容详见对应章节，此处主要介绍地热能与海洋温差能的发展现状。

（1）地热能利用发展现状及趋势

地热能是热能资源最重要的组成部分。地热能的开发利用主要包括地热发电和直接利用两个方面。在地热发电方面，由于20世纪70年代世界的石油危机，许多国家展开了地热资源开发利用方面的研究，应用地热发电的投资迅速增加。目前，世界已有24个国家进行地热发电商业开发，地热电站250多座，但是地热能发电规模整体增长缓慢。2020年新增地热发电容量约为0.1GW，截至2020年底，世界地热发电总装机容量已经超过14GW。直接利用的地热能在2020年增长了8%，达到了32GW，不过地热能直接利用形式在地理位置上分布比较集中，中国、土耳其、冰岛和日本等四个国家占所有直接地热利用的四分之三。地热能的进一步开发利用依赖于技术进步和国家政策支持。

地热能的产业链包含资源评价、高温钻井、热储工程、发电及综合利用、高效回灌、防腐防垢等部分，其开发利用面临诸多难题，需要多学科交叉合作。我国地热资源的发展趋势为：a.随着地质勘探技术的进步，趋向于开发埋藏较深的地热资源，拓宽其开发利用范围；b.利用沉积盆地的油田与地热资源分布地点重合性好的特点，注重油田开发与地热能开发相结合，降低开发成本，提高利用效率；c.重视地热资源的综合利用与梯级利用，提高地热资源的利用率和经济社会效益；d.重视采灌结合，确保地热资源的可持续利用；e.推进规模化开发，提高经济效益，注重技术革新，提高管理水平。

（2）海洋温差能利用发展现状及趋势

在海洋温差能利用方面，日本和美国在20世纪90年代前后已研建了百千瓦级试验电站。中国自然资源部第一海洋研究所于2012年研建了15kW温差能发电试验装置，处于国际先进水平。2019年，韩国的1MW温差能电站建成并开始运行。我国海洋温差能资源丰富，与其他国家相比，技术研发起步较晚，装置的装机容量较小，还处于实验验证阶段，下一步研究方向应放在实海况示范运行方面。

根据目前研究进展，海洋温差能开发利用发展方向主要包括装置的大型化、更高效的热力循环和温差能综合利用。海洋温差能技术除了用于发电外，在海水淡化、制氢、空调制冷、深水养殖等方面有着广泛的综合应用前景。海洋温差能综合利用有较大发展空间。国际温差能技术综合利用的趋势愈发明显。2016年，欧盟发布的"欧洲海洋能源战略路线图"指出将输出欧洲在海洋温差能利用方面的先进技术，改进海洋温差发电热交换器的性能，提升材料和制造工艺以及海洋温差能发电的规模。然而，由于海洋温差能的能量密度低、需要的海水量大等缺点，其规模化开发利用较为困难。

1.2.4 化学能-电能转化与存储技术发展现状及趋势

过去十年中新能源在能源体系中的占比持续增长，在保障人类生产生活、促进环境保护等方面发挥着越来越重要的作用。但部分可再生能源具有不连续性与不稳定性，例如风力发电系统和太阳能光伏发电系统没有稳定的能源输入和固有的储能能力，在能源转化和利用过程供求之间存在时间与空间上不匹配的矛盾。因此，新能源产业的发展离不开储能技术的支撑。储能分物理储能、电化学储能、电磁储能等。电化学储能中的氢能、燃料电池、锂电池、液流电池等是具有极大应用潜力的新型能量存储方式。

当前我国正处于能源绿色低碳转型发展的关键时期，新型储能将在推动能源领域碳达峰、碳中和过程中发挥显著作用。随着风电、光伏发电等间歇性新能源大规模的发展以及新能源为主体的新型电力系统的构建对新能源存储提出了更高的要求。国家发展和改革委员会、国家能源局发布的《关于加快推动新型储能发展的指导意见》提出，到 2025 年实现新型储能从商业化初期向规模化发展转变，新型储能装机规模达 30GW 以上，以及在 2030 年实现新型储能全面市场化发展。

（1）氢能技术

氢能作为一种清洁、高效、安全、可持续的二次能源，是未来构建以清洁能源为主的多元能源供给系统的重要载体，氢能的开发和利用技术已经成为新一轮世界能源技术变革的重要方向。氢能既是能源，也是灵活的能源载体，正被应用于各个终端领域，包括交通运输、供电供热、化工冶金等，"氢经济"已经成为 21 世纪新的竞争领域。但氢能大规模的商业应用还面临着亟待解决的问题，包括廉价制氢技术的开发、安全可靠的储氢和输氢方法的发展。

（2）燃料电池技术

燃料电池是一种化学电池，它直接把物质发生化学反应时释放出的能量变化成电能，工作时需要连续地向其供给活性物质——燃料和氧化剂。燃料电池能量密度极高，接近于汽油和柴油的能量密度，几乎是零污染，号称"终结电池"，是各国重点研发的领域之一。但是其成本太高，目前高成本瓶颈表现在：燃料电池反应中需要使用贵金属铂作为催化剂，使得成本居高不下；燃料种类单一，且对其安全性要求很高；要求高质量的密封，制造工艺复杂，并给使用和维护带来很多困难。

（3）锂离子电池技术

锂电池大致分为两类：锂金属电池和锂离子电池。锂金属电池含有金属态的锂，为一次电池，不可充电，属于原电池。通常所说的锂电池的全称是锂离子电池，它通常以碳为负极，以含锂化合物为正极；在充放电过程中，没有金属态锂的存在，只有锂离子。与其他蓄电池比较，锂离子电池具有电压高、比能量高、充放电寿命长、无记忆效应、无污染、快速充电、自放电率低、工作温度范围宽和安全可靠等优点，已成为电动汽车较为理想的动力电源。

目前，全球锂电池生产主要集中在日本、韩国和中国，主要用于消费电子、运载工具的动力、电力电网的储能等领域。锂电池的能量密度主要取决于正极材料的能量密度，开发出高能量密度的正极材料具有非常重要的意义；选择合适的负极材料，使之与正极材料匹配，对提高锂电池整体能量密度至关重要。从现阶段发展趋势来看，随着电极材料结构与性能关系研究的深入，在分子水平上设计出来的各种规整结构或掺杂复合结构的正负极材料将有力地推动锂电池的研究与应用。

（4）液流电池技术

液流电池是通过正、负极电解质溶液活性物质发生可逆氧化还原反应实现电能和化学能的相互转化。与一般固态电池不同的是，液流电池的正极和负极电解质溶液储存于电池外部的储罐中，通过泵和管路输送到电池内部进行反应，因此，电池功率与容量独立可调。此外，液流电池还具有以下特点：储能系统运行安全可靠，全生命周期内环境负荷小、环境友好；能量效率高，在室温条件下运行，启动速度快，无相变化，充放电状态切换响应迅速；储能系统采用模块化设计，易于系统集成和规模放大；过载能力和深放电能力较强；等等。

液流电池的不足之处在于液流电池系统由多个子系统组成，系统复杂；为使电池系统在稳定状态下连续工作，必须给循环泵、电控设备、通风设备等辅助设备提供能量，所以液流电池系统通常不适用于小型储能系统；受液流电池电解质溶解度等的限制，液流电池的能量密度较低，只适用于对体积、重量要求不高的固定大规模储能电站，而不适用于移动电源和动力电池。想要推进液流电池储能技术的产业发展，需要不断创新、完善技术，大幅度降低液流电池的制造成本，满足实用化和商业化的要求。

1.2.5　生物质能利用发展现状及趋势

生物质能占 2019 年全球能源消耗总量的 11.6% 以及可再生能源消耗的一半左右。生物质热能利用方面，自 2009 年以来，用于取暖的生物质能量增长了 11%。现代生物能源可以为工业、住宅、公共和商业建筑提供高效清洁的热量。生物燃料方面，美国和巴西是生物燃料的两个主要生产国，占全球产量的 80% 左右。美国是世界上较早发展燃料乙醇的国家，且已经成为世界上主要的燃料乙醇生产国和消费国。生物质能发电方面，截至 2020 年底，生物质发电装机运行规模最大的国家依次为中国、美国、巴西、印度、德国、英国、瑞典和日本。

我国的生物质能资源储量丰富，开采潜力大。目前我国主要生物质资源年产生量约为34.94 亿吨，生物质资源具有能源利用的开发潜力为 4.6 亿吨标准煤。此外，我国生物质能发电技术在"十三五"规划期间发展迅速，截至 2020 年底，我国已投产生物质发电并网装机容量 2952 万千瓦，年提供的清洁电力超过 1100 亿千瓦时。近几年累计生物质发电装机容量如图 1-6 所示。中国的生物质发电容量从 2019 年的 2409 万千瓦增长到 2023 年的 4414 万千瓦，年平均增长率 20% 以上。除了生物质发电以外，我国的沼气事业已经全面推广，尤其是在农村，沼气池得到了普遍利用，有效地解决了能源紧张局势下的农村能源供应问题。随着技术进步及产业发展，生物质能将在各个领域为我国 2030 年前碳达峰、2060 年前碳中和做出巨大减排贡献。

生物质能是国际公认的零碳可再生能源，通过发电、供热、供气等方式，广泛应用于工业、农业、交通、生活等多个领域。根据《3060 零碳生物质能发展潜力蓝皮书》预测，我国秸秆、畜禽粪便、林业剩余物、生活垃圾、废弃油脂、污水污泥等生物质能源的产量将逐

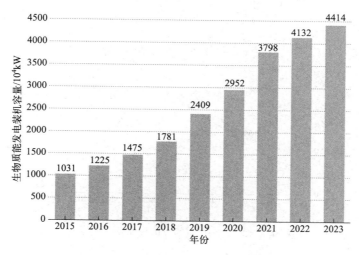

图 1-6　2015—2023 年我国累计生物质发电装机容量

步上升，为生物天然气、成型燃料供热、生物质发电、生物液体燃料等重点生物质技术的发展提供充足的原料。生物能源与碳捕获和储存（BECCS）技术是指将生物质燃烧或转化过程中产生的 CO_2 进行捕集、利用或封存的过程，能够捕集碳、储存生物质能，实现负碳排放，是一种具有极大应用潜能的温室气体减排技术。BECCS 与生物质能技术相结合能够为全球温室气体减排贡献巨大的力量。

1.2.6　核能利用发展现状及趋势

核能在军事、医疗、民生等领域均有广泛的应用，当前规模最大的利用方式是发展核电。1954 年，苏联建成世界上第一座装机容量为 5MW 的奥布灵斯克核电站。随着相关技术的飞速发展，核能的发电成本在逐渐降低，到 1966 年，核能发电成本已经低于火电发电成本，核能发电真正迈入实用阶段。一些国家和地区的核电成本已经低于燃煤及天然气的发电成本。与燃煤发电相比，核能发电能够有效减少二氧化碳、二氧化硫、氮氧化物等有害气体的排放，是有效的新能源利用方式。近年来，我国核电运行装机规模持续增长，核能发电量持续提高（图 1-7）。在"十三五"规划的收官年（2020 年），我国核能发电量为 3662 亿千瓦时，较 2019 增长 5.02%，约占全国累计发电量的 4.94%，至 2023 年持续增长到了4334 亿千瓦时。

核能中的核裂变能技术已非常成熟、可大规模应用，而聚变能技术仍处于研发阶段。目前国际上先进核能技术的研发趋势主要表现为：通过核能技术的不断创新和完善，发展安全性更好的反应堆技术；反应堆设计与建设的标准化和模块化，以增强经济竞争力；发展先进核能与核燃料循环技术，以实现核资源利用效率的最优化和放射性废物最小化。由于日本福岛核事故的教训，国际社会对于核电潜在风险的关注度增强，欧洲的一些国家甚至取消或缩减了核电发展计划，国内外对核电发展提出了更新更高的安全要求。核电能够满足我国规模化发展绿色低碳能源的需求，有利于大气环境压力缓解及能源结构调整。高温气冷堆、示范快堆、模块化小堆、海洋核动力平台等新技术核能项目均有望在"十四五"期间投入运行。我国核工业呈现规模建设与技术革新互促共进的良好局面，利好核保险的长期可持续发展。

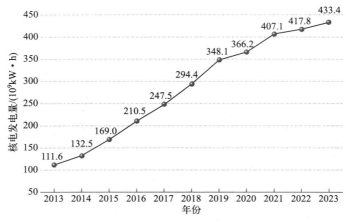

图 1-7 2013—2023 年我国核能发电量变化

思考题

1. 发展新能源有什么重要意义？
2. 简述光能的主要利用方式。
3. 机械能包含几种能源类型？
4. 简述热能的类型及利用过程中的能量转化形式。
5. 简述生物质能的类型及利用形式。
6. 简述核能的主要利用方式及特点。
7. 什么是化学能-电能转化与存储技术？其目的是什么？

参考文献

[1] 冯飞，张蕾. 新能源技术与应用概论[M]. 2 版. 北京：化学工业出版社，2016.
[2] 翟秀静，刘奎仁，韩庆. 新能源技术[M]. 3 版. 北京：化学工业出版社，2017.
[3] 杨天华. 新能源概论[M]. 2 版. 北京：化学工业出版社，2020.
[4] 杨世关. 新能源专业导论[M]. 北京：中国水利水电出版社，2020.
[5] 袁吉仁. 新能源技术概论[M]. 北京：科学出版社，2019.
[6] 宋枫. 新能源消纳问题研究[M]. 北京：科学出版社，2019.
[7] 罗运俊，何梓年，王长贵. 太阳能利用技术[M]. 2 版. 北京：化学工业出版社，2014.
[8] 陈雅倩，吴梁鹏，李娟，等. 光化学合成太阳能燃料的研究进展[J]. 新能源进展，2016，4(6):6.
[9] 谢娟. 能量转换材料与器件[M]. 北京：科学出版社，2014.
[10] 索伦森. 可再生能源的转换、传输和存储[M]. 沈艳霞，吴定会，潘庭龙，等译. 北京：机械工业出版社，2011.
[11] 王强，李国建，苑轶，等. 能量转换材料与技术[M]. 北京：科学出版社，2018.
[12] 中国先进能源技术预见研究组. 中国先进能源 2035 技术预见[M]. 北京：科学出版社，2020.

[13] 林荣呈，杨文强，王柏臣，等. 光合作用研究若干前沿进展与展望[J]. 中国科学：生命科学，2021，51(10)：1376-1384.

[14] 张立新，彭连伟，林荣呈，等. 光合作用研究进展与前景[J]. 中国基础科学，2016，18(1)：8.

[15] 肖亮，宋国华. 生物质能发展现状及前景分析[J]. 中国环境管理干部学院学报，2008，018(004)：35-39.

[16] 吴创之，马隆龙. 生物质能现代化利用技术[M]. 北京：化学工业出版社，2003.

[17] 高荫榆，雷占兰，郭磊，等. 生物质能转化利用技术及其研究进展[J]. 江西科学，2006，024(006)：529-533,544.

[18] 刘伟民，刘蕾，陈凤云，等. 中国海洋可再生能源技术进展[J]. 科技导报，2020，38(14)：27-39.

[19] Dale S. BP energy outlook 2023 edition[R/OL]. (2023-01-30)[2024-05-29]. https://www.bp.com/content/dam/bp/business-sites/en/global/corporate/pdfs/energy-economics/energy-outlook/bp-energy-outlook-2023.pdf.

[20] United Nations Environment Programme，Global Renewable Energy Network. Renewables 2023 global status report[R/OL]. (2023-03-30)[2024-05-29]. https://www.greenbr.org.cn/cmsfiles/1/titlepic/2512222e-b215-4806-bb5b-c2d1f3cecfd9.pdf.

[21] 中国产业发展促进会生物质能产业分会，德国国际合作机构(GIZ)，生态环境部环境工程评估中心，等. 3060零碳生物质能发展潜力蓝皮书[R/OL]. (2021-09-14)[2024-05-29]. https://beipa.org.cn/filedownload/394003.

[22] 张廷克，李闽榕，白云生，等. 蓝皮书：中国核能发展报告2023[M]. 北京：社会科学文献出版社，2023.

[23] International Energy Agency. World energy outlook 2023[R/OL]. (2023-10-24)[2024-05-29]. https://iea.blob.core.windows.net/assets/24b94acb-5ae6-451d-b79a-68a875d773d1/Executivesummary-WorldEnergyOutlook2023.pdf.

第 2 章

能量转化的物理基础

　　能量是物理学中的一个基本概念，它描述的是一个物理系统对其他物理系统做功的能力。在国际单位制（SI）中，能量的单位是焦耳（J），但是在有些领域中会习惯使用其他单位像千瓦·时（kW·h）、千卡（kcal，1kcal＝4190J）等。本章首先给出能量的宏观分类，尽可能清晰地介绍了不同分类的能量的概念、内涵和度量方式，并从能量转化效率的角度比较了各种能量的品位。

　　自然界中，能量能够以多种不同的形式存在，并且能量可以在不同系统之间进行转移。能量的转移存在物质转移和做功两种形式。因为物质的质量可以等效于能量，所以可以通过简单的物质转移来实现能量的转移；如果不是通过物质转移，则只能通过做功的形式实现能量的转移。而做功又包括能量形式不变和能量形式转变两种方式。例如物体 A 碰撞物体 B，在一段距离后物体 B 可以获得额外的动能或势能，该过程不存在能量形式的转变；太阳通过辐射电磁能量到半导体上，使半导体中的电子在电磁场激励下产生跃迁，获得额外的动能和静电势能，该过程则存在能量形式的转变。能量由一种形式转变为另一种形式称为能量的转化。

　　能量可以在不同的能量形式之间进行转化，主要形式包括：光能-电能、光能-热能、光能-化学能、热能-电能转化；化学能-电能、化学能-热能转化；机械能-电能转化。首先，所有能量转化形式将遵循最基本的能量守恒定律和熵增定律。其次，不同的能量转化形式涉及不同的物理过程，需要不同的物理图像来描述。例如：光能-电能、光能-热能和光能-化学能转化过程涉及固体中的能量、能带理论和半导体电子论，需要用到固体物理的基本知识；热能-电能转化过程涉及热电效应；热能-机械能的转化需要用热力学知识进行描述；化学能-热能转化主要指化学键的变化吸收或放出热量的现象，而化学能-电能的转化往往通过离子的迁移实现，通常引入电化学势的概念来描述物质迁移的驱动力，因此，描述化学能-电能转化和化学能-热能转化需要用到物理化学的基本知识；机械能-电能转化过程属于经典物理过程，涉及机械能与电磁能的能量守恒、牛顿力学和麦克斯韦方程，需要用到电动力学的基本知识。

　　因此，本部分内容将介绍能量转化遵循的基本定律、能量转化的固体基础、能量转化的热电基础、能量转化的热力学基础、能量转化的物化基础以及能量转化的电磁基础六部分内容。

2.1 能量的分类

2.1.1 能量的性质分类

　　按照能量的物理性质，能量可以区分为物质能、动能、势能和电磁能 4 种形式。

（1）物质能

能量的物质形式主要源自相对论中质能等效性的概念，也就是质能等效原理。它指出质量和能量之间存在着等价关系。根据著名的爱因斯坦公式

$$E = mc^2 \tag{2-1}$$

式中，E 表示能量；m 表示物体的质量；c 表示光速。

能量和质量之间可以互相转化。质能效应也被称为 $E = mc^2$ 的理论，物质能又被称为相对论能量。

质能效应的概念在现代物理学中具有重要的地位，它不仅扩展了我们对能量的认识，也为核物理、粒子物理等领域的研究提供了基础，在描述原子核反应和粒子加速器中的过程时具有重要的意义。例如，在核反应中，质量的变化导致了能量的释放或吸收。在粒子加速器中，当两个高能粒子相互碰撞时，它们的能量可以转化为新的粒子。

（2）动能

动能是物体因运动而具有的能量，它的大小与物体的质量 m 和瞬时运动速度 v 有关。物体的动能常用 E_k 表示。在宏观低速的情况下，动能大小为

$$E_k = \frac{1}{2}mv^2 \tag{2-2}$$

爱因斯坦在相对论中对上式进行补充

$$E_k = m_0 \frac{c^2}{\sqrt{1 - \dfrac{v^2}{c^2}}} - m_0 c^2 \tag{2-3}$$

式中，m_0 表示物体的静止质量；c 表示光速。

（3）势能

势能是物体在某个位置或状态下具有的能量，它与物体所处的位置和状态有关。例如，一个物体在高处具有势能，在下落时势能会转化为动能；弹性势能是另一种常见的势能，它描述了弹性物体在伸长或压缩时存储的能量。势能是储存于一个系统内的能量，不能被单独物体所具有，而是相互作用的物体所共有。势能又称作位能，可以释放或者转化为其他形式的能量。

势能更严谨的定义是，物体因置于保守场中而具有的能量。这个保守场可以是一个物理学意义上的力场（四大基本力及其具体形式）。根据力场的不同，常见的势能包括重力势能、引力势能、弹性势能、磁场势能、电势能、分子势能等。

① 重力势能

指一个物体由于其位置相对于地球表面或其他天体表面而具有的能量。它与物体的质量、高度（距离地表的垂直距离）以及重力加速度有关。在地球上，重力势能可以通过以下公式计算

$$E_g = mgh \tag{2-4}$$

式中，m 表示物体质量；g 表示地球的重力加速度（约为 $9.81\mathrm{m/s^2}$）；h 表示物体与地面的垂直距离。

② 引力势能

物体（特别指天体）在引力场中具有的势能叫作引力势能。物理学中经常把无穷远处定为引力势能的零势能点，引力势能表达式是

$$E_\mathrm{G} = -\frac{GMm}{r} \tag{2-5}$$

式中，G 为引力常数；M 为产生引力场物体（中心天体）的质量；m 为研究对象的质量；r 为两者质心的距离。

③ 弹性势能

物体受到外力作用而发生的形状变化叫作形变。物体因为弹性形变而具有的能量称为弹性势能，其计算取决于物体的弹性特性和变形程度。最常见的形式是胡克定律（Hooke law）所描述的线性弹性势能，它适用于弹簧和其他具有线性弹性特性的物体，表达式为

$$E_\mathrm{p} = \frac{1}{2}kx^2 \tag{2-6}$$

式中，k 表示弹性系数；x 表示形变量。

④ 磁场势能

指储存在磁场中的粒子所具有的势能。通常存在于磁性材料或微观磁矩之间的相互作用，以及带电粒子在磁场中运动。磁场势能的表达式取决于粒子的磁矩（磁偶极矩）和磁场的磁感应强度，表达式为

$$E_\mathrm{m} = -\mu B\cos\theta \tag{2-7}$$

式中，μ 代表粒子的磁矩（磁偶极矩），$\mathrm{A \cdot m^2}$；B 代表磁场的磁感应强度，T；θ 代表粒子的磁矩与磁场方向之间的夹角，rad。

⑤ 电势能

电磁负荷（带电粒子）在电场中由于受电场作用而具有由位置决定的能量称为电势能。电势能的计算依赖于电荷的电量、电场的性质以及电荷在电场中的位置。在一个静电场中，电势能可以表示为

$$E_\mathrm{e} = qV \tag{2-8}$$

式中，q 代表电荷的电量，C；V 代表电势，V。

⑥ 分子势能

包括分子内部原子之间的相互作用势能和分子之间的相互作用势能，是化学和分子物理中的一个重要概念。分子势能的计算通常依赖于分子内部原子之间的相对位置、电子云的分布和分子之间的相对位置。因此，分子势能的计算非常复杂，通常借助计算化学方法进行计算。

（4）电磁能

在电场中，电荷之间存在相互作用力，电场可以用于存储电能。在磁场中，磁体之间也存在相互作用力，磁场同样可以用于存储磁能。电磁能指的是储存在电磁场中的能量形式。

电磁场包括电场和磁场，它们是由电荷和电流产生的，并可以在空间中传播。电磁波则是电磁场的传播方式，是电场和磁场的交替传播，因此也携带着能量。电磁能可以表现为不同形式的能量，因此电磁能的计算公式可以表现为不同的形式。具体的公式选择取决于要解决问题的特定情景。常见的电磁能公式如下。

① 电场能量

电场能量是存储在电场中的能量形式。电场能量以电场的能量密度形式存在。电场的能量密度 w_e 表示单位体积内的电场能量，用以下公式表示

$$w_e = \frac{1}{2}\varepsilon_0 E^2 \tag{2-9}$$

式中，ε_0 为真空介电常数；E 为电场强度。

通常还会用电荷在电场中的电势能 E_e 来描述电场能量

$$E_e = qV \tag{2-10}$$

式中，q 表示电荷电量；V 表示电场中的电势。

② 磁场能量

磁场能量是存储在磁场中的能量形式。磁场能量以磁场的能量密度形式存在。磁场能量密度 w_m 表示单位体积内的磁场能量，用以下公式表示

$$w_m = \frac{1}{2\mu_0}B^2 \tag{2-11}$$

式中，μ_0 表示真空磁导率；B 代表磁场的磁感应强度。

磁场能量通常在电感器件中考虑；一个电感器件中的电流 I 产生的磁场能量 E_m 可以用以下公式表示

$$E_m = \frac{1}{2}LI^2 \tag{2-12}$$

式中，I 表示电流；L 表示电感器件的电感。

③ 电磁波能量

电磁波能量是指存在于电磁波中的能量形式。电磁波由交替变化的电场和磁场组成，因此，电磁波的能量密度 w（单位体积内的电磁波能量）可以用以下公式表示

$$w = \frac{1}{2}(\varepsilon_0 E^2 + \frac{1}{\mu_0}B^2) \tag{2-13}$$

第一项为电场的能量密度，第二项为磁场的能量密度。

电磁波是电磁场的传播方式，以光速在真空中传播。单位时间流经单位面积的电磁场能量称为能流密度，通常用坡印廷矢量表示。坡印廷矢量 $\boldsymbol{S}$ 的大小表示能流密度，方向表示能量传递的方向。

$$\boldsymbol{S} = \boldsymbol{E} \times \boldsymbol{H} \tag{2-14}$$

式中，$\boldsymbol{E}$ 表示电场强度；$\boldsymbol{H}$ 表示磁场强度。

光子是电磁波的基本单位。根据普朗克的量子理论，电磁波的能量是量子化的，电磁波

可被视为由一系列能量量子（光子）组成。每个光子具有特定的能量，这个能量由电磁波的频率决定。光子的能量与频率的关系满足普朗克公式

$$E = h\nu \tag{2-15}$$

式中，h 为普朗克常数；ν 为电磁波的频率。光子是光的基本单位，是描述光的离散能量传播的粒子。光子的概念对于理解微观世界中粒子和电磁波之间的相互作用（如光电效应）起到关键作用。

光子的概念与经典电磁理论所描述的电磁波能量并不冲突，光子概念主要用于描述微观层面的电磁波行为，而经典电磁理论适用于宏观层面的电磁波行为。这两种描述共同构成了对电磁波的全面理解。

2.1.2 能量的形式分类

按照能量的形式，能量又可以分为光能、热能、化学能、电能、机械能、生物质能和原子能 7 种主要形式。其中，光能和电能属于电磁能；热能的本质是物体静止时内部所有分子的动能总和；化学能是一种储存在化学物质的分子和原子之间的化学键中的能量形式，本质上可以追溯到电磁能和电子、原子核的动能；机械能包括动能和势能；生物质能属于化学能的一种；原子能属于物质能。本节将给出以上 7 种形式能量的概念、内涵、度量、重要性和主要利用特征。

2.1.2.1 光能

光波是一种电磁波，光能是指储存在光波中的能量，本质上属于电磁能。如前所述，电磁波的能量有两种描述方式。第一种描述基于经典电磁理论，不区分不同频率的光，单位体积内光（电磁波）的总能量由该区域内电场和磁场的强度所决定［式（2-13）］。第二种描述基于普朗克的量子理论，区分不同频率的光，并且每种频率的光由一系列特定能量的光子组成；光子的能量由光的频率决定［式（2-15）］。

（1）光能的度量

① 光辐照度 P

光是电磁波，而电磁波是由电场和磁场交替变化而传播的能量；在真空中，光以 $3 \times 10^8 \, \mathrm{m/s}$ 的速度传播。光能的描述通常使用光辐照度这一概念，而不是将其描述为单位体积内的电磁场能量密度。

光辐照度是指单位时间内通过单位面积的光的总能量，即单位时间内通过单位面积的电磁场的能通量，通常单位为 $\mathrm{W/m^2}$。这个概念允许我们量化光的能量传输，在照明、光通信、太阳能等领域非常有用。

② 光谱辐照度 I

在光的实际应用中，光的频率往往起到关键的作用。不管是颜色和视觉感知、光通信和光谱分析，还是将光能转化为电能的光伏效应，均与光的频率密切相关。因此，在光能的描述中，通常还会引入光谱辐照度的概念用以区分不同频率的光的能量。

光谱辐照度指的是光在不同频率（或波长、或光子能量）范围内的光辐照度，即单位时间内通过单位面积的、单位光子能量范围内的光能通量，通常单位为 $\mathrm{W/(m^2 \cdot eV)}$。

$$I = \frac{\mathrm{d}P}{\mathrm{d}E} \qquad (2\text{-}16)$$

式中，E 为单个光子能量，$E = h\nu = hc/\lambda$，ν 为光的频率，λ 为光的波长，c 为光速。

③ 光子通量 b

在光伏效应中，经常还会用到光子通量的概念。光伏效应描述了光子与半导体中的电子之间的相互作用。通常情况下，如果一个光子的能量大于等于材料的带隙，一个光子只能激发一个电子，因此，决定光伏电池中光生电子数量的是材料吸收的能量大于等于材料带隙的光子个数，而不是光子的能量，也不是材料吸收的光的总能量。

光子通量指的是单位时间内通过单位面积的、单位光子能量范围的光子数目，通常单位为个/(m² · eV · s)。光子通量在光伏效应中是一个关键的参数，它与光生电子的数量密切相关，直接影响着电能的产出。

$$b = \frac{I}{E} \qquad (2\text{-}17)$$

式中，I 为光谱辐照度；E 为单个光子的能量。

（2）太阳能及其定量描述

自然界中可以利用的光能主要来自太阳辐射，太阳能是光能的主要来源，也是人类可以利用的储量最丰富的清洁能源。除太阳辐射外，各种照明设备所发出的光也可以被二次利用。关于太阳能的定量描述可以区分为两种情况：理想情况（理论情况）和考虑大气质量的情况（实际情况）。在理想情况下，假设太阳辐射是在真空中传播到地球表面的，没有大气层的吸收和散射。而在实际情况下，太阳光在穿越大气层时会发生吸收、散射和反射。为了给出理想情况下和实际情况下太阳能的定量描述，首先需要引入光子角通量的概念。

光子角通量 $\boldsymbol{\beta}$：单位时间内单位面积上接收到的、来自单位立体角的、单位光子能量范围内的光子数，是一个矢量，单位是个/(cm² · eV · s · sr)。

$$\boldsymbol{\beta} = \frac{\mathrm{d}^2 P}{E\mathrm{d}E\mathrm{d}\Omega}\hat{\beta} \qquad (2\text{-}18)$$

式中，Ω 为立体角（sr），由经度（φ）和纬度（θ）描述，$\mathrm{d}\Omega = \sin\theta\mathrm{d}\theta\mathrm{d}\varphi$；$\hat{\beta}$ 指光的入射方向。光子角通量 $\boldsymbol{\beta}$ 描述了在各方向上接收到的单位光子能量范围的光子通量强度。

定义了光子角通量后，光子通量 b 也可以表示为光子角通量的空间积分

$$b = \int_{\Omega} \boldsymbol{\beta}\cos\theta \,\mathrm{d}\Omega = \frac{\mathrm{d}P}{E\mathrm{d}E} \qquad (2\text{-}19)$$

式中，$\boldsymbol{\beta}\cos\theta$ 代表着 $\boldsymbol{\beta}$ 的垂直分量。光子通量 b 描述了在垂直方向上接收到的单位光子能量范围的光子通量强度。

① 理想情况下太阳能的定量描述

理想情况下，描述太阳辐射的主要物理量有太阳光子角通量、太阳表面辐照度、地面接收到的太阳光子通量、地球表面辐照度、太阳常数和太阳光谱。

太阳光子角通量 $\boldsymbol{\beta}_s$：可以将太阳视为黑体，太阳光子角通量（$\boldsymbol{\beta}_s$）由黑体辐射的普朗克辐射定律给出

$$\boldsymbol{\beta}_{s}(E,T_{s})=\frac{2}{h^{3}c^{2}}\frac{E^{2}}{\exp\left(\dfrac{E}{k_{B}T_{s}}\right)-1} \qquad (2\text{-}20)$$

式中，T_{s} 代表太阳表面温度；k_{B} 为玻尔兹曼常数。

太阳表面辐照度 $P_{\text{sun-surf}}$：如果在太阳表面接收太阳辐射，接收的角度相当于半个空间，将太阳光子角通量在半空间积分可得太阳表面辐照度，单位是 W/cm^{2}。

$$P_{\text{sun-surf}}(T_{s})=\frac{2\pi^{5}k_{B}^{4}}{15h^{3}c^{2}}T_{s}^{4}=\sigma_{s}T_{s}^{4} \qquad (2\text{-}21)$$

其中 $\sigma_{s}=\dfrac{2\pi^{5}k_{B}^{4}}{15h^{3}c^{2}}=5.67\times10^{-12}\left[W/(cm^{2}\cdot K^{4})\right]$

该公式又称为 Stefan-Boltzmann 定律，σ_{s} 为 Stefan-Boltzmann 常数。上式表明太阳表面辐照度 $P_{\text{sun-surf}}$ 与温度的四次方成正比关系。

地面接收到的太阳光子通量 b_{s}：地面接收到的太阳光子数目受到太阳半角 θ_{s} 的限制。从地球一点观察太阳，与太阳直径构建等腰三角形，两腰夹角的一半即太阳半角 [图 2-1 (a)]，其大小为

$$\theta_{s}=\arctan\left(\frac{\text{太阳半径}}{\text{日地距离}}\right)=0.2655° \qquad (2\text{-}22)$$

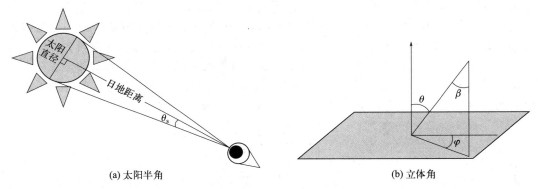

(a) 太阳半角   (b) 立体角

图 2-1　立体角和太阳半角

将太阳光子角通量对立体角积分 [图 2-1 (b)]，立体角范围 Ω 为纬度 $\theta\in(0,\theta_{s})$，经度 $\varphi\in(0,2\pi)$。可以得到地面接收到的太阳光子通量（b_{s}）

$$b_{s}(E,T_{s})=\int_{\Omega}\boldsymbol{\beta}_{s}(E,T_{s})\cos\theta\,\mathrm{d}\Omega=\frac{2F_{s}}{h^{3}c^{2}}\frac{E^{2}}{\exp\left(\dfrac{E}{k_{B}T_{s}}\right)-1} \qquad (2\text{-}23)$$

b_{s} 也被称为入射光强，太阳电池中光生电流的大小主要依赖于 b_{s}。

地球表面辐照度 P_{s}：地面接收到的太阳辐射可以用太阳光子通量 b_{s} 乘以光子能量并对光子能量进行积分获得，P_{s} 单位是 W/cm^{2}。

$$P_{s}(T_{s})=\int_{E}b_{s}(E,T_{s})E\mathrm{d}E=\frac{F_{s}}{\pi}\sigma_{s}T_{s}^{4} \qquad (2\text{-}24)$$

$$F_s = \int_0^{\theta_s} \cos\theta \sin\theta \, \mathrm{d}\theta \int_0^{2\pi} \mathrm{d}\varphi = \pi \sin^2\theta_s = 2.15 \times 10^{-5} \pi$$

式中，F_s 是太阳几何因子，描述太阳半角对 P_s 的限制。地球表面辐照度描述地面可以接收到太阳辐射的功率密度。

太阳常数 I_{SC}：定义在日地平均距离、单位时间内，地球大气层上界与辐射方向垂直的单位面积上接收的太阳辐射能通量为太阳常数（I_{SC}），单位是 W/m^2。太阳常数可以根据公式（2-24）进行估算，将太阳辐射作为 $T = 5778K$ 的黑体辐射，代入公式（2-24）可得到地球表面辐照度 $P_s = 1359 W/m^2$。如果考虑实际的日地运动，地球大气层上界接收到的太阳辐照并不是一个定值。通常太阳常数的取值为 $1361 W/m^2$。

太阳光谱 $I_s(\lambda)$：太阳光由不同能量的光子组成，也就是具有不同频率和波长的电磁波，通常将电磁波按波段范围区分，如图 2-2 所示。特定波长（波段）单位波长范围内，在单位时间、与辐射方向垂直的单位面积上接收的太阳辐射能通量为太阳光谱 $I_s(\lambda)$，单位是 $W/(m^2 \cdot nm)$。太阳光谱中能量密度最大的波长约为 500nm，由此向短波方向，各波长具有的能量急剧降低；向长波方向各波长具有的能量则缓慢减弱。在大气层上界，如表 2-1 所示，太阳辐射总能量中约有 6% 的能量在紫外线以下的波长范围内；50% 的能量在可见光的范围内；43% 的能量在红外线波长范围内。

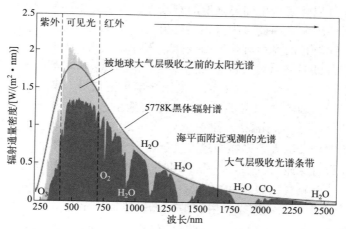

图 2-2　太阳光谱

表 2-1　到达地球表面的太阳辐射

光线量/%	约 6	约 50								约 43
视线	紫外区 不可见光	可见区 白色（复合光）								红外区 不可见光
光色	无色	紫	蓝	青	绿	黄	橙	红		无色
波长/μm	0.40	0.43	0.45	0.50	0.57	0.60	0.63	0.76		

② 实际情况下太阳能的定量描述

太阳辐射透过大气层时，一部分光线被反射或散射，一部分光线被吸收，到达地球表面的太阳辐射被减弱（如图 2-3）。整体而言：大约 19% 被大气和云层吸收；大约 26% 被大气和云层反射回宇宙空间；大约 4% 被地面反射回宇宙空间；被地球表面吸收的太阳辐射功率约占 51%。

此外，由于大气散射，地表水平面上所接收到的太阳总辐照量是由太阳直射辐照量和散射辐照量两部分组成的。由于不同地域、不同气候条件下大气对太阳光的散射不同，即使两地的太阳总辐照量相同，其直射辐照量与散射辐照量所占比例通常也并不一样。影响直射辐照量与散射辐照量所占比例的因素很复杂，通常太阳散射辐射占比约为 15%。

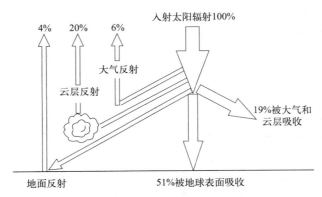

图 2-3　太阳辐射在大气层中的反射、散射和吸收

太阳光经过大气层除了产生辐射强度的衰减外，太阳光中的不同波长分量还会受到不同程度的吸收和散射的影响。因此，大气层的存在还会导致太阳光谱 $I_s(\lambda)$ 的变化。这里太阳光谱的变化指不同波长的光相对强度的变化。例如，当太阳高度角 θ 为 90° 时，到达地面上的太阳光谱中紫外线约占 4%，可见光占 46%，红外线占 50%；当太阳高度角低至 30° 时，相应的比例是 3%、44%、53%；而当太阳高度角更低时，紫外线能量几乎等于零，可见光部分的能量减少到 30%，红外线的能量占主要地位。

大气质量指数（air mass index，简称 AM 指数）是一种用于定量描述大气对太阳光谱影响的方法。AM 指数表示太阳光在穿越大气层时所经历的路径长度与大气层厚度之比。在大气层上界，光线没有穿越大气层，称为 AM0。太阳光垂直射向地面时，光线穿过一个地球大气层的厚度，此时路径最短，称为 AM1。太阳光以其他角度入射时，大气质量指数可以由 $1/\cos\theta$ 计算，其中 θ 为太阳光入射到地球光线方向与沿地球法线垂直入射的光线方向的夹角。最常用的大气质量为 AM1.5，此时 $\theta=48.2°$，它代表典型晴天时太阳光照射到一般地面的情况，一般采用此值作为评估地面太阳能转换装置及器件、组件性能的入射光能量标准。

（3）太阳能的利用

从太阳表面所放射出来的能量，换算成电力约 3.8×10^{23} kW。太阳以光辐射的方式把能量输送到距离太阳 1.5 亿公里的地球上来。地球所接收的太阳能量（大气层上界），以电力表示约 1.77×10^{14} kW，这个值大约是全球平均年消耗电力的十万倍。然而，太阳能难以连续供应、储存和运输。为了实现太阳能的有效利用，需要将太阳能转化为电能、热能等其他形式的能量。

光-电转化和光-热转化是目前最主要的两种太阳能利用方式。光-电转化基于光伏效应实现光能到电能的转化，它是指在高于某特定频率的太阳光照射下，某些物质内部的电子会被光子激发出来而形成电流的现象。主要的光-电能量转化技术是太阳电池。光-热转化是利用集热装置将太阳辐射收集起来，再通过与介质的相互作用转化成热能，进行直接的热利用或间接的光热发电。光-热能量转化技术的主要应用就是太阳能集热器和太阳能热泵。除此之外，光-生物质能和光-化学能转化也是两种十分重要的太阳能利用方式。在第 3 章将对太阳能的各种利用方式进行详细介绍。

虽然太阳能储量丰富，且具有清洁、安全、随处可得等众多优点，但也存在一些明显的缺点。太阳能在地球表面的能流密度较小，其利用需要大面积的设备，占用大量陆地面积；太阳能资源的可用性在不同地区和季节之间变化很大；受日夜交替和天气条件的影响，太阳能发电具有间歇性和波动性。因此，要使太阳能成为人类的主体能源，还需要在两个方面进一步努力：不断开发新技术以提高效率和降低成本，开发廉价可靠的能源存储技术和备用能源来满足全天候用电的需求。

2.1.2.2 热能

通常可以定义热能是物体因温度而具有的能量。热能只能由高温向低温物体单方向传递，也是一种势能。从分子运动论观点看，热能的本质是物体内部所有分子动能（包括分子的平动能和转动能）之和，宏观体现为物体的温度。热能的描述和利用的物理基础是热力学与传热学。

（1）热能的度量

根据热能的本质，物体的热能理论上可以写为

$$Q = \sum \frac{1}{2}mv^2 \tag{2-25}$$

根据温度的统计力学定义，$1/2mv^2 = 3/2k_B T$，物体的热能可以写成

$$Q = N \times \frac{3}{2}k_B T \tag{2-26}$$

式中，N 为体系中的微观粒子数；k_B 为玻尔兹曼常数；T 为温度。

通常情况下并不需要计算热能的绝对值，而是用一定质量的物质，在温度变化时，所吸收或放出的热量来描述热能。当这个过程物质没有发生相变时，热能的变化量为

$$Q = cm\Delta T \tag{2-27}$$

式中，c 为物质的比热容；m 为物质的质量；ΔT 为温度的变化。

需要注意的是：存在相变时不能用热量的变化代替热能的变化。例如，0℃ 的冰融化为水时，物质的热能没有发生变化，但是由于熵增加，体系需要吸收一定的热量

$$Q_{Tr} = \Delta H_{Tr} = T_{tr}\Delta S_{tr} \tag{2-28}$$

式中，ΔH_{Tr}、T_{tr} 和 ΔS_{tr} 分别为相变焓、相变温度和相变熵。

（2）热能的利用

热能在自然界和人类生活中具有极其重要的地位，是生产生活中最普遍的能量利用形式。它在生活供暖、食品加工和各种工业生产过程中的许多方面发挥着关键作用。

除此之外，从能源生产和供应的角度，热能也是能量转化最重要的基础能量形式。在火电、核电、生物质发电以及太阳能光热发电中，热能均起到中间媒介的作用。例如，当燃料

燃烧时，化学能转化为热能，然后热能可以被转化为机械能（例如蒸汽涡轮电动机中的蒸汽驱动涡轮），最终机械能可以转化为电能。

2.1.2.3 化学能

化学能是物质内部存储的一种能量形式，是分子和原子之间的相互作用所产生的能量。根据量子化学理论，一个多原子分子的能量包括原子核的动能、电子的动能、原子核对电子的吸引能、电子间排斥能以及原子核间的排斥能。因此，化学能本质上属于电磁能和动能。

（1）化学能的度量

化学能可以在化学反应过程中释放出来，从而产生热能、机械能或电能等其他形式的能量。化学能具有不同的利用方式，进而具有不同的潜能，也就有不同的度量方式。

对于化学能-热能转化，通常用化学反应系统的焓变来表示化学反应过程吸收或放出的热量，因此，化学能可以用物质的摩尔焓 H_m 来度量。

人们规定 298.15K 时标准状态（习惯上，纯液态和纯固态的标准状态分别取 101325Pa 下的纯液体和纯固体；气体的标准状态取 101325Pa 下的理想气体）的所有稳定单质的摩尔焓为零，记作

$$H_m^{\ominus}(稳定单质,298.15K)=0 \tag{2-29}$$

根据此规定，任意物质 B 在标准状态下的生成焓——标准摩尔生成焓 $\Delta_f H_{m,B}^{\ominus}$ 便有了相应的规定值，可以通过查表求得。而任意状态下任意物质 B 的生成焓，则可以利用物质的热容数据和熵数据来进行计算。

对于化学能-电能转化，能够释放的最大电能是化学反应过程中系统 Gibbs 函数的减少。因此，化学能也可以用物质的摩尔 Gibbs 函数 G_m 来度量。物质的 G_m 可以通过 $H_m - TS_m$ 进行计算，H_m 和 S_m 分别为物质的摩尔焓和摩尔熵。

（2）化学能的利用

化学能是一种重要的能量形式，也是能量转化和化学反应中的一个关键概念，科学、工业和生活中的各个方面都离不开对化学能的利用和理解。在能源生产和能量转化领域，化石能源、生物质能源、氢能均属于化学能。化学能可以通过化学反应释放转化为其他的能量形式。例如，燃烧属于化学能-热能的转化；燃料电池属于化学能-电能的转化。利用化学反应也可以将其他的能量形式转化为化学能储存。例如，锂电池、液硫电池等储能电池的充放电过程属于化学能-电能的相互转化。最主要的化学能利用方式包括以下几种。

① 燃烧

燃料是存储化学能的常见物质之一，通常包括化石燃料（如石油、天然气和煤）、生物质燃料、氢燃料等。燃烧是一种常见的化学反应，在燃烧过程中，化学键在燃料和氧气中断裂，重新组合成为二氧化碳、水蒸气等产物，同时释放出热能。这个过程中，化学能被转化为热能，可以用于加热、发电和提供动力。

火药也是一种常见的存储化学能的物质。利用火药的化学反应释放化学能产生爆炸效应，可以用于军事、矿山和爆破工程等。

② 电池

化学能可以通过电化学反应转化为电能。电池是一个典型的应用，其中化学反应将化学

能转化为电能，供电子设备使用。一些化学反应是可逆的，因此电池也可以通过反向化学反应重新获得化学能。不同类型的电池，包括锂离子电池、铅酸电池、燃料电池等，都利用了化学能。

③ 化学能储存

化学能还是一种重要的能量存储形式。可以通过电解、化学反应等手段将其他形式的能量转化成化学能来储存，例如氢能源和化学能储存系统，这些系统可以在需要时释放储存在化学键中的能量。

通过控制化学反应的过程，可以实现对化学能的转化和利用。化学能的利用在现代社会中至关重要，它影响着我们的能源供应、能源存储、燃料交通、环境保护和医药领域等人类生活的诸多方面。

2.1.2.4　电能

电能即电场能，指的是存储在电场中的能量，通常通过电场对电荷施加力来利用。电场中的电荷具有电势能，这种电势能可以被用来驱动电荷在电场中移动到不同位置。通常用电荷在不同位置的电势能差作为电能的度量，因此电能 E_e 可以用以下公式表示

$$E_e = q(V_1 - V_2) \tag{2-30}$$

式中，q 表示电场中的电荷量；$V_1 - V_2$ 表示电场中不同位置的电势差。

最常用的电能单位是"度"，学名叫作千瓦时，符号是 $kW \cdot h$。在物理学中，更常用的能量单位是焦耳，简称焦，符号是 J（$1kW \cdot h = 3.6 \times 10^6 J$）。

（1）电能的度量

通常情况下，我们还会用不同电路元件中存储和损失的电能来度量电能。具体的计算公式取决于电路元件的特性和电流的大小。电阻、电容和电感是最常用到的基本电路元件，电流流过电阻、电容和电感的电能大小的计算公式是式（2-30）的具体表现形式。

① 电能与电阻的关系

欧姆定律描述了电流、电压和电阻之间的关系。在一个线性电阻电路中，电流 I 与电压降 $V_1 - V_2$ 成正比，电阻 R 是这两者之间的比例常数

$$V_1 - V_2 = IR \tag{2-31}$$

因此，流经电阻所消耗的电能 $E_{e,R}$ 可以表示为

$$E_{e,R} = q(V_1 - V_2) = It(V_1 - V_2) = I^2 Rt \tag{2-32}$$

式中，t 表示时间；$q = It$ 表示流经电阻 R 的电荷量。

② 电能与电容器的关系

电容器可以储存电荷，电容器中存储的电荷 q 与电压降 $V_1 - V_2$ 成正比，电容 C 是这两者之间的比例常数

$$q = C(V_1 - V_2) \tag{2-33}$$

电容器的电压降 $V_1 - V_2$ 由两个极板上的 q 和 $-q$ 共同产生，相当于电荷量 q 处在 $1/2$ $(V_1 - V_2)$ 的电场中。因此，电容器存储的电能 $E_{e,C}$ 可以表示为

$$E_{e,C} = q \frac{1}{2}(V_1 - V_2) = \frac{1}{2}C(V_1 - V_2)^2 \tag{2-34}$$

③ 电能与电感的关系

电感通过电磁感应的原理来存储电能。电流流经电感时，电感上的电压降 V_1-V_2 与电流的变化率 $\mathrm{d}I/\mathrm{d}t$ 成正比，电感 L 是这两者之间的比例常数。电感的单位是亨利（H），1H 等于 1s 内电流增加 1A 时产生 1V 电压降。

$$V_1 - V_2 = L\frac{\mathrm{d}I}{\mathrm{d}t} \tag{2-35}$$

当电流流经电感时，电流从 0 逐渐增大，产生感应电动势，并将电能逐渐转化为电感中的磁场能量。随着电流逐渐增大，电感中以磁场的形式存储的电能也增加。因此，电感中存储的电能 $E_{\mathrm{e},L}$ 可以表示为

$$E_{\mathrm{e},L} = \int q(V_1-V_2)\mathrm{d}q = \int I\mathrm{d}tL\frac{\mathrm{d}I}{\mathrm{d}t} = \int IL\mathrm{d}I = \frac{1}{2}LI^2 \tag{2-36}$$

（2）电能的利用

电能是二次能源，一般是由另一种形式的能量转化而来的，其中包括：内能（核能发电、火力发电）、风能（风力发电）、水能（水力发电）、化学能（蓄电池）、太阳能（太阳能发电）等。同样，电能可以以多种方式进行转化和利用，为各种应用场景提供能源：电能也可以被转化成热能、机械能、化学能、光能等中任何形式的能量。从本质上来讲，通常需要通过电场对电荷施加力来利用电能。因此，电能的利用以电荷为载体，通过电场对电荷施加力将电场能量转化为荷电粒子的动能，再利用荷电粒子的动能来做功。

常见的电能利用方式包括以下几种。

a.电阻：运动的荷电粒子通过电阻时，荷电粒子会与电阻中的原子和分子发生碰撞，荷电粒子的动能转化为热能。这在电热器、电炉和热水器中很常见。

b.电容：运动的荷电粒子遇到电容时，荷电粒子会在电容的极板上积累，产生反向电动势，荷电粒子的动能转化为电场能量，以电场的形式储存在电容器中。这种存储的能量可以在需要时释放，例如在电子电路中用于瞬态事件。

c.电感：运动的荷电粒子通过电感时，荷电粒子的加速运动将在电感上产生感应电动势，荷电粒子的动能转化为磁场能量，以磁场的形式储存在电感中。

d.储能器件：运动的荷电粒子通过储能电池时，荷电粒子携带的动能可以被转化为静电势能，进而将电子或离子带入高化学势的状态，将电能以化学能的形式储存在电池中。

e.电动机：运动的荷电粒子通过磁场时，磁场将作用于运动的荷电粒子，并产生反向电动势，将荷电粒子携带的动能转化为机械能。

f.运动的荷电粒子通过 LED（发光二极管）灯时，荷电粒子携带的动能可以被转化为载流子的电化学势，进而通过量子跃迁效应释放电磁波，转化为电磁能（光能）。

g.运动的荷电粒子通过电解池时，荷电粒子携带的动能可以被转化为静电势能，进而与离子反应，将电能转化为化学能。

电能是迄今为止人类文明史上最优质的能源，清洁、高效，便于使用、输运和存储；同时，电能是最高品位的能量形式，电能到各种能量的转化都具有很高的转化效率。电能被认为是解决全球能源问题的重要方案之一，也是目前人们应用最多的一种能量形式，是现代社会中最重要的能源之一。电能是现代社会不可或缺的能源形式，被广泛应用在动力、照明、化学、纺织、通信、广播等各个领域，是科学技术发展、经济飞跃的主要动力，在我们的生

活中起到重大的作用。

（3）电能的存储

常用的电能转化储存技术包括直接以电能的形式进行存储和将电能转化成其他形式的能量再加以储存两种方式。直接以电能的形式进行存储的设备主要为电容，将电能转化成其他形式的能量再加以储存的技术主要包括通电线圈储能（电感储能）、飞轮储能和蓄电池储能。下面就各种储能技术进行简单介绍。

① 电容器储能

电容器在充电时能够以静电场能的形式储存电能，放电时再释放出电能。由于受到结构方面的限制，电容器的储能密度和能通量均比较小，作为储能系统来说用途远不如蓄电池广泛。但它的独特优点是储存的能量能在一瞬间全部释放出，这是任何蓄电池都不可能达到的。近年来，由于人造卫星、航天飞机等空间技术的发展，以及激光武器、电磁炮、粒子束武器等新武器的研制，要求配备能够在极短时间内释放出巨大功率的电源，电容器储能技术在这些领域具有十分重要的应用。

② 通电线圈储能

通电线圈能够以磁场形式存储电能，为了增大电感量，线圈中央通常会设置一个磁性材料组成的"磁芯"，储能部分即为这个磁芯。电流流过线圈后，在磁芯上产生磁场，从而磁化磁芯，使磁芯储存了磁能。超导技术的进步也为电能存储开辟了一条新的技术途径。由于超导线圈中，电流可以在零电阻下持久地无能耗运行，将电流导入超导电感线圈即可将电能存储为磁能，而无需磁芯。超导线圈储能装置具有储能密度大、效率高、响应快的优点，而且也可以小型化、分散储能。超导线圈储能技术在电力工业中有广泛的商业应用前景。

③ 飞轮储能

飞轮储能技术是将电能转化为机械能的一种储能技术，通过飞轮的加速和减速实现充电和放电。其原理是：存储能量时，电机作电动机运行，从系统吸收能量，通过飞轮转子加速，将电能转化为机械能；释放能量时，电机作发电机运行，向系统释放能量，通过飞轮转子减速，将机械能转化为电能。目前快速发展的飞轮储能技术已经在电网调峰、风力发电、太阳能发电、电动汽车、航空航天、不间断电源（UPS）等许多领域得到广泛的应用。

④ 蓄电池储能

蓄电池是一种化学储能方式，是一种有悠久历史的储能技术。蓄电池储能有以下优点：

a. 储能效率高，占地面积小，可在负荷附近设置。

b. 建设工期短，容易满足负荷增大上的需求。

c. 负荷响应及启动、停止特别良好。

d. 环保条件好，没有振动或噪声。

由于它的价格、储能密度等因素的限制，以前并不把它放在能源领域的储能范围之内。但近年来蓄电池储能技术发展迅速，并且随着技术进步，将蓄电池用于大规模储能也日渐发展，特别是在独立运行的风力或太阳能电站中，蓄电池已经成为基本的储能装备。

2.1.2.5　机械能

（1）机械能的度量

动能、重力势能和弹性势能均属于（统称为）机械能。机械能的总和可以帮助描述物体的整体能量状态，它表示了物体的动能和势能（重力势能和弹性势能）之间的转化关系。

$$E = E_k + E_p + E_g \tag{2-37}$$

决定动能的是质量与速度，决定重力势能的是质量和高度，而决定弹性势能的是弹性系数与形变量。机械能是物体机械运动状态（即位置和速度）的单值函数。

（2）机械能守恒

在封闭系统中，一个系统的机械能总量在运动过程中不会改变，即机械能守恒。机械能守恒是一个重要的物理原理，它意味着在一个没有非保守力作用的系统中，动能和势能可以相互转化，但它们的总和始终保持不变。

这一原理在物理学中有广泛的应用，例如，当一个物体从高处自由落下时，机械能守恒表明重力势能的减少等于动能的增加，这可以用来推导自由下落物体的速度和高度的关系。

（3）机械能的利用

机械能是自然界中最基本的能量之一，广泛应用于机械工程、物理学、建筑工程、航空航天等领域。理解和掌握机械能的基本原理对于各种机械系统的设计和优化是至关重要的。

此外，机械能在实现能量转化和储存中扮演了关键角色，是能量的有效利用和传递的重要能量形式。特别是在光电转化之前，机械能-电能转化是最重要的电能生产形式，火电、风电、核电的核心发电原理均属于机械能-电能的转化。此外，机械能还可以用作能量的临时储存，例如抽水蓄能、飞轮储能均属于利用机械能来存储能量，当需要时可以释放这种储存的机械能，将其转化为其他形式的能量。

2.1.2.6 生物质能

生物质能是指可以从生物体中获取的能量，属于化学能的一种。如第1章所述，生物质是生物能源的一个术语，指地球上所有活的和死的生物物质以及新陈代谢产物的总称，包括所有的动物、植物和微生物以及由这些生命体派生、排泄和代谢产生的有机质。

（1）生物质的化学组成

生物质的化学组成可分为主要成分和少量成分两种。主要成分由纤维素、半纤维素和木质素构成，存在于细胞壁中，如图2-4所示。表2-2是典型的几种农林生物质原料的化学组成。本节将简要介绍纤维素、半纤维素和木质素。

表2-2　典型的几种农林生物质原料的化学组成

原料	纤维素/%	半纤维素/%	木质素/%
硬木	40～50	24～40	18～25
软木	40～50	25～35	25～35
玉米芯	45	35	15
草	25～40	35～50	10～30
麦秸	30	50	15
树叶	15～20	80～85	0
报纸	40～55	25～40	18～30

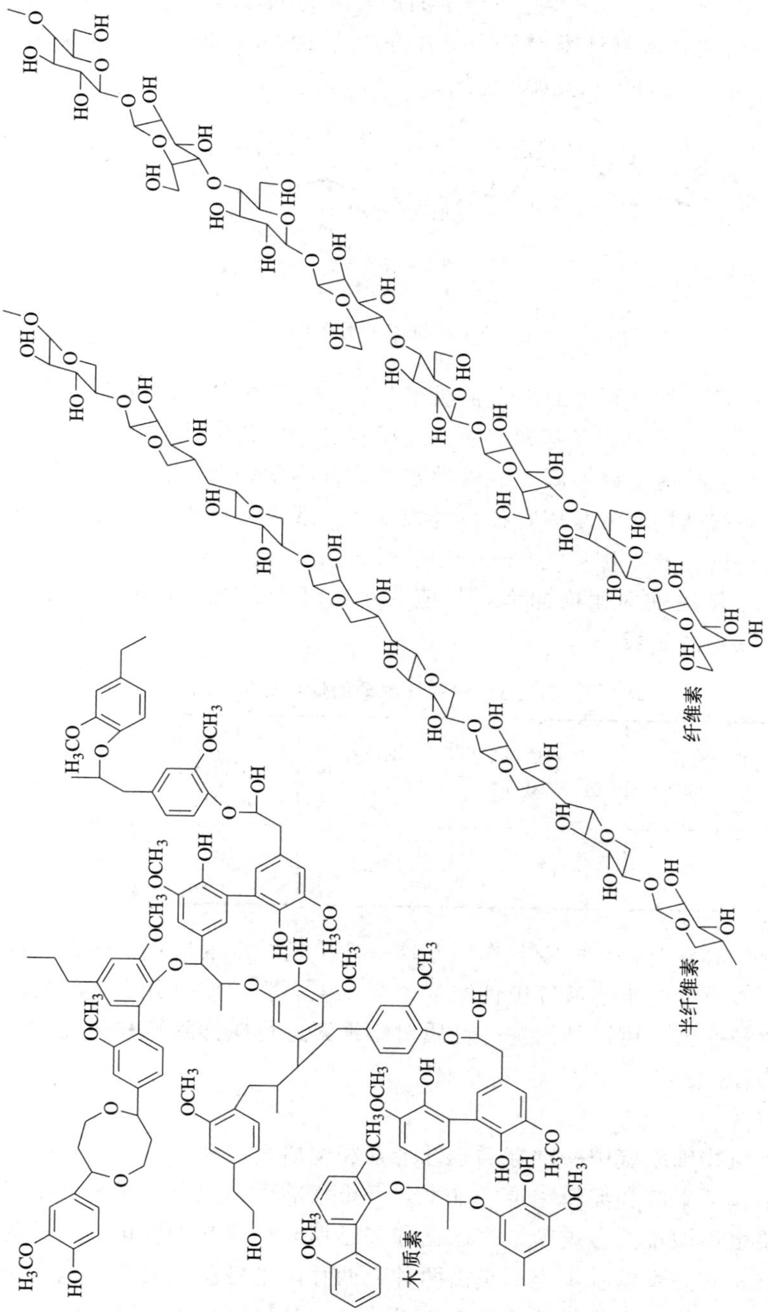

纤维素

半纤维素

木质素

图 2-4　生物质的主要成分

① 纤维素

纤维素是 D-葡萄糖以 $\beta(1\to4)$ 糖苷键组成的链状高分子化合物，分子式为 $(C_6H_{10}O_5)_n$，其中 n 为聚合度，其分子结构如图 2-5 所示。由于纤维素是高分子化合物，具有大分子的多分散性或者不均一性，因此，测定的聚合度为平均聚合度。如天然棉纤维素大约由 15300 个葡萄糖基组成，木材纤维素平均聚合度约为 10000。根据不同品种和来源，纤维素的分子量可以在 5000～250000 范围内变化。

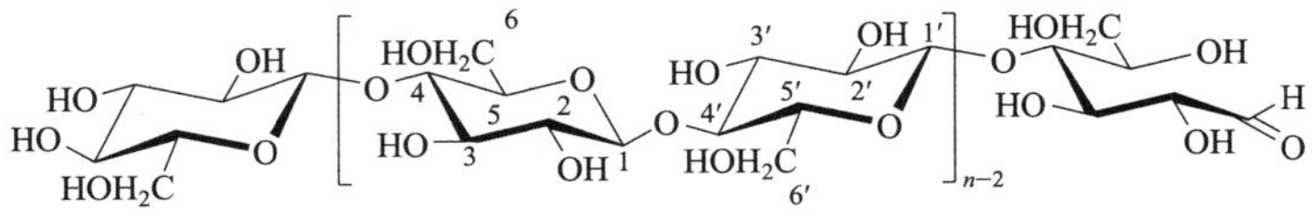

非还原性末端　　　　　葡萄糖酐单元　　　　　还原性末端
　　　　　　　　　　　　(n = 聚合度)

图 2-5　纤维素的分子结构

纤维素的每个葡萄糖基环上有三个活泼羟基，即为 2 个仲羟基和 1 个伯羟基，纤维素的化学性质主要取决于分子中的羟基和醛（或糖苷键）的化学性质，主要表现为纤维素的酯化和醚化反应、氧化反应、碱性降解和酸性水解。纤维素中存在大量的结晶区、非结晶区以及氢键，因而其晶体结构非常牢固，使得纤维素在一般条件下很难溶解于常见溶剂。

纤维素本身是白色的，密度为 $1.50\sim1.56kg/m^3$，比热容为 $1.34\sim1.38kJ/(kg\cdot℃)$。纤维素对热的传导作用轴向比横向大，其值大小与纤维的孔隙度有关，热值 18400kJ/kg。一些纤维素的燃烧热值见表 2-3。

表 2-3　一些纤维素的燃烧热值

原料种类	精制漂白亚硫酸盐浆	精制棉花（110℃烘干）	氧化纤维素	再生纤维素（铜氨液沉淀出的）	丝光化纤维素	高级漂白破布浆
燃烧热值/（kJ/kg）	17993	17737	17321	16724	16716	1831

绝干的纤维素对水有强烈的吸着作用，这一性质是纤维素最重要的物理性质。此外，纤维素在水、酸、碱或盐的水溶液等极性溶剂中会发生润胀，使得分子之间的内聚力减弱，固体变得松软，体积变大。可以利用这一性质对纤维素进行碱性降解和酸性水解，以获得小分子的碳水化合物。

② 半纤维素

半纤维素是植物细胞壁中一群穿插于纤维素和木质素之间、用热水或冷碱可以提取的高聚糖，习惯上不包括果胶和淀粉。半纤维素与纤维素的区别主要在于半纤维素不是单一的高聚糖，而是主要由不同量的多戊糖、多己糖和多己糖醛酸这几种糖单元构成的共聚物，分子链短且带有支链，其高聚糖基本上都是由两种或两种以上糖基组成的，糖与糖之间的连接方式也不同。半纤维素糖基主要包括 β-D-吡喃葡萄糖、β-D-吡喃甘露糖、β-D-吡喃半乳糖、β-D-吡喃木糖和 α-L-呋喃阿拉伯糖。这五种糖的结构如图 2-6 所示。

半纤维素的化学性质主要表现在羟基、末端醛基和糖苷键上。一般说，半纤维素的化学性质与纤维素相似，但半纤维素基本上为无定形结构，它比纤维素更容易发生化学反应。包括：

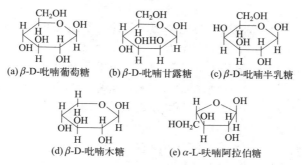

(a) β-D-吡喃葡萄糖   (b) β-D-吡喃甘露糖   (c) β-D-吡喃半乳糖

(d) β-D-吡喃木糖   (e) α-L-呋喃阿拉伯糖

图 2-6   半纤维基的糖基

a. 半纤维素的酯化和醚化反应   半纤维素中各种高聚糖均能发生酯化和醚化反应，而且反应速度较快，这种性质对制备纤维素硝酸酯和纤维素磷酸酯有不利的影响。

b. 半纤维素的氧化反应   半纤维素大分子上含有羟基，用次氯酸盐漂白时，会发生氧化反应，产生羰基和羧基。进一步氧化则成为有机酸，如草酸、甲酸及二氧化碳等。半纤维素比纤维素更易被氧化，因此，含半纤维素多的纸浆漂白后容易返黄。

c. 半纤维素的酸水解   半纤维素在酸性水溶液中加热时，其糖苷键能发生水解反应生成单糖，且比纤维素水解容易得多，速度也快得多。除反应生成单糖外，还有一部分单糖进一步分解成糠醛、有机酸等。

d. 半纤维素的碱性降解   在碱法蒸煮条件下，半纤维素分子链的还原性末端及糖苷键处更易发生碱性水解和剥皮反应。其结果是平均聚合度下降，产生各种糖基的偏变糖酸和异变糖酸，甚至分解为甲酸、乳酸等。一般来说，聚戊糖在碱性溶液中较在酸性溶液中稳定，而聚己糖恰好相反。

③ 木质素

在植物界中，木质素是仅次于纤维素的一种最丰富且重要的大分子有机聚合物，存在于植物细胞壁中。木质素在纤维之间相当于黏结剂，与纤维素、半纤维素等成分一起构成植物的主要结构。木质素在木材中的质量分数一般为 20%～40%，禾本科植物中的木质素质量分数一般为 14%～25%。木质化的细胞壁能抵抗微生物的侵袭，增加强度，并提高细胞壁的透水性。

木质素大分子是由相同的或相类似的结构单元重复连接而成的具有网状结构的无定形的芳香族聚合物。一般认为木质素大分子主要由三种不同的结构单元组成：愈创木酚基型、紫丁香酚基型及对丙苯酚基型，这三种基本结构单元如图 2-7 所示。

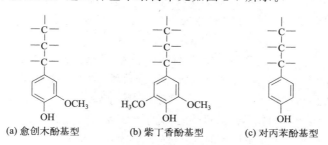

(a) 愈创木酚基型   (b) 紫丁香酚基型   (c) 对丙苯酚基型

图 2-7   木质素的三种基本结构单元

木质素由木质素先驱物按照连续脱氢聚合作用的机理，用少数几种形式相互无规则地连接起来，形成一个三维网状结构的聚酚化合物，因此它不能像纤维素或蛋白质等有规则天然聚合物一样用化学式来表示。木质素的结构一直是一种物质结构的模型，只是木质素大分子被切出，可代表平均分子的一部分，或只是按测定结果平均出来的一种假定分子结构。其玻璃化温度在 127～193℃ 之间，并随木质素分子式和化学结构的不同而变化。

原本木质素为白色或接近白色，但一切分离木质素均有颜色，由乳白色到深褐色，颜色的深浅主要取决于分离条件。如磨木质素为乳白色，酸木质素为褐色，碱木质素为深褐色。在常温下，原本木质素的主要部分不溶于任何有机溶剂，但可溶于亚硫酸盐蒸煮液。

分离木质素的平均分子量与分离条件和分子量的测定方法有关，一般在 1000～12000 之间。苯丙烷单元的分子量为 120，故分离木质素的平均聚合度为 5～65。木质素是一种多分散性物质，它的分子量分布在 300～50000000 范围内。木质素没有熔点，但有软化点，当温度升高到 70～110℃ 时，黏合力增加。分离木质素的热值为 26656kJ/kg。

木质素的性质很活泼，研究木质素的化学性质对于了解制浆造纸、木材热解以及水解工业中的主要化学反应十分重要。

a. 木质素的磺化作用　亚硫酸盐蒸煮过程中，在 130～140℃ 下，木质素与蒸煮液中的亚硫酸盐和游离酸作用，变成可溶的木质素磺酸盐。主要反应有：脂肪族羟基的取代、醚键开裂、烯键加成。

b. 木质素在硫酸盐蒸煮中的反应　在高温和碱的作用下，木质素基本结构单元间的醚键首先发生广泛的断裂，降解后亲水性的木质素碎片再溶于蒸煮液中。

c. 木质素与氯的作用　在室温条件下，氯可以使木质素转变成可溶于碱液的氯化木质素。在制浆造纸工业中既可利用木质素的这种性质制浆（称氯碱法），亦可用于漂白（称氯化漂白）。在实验室则可用来测定综纤维素或克贝纤维素。

d. 木质素的氧化作用　氯水溶液是在中性和碱性情况下，由次氯酸和次氯酸盐组成的一种混合物，是一种氧化剂。工业生产中常用的其他氧化剂有二氧化氯、亚氯酸钠、过氧化钠和过氧化氢。高锰酸钾常用来测定未漂浆的漂率。氧化作用必然引起碳-碳键断裂以及其他类型的降解，并使木质素分子碎片化。

e. 木质素的显色反应　当有盐酸或硫酸存在时，酚类和胺类是鉴别木质素的优良试剂。除此之外，原本木质素还可以和一些无机试剂起显色反应，其中以 Mäule（美列）反应最有价值。此反应系将粉碎过的木屑放在 1% 高锰酸钾溶液中处理 5～10min，用冷水洗涤，再以稀盐酸润湿、洗涤，然后再用氨溶液润湿。如试样为阔叶材，则显红色；如试样为针叶材，则呈非特征的黄色。故美列反应常用来鉴别针叶材和阔叶材。

f. 无机酸对木质素的作用　无机酸能使木质素发生缩聚反应，使木质素分子量变大，化学反应能力降低。

g. 木质素的热分解　木质素隔绝空气高温热分解可以得到木炭、焦油、木醋酸和气体产物。产品的得率取决于木质素的化学组成、反应最终温度、加热速度和设备结构等一系列因素。由于木质素的芳香结构，相应增加了碳的质量分数（占 55%～65%），因此木质素的热稳定性较高。纤维素和木材开始强烈热分解的温度是 280～290℃，而木质素的热分解温度是 350～450℃。木质素热分解时形成的气体成分为：二氧化碳 9.6%，一氧化碳 50.9%，甲烷 37.5%，乙烯和其他饱和碳氢化合物 2.0%。

（2）生物质能的度量

根据转化途径和利用目的的不同，可以将生物质的能源化利用方式分为两大类：一类是生物质发电，另一类是制取生物质燃料。生物质可以通过直接燃烧方式释放热能然后再转化为电能，也可以先转化为生物燃料，然后通过不同的途径转化为电能。在生物质发电技术领域当中，主要有直接燃烧发电、混合发电、气化发电、沼气发电、垃圾焚烧发电等。在制取生物质燃料途径当中，主要有致密成型技术、厌氧生物降解技术、生物产氢技术、生物质气化技术等等。其中生物质气化技术近年来得到广泛应用。生物质发电和制取生物燃料的原理和技术将在第 5 章详细介绍。

生物质能是从生物质中通过燃烧、发酵、气化等方式获取的热能、电能或其他形式的能源。因此，生物质能的度量通常涉及能源产生、消耗和效率等方面的指标，通常包括如下几个方面。

① 生物质质量或体积

生物质能的度量可以从生物质的质量（通常以 kg 为单位）或体积（如 m^3）入手，用于评估生物质能的潜在产量。

② 能量产量

生物质能的产量通常以单位能量为基础，例如 J 或 kJ。这包括生物质的燃烧产生的热能以及其他转化方式。

③ 能源效率

生物质能的度量还包括能源的有效利用程度。通过比较能源产出与生物质能源投入，可以计算生物质能的能源效率。

④ 碳排放和环境影响

生物质能的度量还需要考虑其对环境的影响，如碳排放。生物质能的利用可能会减少化石燃料的使用，但也可能涉及森林砍伐等问题，需要综合考虑环境可持续性。

⑤ 再生性

生物质能作为可再生能源的一种，度量也涉及其可持续性和再生性。这可以通过评估生物质的再生周期和资源管理来实现。

⑥ 能源成本

生物质能的度量还需要考虑其生产、转化和利用的成本。这包括生物质的收集、运输、处理和转换成能源的费用。

综合考虑，生物质能的度量涵盖了能源产量、能源效率、环境影响、可再生性和经济成本等多个方面。这些度量方式有助于评估生物质能的可行性、可持续性和适用性，从而在能源领域做出更明智的决策。

（3）生物质能的优缺点

生物质能是可再生能源之一，在能源和环境方面都具有重要作用。在能源方面，我国生物质能资源十分丰富，各类农业废弃物的资源每年即有 3.08×10^8 吨标准煤，薪柴资源量为 1.3×10^8 吨标准煤，可以在一定程度上减少对化石能源的依赖。在环境方面，生物质能可以利用农作物残渣、林木废弃物、家庭垃圾等生物质资源，可以减少废弃物对环境的负面影响，实现资源循环利用。

此外，生物质作为能源资源，还具有以下优点：

a. 可再生性　生物质是光合作用的产物，是一种取之不尽、用之不竭的可再生资源。

b. 清洁环保性　从其自身转化利用角度分析，生物质属于碳中性能源，同时，生物质本身硫含量远低于煤等化石燃料。

c. 用途多样性　生物质不仅可以转化为电能，还能转化为各种生物燃料，比如燃料乙醇、生物天然气、生物柴油、氢气等；此外还可以转化为生物塑料等化工产品。

d. 分布广泛性　生物质资源遍布全球领域，资源量十分丰富。

但是，无论是林业生物质、农业生物质还是水生生物质资源，生物质资源的分布均比较分散，导致收集运输成本较高。资源分散性是影响生物质能规模化应用的主要障碍。此外，堆积密度低也是制约生物质资源规模化应用的另一个大障碍。通常情况下，秸秆类生物质的堆积密度只有 $80\sim100kg/m^3$。过低的堆积密度严重制约了生物质的运输、储存和应用。

2.1.2.7　原子能

原子能又称"原子核能"或"核能"，是指原子核因重新分离与组合而释放的能量。原子能起源于原子核中的强相互作用力——核力（核力是目前所发现最强的相互作用力）。核力是物质世界中的一种基本相互作用力，它作用于原子核内的质子和中子之间。核力是目前已知的最强的相互作用力之一，是库仑力的约 100 倍。这一强度使原子核内的质子和中子能够克服库仑排斥力，紧密地维持在一起形成原子核。核力是维持原子核结构和稳定性的根本原因。

核力是一种非常复杂的相互作用力，涉及夸克之间的相互作用，它的数学描述通常采用量子色动力学来处理。但由于强相互作用是高度非线性和非微扰性的，尚没有一个简单的解析表达式来计算强相互作用力的强度。对于大多数实际问题，科学家和物理学家通常依赖于数值计算和数值模拟来研究强相互作用力。

原子能可以通过核反应释放出来。当核反应发生时，原子核中的结合能发生变化，导致质子和中子的质量发生微小的变化，将物质能转化为其他形式的能量，如热能或辐射能。因此，原子能本质上属于物质能。

（1）原子能的释放方式

原子能的产生目前分为两种途径：核裂变与核聚变。

核裂变发生在平均结合能比较小的重核上，有两种方式，分别为自发裂变与感生裂变。自发裂变是由于重核自身不够稳定，并且半衰期较长，比如钾的半衰期可高达 13 亿年。因其半衰期较长，利用自然裂变的能量基本不可能。感生裂变是指，重核在受到其他粒子（主要为中子）的撞击时，该重核分裂为两个（极少为多个）质量不同且质量较轻的核，同时可能放出中子（放出的中子继续撞击其他重核即为链式反应），该过程中伴随大量核能释放（铀裂变可以释放 200MeV 的能量）。

核聚变也叫作热核反应，是指结合能较小的轻核（主要指氢）聚合构造成一个平均结合能较大、较重的原子核，此时往往伴随巨大的能量释放。由于静电排斥力较强，因而通常条件下很难发生核聚变。只有在有充足能量的条件下（几千万摄氏度因此又称为"热核"反应）才能产生持续的核聚变，太阳就是依靠核聚变反应发光发热的。核聚变与核裂变相比，释放能量更多，环境影响更小，但控制难度大，目前仍难以很好地实现可控核聚变。

（2）原子能的度量

核反应的能量产出即原子核的反应中释放出的能量。由于核反应过程中，结合能的释放对应质子和中子的质量的变化，因此，可以通过质能方程，根据核反应前后的质量差，估算原子能（反应释放的能量）的大小

$$E_A = \Delta m c^2 \tag{2-38}$$

式中，E_A 表示释放的原子能；Δm 代表质子和中子质量的变化；c 代表光速。

由于 c 的值非常大，根据质能方程，即使质量的微小变化也可以导致大量的能量释放。这是核能如此强大和高效的原因。科学家们发现：1 克氢裂变可以产生相当于 19 万千瓦时的电能，同等质量情况下，核能释放能量可以达到化学能的几百万倍。

原子能可以用 J 或 kJ 等单位来度量。在原子能研究中，为了计量方便，通常采用的计量单位为 MeV 即兆电子伏（$1\text{MeV} = 1.0 \times 10^6 \text{eV} = 1.6 \times 10^{-13} \text{J}$）。质量计量单位则使用 u 即原子质量单位表示（$1\text{u} = 1.66043 \times 10^{-24} \text{g}$）。

在原子能的度量中，通常还会用到核燃料的能量密度来描述单位质量的核燃料所含的能量，单位为 kJ/kg 或 MJ/kg；用反应堆功率来描述反应堆中的核反应释放能量的速度，通常以 MW 为单位。反应堆功率计算涉及复杂的核反应、核物理学和热力学等领域的知识，要求精确的数据、模型和方法以确保计算的准确性和可靠性。

（3）原子能的利用

原子能的利用方式主要包括原子能发电、核武器、同位素探测 3 个方面；此外，在加速器技术、核成像技术、海水淡化、结构分析、元素分析等方面也有应用。原子能发电是原子能最重要的应用之一。

自苏联 1954 年在奥布宁斯克建成世界上第一座原子能发电站，原子能发展至今，技术已经相对成熟，且受外界环境制约小。截至 2023 年，全球共有 443 座核反应堆投入使用，可提供全球 10% 以上的电力。目前原子能发电站的主流技术为使用铀 235 进行链式反应并控制在一定程度之内来达到利用原子能发电的目的。截至 2023 年 6 月，我国运行核电机组共 55 台（不含台湾地区），装机容量约 56993.34MWe（额定装机容量），共提供全国约 5.08% 的电力。我国主要核电公司为中国核工业集团有限公司和中国广核集团有限公司等。

原子能是目前世界第一大低碳的电力生产能源。在能源危机、全球变暖，环境污染的当下，原子能作为清洁、低碳、安全、高效的基荷能源，在能源结构和应对全球气候变化中将可以发挥重要作用。我国拥有丰富的铀资源，探明的铀资源总量约为 18.9 万吨标准铀，可开采的资源量为 4.5 万吨。核能在中国能源结构中可以发挥重要作用，为电力供应提供清洁的基础负荷。粗略估算，按照当前的核燃料利用效率，并考虑核燃料的循环利用，4.5 万吨标准铀能够支撑中国现在的电力消耗数十年。

2.1.3　能量的品位

能量是有品位高低的。根据热力学第二定律，功是最"高贵"的能量形式，它是万能的供体。能量如果以功的形式存在，理论上就可以 100% 地转化为别的能量。相比之下，热是最"低贱"的能量形式，它是万能的受体。任何形式的能量最终将 100% 地以热的形式散发到环境中，但是热不会 100% 地转化为功。

能量品位指的是能量所含有用成分（对外做功）的百分数，是根据做功过程的利用率对能量的一种分级。机械能可以百分百转化为功，因此机械能与功是等价的。电能和机械能的相互转化，如果不考虑发热损耗，理论效率为1，所以电能和机械能品位最高。

因为电能的品位与功等价，所以还可以从转化为电能的难易程度判断能量的品位。较难转化为电能的为低品位能量，较易转化成电能的为高品位能量。

光能的本质是电磁能，因此光能-电能的转化，如果不是特指太阳能-电能转化，理论上可以实现100%的转化效率，所以光能品位与电能相同。但如果特指太阳能-电能转化，该转化过程可以看作太阳与太阳电池之间的热平衡，满足热力学第二定律，因此，可以将太阳能看作热能，所以太阳能品位低，并且和热能同品位。

化学能利用途径有2种：一种是利用电化学反应，可以直接将化学能转化为电能，不需要通过热转化步骤，它实际上是利用了系统总能量中的Gibbs自由能，Gibbs自由能小于从系统可以提取的最大热量——焓值。另一种是化学能先转化为热能，热能再对外做功转化为机械能；热功转化过程中的能量损失实际上把化学能的一部分潜在的做功能力浪费了，这种做功能力的浪费被称为"热瓶颈"。因此，化学能的品位高于热能，但低于光能、机械能和电能。

核能属于物质能。在核反应过程中，核能转化为热能和辐射能。在核能利用中，通常会控制核反应以产生热能，再利用热能-机械能-电能转化过程发电。因此，核能的利用也存在"热瓶颈"。因此，核能的品位同样高于热能但低于光能、机械能和电能。

此外，热能虽然是最低品位的能量，但是通常也会区分高品位热能和低品位热能；当比较不同温度的热源时，高温热源被认为是高品位热能，低温热源则为低品位热能。

能量的品位与能量转化的效率密切相关。高品位能量更容易转化为其他形式的能量，因此其能量转化效率通常较高。低品位能量转化为高品位能量则需要更多的能量转化步骤，其能量转化效率较低。了解能量的品位有助于确定适合特定应用的能量类型。例如，高品位电能通常用于高温加热、电动机、电照明等需要高温度或高效率的应用；而低品位热能常用于供暖、热水、蒸汽产生等应用，它们通常需要较低的温度，因此使用低品位热能是经济和实际的选择。

2.2 能量转化的基本定律

能量转化遵循最基本的物理定律——能量守恒定律和熵增定律。关于熵的定义将在2.5.6部分给出。这两个定律为我们提供了描述能量转化过程最基本的理论基础。

（1）能量守恒定律

能量守恒是一个基本的自然法则，它表明在一个孤立系统中，能量的总量是恒定的。这意味着能量不会被创造或毁灭，系统内部的能量可以从一种形式转化为另一种形式，但总能量不会减少或增加。

在热力学中，能量守恒定律又被称为热力学第一定律：对于孤立系统，系统的内能变化等于对系统做功和系统吸收的热量之和。

$$\Delta U = Q - W \tag{2-39}$$

式中，ΔU 是内能的变化；Q 是系统吸收的热量；W 是对系统做的功。

（2）熵增定律

在一个孤立系统中，熵（系统的无序程度）不会减少，而是趋向增加。这意味着自然过程总是朝着熵更高的方向发展，即趋向于更加无序的状态。熵增定律描述了能量转化的方向性。

在热力学中，熵增定律又被称为热力学第二定律：自然界中热量总是自发地从高温物体传递到低温物体，而不能自发地从低温物体传递到高温物体。这个定律涉及能量的转化和系统的不可逆性。

（3）卡诺定律

由于能量守恒定律和熵增定律的限制，能量转化并不是百分之百有效的。在实际过程中，总会有一些能量损失，通常以热量的形式散失。因此，能量转化的效率往往达不到100％。能量转化过程需要遵循的第三个基础性原则为卡诺定律。

卡诺定律：不存在能够以比卡诺循环更高的效率将热量转化为功的系统。卡诺定律明确规定了理想热机的最大可能效率。关于卡诺定律和卡诺循环的详细描述将在第 4 章给出。

2.3 能量转化的固体基础

光能-电能、光能-热能和光能-化学能转化过程涉及固体中特有的能量形式的表达方式、能带理论以及半导体电子论等诸多固体基础知识。

2.3.1 固体中的能量概念

在固体物理中，体系在能量最低时的状态被称为基态。朗道提出，对于能量靠近基态的低激发态，通常可以被视为是一些独立基本激发单元的集合，它们具有确定的能量和波矢，这些基本激发单元通常被称为元激发，是固体中的各种能量形式的表达方式。由于元激发具有粒子的性状，又被称为准粒子。元激发概念的提出有利于将抽象的能量概念"实体化"，以助于人们更直观的理解。

元激发可以分为集体激发和单个激发两大类。集体激发涉及大量粒子的协同运动，是一种集体性质。集体激发包括声子、磁振子、等离激元、极化激元、胶子和引力子。单个激发涉及单个粒子的运动或相互作用。单个激发包括激子和极化子。在能量转化过程中，声子和激子均发挥重要的作用。本节将简要介绍声子、等离激元和激子的概念。此外，光子是电磁场中传递电磁相互作用的基本粒子，其与固体中电子间的相互作用是光电转化的物理基础，因此本节中也将简要介绍光子的概念。

（1）声子

声子（phonon）的概念由苏联物理学家伊戈尔·塔姆于 1932 年提出，是在研究晶格振动的过程中发展起来的。晶格中原子的振动可以被视为一系列相互独立的简谐振子，而简谐振子的能量是量子化的，这种量子化的晶格振动与"声音"具有本质相关性，因此被命名为声子。在固体中，尤其在半导体和绝缘体中，"热"主要通过晶格振动进行传导，因此声子又被视为"热"的载体，声子概念的引入有助于深入探索晶体的热力学。

研究发现，晶体的热力学性质，如比热容等，与声子有直接的关系。此外，声子是影响固体材料光热转化效率的重要因素。光热效应指材料在吸收电磁辐射后，光子与晶格相互作用，最终导致晶格振动加剧引起温度升高。因此，材料的光热转化效率依赖于其吸收光子产生声子的能力。

（2）等离激元

等离激元（plasmon）的概念由美国物理学家 David Pines 和 David Bohm 于 1951 年提出。在具有一定载流子浓度的固体系统中，由于载流子之间的库仑相互作用，空间中某处载流子浓度的涨落有可能会引起其他区域的载流子集体振荡，这种以一定浓度的载流子振荡为基本特征的元激发，称为等离激元。

表面等离激元（surface plasmon，SP）是等离激元的一种具体情况，指的是限定两种复数介电常数实部符号不同的界面上（例如金属与电介质、富缺陷半导体与电介质）载流子的集体振荡。表面等离激元可以被电子激发，也可以被光激发。表面等离激元可以区分为局域表面等离激元（localized surface plasmon，LSP）和传导表面等离激元（propagating surface plasmon）。

表面等离激元共振（surface plasmon resonance，SPR）指的是当光或电子入射到金属，与表面等离激元的频率相近时，就会形成共振。等离激元共振主要指局域表面等离激元共振（LSPR）。对于传导表面等离激元，其与光子会发生集体振荡，产生一种由自由电子和光子相互作用形成的混合激发态，即表面等离激元极化（surface plasmon polariton，SPP）。

表面等离激元极化指界面上的自由电子和光子相互作用形成的电磁共谐振荡，是载流子与电磁场共谐振荡的量子化描述。需要注意的是，表面等离激元极化的波矢大于空气中光子的波矢，因此入射光无法直接将表面等离激元激发成表面等离激元极化，需要借助周期性光栅、近场光学或棱镜结构等进行动量匹配。

在产生局域表面等离激元共振和表面等离激元极化效应的波长处，金属（高缺陷半导体）具有强烈的光吸收能力。等离激元与光子的相互作用在太阳电池光管理和光热转化中起到了非常重要的作用。

（3）激子

激子是电子-空穴振动的元激发，通常我们将激子理解为电子-空穴的束缚对，是电子和空穴由于静电库仑力相互吸引，在空间上被束缚在一起的状态（图 2-8），电子与空穴之间的距离被称为激子玻尔半径。激子是一种电中性的准粒子，是凝聚态物理中转移能量而不转移电荷的基本单元。1931 年，苏联物理学家 Yakov Frenkel 最早提出激子的概念，并指出激发态能够以粒子状的方式穿过晶格而不伴随电荷转移。激子可以存在于半导体、绝缘体和某些液体中。

激子分为束缚激子和自由激子。束缚激子也被称为弗伦克尔（Frenkel）激子，主要存在于相对介电常数较小的材料中，如碱金属卤化物晶体、由芳香族分子组成的有机分子晶体、具有部分填充 d 轨道的过渡金属化合物等。在这些材料中，激子中的电子与空穴之间具有较强的库仑作用，因此

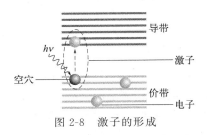

图 2-8　激子的形成

激子结合能较大（0.1～1eV），激子玻尔半径较小，电子和空穴被束缚在大约一个原子的范围内。

自由激子也被称为瓦尼尔（Wannier）激子，主要存在于相对介电常数较大的半导体材料中。当光子能量大于半导体带隙时，半导体吸收光子将电子从价带激发到导带，同时在价带留下带正电荷的空穴。在库仑静电引力的作用下，这些光生电子与空穴在空间上被束缚在一起形成激子，使体系的总能量小于电子和空穴未被束缚的状态。由于半导体的相对介电常数较大，其他电子对库仑静电力的屏蔽作用较为显著，因此激子中电子与空穴的结合能较小，通常为 0.01eV 量级，相应的激子玻尔半径较大，电子和空穴分布在较大的空间范围内。

（4）光子

如前所述，光子是电磁波的基本单位，是电磁波能量量子化的度量。每个光子具有特定的能量，这个能量由电磁波的频率决定。光子的概念对于理解光能-电能、光能-热能、光能-生物质能、光能-化学能和热能-电能转化的微观物理过程非常重要。

2.3.2 能带理论和半导体

光能-电能转化主要基于半导体材料完成，其本质上是光与半导体中的电子之间发生相互作用，使电子获得额外的能量产生了电势能。因此，理解光能-电能转化的具体过程就需要知道半导体（固体）中电子的状态如何描述，能带理论即为描述固体中电子状态的理论。

2.3.2.1 能带理论

能带是凝聚态物理学中描述固体中电子能级的一种模型，是晶体特有的概念。能带理论解释了在晶体结构中电子的能量分布和电子运动的一些基本特性，对于解释金属、绝缘体和半导体的电学性质以及材料的导电性等方面提供了重要的框架，是固体物理学中的基础概念之一。

（1）能带的形成

理解能带的形成首先要了解原子内部电子的运动规律，这里以硅原子为例进行介绍。硅原子外部有 14 个电子环绕原子核做运动。最内层的电子受到原子核的吸引最大，能量最低，由内层到外层的电子能量依次增加，电子排布如图 2-9 所示。每一层的电子能量也有所不同，并不是完全在相同轨道运动。在量子理论中，不同的轨道不是连续的，只能取某些特定的值。图 2-9 中，第 4 和第 5 层虽然没有电子存在，但是处于允许电子存在的状态。

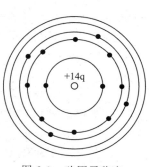

图 2-9 硅原子稳定状态的电子排布

硅晶体中，大量的硅原子按照周期性规则进行排布，不同硅原子中的电子发生交叠，如图 2-10 所示。因此，硅原子的单个电子轨道分裂为 n 个电子轨道（n 为晶体中的原子个数）。独立原子中，内部不同电子的能量是不连续的。同样，形成晶体后，内部电子的能量也是不连续的。由于硅原子数量庞大，这些分裂的电子轨道之间的能级差很小，可以将电子轨道看成准连续的，因此被称为能带。这种粗浅的解释可以帮助我们很好地理解能带的形成。

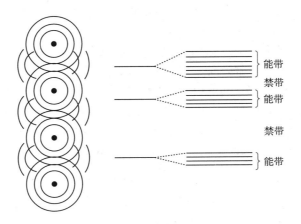

图 2-10　能带形成

（2）能带结构

能带结构描述了允许电子存在的能量范围以及不允许电子出现的能量范围。允许电子存在的能量范围称为能带，在能带与能带之间不允许电子出现的能量范围称为禁带。

能带结构通常又分为价带和导带。原子内部电子排布中最外层的电子具有最高能量，决定着材料的主要性质，称为价电子。原子形成晶体后，价电子与其他相邻原子形成共价键，由共价键中的电子填充的能带称为价带。价带以上的能带通常电子很少，处于该带中的电子不受共价键的束缚，可以在固体内自由运动，所以该能带被称为导带。

价带和导带之间的能量差称为带隙。带隙的大小决定了固体的电学性质，例如导电性和绝缘性。

费米能级是能带结构中的重要概念。在绝对零度时，金属中的电子填满了费米能级以下的所有能级，而高于费米能级的能级全为空。因此，费米能级是在绝对零度时电子能级的分界线，决定了电子在能带结构中的分布情况。

涉及金属-半导体的接触时，通常还会遇到功函数和电子亲和势等概念。若想要电子从材料中逸出，需要外界给它足够的能量。若用 E_0 表示真空中静止电子的能量，那么功函数定义为 E_0 与费米能级 E_F 之差，用 W 表示

$$W = E_0 - E_F \tag{2-40}$$

它表示起始能量等于费米能级的电子，由材料内部逸出到真空所需的最小能量。W 越大，代表电子越不容易离开材料。对于给定的金属，其功函数 W_m 为定值；对于半导体，其费米能级位置随掺杂浓度而变化，因此 W_s 与杂质浓度有关。

定义电子亲和势 $\chi = E_0 - E_c$（E_c 为半导体导带底的能级），它表示使导带底的电子逸出到半导体外所需的最小能量。利用亲和势的概念，半导体的功函数可以改写为

$$W_s = \chi + E_n \tag{2-41}$$

式中，$E_n = E_c - E_F$。

前述关于能带的描述是一种简化的模型，可以形象地解释不同材料具有的电学性质。实际的能带结构要复杂得多，需要通过求解电子在固体中的运动方程得到。在晶体中，原子核

对电子的束缚可以看作电子在原子核的势场下做运动。大量的原子按照一定的周期规则进行排布，在晶体的周期势场作用下，单电子的薛定谔方程为

$$\left[\frac{-\hbar^2}{2m}\mathbf{V}^2+V(r)\right]\psi_\kappa(r)=E\psi_\kappa(r) \tag{2-42}$$

式中，$\hbar$ 是约化普朗克常数，$\hbar=h/2\pi$；m 是电子质量；$\mathbf{V}$ 是微分算子；$V(r)$ 是电子运动的势能；r 是位置；E 是电子的本征能量；$\psi_\kappa(r)$ 是电子运动的波函数；κ 是电子运动的波矢。通过求解式（2-42）可以得到电子的波函数 $\psi_\kappa(r)$。通常用波矢 κ 来描述晶体中电子运动状态，图2-11表示求解薛定谔方程后的能带结构，横轴是波矢 κ，纵轴是能量 E。

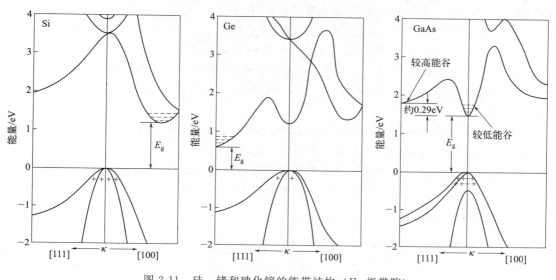

图2-11　硅、锗和砷化镓的能带结构（E_g 指带隙）

2.3.2.2　半导体

（1）导体、半导体和绝缘体

材料的导电性质是由其能带结构决定的。每种材料具有各自的原子结构，在形成晶体后，能带位置也会有所不同。根据不同材料基态的能带结构，可以将材料分为导体、半导体和绝缘体（图2-12）。

图2-12　导体、半导体和绝缘体材料的典型能带结构

第一种能带结构是典型的导体材料能带结构，其最高能带存在电子且没有被填满。金属晶体的良好导电性就是由于这种能带结构。绝缘体材料的价带被电子填满，且导带中不存在电子。半导体和绝缘体的导带和价带中电子和空穴的排布是相同的。半导体在一定条件下表现出导体的性质，因为它的价带和导带之间的禁带宽度较窄，电子比较容易获得能量从价带跃迁到导带，此时的价带中存在空穴，导带中存在电子，具有导电的能力。而绝缘体材料价带和导带之间的禁带宽度较大，价带中的电子很难跃迁到导带中，因此是不导电的。

（2）直接带隙和间接带隙半导体

各种半导体材料的价带顶和导带底并不是平的，这就产生了不同的半导体带隙类型和跃迁机制。图 2-11 中右边的图中，价带顶和导带底在同一个 κ 值，电子跃迁只需要能量变化，κ 不需要变化（只需要满足能量守恒）。这种能带结构的半导体被称为直接带隙半导体，砷化镓是典型的直接带隙半导体材料。图 2-11 中左边的两个图中，价带顶和导带底部不在同一个 κ 值，电子跃迁除了能量发生变化，动量还要发生变化（需要同时满足能量守恒定律和动量守恒定律）。这种能带结构的半导体被称为间接带隙半导体，硅和锗是典型的间接带隙半导体材料。

在直接带隙半导体中，光子的能量可以直接激发电子从价带跃迁到导带，而不涉及声子。而在间接带隙半导体中，电子被光子激发的同时，需要吸收或发射一个声子，来满足价带顶到导带底的动量差异。因此，直接带隙半导体材料中的光激发跃迁更高效，具有远超间接带隙半导体的光吸收系数，在光电转化材料中具有很大的优势。

（3）半导体激发态

半导体中，价带电子获得能量可以被激发到导带。图 2-13 表示了基态和激发态两种不同电子状态的能带。基态［图 2-13（a）］下电子布满价带，导带没有电子。而在激发态下［图 2-13（b）］价带中的部分电子受到激发从价带跃迁到导带中。

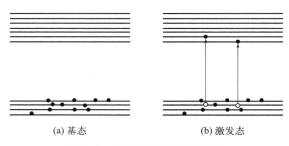

(a) 基态　　　　　　(b) 激发态

图 2-13　基态和激发态的能带

激发态下价带中留下了一个能容纳电子的空位，这个空位被称为空穴；导带中多了一个自由电子，通常简称为电子。电子和空穴是电流的载体，电子或空穴的定向移动，可以使材料有电流通过，因此电子和空穴又被称为载流子。

晶体中电子的移动不是任意的，只能发生在能量相同的量子态之间。在价带中具有相同量子态的电子移动到空穴中，电子移动前的位置就会成为空穴，可以看作空穴移动了一个位置。在导带中有相同量子态的电子可以自由移动。

2.3.3　半导体电子论

2.3.3.1　半导体掺杂

未掺杂的半导体称为本征半导体，其导电性完全取决于材料本身的本征激发电子。最常见的半导体材料硅、锗和砷化镓都是典型的本征半导体。

对本征半导体进行掺杂可以调控半导体的能带结构和导电性质。以硅材料为例，如图 2-14（a）所示，原子间的线表示共价键，由两个电子组成。本征硅半导体材料中硅原子的最外层为 4 个电子可以与周围的硅原子形成共价键，没有多余的电子。如果在硅晶体中掺入少量五价的磷，磷原子外部有 5 个电子，引入到硅半导体中后，其中 4 个电子与周围的硅原子形成共价键。多余的 1 个电子则不会形成共价键，需要较小的能量就会摆脱磷原子的束缚。这相

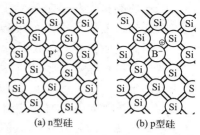

图 2-14　n 型硅和 p 型硅掺杂

当于在硅材料中引入一个磷原子就引入了一个电子。在纯净半导体中掺杂产生电子的杂质称为施主杂质或 n 型杂质，这种掺杂后的半导体称为 n 型半导体，掺杂浓度用 N_d 表示。通常 ⅤA 族杂质在硅、锗半导体中掺杂都为施主杂质。n 型半导体的能带结构如图 2-15（a）所示，禁带中导带下方的能级为施主能级，能级中的电子跃迁到导带的过程称为施主电离，ΔE_D 称为杂质电离能。

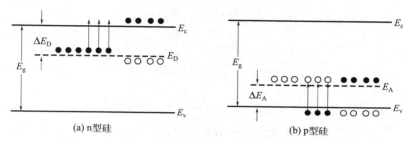

图 2-15　n 型硅和 p 型硅能带结构（E_v 指晶硅的价带顶）

而如果在硅晶体中掺入少量硼原子［图 2-14（b）］，硼原子最外层有 3 个电子，引入到硅半导体中，3 个电子与周围的硅原子形成共价键，而缺少的一个电子会形成空位。相当于引入一个硼原子就引入了一个空穴。在纯净半导体中掺杂产生空穴的杂质称为受主杂质或 p 型杂质，这种掺杂后的半导体称为 p 型半导体，掺杂浓度用 N_a 表示。通常ⅢA 族杂质掺入硅、锗半导体中都为受主杂质。图 2-15（b）所示为 p 型半导体能带结构示意图。受主杂质的电离也可以通过能带结构表示出来，在禁带中靠近价带顶的能级称为受主能级，受主电离可以看作受主能级上的空穴受到激发跃迁到价带中，成为一个自由运动的空穴。使空穴跃迁所需要的能量称为受主电离能，用 ΔE_A 来表示。

如果一个本征半导体中同时存在施主杂质和受主杂质，这两种杂质会发生抵消，称为补偿作用。可以通过补偿作用来改变半导体的类型。

前面描述的杂质能级都位于靠近价带顶或者导带底的位置，这类杂质能级需要的电离能较少，称为浅能级。磷和硼对硅进行掺杂，施主电离能和受主电离能均在 0.045eV 左右。此外还有其他杂质也具有施主或受主的性质，但会在禁带中引入距能带边缘较远而接近禁带中心的能级，称之为深能级。这种类型的杂质在一些电学器件中经常用到。

2.3.3.2　载流子浓度

（1）热平衡状态

没有外界作用下，半导体中的导电电子和空穴是依靠电子的热激发产生的，电子从不断

做热振动的晶格中获得能量实现从低能级到高能级的跃迁。与此同时，电子也在不断地从高能级跃迁到低能级。这两个过程在一定温度下会保持动态平衡，称为热平衡。热平衡状态下，电子和空穴都保持一定的浓度，这种状态下的电子和空穴称为热平衡载流子。

载流子浓度是衡量半导体导电性的关键参数，热平衡载流子的浓度由状态密度与电子分布函数决定。

在半导体的价带和导带中有很多能级存在，这些能级可以看成准连续的能级。假设在能带中能量为 $E \sim (E + \mathrm{d}E)$ 之间无限小的能量范围内存在有 $\mathrm{d}Z$ 个量子态，则单位能量间隔内的量子态数可以定义为

$$g(E) = \frac{\mathrm{d}Z}{\mathrm{d}E} \tag{2-43}$$

式中，$g(E)$ 被称为状态密度，可以描述量子态按照能量分布的状态。导带和价带的状态密度分布可分别近似表示为

$$g_{\mathrm{c}}(E) = \frac{V}{2\pi^2} \frac{(2m_{\mathrm{n}}^*)^{3/2}}{\hbar^3} (E - E_{\mathrm{c}})^{1/2} \tag{2-44}$$

$$g_{\mathrm{v}}(E) = \frac{V}{2\pi^2} \frac{(2m_{\mathrm{p}}^*)^{3/2}}{\hbar^3} (E_{\mathrm{v}} - E)^{1/2} \tag{2-45}$$

式中，$g_{\mathrm{c}}(E)$ 为导带的状态密度；m_{n}^* 为导带底电子的有效质量；$g_{\mathrm{v}}(E)$ 为价带的状态密度；m_{p}^* 为价带顶空穴的有效质量；V 是晶体的体积。

电子是费米子，遵循费米统计规律。能量为 E 的一个量子态被一个电子占据的概率 $f_{\mathrm{F}}(E)$ 称为电子的费米分布函数

$$f_{\mathrm{F}}(E) = \frac{1}{1 + \exp\left(\dfrac{E - E_{\mathrm{F}}}{k_{\mathrm{B}}T}\right)} \tag{2-46}$$

式中，k_{B} 是玻尔兹曼常数；T 是热力学温度。它是热平衡状态下，描写电子在允许的量子态内如何分布的一个统计分布函数。$f_{\mathrm{F}}(E)$ 与电子状态能量 E 和热力学温度 T 有关。E_{F} 为费米能级，是被 1/2 电子占据的量子态的能级，能够直观地表示电子占据量子态的情况。在 0K 情况下，费米能级以下的量子态都被电子占满，而费米能级以上的量子态全空。当 $E - E_{\mathrm{F}} \gg k_{\mathrm{B}}T$ 时，$\exp\left(\dfrac{E - E_{\mathrm{F}}}{k_{\mathrm{B}}T}\right) \gg 1$，因此

$$1 + \exp\left(\frac{E - E_{\mathrm{F}}}{k_{\mathrm{B}}T}\right) \approx \exp\left(\frac{E - E_{\mathrm{F}}}{k_{\mathrm{B}}T}\right) \tag{2-47}$$

这时费米分布函数可简化为玻尔兹曼分布函数

$$f_{\mathrm{B}}(E) = \exp\left(-\frac{E - E_{\mathrm{F}}}{k_{\mathrm{B}}T}\right) \tag{2-48}$$

如前所述，根据半导体是否掺杂可以将半导体分为本征半导体和掺杂半导体。其载流子浓度的表达式分别如下。

① 本征半导体的载流子浓度

对于本征半导体，在一定温度下，半导体中载流子来源于电子从价带到导带的本征激发，载流子浓度可以通过下式计算

$$\begin{cases} n_0 = \int g_c(E) f_F(E) \mathrm{d}E \\ p_0 = \int g_v(E) [1 - f_F(E)] \mathrm{d}E \end{cases} \tag{2-49}$$

式中，n_0 和 p_0 为热平衡状态下的电子和空穴浓度。经过进一步简化，可以得到导带电子浓度和价带空穴浓度的表达式

$$\begin{cases} n_0 = N_c \exp\left(-\dfrac{E_c - E_F}{k_B T}\right) \\ p_0 = N_v \exp\left(\dfrac{E_v - E_F}{k_B T}\right) \end{cases} \tag{2-50}$$

式中，N_c 称为导带有效状态密度；N_v 称为价带有效状态密度。

$$\begin{cases} N_c = \dfrac{2(2\pi m_n^* k_B T)^{3/2}}{h^3} \\ N_v = \dfrac{2(2\pi m_p^* k_B T)^{3/2}}{h^3} \end{cases} \tag{2-51}$$

热平衡状态下，本征半导体的费米能级取

$$E_F = (E_c + E_v)/2 - \frac{1}{2} k_B T \ln\left(\frac{N_c}{N_v}\right) = \frac{1}{2}(E_c + E_v) - \frac{3}{4} k_B T \ln\left(\frac{m_c^*}{m_v^*}\right) \tag{2-52}$$

本征半导体的载流子浓度称为本征载流子浓度，包括电子浓度 n_i 和空穴浓度 p_i。由于电子和空穴是成对出现的，$n_i = p_i$。由公式（2-50）可以得出

$$n_i^2 = N_c N_v \exp\left(-\frac{E_g}{k_B T}\right) \tag{2-53}$$

式中，E_g 为半导体的带隙。因此，对于确定的材料，本征载流子浓度仅仅是温度的函数。

② 掺杂半导体的载流子浓度

掺杂半导体中的载流子浓度同样可以用状态密度和分布函数乘积的积分来进行计算。经过推导可以得到

$$n = N_c \exp\left(\frac{E_F^n - E_c}{k_B T}\right) \tag{2-54}$$

$$p = N_v \exp\left(-\frac{E_F^p - E_v}{k_B T}\right) \tag{2-55}$$

式中，n 和 p 表示掺杂半导体中的电子浓度和空穴浓度；E_F^n 和 E_F^p 分别表示 n 型半导体和 p 型半导体的费米能级。

热平衡状态下，载流子浓度可以分别表示为 n_0 和 p_0。并且，无论是对于 n 型半导体还是 p 型半导体，一定温度下，n_0 与 p_0 均是相互制衡的，满足

$$n_0 p_0 = N_c N_v \exp\left(-\frac{E_g}{k_B T}\right) = n_i^2 \tag{2-56}$$

所以，n_i^2 又称为热平衡常数。

在掺杂半导体中，热平衡状态下载流子浓度主要来自杂质电离。施主电离能和受主电离能一般只有几个毫电子伏特，所以即使温度比较低，也很容易发生电离激发，产生电子和空穴。一般情况认为杂质全部离化，n 型半导体中电子浓度等于施主浓度，$n_0 \approx N_d$，p 型半导体中，空穴浓度等于受主浓度，$p_0 \approx N_a$。n 型半导体中的电子和 p 型半导体中的空穴称为多数载流子，而 n 型半导体中的空穴和 p 型半导体中的电子称为少数载流子。

根据 n_0 与 p_0 的相互制衡关系，n 型半导体中的空穴和 p 型半导体中的电子浓度可以分别由下面公式给出。

n 型半导体中的空穴浓度：$p_{n_0} = \dfrac{n_i^2}{N_d}$ \hfill (2-57)

p 型半导体中的电子浓度：$n_{p_0} = \dfrac{n_i^2}{N_a}$ \hfill (2-58)

根据式（2-54）～式（2-56），并将 $n_0 \approx N_d$、$p_0 \approx N_a$ 代入可得热平衡状态下，n 型半导体和 p 型半导体中费米能级的表达式

$$E_F^n = E_i + k_B T \ln(n_0/n_i) = E_i + k_B T \ln(N_d/n_i) \tag{2-59}$$

$$E_F^p = E_i - k_B T \ln(p_0/n_i) = E_i - k_B T \ln(N_a/n_i) \tag{2-60}$$

（2）准热平衡状态

受到外部能量的激励，如光照，半导体内部的一部分载流子会从能量低的能级跃迁到能量高的能级。此时，半导体处于非平衡状态。若光照强度不随时间变化，则称半导体处于准热平衡状态。此时，导带和价带的载流子浓度与热平衡状态时不相同；但导带内部或者价带内部的载流子，在各自的能带内是按照能量最小原理排布的。

半导体材料处于热平衡状态时，整个半导体中具有统一的费米能级 E_F。当半导体处于非平衡状态时，统一费米能级就不再适用，而需要为导带内部的电子和价带内部的空穴分别给出费米能级和统计分布函数，导带和价带的费米能级 E_F^n 和 E_F^p 被称为"准费米能级"。

准费米能级和非平衡状态下的载流子浓度关系为

$$n = N_c \exp\left(-\frac{E_c - E_F^n}{k_B T}\right) \tag{2-61}$$

$$p = N_v \exp\left(-\frac{E_F^p - E_v}{k_B T}\right) \tag{2-62}$$

也可以得到电子和空穴的乘积为

$$np = n_i^2 \exp\left(-\frac{E_F^n - E_F^p}{k_B T}\right) = n_i^2 \exp\left(-\frac{\Delta\mu}{k_B T}\right) \tag{2-63}$$

式中，$\Delta\mu = E_F^n - E_F^p$，为电子与空穴的化学势差，又称辐射化学势或光化学势，反映了 np 和 n_i^2 的偏离程度。

2.3.3.3 少子寿命

非平衡状态下，半导体中的载流子浓度与其在热平衡状态下的载流子浓度之差称为非平衡载流子浓度，用 Δn 或 Δp 表示。当入射光消失后，非平衡状态就会逐渐转变成热平衡状态，非平衡载流子随着时间的推移会发生复合直至消失。非平衡载流子浓度随时间按照指数形式衰减，衰减的快慢通常用非平衡载流子的平均生存时间 τ 来表示，τ 被称为非平衡载流子寿命。

在半导体中，非平衡载流子中的少数载流子（n 型硅中的空穴、p 型硅中的电子）比多数载流子更加重要。因此非平衡载流子寿命通常指的是非平衡少数载流子的寿命，又称为少子寿命。$1/\tau$ 称为非平衡载流子的复合速率，$\Delta p/\tau$ 或 $\Delta n/\tau$ 就称为复合率。以 n 型半导体为例，当外界激励条件撤除，由于半导体的内部作用，非平衡少数载流子 Δp 将随时间减少，单位时间内减少的少数载流子的数量应为 $-\mathrm{d}\Delta p/\mathrm{d}t$，复合率可以表示为

$$\frac{\mathrm{d}\Delta p}{\mathrm{d}t} = -\frac{\Delta p(t)}{\tau} \tag{2-64}$$

一般情况下 τ 为恒量，因此方程式（2-64）的解可以写成

$$\Delta p(t) = (\Delta p)|_{t=0} \mathrm{e}^{-\frac{t}{\tau}} \tag{2-65}$$

这证明了非平衡少数载流子随时间变化呈指数衰减，可以通过这个公式求得非平衡少数载流子的平均寿命，即非平衡少数载流子寿命 τ

$$\bar{t} = \int_0^\infty t \,\mathrm{d}\Delta p(t) \Big/ \int_0^\infty \mathrm{d}\Delta p(t) = \int_0^\infty t \mathrm{e}^{-\frac{t}{\tau}} \mathrm{d}t \Big/ \int_0^\infty \mathrm{e}^{-\frac{t}{\tau}} \mathrm{d}t = \tau \tag{2-66}$$

2.3.3.4 载流子的运动

上面介绍了半导体的一些基本概念与载流子浓度、少子寿命等概念，但未涉及载流子的运动。根据载流子运动的驱动力，可以分为浓度梯度驱动下的扩散运动和外加电场驱动下的漂移运动两种形式。

（1）扩散运动

如果半导体内部载流子浓度是不均匀的，由于浓度差的驱动，载流子会从高浓度到低浓度进行扩散，这称为载流子的扩散运动。最终的结果是整个半导体的载流子趋向于均匀分布。载流子扩散运动比较简单，例如电子和空穴扩散电流密度可以通过式（2-67）和式（2-68）表示

$$j_{n,\mathrm{diff}} = -eD_n \nabla n \tag{2-67}$$

$$j_{p,\mathrm{diff}} = eD_p \nabla p \tag{2-68}$$

式中，e 为电子和空穴所带电荷量（正值）；D_n 和 D_p 为电子与空穴的扩散系数；∇n 是电子浓度梯度；∇p 是空穴浓度梯度。半导体中同时存在电子与空穴两种载流子，因此，总的扩散电流密度

$$j_{\text{diff}} = e(D_p \nabla p - D_n \nabla n) \tag{2-69}$$

由于电子和空穴荷电符号不同，电子电流与空穴电流相互抵消。通常情况下，总的扩散电流很小。

（2）漂移运动

在外加电场下，半导体内部的电子和空穴会受到一个作用力，使其产生净加速度和净位移。载流子在场力的作用下的运动称为漂移运动，定向运动的速度称之为漂移速度，电荷的定向漂移就形成了漂移电流。下面主要针对载流子漂移运动展开讨论，主要涉及欧姆定律、漂移电流和载流子迁移率的概念。

① 欧姆定律

通过某段导体的电流 I 与施加电压 U 成正比关系，即

$$I = U/R \tag{2-70}$$

式中，R 为电阻。电阻 R 与导体的长度 l 成正比，与横截面积 S 成反比，即

$$R = \rho l / S \tag{2-71}$$

式中，ρ 为导体的电阻率，$\Omega \cdot \text{m}$。电阻率的倒数表示电导率 $\sigma(\text{S/m})$，即

$$\sigma = \frac{1}{\rho} \tag{2-72}$$

除此之外，在半导体中更常使用电流密度的概念。电流密度是指垂直于电流方向的单位面积的电流，单位以 A/m^2 表示，其定义为

$$j = \frac{\Delta I}{\Delta S} \tag{2-73}$$

对于一段长 l、截面积 S、电阻率 ρ 的均匀导体，在两端施加电压 U，则内部场强 $E = U/l$，则电流密度与场强的关系可以表述为

$$j = \sigma E \tag{2-74}$$

它表示通过导体中某一点的电流密度与该处电导率及电场强度的关系，称为欧姆定律的微分形式。

② 漂移电流

若在半导体内部的正的电荷密度为 ρ，这些电荷以平均漂移速度 v_d 运动，则它所形成的漂移电流密度为

$$j_{\text{drift}} = \rho v_d \tag{2-75}$$

式中，漂移电流密度 j_{drift} 的单位为 $\text{C/(cm}^2 \cdot \text{s)}$ 或 A/cm^2。

若体电荷是带正电的空穴，则

$$j_{drift,p} = e p v_{dp} \tag{2-76}$$

式中，$j_{drift,p}$ 是空穴漂移电流密度；e 是空穴所带电荷量，即电子电量；v_{dp} 是空穴的平均漂移速度；p 是总空穴浓度。

在弱电场情况下，平均漂移速度与电场强度成正比，因此可以有以下关系

$$v_{dp} = \mu_p E \tag{2-77}$$

式中，μ_p 表示空穴的迁移率。迁移率 μ 是半导体的一个重要参数，表示单位场强下载流子的平均漂移速度，单位通常为 $cm^2/(V \cdot s)$。

因此，空穴的漂移电流密度可以写成

$$j_{drift,p} = e p \mu_p E \tag{2-78}$$

空穴漂移电流的方向与电场方向相同。相应的，电导率为

$$\sigma = e p \mu_p \tag{2-79}$$

按照上述过程，可以写出电子的漂移电流密度

$$j_{drift,n} = \rho v_{dn} = -e n v_{dn} \tag{2-80}$$

式中，$j_{drift,n}$ 是电子的漂移电流密度；v_{dn} 是电子的平均漂移速度；$-en$ 是电子的净电荷密度，为负值。在弱电场下，电子的平均漂移速度与场强成正比，即

$$v_{dn} = -\mu_n E \tag{2-81}$$

式中，μ_n 是电子迁移率。因此，电子的漂移电流密度可改写为

$$j_{drift,n} = \rho v_{dn} = e n \mu_n E \tag{2-82}$$

尽管电子的运动方向与电场方向相反，但由于电子带负电，因而电子的漂移电流方向还是与电场方向相同。相应的，电导率为

$$\sigma = e n \mu_n \tag{2-83}$$

在半导体中，同时存在电子与空穴两种载流子，其导电作用是电子和空穴导电作用的总和，半导体中的电流也是两种载流子定向移动形成的电流之和。因此，总的漂移电流密度

$$j_{drift} = e(p \mu_p + n \mu_n) E \tag{2-84}$$

电导率为

$$\sigma = e(n \mu_n + p \mu_p) \tag{2-85}$$

③ 载流子迁移率

载流子迁移率将其平均漂移速度与电场强度联系起来，是载流子漂移特性的重要表征参数。以空穴为例，在电场作用下有

$$F = m_p^* a = m_p^* \frac{dv}{dt} = eE \tag{2-86}$$

式中，F 为电场作用下空穴受力的大小；a 为电场作用下空穴的加速度；v 代表电场作用下的净速度（减去热运动速度）；m_p^* 为空穴有效质量。若电场强度与有效质量恒定，假

设初始漂移速度为零，对上式积分可得

$$v = \frac{eEt}{m_p^*} \tag{2-87}$$

从上式可以看到，施加电场后，若电场恒定，电荷的漂移速度应随时间线性增加，那么半导体中的电流也会随之不断增加，这显然与实际情况不符。

事实上，载流子在半导体中的运动过程中会与电离杂质原子和热振动晶格发生碰撞，这些碰撞改变了粒子的速度特性。带电粒子在电场作用下加速，在与晶体中原子发生碰撞后，粒子损失掉大部分或全部能量。然后粒子再次被加速，获得能量后再次被散射。这一过程不断发生，使得空穴和电子获得一个平均漂移速度 v_d。相应的，电导率也会有一个确定值。

图 2-16（a）是未加电场情况下，半导体中空穴随机热运动的模型示意图。热运动速率很大，约为 $10^5 \, \text{m/s}$。上述提到的碰撞会改变粒子的运动方向，假设两次碰撞之间的平均时间表示为 τ_{cp}。当外加电场 E 后［图 2-16（b）］，空穴在电场力的作用下净漂移，这个速度相比热运动速度很小，是随机热运动速率的微扰，因而平均碰撞时间变化很小。图 2-16（a）也适用于电子的情况。电子的两次碰撞事件之间的平均时间表示为 τ_{cn}，在电场作用下，电子会沿着电场反方向产生电子净漂移，即图 2-16（c）所示。电子的净漂移速度也是随机热运动速度的微扰，因而施加电场后平均碰撞时间也基本不会改变。

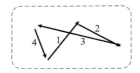 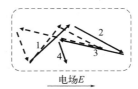 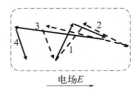

(a) 无外加电场时，电子　　　(b) 有外加电场时，　　　(c) 有外加电场时，
　　或空穴的随机热运动　　　　空穴的运动轨迹　　　　电子的运动轨迹

图 2-16　有无外加电场时空穴或电子的运动轨迹
［（b）、（c）中，点线表示 $E=0$，实线表示 $E>0$］

在平均碰撞时间内，电子和空穴被电场加速，加速时间为 τ_{cn} 或 τ_{cp}。在包括了统计分布影响的精确模型中，空穴的迁移率可以表示为

$$\mu_p = \frac{e\tau_{cp}}{m_p^*} \tag{2-88}$$

相应的，电子迁移率可以表示为

$$\mu_n = \frac{e\tau_{cn}}{m_n^*} \tag{2-89}$$

④ 载流子的散射

上面提到的碰撞又称为截流子的散射，由于散射作用，半导体中的电子和空穴在电场下的漂移速度不能无限增加。下面将简略介绍半导体中存在的主要散射机制。

固体中的理想周期性势场允许电子在整个晶体中自由运动，不发生散射。而当晶体的周期性势场遭到了附加势场 ΔV 的破坏，由于附加势场的作用，就会使能带中的电子发生在不同 κ 状态下的跃迁。例如，原来处于 κ 状态的电子，附加势场使其以一定概率跃迁到其他的

κ' 态，抑或原来沿着某一方向运动的电子，附加势场使其散射到其他方向，改变了其速度，发生散射。半导体中的散射机制主要有电离杂质散射和晶格散射（声子散射）。

电离杂质散射：施主杂质电离后是一个带正电的离子，受主杂质电离后是一个带负电的离子。在电离施主或受主周围形成一个库仑势场，这个势场将杂质离子周围的周期性势场破坏，它便是使载流子散射的附加势场。当载流子运动到电离杂质附近时，由于库仑势场的作用，使载流子的运动方向发生变化，发生散射。

通常以散射概率 P 来描述散射的强弱，其物理含义是单位时间内一个载流子受到散射的次数。研究发现，浓度为 N_i 的电离杂质对载流子的散射概率 P_i 与温度的关系为

$$P_i \propto N_i T^{-3/2} \tag{2-90}$$

N_i 越大，载流子受到散射的机会越多，温度越高，载流子的随机热运动速度越大，减少了位于电离杂质散射中心附近的时间，库仑作用的时间越短，受到散射的概率越小。

晶格散射：在晶体中，原子按一定的规律周期排列在晶格上，在非绝对零度的状态下，原子并不是静止的，而是围绕平衡位置不断振动。由于原子与原子之间存在相互作用，因此原子的振动并不是各自独立的，每个原子的振动都会牵动周围的原子，使振动以机械波的形式在晶体中传播，这种晶格中原子集体振动形成的波称为格波。理想状态下，原子之间的相互作用力可近似为弹性力，原子振动产生的波可近似为弹性波，在此基础上，格波可被视为一系列基本简正振动的叠加。当原子的振幅远小于原子间距时，弹性波的各个基本简正振动彼此独立，整个系统可被视为由一系列相互独立的简谐振子构成。这种晶格振动中简谐振子的能量量子化即为声子。

当晶体中的载流子运动时，会受到热振动原子的散射，称为晶格（声子）散射。在这个过程中，电子和晶格振动之间的能量交换以声子为能量单元进行。例如，电子从晶格振动获得一个声子的能量，即吸收一个声子；或电子向晶格传递一个声子的能量，即发射一个声子。温度越高，系统中的晶格振动越剧烈，声子散射对载流子的影响也就越显著。因此，随着温度升高，晶体中载流子的迁移率和扩散系数会随之减小。

详细分析晶格振动对理想周期性势场的扰动，需要区分声学波和光学波。通常用格波波矢数矢量 q 表示格波的波长及其传播方向，它的数值为格波波长 λ 倒数的 2π 倍，方向为格波传播的方向。在晶体中，具有相同 q 的格波不止一个，具体数目取决于晶格原胞所包含的原子数。对于硅等半导体，原胞中大多含有两个原子，对应于每一个 q 就有六个不同的格波，这六个格波的频率与振动的方式不同。频率低的三个格波称为声学波，频率高的三个格波称为光学波。

从原子振动方式看，无论声学波还是光学波，原子位移方向和波传播方向之间的关系都是一个纵波两个横波，即一个原子位移方向与波传播方向相平行的纵波与两个原子位移方向与波传播方向垂直的横波。不同的是，对于声学波，原胞中两个原子沿同一方向振动，长波的声学波代表原胞质心的运动。对于光学波，原胞中两个原子的振动方向相反，长波的光学波原胞质心不动，代表原胞中两个原子的相对振动，如图 2-17 所示。

对于声学波，起散射作用的主要是波长在几十个原子间距以上的长声学波，且只有纵波在散射中起作用。长纵声学波传播时会造成原子分布的疏密变化，产生体积变化，在一个波长中，晶格一半处于压缩状态，一半处于膨胀状态，这种体积变化表示原子间距的减小或增大，原子间距的变化会带来禁带宽度的变化，疏处禁带宽度减小，密处增大，使能带结构发

生周期性起伏（图 2-18）。能带的这种起伏就如同产生了一个附加势场，使载流子发生散射。具体地，声学波散射概率 P_s 与温度的关系为

$$P_s \propto T^{3/2} \tag{2-91}$$

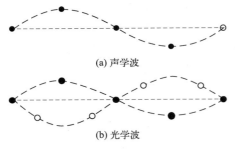

(a) 声学波

(b) 光学波

图 2-17　声学波和光学波

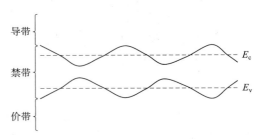

图 2-18　纵波引起能带的波形起伏

在离子晶体或含有离子键成分的半导体中，长纵光学波有重要的散射作用。对于离子晶体，每个原胞有正负两个离子，长纵光学波在传播时振动位移相反。若只看一种离子，它们和长纵声学波类似，形成疏密相间的区域。由于正负离子位移相反，因此正离子的密区与负离子的疏区重合，正离子的疏区与负离子的密区重合，造成晶格在半个波长内带正电，半个波长内带负电。带电区域将产生电场，对载流子施加一个势场的作用，造成载流子散射。

光学波引起的载流子散射概率 P_o 与温度的关系为

$$P_o \propto \frac{(2\pi h \omega_1)^{3/2}}{(k_B T)^{1/2}} \left[\frac{1}{\exp\left(\dfrac{2\pi h \omega_1}{k_B T}\right) - 1} \right] \frac{1}{f\left(\dfrac{2\pi h \omega_1}{k_B T}\right)} \tag{2-92}$$

式中，ω_1 表示纵光学波振动角频率；$2\pi h \omega_1$ 为对应的声子能量；$f\left(\dfrac{2\pi h \omega_1}{k_B T}\right)$ 是随 $\dfrac{2\pi h \omega_1}{k_B T}$ 变化的函数。

⑤ 迁移率与杂质浓度和温度的关系

如上所述，迁移率与平均自由时间 τ（少子寿命）密切相关，而平均自由时间等于散射概率的倒数。因此不同散射机制下的平均自由时间与温度的关系为

◇ 电离杂质散射：$\tau_i \propto N_i^{-1} T^{3/2}$ $\tag{2-93}$

◇ 声学波散射：$\tau_s \propto T^{-3/2}$ $\tag{2-94}$

◇ 光学波散射：$\tau_o \propto \left[\exp\left(\dfrac{2\pi h \omega_1}{k_B T}\right) - 1 \right]$ $\tag{2-95}$

因此，不同散射机制下迁移率与温度的关系为

◇ 电离杂质散射：$\mu_i \propto N_i^{-1} T^{3/2}$ $\tag{2-96}$

可以看到，随着温度升高，载流子随机热运动速率增加，减少了位于杂质散射中心附近的时间，降低了散射概率，因此随温度增高，μ_i 越大。随着杂质浓度升高，散射中心数量增多，载流子与电离杂质散射中心碰撞的概率增加，迁移率减小。

◇ 声学波散射：$\mu_s \propto T^{-3/2}$ $\tag{2-97}$

对于声学波散射，随着温度降低，晶格振动减弱，因而散射概率降低，迁移率升高。

◇ 光学波散射：$\mu_。\propto \left[\exp\left(\dfrac{2\pi h\omega_1}{k_B T}\right)-1\right]$ (2-98)

对于光学波散射，温度升高，迁移率降低。

任何情况都会有多种散射机制同时存在，例如上面所列举的三种，因而在计算总的迁移率的时候，需要把各种散射机制的概率相加，得到总的散射概率

$$P = P_I + P_{II} + P_{III}$$ (2-99)

式中，P_I、P_{II}、P_{III} 分别表示各种散射机制的散射概率。平均自由时间可以表述为

$$\tau = \frac{1}{P} = \frac{1}{P_I + P_{II} + P_{III}}$$ (2-100)

$$\frac{1}{\tau} = \frac{1}{\tau_I} + \frac{1}{\tau_{II}} + \frac{1}{\tau_{III}}$$ (2-101)

与迁移率公式相比较，可以得出

$$\frac{1}{\mu} = \frac{1}{\mu_I} + \frac{1}{\mu_{II}} + \frac{1}{\mu_{III}}$$ (2-102)

可以发现，迁移率是温度和杂质浓度的复杂函数，这对我们考虑问题是不利的，因此，在考虑问题时应该考虑主要掺杂机制。以掺杂的硅、锗等原子半导体为例，主要的散射机制是声学波散射和电离杂质散射。那么其迁移率可以表示为

$$\frac{1}{\mu} = \frac{1}{\mu_s} + \frac{1}{\mu_i}$$ (2-103)

$$\mu = \frac{q}{m^*} \frac{1}{AT^{3/2} + \dfrac{BN_i}{T^{3/2}}}$$ (2-104)

式中，A 和 B 为常数；q 为电子电量。

在高纯样品或掺杂浓度较低的样品中，迁移率随温度升高迅速减小，这是因为 N_i 很小，$\dfrac{BN_i}{T^{3/2}}$ 这一项可以忽略不计，声学波散射是主要的散射机制。当杂质浓度增加，迁移率下降速度减慢，说明电离杂质散射机制的影响在加强。当掺杂浓度很高（10^{18}）时，在低温范围，迁移率反而随温度升高而增加，说明低温时主要是电离杂质散射起作用。

⑥ 电阻率与杂质浓度和温度的关系

半导体材料的电导率可以表示为

$$\sigma = e(n\mu_n + p\mu_p)$$ (2-105)

而迁移率是杂质浓度与温度的复杂函数，因此电导率也将是杂质浓度的复杂函数。在实验中，可以通过四探针法方便地测出电阻率，因而实际工作中常使用电阻率来讨论问题。电阻率是电导率的倒数，因此可以写出

$$\rho = \frac{1}{e(n\mu_n + p\mu_p)}$$ (2-106)

对于 n 型半导体，室温下可认为施主杂质完全电离，且施主杂质浓度远大于本征空穴浓度，电阻率可以简写为

$$\rho = \frac{1}{en\mu_n} \tag{2-107}$$

同理，对 p 型半导体

$$\rho = \frac{1}{ep\mu_p} \tag{2-108}$$

对本征半导体，电子和空穴浓度都等于本征载流子浓度，因此

$$\rho_i = \frac{1}{en_i(\mu_n + \mu_p)} \tag{2-109}$$

图 2-19 给出了 $T = 300K$ 时，Ge、GaAs 和 GaP 的电阻率与杂质浓度的关系曲线。

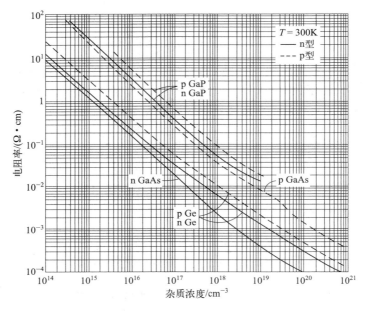

图 2-19　$T = 300K$ 时，Ge、GaAs 和 GaP 电阻率和杂质浓度的关系

在掺杂程度较小（杂质浓度 $10^{16} \sim 10^{18}\,\mathrm{cm}^{-3}$）时，室温下杂质几乎可以完全电离，那么上式中载流子的浓度就近似等于杂质浓度，即 $n \approx N_d$、$p \approx N_a$。因而迁移率随杂质浓度的变化不大，电阻率与杂质浓度成简单反比关系，杂质浓度越高，电阻率越小。但是当杂质浓度太高时，曲线就偏离直线。这主要是由于杂质在室温下并不能全部电离，并且随着杂质浓度升高，迁移率将显著下降导致的。

对于本征半导体，电阻率主要由本征载流子浓度 n_i 决定。n_i 随温度上升而急剧增加，室温下，温度每上升 8℃，硅中本征载流子浓度可以增加一倍。由于迁移率下降很小，因此电阻率会降低一半左右。本征半导体材料的电阻率随温度增加而单调下降。

对于非本征半导体，载流子既来源于热激发的本征载流子，也来源于杂质电离。图 2-20 表示了杂质浓度一定时硅电阻率与温度的关系。在低温下，本征激发可以忽略，载流

子主要由电离杂质提供，随温度增加杂质电离增加，表现为电导率随温度增加而降低。温度升高，杂质离子已全部电离，而本征激发尚不明显，此时载流子浓度随温度变化较小，散射成为主要因素，电阻率随温度增加而增加。继续增加温度，此时本征激发变得显著，占据主导，载流子浓度迅速增加，使得非本征半导体表现出类似本征半导体的性质，电阻率随温度上升而下降。

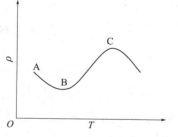

图 2-20　硅电阻率与温度的关系

（3）Einstein 关系

因为载流子迁移率和扩散系数都是表征载流子运动快慢的物理量，所以迁移率和扩散系数之间存在着正比关系——Einstein 关系。载流子按能量分布的规律不同，对应不同的 Einstein 关系。对于非简并半导体，载流子近似遵循 Boltzmann 分布，可以得到简单的 Einstein 关系

$$D = (k_B T / q) \mu \tag{2-110}$$

通常情况下，大部分半导体都是非简并半导体，上式适用。对于简并半导体，载流子遵循费米分布，将得到比较复杂的 Einstein 关系。

2.4　能量转化的热电基础

热能-电能转化过程的理解需要热电效应的知识。本节将介绍热电效应以及热能-电能转化的简要物理过程。

2.4.1　热电效应

1821 年，Seebeck 发现温差生电现象，1834 年 Peltier 发现电生温差现象。20 年后，William Thomson 阐明 Seebeck 效应（泽贝克效应）和 Peltier 效应（佩尔捷效应）密切相关，是同一现象的不同表现形式。这种现象称为热电现象。

热电现象的数学描述为

$$j^e = \sigma E - \alpha \nabla T \tag{2-111}$$

$$j^Q = \beta E - \lambda' \nabla T \tag{2-112}$$

式中，j^e 和 j^Q 分别表示电流密度和热流密度；σ 为电导率，S/m；E 为电场强度；λ' 为热导率，W/(m·K)；∇T 为温度梯度。热电效应的描述引入了两个新的参数：热电导率 α 和电热导率 β。二者并不独立，满足 Kelvin 关系（开尔文关系）

$$\beta = \alpha T \tag{2-113}$$

热电导率和电热导率可分别视为温度梯度产生的电流或电场产生的熵流。Kelvin 关系后来被证明是 Onsager 倒易关系的一个特例。可以证明，热电现象是热力学第一定律在具有固定粒子数系统中的必然结果。

需要注意的是，式（2-112）中的热导率 λ' 指的是零电势梯度（$E=0$，短路）情况下的

热导率，与平时常用的热导率 λ 不同。平时更常用的热导率 λ 指的是零电流（$j^e=0$，断路）条件下的热导率。可以推导出两热导率之间的关系

$$\lambda' = \lambda(1 + \frac{\alpha^2 T}{\sigma\lambda}) \tag{2-114}$$

式中，右端的无量纲比值称为热电优值。热电优值是一个包含三个传导率的无量纲比值，该值量化了给定材料的热电性能，决定了热电器件的效率天花板，是评价热电材料的关键性能指标。

$$ZT = \frac{\alpha^2 T}{\sigma\lambda} \tag{2-115}$$

式中，Z 为热电优值系数；T 为温度；ZT 作为一个整体表示热电优值。实验上，泽贝克效应和佩尔捷效应的定义更加严苛，分别被定义为零电流情形下和零温差情形下的热电效应。

零电流情形下，泽贝克效应可以使用泽贝克系数来描述。泽贝克系数 S 被定义为零电流情形下的电势差与施加温差的比值，单位是 V/K。如图 2-21 所示，两个不同的金属接成热电偶，在接头处保持不同温度。

这样，A 金属内有温度梯度；由于在不同温度下和 A 接触，B（左）和 B（右）的化学势不同。于是，在两端口之间产生电动势，用以下公式表示

$$\Delta V = S\Delta T \tag{2-116}$$

这个公式表明，泽贝克效应的电压与温度差成正比，而泽贝克系数 S 则表示了材料对这种效应的响应。具体的泽贝克系数取决于材料的性质。

零温差情形下，佩尔捷效应可以使用佩尔捷系数来表达。佩尔捷系数 Π 定义为零温差情形下产生的热流对施加电流的比值，单位为 W/A。如图 2-22 所示，两个不同金属相连接，保持两金属温度相同且不变，并通电流。

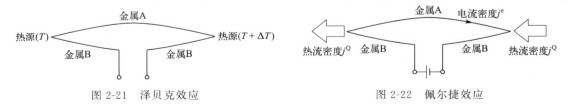

图 2-21　泽贝克效应　　　　图 2-22　佩尔捷效应

这样，金属内有化学势梯度；由于耦合，也会产生热量和热流，佩尔捷热功率密度用以下公式表示

$$Q = \Pi I \tag{2-117}$$

这个公式表明，佩尔捷效应导致的热量与通过导体的电流（I）成正比，而佩尔捷系数则表示了材料对这种效应的响应。不同材料的佩尔捷系数不同。

Kelvin 关系又可以表述为

$$\Pi = ST \tag{2-118}$$

热电现象表明，当热传导与电传导同时发生时，电势梯度（电场 $E = -\nabla V$）除了能产

生电流外还能产生热流，温度梯度除了产生热流外还对电流有影响。

2.4.2 汤姆逊效应

佩尔捷效应指的是，零温差情形下，施加电流产生热流的现象。汤姆逊效应描述的则是当电流通过具有温度梯度的均匀导体时，导体除了放出焦耳热，还要放出或吸收另外的热量的现象。吸收或放出的额外的热量称为汤姆逊热，其功率密度 Q 为

$$Q = -\mu I \nabla T \tag{2-119}$$

式中，Q 是在材料内部产生的热量（正值表示吸热，负值表示放热）；μ 是汤姆逊系数，$\mathrm{K/A}$；I 是通过导体的电流；∇T 是材料内部的温度梯度。这个公式表明，汤姆逊效应导致的热量与电流、温度梯度成正比，而汤姆逊系数则表示了材料对这种效应的响应。同样，汤姆逊系数是材料的特性，不同材料的汤姆逊系数不同。汤姆逊效应的实际应用相对较少。

2.4.3 热能-电能的相互转化过程

非热工过程的热电转化需要用到半导体热电材料，亦称温差电材料。实际应用中温差电材料主要使用半导体材料，分为 p 型半导体和 n 型半导体。p 型半导体材料的载流子主要为带正电的空穴，n 型半导体的载流子主要为带负电的自由电子。

如前所述，泽贝克效应描述了不同温度处的电子在材料中的扩散行为，导致载流子的移动，从而产生电压。这一电压被称为泽贝克电压。如果将高温和低温端连接外部电路形成闭合回路，就会形成电流，从而完成了热能到电能的转化。类似地，利用佩尔捷效应可以完成电能到热能的转化。基于热电效应的应用主要有温差发电和热电制冷两大类。

（1）温差发电

由于载流子极性不同，因此在相同温度梯度的作用下，p 型半导体材料和 n 型半导体材料将产生极性相反的电势差。利用此特性，将 p 型半导体和 n 型半导体连接构成热电转化模块。如图 2-23（a），当上方受热时，p 型半导体内的空穴（带正电）和 n 型半导体内的电子（带负电）均由上向下运动，如此形成电流。

经过推导，温差发电的效率可以表示为

$$\eta = \frac{T_\mathrm{h} - T_\mathrm{c}}{T_\mathrm{h}} \frac{\sqrt{1 + ZT_\mathrm{m}} - 1}{\sqrt{1 + ZT_\mathrm{m}} + T_\mathrm{c}/T_\mathrm{h}} \tag{2-120}$$

式中，T_h 和 T_c 分别表示热源和冷源温度；T_m 为平均温度；ZT_m 为热电优值。更常用的热电优值表达式为

$$ZT = \frac{S^2 \sigma}{\kappa} T \tag{2-121}$$

（2）热电制冷

热电制冷的原理正好相反。如图 2-23（b），在电动势的驱动下，p 型半导体内的空穴（带正电）和 n 型半导体内的电子（带负电）均由上向下运动，由此导致从上向下的热流。

经过推导，热电制冷的效率可以表示为

$$\text{COP} = \frac{T_c}{T_h - T_c} \frac{\sqrt{1 + ZT_m} - T_h/T_c}{\sqrt{1 + ZT_m} + 1} \qquad (2\text{-}122)$$

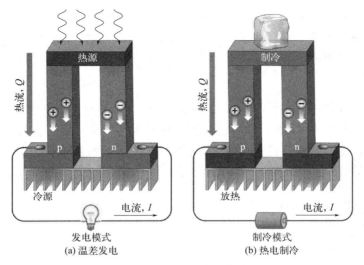

图 2-23　温差发电和热电制冷原理

2.5　能量转化的热力学基础

热力学主要研究热能转化为机械功（机械能）以及提高转变效率的途径。热力学的理论描述包括诸多非常繁复的基本概念。这里进行了简要梳理，方便同学们更好地理解接下来的内容。第一，热能转化为机械能是通过某种物质的一系列状态变化过程而实现的，人们将这种用以实现热功转化的媒介物质称为工质。描述工质在某一给定瞬间的物理特性的各个宏观物理量称为工质的状态参数。第二，在研究热能-机械能转化时，所研究的对象称为系统，系统以外的其余部分称为环境。第三，在不改变环境条件的情况下，系统可以存在不同的状态（热力学平衡状态和非平衡状态），热力学平衡状态可以用状态函数来描述。第四，系统由一个状态变化到另一个状态，我们说它经历了一个过程，变化的具体方式被称为途径。第五，当系统经历一个过程时，系统与环境之间存在能量传递，能量传递包括热量和功两种方式。第六，热力学过程需要遵循的物理定律称为热力学定律。

此外，只要物体之间有温度差存在，就必然引起热能从高温物体向低温物体的传递。热能的传递在能量转化的过程中具有基础性的作用。传热学是一门研究热能传递规律的学科，这里也进行了简单描述。

2.5.1　工质及其状态参数

热能转化为机械功是通过某种物质的一系列状态变化过程而实现的，人们将这种用以实现热功转化的媒介物质称为工质。

描述工质在某一给定瞬间的物理特性的各个宏观物理量称为工质的状态参数。一般包括温度、压力、体积、熵、比熵、焓、比焓、内能和比内能。

为了使工质在状态变化过程中获得较多的功，工质应具有良好的膨胀性；在热机的不断工作中，为了使工质易于流入和排出，还要求工质具有良好的黏度、流动性和压缩性。

2.5.2 系统与环境

我们所研究的对象称为系统，系统以外的其余部分称为环境。根据系统与环境之间的相互关系，可以把系统分为三种。

① 敞开系统：与环境既有能量交换又有物质交换的系统。

② 封闭系统：与环境只有能量交换而无物质交换的系统。

③ 孤立系统：不能以任何方式与环境发生相互作用的系统。

2.5.3 热力学状态

（1）热力学平衡状态和非平衡状态

在不改变环境条件的情况下，如果系统的所有性质（温度、压力、组成等）均不随时间而变化，且当系统与环境脱离接触后不会引起系统任何性质的改变，这时我们认为系统处于热力学平衡状态。

热力学平衡状态包括以下四方面内容。

a. 热平衡　如果没有绝热壁存在，系统各部分之间以及系统与环境之间没有温度差别——系统中温度处处相等。

b. 力学平衡　如果没有刚性壁存在，系统各部分之间以及系统与环境之间没有不平衡的力存在——系统中压力处处相等。

c. 相平衡　我们将系统中物理和化学性质完全均匀的那一部分称为一个相。相平衡是指系统中各相的组成与数量均不随时间而变化，即不同相虽然相互接触但宏观上没有物质在相间转移。

d. 化学平衡　系统组成不随时间变化，即宏观上化学反应已经停止。

不满足热力学平衡条件的状态称为非平衡状态。

（2）平衡状态的描述——状态函数

热力学将含有大量粒子的系统作为一个整体来研究，用系统的宏观参量来描述系统的状态。用于描述系统热力学状态的宏观参量，例如物质的量 n、温度 T、压力 p、体积 V 等称为状态函数。

一个系统的状态函数是相互关联的，关键问题是一个系统究竟有几个独立变量。对于单组分单相的封闭系统具有两个独立变量。例如 $1mol$ 水蒸气，若指定温度 $T=273.2K$、$p=101325Pa$，则其 V 便有确定值 $0.02242m^3$，其他状态函数如密度、黏度、热容等也随之而定。更普遍一点说：对于不发生化学反应、相变和混合的封闭系统，用两个变量描述状态，最常用的变量是 T、p 或 T、V。

热力学第零定律：若将冷热程度不同的两个系统相互接触，它们之间会发生热量传递。在不受外界影响的条件下，经过足够长的时间，它们将达到共同的冷热程度，而不再进行热量交换，这种情况称为热平衡。实验表明：当系统 C 同时与系统 A 和 B 处于热平衡时，则系统 A 和 B 也彼此处于热平衡。这个定律叫热平衡定律，此定律又叫作热力学第零定律。

温度：温度的科学定义是建立在第零定律的基础上的。根据热力学第零定律，人们能够比较 A 和 B 的温度而无须让它们彼此接触，只要用另一个物体 C 分别与它们接触就行了。这就是使用温度计测量温度的原理。这个原理指出，温度最基本的性质是：一切互为热平衡的物体具有相同的温度。这句话可以作为温度定性的定义。

温度是用来表示物体冷热程度的物理量。温度的数值表示称为温标。国际单位制中采用热力学温标，又称绝对温标或开尔文温标，符号为 T，单位为 K。与热力学并用的还有摄氏温标，符号为 t 表示，单位是℃。它们之间的换算关系为

$$T = t + 273.15 (K) \tag{2-123}$$

绝对压力：压力是指单位面积上承受的垂直作用力，根据分子运动论，气体的压力是大量分子向容器壁面撞击的平均结果。这种气体真实的压力又称绝对压力，用符号 p 表示。在国际单位制单位中，压力的单位为 Pa。实际应用中，"帕"太小，故工程上常用兆帕（MPa）作单位。与此同时也有用液柱高度，例如毫米水柱（mmH_2O）或毫米汞柱（mmHg）来表示压力的。标准大气压（atm）是纬度 45°海平面上的常年平均大气压。以下是一些单位之间的关系

$$1kPa = 10^3 Pa$$
$$1MPa = 10^6 Pa$$
$$1atm = 1.01325 \times 10^5 Pa$$

相对压力：由于压力计本身处于大气压环境中，其测量都是以大气压为基准的。因此，用压力计测得的读数并不是被测工质的实际压力，而是相对于大气压的相对值，即工质的实际压力与当地大气压的差值。

当绝对压力高于大气压（$p > p_b$），压力计指示的数值称为表压力，用 p_g 表示。显然

$$p = p_g + p_b \tag{2-124}$$

当绝对压力低于大气压（$p < p_b$），压力计指示的数值称为真空度，用 p_v 表示。显然

$$p = p_b - p_v \tag{2-125}$$

值得强调的是，只有绝对压力才是平衡状态系统的状态参数，进行热力计算、查水蒸气表或焓熵图时，一定要用绝对压力。

2.5.4　过程与途径

系统由一个状态变化到另一个状态，我们说它经历了一个过程，变化的具体方式被称为途径。

通过比较系统变化前后的状态差异，可把常见的过程分为三类：

a. 简单物理过程：系统的化学组成及聚集状态不变，只发生 T、p、V 等参量的改变。

b. 复杂物理过程：过程包括相变和混合等。

c. 化学过程：即化学反应。

如果依照过程本身的特点，过程可能多种多样。下面是常用的几种典型过程。

a. 等温过程：环境温度恒定不变的情况下，系统初态和末态温度相同且等于环境温度的过程。

等温过程并不要求系统温度始终不变，只需要环境温度不变且系统的初态、末态与环境温度相等。

b. 等压过程：外压恒定不变的情况下，系统的初态和末态的压力相同且等于外压的过程。同样，等压过程也不要求系统压力始终不变。

c. 等容过程：系统体积始终不变化的过程。

d. 绝热过程：系统与环境之间不发生热交换的过程。

e. 循环过程：系统从一个初态出发，经过一系列的变化，最终回到初态的过程。

2.5.5 热量与功

（1）热量与功的定义

系统与环境之间可以以多种方式传递能量。热量是指由于温度不同而在系统与环境之间传递的能量，用符号 Q 表示。为了区别传热的方向，通常规定系统吸热为正，系统放热为负。

人们把除热之外，在系统与环境之间传递的一切能量叫作功，用符号 W 表示。通常规定系统做功为正，环境做功为负。

系统与环境之间传递能量，必然伴随系统状态发生变化，因此，只有当系统经历一个过程时，才有功和热。因此，功和热不是状态函数，而是过程量。

（2）热量与功的计算

① 内能和比内能

我们把工质（系统）内部所包含的一切能量称为内能，用符号 U 表示。内能除包括物体内部所有分子的动能之外，还包括分子间势能的总和，以及组成分子的原子内部的能量、原子核内部的能量、物体内部空间的电磁辐射能等。由于在一般热现象中，不涉及分子结构和原子核的变化，并且无电磁场相互作用，化学能、原子能以及电磁辐射能都为常数，因此这几种能量通常不被考虑，内能通常指物体内部分子无规则运动的动能与分子间势能的总和。不难理解，内能是容量性质。通常用比内能表示 1kg 工质所包含的内能，用符号 u 表示。

内能的绝对值是不可知的，幸运的是，我们需要知道的是在一个过程中系统能量变化了多少，即 ΔU（称内能变）。在统计力学中，常把 0K 时的能量当作零，这样一来，其他任意状态下的能量 U 实际上是与 0K 时能量的差值。

② 功的计算

热力学中，功的形式是多种多样的。例如，系统的体积改变时克服外力所做的功称为体积功，电流通过导体时要做电功。我们把众多形式的功分为两大类：体积功和非体积功。体积功最为普遍，下面只讨论体积功的计算。

如果系统与外界有界面，系统的体积变化时便克服外力做功。在力学中，功的定义为：力与沿力方向所产生位移的乘积。国际单位制中，功的单位是 J。设气缸中盛有 1kg 气体，缸内装有一个可移动的无摩擦的活塞，如图 2-24 所示。

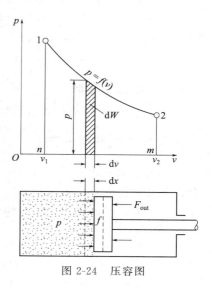

图 2-24　压容图

截面积为 f ，若某一瞬间缸内气体的总压力为 p ，则气体的内力为 pf 并稍大于外力 F_{out} ，迫使活塞往右移动 dx 的距离，气体容积随之膨胀并对外做功，这就是膨胀功。气体在此微小膨胀过程中对活塞所做的功为

$$dW = pf\,dx = p\,dv \qquad (2\text{-}126)$$

1kg 气体从状态 1 变化到状态 2 ，整个膨胀过程所做的功为

$$W = \int_{v_1}^{v_2} p\,dv \quad (\text{J/kg}) \qquad (2\text{-}127)$$

③ 热量的计算

热量是系统与外界交换能量的另一种方式，是在温差的推动下，通过微观粒子无规则运动所传递的能量。在传热过程中，温度 T 就是使热量发生传递的推动力，只要气体与外界之间有温差存在，就有可能传热。假设系统不做非体积功，根据热力学第一定律，对于任意封闭系统

$$\Delta U = Q - W \qquad (2\text{-}128)$$

在生产实践中，人们所遇到的过程多数是等容和等压过程，因此热的计算通常可以区分等容热和等压热两种。

等容热用 Q_v 表示，在等容情况下，体积功为 0 ，于是

$$Q_v = \Delta U \qquad (2\text{-}129)$$

等压热用 Q_p 表示，如果系统经历等压过程，体积功 $W = p\Delta V$ ，所以

$$Q_p = \Delta U + p\Delta V = (U_2 + p_2 V_2) - (U_1 + p_1 V_1) \qquad (2\text{-}130)$$

定义新的状态函数焓（H），如下

$$H = U + pV \qquad (2\text{-}131)$$

焓是容量性质，单位是 J 或 kJ。pV 虽然具有能量量纲，但并无物理意义，因此焓本身也没有确切的物理意义。由此，等压热公式变为

$$Q_p = \Delta H \qquad (2\text{-}132)$$

2.5.6　热力学定律

热力学第零定律已在前面给出，这里给出热力学第一、第二和第三定律。

2.5.6.1　热力学第一定律

热力学第一定律是能量守恒定律。它的表述形式很多，例如一种说法为：孤立系统中能量的形式可以转化，但能量总值不变。也就是说热可以变为功，功也可以变为热。一定的热消失时，必产生数量与之相当的功；消耗一定量的功时，也必将出现相应数量的热。用数学式表示，即

$$Q = AW \qquad (2\text{-}133)$$

式中，A 为将功转化为热量的换算系数，叫作功的热当量。

热力学第一定律阐明了热能和机械能相互转化和守恒的关系。热力学第一定律的解析式如下。

（1）封闭系统的热力学第一定律解析式

假定有 1kg 工质封闭在气缸和活塞之间形成一个封闭系统（如图 2-24 所示），当外界对工质加入热量 q，工质受热从状态 1 变化到状态 2，工质的比内能由 u_1 变化到 u_2，所做的膨胀功为 w。根据能量守恒与转化定律，可得 $u_1 + q - w = u_2$，即

$$q = u_2 - u_1 + w = \Delta u + w \tag{2-134}$$

若工质的质量是 $m\,\mathrm{kg}$，则

$$Q = \Delta U + W \tag{2-135}$$

式（2-135）即为热力学第一定律用于封闭系统的能量方程，称为封闭系统的热力学第一定律的解析式。

（2）非封闭系统的热力学第一定律解析式（稳定流动能量方程式）

图 2-25 是一概括性热力设备示意图，设有 1kg 工质由 1-1 截面流入某一概括性热力设备，工质的状态参数为 p_1、v_1、u_1，截面积 f_1、流速 c_1、高度 z_1，外界对工质加热量为 q，工质对外界做功（轴功）w_s；工质由 2-2 截面流出设备，相应的状态参数为 p_2、v_2、u_2，截面积 f_2、流速 c_2、高度 z_2。

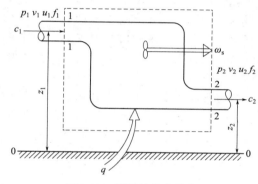

图 2-25　概括性热力设备

在进口截面 1-1 处，工质带入系统的能量为：比内能 u_1、宏观动能 $\frac{1}{2}c_1{}^2$、宏观势能 gz_1 和推动功 p_1v_1，则加入系统的能量为

$$u_1 + \frac{1}{2}c_1{}^2 + gz_1 + p_1v_1 \tag{2-136}$$

同样，在出口截面 2-2 处，工质带出系统的总能量为

$$u_2 + \frac{1}{2}c_2{}^2 + gz_2 + p_2v_2 \tag{2-137}$$

考虑到外界对工质加热量为 q，工质对外界做功为 w_s，根据能量守恒与转化定律，工质的能量平衡方程式可写为

$$u_1 + \frac{1}{2}c_1{}^2 + gz_1 + p_1v_1 + q = u_2 + \frac{1}{2}c_2{}^2 + gz_2 + p_2v_2 + w_s$$

即

$$q = (u_2 - u_1) + (p_2v_2 - p_1v_1) + \left(\frac{1}{2}c_2{}^2 - \frac{1}{2}c_1{}^2\right) + (gz_2 - gz_1) + w_s \tag{2-138}$$

第 2 章　能量转化的物理基础

令 $h = u + pv$，$w_t = \left(\dfrac{1}{2}c_2{}^2 - \dfrac{1}{2}c_1{}^2\right) + (gz_2 - gz_1) + w_s$，则

$$q = (h_2 - h_1) + w_t = \Delta h + w_t \tag{2-139}$$

式（2-139）即为非封闭系统的热力学第一定律解析式，又称为稳定流动能量方程式。

2.5.6.2 热力学第二定律与熵

热力学第一定律告诉人们，违背能量守恒原理的过程不能发生。但是单纯依靠热力学第一定律来分析热力过程是不够的，还必须对过程进行的方向、条件和限度进行研究。热力学第二定律就是解决这些过程进行的方向、条件和限度等问题的规律，其中最根本的是关于方向问题的规律。

（1）热力学第二定律的表述

在热力学发展史上，热力学第二定律曾以各种不同的形式表述，形成了各种说法。第一种［克劳修斯（Rudolph Clausius）］说法：热量不可能自发地、无代价地从低温物体传向高温物体。这种说法指出了传热过程的方向性。第二种［开尔文-普朗克（Lord Kelvin，Max Planck）］说法：不可能制成一种循环工作的热机，只从一个热源取热，并完全变为有用功，而不发生任何其他改变。这种说法是从热功转化的角度表述热力学第二定律，指出热功转化过程的方向性以及热变功所需要的条件。热力学第二定律又可以表述为：第二类永动机是不可能制造成功的。热力学第二定律揭示了热力过程进行的方向、条件和限度，一个热力过程能不能发生，由热力学第二定律决定。热力过程发生之后，能量的量必定是守恒的，但是由于自然界中发生的实际过程都是不可逆的，根据热力学第二定律，在能量转化和传递过程中，能量在品质上必然贬值。

（2）熵与熵增原理

熵是一个与热量有密切关系的热力学状态参数，用符号 S 表示，单位 J/K。熵可以根据可逆过程给出定义

$$dS = \frac{\delta Q}{T} \tag{2-140}$$

式中，δQ 为系统在微元可逆过程中与外界交换的热量；T 为传热时系统的热力学温度；dS 为此微元过程中系统熵的变化量。这个定义式只适合可逆过程。

熵的定义只给出了状态函数熵的微分，对其积分后也只能得到初、终态之间的熵变，并没有熵的直接表达式，这给解释"什么是熵"带来了困难。熵函数只能做如下解释：系统存在一个性质，它是状态函数，而且它在两个状态间的差值可由可逆过程的热温商之和来量度。

比熵：熵是容量性质，每千克工质的熵称为比熵，用 s 表示，单位 J/(kg·K)。比熵的定义式为

$$ds = \frac{dS}{m} = \frac{\delta q}{T} \tag{2-141}$$

熵增原理：与外界没有任何物质和能量交换的热力系统称为孤立系统。孤立系统的熵只

能增加（不可逆过程）或保持不变（可逆过程），而绝不可能减少。任何实际过程都是不可逆过程，只能沿着孤立系统熵增加的方向进行，任何使孤立系统熵减少的过程都是不可能发生的，这就是孤立系统熵增原理。

熵增原理的意义在于：

a.可以通过孤立系统的熵增原理判断过程进行的方向。

b.熵增原理可作为系统平衡的判据，当孤立系统的熵达到最大值时，系统处于平衡状态。

c.不可逆程度越大，熵增也越大，由此可以定量地评价热力过程的完善性。

熵增原理表达了热力学第二定律的基本内容，因此，有人也把热力学第二定律称为熵增定律。

2.5.6.3　热力学第三定律与规定熵

由于至今人们还无法得到熵的绝对数值，所以在讨论熵值时需要规定一个相对标准，这是热力学第三定律所解决的课题。

1906 年，Nernst 提出 Nernst 热定理：在 $T \to 0K$ 时，一切等温过程的熵值不变。在该定理的启发下，1911 年 Planck 提出进一步的假设：在 0K 时，一切物质的熵均等于零。1920 年，Lewis 和 Gibson 指出，Planck 的假设只适用于纯态的完美晶体。所谓完美晶体是指晶体中的分子或原子只有一种排列方式。

至此，正确的表述为：在 0K 时，一切纯态完美晶体的熵值为零。这就是热力学第三定律。它为任意状态下物质的熵值提供了相对标准。热力学第三定律只是一种规定，因此，人们将以此规定为基础计算出的其他状态下的熵称为规定熵。

根据热力学第三定律，我们能够利用量热数据确定各种物质在任意状态时的熵。人们把这种方法求得的规定熵称为量热熵。困难在于低温区域，因为在 20K 以下很难测定晶体的热容。为了解决这一困难，可用 Debye 立方定律计算晶体热容

$$C_{p,\mathrm{m}} = aT^3 \tag{2-142}$$

式中，a 是晶体的特性参数。

2.5.7　传热学

传热学是一门研究热能传递规律的学科。根据热量传递物理本质的不同，传热方式可分为导热、对流换热和辐射换热三种。

2.5.7.1　导热

物体各部分之间不发生相对位移时，依靠分子、原子及自由电子等微观粒子的热运动而产生的热能传递称为热传导，简称导热。

傅里叶定律：在导热现象中，单位时间内通过给定截面的热量（热流量 Q），与该截面法线方向的温度梯度 dt/dx 和截面面积 f 成正比，传递方向与温度梯度相反，如图 2-26 所示。

单位时间内通过单位导热面积的热流量，称为热流密度或热

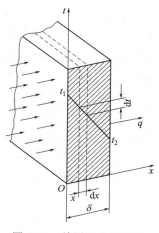

图 2-26　单层平壁的导热

流通量，单位为 W/m^2。

$$q = \frac{Q}{f} = -\lambda \frac{dt}{dx} \qquad (2\text{-}143)$$

式中，λ 为热导率，$W/(m \cdot \text{℃})$，表示物质导热能力的大小，它是物质的一个物性参数，其表达式为

$$\lambda = -\frac{q}{dt/dx} \qquad (2\text{-}144)$$

2.5.7.2 对流换热

由于流体的宏观运动而引起的流体各部分之间发生相对位移，冷、热流体相互掺混所导致的热量传递过程称为热对流。流动着的流体与其相接触的固体壁面之间的热量传递过程称为对流换热。热对流仅能发生在流体中，而且由于流体中的分子同时在进行着不规则的热运动，因而热对流必然伴随有热传导现象。

牛顿冷却定律：对流换热量 Q，单位为 W，与换热表面积 F 以及固体壁面和流体之间的温度差（$t_w - t_f$）成正比，即

$$Q = hF(t_w - t_f) \qquad (2\text{-}145)$$

式中，h 为对流换热表面传热系数，$W/(m^2 \cdot \text{℃})$。

影响对流换热强度的主要因素包括：流动发生的原因，流体的流动状况、物理性质、是否有相变和几何因素的影响。

2.5.7.3 辐射换热

（1）热辐射的基本概念

物体通过电磁波来传递能量的方式称为辐射。物体会因为各种原因发出辐射能，其中因热的原因而发出辐射能的现象称为热辐射。只有波长为 $0.4 \sim 1000 \mu m$ 的电磁波才具有较显著的热效应。通常称这些电磁波为"热射线"。

自然界中各个物体都不停地向空间发出热辐射，同时又不断地吸收其他物体发出的热辐射。辐射与吸收的综合结果就造成了以辐射方式进行的物体间的热量传递——辐射传热，也常称辐射换热。当物体与周围环境处于热平衡时，辐射传热量等于零，但这是动态平衡，辐射与吸收过程仍然在不停进行。

导热、对流这两种热量传递方式只有在有物质存在的条件下才能实现，而热辐射可以在真空中传递，而且实际上在真空中辐射能的传递最有效。这是热辐射区别于导热、对流传热的基本特点。当两个物体被真空隔开时，例如地球与太阳之间，导热与对流都不会发生，只能进行辐射传热。辐射传热区别于导热、对流的另一个特点是，它不仅产生能量的转移，而且还伴随着能量形式的转化，即发射时从热能转化为辐射能，而吸收时又从辐射能转化为热能。

锅炉炉膛内高温火焰的热量 90% 以辐射的方式传递给周围的受热面。

如图 2-27 所示，外界投射到一物体表面上的总辐射能量为 Q_0，其中被反射的能量为

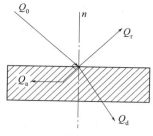

图 2-27　投射到物体上的
辐射能量分配

Q_r，被物体所吸收的能量为 Q_a，穿过该物体的能量为 Q_d。根据能量守恒定律，则

$$Q_0 = Q_a + Q_r + Q_d \tag{2-146}$$

等式两边同时除以 Q_0，得

$$\frac{Q_a}{Q_0} + \frac{Q_r}{Q_0} + \frac{Q_d}{Q_0} = 1 \tag{2-147}$$

其中：

$A = \dfrac{Q_a}{Q_0}$ 为吸收比，当 $A = 1$ 时，该物体被称为"黑体"；

$R = \dfrac{Q_r}{Q_0}$ 为反射比，当 $R = 1$ 时，该物体被称为"白体"或"镜体"；

$D = \dfrac{Q_d}{Q_0}$ 为穿透比，当 $D = 1$ 时，该物体被称为"透热体"。

（2）斯特藩-玻尔兹曼定律

黑体是指能吸收投射到其表面上的所有辐射能量的物体。黑体的吸收本领和辐射本领在同温度的物体中是最大的。黑体在单位时间内发出的热辐射热量由斯特藩-玻尔兹曼定律揭示

$$\varPhi = A\sigma_S T^4 \tag{2-148}$$

式中，T 为黑体的热力学温度，K；σ_S 为斯特藩-玻尔兹曼常量，即通常说的黑体辐射常数，其值为 $5.67 \times 10^{-8} \mathrm{W/(m^2 \cdot K^4)}$；$A$ 为辐射表面积，$\mathrm{m^2}$。

一切实际物体的辐射能力都小于同温度下的黑体。实际物体辐射热流量的计算可以采用斯特藩-玻尔兹曼定律的经验修正形式

$$\varPhi = \varepsilon A\sigma_S T^4 \tag{2-149}$$

式中，ε 称为物体的发射率［习惯上又称黑度］，其值总小于 1，它与物体的种类及表面状态有关。斯特藩-玻尔兹曼定律又称四次方定律，是辐射传热计算的基础。

式（2-148）和式（2-149）中的 $\varPhi$ 是物体自身向外辐射的热流量，而不是辐射传热量。要计算辐射传热量还必须考虑投射到物体上的辐射热量的吸收过程。

（3）基尔霍夫定律

基尔霍夫定律：在热平衡的条件下，物体的吸收率等于同温度下该物体的黑度，即 $A = \varepsilon$。这就是说物体的吸收能力愈强，其辐射能力亦愈强。

2.6　能量转化的物化基础

化学能与热能以及化学能与电能之间的相互转化均需要用到物理化学的知识，这里给出了定量描述化学能相关的能量转化所用到的物理化学概念和定律。

2.6.1 热力学势

化学能具有不同的利用方式，进而具有不同的潜能。而要知道不同利用方式的潜能，需要首先理解不同热力学势的概念和含义，常用的热力学势包括：内能 U、焓 H、吉布斯自由能 G 和亥姆霍兹自由能 F。各热力学势的相对关系在图 2-28 中给出。

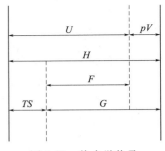

图 2-28　热力学势及它们之间的关系

（1）内能

内能（U）的定义在前面已经给出，其表示系统内部所包含的总能量，包括所有粒子内部和粒子之间的势能以及微观粒子的动能。可以理解为建立一个系统所需要的全部能量。根据热力学第一定律，内能的变化等于系统吸收的热量减去系统对外界做的功。

$$\Delta U = Q - W \tag{2-150}$$

（2）焓

焓（H）表示了系统的内能和压力能的总和。可以理解为建立一个系统所需要的全部能量，加上为系统创造相应空间所需要的功。焓是系统的热潜能，表示能够从系统中提取的最大热量。

$$H = U + pV \tag{2-151}$$

在恒定压力下，如果系统不做非体积功，焓的变化等于系统吸收或释放的热量。

$$\Delta H = Q_p \tag{2-152}$$

（3）吉布斯自由能

吉布斯自由能（G）可以理解为建立一个系统所需要的全部能量，加上为系统创造相应空间所需要的功，减去系统向环境通过自发传热提供的能量。Gibbs 函数是系统的非体积功潜能，表示能够从系统中提取的最大非体积功。

$$G = U + pV - TS \tag{2-153}$$

在等温等压的可逆过程中，ΔG 表现出一定的物理意义：吉布斯自由能的减少表示系统所做的最大非体积功。

$$\Delta G = -W' \tag{2-154}$$

（4）亥姆霍兹自由能

亥姆霍兹自由能（F）可以理解为建立一个系统所需要的全部能量，减去系统向环境通过自发传热提供的能量。亥姆霍兹自由能是系统做功的潜能，表示能够从系统中提取的最大功。

$$F = U - TS \tag{2-155}$$

在等温的可逆过程中，ΔF 表现出一定的物理意义：亥姆霍兹自由能的减少表示系统所做的最大功。

$$\Delta F = -W \tag{2-156}$$

（5）功和热在特定条件下与热力学势变的关系

功和热是过程量，但在一些特定条件下，功和热常与某个热力学势的变化值相等。相关关系见表 2-4。

表 2-4　功和热在特定条件下与热力学势变的关系

关系式	条件	关系式	条件
$\Delta U = Q$	等容，无非体积功	$\Delta U = -W$	绝热
$\Delta H = Q$	等压，无非体积功	$\Delta F = -W$	等温，可逆
$\Delta H = Q - W'$	等压	$\Delta F = -W'$	等温等容，可逆
$T\Delta S = Q$	等温，可逆	$\Delta G = -W'$	等温等压，可逆

2.6.2　化学能-热能转化的热化学

化学反应时会吸收或放出热量。如果一个化学反应在等温下进行且不做非体积功，反应系统吸收或放出的热量，称为反应热。研究反应热的计算与测量的科学称为热化学。热化学是热力学第一定律对于化学反应的应用，是化学能转化为热能的理论基础。反应热与反应系统中化学反应进行的程度有关。因此，在讨论反应热之前，需要先引入一个描述化学反应进行程度的量——化学反应进度。

2.6.2.1　化学反应进度

用 R 表示反应物；P 表示产物；a，b，$\cdots$，e，f，$\cdots$ 是化学计量数，任意化学反应可以表示为

$$a\mathrm{R}_1 + b\mathrm{R}_2 + \cdots = e\mathrm{P}_1 + f\mathrm{P}_2 + \cdots \tag{2-157}$$

将反应物移到方程右端，并用 B 代表反应系统中的任意物质，上式可以简化为

$$0 = \sum_{\mathrm{B}} \nu_{\mathrm{B}} B \tag{2-158}$$

式中，ν_{B} 是物质 B 的化学计量数，对于反应物为负值，对于产物为正值。

若反应开始前系统中物质 B 的物质的量为 n_0，反应进行到某时刻时为 n_{B}，则 $\Delta n_{\mathrm{B}} = n_{\mathrm{B}} - n_0$。

一般情况下 $\Delta n(\mathrm{R}_1) \neq \Delta n(\mathrm{R}_2) \neq \cdots \neq \Delta n(\mathrm{P}_1) \neq \Delta n(\mathrm{P}_2) \neq \cdots$，但它们与各自化学计量数之比必定相等而且与物质种类无关，即

$$\frac{\Delta n(R_1)}{\nu(R_1)} = \frac{\Delta n(R_2)}{\nu(R_2)} = \cdots = \frac{\Delta n(P_1)}{\nu(P_1)} = \frac{\Delta n(P_2)}{\nu(P_2)} = \cdots = \frac{\Delta n_{\mathrm{B}}}{\nu_{\mathrm{B}}} = \xi \tag{2-159}$$

令此比值为化学反应进度，用符号 ξ 表示，单位为 mol。化学反应进度 ξ 是表示化学反应进行程度的一个量。

对 $n_B - n_0 = \nu_B \xi$ 两端微分可得

$$\mathrm{d}n_B = \nu_B \mathrm{d}\xi \tag{2-160}$$

因此，我们可以利用该式将物质的量的变化用反应的变化来表示。

2.6.2.2 化学反应的热效应

绝大多数的化学反应是在等温等容或等温等压条件下发生的，因此，反应热是反应系统的 ΔU 或 ΔH，通常说的反应热是指反应系统的 ΔH。发生 1mol 反应时系统的焓变，称为反应的摩尔焓变，用符号 $\Delta_r H_m$ 表示，其中"r"代表化学反应，"m"代表反应进度为 1mol。

既然反应 $0 = \sum\limits_B \nu_B$ 的热效应是指发生 1mol 该反应时的焓变 $\Delta_r H_m$，因此在写热化学方程式时必须注明每一个物质的状态，在方程式后写出反应热的值。例如，在 298.15K、10^5Pa 下，气体反应 $a\mathrm{A} + b\mathrm{B} \longrightarrow c\mathrm{C} + d\mathrm{D}$，放热 100kJ，应写作

$$\begin{aligned} a\mathrm{A}(\mathrm{g}, 298.15\mathrm{K}, 10^5\mathrm{Pa}) &+ b\mathrm{B}(\mathrm{g}, 298.15\mathrm{K}, 10^5\mathrm{Pa}) \\ &\longrightarrow c\mathrm{C}(\mathrm{g}, 298.15\mathrm{K}, 10^5\mathrm{Pa}) + d\mathrm{D}(\mathrm{g}, 298.15\mathrm{K}, 10^5\mathrm{Pa}) \\ &\Delta_r H_m = -100\mathrm{kJ} \end{aligned} \tag{2-161}$$

用符号 $H_{m,B}$ 表示任意一种物质的摩尔焓，对于任意反应 $0 = \sum\limits_B \nu_B B$，反应热可以表示为

$$\Delta_r H_m = \sum_B \nu_B H_{m,B} \tag{2-162}$$

为了解决上式中 $H_{m,B}$ 的值，人们规定 298.15K 时标准状态的所有稳定单质的摩尔焓为零，记作

$$H_m^{\ominus}(\text{稳定单质}, 298.15\mathrm{K}) = 0$$

根据此规定，任意物质 B 在任意状态下的 $H_{m,B}$ 便有了相应的规定值。

标准摩尔焓变：若参与反应的所有物质都处于标准态，该反应的摩尔焓变称为标准摩尔焓变，记作 $\Delta_r H_m^{\ominus}$。

一个反应的 $\Delta_r H_m$ 和 $\Delta_r H_m^{\ominus}$ 所对应的物质状态不同，但在指定温度下，两者数值较接近，因此经常用 $\Delta_r H_m^{\ominus}$ 来近似 $\Delta_r H_m$。

2.6.2.3 反应热的计算

直接利用摩尔焓变的公式计算反应热程序十分烦琐，人们通常采用更行之有效的计算方法，介绍如下。

（1）代数法

Hess（盖斯）定律：化学反应的热效应与中间经过的反应步骤无关。由 Hess 定律，热化学反应方程式可以像普通代数式一样进行运算，同样它们的摩尔焓变也可以进行相应的运算。Hess 定律的意义在于，通过几个能够测量的反应热计算某个不可测量的反应热。

（2）由生成焓计算反应热

标准生成焓：在标准状态下，由稳定单质生成 1mol 物质 B 的反应称为 B 的生成反应，它的反应热叫作物质 B 的标准生成焓（简称生成焓），用符号 $\Delta_f H^{\ominus}_{m,B}$ 表示，单位是 J/mol 或 kJ/mol。下标"f"代表生成反应。

$\Delta_f H^{\ominus}_m$ 可以通过测量生成反应的热效应而得到。对于不能进行或不易测量的生成反应，$\Delta_f H^{\ominus}_m$ 可通过易测反应的 $\Delta_r H^{\ominus}_m$ 利用 Hess 定律求得。以下讨论如何由物质的标准生成焓计算反应热。例如，为了计算 298.15K 时反应式（2-163）的 $\Delta_r H^{\ominus}_m$，可以将反应按如下设计的途径进行。过程 I：R_1 和 R_2 先生成稳定单质；过程 II：稳定单质再生成 P_1 和 P_2。

$$a R_1 + b R_2 \longrightarrow c P_1 + d P_2 \tag{2-163}$$

过程 I 和 II 的标准摩尔焓变分别表示为

$$\begin{cases} \Delta_r H^{\ominus}_{m,I} = -a\,\Delta_f H^{\ominus}_m(R_1) - b\,\Delta_f H^{\ominus}_m(R_2) \\ \Delta_r H^{\ominus}_{m,II} = c\,\Delta_f H^{\ominus}_m(P_1) + d\,\Delta_f H^{\ominus}_m(P_2) \end{cases} \tag{2-164}$$

所以

$$\Delta_r H^{\ominus}_m = \Delta_r H^{\ominus}_{m,I} + \Delta_r H^{\ominus}_{m,II} = c\,\Delta_f H^{\ominus}_m(P_1) + d\,\Delta_f H^{\ominus}_m(P_2) - a\,\Delta_f H^{\ominus}_m(R_1) - b\,\Delta_f H^{\ominus}_m(R_2)$$
$$\tag{2-165}$$

只要查手册得到参与反应的各物质的生成焓，就可以计算反应热。对于 298.15K 时的任意反应 $0 = \sum_B \nu_B B$，有

$$\Delta_r H^{\ominus}_m = \sum_B \nu_B \Delta_f H^{\ominus}_{m,B} \tag{2-166}$$

此式说明，标准状态下一个化学反应的反应热等于反应物和产物的生成焓的代数和。

（3）由燃烧焓计算反应热

在标准状态下，1mol 物质 B 完全燃烧时的热效应称 B 的标准燃烧焓，简称燃烧焓，用符号 $\Delta_c H^{\ominus}_{m,B}$ 表示，单位是 J/mol 或 kJ/mol。下标"c"代表燃烧反应。完全燃烧的意思是指燃烧产物：C 变成 $CO_2(g)$；H 变成 $H_2O(l)$；S、N 和 Cl 等元素分别变成 $SO_2(g)$、$N_2(g)$ 和 HCl（水溶液）等。298.15K 时各种有机物的燃烧焓可以查物理化学手册获得。

只要查手册得到参与反应的各物质的燃烧焓，就可以计算反应热。对于 298.15K 时的任意反应 $0 = \sum_B \nu_B B$，有

$$\Delta_r H^{\ominus}_m = -\sum_B \nu_B \Delta_c H^{\ominus}_{m,B} \tag{2-167}$$

此式说明，标准状态下一个化学反应的反应热等于反应物的燃烧焓减去生成物的燃烧焓。

2.6.2.4　化学平衡和平衡常数的计算

前面给出了化学反应进度的概念和定义，但并没有给出化学反应的限度。这里将采用热

力学方法，讨论化学反应的方向、限度及其影响因素。化学反应可以看作是物质由反应物一侧向产物一侧的传递过程，而化学势决定了传质过程的方向和限度。因此，讨论化学平衡首先需要给出化学势的定义。

（1）化学势

均相系统中，物质 B 的化学势定义为系统 Gibbs 函数的偏摩尔量，用符号 μ_B 表示。

$$\mu_B = \left(\frac{\partial G}{\partial n_B}\right)_{T,p,n_C\cdots} \tag{2-168}$$

μ_B 的意义是，在等温等压且除物质 B 以外的其他物质的量 n_C 均不改变的条件下，往一巨大均相系统中单独加入 1mol 物质 B 时，系统 Gibbs 函数的变化。在制定 T、p 和浓度的溶液中，μ_B 表示 1mol 物质 B 对于溶液 G 贡献的大小。

任意物质 B 的化学势总可以表示为如下形式

$$\mu_B = \mu_B^\ominus(T) + RT\ln a_B + F_B \tag{2-169}$$

此式可称为化学势的通式，适用于任何物质和任意标准状态。

a. $\mu_B^\ominus(T)$ 指的是标准状态下的化学势。

◇ 对气体而言，标准状态取 $p^\ominus = 101325Pa$ 下的理想气体。

◇ 对溶液中组分的标准态，习惯上有四种取法，分别称为规定 I-IV。

规定 I：取 T，$p^\ominus = 101325Pa$ 下的纯液体为标准态。

规定 II：取 T，$p^\ominus = 101325Pa$ 下，组成为 $x_B = 1$，并且服从 Henry 定律的假想状态为标准态。Henry 定律：在一定温度下，气体的溶解度与气体的分压成正比。利用规定 II 时，总是以 Henry 定律 $p_B = k_x x_B$ 为基础处理溶液问题，k_x 称为 Henry 常数。

规定 III：取 T，$p^\ominus = 101325Pa$ 下，质量摩尔浓度 $b_B = 1mol/kg$，并且服从 Henry 定律的假想状态为标准态。利用规定 III 时，总是以 Henry 定律 $p_B = k_B b_B/b^\ominus$ 为基础处理溶液问题，k_B 称为 Henry 常数，$b^\ominus$ 指标准质量摩尔浓度 1mol/kg。

规定 IV：取 T，$p^\ominus = 101325Pa$ 下，物质的量浓度为 $1000mol/m^3$，并且服从 Henry 定律的假想状态为标准态。利用规定 IV 时，总是以 Henry 定律 $p_B = k_c c_B/c^\ominus$ 为基础处理溶液问题，k_c 称为 Henry 常数，$c^\ominus$ 指标准物质的量浓度 $1000mol/m^3$。

b. a_B 是物质 B 的活度。

◇ 对气体而言，$a_B = \dfrac{f_B}{p^\ominus}$，其中 $f_B = \gamma_B p_B = \gamma_B p x_B$，是混合气体中 B 的逸度，可以被视为校正分压；$\gamma_B$ 是混合气体中 B 的逸度系数。

◇ 对溶液而言，$a_B = \gamma_B b_B/b^\ominus$，$\gamma_B$ 是溶液中 B 的活度系数，b_B 是物质 B 的浓度。

c. F_B 是一个代号。

◇ 对于气体其值为 0。

◇ 对于非气体系统，F_B 代表一个积分：$F_B = \displaystyle\int_{p^\ominus}^{p} V_{m,B} dp$，其中 $V_{m,B}$ 表示物质 B 的偏摩尔体积。

（2）化学平衡的条件

化学平衡的条件是：产物的化学势等于反应物的化学势，即产物与反应物的化学势之代数和为 0。对于任意反应 $0 = \sum\limits_{B} \nu_B B$，平衡条件为

$$\sum_{B} \nu_B \mu_B = 0 \tag{2-170}$$

若 $\sum_{B} \nu_B \mu_B < 0$，即产物的化学势小于反应物的化学势，反应正向进行；若 $\sum_{B} \nu_B \mu_B > 0$，则反应逆向进行。

化学平衡状态对应系统 Gibbs 函数最小的状态，化学平衡常数是描述化学平衡的一个量。

（3）化学平衡常数

将化学势的通式 $\mu_B = \mu_B^{\ominus}(T) + RT \ln a_B + F_B$ 代入化学反应平衡条件 $\sum_{B} \nu_B \mu_B = 0$ 得

$$\sum\nolimits_{B} \nu_B \mu_B^{\ominus}(T) + RT \sum\nolimits_{B} \ln a_B^{\nu_B} + \sum\nolimits_{B} \nu_B F_B = 0 \tag{2-171}$$

其中，$\sum_{B} \nu_B \mu_B^{\ominus}(T)$ 的意义为，当系统中各物质均处于标准状态时化学势的代数和。定义其为化学反应的标准摩尔 Gibbs 函数变

$$\sum\nolimits_{B} \nu_B \mu_B^{\ominus}(T) = \Delta_r G_m^{\ominus} \tag{2-172}$$

于是，化学平衡条件可以写为

$$\Delta_r G_m^{\ominus} + RT \sum\nolimits_{B} \ln a_B^{\nu_B} + \sum\nolimits_{B} \nu_B F_B = 0 \tag{2-173}$$

整理后得

$$-\frac{\Delta_r G_m^{\ominus}}{RT} = \ln \prod_{B} a_B^{\nu_B} + \sum_{B} \frac{\nu_B F_B}{RT} \tag{2-174}$$

即

$$\exp\left(-\frac{\Delta_r G_m^{\ominus}}{RT}\right) = \prod_{B} a_B^{\nu_B} \exp \sum_{B} \frac{\nu_B F_B}{RT} \tag{2-175}$$

将上式左端的指数函数用符号 $K^{\ominus}$ 表示，称作标准平衡常数，简称平衡常数。

$$K^{\ominus} = \exp\left(-\frac{\Delta_r G_m^{\ominus}}{RT}\right) \tag{2-176}$$

平衡常数描述化学反应达到平衡时的特点，在处理化学平衡问题时具有最重要的作用。

2.6.3　化学能-电能转化的电化学

前述讨论是以没有非体积功为前提的，化学反应进行过程中，系统的能量以热的形式与环境交换。接下来讨论的化学反应是在有电功的情况下进行的，这样的热力学系统称为电化

学系统。

电化学系统是相间有电位的系统，电化学系统中的化学反应总是与电现象相联系，所以电化学系统中的化学反应称为电化学反应。电化学反应的反应器是电池或电解池。在电池中进行化学反应时，化学能转化为电能，电池包括锂电池、燃料电池。在电解池中进行反应时，电能转化为化学能。

（1）电化学势

物质总是由化学势较高的相流向化学势较低的相，这个结论只有在无非体积功的条件下才成立。当有非体积功的情况下，必须同时考虑化学势和电功两个因素才能具体确定离子的传质方向。为此，必须引用一个新的概念——电化学势，用符号 $\tilde{\mu}_B$ 表示。

对于电解质溶液，若 B 是溶液中的某种离子，单独加入 1mol 离子 B，溶液就不可能保持电中性，加入 B 时就必须做电功。前述化学势的定义仍然可以用

$$\tilde{\mu}_B = \left(\frac{\partial G}{\partial n_B}\right)_{T,p,n_C\cdots} \tag{2-177}$$

即离子 B 的电化学势指在保持温度、压力和除 B 以外的其他物种数量 n_C 均不变的情况下，向巨大溶液中单独加入 1mol 离子 B 时溶液 Gibbs 函数的变化。只不过，这里 Gibbs 函数的变化包括非体积功（这里特指电功）W' 的变化。

$$dG = -SdT + Vdp - \delta W' + \sum_B \mu_B dn_B \tag{2-178}$$

其中 $\delta W' = dn_B \times z_B F\Phi$，表示将 dn_Bmol 的离子 B 从无限远处移入溶液体相内部所做的电功。z_B 是离子 B 所带电荷数；F 为 Faraday 常数；Φ 叫作溶液的内电位（体相电位）。

因此，电化学势可以表示为

$$\tilde{\mu}_B = \mu_B + z_B F\Phi \tag{2-179}$$

式中，μ_B 表示当离子 B 是不带电的假想离子时，假想溶液中离子 B 的化学势。

（2）电化学平衡

在电化学系统中，电化学势是带电粒子在相间传质方向和限度的判据。在电解质溶液中，任意离子 B 总是毫无例外地由电化学势高的相流向电化学势低的相。相平衡的条件是同种离子在各相中的电化学势相等

$$\tilde{\mu}_B(\alpha) = \tilde{\mu}_B(\beta) \tag{2-180}$$

对于非带电物质，电化学势就是化学势，上式即为化学势判据。

同样可以证明，在电化学系统中，对于任意反应 $0 = \sum_B \nu_B B$，平衡条件为

$$\sum_B \nu_B \tilde{\mu}_B = 0 \tag{2-181}$$

这里讨论的化学平衡是在有电功情况下的平衡，因此称为电化学平衡。

（3）化学能-电能转化潜力

为了定量研究化学能与电能的转化关系，首先应该说明在电化学系统中，一个化学反应

的化学能是什么。从热力学观点，化学反应的化学能应该用反应过程中系统所释放出的能量来度量。但是，一个反应的方式是多种多样的，例如在 298K、101325Pa 下氢和氧化合成水的反应：

$$2H_2(g) + O_2(g) \longrightarrow 2H_2O(l)$$

a. 可以通过氢气燃烧来实现，释放的是热量；

b. 也可以通过燃料电池来实现，释放的是电能。

两种方式分别释放出的热和电能是不一样的。在电化学系统中，化学能指的是在等温等压下化学反应可以全部转变为非体积功的那部分能量，即化学反应过程中系统 Gibbs 函数的减少。

$$-\Delta G = W'_{max} \tag{2-182}$$

如果在电池中进行化学反应，则 W'_{max} 是指最大电功。若电池反应可逆，用 E 表示可逆电池的电动势，则 $W'_{max} = zFE$，z 是电池反应的电荷数，值为正。即等温、等压、可逆条件下，可逆电池对环境所做的电功等于化学反应过程中系统 Gibbs 函数的减少，即

$$\Delta_r G_m = -zFE \tag{2-183}$$

对于同一个电池反应，任何不可逆电池的电功必小于 zFE。只有在可逆电池中，化学能才全部变为电能；在不可逆电池中，化学能只是部分变为电能，其余部分以热的方式放出。

可逆电池的电动势 E 可以通过 Nernst 公式来计算

$$E = E^{\ominus} - \frac{RT}{zF}\ln J \tag{2-184}$$

式中，$E^{\ominus}$ 称为电池的标准电动势，代表参与电池反应的所有物质均处于各自的标准状态时电池的电动势；R 为摩尔气体常数；T 为温度；J 是参与电池反应的所有物质的活度积

$$J = \prod_B a_B^{\nu_B} \tag{2-185}$$

因此，参与电池反应的各物质的活度决定了电池电动势的大小。

（4）化学能-电能转化的最高效率

在电池反应中，可以获得的最大电能为化学反应过程中系统 Gibbs 函数的减少；而同样的化学反应，可以获得的最大热量为化学反应过程中系统焓的减少。因此，化学能-电能转化的最高效率 η 为

$$\eta = \frac{\Delta G}{\Delta H} \tag{2-186}$$

该式给出了化学燃料中的有用功与焓的比值，是等温、等压、可逆条件下，电化学反应（化学能-电能转化）可以获得的最高效率。

2.7 能量转化的电磁基础

电磁能是最高品位的能量。各类能量形式与电能之间的相互转化均涉及电磁学相关的知

识。例如，光能、热能和化学能与电能的转化均涉及电势能相关知识；机械能与电能之间的转化过程则依赖于电磁能的相互转化。本节着重介绍了电磁学的基础——麦克斯韦方程组。除此之外，本节还简要介绍了电能传输的原理。

2.7.1 麦克斯韦方程组

麦克斯韦方程是描述电磁理论的基本方程，是电磁场行为和电磁波理论的基础。麦克斯韦方程总共有四个，共同描述了电场和磁场的相互作用，并揭示了电磁波的传播性质。麦克斯韦方程有微分和积分两种形式。

（1）电场的高斯定律

微分形式：
$$\nabla \cdot \vec{E} = \frac{\rho}{\varepsilon_0} \tag{2-187}$$

$$\nabla = \vec{i}\,\frac{\partial}{\partial x} + \vec{j}\,\frac{\partial}{\partial y} + \vec{k}\,\frac{\partial}{\partial z}$$

积分形式：
$$\oint_A \vec{E} \cdot \mathrm{d}A = \frac{Q}{\varepsilon_0} \tag{2-187$'$}$$

式中，E 是电场强度；ρ 是电荷密度；ε_0 是真空介电常数（也叫电容率）；$\mathrm{d}A$ 表示曲面上的微小面积；Q 是闭合曲面所包围的电荷总量。微分形式的公式表明：一个闭合的曲面上电场的散度等于该曲面内的电荷密度除以真空中的介电常数。积分形式的公式表明：曲面上电场的总通量等于曲面内的总电荷量除以真空中的介电常数。

（2）磁场的高斯定律

微分形式：
$$\nabla \cdot \vec{B} = 0 \tag{2-188}$$

积分形式：
$$\oint_A \vec{B} \cdot \mathrm{d}A = 0 \tag{2-188$'$}$$

式中，B 是磁感应强度；$\mathrm{d}A$ 表示曲面上的微小面积。这两个公式表明：任何封闭曲面上的磁场的散度等于零，意味着不存在磁单极子，磁场的起源是电流，磁场总是以闭合环路或磁偶极子的形式存在。

（3）法拉第电磁感应定律

微分形式：
$$\mathbf{\nabla} \times \vec{E} = -\frac{\partial \vec{B}}{\partial t} \tag{2-189}$$

积分形式：
$$\oint_l \vec{E} \cdot \mathrm{d}l = -\frac{d}{dt} \int_A \vec{B} \cdot \mathrm{d}A \tag{2-189$'$}$$

式中，$\mathrm{d}l$ 表示闭合电路上的微小长度；t 表示时间。微分形式的公式表明：一个变化的磁场会导致感应电场的产生，这个感应电场的旋度与变化的磁场成正比，且方向按照右手法则确定。积分形式的公式中：等号左边的部分表示电场强度 E 沿着一条闭合电路的环路积分，这代表了电动势（电压）；等号右边的部分表示磁感应强度 B 通过闭合电路的总磁通量的时间导数；当磁通量通过一个闭合电路变化时，电场将在该电路中产生电动势，从而导致电流产生。

法拉第电磁感应定律是磁能到电能转化的基础。发电机的原理就是利用了法拉第电磁感应定律。发电机是将机械能转化为电能的设备，它利用转子和定子之间的相对运动产生磁场变化，从而在线圈中产生电动势。

（4）安培环路定理

微分形式：
$$\vec{\mathbf{V}} \times \vec{B} = \mu_0 \vec{j} \tag{2-190}$$

积分形式：
$$\oint_1 \vec{B} \cdot \mathrm{d}l = \mu_0 \int_A \vec{j} \cdot \mathrm{d}A \tag{2-190'}$$

式中，j 是电流密度；μ_0 是真空中的磁导率。微分形式的公式表明：磁场的旋度等于空间中的电流密度与真空中的磁导率之积，意味着电流是产生磁场的源，而磁场的旋度告诉我们磁场如何在空间中分布，以响应电流密度的变化。积分形式的公式中：等号左边的部分表示磁感应强度 B 沿着一条闭合路径的环路积分，代表了环路上的总磁通量；等号右边的部分表示穿过任意闭合曲面的电流密度 j 与曲面法向的面积分，代表通过该闭合曲面的总电流；一条闭合路径上的磁场环路积分等于穿过相同路径内的总电流密度的面积分乘以真空中的磁导率。

安培环路定理是电能转化为磁能的理论基础。电动机就是利用电能转化为磁能和机械能的设备。它通过通电产生磁场，使得转子受到磁场力的作用，从而产生转动。在电动机中，电能通过电流转化为磁能，而磁能又转化为机械能，从而实现了能量的转化。

2.7.2 库仑定律和洛伦兹定律

麦克斯韦方程组是描述电磁场行为的基础，但是麦克斯韦方程组本身并没有给出电荷在电场和磁场中的受力公式。库仑定律描述了电场如何与电荷相互作用，洛伦兹定律描述了磁场如何与电荷相互作用，库仑定律、洛伦兹定律和麦克斯韦方程一起提供了电磁相互作用的完整描述。

库仑定律描述了电场如何对电荷施加力，以及这个力与电荷之间的关系。库仑定律的数学表达式如下

$$\vec{F} = q\vec{E} \tag{2-191}$$

式中，F 是库仑力，方向由电场方向决定；q 是电荷的电量。

洛伦兹定律描述了磁场如何对电荷施加力，以及这个力与电荷之间的关系。洛伦兹定律的数学表达式如下

$$\vec{F} = q\vec{v} \times \vec{B} \tag{2-192}$$

式中，F 是洛伦兹力；v 是带电粒子的速度矢量；B 是磁感应强度矢量；q 是电荷的电量；$\times$ 表示矢量的叉乘运算，决定了洛伦兹力的方向，它遵循右手法则。

2.7.3 电能的传输

电能的传输通常包括无线和有线两种形式，涉及电磁场和电荷两个关键元素。有线电能传输技术依赖电路进行电能的传输，用于将电能从发电站传输到各种用电设备，在电力系统中起着至关重要的作用。无线电能传输技术不以导线为载体，不借助任何接触类的电器元件，使电源和设备之间完成电能传输，在无线充电等领域具有良好的应用前景。

2.7.3.1 有线电能传输与无线电能传输

（1）有线电能传输

有线电能传输技术的物理过程较为复杂，涉及电磁场和电荷两个因素，基本原理为库仑定律。导线接入电路的瞬间，导线的两端产生电压，导体中的电子会受到电场力的作用（库仑定律）被加速移动，电子移动产生绕导线的环形磁场，电子的加速移动导致磁场增强，进而电路中产生感应电场（感应电动势）。电场以上述形式在导线中传播。电场的传播速度通常与导体材料中电磁波的传播速度［式（2-193）］非常接近。电场的传播速度决定了电能的传播速度。

$$v = \frac{c}{\sqrt{\varepsilon_r \mu_r}} \tag{2-193}$$

式中，ε_r 是导体的相对介电常数；μ_r 是导体的相对磁导率；c 是光速。

有线电能传输技术中，通过电荷的移动产生电场和磁场，而电磁场沿着电路进行传播，电场能量的流动和转移以电压的形式体现。

（2）无线电能传输

无线电能传输技术的物理过程比较简单，以电磁场为载体进行电能传输，基本原理为法拉第电磁感应定律和安培环路定理。无线电能传输技术主要包括以下 4 种：电磁感应式、电容耦合式、电磁辐射式和超声波式，如图 2-29 所示。电磁感应式无线电能传输技术分为感应耦合式和磁耦合谐振式两种。电磁辐射式无线电能传输技术主要包括微波和激光两种。

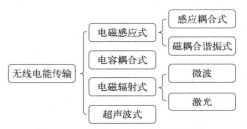

图 2-29 无线电能传输技术分类

表 2-5 对这 4 种无线电能传输技术进行了全面的比较，每种无线电能传输技术都有其自身的优势、不足以及适用场合。其中，超声波式无线电能传输技术包括 3 个物理过程：电-声转化、超声波传输和声-电转化。其主要特点是不受电磁场的干扰，可以帮助一些特殊领域供电。针对超声波式无线电能传输技术的研究较少，后面不再讨论。

表 2-5 无线电能传输技术比较

无线电能传输技术种类	优点	缺点	适用场合
电磁感应式	传输功率大 传输效率高 易实现、控制简单	传输距离较近 对铁磁性物质敏感	较近距离 全功率范围 效率要求高
电容耦合式	无涡流损耗 耦合器成本低	传输距离较近 传输功率较低 器件电压很高	较近距离 中等功率
超声波式	电磁辐射弱	研究较少	特殊领域
微波辐射式	传输距离远 传输功率大	传输效率低 抗偏移性能差 电磁辐射强	远距离 大功率

无线电能传输技术种类	优点	缺点	适用场合
激光辐射式	传输距离很远 传输功率较大	传输效率低 抗偏移性能差	远距离 大功率

无线电能传输原理不同，其传输的距离也有相应的不同。依据传输距离，无线电能传输技术又可以分为两类：近场非辐射技术和远场辐射技术。电磁感应式和电容耦合式属于近场非辐射技术，电磁辐射式属于远场辐射技术。

2.7.3.2 近场非辐射技术

近场非辐射技术通过发生设备的"天线"激发电场或者磁场，通过接收设备的"天线"或吸收材料接收电能。由于"天线"激发的电场和磁场并不是加载到可以传播的行波上，因此它们的强度随距离的增加是指数衰减的，电能只能在大约 1 个波长范围内进行能量的传输。电场和磁场的范围取决于激发电场或者磁场的"天线"的大小和形状。在该范围内，振荡电场和磁场是相互独立的：电场可以通过耦合的方式传输功率，而磁场通过感应的方式将能量在两个线圈中传递。如果在电场和磁场的范围内，没有接收设备或吸收材料，能量将无法通过"耦合"或者"感应"进行传输。因此，近场非辐射技术不适用于远程功率传输。

1892 年开始进行近场非辐射技术尝试，Maurice Hutin 和 Maurice Leblanc 使用谐振线圈为铁路列车供电。1960 年代初期，谐振感应无线电能传输成功用于植入式医疗装置，包括起搏器和人造心脏等装置。如今，谐振能量传输已被定义为可穿戴设备和内置医疗监控设备的标准电源方案。这个领域的一个重要分支是 Mario Cardullo 发明的第一个无源射频识别（RFID）技术，该技术被用于感应卡和非接触式智能卡。

（1）感应耦合式

常见的无线电能传输（无线充电）基于电流磁效应和电磁感应原理。感应耦合式是近场非辐射技术中的磁感应技术。在线圈之间通过磁通量的交变实现了功率的传输。具体地说，发射端和接收端的线圈共同形成一个变压器。交变的电流通过发射线圈产生了振荡磁场，并在接收端天线所包裹的准闭合平面上形成了交变的磁通量，此过程称为电流磁效应；变化的磁场靠近一段没有电流的线圈，根据法拉第电磁感应定律，线圈会感应出交变的电动势，此过程称之为电磁感应。这两种物理现象同时运用，就可以进行无线电能传输。电磁感应产生的电动势既可以作为交变的源直接驱动负载，也可以对其进行整流，将交流电变换为直流电，继而驱动负载。图 2-30 是感应耦合式无线充电技术原理图，使用电磁感应完成两个设备之间的能量传输。

以目前常用的智能手机、平板电脑等电子产品的无线充电为例，充电设备会配置一个充电座，内置线圈。将充电座接到家用交流电，其工作频率为 60Hz，线圈周围会因为电流磁效应产生磁场。充电的电子产品同样内置一个线圈，当它靠近充电座时，充电座的磁场将通过电磁感应，在电子产品的线圈内产生感应电流。感应电流导引至电池，完成充电座和电子产品间的非接触式能量传输。另一个应用领域是对植入式的医疗器械进行非接触式充电，例如心脏起搏器和胰岛素泵都无法向体外引出充电导线，此时感应耦合的方式是最为安全与经济的解决方案。

该技术传输的功率随频率和线圈之间的互感增加而增加，接收器几何形状和收发端之间

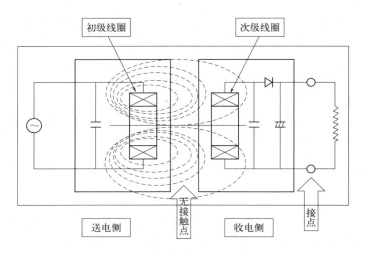

图 2-30　感应耦合式无线充电技术原理

的距离也会影响功率的传输。耦合系数是描述传输质量的重要指标。如果两个线圈在同一轴线上并且彼此靠近，那么所有来自发射线圈的磁通量将成为接收线圈的通量，耦合系数接近100%。线圈之间的间隔较大，来自第一个线圈的部分磁场会被第二个线圈漏掉，耦合系数会下降。耦合系数和传输功率大致成正比。为了提高传输功率，线圈必须非常靠近，或者发射线圈的尺寸远小于接收线圈的尺寸。因此，普通的感应耦合只有在线圈非常靠近的情况下才能实现高效率的传输，不利于实现长距离无线充电。

（2）磁耦合谐振式

磁耦合谐振式无线电能传输（MCRWPT）技术是基于磁共振原理进行无线充电的技术，相对于感应耦合式无线电能传输技术，其利用了发射装置和接收装置的谐振技术，实现了电能中程距离的无线传输，提高了电能的传输效率，且对设备的方向性要求不高。

MCRWPT 技术的原理是利用高频交流电源在初级侧产生高能量密度交变磁场，同时在次级侧谐振网络的交变磁场作用下耦合能量，并将耦合能量输送给电动负载（图2-31）。因为在磁耦合谐振线圈中初级侧和次级侧谐振频率一致，所以初级侧与次级侧线圈产生"磁共振"的现象，类似于振动的音叉会在调至相同音高的远处的音叉中引起交感振动。音叉的共振可以说实现了能量的传递。谐振电路也可以共振，两个振动频率相同的谐振电路放在一起，其中一个开始通电而振荡时，另一个电路也会跟着振荡起来，自动产生电流，电能被隔空传送。但当系统失谐时，会阻碍能量的传输，甚至造成能量无法传递。因此，MCRWPT技术的核心问题是通过调谐以使两个谐振器以相同的谐振频率谐振，增加耦合和功率传输。Nikola Tesla 在无线电力传输的开创性实验中首次发现了谐振耦合，但使用共振耦合增加传输范围的研究直到最近才出现。2007 年，麻省理工学院的 Marin Soljačić 团队使用了两个耦合的调谐电路实现了每个电路由 25cm 的自谐振线圈以 10MHz 的频率在 2m（线圈直径的 8倍）的距离上以 60W 功率传输，其效率约为 40%。谐振感应耦合系统背后的概念是使用高 Q 因子谐振器，这类谐振器的优点是用于交换的储能是其损耗的数倍。谐振可以使用更弱的磁场在更远的距离上传输大量的功率，这个范围可以达到线圈直径的 4 到 10 倍，这称为"中程"距离传输。与之相对应的非谐振电磁感应被称为"短"距离传输。

图 2-31　MCRWPT 技术能量传输机制

　　MCRWPT 技术的一个优点是谐振电路之间的相互作用远远强于谐振电路对非谐振电路作用,当谐振发生时,因为杂散和吸收导致的功率损耗可以忽略不计。谐振耦合理论的一个缺点是当两个谐振电路紧密相连时,系统的谐振频率不再恒定,而是"分裂"为两个谐振峰值,因此最大功率传输不再出现在原始谐振频率上,并且振荡器频率必须调到新的谐振峰值。MCRWPT 技术还具有灵活、不受空间与位置限制、可快速充电等诸多优点,目前,已广泛应用于现代感应无线电源系统中,如家电、植入式医疗器械以及电动汽车等领域。

　　（3）电容耦合式

　　电容耦合利用两个电极（阳极和阴极）之间的电场来传输功率,本质过程是形成用于传输功率的电容,其结构示意图如图 2-32 所示。电容耦合和感应耦合是共轭的。发射器和接收器的电极形成电容器,中间空间作为电介质能够增加电容容量,交流电压被施加到发射器,产生了振荡的电场,通过静电感应,并在接收板上感应出一个新的电场,这个电场对应的电动势推动了接收板上的电子形成了交流电,完成能量的传递。

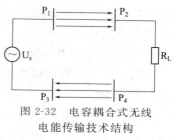

图 2-32　电容耦合式无线电能传输技术结构

在发射端中包含电源 U_s 与两个极板 P_1、P_3,系统的接收端与发射端类似,也存在两个极板,分别为 P_2、P_4,在两个极板连接中,存在负载 R_L。对于四个极板而言,在发射端的 P_1、P_3 为主动极板,其他极板为被动极板。在系统运行过程中,极板间会传输位移电流,电流通过极板 P_1 后会以电场耦合的方式传输到 P_2,再传输到 P_4,电流最终会返回到 P_3 极板中。这样四个极板以及电源 U_s、负载 R_L 会构成一个完整回路,最终保障电能实现无线传输。根据传输的过程,可以得出传输的功率与频率的平方成正比,因为在场的视角中没有物理尺寸,只有电尺寸。此外,其还与间隔成反比,这来自电容的定义。

　　在电力应用范围里,电容耦合实际上仅在少数条件下使用。由于电极上的电压偏高,传输大量功率是极其危险的,甚至会导致一些更为严重的情况,例如产生有害臭氧。另外,与磁场相反,由于电场与物质相互作用,电场会极化大多数材料,包括人体、产生极化电荷和极化电流。一般而言,介于两个极板之间或附近的材料都会被极化,同时成为能量传递的载体,这样会导致人们过度地暴露在电磁场中。与电磁感应耦合相比,电容耦合也具有一些优势。例如,磁场主要限制在电容器极板之间,减小了干扰。电容式耦合器已应用于连续为无线电力生物医学植入系统进行不间断能量传送。目前使用了两种类型的电路:其中一个是横向（双极）设计,该类型的电路有两个发射器和两个接收器,每个发射器耦合到对应的接收器。一个发射器以某一个相位推动其接收器,而另一个发射器连接反相器,实现倒拍（180°的相位差）的电场,负载连接在两个接收器之间,交替的电场在接收器中感应出反相的交流电,"推拉"作用使电流通过负载。这种无线充电配置的缺点是接收器中的两个板设备必须与充电器板面对面对齐才能工作。另外一个是纵向（单极）设计,在这种类型的电路中,发射器和接收器只有一个有源电极,而接地电极或大型无源电极都可以用作当前的返回路径。

发射器和振荡器连接在一个有源的电极，而负载也连接在有源和无源电极之间，其本质上就是半套横向设计的电路。

2.7.3.3　远场辐射技术

远场辐射技术可以扩展传输范围，其能量传输的载体是电磁波，根据频率的不同可分为：微波、激光。具体地说是指天线或激光发生器会产生一束可以匹配接收区域形状的电磁场波束或者激光束，并在接收端使用对应天线或者光电耦合器接收能量。微波和可见光（激光）是最适合能量转移的电磁辐射，这是因为大气在这些频段上几乎没有水汽和氧气的吸收峰，因此可以忽略空气传播的影响。微波不易受到由灰尘或气溶胶（例如雾）引起大气衰减的影响，传输能量可以认为是全天候的，被认为比激光更有效。

1960 年，美国喷气推进实验室（Jet Propulsion Laboratory）的 William C. Brown 首次实现了辐射方法的无线电力传输。1975 年，Brown 通过定向传输方式将 475W 的微波远距离传输到一英里外的整流天线上，微波到直流的转换效率高达 54%。1987 年，加拿大通信研究中心开发了固定高空中继平台（SHARP），用于两地之间传输中继电信数据，其供电由整流天线完成，该平台可以在 21 公里的高空连续飞行数月。2003 年，美国航空航天局（NASA）试飞了第一架激光动力飞机。2018 年美国国防部高级研究计划局（DARPA）在一次激光发射圆桌会议中展示了激光动力飞行无人机，再次展现了基于激光的远场能量传输的应用价值。

（1）微波

电磁辐射式无线电能传输是一种远距离的无线输电方式，其具有更强的方向性。电磁辐射通常在微波频段进行能量传输。微波无线电能传输系统主要包括微波发射子系统和微波接收子系统两大部分，如图 2-33 所示。微波发射子系统包括微波发射机和发射天线，功能是将输入的直流电（DC）高效率地转化为射频（RF）能量，并实现高指向精度微波波束发射和高效率的空间能量传输；微波接收子系统包括微波接收天线、微波整流电路以及直流功率合成电路，功能是将辐射至接收范围内的微波接收，并实现高效率的微波整流和直流合成。目前，基于微波的无线电能传输，其传输效率已经实现了 95%。微波功率发射的困难在于，衍射限制了天线的方向性，由于衍射取决于电尺寸，因此多数空间的在轨平台所需的天线尺寸太大。例如，1978 年 NASA 研究的一款太阳功率卫星需要的天线直径为 1 公里，而地面接收天线的直径达到了 10 公里。这是因为其使用的频率为 2.45GHz，较低的频率限制了天线的尺寸。通过使用较短的波长，可以稍微减小这些天线尺寸，但是短波长可能更加容易受到大气、雨水的影响，同时高频率的发射器件往往功率受限。

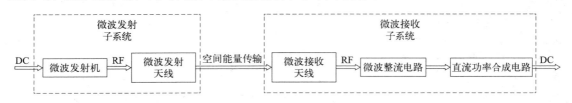

图 2-33　微波无线电能传输系统基本构成

1964 年，一架无化石燃料动力的微型直升机证明了由微波传输电能推动航天器的可能性。至此使用微波的无线高功率传输已得到充分证明。1975 年，数十千瓦时电能的直接传输实验在加利福尼亚的 Goldstone 进行，1997 年在留尼汪岛也进行了更大功率的类似实验，此时传输距离已经突破了一公里，测得的微波电能的转化效率约 54%。2013 年，Hatem Zeine 使用相控阵天线进行无线电力传输，可实现为半径 10m 内任何电器同时提供电力。2021 年，小米公司商业化相控阵天线技术，通过 5 个相位干涉天线实时精准定位充电设备，实现了隔空 5m 为电子穿戴设备、智能家居、玩具等设备无限能量传输。

微波无线电能传输技术适用于大范围、长距离、极高功率的无线电能传输，在空间站、卫星和微波飞机等方面有着很好的发展前景。但通过微波进行电磁辐射实现无线电能传输虽然传输距离远、传输功率大，然而其在传输过程中，能量的传输受到方向限制，微波在空气的传输效率低并且传输过程中会对环境造成可预见的破坏，且对人体或其他生物也会有很大影响。

（2）激光

激光无线电能传输是指利用激光作为能量传输载体，代替传统能量传输线路，利用其良好的方向性和高功率密度为目标设备提供能量。其基本思路是将电能转化为波长在可见光附近的高能的激光束，利用激光有较好的准直性的特点，进行直线传播。该系统主要由具有高能量转化效率的激光发射系统、有着良好效果的激光光束质量控制系统、拥有较高跟瞄精度的激光控制追踪系统、具有高能量转化效率的接收系统、有着协调分配功能的能源管理系统以及电源和负载组成，如图 2-34 所示。激光发射器发出激光，传输控制系统进行控制后，由光电转化器进行接收，转化后的电能由能源管理系统协调分配，为远距离负载进行供电，这个过程实现了激光能量远距离传输和转化。激光无线电能传输系统涉及光、电、控制等多个方面。

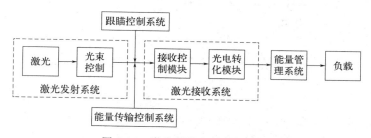

图 2-34　激光无线电能传输系统

与其他方法相比，优点是：a. 激光本身波长较短，准直的单色波前传播过程中允许较窄的光束横截面积、较长的共焦距离，可在较大的范围内传输，并且不扩散。b. 发射与接收端紧凑的尺寸，适用于系统的小型化和集成化。c. 对现有无线通信（例如 Wi-Fi 和蜂窝网络）无射频干扰。但同样也存在缺点，包括：a. 在没有适当的安全机制的情况下，大功率的激光辐射很危险。低功率水平（激光的衍射波束）可能会导致人类和其他动物失明；高功率水平（激光的主波束）可能会通过局部点加热而杀死光路中生物。b. 电与光之间的转化受到限制，目前最好的激光和电能的转化效率仅达到 40%。c. 激光受大气影响严重，大气中的 O_2、N_2 和 O_3 分子以及一些气溶胶都将对激光产生米氏散射，造成能量损失，且云、雾、雨会对激光产生吸收和散射，破坏其直线传输特性。

2003 年，NASA 德莱顿飞行研究中心展示了一种由激光进行供电的轻型无人驾驶飞机，证明了使用激光束定期充电的可行性。中国科学家开发出利用双波长的概念证明激光能够为便携式设备或无人机无线充电，可应用于太空和月球任务。此外，还可用于工业环境中各种传感器的短距离定向脉冲供电。但是，多径效应和遮挡问题仍然是基于激光的无线电能传输技术的痛点。

思考题

1. 用什么方式可以利用电磁场中的能量？
2. 重力势能和引力势能有什么区别？
3. 电势能是电能吗？
4. 光谱辐照度和光子通量各适用于什么样的应用场景？
5. 太阳表面辐照度和地球表面辐照度的差异来自什么？
6. 大气质量是大气的重量吗？
7. 热量具有绝对值吗？
8. 化学能与热力学势存在什么关系？
9. 能量品位的标准是什么？
10. 表面等离激元共振和表面等离激元极化有什么区别？
11. 电子空穴对与激子有什么区别？
12. 有效状态密度是 E_c 和 E_v 能级上的真实状态密度吗？
13. 泽贝克效应与汤姆逊效应的区别是什么？
14. 化学能与电能的最高转化效率怎么计算？
15. 无线电能传输技术有哪些？

参考文献

[1] 董福品，王丽萍，田德，等. 可再生能源概论[M]. 北京：中国环境出版社，2013.
[2] 温元凯，戴亚，靳卫星. 化学与能[M]. 浙江：浙江科学出版社，1988.
[3] 王强，李国建，范轶，等. 能量转换材料与技术[M]. 北京：科学出版社，2018.
[4] 牟民生，牟平江. 电能计量基础与技术实践[M]. 北京：中国电力出版社，2010.
[5] 王如竹，翟晓强. 绿色建筑能源系统[M]. 上海：上海交通大学出版社，2013.
[6] 李士，查连芳，赵文彦. 核能与核技术[M]. 上海：上海科学技术出版社，1994.
[7] 赵凯华，罗蔚茵. 新概念物理教程·量子物理[M]. 2版. 北京：高等教育出版社，2008：1.
[8] 张永德. 量子力学[M]. 5版. 北京：科学出版社，2021.
[9] 沈维道，童钧耕. 工程热力学[M]. 5版. 北京：高等教育出版社，2016.
[10] 黄昆，韩汝琦. 固体物理学[M]. 北京：高等教育出版社，1988.
[11] 玻恩，黄昆，葛惟锟，等. 晶格动力学理论[M]. 北京：北京大学出版社，1989.
[12] 李正中. 固体理论[M]. 2版. 北京：高等教育出版社，2002.
[13] 刘恩科，朱秉升，罗晋生，等. 半导体物理学[M]. 8版. 北京：电子工业出版社，2023.
[14] 杨世铭，陶文铨. 传热学[M]. 北京：高等教育出版社，2006.
[15] Kamran B. Fundamentals of thermoelectricity：Chapter 1[M]. Oxford：Oxford University Press，

2015.

[16] Callen H B. Thermodynamics and an introduction to thermostatistics: Chapter 14[M]. New York: John Wiley & Sons, 1985.

[17] de Groot S R, Mazur P. Non-equilibrium thermodynamics[M]. Amsteradm: North-Holland Publishing Company, 1962.

[18] Li J F, Liu W S, Zhao L D, et al. High-performance nanostructured thermoelectric materials[J]. NPG Asia Mater, 2010, 2(4): 152-158.

[19] 郭硕鸿, 黄迺本, 李志兵, 等. 电动力学[M]. 4 版. 北京: 高等教育出版社, 2023.

[20] 胡英, 黑恩成, 彭长军, 等. 物理化学[M]. 6 版. 北京: 高等教育出版社, 2014.

[21] 汪志诚. 热力学·统计物理[M]. 北京: 高等教育出版社, 2018.

[22] 贾瑞皋, 薛庆忠. 电磁学[M]. 北京: 高等教育出版社, 2003.

[23] 程守洙, 江之永, 胡盘新, 等. 普通物理学[M]. 北京: 高等教育出版社, 2016.

[24] 徐光宪, 黎乐民, 王德民. 量子化学: 基本原理和从头计算法[M]. 北京: 科学出版社, 2021.

[25] 陈汉平, 杨世关, 杨海平, 等. 生物质能转化原理与技术[M]. 北京: 中国水利水电出版社, 2018.

[26] 童廉明, 徐红星. 表面等离激元: 机理、应用与展望[J]. 物理, 2012, 41(9): 582-588.

[27] 冯端, 金国钧. 凝聚态物理学[M]. 北京: 高等教育出版社, 2003.

[28] 高敏, 张景韶, Rowe D M. 温差电转换及其应用[M]. 北京: 兵器工业出版社, 1996.

第 3 章

光能转化原理与过程

　　光能的利用主要指太阳能的利用。太阳能的利用方式主要包括太阳能发电、太阳能发热、太阳能转化为生物质能和太阳能转化为化学能 4 种方式。本章将详细介绍光能与电能转化、光能与热能转化、光能与生物质能转化以及光能与化学能转化的原理与过程；此外，还简要介绍各类光能转化涉及的主要材料和技术。

3.1　光能与电能转化

　　太阳能光伏发电是将太阳光能转变成电能的最重要的方式。自 1839 年 "光生伏打效应" 的发现和 1954 年第一块实用的光伏电池问世，发展到今天，太阳能光伏发电技术及应用取得了长足的进步。尤其近十几年来，各种光伏电池技术进步很快，光伏电池的种类、产量、效率持续快速增加，光伏制造成本和发电成本则日趋下降。技术的不断进步使得光伏发电在环保和经济上更具竞争力，光伏发电正在成为主要的发电来源之一。

　　本节主要讨论光伏效应导致的光能与电能的转化（图 3-1）。首先从能流角度介绍光电转化的物理基础，包括太阳电池的工作原理、太阳辐射以及理论转化效率的极限；然后介绍太阳电池的核心——半导体结和 p-n 结；其次介绍太阳电池工作过程中的载流子产生、复合和输运机制；最后介绍太阳电池工作方程和输出特性。

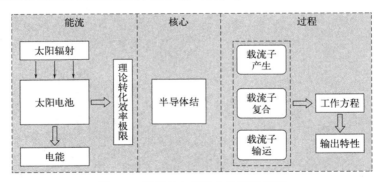

图 3-1　光能与电能转化的知识体系

3.1.1　光伏效应与效率极限

3.1.1.1　光伏效应

　　光能到电能的转化基于爱因斯坦于 1905 年提出的光电效应。光电效应可以分为内光电效应和外光电效应，其中外光电效应是指物质吸收光子并激发出自由电子的行为，发射出来的电子叫作光电子；而内光电效应指物质吸收光子引发的物质电化学性质的变化。内光电效应又可分为光电导效应和光生伏特效应。光电导效应指的是当入射光子射入到半导体表面时，半导体吸收入射光子产生电子空穴对，使其自身电导增大。光生伏特效应，又称光伏效应（图3-2），指半导体在受到光照射时产生电动势的现象。

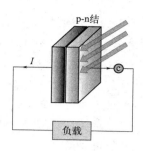

图3-2 光伏效应

光伏效应是太阳电池工作的基本原理。光照时，光子向电子传递能量，若光子能量大于半导体的带隙，可以使电子跨越带隙跃迁到导带，成为可以自由运动的电子，而在电子本身所在的能级留下一个可填充电子的位置，即空穴。通常情况下，电子跃迁后，受激电子很快跃迁回到基态，这符合能量最低原理。但在太阳电池中，由于p-n结或异质结的存在，结区的内建电场使电子在跃迁回基态之前，就被输运到外部电路，产生电动势和电流。光伏效应中，生成的电子空穴对的数量决定了太阳电池的电压和电流。

3.1.1.2 光电转化效率的理论极限

当太阳电池的电学和光学因素均为最优化的情况下，最终能够达到怎样的极限效率？细致平衡原理是计算太阳电池光电转化效率理论极限的最重要和最常用的原理。根据细致平衡原理得到的理论极限——肖克莱-奎伊瑟极限（Shockley-Queisser limit），是太阳电池客观上能达到的最高效率。

理解细致平衡原理，需要先了解半导体材料吸收和发射光子的3种形式（图3-3）。

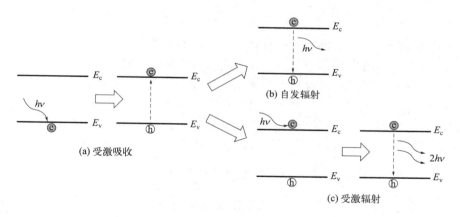

图3-3 半导体材料吸收和发射光子的3种形式

a. 受激吸收：基态 E_v 的电子吸收能量为 E 的光子后，跃迁到激发态 E_c；

b. 自发辐射：激发态 E_c 的电子发生弛豫，回到基态 E_v，发射能量为 E 的光子；

c. 受激辐射：激发态 E_c 的电子吸收能量为 E 的光子后，发生弛豫回到基态 E_v，发射2个能量为 E 的光子。

细致平衡原理要求：在热平衡状态下，太阳电池受激吸收的光子数和辐射（包括自发辐射和受激辐射）的光子数必须一样多。

接下来将区分黑暗和光照条件下的太阳电池与环境之间的细致平衡，然后引入理想假设，推导出太阳电池光电转化的肖克莱-奎伊瑟极限。

（1）黑暗中

系统包括太阳电池和环境两个部分。太阳电池和环境辐射之间主要进行受激吸收和自发辐射，而受激辐射并不明显。明显的受激辐射现象要求激发态 E_c 有较多的电子，但是黑暗中太阳电池的激发态 E_c 几乎是完全空缺的，受激辐射可以被忽略。在讨论太阳电池和环境之间的细致平衡之前，还需要引入两个理想假设。

假设一：将环境当作黑体，环境的物性区别可以忽略不计，环境温度为 T_a，那么环境光子角通量 β_a 为

$$\beta_a(E,T_a)=\frac{2}{h^3c^2}\frac{E^2}{\exp\left(\dfrac{E}{k_BT_a}\right)-1} \tag{3-1}$$

对立体角积分，即可计算太阳电池接收到的环境光子通量 b_a

$$b_a(E,T_a)=\frac{2F_a}{h^3c^2}\frac{E^2}{\exp\left(\dfrac{E}{k_BT_a}\right)-1} \tag{3-2}$$

$$F_a=\int_0^{\frac{\pi}{2}}\cos\theta\sin\theta\mathrm{d}\theta\int_0^{2\pi}\mathrm{d}\varphi=\pi \tag{3-3}$$

公式（3-3）中的 F_a 即环境几何因子，通常太阳电池只有一个面接收环境辐射，所以立体角中纬度 $\theta\in(0,\frac{\pi}{2})$、经度 $\varphi\in(0,\pi)$，占有半个空间。环境光子通量 $b_a(E,T_a)$ 表示的是太阳电池被光照的一面从环境中接收到的能量为 E 的光子的通量。

假设二：理想半导体材料没有缺陷。太阳电池从环境吸收的每一个光子都能转化为受激电子；太阳电池中所有受激电子都通过自发辐射复合，从激发态弛豫到基态，发射光子。如此一来，太阳电池中，被吸收光子和受激电子可实现完全相互转换。因此，太阳电池吸收的环境光子通量完全转化为电子流量，结合电子电荷 q，可以得到受激吸收光谱电流密度 j_{abs}，单位为 $\mathrm{A/(cm^2\cdot eV)}$。

$$j_{abs}(E)=q[1-R(E)]\alpha(E)b_a(E,T_a) \tag{3-4}$$

式中，α 是吸收率，%；$\alpha(E)$ 描述太阳电池吸收能量为 E 的光子的概率，由半导体的光吸收系数和入射光的光程决定；R 是反射率，%；$[1-R(E)]\alpha(E)b_a(E,T_a)$ 描述了太阳电池从环境中所吸收的光子通量。

由于太阳电池与环境辐射处于热平衡状态，其温度 T 与环境温度 T_a 相等；在吸收环境光子通量的同时，太阳电池也进行自发辐射。同样将太阳电池当作黑体，得到自发辐射光谱电流密度 $j_e(E)$，单位为 $\mathrm{A/(cm^2\cdot eV)}$。

$$j_e(E)=q[1-R(E)]\varepsilon(E)b_a(E,T_a) \tag{3-5}$$

式中，ε 是发射率，%；$\varepsilon(E)$ 描述太阳电池自发辐射发出能量为 E 的光子的概率。

由于太阳电池处于热平衡状态，受激吸收光谱电流和自发辐射光谱电流相等，由此可以得到精细平衡原理的表达式

$$\alpha(E) = \varepsilon(E) \tag{3-6}$$

该式表示太阳电池吸收能量为 E 的光子的概率 $\alpha(E)$ 等于发射能量为 E 的光子的概率 $\varepsilon(E)$。从量子跃迁的角度，该式表示在相同能量 E 的微扰下，电子从激发态弛豫到基态的概率等于电子从基态跃迁到激发态的概率。

（2）光照下

光照情况下，系统包括太阳电池、环境和光源 3 个主体。此时，太阳电池同时受到太阳辐射和环境辐射，因此受激吸收光谱电流密度包括两部分

$$j_{abs}(E) = q[1 - R(E)]\alpha(E)[b_s(E, T_s) + b_a(E, T_a)] \tag{3-7}$$

式中，T_s 为太阳表面温度；b_s 为太阳光子通量。太阳电池的自发辐射电流密度也将发生变化。太阳辐射使太阳电池中更多的电子跃迁到激发态，因此太阳电池中电子和空穴的化学势差 $\Delta\mu > 0$，会发生更多的弛豫，因此自发辐射增加。根据黑体辐射的普朗克辐射定律，此时太阳电池的自发辐射光子角通量为

$$\beta_e(E, \Delta\mu, T_a) = \frac{2n_s^2}{h^3 c^2} \frac{E^2}{\exp[(E - \Delta\mu)/(k_B T_a)] - 1} \tag{3-8}$$

式中，n_s 为半导体折射率。将自发辐射光子角通量在立体角 Ω 范围内积分，得到自发辐射光子通量为

$$b_e(E, \Delta\mu, T_a) = \frac{2n_s^2 F_e}{h^3 c^2} \frac{E^2}{\exp[(E - \Delta\mu)/(k_B T_a)] - 1} \tag{3-9}$$

$$F_e = \int_0^{\theta_c} \cos\theta \sin\theta \, d\theta \int_0^{2\pi} d\varphi = \pi\sin^2\theta_c = \pi\frac{1}{n_s^2} \tag{3-10}$$

式中，F_e 为太阳电池的自发辐射几何因子。半导体材料相对空气是光密介质，自发辐射被限制在全反射的临界角（θ_c）范围内；由斯涅尔定律，全反射的临界角 $\theta_c = \sin^{-1}(1/n_s)$。因此：$F_e = \pi\sin^2\theta_c = \pi\frac{1}{n_s^2} = \frac{F_a}{n_s^2}$，其中 $F_a = \pi$，表示环境自发辐射的几何因子。室温下 $k_B T_a = 0.026\text{eV}$，远小于光子能量 E，所以 $\exp[(E - \Delta\mu)/(k_B T_a)]$ 远大于 1。公式（3-9）可以进一步简化为

$$b_e(E, \Delta\mu, T_a) = \frac{2F_a}{h^3 c^2} \frac{E^2}{\exp[(E - \Delta\mu)/(k_B T_a)] - 1} \approx \frac{2F_a}{h^3 c^2} E^2 \exp[(\Delta\mu - E)/(k_B T_a)] \tag{3-11}$$

与公式（3-5）类似，可以写出光照下自发辐射光谱电流密度的表达式

$$j_e(E) = q[1 - R(E)]\varepsilon(E)b_e(E, \Delta\mu, T_a) \tag{3-12}$$

式中，b_e 为自发辐射光子通量。光照下，激发态 E_c 被占据的概率也较小，仍可以忽略受激辐射的影响。因此，定义光照下净光谱电流密度为光照下受激吸收光谱电流密度 [公式（3-7）] 与光照下自发辐射光谱电流密度 [公式（3-12）] 之差

$$j_{net}(E) = j_{abs}(E) - j_e(E)$$
$$= q[1-R(E)]\alpha(E)[b_s(E,T_s) + b_a(E,T_a) - b_e(E,\Delta\mu,T_a)] \quad (3\text{-}13)$$

为了后续表述方便，定义太阳辐射引起的受激吸收净光谱电流密度为

$$j_{abs\text{-}net}(E) = q[1-R(E)]\alpha(E)b_s(E,T_s) \quad (3\text{-}14)$$

定义自发辐射净光谱电流密度为

$$j_{e\text{-}net}(E) = q[1-R(E)]\alpha(E)[b_e(E,\Delta\mu,T_a) - b_a(E,T_a)]$$
$$= q[1-R(E)]\alpha(E)[b_e(E,\Delta\mu,T_a) - b_e(E,0,T_a)] > 0 \quad (3\text{-}15)$$

较大的自发辐射是不可避免的能量损失，是限制理论转化效率的主要原因。

公式（3-13）中的净光谱电流密度 $j_{net}(E)$ 也可以写成受激吸收净光谱电流密度与自发辐射净光谱电流密度的差值

$$j_{net}(E) = j_{abs\text{-}net}(E) - j_{e\text{-}net}(E) \quad (3\text{-}16)$$

（3）肖克莱方程

净光谱电流密度 $j_{net}(E)$ 即为理想情况下太阳电池所能获得的最大电流密度。受激吸收净光谱电流密度与自发辐射净光谱电流密度又被称为光生电流密度和暗电流密度，分别用 j_{ph} 和 j_{dark} 表示。因此，太阳电池的电流密度 j 可以写成光生电流密度 j_{ph} 与暗电流密度 j_{dark} 之差

$$j = j_{ph} - j_{dark} \quad (3\text{-}17)$$

其中，暗电流密度指电子化学势和空穴化学势之差 $\Delta\mu > 0$ 时太阳电池的自发辐射净光谱电流密度。该化学势差可以是：a. 黑暗条件下，在太阳电池两端施加外电压 V 引入的，如果半导体中载流子输运没有非辐射复合损失，$\Delta\mu$ 与外加电压 V 之间满足 $\Delta\mu = qV$。b. 光照条件下，电子吸收光被激发到高能态引入的，同样，如果载流子在导出过程中没有非辐射复合能量损失，$\Delta\mu$ 与太阳电池的输出电压 V 之间满足 $\Delta\mu = qV$。

接下来将从式（3-17）出发，推导出太阳电池的理论转化效率极限。

由于理想半导体中载流子输运没有非辐射复合损失，任何地方的化学势差 $\Delta\mu$ 都是常数，满足 $\Delta\mu = qV$。

所以，暗电流密度可以写成

$$j_{dark}(V) = q\int_0^\infty \eta_c(E)[1-R(E)]\alpha(E)b_e(E,qV,T_a) - b_e(E,0,T_a)\,dE \quad (3\text{-}18)$$

即对自发辐射净光谱电流在太阳光谱全光谱能量范围内积分。$\eta_c(E)$ 为收集率％，描述电子被接触电极收集的概率。

光生电流密度的表达式也可以写为

$$j_{ph} = \int_0^\infty \eta_c(E)j_{abs\text{-}net}(E)\,dE$$
$$= q\int_0^\infty \eta_c(E)[1-R(E)]\alpha(E)b_s(E,T_s)\,dE \quad (3\text{-}19)$$

即对受激吸收净光谱电流密度在太阳光谱全光谱能量范围内积分，为太阳电池可得的最

大电流密度（短路电流密度 j_{sc}）。

假设电池表面没有任何反射，并且所有能量大于 E_g 的光子都能实现本征吸收，并且载流子完全得到收集。

反射率满足：$R(E) = 0$

吸收率满足：$\alpha(E) = 1$，$E > E_g$；$\alpha(E) = 0$，$E < E_g$

收集率满足：$\eta_c(E) = 1$

光生电流密度可以简化为

$$j_{ph} = j_{sc} = q \int_{E_g}^{\infty} b_s(E, T_s) \, dE \tag{3-20}$$

积分以 E_g 为节点，在 $[0, E_g)$ 内为 0，在 $[E_g, +\infty)$ 以上的太阳光谱能量范围有值。可见，j_{ph} 依赖于带隙 E_g 和太阳光谱。带隙越小，短路电流 j_{sc} 越大。

只考虑，$E > E_g$ 的光子的吸收和辐射暗电流密度可以简化为

$$j_{dark}(V) = q \int_{E_g}^{\infty} [b_e(E, qV, T_a) - b_e(E, 0, T_a)] \, dE \tag{3-21}$$

基于式（3-20）和式（3-21）以及 $b_e(E, qV, T_a) = \dfrac{2F_a}{h^3 c^2} E^2 \exp\left(\dfrac{qV - E}{k_B T_a}\right)$，太阳电池电流密度可以写成

$$\begin{aligned}
j &= q \int_{E_g}^{\infty} [b_s(E, T_s) - b_e(E, qV, T_a) + b_e(E, 0, T_a)] \, dE \\
&= q \int_{E_g}^{\infty} \left\{ b_s(E, T_s) - b_e(E, 0, T_a) \left[\exp\left(\frac{qV}{k_B T_a}\right) - 1 \right] \right\} dE \\
&= j_{ph} - j_0 \left[\exp\left(\frac{qV}{k_B T_a}\right) - 1 \right]
\end{aligned} \tag{3-22}$$

$$j_0 = q \int_{E_g}^{\infty} b_e(E, 0, T_a) \, dE \tag{3-23}$$

$j = j_{ph} - j_0 \left[\exp\left(\dfrac{qV}{k_B T_a}\right) - 1 \right]$ 即肖克莱方程；j_0 称为反向饱和电流密度，描述黑暗下太阳电池的自发辐射电流，依赖于半导体材料的带隙 E_g 和环境温度 T_a。

（4）理论转化效率极限

太阳电池转化效率通常用 η 表示，可以写成

$$\eta = \frac{P_m}{P_s} = \frac{V_m I_m}{P_s} \tag{3-24}$$

式中，P_m 为太阳电池最大输出功率；P_s 为太阳光入射辐照度；V_m 为最佳工作电压；I_m 为最佳工作电流。

太阳电池的输出功率密度是电流密度与电压的乘积，可以表示为

$$P(V) = Vj(V) = V \times \left\{ j_{ph} - j_0 \left[\exp\left(\frac{qV}{k_B T_a}\right) - 1 \right] \right\} \tag{3-25}$$

令 $\dfrac{\mathrm{d}P(V)}{\mathrm{d}V}=0$，即可求得 $P(V)$ 的极大值点 P_m。

环境温度 $T_\mathrm{a}=0$ 则 $\exp[(E-\Delta\mu)/(k_\mathrm{B}T_\mathrm{a})]-1\to\infty$。根据式（3-9），$b_\mathrm{e}(E,\Delta\mu,T_\mathrm{a})\to 0$。因此，根据式（3-21），$j_\mathrm{dark}(V)=0$；根据式（3-20），$j=j_\mathrm{ph}=q\displaystyle\int_{E_\mathrm{g}}^{\infty}b_\mathrm{s}(E,T_\mathrm{s})\,\mathrm{d}E$；此时，电流密度 j 不再依赖于电压 V，而是始终等于短路电流密度 j_sc。

根据 $\dfrac{\mathrm{d}P(V_\mathrm{m})}{\mathrm{d}V}=\dfrac{\mathrm{d}(V_\mathrm{m}j)}{\mathrm{d}V}=\dfrac{j\,\mathrm{d}V_\mathrm{m}}{\mathrm{d}V}=0$，$\Delta\mu=qV$，以及 $\Delta\mu$ 的最大值为 E_g，功率 P 最大时，电压 $V_\mathrm{max}=E_\mathrm{g}/q$。最大功率 P_m 可以表示为

$$P_\mathrm{m}=V_\mathrm{OC}\times j_\mathrm{ph}=\frac{E_\mathrm{g}}{q}\times q\int_{E_\mathrm{g}}^{\infty}b_\mathrm{s}(E,T_\mathrm{s})\,\mathrm{d}E=E_\mathrm{g}\int_{E_\mathrm{g}}^{\infty}b_\mathrm{s}(E,T_\mathrm{s})\,\mathrm{d}E \tag{3-26}$$

式中，V_OC 为开路电压。

太阳电池入射辐照度即太阳电池表面接收到的功率密度，可以写为太阳电池光谱能量范围太阳辐射光子通量与光子能量乘积的积分

$$P_\mathrm{s}=\int_{0}^{\infty}b_\mathrm{s}(E,T_\mathrm{s})E\,\mathrm{d}E \tag{3-27}$$

环境温度 $T_\mathrm{a}=0$ 时，太阳电池的理论转化效率极限为

$$\eta=\frac{P_\mathrm{m}}{P_\mathrm{s}}=\frac{E_\mathrm{g}\displaystyle\int_{E_\mathrm{g}}^{\infty}b_\mathrm{s}(E,T_\mathrm{s})\,\mathrm{d}E}{\displaystyle\int_{0}^{\infty}Eb_\mathrm{s}(E,T_\mathrm{s})\,\mathrm{d}E} \tag{3-28}$$

由该式可以发现，太阳电池的理论转化效率极限依赖于半导体带隙 E_g 和太阳光谱。E_g 越大，V_m 越大，但电流密度 j_sc 变小；E_g 越小，电流密度 j_sc 越大，但 V_m 减小。因而，对于太阳电池光吸收材料，存在最佳的带隙。

a. 环境温度 $T_\mathrm{a}=0$、太阳光谱 AM1.5 时，太阳电池的理论转换效率极限为 44%，最佳带隙为 $1.1\mathrm{eV}$。

b. 环境温度 $T_\mathrm{a}=25\,℃$、太阳光谱 AM1.5 时，太阳电池的理论转化效率极限为 33%，最佳带隙为 $1.4\mathrm{eV}$，该极限通常被称为肖克莱-奎伊瑟极限；太阳光谱 AM0 对应的理论转化效率极限为 31%，最佳带隙为 $1.3\mathrm{eV}$。

3.1.2　半导体结和 p-n 结

太阳电池工作的具体过程为：首先，太阳光被半导体材料吸收产生电子-空穴（e-h）对；然后，e-h 对在驱动力下被分离；再然后，电子和空穴分别流向太阳电池的负极和正极，产生电动势和电流（接外电路）。由于光照的影响，半导体中电子和空穴的浓度超过了没有光照时的浓度，大量电子处于被激发的状态；激发态的电子存在回到基态（即与空穴复合）的趋势，激发态电子回到基态的过程即为载流子的复合。因此，在电子和空穴进入外电路之前，半导体中还存在载流子的复合。载流子的产生和复合均主要发生在半导体层中，载流子的输运过程也主要存于半导体内部。在太阳电池的工作过程中，e-h 对分离的驱动力主要源自半导体结（特别是 p-n 结）导致的内建电场，除此之外，载流子在导出过程中，还

涉及半导体与窗口层、金属电极的接触。本小节将简要介绍半导体结的概念以及金属-半导体接触和 p-n 结。

（1）半导体结

在第 2 章已经给出了功函数和电子亲和势的定义。本章中，功函数用符号 Φ 表示。

$$\Phi = E_{vac} - E_F \tag{3-29}$$

在半导体中，因为其费米能级 E_F 位置依赖于掺杂浓度，所以可以通过掺杂控制功函数 Φ。

半导体结可以是相同半导体经过不同掺杂形成的同质结，也可以是功函数 Φ 不同的两种半导体形成的异质结。成结之前，结两边区域电子的化学势（费米能级）不同；成结后，电子由高化学势（功函数小）向低化学势区域转移，最终达到热平衡状态。此时，半导体内部费米能级 E_F 是常数，但是，电子转移形成了内建电场，其导致电子在半导体内部不同区域的功函数不同。功函数的变化可以通过半导体结两边的真空能级弯曲来体现。内建电场强度 F 与真空能级梯度 $\mathbf{\nabla} E_{vac}$ 存在如下关系

$$F = \frac{1}{q} \mathbf{\nabla} E_{vac} \tag{3-30}$$

在一维空间的 x 方向上，半导体结的电势能差等于结两边的功函数差

$$q \int_{x_-}^{x_+} F \, dx = \Phi(x_+) - \Phi(x_-) = \Delta\Phi \tag{3-31}$$

式中，x_+ 和 x_- 代表远离半导体结的位置，x_+ 和 x_- 处的电场强度 $F(x_+) = F(x_-) = 0$。

根据电磁学知识，电场强度 F 是电势 ϕ 的负梯度。

$$F = -\mathbf{\nabla} \phi \tag{3-32}$$

一维情况下，电场强度与电荷分布的关系可以通过泊松方程描述

$$\frac{d}{dx}(\varepsilon_s F) = q\rho(x) \tag{3-33}$$

式中，ε_s 是 x 处半导体介电常数；ρ 是 x 处的电荷密度，包括半导体结的区域内所有的电荷，即固定电荷、陷阱电荷、自由的导带电子和价带空穴。式（3-33）是太阳电池工作原理的核心方程之一。

（2）金属-半导体接触

在金属中，功函数 Φ 等于电子亲和势 χ。金属-半导体接触可以看作是半导体结的一个特例。根据金属与半导体功函数的关系，金属-半导体接触可以分为肖特基接触和欧姆接触。

假设 Φ_m 是金属功函数，Φ_n 是 n 型半导体功函数，并且 $\Phi_m > \Phi_n$。两种固体材料相互独立时，费米能级 E_F 也相互独立；当金属和 n 型半导体发生电学接触，两种固体材料费米能级 E_F 相等，在能带结构的同一水平直线上，形成的金属-半导体接触，称为肖特基接触。肖特基接触中，金属和 n 型半导体之间形成的真空能级差为

$$\Delta E_{vac} = \Phi_m - \Phi_n \tag{3-34}$$

肖特基接触的形成过程如图 3-4 所示，载流子在金属和 n 型半导体的界面上进行了交换，由于 n 型半导体的导带底 E_c 高于金属的费米能级 E_F，一部分电子从 n 型半导体向金属流动，在界面的 n 型半导体一侧，形成一层固定正电荷，而在界面的金属一侧，形成一层负电荷。直到界面累积的电荷形成足够大的电荷梯度和势垒，电子才停止从 n 型半导体向金属流动，实现热平衡状态。这样的势垒称为肖特基势垒。

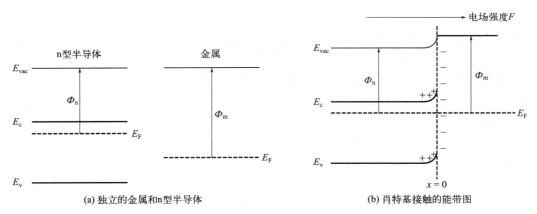

(a) 独立的金属和 n 型半导体　　　　　　(b) 肖特基接触的能带图

图 3-4　金属和 n 型半导体形成的肖特基接触

如果 n 型半导体与具有更小功函数的金属接触，$\Phi_m < \Phi_n$，或 p 型半导体与具有更大功函数的金属接触，$\Phi_m > \Phi_p$，则会形成欧姆接触（图 3-5）。

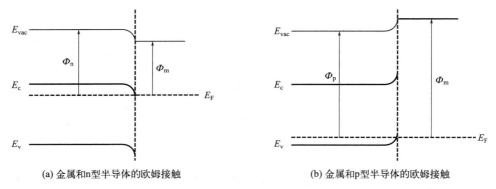

(a) 金属和 n 型半导体的欧姆接触　　　　　　(b) 金属和 p 型半导体的欧姆接触

图 3-5　金属和半导体形成的欧姆接触

金属和半导体形成欧姆接触后，半导体的多数载流子累积在半导体一侧，少数载流子通过界面累积在金属一侧；热平衡状态下，少数载流子的扩散和多数载流子的漂移达到平衡。

欧姆接触通常形成较低的势垒和较小的内建电场强度 F，正向外加电压 $V > 0$ 或反向外加电压 $V < 0$ 的欧姆接触都可以形成一定的电流密度 j，伏安特性是线性的，类似于具有较小电阻的导体，不具有整流作用。因为内建电场强度 F 较小，在光照下，光生载流子的漂移和扩散的差别较小，光生电压 V_{ph} 和光生电流密度 j_{ph} 较小，所以欧姆接触几乎没有光伏效应。

为了实现光伏效应，半导体结需要一定的条件。欧姆接触不能满足这些条件，不能实现光伏效应；而肖特基接触和 p-n 结等半导体结满足这些条件，可以实现光伏效应。半导体结实现光伏效应的条件是：

a. 不同性质的材料具有不同的功函数 Φ，接触后，多数载流子通过界面形成空间电荷区，在界面形成较大的内建电场强度 F，可以实现载流子的分离。

b. 半导体结的空间电荷区形成对多数载流子的势垒。在光照下，内建电场强度 F 和势垒使光生载流子发生漂移，多数载流子浓度大大增加。

c. 多数载流子浓度的增加使费米能级 E_F 更接近能带边，半导体结两极的费米能级差 ΔE_F，形成光生电压 V_{ph}。

欧姆接触不具有整流作用，也不能实现光伏效应，但是在太阳电池中，欧姆接触是连接半导体和金属电极的关键结构。

（3）p-n 结

p-n 结是最典型的半导体-半导体接触，也是大多数太阳电池的主要结构。p-n 结也称为 p-n 同质结，是相同材料不同掺杂半导体的联结。在 p-n 结形成前，p 型半导体的功函数大于 n 型半导体的功函数，$\Phi_p > \Phi_n$，n 型半导体的费米能级高于 p 型半导体的，$E_F^n > E_F^p$。在 p-n 结形成后，电子从 n 型半导体向 p 型半导体扩散，n 型半导体的费米能级 E_F^n 降低，p 型半导体的费米能级升高，达到费米能级一致的热平衡状态，$E_F^n = E_F^p$。与肖特基接触一样，p-n 结的空间电荷区也会耗尽自由电子和自由空穴，对多数载流子形成势垒，对少数载流子形成低阻抗路径。空间电荷区上从 n 型半导体指向 p 型半导体的内建电压 V_{bi} 相当于功函数差 $\Delta\Phi = \Phi_p - \Phi_n$ 的，也相当于 n 型半导体费米能级 E_F^n 和 p 型半导体费米能级 E_F^p 的差。

$$V_{bi} = \frac{1}{q}(\Phi_p - \Phi_n) = \frac{1}{q}(E_F^n - E_F^p) \tag{3-35}$$

独立的 p 型半导体和 n 型半导体如图 3-6 所示，热平衡状态的 p-n 结如图 3-7 所示。

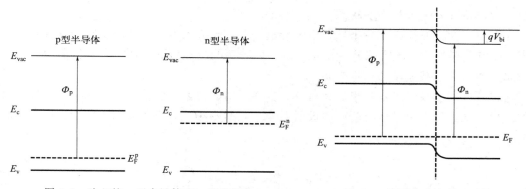

图 3-6　独立的 p 型半导体和 n 型半导体　　　　图 3-7　热平衡状态的 p-n 结

在光照下，内建电压 V_{bi} 使光生电子向 n 型半导体运动，使光生空穴向 p 型半导体运动，形成光生电流密度 j_{ph}。但是，当光生电子向 n 型半导体漂移，n 型半导体的费米能级 E_F^n 会升高；当光生空穴向 p 型半导体漂移，p 型半导体的费米能级 E_F^p 会降低，从而形成光生电压。

$$qV_{bi} = \Delta\mu = \mu_c - \mu_v = E_F^n - E_F^p \tag{3-36}$$

式中，$\Delta\mu$ 是化学势差；μ_c 和 μ_v 分别是导带化学势和价带化学势。

类似于正向外加电压 $V > 0$ 的光生电压 V_{ph} 又会带来电子和空穴的进一步扩散，这就形成了和光生电流密度 $j_{ph}=j_{sc}$ 方向相反的暗电流密度 j_{dark}。

$$j(V)=j_{sc}-j_{dark}(V) \tag{3-37}$$

相对肖特基接触，p-n 结的优势是：

a. 避免了金属-半导体接触界面的表面态；

b. 可以控制掺杂浓度 N_d 与 N_a；

c. 内建电压 V_{bi} 更大，而不会形成反型层。

3.1.3 太阳电池工作过程

太阳电池的具体工作过程主要包括：载流子的产生、复合、分离和输运 4 个基本物理过程。本节中将对这 4 个基本物理过程进行详细描述。

3.1.3.1 载流子的产生

载流子的产生是太阳电池发电最重要的过程之一。在绝对零度（$T=0K$），半导体的能级由低到高依次被电子填满，导带为空，视为半导体的基态。载流子的产生是电子被激发的过程。价带中电子可以被热激发，也可以被光激发。

热激发：随着温度的升高，$T>0K$，电子具有一定的动能，有一部分跃迁到导带能级，在原来价带能级上留下空穴。热平衡状态下产生的电子和空穴为平衡载流子。热平衡状态的载流子浓度在第 2 章已经进行了详细描述，取决于温度和半导体材料的有效态密度、带隙，满足

$$n_0 p_0 = N_c N_v \exp[-E_g/(k_B T)]$$

式中，下标 0 表示热平衡状态。

光激发：在光照情况下，半导体中价带电子可以吸收入射光子的能量跃迁到导带，产生导带电子和价带空穴。光激发产生的电子和空穴称为光生载流子，属于非平衡载流子。本节只考虑光照条件下载流子的产生机制。

通常可以用光吸收系数 α 来表示材料吸收光子的能力。吸收系数 α 表示入射光经过材料后的弛豫程度。考虑半导体材料的表面反射率 R，材料中光谱辐照度 $P(E)$ 随位置 x 的变化关系可以写为

$$P(E,x)=[1-R(E)]P(E,0)e^{-\int_0^x \alpha(E,x')dx'} \tag{3-38}$$

通常情况下，半导体材料的吸收系数是均匀的，上式可以简化为

$$P(E,x)=[1-R(E)]P(E,0)e^{-\alpha(E)x} \tag{3-39}$$

半导体的吸收系数中包含了本征吸收、杂质吸收、晶格吸收、自由载流子吸收等多种光吸收机制，是单位体积内各种光吸收机制导致的吸收截面的叠加。但是，并不是所有的光吸收都能产生载流子。半导体中，可以导致载流子产生的主要机制有：

a. 价带电子吸收能量大于带隙（$E>E_g$）的光子跃迁到导带，产生电子空穴对；

b. 价带电子跃迁到带隙内的缺陷态或局域态，在价带中产生一个空穴；

c. 电子从陷阱态或局域态跃迁到导带，在导带中产生一个电子；

d. 俄歇产生，动能大于带隙 E_g 的载流子把动能传递到价带电子，使价带电子跃迁到导带，成为自由载流子。

其中，价带电子吸收能量大于带隙（$E > E_g$）的光子跃迁到导带是最主要的载流子产生机制。如果所有被半导体材料吸收的 $E > E_g$ 的光子都能转化为载流子，则载流子的产生率 $G(x)$ 可以用吸收系数 α 和光子通量 b 描述

$$G(x) = \int_{E_g}^{\infty} g(E, x) dE \tag{3-40}$$

$$g(E, x) = [1 - R(E)] b_s(E) e^{-\alpha(E)x} \alpha(E) \tag{3-41}$$

式中，载流子的产生率 $G(x)$ 是单位时间、单位体积内产生的载流子数量；$g(E, x)$ 为光谱产生率，是单位时间、单位体积内吸收特定波长光子产生的载流子数量，$cm^{-3} \cdot eV^{-1} \cdot s^{-1}$；$b_s(E)$ 为太阳光子通量。

并不是被半导体材料吸收的光子都能转化为载流子，因此需要引入量子效率 $QE(E)$ 来描述被吸收光子转化为载流子的概率，式（3-40）变为

$$G(x) = \int_{E_g}^{\infty} QE(E) g(E, x) dE = \int_{E_g}^{\infty} QE(E) [1 - R(E)] b_s(E) e^{-\alpha(E)x} \alpha(E) dE \tag{3-42}$$

3.1.3.2 载流子的复合

载流子的复合指电子跃迁到低能级，释放能量，半导体失去自由电子或自由空穴。载流子的复合机制主要包括四种形式：辐射复合、俄歇复合、陷阱复合、表面复合和晶界复合。

（1）辐射复合

主要发生在直接带隙半导体中，包括自发辐射和受激辐射。自发辐射是在没有任何外界作用下，激发态原子自发地从高能级（激发态）向低能级（基态）跃迁；而受激辐射指处于激发态的发光原子在外来辐射场的作用下向低能态或基态的跃迁，此时外来辐射的能量必须恰好是原子两能级的能量差。太阳电池中自发辐射比受激辐射重要得多，通常不考虑受激辐射。

载流子的复合速率用总辐射复合率（U_{rad}^{total}，$cm^{-3} \cdot s^{-1}$）表示，含义为单位体积的半导体内、单位时间复合的载流子对数。载流子的总辐射复合率包括热辐射复合率 U_{rad}^{th} 和辐射复合率 U_{rad} 两部分

$$U_{rad}^{total} = U_{rad}^{th} + U_{rad} \tag{3-43}$$

其中，热辐射复合率与热本征吸收产生率相互抵消，因此，通常只需要考虑辐射复合率 U_{rad}

$$U_{rad} = B_{rad}(np - n_i^2) \tag{3-44}$$

式中，B_{rad} 为辐射复合系数，cm^3/s，其值由材料性质决定。

$$B_{rad} = \frac{2\pi}{n_i^2 h^3 c^2} \int_0^{\infty} \alpha(E) \exp[-E/(k_B T)] E^2 dE \tag{3-45}$$

式中，α 为光吸收系数。

光谱辐射复合率（u_{rad}，$cm^{-3} \cdot eV^{-1} \cdot s^{-1}$）描述了单位体积半导体在单位时间内自发辐射出能量为 E 的光子数。

$$u_{rad} = \frac{dU_{rad}}{dE} \tag{3-46}$$

将式（2-63）代入式（3-44），得到

$$U_{rad} = B_{rad} n_i^2 \{\exp[\Delta\mu/(k_B T)] - 1\} \tag{3-47}$$

如果化学势差 $\Delta\mu$ 是均匀的，并且载流子在导出过程中没有能量损失（即 $\Delta\mu$ 与太阳电池的输出电压 V 之间满足 $\Delta\mu = qV$），则辐射复合率可以直接与电压相关

$$U_{rad} = B_{rad} n_i^2 \{\exp[qV/(k_B T)] - 1\} \tag{3-48}$$

对于掺杂半导体，辐射复合率 U_{rad} 的公式（3-44）可以进一步简化。对于 p 型半导体

$$U_{rad} = B_{rad} N_a (n - n_0) = \frac{n - n_0}{\tau_{rad}} \tag{3-49}$$

式中，$\tau_{rad} = 1/(B_{rad} N_a)$，是 p 型半导体的辐射少子寿命。

对于 n 型半导体

$$U_{rad} = B_{rad} N_d (p - p_0) = \frac{p - p_0}{\tau_{rad}} \tag{3-49'}$$

式中，$\tau_{rad} = 1/(B_{rad} N_d)$，是 n 型半导体的辐射少子寿命。

（2）俄歇复合

是理想间接带隙半导体材料复合损耗的主导机理。在俄歇复合中，一个导带电子弛豫到价带，与一个价带空穴复合，释放的能量被另一个导带电子或价带空穴吸收并增加能量为 E_g 的动能变为热电子或热空穴，热电子或热空穴经过热弛豫将能量传递给晶格。因此，俄歇复合是一种非辐射复合。

n 型半导体（或 p 型半导体）中的俄歇复合过程，包含了 2 个导带电子（或价带空穴）和 1 个价带空穴（或导带电子）。俄歇复合率（U_{Aug}，$cm^{-3} \cdot s^{-1}$）分别与 3 个载流子的浓度成正比。在 p 型半导体中，2 个价带空穴和 1 个导带电子参与俄歇复合，俄歇复合率为

$$U_{Aug} = B_{Aug}(np^2 - n_0 p_0^2) \tag{3-50}$$

式中，B_{Aug} 是少子电子的俄歇复合系数，cm^6/s。

在 n 型半导体中，2 个导带电子和 1 个价带空穴参与俄歇复合，俄歇复合率为

$$U_{Aug} = B_{Aug}(n^2 p - n_0^2 p_0) \tag{3-51}$$

式中，B_{Aug} 是少子空穴的俄歇复合系数，cm^6/s。

与辐射复合率类似，俄歇复合率的表达式也可以进一步简化。在 p 型半导体中可以简化为

$$U_{Aug} = B_{Aug} N_a^2 (n - n_0) = \frac{n - n_0}{\tau_{Aug}} \tag{3-52}$$

式中，$\tau_{Aug} = 1/(B_{Aug} N_a^2)$，是 p 型半导体的俄歇少子寿命。

对于 n 型半导体

$$U_{Aug} = B_{Aug} N_d^2 (p - p_0) = \frac{p - p_0}{\tau_{Aug}} \tag{3-52'}$$

式中，$\tau_{Aug} = 1/(B_{Aug} N_d^2)$，是 n 型半导体的俄歇少子寿命。

（3）陷阱复合

陷阱复合是实际太阳电池中最重要的载流子复合过程，是由带隙内的缺陷态引起的。缺陷态会俘获自由载流子。若被俘获的电子（空穴）最终通过热激发被发射回导带（价带），则缺陷态称为陷阱态；按俘获载流子种类称为电子陷阱［图 3-8（a）］或空穴陷阱［图 3-8（b）］。若在发射前，缺陷又俘获了另一种载流子，则两个载流子发生复合，则缺陷态称为复合中心［图 3-8（c）］；复合中心在带隙中比陷阱态更深（更接近带隙中央），在太阳电池中需要极力避免。

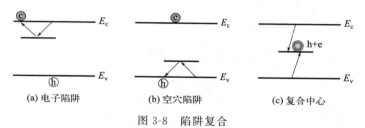

(a) 电子陷阱　　　　　(b) 空穴陷阱　　　　　(c) 复合中心

图 3-8　陷阱复合

复合中心的陷阱复合过程比较复杂，这里只给出了复合中心的陷阱复合率（U_{trap}，$cm^{-3} \cdot s^{-1}$）的表达式

$$U_{trap} = \frac{np - n_i^2}{\tau_{trap}^n (p + p_t) + \tau_{trap}^p (n + n_t)} \tag{3-53}$$

式中，n_t 和 p_t 分别为电子陷阱系数和空穴陷阱系数。

$$n_t = n_i \exp[(E_t - E_i)/(k_B T)] \tag{3-54}$$

$$p_t = n_i \exp[(E_i - E_t)/(k_B T)] \tag{3-55}$$

式中，E_t 为陷阱能级；τ_{trap}^n 和 τ_{trap}^p 分别为陷阱态的陷阱电子寿命和陷阱空穴寿命。

$$\tau_{trap}^n = \frac{1}{B_n N_t} \tag{3-56}$$

$$\tau_{trap}^p = \frac{1}{B_p N_t} \tag{3-57}$$

式中，N_t 为陷阱浓度；B_n 和 B_p 分别为电子俘获系数和空穴俘获系数，cm^3/s。

$$B_n = v_n \sigma_n \tag{3-58}$$

$$B_p = v_p \sigma_p \tag{3-59}$$

式中，v_n 和 v_p 分别是电子和空穴的平均热速度；σ_n 和 σ_p 分别是陷阱态的电子俘获截面和空穴俘获截面，cm^2。

在掺杂半导体中，陷阱复合率 U_{trap} 也可以进一步简化。在 p 型半导体中

$$U_{trap} = \frac{n - n_0}{\tau_{trap}^n} \tag{3-60}$$

在 n 型半导体中

$$U_{trap} = \frac{p - p_0}{\tau_{trap}^p} \tag{3-60'}$$

由式（3-49）、式（3-52）和式（3-60），p 型半导体的电子复合率 U_n 可以写为

$$U_n = \frac{n - n_0}{\tau_n} \tag{3-61}$$

式中，电子寿命 τ_n 是辐射少子寿命、俄歇少子寿命和陷阱电子寿命的叠加。

$$\frac{1}{\tau_n} = \frac{1}{\tau_{rad}^n} + \frac{1}{\tau_{aug}^n} + \frac{1}{\tau_{trap}^n} \tag{3-62}$$

同样，由式（3-49'）、式（3-52'）和式（3-60'），n 型半导体的空穴复合率 U_p 可以写为

$$U_p = \frac{p - p_0}{\tau_p} \tag{3-61'}$$

式中，空穴寿命 τ_p 是辐射少子寿命、俄歇少子寿命和陷阱空穴寿命的叠加。

$$\frac{1}{\tau_p} = \frac{1}{\tau_{rad}^p} + \frac{1}{\tau_{aug}^p} + \frac{1}{\tau_{trap}^p} \tag{3-63}$$

（4）表面复合和晶界复合

在实际的太阳电池中，缺陷会出现在半导体的体内或表面，也会出现在多晶硅或异质结的晶界上，因此陷阱复合又可以分为体内复合、表面复合和晶界复合。

表面或者晶界的局域缺陷态包括悬挂键引起的晶体缺陷、晶体生长过程在界面聚集的非本征杂质以及外界沉积的非本征杂质。在这些情况中，产生复合的陷阱态不再分布在三维空间，而是分布在二维表面。因此，不再用陷阱复合率 U_{trap} 描述单位体积的复合速率，而用表面复合通量（$U_s \delta x$，$cm^{-2} \cdot s^{-1}$）描述单位面积的复合速率。表面复合通量 $U_s \delta x$ 描述在单位时间、单位面积，厚度为 δx 的表面薄层中载流子的复合数量。

$$U_s \delta x = \frac{np - n_i^2}{\dfrac{1}{S_n}(p + p_t) + \dfrac{1}{S_p}(n + n_t)} \tag{3-64}$$

式中，S_n 和 S_p 分别为电子表面复合速度和空穴表面复合速度，单位是 cm/s；方向从表面指向空间，其大小分别为

$$S_n = B_n N_s \tag{3-65}$$

$$S_p = B_p N_s \tag{3-66}$$

式中，N_s 是表面陷阱浓度，cm^{-2}。

在掺杂半导体中，表面复合通量式 $U_s\delta x$ 也可以进一步简化。在 p 型半导体中

$$U_s\delta x = S_n(n - n_0) \tag{3-67}$$

在 n 型半导体中

$$U_s\delta x = S_p(p - p_0) \tag{3-68}$$

表面复合会导致少数载流子向表面流失，进而引起表面复合电流。稳态情况下，表面（界面）位置 x_s 处电子电流的变化量等于表面复合电荷量。在 p 型半导体表面

$$\Delta j_n = qU_s\delta x = qS_n(n - n_0) \tag{3-69}$$

由于电子带负电，电子电流的方向与电子发生表面复合的运动方向相反；因此，表面电子电流可以写为

$$j_n\left(x_s - \frac{1}{2}\delta x\right) = -qS_n(n - n_0) \tag{3-70}$$

对于 n 型半导体表面

$$\Delta j_p = qU_s\delta x = qS_p(p - p_0) \tag{3-71}$$

由于空穴带正电，空穴电流的方向与空穴发生表面复合的运动方向相同，因此，表面空穴电流可以写为

$$j_p\left(x_s - \frac{1}{2}\delta x\right) = qS_p(p - p_0) \tag{3-72}$$

辐射复合和俄歇复合是能带结构引起的，在本征半导体和缺陷半导体中都存在，是不可避免的。陷阱复合、表面复合和晶界复合在理想的本征半导体中不存在，只存在于缺陷半导体中，是可以避免的，也是人们希望尽量降低的。俄歇复合、陷阱复合、表面复合和晶界复合都属于非辐射复合。

3.1.3.3 载流子的分离和输运

在太阳电池中，入射光激发半导体产生载流子。其中部分光生载流子发生复合，剩下的载流子则需要经过载流子分离和载流子输运，被输运到太阳电池的电极，产生输出电流和输出电压。

从化学势的角度，电子和空穴移动的驱动力分别为准费米能级的梯度 $\mathbf{\nabla}E_F^n$ 和 $\mathbf{\nabla}E_F^p$。太阳电池的输出电流密度为电子电流密度和空穴电流密度之和

$$j = j_n + j_p = \mu_n n\,\mathbf{\nabla}E_F^n + \mu_p p\,\mathbf{\nabla}E_F^p \tag{3-73}$$

式中，μ_n 和 μ_p 分别为电子迁移率和空穴迁移率。

在热平衡状态，准费米能级等于费米能级，为常数。

$$E_F^n = E_F^p = E_F \tag{3-74}$$

得到热平衡状态的电流密度为 0，即

$$j_n = j_p = j = 0 \tag{3-75}$$

因此，为了产生电流密度 j 需要准费米能级的梯度不为零。

$$E_F^n \neq 0 \qquad E_F^p \neq 0 \tag{3-76}$$

可以推导，式（3-73）中的电子电流密度 j_n 和空穴电流密度 j_p 可以分别写成

$$\begin{cases} j_n = qD_n \nabla n + \mu_n n(qF - \nabla \chi - k_b T \nabla \ln N_c) \\ j_p = -qD_p \nabla p + \mu_p p(qF - \nabla \chi - \nabla E_g + k_b T \nabla \ln N_v) \end{cases} \tag{3-77}$$

该式表明，载流子输运的主要驱动力存在 3 个：载流子分布不均匀（$\nabla n \neq 0$、$\nabla p \neq 0$），会导致扩散电流密度 j_{diff}；电场强度 F，会导致漂移电流 j_{drift}；半导体材料中成分不均匀，将会产生除电场强度 F 之外的有效电场（$\nabla \chi \neq 0$，$\nabla E_g \neq 0$，$\nabla \ln N_v \neq 0$ 或 $\nabla \ln N_c \neq 0$），也会导致漂移电流。

在成分均匀的半导体中，只有电场强度存在，可以忽略有效电场，公式（3-77）可以简化为

$$\begin{cases} j_n = qD_n \nabla n + q\mu_n F n \\ j_p = -qD_p \nabla p + q\mu_p F p \end{cases} \tag{3-78}$$

载流子浓度的梯度 ∇n、∇p 由载流子的产生、复合和分离共同决定。对于本征吸收产生的载流子，$\nabla n = \nabla p$。所以，只有当扩散系数不相等，即 $D_n \neq D_p$，才能产生扩散电流密度 $j_{diff} = q(D_n - D_p) \nabla n$；如果扩散系数相等，即 $D_n = D_p$，则没有扩散电流密度 j_{diff}。由扩散系数不相等，$D_n \neq D_p$，引起扩散电流密度 j_{diff} 和电压 V 的现象，称为丹倍效应。丹倍效应对无机太阳电池意义不大，但是对有机太阳电池比较重要。

3.1.4　半导体输运方程组

前面已经给出了太阳电池工作的具体过程以及各个过程的详细描述，但若要定量求解太阳电池的输出特性，还需要将以上知识串联起来，建立起太阳电池工作过程的数学描述——半导体输运方程组。

（1）三维半导体输运方程组

式（3-77）和式（3-78）给出了电流密度的表达式，其中载流子浓度 n、p 和电场强度 F 仍然是未知量。

为了获得载流子浓度 n、p 的表达式，需要引入连续性方程

$$\frac{\partial n}{\partial t} = \frac{1}{q} \nabla j_n + G_n - U_n \tag{3-79}$$

$$\frac{\partial p}{\partial t} = -\frac{1}{q} \nabla j_p + G_p - U_p \tag{3-80}$$

式中，G_n 和 G_p 分别是电子产生率和空穴产生率，是单位时间、单位体积内产生的电子数量和空穴数量，电子产生率 G_n 和空穴产生率 G_p 合称载流子产生率；U_n 和 U_p 分别是电子复合率和空穴复合率，是单位时间、单位体积内复合的电子数量和空穴数量，电子复合率 U_n 和空穴复合率 U_p 合称载流子复合率。

为了获得电场强度 F 的表达式，需要用到泊松方程［式（3-33）］。对于线性各向同性的均匀半导体介质，电势 ϕ 满足

$$\nabla^2 \phi = \frac{q}{\varepsilon_s}(-\rho_{fixed} + n - p) \tag{3-81}$$

式中，ε_s 是半导体介电常数；ρ_{fixed} 是固定电荷密度。结合式（3-32）、泊松方程给出了载流子浓度 n、p 与电场强度 F 的关系。

连续性方程式（3-79）、式（3-80）和泊松方程式（3-81）构成了半导体输运方程组（初始形式）。如果知道与半导体材料性质、环境相关的载流子产生率 G_n 和 G_p 以及复合率 U_n 和 U_p，结合式（3-78）中 j_n 和 j_p 的表达式，理论上就可以通过求解半导体输运方程组获得太阳电池中的载流子浓度 n 和 p、电势 ϕ 和电场 F 分布，再结合载流子复合率与电压的关系［式（3-48）］，即可获得太阳电池的电流-电压关系（IV 曲线）。

（2）一维半导体输运方程组

三维的半导体输运方程组非常复杂，对于大部分太阳电池结构，可以用一维半导体输运方程组进行描述。在一维情况下，2 个连续性方程式和泊松方程式分别简化为

$$\frac{\partial n}{\partial t} = \frac{1}{q}\nabla\frac{\partial J_n}{\partial x} + G_n - U_n \tag{3-82}$$

$$\frac{\partial p}{\partial t} = -\frac{1}{q}\nabla\frac{\partial J_p}{\partial x} + G_p - U_p \tag{3-82'}$$

$$\frac{d^2 \phi}{dx^2} = \frac{q}{\varepsilon_s}[-\rho_{fixed}(x) + n - p] \tag{3-83}$$

（3）一维稳态半导体输运方程组

如果入射到太阳电池上的光强 b_s 和外加电场强度 F（输出电压 V）保持不变，那么太阳电池将处于稳态。稳态情况下，导带、价带和局域态的载流子浓度 n 和 p 都是不随时间变化的常数

$$\frac{\partial n}{\partial t} = \frac{\partial p}{\partial t} = 0 \tag{3-84}$$

在稳态的半导体中，将式（3-78）的电流密度方程式代入连续方程（3-82）和式（3-82'），将会得到两个一维稳态连续性方程。这两个方程分别是关于载流子浓度 n 和 p 的两个二阶常微分方程

$$D_n\frac{d^2 n}{dx^2} + \mu_n F\frac{dn}{dx} + \mu_n n\frac{dF}{dx} - U_n + G = 0 \tag{3-85}$$

$$D_p\frac{d^2 p}{dx^2} - \mu_p F\frac{dp}{dx} - \mu_p p\frac{dF}{dx} - U_p + G = 0 \tag{3-85'}$$

式中，产生率 $G(x)$ 是关于位置 x 的函数，而复合率 $U_n(x)$ 和 $U_p(x)$ 一般同时依赖于电子浓度 $n(x)$ 和空穴浓度 $p(x)$。方程式（3-85）、式（3-85'）和泊松方程式（3-83）就构成了一维稳态半导体输运方程组。太阳电池一般工作在稳态，因此通常只需要寻求一维稳态半导体输运方程组的解。

假设电场强度是均匀的，即

$$\frac{\mathrm{d}F}{\mathrm{d}x}=0 \qquad (3\text{-}86)$$

将爱因斯坦关系式（2-110）、式（3-61）、式（3-61′）、式（3-86）代入式（3-85）及式（3-85′），可以得到一维稳态连续性方程如下

$$\frac{\mathrm{d}^2 n}{\mathrm{d}x^2}+\frac{qF}{k_B T}\frac{\mathrm{d}n}{\mathrm{d}x}-\frac{n-n_0}{L_n^2}+\frac{G(x)}{D_n}=0 \qquad (3\text{-}87)$$

$$\frac{\mathrm{d}^2 p}{\mathrm{d}x^2}-\frac{qF}{k_B T}\frac{\mathrm{d}p}{\mathrm{d}x}-\frac{p-p_0}{L_p^2}+\frac{G(x)}{D_p}=0 \qquad (3\text{-}87')$$

式中，$L_n=\sqrt{\tau_n D_n}$、$L_p=\sqrt{\tau_p D_p}$ 分别为电子扩散长度和空穴扩散长度。

3.1.5　半导体输运方程组的求解

对一维稳态半导体输运方程组进行定量计算可以得到太阳电池的耗尽区宽度、电场和电势分布、载流子浓度分布、电流分布以及太阳电池输出的电流-电压关系。在本节中，将首先给出确保半导体输运方程组成立的基本假设和简化求解所引入的近似条件，接下来将逐步计算空间电荷区的宽度、载流子浓度分布和电流、太阳电池的伏安特性。

（1）理想假设和近似条件

在定量求解一维稳态半导体输运方程组之前，首先需要确定 3 个理想假设以保证半导体输运方程组成立.

假设 1：太阳电池所用材料是理想的，高纯度的，不存在界面态；

假设 2：内建电压 V_{bi} 只存在于 p-n 结内部，这对典型的掺杂浓度和半导体层厚度是成立的；

假设 3：p-n 结可以被划分为空间电荷区、电中性 n 型区和电中性 p 型区。

基于以上对 p-n 结的三个假设，可以认为 p-n 结满足一维稳态半导体输运方程组。

$$\left\{\begin{array}{ll}\dfrac{\mathrm{d}^2 n}{\mathrm{d}x^2}+\dfrac{qF}{k_B T}\dfrac{\mathrm{d}n}{\mathrm{d}x}-\dfrac{n-n_0}{L_n^2}+\dfrac{G(x)}{D_n}=0 & (3\text{-}87)\\[3mm] \dfrac{\mathrm{d}^2 p}{\mathrm{d}x^2}-\dfrac{qF}{k_B T}\dfrac{\mathrm{d}p}{\mathrm{d}x}-\dfrac{p-p_0}{L_p^2}+\dfrac{G(x)}{D_p}=0 & (3\text{-}87')\\[3mm] \dfrac{\mathrm{d}^2 \phi}{\mathrm{d}x^2}=\dfrac{q}{\varepsilon_s}\left[-\rho_{fixed}(x)+n-p\right] & (3\text{-}83)\end{array}\right.$$

对 p-n 结的定量计算还需要引入一定的近似条件将过分复杂的问题简单化。为了求解半导体输运方程组，还需要 2 个重要的近似条件。

近似 1：耗尽近似，包括两个内容。

a. 内建电场只存在于空间电荷区，空间电荷区没有自由载流子，内建电场完全由掺杂离子引起。

b. 电中性区和空间电荷区边界是突变的。

近似 2：线性复合近似，要求电中性区的复合率 U 与少子浓度成正比，即可以用式（3-49）、式（3-49′）、式（3-52）、式（3-52′）、式（3-60）、式（3-60′）表示。

（2）耗尽宽度计算

在耗尽近似（图 3-9）的基础上，通过泊松方程［式（3-83）］可以得到空间电荷区的耗尽宽度和电场、电势的分布。

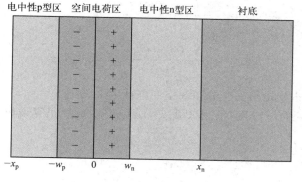

图 3-9　p-n 结中耗尽近似

耗尽宽度 w_{scr} 包括 p 型耗尽宽度 w_p 和 n 型耗尽宽度 w_n。

$$w_{scr} = w_p + w_n \tag{3-88}$$

耗尽近似要求空间电荷区没有载流子，即

$$n, p \ll N_a, -w_p < x < 0 \tag{3-89}$$

$$n, p \ll N_d, 0 < x < w_n \tag{3-90}$$

还要求固定电荷密度完全由掺杂离子引起，即

$$\rho_{fixed} = -N_a, -w_p < x < 0 \tag{3-91}$$

$$\rho_{fixed} = N_d, 0 < x < w_n \tag{3-92}$$

将式（3-89）～式（3-92）代入一维泊松方程，可得关于电势 ϕ 的常微分方程

$$\frac{d^2 \phi}{dx^2} = \frac{q}{\varepsilon_s} N_a, -w_p < x < 0 \tag{3-93}$$

$$\frac{d^2 \phi}{dx^2} = -\frac{q}{\varepsilon_s} N_d, 0 < x < w_n \tag{3-94}$$

该二阶偏微分方程的求解需要引入 3 个边界条件。耗尽近似认为，电中性区没有内建电场强度 F，这可以作为电势 ϕ 的柯西边界条件

$$F = -\frac{d\phi}{dx} = 0, x = -w_p, w_n \tag{3-95}$$

根据柯西边界条件，积分求解关于电势的常微分方程式（3-93）和式（3-94），得到

$$\frac{d\phi}{dx} = \frac{qN_a}{\varepsilon_s}(x + w_p), -w_p < x < 0 \tag{3-96}$$

$$\frac{d\phi}{dx} = -\frac{qN_d}{\varepsilon_s}(x - w_n), 0 < x < w_n \tag{3-97}$$

根据 $F = -d\phi/dx$，式（3-96）和式（3-97）给出了内建电场的分布

$$F(x) = -\frac{qN_a(x + w_p)}{\varepsilon_s}, -w_p < x < 0 \tag{3-98}$$

$$F(x) = \frac{qN_d(x - w_n)}{\varepsilon_s}, 0 < x < w_n \tag{3-99}$$

在耗尽近似中，内建电压完全分布在空间电荷区上。把 $x = -w_p$ 处作为电势 ϕ 的势能参考点，则 $x = w_n$ 处的电势为 V_{bi}。这可以作为电势 ϕ 的狄里克雷边界条件

$$\phi = 0, x = -w_p \tag{3-100}$$

$$\phi = V_{bi}, x = w_n \tag{3-101}$$

根据狄里克雷边界条件，积分求解关于电势 ϕ 的常微分方程式（3-96）和式（3-97），得到电势的分布

$$\phi = \frac{qN_a}{2\varepsilon_s}(x + w_p)^2, -w_p < x < 0 \tag{3-102}$$

$$\phi = -\frac{qN_d}{2\varepsilon_s}(x - w_n)^2 + V_{bi}, 0 < x < w_n \tag{3-103}$$

在上述求解过程中，w_p 和 w_n 被作为已知量处理，得到了内建电场的分布［式（3-98）和式（3-99）］和电势的分布［式（3-102）和式（3-103）］。要得到 w_p 和 w_n 的具体数值，还需要引入连续性边界条件。p-n 结不存在界面态，所以内建电场强度 $F = -d\phi/dx$ 和电势 ϕ 在界面 $x = 0$ 处是连续的。

$$\lim_{x \to +0} \frac{d\phi}{dx} = \lim_{x \to -0} \frac{d\phi}{dx} \tag{3-104}$$

$$\lim_{x \to +0} \phi = \lim_{x \to -0} \phi \tag{3-105}$$

式（3-104）和式（3-105）分别为理想 p-n 结的柯西边界条件和狄里克雷边界条件。将电场强度表达式和电势表达式分别代入式（3-104）和式（3-105），求解关于 p 型耗尽宽度 w_p 和 n 型耗尽宽度 w_n 的二元一次方程组，得到

$$w_p = \frac{1}{N_a} \sqrt{\frac{2\varepsilon_s V_{bi}}{q(1/N_a + 1/N_d)}} \tag{3-106}$$

$$w_n = \frac{1}{N_d} \sqrt{\frac{2\varepsilon_s V_{bi}}{q(1/N_a + 1/N_d)}} \tag{3-107}$$

由此可以得到耗尽宽度 w_{scr}

$$w_{scr} = w_p + w_n = \sqrt{\frac{2\varepsilon_s}{q}\left(\frac{1}{N_a} + \frac{1}{N_d}\right)V_{bi}} \tag{3-108}$$

（3）载流子浓度分布和电流计算

载流子浓度分布的计算需要求解半导体输运方程组中的两个连续性方程式〔式（3-87）和式（3-87'）〕。这里将分别考虑电中性区和空间电荷区的载流子输运方程，并给出对应的边界条件。

① 电中性区的载流子浓度分布和电流

在电中性区，多子浓度是常数

$$p = N_a , -x_p < x < -w_p \tag{3-109}$$

$$n = N_d , w_n < x < x_n \tag{3-110}$$

热平衡状态，电中性区的少子浓度满足

$$n_0 = \frac{n_i^2}{N_a} , -x_p < x < -w_p \tag{3-111}$$

$$p_0 = \frac{n_i^2}{N_d} , w_n < x < x_n \tag{3-112}$$

当入射光强 $b_s(E)$ 和外加电压 V 同时加在 p-n 结上，电中性 p 型区的电子浓度满足线性常微分方程

$$\frac{d^2(n-n_0)}{dx^2} - \frac{(n-n_0)}{L_n^2} + \frac{g(E,x)\delta E}{D_n} = 0 , -x_p < x < -w_p \tag{3-113}$$

式中，$n-n_0$ 是非平衡电子浓度；L_n 是电子扩散长度；$g(E,x)$ 是光谱产生率。

该二阶微分方程的求解需要引入 2 个边界条件。在电中性区，外加电压 V 改变了多数载流子的准费米能级，并且多数载流子的准费米能级 E_F^n 和 E_F^p 在电中性区和耗尽宽度上都是常数，既

$$pn = n_i^2 \exp\left(\frac{qV}{k_B T}\right) , -w_p < x < w_n \tag{3-114}$$

将式（3-109）和式（3-111）代入式（3-114），可以得到 p 型区和空间电荷区边界 $x = -w_p$ 处的狄里克雷边界条件

$$n - n_0 = \frac{n_i^2}{N_a}\left[\exp\left(\frac{qV}{k_B T}\right) - 1\right] , x = -w_p \tag{3-115}$$

电中性 p 型区的电场为 0，根据式（3-78），电中性 p 型区只有扩散电流密度 $j_p(x) = D_n dn/dx$。同时，扩散到 $x = -x_p$ 处的电子无法离开 p-n 结，而是被表面缺陷所捕获。根据表面和界面复合公式，在 $x = -x_p + \frac{1}{2}\delta x$ 处，电子电流密度为

$$j_n\left(-x_p + \frac{1}{2}\delta x\right) = qS_n(n-n_0) \tag{3-116}$$

由此，可以得到电中性 p 型区的一维柯西边界条件

$$D_n \frac{dn}{dx} = S_n(n-n_0) , x = -x_p \tag{3-117}$$

公式左边的扩散电流密度又可以写成

$$qD_n \frac{\mathrm{d}n}{\mathrm{d}x} = j_n(E,x) = j_{s,n}(E,x)\delta E \tag{3-118}$$

式中，$j_{s,n}(E,x)$ 表示光谱电子电流密度，A/($cm^2 \cdot eV$)。

同理，电中性 n 型区，空穴是少数载流子，用 $p-p_0$ 表示非平衡载流子浓度。空穴浓度的线性常微分方程、狄里克雷边界条件、柯西边界条件和空穴电流密度可以分别写为

$$\frac{\mathrm{d}^2(p-p_0)}{\mathrm{d}x^2} - \frac{(p-p_0)}{L_p^2} + \frac{g(E,x)\delta E}{D_p} = 0, w_n < x < x_n \tag{3-119}$$

$$p-p_0 = \frac{n_i^2}{N_d}\left[\exp\left(\frac{qV}{k_B T}\right) - 1\right], x = w_n \tag{3-120}$$

$$-D_p \frac{\mathrm{d}p}{\mathrm{d}x} = S_p(p-p_0), x = x_n \tag{3-121}$$

$$-qD_p \frac{\mathrm{d}p}{\mathrm{d}x} = j_p(E,x) = j_{s,p}(E,x)\delta E \tag{3-122}$$

式中，$j_{s,p}(E,x)$ 表示光谱空穴电流密度，A/($cm^2 \cdot eV$)。

② 空间电荷区的载流子浓度分布和电流

耗尽近似要求空间电荷区的准费米能级 E_F^n、E_F^p 是常数

$$E_F^n(x) = E_F^n(w_n), -w_p < x < w_n \tag{3-123}$$

$$E_F^p(x) = E_F^p(-w_p), -w_p < x < w_n \tag{3-124}$$

$$qV = E_F^n(x) - E_F^p(x), -w_p < x < w_n \tag{3-125}$$

空间电荷区载流子的浓度 n、p 由准费米能级 E_F^n、E_F^p 和本征能级 E_i 决定，且在空间电荷区界面处是保持连续的，如图 3-10 所示。

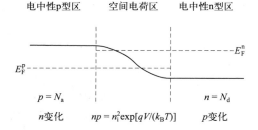

图 3-10 耗尽近似的准费米能级 E_F^n、E_F^p 和本征能级 E_i

$$n = n_i \exp\left(\frac{E_F^n - E_i}{k_B T}\right) \tag{3-126}$$

$$p = n_i \exp\left(\frac{E_i - E_F^p}{k_B T}\right) \tag{3-127}$$

式中，本征能级与电势（泊松方程的解）的关系为

$$E_i = -q\phi + C = -q\phi \tag{3-128}$$

由于在空间电荷区准费米能级梯度为 0，同时空间电荷区中载流子浓度不为少数载流子，所以不能用式（3-78）来描述空间电荷区的电子电流密度和空穴电流密度。但是，我们可以通过载流子浓度的连续性［式（3-82）和式（3-82′）］来确定空间电荷区电流密度的表达式。对连续性方程式（3-82）或式（3-82′）在空间电荷区进行积分得到

$$j_{scr} = j_n(w_n) - j_n(-w_p) = j_p(-w_p) - j_p(w_n) = q\int_{-w_p}^{w_n}(U-G)dx \tag{3-129}$$

空间电荷区电流密度 j_{scr} 同样也可以写成光谱空间电荷区电流密度 $j_{s,scr}(E)$［单位 A/$(cm^2 \cdot eV)$］在太阳光谱上的积分

$$j_{scr} = \int j_{s,scr}(E)dE \tag{3-130}$$

③ 太阳电池中的净电流

净电流密度 j 的大小可以表示为电子电流密度 j_n 和空穴电流密度 j_p 的代数和。稳态 p-n 结中，净电流密度 j 是与位置 x 无关的常数。因此，可以用位置 $x = -w_p$ 处的电流密度代表净电流密度 J

$$\begin{aligned} j &= -j_n(-w_p) - j_p(-w_p) \\ &= -j_n(-w_p) - j_p(w_n) - j_{scr} \\ &= -\int j_{s,n}(E, -w_p)dE - \int j_{s,p}(E, w_n)dE - \int j_{s,scr}(E)dE \end{aligned} \tag{3-131}$$

式中，位置 $x = -w_p$ 处的电子电流密度 $j_n(-w_p)$ 和位置 $x = w_n$ 处的空穴电流密度 $j_p(w_n)$ 都是少子电流密度。可以通过式（3-118）和式（3-122）和载流子浓度的解析解得到。

符号规约要求光生电流为正，因此上式右边取负号。

（4）太阳电池的伏安特性计算

① 载流子浓度

计算太阳电池伏安特性首先要通过将光谱产生率代入电中性 p 型区的连续性方程式（3-87）得到特征方程。根据式（3-41），如果光吸收系数 α 不随位置 x 变化，光谱产生率可以写为

$$g(E,x) = [1-R(E)]b_s(E)e^{-\alpha(E)(x+x_p)}\alpha(E) \tag{3-132}$$

代入式（3-113）得到电中性 p 型区的特征方程

$$\frac{d^2(n-n_0)}{dx^2} - \frac{(n-n_0)}{L_n^2} = -\frac{\alpha(1-R)b_s(E)\delta E}{D_n}e^{-\alpha(x+x_p)}, -x_p < x < -w_p \tag{3-133}$$

通过求解特征方程，可以得到过剩少子浓度 $n-n_0$ 的特征根 λ 和过剩少子浓度 $n-n_0$ 的通解。

$$\lambda_{n-n_0}^2 - \frac{1}{L_n^2} = 0 \tag{3-134}$$

$$\lambda_{n-n_0} = \pm\frac{1}{L_n} \tag{3-135}$$

$$n - n_0 = C_1 e^{\frac{x}{L_n}} + C_2 e^{-\frac{x}{L_n}} + (n - n_0)^* \tag{3-136}$$

式中，C_1 和 C_2 是任意常数，通过边界条件确定；$C_1 e^{\frac{x}{L_n}} + C_2 e^{-\frac{x}{L_n}}$ 是通解；$(n - n_0)^*$ 是特解，可以通过常数变易法得到

$$(n - n_0)^* = C_3 e^{-\alpha x} \tag{3-137}$$

式中，C_3 为任意常数。

将特解 $(n - n_0)^*$ 代入式（3-133），得到

$$C_3 = -\gamma_n e^{-\alpha x_p} \tag{3-138}$$

$$\gamma_n = \frac{\alpha (1 - R) L_n^2}{D_n (\alpha^2 L_n^2 - 1)} b_s \delta E \tag{3-139}$$

式中，γ_n 是电子 γ 系数，于是得到通解的表达式

$$n - n_0 = C_1 e^{x/L_n} + C_2 e^{-x/L_n} - \gamma_n e^{-\alpha(x + x_p)} \tag{3-140}$$

C_1 和 C_2 的确定需要用到 2 个边界条件：狄里克雷边界条件式（3-115）和柯西边界条件式（3-117）。将通解表达式（3-140）代入边界条件，得到任意常数 C_1 和 C_2。

$$C_1 = \frac{1}{2\xi_n} \left[\left(\frac{S_n L_n}{D_n} + 1 \right) \xi_n e^{\frac{x_p}{L_n}} - w_n \gamma_n e^{\frac{w_p}{L_n}} \right] \tag{3-141}$$

$$C_2 = \xi_n e^{-\frac{w_p}{L_n}} - C_1 e^{-\frac{2w_p}{L_n}} \tag{3-142}$$

$$\xi_n = \frac{S_n L_n}{D_n} \sinh\left(\frac{x_p - w_p}{L_n} \right) + \cosh\left(\frac{x_p - w_p}{L_n} \right) \tag{3-143}$$

$$\zeta_n = n_0 e^{\frac{qV}{k_B T} - 1} + \gamma_n e^{-\alpha(x_p - w_p)} \tag{3-144}$$

$$w_n = \frac{S_n L_n}{D_n} + \alpha L_n \tag{3-145}$$

式中，ξ_n 是电子 ξ 系数；ζ_n 是电子 ζ 系数；w_n 是电子 w 系数。

将常数 C_1 和 C_2 代入通解表达式（3-140）并整理成双曲正弦函数和双曲余弦函数，得到过剩少子浓度 $n - n_0$ 的解析解

$$n(E, x) = n_0 + \zeta_n \cosh\left(\frac{x + w_p}{L_n} \right) + \upsilon_n \sinh\left(\frac{x + w_p}{L_n} \right) - \gamma_n e^{-\alpha(x + x_p)}, \ -x_p < x < -w_p$$
$$\tag{3-146}$$

$$\upsilon_n = \frac{1}{\xi_n} (\zeta_n \upsilon_n - w_n \gamma_n) \tag{3-147}$$

$$\upsilon_n = \frac{S_n L_n}{D_n} \cosh\left(\frac{x_p - w_p}{L_n} \right) + \sinh\left(\frac{x_p - w_p}{L_n} \right) \tag{3-148}$$

式中，υ_n 是电子 υ 系数；v_n 是电子 v 系数。

同样，可以通过狄里克雷条件式（3-120）和柯西边界条件式（3-121）求解电中性 n 型区的连续性方程（3-119），求得过剩少子浓度 $p - p_0$ 的解析解

$$p(E,x) = p_0 + \zeta_p \cosh\left(\frac{x - w_n}{L_p}\right) + \upsilon_p \sinh\left(\frac{x - w_n}{L_p}\right) - \gamma_p e^{-\alpha(x + x_p)}, w_n < x < x_n \tag{3-149}$$

$$\zeta_p = p_0 e^{\frac{qV}{k_B T} - 1} + \gamma_p e^{-\alpha(x_p + w_n)} \tag{3-150}$$

$$\upsilon_p = \frac{1}{\xi_p}\left[-\zeta_p v_p + w_p \gamma_p e^{-\alpha(x_n + x_p)}\right] \tag{3-151}$$

$$\gamma_p = \frac{\alpha(1 - R)L_p^2}{D_p(\alpha^2 L_p^2 - 1)} b_s \delta E \tag{3-152}$$

$$\xi_p = \frac{S_p L_p}{D_p} \sinh\left(\frac{x_n - w_n}{L_p}\right) + \cosh\left(\frac{x_n - w_n}{L_p}\right) \tag{3-153}$$

$$v_p = \frac{S_p L_p}{D_p} \cosh\left(\frac{x_n - w_n}{L_p}\right) + \sinh\left(\frac{x_n - w_n}{L_p}\right) \tag{3-154}$$

$$w_p = \frac{S_p L_p}{D_p} - \alpha L_p \tag{3-155}$$

以上各式中，ξ_p 为空穴 ξ 系数；υ_p 为空穴 υ 系数；γ_p 为空穴 γ 系数；ζ_p 为空穴 ζ 系数；v_p 为空穴 v 系数；w_p 为空穴 w 系数。

② 电流密度

电中性 p 型区的少子电流密度由位置 $x = -w_p$ 处的光谱电子电流密度 $j_{s,n}(E, -w_p)$ 表示；电中性 n 型区的少子电流密度由位置 $x = w_n$ 处光谱空穴电流密度 $j_{s,p}(E, w_n)$ 表示。

$$j_{s,n}(E, -w_p) = qD_n\left[\frac{v_n}{L_n} + \alpha\gamma_n e^{-\alpha(x_p - w_p)}\right]$$
$$= -\left[w_n e^{\alpha(x_p - w_p)} - (v_n + \alpha L_n \xi_n)\right]e^{-\alpha(x_p - w_p)}$$
$$\frac{q(1 - R)\alpha L_n}{(\alpha^2 L_n^2 - 1)\xi_n} b_s(E)\delta E + \frac{qD_n v_n}{L_n \xi_n} n_0 (e^{\frac{qV}{k_B T}} - 1) \tag{3-156}$$

$$j_{s,p}(E, w_n) = -qD_p\left[\frac{v_p}{L_p} + \alpha\gamma_p e^{-\alpha(x_p + w_n)}\right]$$
$$= -\left[w_p e^{-\alpha(x_n - w_n)} + \alpha L_p \xi_p - v_p\right]e^{-\alpha(x_p + w_n)}$$
$$\frac{q(1 - R)\alpha L_p}{(\alpha^2 L_p^2 - 1)\xi_p} b_s(E)\delta E + \frac{qD_p v_p}{L_p \xi_p} p_0 (e^{\frac{qV}{k_B T}} - 1) \tag{3-157}$$

由式（3-129）得知，空间电荷区电流密度 j_{scr} 可以分解为复合电流密度 j_{rec} 和产生电流密度 j_{gen}。

$$j_{\text{scr}} = j_{\text{rec}} + j_{\text{gen}} = -q\int_{-w_p}^{w_n} (G-U)\mathrm{d}x \tag{3-158}$$

式中，产生电流密度 j_{gen} 可以写为

$$j_{\text{gen}} = \int j_{\text{s,gen}}(E)\mathrm{d}E = -\int qb_s(E)(1-R)\mathrm{e}^{-\alpha(x_p-w_p)}\left[1-\mathrm{e}^{-\alpha(w_p+w_n)}\right]\mathrm{d}E \tag{3-159}$$

如果陷阱复合为 p-n 结最重要的复合机理，根据陷阱复合率的公式（3-53）可得复合电流密度 j_{rec} 的表达式

$$j_{\text{rec}} = q\int_{-w_p}^{w_n} U\mathrm{d}x = q\int_{-w_p}^{w_n} \frac{np-n_i^2}{\tau_n(p+p_t)+\tau_p(n+n_t)}\mathrm{d}x \tag{3-160}$$

假设本征能级 E_i 在空间电荷区线性变化，复合电流密度 j_{rec} 可以简化为萨-诺伊斯-肖克莱近似

$$j_{\text{rec}}(V) = \frac{qn_i(w_p+w_n)}{\sqrt{\tau_n\tau_p}}\frac{2\sinh\left(\dfrac{qV}{2k_BT}\right)}{\dfrac{q(V_{\text{bi}}-V)}{k_BT}}\iota \tag{3-161}$$

式中，ι 是 ι 系数。当外加电压 V 足够大时

$$\iota \rightarrow \frac{\pi}{2} \tag{3-162}$$

将式（3-159）、式（3-161）代入式（3-158）得到空间电荷区电流密度

$$j_{\text{scr}}(V) = \frac{qn_i(w_p+w_n)}{\sqrt{\tau_n\tau_p}}\frac{2\sinh(\dfrac{qV}{2k_BT})}{\dfrac{q(V_{\text{bi}}-V)}{k_BT}}\frac{\pi}{2} - q\int(1-R)\mathrm{e}^{-\alpha(x_p-w_p)}\left[1-\mathrm{e}^{-\alpha(w_p+w_n)}\right]b_s(E)\mathrm{d}E$$

$$\tag{3-163}$$

将式（3-156）、式（3-157）和式（3-163）代入式（3-131）得到耗尽近似下的净电流密度 $j(V)$，可以反映太阳电池的伏安特性。

恒流源和单向导通二极管并联组成的太阳电池等效电路和伏安特性见图 3-11。

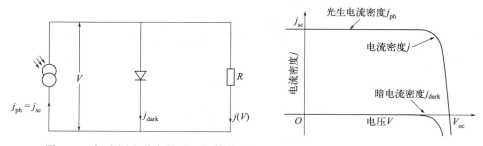

图 3-11　恒流源和单向导通二极管并联组成的太阳电池等效电路和伏安特性

（5）外加电压和光照下的 p-n 结

由式（3-156）、式（3-157）和式（3-163）可以发现，太阳电池的输出电流密度 j 由两

部分贡献，一部分与太阳光谱 b_s 有关，另一部分与输出电压 V 有关。因此，也可以将太阳电池看作由两部分构成：一部分是仅与太阳光谱强度有关的恒流源，另一部分是在外加电压 V 作用下的 p-n 结。因此，通过分别分析外加电压和光照下 p-n 结的伏安特性，可以进一步加深对太阳电池工作特性的理解。

① 外加电压下的 p-n 结

如果 p-n 结加正向电压 $V>0$，外加电压的电场方向与内建电场方向相反，结电压降为 $V_j = V_{bi} - V$，漂移电流减小。在外电压 V 驱动下，多数载流子通过空间电荷区成为非平衡的少数载流子，积累在边界的非平衡载流子会向 p-n 结两端方向扩散，产生净扩散电流，扩散电流增加。非平衡的少数载流子在扩散过程中将与多数载流子复合，经过一段距离后非平衡载流子完全复合，这段区域称为扩散区（如图 3-12 所示）。

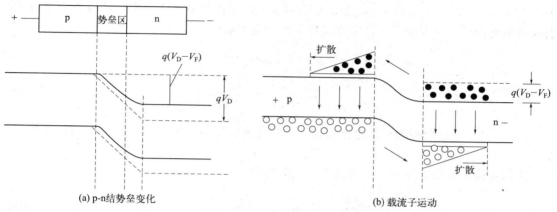

图 3-12　正向偏置下的 p-n 结势垒变化和载流子运动

如果 p-n 结加反向电压 $V<0$，外加电压的电场方向与内建电场方向相同，结电压升高到 $V_j = V_{bi} + V$，漂移电流增加。在外电压 V 驱动下，n 区边界的少数载流子空穴向 p 区漂移，p 区边界的电子向 n 区漂移。边界少子不断减少，内部少子不断补充，形成了反向的扩散电流，是一种载流子的抽取过程（如图 3-13 所示），扩散电流减小。

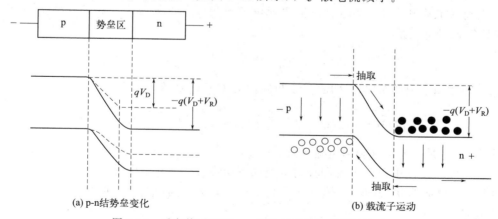

图 3-13　反向偏置下的 p-n 结势垒变化和载流子流动

由式（3-156）、式（3-157）和式（3-163），外加正向电压 V 引起的暗电流密度 j_{dark} 是少子电流密度 $j_n(-w_p)$、$j_p(w_n)$ 与空间电荷区电流密度 j_{scr} 的代数和

$$j_{\text{dark}} = j_n(-w_p) + j_p(w_n) + j_{\text{scr}} \tag{3-164}$$

假设电中性 p 型区的厚度大于电子扩散长度，$x_p - w_p > L_n$；电中性 n 型区的厚度大于空穴扩散长度，$x_n - w_n > L_p$；由此 $\dfrac{v_n}{\xi_n} \rightarrow 1$，$\dfrac{v_p}{\xi_p} \rightarrow 1$；表面复合可以忽略不计。因此少子电流密度可以简化为

$$j_n(-w_p) = \frac{q n_i^2 D_n}{N_a L_n} (e^{\frac{qV}{k_B T}} - 1) \tag{3-165}$$

$$j_p(w_n) = \frac{q n_i^2 D_p}{N_d L_p} (e^{\frac{qV}{k_B T}} - 1) \tag{3-166}$$

少子电流密度 $j_n(-w_p)$ 和 $j_p(w_n)$ 都是由多数载流子扩散通过空间电荷区成为少数载流子引起的电流密度，因此少子电流密度又称为扩散电流密度

$$j_{\text{diff}}(V) = j_n(-w_p) + j_p(w_n) = j_{\text{diff}}^0 (e^{\frac{qV}{k_B T}} - 1) \tag{3-167}$$

$$j_{\text{diff}}^0 = q n_i^2 \left(\frac{D_n}{N_a L_n} + \frac{D_p}{N_d L_p} \right) \tag{3-168}$$

式中，j_{diff}^0 是反向饱和扩散电流密度。扩散电流密度 j_{diff} 随外加电压 V 以指数函数形式变化。

空间电荷区的电流密度 j_{scr} 可以进一步简化为

$$j_{\text{scr}}(V) = j_{\text{scr}}^0 (e^{\frac{qV}{2k_B T}} - 1) \tag{3-169}$$

$$j_{\text{scr}}^0 = \frac{q n_i (w_p + w_n)}{\sqrt{\tau_n \tau_p}} \tag{3-170}$$

式中，j_{scr}^0 是反向饱和空间电荷区电流密度。

在没有光照的稳态条件下，太阳电池中的暗电流密度 j_{dark} 除了包括扩散电流密度 j_{diff} 和空间电荷区电流密度 j_{scr}，还应包括辐射电流密度 j_{rad}。根据式（3-48），辐射电流密度 j_{rad} 应该符合以下关系

$$j_{\text{rad}} \propto e^{\frac{qV}{k_B T}} - 1 \tag{3-171}$$

因此，太阳电池的暗电流密度 j_{dark} 与外加电压 V 的函数关系为

$$j_{\text{dark}}(V) = j_{\text{diff}}^0 (e^{\frac{qV}{k_B T}} - 1) + j_{\text{scr}}^0 (e^{\frac{qV}{2k_B T}} - 1) + j_{\text{rad}}^0 (e^{\frac{qV}{k_B T}} - 1) \tag{3-172}$$

式中，j_{rad}^0 是反向饱和辐射电流密度。

扩散电流、空间电荷区电流和辐射电流在不同类型的 p-n 结中的重要性不同。

如果 p-n 结是直接带隙半导体且耗尽宽度 w_{scr} 较大，陷阱复合较明显，空间电荷区为主要复合区间。

$$j_{\text{dark}} \approx j_{\text{scr}}^0 (e^{\frac{qV}{2k_B T}} - 1) \tag{3-173}$$

如果 p-n 结是直接带隙半导体且缺陷少，辐射复合较重要，辐射电流密度 j_{rad} 较大。

$$j_{\text{dark}} \approx j_{\text{rad}}^0 (e^{\frac{qV}{k_B T}} - 1) \tag{3-174}$$

如果 p-n 结是间接带隙半导体 Si，晶体硅太阳电池的少子扩散长度 L_n、L_p 比耗尽宽度 $w_{\text{scr}} = w_p + w_n$ 大得多，因此空间电荷区的复合不重要，可以忽略空间电荷区电流密度 j_{scr}，间接带隙半导体的 j_{rad} 也可以忽略。

$$j_{\text{dark}} \approx j_{\text{diff}}^0 (e^{\frac{qV}{k_B T}} - 1) \tag{3-175}$$

如果引起暗电流密度 j_{dark} 的机理不止一个且均不可以忽略，则暗电流密度可以近似为

$$j_{\text{dark}} \approx j_m^0 (e^{\frac{qV}{mk_B T}} - 1) \tag{3-176}$$

式中，j_m^0 是反向饱和非理想二极管电流密度；m 是修正肖克莱方程的理想因子。

$$\frac{1}{m} = \frac{k_B T}{q} \frac{\text{dln} j_{\text{dark}}(V)}{\text{d}V} \tag{3-177}$$

② 光照下的 p-n 结

光照情况下，半导体吸收入射光，电中性区和空间电荷区都会产生电子空穴对，n 型区和 p 型区的载流子浓度增加，$n > n_0$，$p > p_0$，准费米能级 E_F^n、E_F^p 分裂；内建电压 V_{bi} 使空间光生电子与空穴分离：p 型区的电子在电场作用下漂移到 n 型区，n 型区的空穴漂移到 p 型区，形成自 n 型区向 p 型区的光生电流。图 3-14 （a）中的垂直箭头表示光生电子的产生，水平箭头表示电子空穴对的分离方向。

光照下的 p-n 结这里指的是短路情况下 （$V=0$） 受太阳光辐照的 p-n 结。式 （3-156）、式 （3-157） 和式 （3-163） 中与外加电压无关的部分，相当于 p-n 结在 $V=0$ 的情况下接收太阳辐射所产生的光生电流。由耗尽近似，外加电压 $V=0$ 要求空间电荷区的准费米能级相等，没有净复合，因此，光生电流密度 j_{ph} 就等于短路电流密度 j_{sc}。由式 （3-156） 和式 （3-157） 知，电中性 n 型区和电中性 p 型区的光谱少子电流密度分别为

$$j_{s,n}(E, -w_p) = -[w_n e^{\alpha(x_p - w_p)} - (v_n + \alpha L_n \xi_n)] e^{-\alpha(x_p - w_p)} \frac{q(1-R)\alpha L_n}{(\alpha^2 L_n^2 - 1)\xi_n} b_s(E) \tag{3-178}$$

$$j_{s,p}(E, w_n) = -[w_p e^{\alpha(x_n - w_n)} + \alpha L_p \xi_p - v_p] e^{-\alpha(x_p + w_n)} \frac{q(1-R)\alpha L_p}{(\alpha^2 L_p^2 - 1)\xi_p} b_s(E) \tag{3-179}$$

由式 （3-159），耗尽区的光谱产生电流密度为

$$j_{s,\text{gen}}(E) = -q b_s (1-R) e^{-\alpha(x_p - w_p)} [1 - e^{-\alpha(w_p + w_n)}] \tag{3-180}$$

因此，太阳电池的光谱短路电流密度 $j_{s,\text{sc}}$ 为

$$j_{s,\text{sc}}(E) = -j_{s,n}(E, -w_{s,p}) - j_{s,p}(E, w_n) - j_{s,\text{gen}}(E) \tag{3-181}$$

负号表示光生电流与外加电压下的暗电流方向相反；对光谱进行积分，得到太阳电池的短路电流密度 j_{sc} 为

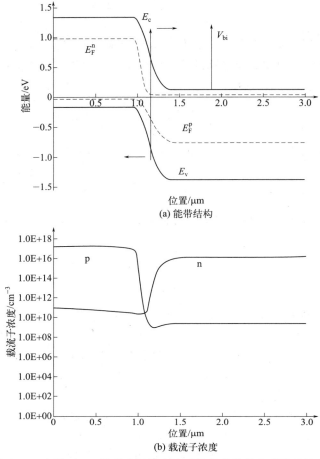

(a) 能带结构

(b) 载流子浓度

图 3-14 光照下 p-n 结形成短路电流时的能带结构和载流子浓度

$$j_{sc} = \int_0^\infty j_{s,sc}(E)\mathrm{d}E \qquad (3\text{-}181')$$

（6）太阳电池中的 p-n 结

当在太阳电池两端加上负载，p-n 结两端就有了电压 V。相当于入射光强 $b_s(E)$ 和外加电压 V（正向偏压）同时加在 p-n 结上。在负载电阻 R 确定后，半导体内部的扩散运动与漂移运动达到新的平衡，此时 p-n 结处于稳态，p-n 结两端也具有稳定的电势差，即太阳电池的工作电压 V。V 将补偿内建电压，使势垒降低为 $V_{bi} - V$，如图 3-15 所示。

图 3-16 给出了太阳电池有、无光照时的伏安特性曲线。太阳电池伏安特性中的电流，是方向相反的光生电流密度 j_{ph} 和暗电流密度 j_{dark} 的叠加。无光照时，太阳电池伏安特性曲线与普通半导体二极管相同。有光照时，沿电流轴方向平移，平移幅度与光照强度成正比。

$$j(V) = j_{sc} - j_{dark} = j_{sc} - j_m^0(\mathrm{e}^{\frac{qV}{mk_BT}} - 1) \qquad (3\text{-}182)$$

太阳电池的电流和电压的函数关系［式（3-182）］即为伏安特性曲线，可以用来表征一定光照下太阳电池的输出特性。

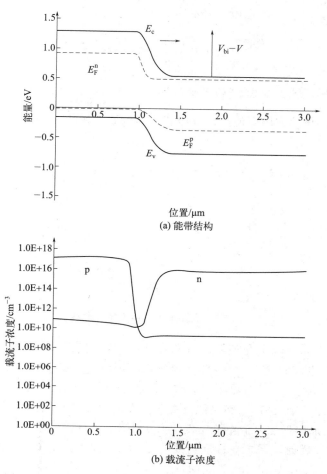

(a) 能带结构

(b) 载流子浓度

图 3-15　太阳电池工作时，p-n 结具有电压 V 和电流密度 j

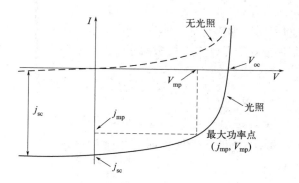

图 3-16　太阳电池无光照与有光照时的 $j\text{-}V$ 输出特性

3.1.6　太阳电池的主要参数

电能的大小通常用功率密度来衡量。

$$P(V) = j(V)V \tag{3-183}$$

再加上负载电阻 R ，欧姆定律可表示为

$$j(V) = \frac{V}{AR} \qquad (3\text{-}183')$$

式中，A 为太阳电池的面积。$j(V)$ 函数形式的欧姆定律是一条斜率为 $\frac{1}{AR}$ 的直线，与伏安特性曲线的交点得到太阳电池工作电压和工作电流，如图 3-17。

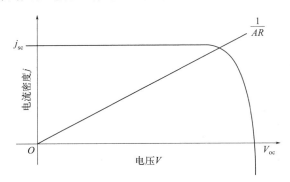

图 3-17　太阳电池的伏安特性曲线

伏安特性曲线在电压轴上的截距是开路电压 V_{oc}，它表示将太阳电池开路（负载电阻 $R \to \infty$，负载上的电流密度 $j \to 0$）时的电压值。短路电流密度 j_{sc} 是伏安特性曲线在电流轴上的截距，它表示将太阳电池短路（负载电阻 $R \to 0$，负载上的电压 $V \to 0$）时的电流值。

伏安特性依赖于入射光强 b_s 和电池温度 T，在入射光强 b_s 不变的情况下，电压 V 会随着负载功率 P 的增加而增加，但电流密度 j 几乎不随之变化；若入射光强 b_s 增加，电流密度 j 便会随之增加。因此，需要在标准测试条件下来标定太阳电池的开路电压 V_{oc} 和短路电流密度 j_{sc}。

（1）短路电流

外加电压 $V = 0$ 时的短路电流密度 j_{sc} 即为太阳电池在光照下的光生电流密度，仅与入射光强以及光电转化效率有关，可以用下式来表示。

$$j_{ph} = j_{sc} = q \int_0^\infty QE(E) b_s(E, T_s) dE \qquad (3\text{-}184)$$

式中，$q = 1.6 \times 10^{-19}$ C，是电子电量；QE 为量子效率，是光子能量 E 的函数，描述能量为 E 的光子产生电子跃迁并进入外部电路的概率，取决于材料对光子的吸收效率、载流子的分离效率与输运效率。

（2）开路电压

黑暗中的太阳电池与单向导通的二极管一样具有整流特性，如图 3-18 所示，在外电压作用下太阳电池内流过的单向电流被称为暗电流。正向电压 $V > 0$（反向电压 $V < 0$）引起暗电流密度 $j_{dark} > 0$（$j_{dark} < 0$）。在热平衡状态下，暗电流满足肖克莱方程。

$$j_{dark}(V) = j_0 (e^{\frac{qV}{k_B T}} - 1) \qquad (3\text{-}185)$$

式中，j_0 是反向饱和电流密度。

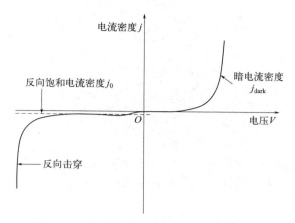

图 3-18　肖克莱方程描述的理想二极管模型

光照情况下，太阳电池伏安特性中的电流密度 j，是方向相反的光生电流密度 $j_{ph} = j_{sc}$ 和暗电流密度 j_{dark} 的叠加，太阳电池的电流-电压特性可以用下式表示

$$j(V) = j_{sc} - j_{dark}(V) = j_{sc} - j_0(e^{\frac{qV}{k_B T}} - 1) \tag{3-186}$$

当电路断开 $j(V) = 0$，太阳电池的输出电压即为开路电压 V_{oc}。开路电压又称为光生电压 V_{ph}。

$$V_{ph} = V_{oc} = \frac{k_B T_a}{q}\ln\left(\frac{j_{sc}}{j_0} + 1\right) \tag{3-187}$$

（3）最佳工作点

在太阳电池的 $j(V)$ 特性曲线上，不同的点对应太阳电池不同的工作状态。通过式（3-183）、式（3-186）得到功率曲线（图 3-19）及相应的表达式（3-188）。图 3-19 中不同工作点的功率相当于不同矩形的面积。

$$P = j(V)V = j_{sc}V - j_0 V(e^{\frac{qV}{k_B T}} - 1) \tag{3-188}$$

求解上式的极值，即可得到太阳电池的最佳工作点（最大功率点），对应的电压、电流密度和输出功率分别称为最佳工作电压 V_m、最佳工作电流密度 j_m 及最大输出功率 P_m。由最佳工作电压和最佳工作电流密度也可以进一步得到太阳电池的最佳负载电阻 R_m。

$$V_m = V_{oc} - \frac{k_B T}{q}\ln\left(\frac{qV_m}{k_B T} + 1\right) \tag{3-189}$$

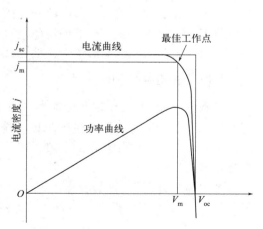

图 3-19　太阳电池电流密度 $j(V)$ 和功率 $P(V)$ 的特性曲线

$$j_{m} \cong j_{sc}(1 - \frac{k_{B}T}{qV_{m}}) \tag{3-190}$$

$$P_{m} = V_{m}j_{m} \cong j_{sc}\left[V_{oc} - \frac{k_{B}T}{q}\ln\left(\frac{qV_{m}}{k_{B}T} + 1\right) - \frac{k_{B}T}{q}\right] \tag{3-191}$$

$$R_{m} = \frac{V_{m}}{Aj_{m}} \tag{3-192}$$

（4）填充因子

填充因子是表征太阳电池性能优劣的一个重要参数，反映了图 3-19 中两个长方形面积的接近程度，定义为太阳电池的最大功率与开路电压和短路电流的乘积之比，通常用 FF 来表示

$$FF = \frac{P_{m}}{j_{sc}V_{oc}} = \frac{j_{m}V_{m}}{j_{sc}V_{oc}} = \frac{P(V_{m})}{j_{sc}V_{oc}} \tag{3-193}$$

（5）转化效率

太阳电池的转化效率 η 是其最大功率 P_{m} 和入射到该太阳电池上的全部辐射功率 P_{s} 的百分比

$$\eta = \frac{P_{m}}{P_{s}} = \frac{j_{m}V_{m}}{P_{s}} = \frac{P(V_{m})}{P_{s}} \tag{3-194}$$

开路电压 V_{oc}、短路电流密度 j_{sc}、填充因子 FF 和转化效率 η 是描述太阳电池性能的 4 个最重要的参数，存在着如下关系

$$\eta = \frac{j_{sc}V_{oc}FF}{P_{s}} \tag{3-195}$$

3.1.7 影响太阳电池伏安特性的因素

为了更加准确地描述太阳电池的性能，还需要考虑真实太阳电池中的寄生电阻，包括串联电阻 R_{s} 与并联（或分流）电阻 R_{sh}，以及理想因子 m 对肖克莱方程的修正。除此之外，温度和辐照度对太阳电池的伏安特性也具有显著影响。

（1）寄生电阻的影响

串联电阻 R_{s} 主要来源于电池本身的体电阻、前电极金属栅线的接触电阻、背电极的电阻、横向电流传输对应的薄膜电阻以及金属本身的电阻等；并联电阻 R_{sh} 是由漏电流引起的，它并不是一个实际存在的电阻，而是一个等效物理参数，用来表征电池漏电流的大小和自身能量消耗。

考虑串联电阻 R_{s} 和分流电阻 R_{sh} 时，太阳电池的等效电路如图 3-20 所示。

根据图 3-20 可以得到，在真实的太阳电池模型中

$$j_{sh} = \frac{V_{sh}}{AR_{sh}} \tag{3-196}$$

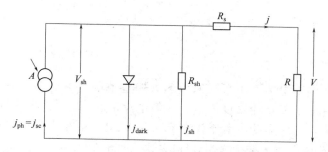

图 3-20　考虑寄生电阻的太阳电池等效电路

$$j = j_{sc} - j_{dark} - j_{sh} \tag{3-197}$$

$$V_{sh} = V + AjR_s \tag{3-198}$$

式中，j_{sh} 是并联电阻的分流电流密度；V_{sh} 是分流电压。

考虑串联电阻 R_s 和并联电阻 R_{sh} 后，根据肖克莱方程太阳电池的电流-电压关系可表示为

$$j(V) = j_{sc} - j_0 \left[e^{\frac{q[V + Aj(V)R_s]}{k_B T}} - 1 \right] - \frac{V + Aj(V)R_s}{AR_{sh}} \tag{3-199}$$

考虑串联电阻 R_s 和分流电阻 R_{sh} 可以得到如图 3-21 所示的伏安特性曲线。

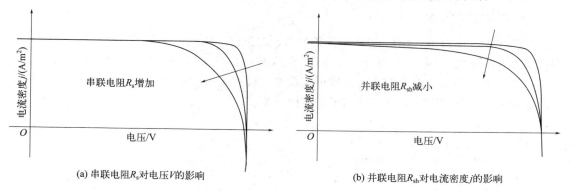

(a) 串联电阻R_s对电压V的影响　　　　　(b) 并联电阻R_{sh}对电流密度j的影响

图 3-21　寄生电阻 R_s 和 R_{sh} 对伏安特性曲线 $j(V)$ 的影响

串联电阻 R_s 增加和并联电阻 R_{sh} 减小都会显著降低太阳电池的填充因子 FF 和转化效率 η。串联电阻 R_s 很大时，会降低太阳电池的开路电压，而并联电阻 R_{sh} 很小时则会降低太阳电池的短路电流。

（2）理想因子的影响

为了更加真实地描述太阳电池的特性，除了考虑串联电阻 R_s 和并联电阻 R_{sh}，还需要用理想因子 m 来修正肖克莱方程式（3-176）和式（3-177），修正后的肖克莱方程为

$$j_{dark}(V) = j(e^{\frac{qV}{mk_B T}} - 1) \tag{3-200}$$

理想因子 m 的数值在 1～2 之间。考虑理想因子 m 后，带有寄生电阻的伏安特性式修正为

$$j(V) = j_{sc} - j_0(e^{\frac{q[V+Aj(V)R_s]}{mk_bT}} - 1) - \frac{V + Aj(V)R_s}{AR_{sh}} \tag{3-201}$$

（3）温度的影响

处于工作状态的太阳电池，由于光照引起太阳电池的温度升高，电池效率有衰退的现象。本征载流子浓度 n_i、暗电流密度 j_{dark}、扩散电流密度 j_{diff}、空间电荷区电流密度 j_{scr} 都是温度的函数。其中，温度上升，本征载流子浓度 n_i 呈指数型上升；扩散电流密度 j_{diff} 与 n_i^2 成正比，空间电荷区电流密度 j_{scr} 与 n_i 成正比，扩散电流密度 j_{diff} 受温度的影响更大。

此外，带隙宽带也是温度的函数，表示为

$$E_g(T) = E_g(0) - \frac{\alpha T^2}{T + \beta} \tag{3-202}$$

式中，α 和 β 是与材料有关的常数；$E_g(0)$ 是绝对零度时半导体的带隙。上式表明温度上升会减小带隙，故而 p-n 结可以吸收更多光子，光生电流密度 j_{ph} 随之增加；但带隙减少直接导致 n_i 增加，且 E_g 与 n_i 成指数关系，因此总的结果是 V_{oc} 下降。最终，温度上升导致功率 P 与转化效率 η 降低，如图 3-22 所示。

一般用开路电压温度系数和短路电流温度系数描述温度对太阳电池性能的影响程度。晶硅太阳电池的开路电压温度系数约为 $-0.45\%/K$，短路电流温度系数约为 $0.055\%/K$。

（4）辐照度的影响

在相同大气质量下，辐照度 P 与光子通量 b 成正比。因此，根据式（3-184），光生电流密度 j_{ph} 与辐照度 P 存在线性关系，辐照度的增加会使光生电流线性增加。根据式（3-187），开路电压 V_{oc} 随光生电流以对数形式递增，因而也将随辐照度 P 以对数的形式递增。辐照度对太阳电池 $j(V)$ 特性曲线的影响如图 3-23 所示。

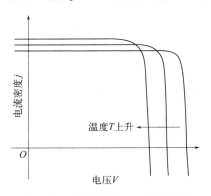
图 3-22 温度 T 对 p-n 结的影响

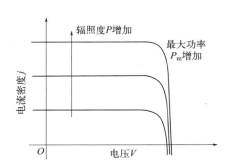
图 3-23 辐照度对 p-n 结的影响

但在实际聚光太阳电池中，辐照度过大会导致串联电阻 R_s 与 p-n 结温度 T 增加，最终导致性能降低，当聚光系数 X 为几百时，可以获得最佳转化效率。

3.1.8 太阳电池标准测试条件

为了规范化太阳电池输出特性的测量，人们规定了太阳电池标准测试条件（standard test condition，STC）：

◇ 太阳辐照度 $P_s = 1000 \mathrm{W/m^2}$；

◇ 大气质量 AM1.5；

◇ 环境温度 $T_a = (25 \pm 1)℃$。

此外，为了评估太阳电池在实际工作状态下的性能表现，人们还规定了太阳电池标称工作温度（nominal operating cell temperature）。指的是当太阳能组件或电池处于开路状态，并在以下具有代表性的情况下所达到的温度。

◇ 电池表面光照强度 $P_s = 800 \mathrm{W/m^2}$；

◇ 空气温度 $T_a = 20℃$；

◇ 风速 1m/s。

3.1.9 太阳电池材料与技术简介

光电转化主要利用半导体的光伏效应将光能转化成电能。因此，半导体材料是光电转化材料中最重要的材料。根据技术发展过程，太阳电池可以大致分为第一代、第二代和第三代太阳电池。第一代太阳电池以晶体硅太阳电池为代表，包括单晶、多晶和非晶硅太阳电池。这类电池发展较为成熟，随着单晶硅成本降低，单晶硅太阳电池成为光伏市场的主流，占据全球光伏市场的90%以上，在商业和民用领域得到广泛应用。但晶硅太阳电池面临能量转化效率提升存在瓶颈以及降本空间小等问题。第二代太阳电池主要是化合物半导体太阳电池，包括单晶化合物太阳电池和多晶化合物太阳电池。单晶化合物太阳电池以砷化镓（GaAs）太阳电池为代表；多晶化合物太阳电池以碲化镉（CdTe）和铜铟镓硒（CIGS）太阳电池为代表。这类电池具有较高的理论转化效率，但 GaAs 太阳电池材料成本和生产成本均较高，通常用于航空航天、军事等领域或地面聚光应用；CdTe 和 CIGS 太阳电池在发电成本上与晶硅太阳电池相比也没有优势，但在光伏建筑一体化领域具有广阔的前景。第三代太阳电池也被称为新型太阳电池，主要包括有机薄膜太阳电池，染料敏化、量子点敏化太阳电池和钙钛矿太阳电池。这类电池发展时间较短，但拥有较高的理论转化效率或特有的优势（例如柔性、可塑性等），并且成本相对较低，在大规模光伏电站发电或分布式应用中具有很大的发展潜力，关于第三代太阳电池将在第10章进行介绍。

根据太阳电池技术发展过程，目前最重要的太阳电池材料包括 Si、GaAs、CdTe 和 CIGS 材料。下面将简要介绍各种太阳电池材料以及代表性电池结构。

3.1.9.1 太阳电池材料

（1）晶硅材料

晶硅太阳电池的极限效率可达到30%，目前平板单晶硅太阳电池效率已达26.81%，聚光硅太阳效率达到27.6%，晶体硅太阳电池是目前应用最为广泛的太阳电池。

晶体硅作为一种典型的半导体，占据了半导体行业的半壁江山。硅是地壳表层丰度第二的元素，化学性质稳定，且本身无毒。硅元素主要以沙子和石英状态存在，易于提炼。晶硅是间接带隙半导体，带隙宽度1.12eV，非常适合用于制备太阳电池。因此，晶硅是应用十分广泛的光电转化材料。

晶体硅的晶格常数为0.543102nm，每立方厘米中包含 5×10^{22} 个原子，具有相当完美的晶体结构。晶体硅的晶体结构和能带结构如图3-24所示。单晶硅具有金刚石结构，原子之间以共价键连接，每个硅原子都有 4 个最近邻原子，结合紧密，因此硅材料的稳定性相当好。

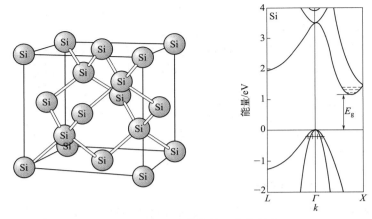

图 3-24　硅的晶体结构和能带结构

晶硅的光吸收过程需要声子参与，因此光吸收系数较小，通常需要很厚的半导体吸收层才能实现对太阳光的充分吸收。由于晶体硅的对称性，导带最小值在 ［100］ 方向上。硅的价带最大值在 k 空间原点处，即布里渊区中心。硅的电子和空穴有效质量分别为 $1.08m_0$ 和 $0.56m_0$（m_0 是真空中电子的质量）。将 Si 原子替换为三价（B）或五价元素（P）可以实现对晶体硅的 p 型和 n 型掺杂。

（2）砷化镓材料

基于砷化镓的单结太阳电池效率目前已达 29.1％，聚光效率达到 30.8％，四结聚光电池更是达到了 47.6％ 的效率。砷化镓是典型的 ⅢA-ⅤA 族半导体，具有闪锌矿结构，其晶体结构和能带结构如图 3-25 所示。

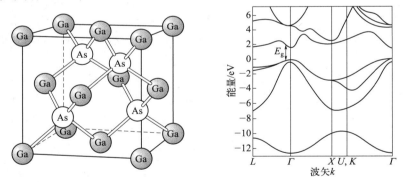

图 3-25　砷化镓的晶体结构和能带结构

在制备高效太阳电池方面，砷化镓材料相比晶硅更具优势。一方面砷化镓具有直接带隙，位于价带的电子可以直接吸收光子跃迁到导带，不需要声子辅助，因此砷化镓半导体的光吸收系数大，是硅的十倍，只需要 $1\mu m$ 左右的吸收层就可以充分吸收太阳光。另一方面，砷化镓常温下的带隙为 1.42eV，接近理想太阳电池的带隙 1.4eV。砷化镓的导带最小值和价带最大值均落在 k 空间原点。此外，由于砷化镓材料带隙比晶硅大，其温度系数和耐高低温能力比晶硅太阳电池强得多，用其所得器件性能受温度影响较小（温度升高到 200℃，砷化镓电池效率下降近 50％，而晶硅电池效率下降近 75％），且具有较好的抗辐射性能，因此砷化镓太阳电池常用于太空中。ⅢA-ⅤA 族半导体可以用ⅣA 族元素掺杂，替代ⅢA 族或ⅤA 族原子，形成 n 型或 p 型层。

（3）碲化镉材料

碲化镉太阳电池价格低廉，目前效率已达 22.6%，被认为是最有前途的薄膜太阳电池之一。碲化镉是ⅡB-ⅥA 族化合物半导体，由元素周期表中ⅡB 族元素 Cd 和ⅥA 族元素 Te 组成，具有闪锌矿结构，晶格常数 $a=0.6481$nm，其晶体结构和能带结构如图 3-26 所示。

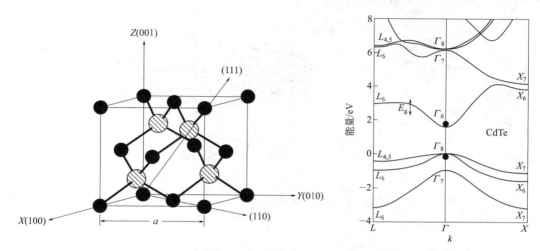

图 3-26　碲化镉的晶体结构和能带结构

碲化镉晶体主要靠共价键结合，但又有一定的离子性，电子摆脱共价键所需能量很高。因此，常温下碲化镉的导电性主要由掺杂（晶粒间界）决定。碲化镉材料很容易实现 n 型和 p 型掺杂，当用 In 取代 Cd 的位置，便形成 n 型半导体，当用 Cu、Ag、Au 取代 Cd 的位置，形成 p 型半导体。

碲化镉最重要的物理性质是其带隙宽度为 1.45eV，光谱响应与太阳光谱十分吻合，理论最高转化效率约为 30%。其次，碲化镉是一种直接带隙半导体，对波长小于吸收边的光，吸收系数极大，1μm 厚的薄膜，足以吸收大于禁带宽度 99% 的辐射能量，是制备极薄太阳电池的理想材料。

（4）铜铟镓硒材料

铜铟镓硒太阳电池转化效率高，目前效率已达 23.6%，并且稳定性好、弱光性能好，也被认为是未来十分有发展潜力的薄膜电池之一。$Cu(In,Ga)Se_2$ 是ⅠB-ⅢA-ⅥA 族化合物半导体，具有黄铜矿晶体结构，是 $CuInSe_2$ 和 $CuGaSe_2$ 的混晶半导体，晶格常数 $a=0.56\sim0.58$nm。铜铟镓硒的晶体结构和能带结构如图 3-27 所示。

通过调节 $CuInSe_2$ 和 $CuGaSe_2$ 的比例，可以调节铜铟镓硒带隙在 $1.02\sim1.67$eV 范围变化，非常适用于优化带隙，能进行带隙剪裁是铜铟镓硒系电池相对于 Si 和 CdTe 电池的最大优势。铜铟镓硒具有直接带隙，吸收系数高达 6×10^5 cm^{-1}，是到目前为止所有半导体材料中的最高值。铜铟镓硒不仅吸收系数 α 很高，而且可以制备成 n 型或 p 型。此外，铜铟镓硒的带隙对温度不敏感，与 Ga/(In+Ga) 的值直接相关，同时也和 Cu 的含量有关，假设薄膜中 Ga 的分布是均匀的，则带隙与薄膜中 Ga 原子分数的关系如下

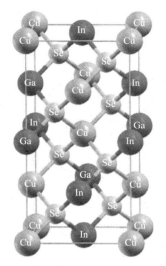
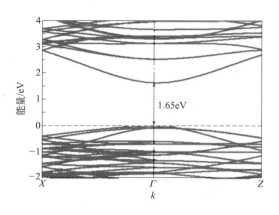

图 3-27 铜铟镓硒的晶体结构和能带结构

$$E_{\text{g-CIGS}(x)} = (1-x)E_{\text{g-CIS}} + xE_{\text{g-CGS}} - bx(1-x) \tag{3-203}$$

式中，b 为弯曲系数，数值为 $0.15\sim0.24\text{eV}$；$x=\text{Ga}/(\text{In}+\text{Ga})$。因此，铜铟镓硒是开发薄膜太阳电池的理想材料。

（5）各类光电转化材料关键参数

表 3-1 给出了室温附近未掺杂的各类光电转化材料关键参数。

表 3-1　室温附近未掺杂的各类光电转化材料关键参数

材料	带隙/eV	电子亲和势/eV	载流子浓度/cm^{-3}	载流子迁移率/ $[\text{cm}^2/(\text{V}\cdot\text{s})]$	少子寿命/s
Si	1.12	4.24	1.5×10^{10}	n: 1350 p: 480	8.8×10^{-3}
GaAs	1.42	4.07	1.8×10^{6}	n: 8500 p: 400	$10^{-9}\sim10^{-8}$
CdTe	1.5	4.3	约 10^{16}	n: 1050 p: 80	$10^{-8}\sim10^{-6}$
CIGS	$1.02\sim1.67$	取决于具体成分	$10^{14}\sim10^{17}$	n: $100\sim1000$ p: $50\sim180$	$10^{-8}\sim10^{-7}$

3.1.9.2　太阳电池技术

（1）晶硅太阳电池

单晶硅太阳电池指采用单晶硅片制造的太阳电池，发展最早（1954 年），技术也最为成熟。但 1998 年后，单晶硅太阳电池的市场占有率逐渐被更便宜的多晶硅电池超过。2016 年单晶硅太阳电池的市场占有率约为 41%，多晶硅太阳电池的市场占有率约为 54%。2017 年单晶硅和多晶硅太阳电池的市场占有率分别为 49% 和 46%。随后，由于多晶硅电池的技术路线比较单一，并且效率低、稳定性差，多晶硅太阳电池的市场份额被逐渐压缩，单晶硅太阳电池已经占据了绝大多数的市场。

单晶硅电池技术获得了如火如荼的发展。很多先进的技术如钝化发射极和背面电池（passivated emitter and rear cell，PERC）、异质结电池技术（heterojunction with intrinsic thinlayer，HJT）、隧穿氧化层钝化接触（tunnel oxide passivated contact，TOPCon）、交叉指式背接触电池技术（interdigitated back contact，IBC）等，不断刷新晶硅太阳电池效率纪录。根据国际光伏技术路线图和中国光伏行业协会的预测，传统的 BSF 电池将逐步退出市场，PERC 电池在未来 5 到 10 年将一直占据主导地位，同时 HJT、TOPCon、IBC 等先进电池技术将逐步扩大市场份额。

2015 年之前，太阳电池主要是 Al-BSF（铝背场电池），是多晶硅年代的主流技术。其特点为使用铝背场钝化技术，缺点是整体开路电压不高，单片电池的开路电压为 0.50～0.65V，理论转化效率只有 20%。

2016 年 p 型单晶硅 PERC 电池正式量产，太阳电池来到单晶硅年代。PERC 最早在 1983 年由澳大利亚科学家 Martin Green 提出，是目前晶硅太阳电池的常规技术。BSF 电池和 PERC 电池的结构如图 3-28 所示。

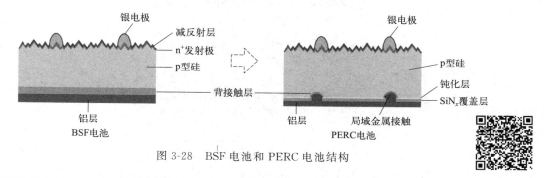

图 3-28　BSF 电池和 PERC 电池结构

PERC 电池与 BSF 电池不同之处在于背面，PERC 电池采用了高质量的介质膜来钝化背面，取代了传统的全铝背场，从而大幅度降低了背面的复合速率。目前产业化应用较多的介质膜是 Al_2O_3/SiN_x 叠层膜。相比于 BSF 电池，PERC 电池的开路电压提升幅度达到 10～20mV，长波量子效率明显提高使短路电流密度提升幅度达到 0.8～1.6mA/cm^2。PERC 的理论转化效率极限可以达到 24.5%。

PERC 电池的主要缺点是光致衰减比较严重。由于 B-O 对的存在，P 型晶硅电池普遍存在光致衰减的问题，而叠加 PERC 技术后衰减问题更甚。此外，PERC-P 型单晶硅电池的转化效率 2022 年已经达到 24.1%，未来的上升空间不大。以 n 型晶硅为基底的 TOPCon、HJT 和 IBC 等 n 型太阳电池技术具有更大的转化效率提升潜力。TOPCon 太阳电池的理论转化效率极限为 28.7%，HJT 太阳电池的理论转化效率极限为 28.5%，IBC 太阳电池的理论转化效率极限为 31%。除了理论转化效率高以外，n 型太阳电池技术还具有温度系数低（磷对温度的敏感性比硼弱）、无光致衰减、弱光效应好等优势。在成本上，n 型硅片也具有更大的减薄潜力。根据测试数据，硅片厚度从 140μm 减至 100μm 的过程中，HJT 电池的转化效率可基本保持在 25.2% 左右。硅片厚度每下降 10μm，晶硅太阳电池的硅成本降低约 0.01 元/W。

TOPCon 太阳电池与 PERC 太阳电池的制备工艺均为高温工艺且工序兼容性较高，相比 HJT 电池更受传统太阳电池厂商的青睐。2022 年，国内多家光伏龙头企业陆续启动 TOPCon 电池的大规模投产和扩产，标志着 n 型技术电池进入规模化量产"元年"。

TOPCon 电池的概念由德国弗劳恩霍夫太阳能系统研究所（Fraunhofer-ISE）于 2013 年提出，是一种基于选择性载流子原理的隧穿氧化层钝化接触太阳电池技术。其利用 n 型硅片为衬底，在背面先制作一层不足 2nm 的超薄二氧化硅（SiO_2）作为隧穿层，再在上面制作一层 20nm 左右的掺磷（掺杂浓度较衬底更高）多晶硅薄膜。由超薄隧穿氧化层和掺杂多晶硅层组合而成的结构 $[SiO_2/poly\text{-}Si(n+)]$ 是 TOPCon 电池的核心，可以实现对载流子的选择性收集，起到了关键的表面钝化作用。TOPCon 晶硅太阳电池结构如图 3-29 所示。

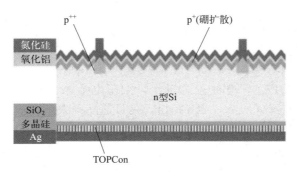

图 3-29 TOPCon 晶硅太阳电池结构

HJT 太阳电池的生产工艺与 PERC 电池差异很大，核心设备也完全不具兼容性，生产需要建新产线。因此，HJT 电池刚开始并不被业内原有的电池企业重点关注，但对于新兴电池企业吸引力十足；近年来，通威集团有限公司、隆基绿能科技股份有限公司等龙头企业也在重点推动 HJT 技术的开发。

HJT 电池俗称异质结电池，最早由日本三洋公司 1992 年开发出来。HJT 电池的结构如图 3-30 所示。衬底材料为 n 型单晶硅（n-c-Si）；两面衬底之上的第二层为含大量氢原子的本征非晶硅（i-a-Si）薄膜，一般仅 6～10nm 厚，在钝化中起到关键作用；两面衬底之上的第三层为含氢的掺杂非晶硅层，即 p 型非晶硅（p-a-Si）和 n 型非晶硅（n-a-Si）；正面的窗口层处为 p 型膜层，构成 p-n 结，背面为重掺杂的 n 型膜层，与本征层一起构成背场，起到对载流子的选择性钝化作用；最外层为透明导电氧化物（TCO）层，用于减反射和汇集电流，传递给两面的金属电极。

HJT 太阳电池的最大优势是晶硅与非晶硅异质结结构增加了 p-n 结势垒高度，增强了对载流子的选择性，使得开路电压可以突破晶硅太阳电池的上限。以 p 型非晶硅和 n 型单晶硅组成的 p-n 结为例，p 型非晶硅与 n 型单晶硅的导带带阶约为 0.15eV，因此，n 型单晶硅的 E_c 与 p 型非晶硅的 E_v 之差可以达到 1.65eV。该差值决定了 HJT 太阳电池开路电压的上限。目前，HJT 太阳电池的开路电压已普遍接近或超过 750mV，比硅同质结电池的最高开路电压 720mV 左右高出了 30mV。

IBC 太阳电池是将正负极金属接触均移到电池片背面的电池技术（图 3-31）。IBC 电池最早于 1975 年提出，主要由美国 SunPower 公司实现商业化突破。与 TOPCon、HJT 采用新的钝化接触结构来提高钝化效果从而提高转化效率的思路不同，IBC 则是将电池正面的电极栅线全部转移到电池背面，通过减少栅线对阳光的遮挡来提高转化效率。

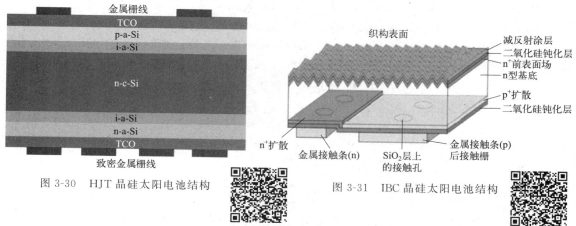

图 3-30　HJT 晶硅太阳电池结构　　　　图 3-31　IBC 晶硅太阳电池结构

IBC 电池的技术核心是在背表面制作出间隔排列的 p 型与 n 型掺杂区域，并在上面形成金属化接触和栅线。IBC 电池独特的结构增加了制作难度，也导致生产成本居高不下。但是，以 IBC 为代表的背接触电池正好契合了分布式光伏的差异化特点。一方面，极强的单面发电能力和高电池封装密度可以在有限的面积和组件数量下发出更多的电；另一方面，正面无栅线的特点也更符合美学特征，并能更好地融入到建筑设计之中。

此外，新一代的 IBC 电池已经吸收 TOPCon 钝化接触技术，演化出隧穿氧化物钝化接触背接触（tunneling oxide passivated contact back contact，TBC）太阳电池；吸收了 HJT 钝化接触技术，演化出了异质结背接触（heterojunction back-contact，HBC）太阳电池。随着 TOPCon 技术以及 HJT 技术的不断进步和成熟，与其相结合的 TBC、HBC 电池有望受益。

（2）单晶化合物太阳电池

单晶化合物太阳电池主要指 GaAs 基系的太阳电池。GaAs 基系太阳电池非常适合太空应用，在空间科学领域取代硅太阳电池，成为空间能源的重要组成部分；其次，GaAs 基系太阳电池的耐高温性能和较低的温度系数也使其非常适用于地面聚光应用。

早期的 GaAs 基系单结太阳电池采用 $Al_xGa_{1-x}As/GaAs$ 异质界面结构，$Al_xGa_{1-x}As$ 作为窗口层起到钝化效果。根据叠层电池的原理，构成叠层电池的子电池的数目愈多，叠层电池可望达到的效率愈高。因此，为了进一步提高 GaAs 基系太阳电池的转化效率，人们将研究重点转向叠层电池。

人们首先想到应用 AlGaAs 作为顶电池材料，1988 年，B. Chung 等制备的 AlGaAs/GaAs 双结叠层电池在 AM1.5 光谱下取得了 23.9％的转化效率。2005 年 K. Takahashi 等在 $Al_xGa_{1-x}As$ 顶电池的生长过程中采用 Se 代替 Si 作为 n 型掺杂剂，并采用 GaAs 隧道结连接顶电池和底电池，制备出的 AlGaAs/GaAs 叠层太阳电池在 AM1.5 光谱下取得了 28.85％的转化效率。K. Takahashi 等还发现，AlGaAs/GaAs 界面的高复合速率是影响 AlGaAS/GaAs 叠层电池效率的主要障碍。

20 世纪 80 年代末，J. M. Olson 等提出 $Ga_{1-x}In_xP/GaAs$ 叠层电池，该电池结构吸引了空间科学部门和产业界的注意力，很快被产业化。1997 年，日本能源公司的 T. Takamot 等研制了大面积（4cm²）的 InGaP/GaAs 双结叠层电池，在 AM1.5 光谱下的转化效率达到了 30.28％。

在产业化的过程中，GaAs 衬底被 Ge 衬底取代，变为三结叠层电池。从此以后，

GaInP/GaAs/Ge 叠层太阳电池结构成为 GaAs 基系太阳电池研究和应用的主流结构。2002年，Spectrolab 公司将 GaInP/InGaAs/Ge 三结叠层电池 AM1.5 效率提高到 32%。2012年，Solar Juction 公司将 GaInP/InGaAs/Ge 三结叠层电池在 947 倍聚光条件下的 AM1.5 转化效率提升到 44%。2013 年，Sharp 发明了 GaInP/GaAs/InGaAs 三结叠层电池，在 AM1.5 光谱 302 倍聚光下转化效率达 44.4%。这是迄今为止三结叠层电池的最高效率。近年来，美国国家可再生能源实验室（NERL）和德国弗劳恩霍夫太阳能系统研究所（FhG-ISE）研制出了更高效率的多结 GaAs 电池。2020 年，NERL 开发的六结 GaAs 太阳电池在 143 太阳光照强度下转化效率达到了 47.1%。FhG-ISE 在 2022 年开发的四结 GaAs 太阳电池在 665 太阳光照强度下转化效率达到了 47.6%。

（3）多晶化合物太阳电池

多晶化合物太阳电池中，目前最主要的电池包括碲化镉（CdTe）太阳电池和铜铟镓硒（CIGS）太阳电池两大类。

CdTe 太阳电池的最大优势是成本较低。但以前人们顾虑 Cd 有毒，不敢贸然大量应用，后来证明，只要处理得当，不会产生特殊的安全问题。其次，CdTe 太阳电池温度系数低且弱光性能好，同样标定功率的 CdTe 太阳电池，比晶硅太阳电池平均全年可多发 5%～10% 的电能。在美国 First Solar 公司推动下，CdTe 太阳电池被认为是最有前途的薄膜太阳电池之一。CdTe 太阳电池主流结构为 P-CdTe/n-CdS 异质结结构。2024 年，First Solar 公司宣布创造新的纪录，制成了转化效率 22.6% 的 CdTe 电池。

CIGS 太阳电池是薄膜太阳电池中效率最高的太阳电池，目前效率已达 23.6%（2023年，First Solar 的欧洲技术中心，Evolar AB 与瑞典 uppsala 大学，实验室效率），并且稳定性好，其在室外运行 7 年仍能保持原有性能，在弱光下的性能也较好。国家能源集团已将 CIGS 光伏一体化产业作为战略转型的重要主攻方向之一。2021 年，中国建材凯盛科技集团旗下蚌埠玻璃工业设计研究院所属德国 Avancis 公司生产的（30×30）cm² CIGS 太阳电池组件效率达到 19.64%。CIGS 太阳电池的主流结构为 CdS/CIGS 异质结结构，$CuIn_{1-x}Ga_xSe$ 为吸收层，厚度在 $1.5～2.0\mu m$。

3.2 光能与热能转化

太阳能光热转化是指通过反射、吸收或其他方式把太阳辐射能集中起来，转化成流体或空气等输送介质内能的过程，是太阳能利用最为广泛的方式。低温热水可用于生活，中高温热水可用于工业生产过程的洗涤，高温蒸汽可用于热动力发电。光热转化过程涉及多个传热机理，吸热板首先靠辐射换热实现光能到热能的转化，有效的光热转化需要吸收太阳能与流体或气体进行接触，进行充分的热传导和热对流，并最大限度地减少对环境的热损失，以获取热能。

3.2.1 光热转化过程

光热转化通过太阳能集热器实现，从结构上可以分为两大类：一类是平板式集热器，另一类是聚光式集热器。

（1）平板式集热器

对于平板式集热器，典型的结构由集热体、透明盖板、隔热层和壳体四部分组成，如图3-32所示。投射到集热板上的太阳辐射能，大部分被集热板吸收并转化为热能，传向通流管，小部分被集热板反射向透明盖板。集热工质流经通流管时，被加热温度升高并经出口流出带走热能。其过程可用能量平衡方程描述，如公式（3-204）所示

$$Q_A = Q_u + Q_L + Q_S \tag{3-204}$$

式中，Q_A 是集热器表面入射的总能量；Q_u 为吸收的能量；Q_L 为向环境散失的能量；Q_S 为集热器本身的储能。光热转化效率可表示为有效吸收与总能量的比值，在稳态工况下（$Q_S = 0$）其与太阳辐照、环境温度、倾斜角等有关，如公式（3-205）所示

$$\eta = \eta_0 K_\theta - a_1 \frac{T_m - T_{amb}}{G} - a_2 \frac{(T_m - T_{amb})^2}{G} \tag{3-205}$$

式中，η 是集热器效率；η_0 是集热器峰值效率；K_θ 是倾斜角修正系数；a_1 和 a_2 是热损失系数；T_m 是集热器的平均温度；T_{amb} 是环境温度；G 是集热器表面接收的太阳总辐照。

图 3-32　平板式太阳能集热器

（2）聚光式集热器

平板式集热器的温度一般都在100℃以下，为了提升太阳能集热器的应用范围，需要扩展到更高的温度。聚光式集热将太阳辐照经过聚光器聚集并投射在接收器上，具有更高的表面能流。聚光式集热包含三个主要环节，即聚光、集热、追踪。由此构成聚光集热器的三个主要部件，即聚光器、接收器、追踪装置。常见的聚光类型有点聚光和线聚光两种。类似于平板式集热器，能量平衡方程依然适用于聚光式集热器，其单位面积吸收热能可用公式（3-206）表示

$$\frac{Q}{A} = \eta_0 K_{\theta b} G_b + \eta_0 K_{\theta d} G_d - a_1 (T_m - T_{amb}) - a_2 (T_m - T_{amb})^2 - a_3 \frac{dT_m}{dt} \tag{3-206}$$

式中，G_b 是直射辐照；G_d 是散射辐照；$K_{\theta b}$ 和 $K_{\theta d}$ 分别对应直射和散射的倾斜角修正系数；a_3 是对应集热器本身储热能力的系数。

3.2.2 光热转化材料

广义来讲，太阳能光热转化材料包括蓄热材料、导热材料、热电材料、集热材料等。狭义来说，太阳能光热转化材料指的是集热材料。本小节只介绍集热材料。根据材料种类不同，光热转化材料主要包括金属基光热转化材料、半导体光热转化材料、碳基光热转化材料和有机聚合物光热转化材料。

（1）金属基光热转化材料

金属具有良好延展性，导电导热能力强，被证明可有效地吸收太阳光能并转化为热能。局域表面等离激元共振（LSPR）和表面等离激元极化（SPP）是决定金属类材料光热转化性能的重要因素。目前研究较多的金属基光热材料主要为贵金属纳米材料，如金、银、钯等。金属材料的形态、尺寸、浓度以及外界环境的介电常数等是影响其光热转化性能的关键因素。

① 金纳米光热转化材料

金属基光热材料中最为人熟知的是金纳米材料，金纳米颗粒是良好的光热转化材料，通过调节形貌、尺寸和结构，较易实现从可见光区域到近红外光区域吸收的连续可调，呈多孔状结构的金纳米颗粒具有明显的近红外光吸收性能。开发和设计合成出特定结构的金纳米结构，控制它们的几何形态、化学组成和内部结构，是提高其光热转化性能的关键。目前，已开发多种组装方法制备不同形貌金纳米材料，如壳状、杯状、棒状等。两种典型形貌的金纳米材料如图 3-33 所示。

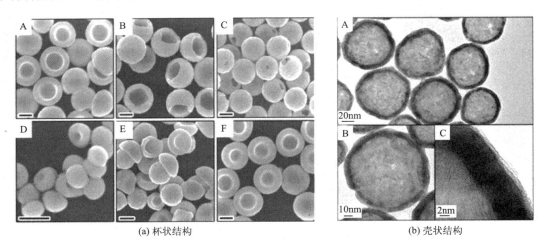

(a) 杯状结构　　　　　　　　　　(b) 壳状结构

图 3-33　两种典型形貌的金纳米材料

金纳米球最大的吸收峰位置对粒径不敏感，例如粒径为 10nm 的金纳米球的最大吸收峰大约在 520nm，而当将纳米球的粒径增加到 100nm，最大吸收峰的位置仅仅红移到 530nm。但是，增加金纳米球的粒径可以显著增强其近红外吸收能力。因此，随着金纳米颗粒直径的增加，其光热转化效率亦增加。对于金纳米棒，随着长径比的增加，表面等离子体共振吸收峰逐渐红移，在波长为 600～1300nm 连续可调。金纳米棒的长径比与表面等离激元共振吸收的关系如图 3-34 所示。

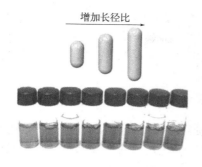
增加长径比

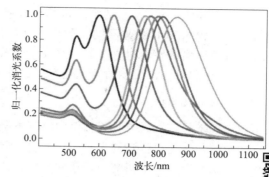

图 3-34　金纳米棒的长径比与表面等离激元共振吸收的关系

为了提高材料的光热转化效率，通常需要改变金属材料的形态以调节其吸收带宽，但该类材料在腐蚀性介质中不稳定，其形态易在酸、碱和盐等物质的作用下发生改变，限制了这些材料的长期使用，因而未来需要从提高材料稳定性角度入手进行优化。

② 其他金属纳米光热转化材料

除贵金属外，低成本的 Al 和 Cu 也已被证明具有良好的光热性能。Al 具有特殊的材料特性，其强烈的等离子体共振能够跨越大部分可见光谱并进入紫外光区域，优良的光学性能使 Al 具有用作低成本等离子体材料的潜力。据报道，将 Cu 表面制成花冠状的分层纳米结构，在广泛的太阳能光谱下表现出 98% 的光吸收率，而且在太阳光照射下表现出明显的加热效果。

金属纳米颗粒的局域表面等离激元共振能够有效吸收太阳光，产生高能量的热电子。通过晶格对电子的散射，局域表面等离激元吸收的光能能够转化为晶格的振动能，从而产生显著的光热效应。金属纳米光热转化材料在光热疗、生物成像等方面表现出突出的应用优势。

（2）半导体光热转化材料

半导体材料是一种新型的光热转化材料，半导体化合物具有易制备、稳定性好、形貌可调、易于功能化等特点。有些半导体材料的光热转化能力归因于光热电子激发；有些掺杂异价金属离子或形成氧化物形式的半导体，其光热转化能力得益于 SPR 效应、LSPR 效应等的共同作用。

① 铜基半导体光热转化材料

铜基半导体材料种类丰富，价格便宜，可对特定波长的光进行吸收，在保持较高的可见光透射率的同时能够产生能带跃迁而具有很好的近红外光吸收能力。并且易形成可用于掺杂的空穴，因而易产生 SPR 效应，其光热稳定性好且具有较高的光热转化效率。

其中，硫属铜基化合物易形成空穴掺杂的特性，可对材料的 SPR 效应进行调控，有利于提高材料的光热转化性能。各种空穴掺杂的硫属铜基化合物，如 $Cu_{2-x}S$，其增加的自由载流子与电磁场发生相互作用，这类半导体光热转化材料均表现出强烈的近红外光吸收能力。

② 钨基半导体光热转化材料

纳米氧化钨在近红外区域表现出很强的光吸收能力，通过增加氧空位数量，可增强 LSPR 效应，使其具有良好的光热稳定性。WO_{3-x} 纳米结构在 800～1100nm 处具有很强的吸收。但是，虽然氧空位的存在使得光热材料具有较好的光吸收和转化能力，但氧空位易被氧化而失去。研究表明，WO_{3-x} 纳米结构的红外吸收性能随着氧化程度增加而明显降低。与几何控制的贵金属的 SPR 吸收不同，非化学计量比氧化钨的 LSPR 吸收与其缺陷结构密切相关，通过调控缺陷诱导不同浓度的自由载流子同样可以实现等离子体吸收的可调性。此外，WO_{3-x} 纳米材料的空间维度对其光热性能也存在影响。

（3）碳基光热转化材料

在石墨、碳纳米管、石墨烯等碳材料中，碳原子形成一个巨大的共轭体系。这类材料对光具有很强的吸收，表现出极强的光热转化能力。应用于光热材料的碳基材料主要是碳纳米管和石墨烯。碳纳米管中的带间能级跃迁和 π 结构使其呈现出光学吸收能力；石墨烯是一种二维平面纳米材料，其光吸收能力优异且热导率可通过化学掺杂调节。

研究表明光热转化材料表面积的合理增加可提供足够的热交换接触面积，促进光热转化过程。碳基材料通常具有丰富的微孔结构和很大的比表面积，光热转化能力优异。并且它们大都具有太阳能宽光谱吸收、良好光吸收稳定性、高热导率等特点。因此，碳基材料，尤其是新型碳纳米材料，是十分具有吸引力的光热转化材料。

（4）有机聚合物光热转化材料

共轭聚合物大都具有共轭体系，受光激发后，可以产生激发热电子，具有光热转化能力。并且，共轭聚合物产生的激发电子可以沿着共轭的 π 键迁移，在任何位点都可以将电子转移给能量受体，具有高效的能量传递。通过结构设计，可使共轭聚合物在很宽的范围内对光吸收。常见共轭聚合物的结构如图 3-35 所示，它们大多具有易制备加工的特点。

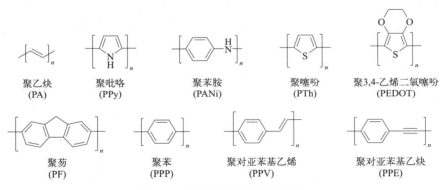

图 3-35　常见共轭聚合物的结构

聚苯胺、聚吡咯等有机聚合物拥有大的共轭体系，在近红外光区有较高的吸光能力，因而具有较高的应用前景。通过掺杂，可增强有机聚合物光热材料的红外吸收能力。比如聚苯胺的吸收峰易受到强酸、过渡金属等掺杂剂的影响而发生明显红移，这些掺杂剂在聚苯胺的价带与导带之间产生一个能带而促进电子移动，降低激发态能级，因此增强了红外吸收能力和光热转化效果。

有机聚合物光热转化材料具有光学性质特殊、结构多样、表面易修饰等优点，但是，有机聚合物材料的光热转化效率相对较低，且在长时间太阳光照射后易发生降解。

3.2.3　光热转化利用技术

随着聚光技术和光热转化材料的不断发展，光热转化系统可实现更高的运行温度。在此基础上，光热转化利用方式得到充分拓展，目前主要包含热利用、热发电、热化学、光伏/热等技术形式，如图 3-36 所示。本节将主要介绍太阳能热利用和热发电两个方面的光热转化利用技术。

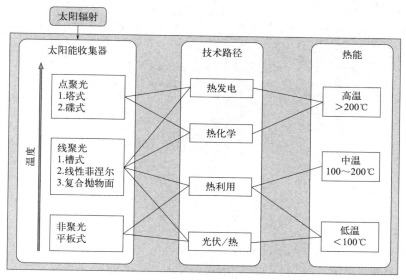

图 3-36　太阳能光热转化形式

3.2.3.1　太阳能热利用

（1）太阳能热水器

太阳能热水器是将太阳光能转化为热能的加热装置，将水从低温加热到高温，以满足人们在生活、生产中的热水使用。太阳能热水器按结构形式分为真空管式太阳能热水器和平板式太阳能热水器。真空管式家用太阳能热水器是由集热管、储水箱及支架等相关零配件组成，把太阳能转化成热能主要依靠真空集热管，真空集热管利用热水上浮、冷水下沉的原理，使水产生微循环而得到所需热水。

太阳能热水供应系统基本有两种形式，一种是在屋面设置聚光太阳能热水供应系统，强制循环将热水送至各用户，此类称为分户整体式，系统原理图如图 3-37 所示。另一种是分体壁挂阳台式太阳能热水器系统，也称分户分体式系统。该系统中，集热器与储水箱相分离，集热器并不与导管内的水直接接触，而是通过传导液将热能传导到冷凝端，由冷凝端将热能传导到导管内。

分户整体式系统初投资较节省，但不能利用现有的给水管网压力，将大大耗费电能。分户分体式系统优点是：a. 集热器可悬挂在阳台或室外墙体上，节省空间；b. 传导液属于专业防冻介质，低温条件下可正常使用，阳光下两分钟便可输出热量。缺点是：a. 因其对阳光辐射的依赖性，对建筑物的朝向有要求；b. 由于阻力较大，要求有较大的给水压力；c. 价格高。目前，城市里的高层建筑日益增多，分户分体式系统在市场上更占优势。

（2）太阳能制冷

人们在生活中不仅仅需要热能，也需要冷能。太阳能制冷，简单来说就是将太阳能转化

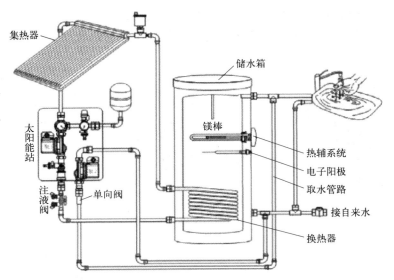

图 3-37　分户整体式太阳能热水供应系统工作原理

成热能储存起来，再利用储存的热能经过逆向卡诺循环使系统达到并维持所需的低温。太阳能制冷系统主要分成四类，分别是：太阳能吸收式制冷、太阳能吸附式制冷、太阳能压缩式制冷和太阳能蒸汽喷射式制冷。其中，压缩式制冷需要的集热器温度高、成本高，而蒸汽喷射式制冷不但集热器成本高，效率也低，目前很少采用。

　　吸收式制冷系统因其设备较简单，加工要求较低，又可以在较低的热源温度下运行，一般使用平板式集热器就可满足要求，所以在空调方面应用较多。吸收式制冷原理（见图3-38）是利用两种物质所组成的二元溶液作为工质来运行的。这两种物质在同一压强下有不同的沸点，其中高沸点的组分称为吸收剂，低沸点的组分称为制冷剂。吸收式制冷就是利用溶液的浓度随着温度和压力的变化而变化这一物理性质，将制冷剂与溶液分离，通过制冷剂的蒸发而制冷，又通过溶液实现对制冷剂的吸收。常用的吸收剂、制冷剂组合有2种：一种是溴化锂-水，适用于大中型中央空调；另一种是水-氨，适用于小型家用空调。溴化锂吸收式制冷系统原理如图3-38所示。

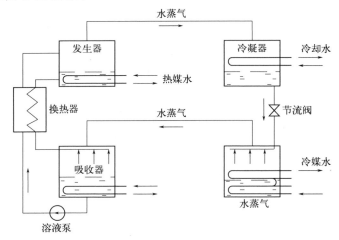

图 3-38　溴化锂吸收式制冷系统原理

太阳能吸收式制冷（如图 3-39 所示）是利用太阳集热器将水加热，为吸收式制冷机的发生器提供所需要的热媒水，从而使吸收式制冷机正常运行，达到制冷的目的。理论分析与实验结果都已经证明，热媒水的温度越高，制冷机的性能系数 COP 越高，这样空调系统的制冷效率也就越高。例如，若热媒水温度在 60℃ 左右，则制冷机 COP 为 0%～40%；若热媒水温度在 90℃ 左右，则制冷机 COP 为 0%～70%；若热媒水温度在 120℃ 左右，则制冷机 COP 可达 110% 以上。

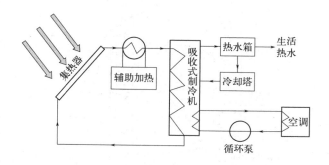

图 3-39　太阳能吸收式空调系统原理

太阳能空调的应用与太阳能的供给保持良好的一致性：当天气越热、太阳辐射越强的时候，空调的负荷也越大，而此时太阳能的利用率也越高。这正是太阳能空调应用最有利的因素。以重庆市建筑节能示范中心概念设计为例，其中太阳能吸收式制冷空调可提供制冷总能耗的 13%，即可节省 13% 的化石能源消耗。现在，全国已有数十套太阳能制冷系统投入使用。太阳能制冷系统应用的前提是建筑必须具有良好的围护结构，这样才能降低制冷负荷，提高太阳能保证率。

（3）太阳能海水淡化

太阳能海水淡化一是利用太阳能的热能进行海水淡化，二是利用光伏产生的电能进行海水淡化。常规的海水淡化主要有多级蒸馏、多级闪蒸、压汽蒸馏、反渗透膜法、电渗析法、离子交换法、冷冻法、增湿除湿法、膜蒸馏法。

太阳能增湿除湿海水淡化是以太阳能为热源，加热海水进行淡化的方式，典型的系统，如图 3-40 所示。首先进料海水经冷凝器进入太阳能集热系统吸收太阳能被加热后蒸发，汽化后的海水接着被送入加湿器喷淋加湿空气，浓盐水从后端排出。增湿除湿过程中，空气在密闭腔体内循环。在冷凝器中，空气冷凝除湿产生淡水收集到淡水箱；然后空气再进入加湿器中增湿加热后返回冷凝器，进入循环过程。这种方法的优点是：操作压力多为常压；操作温度在 70～90℃，容易利用太阳能集热获取；汽化过程温和，设备结垢小，产水品质高；等等。

另一种常见的海水淡化方式是太阳能膜蒸馏法。这种方法是将太阳能与膜蒸馏法结合的新型海水淡化技术。目前太阳能膜蒸馏系统主要分为两种形式，一种是通过太阳能直接加热海水再送入膜蒸馏组件中进行汽液分离，将通过膜组件的蒸汽冷凝为淡水收集起来的直接加热型系统，如图 3-41（a）所示。另一种采用中间换热介质，先用太阳能加热中间换热介质，再将换热介质与进料海水换热，加热后的海水再进行海水淡化，这类系统被称为间接加热型系统，如图 3-41（b）所示。太阳能膜蒸馏系统通常主要包括太阳能集热器、膜组件和其他辅助设备等，间接加热型系统还需要海水加热器和中间换热介质。

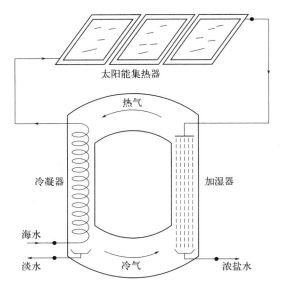

图 3-40　典型太阳能增湿除湿系统

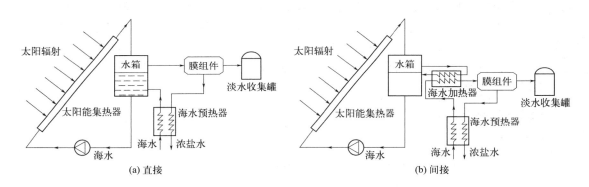

图 3-41　太阳能膜蒸馏系统

还有一种是多耦合的海水淡化系统，例如光伏光热耦合驱动的海水淡化系统。该系统主要由 4 个部分组成：低聚光比光伏光热组件、淡水冷凝器、较高聚光比光热组件及海水扩容蒸发组件，系统示意图如图 3-42 所示。海水首先经过预处理水池初步处理，经过调节阀升压后流入低聚光比光伏光热组件；低聚光比光伏光热组件中光伏部分先将太阳能转化为电能供给用户，而后流入组件的海水吸收光电池板的热量，降低了电池板的温度，提高了电池板的光电转化效率，吸热后的海水流出低聚光比光伏光热组件；淡水冷凝器中，扩容蒸发的蒸汽冷凝释放出汽化热，继续加热海水，冷凝产生的淡水在重力的作用下流入淡水储存罐；较高聚光比光热组件利用太阳能光热效应对海水再次进行加热；经过充分加热的海水流经降压阀降压，进入扩容蒸发室闪蒸，产生的蒸汽流向表面式淡水冷凝器，未闪蒸的浓盐水则在重力的作用下排到废水处理装置进行制盐或者作其他用途。

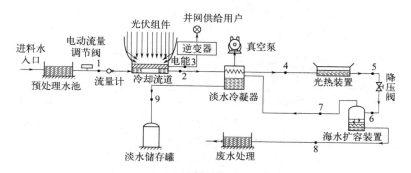

图 3-42　光伏光热耦合驱动海水淡化系统

3.2.3.2　太阳能热发电

（1）线性菲涅耳式

线性菲涅耳反射（LFR）太阳能发电系统主要由菲涅耳聚反射镜、给水泵、接收器、冷凝器、汽轮机和发电机组组成，可以水/蒸汽作为传热工质，也可以使用导热油或熔融盐（图 3-43）。聚光比一般为 10～80，年平均效率 10％～18％，峰值效率 20％，蒸汽参数可达 250～500℃。

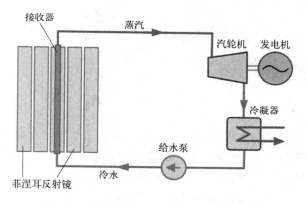

图 3-43　线性菲涅耳反射太阳能发电系统

线性菲涅耳式聚光系统的一次反射镜，也称主反射镜，是由一系列可绕水平轴旋转的条形平面反射镜组成，跟踪太阳并汇聚阳光于主镜场上方的二次反射镜，经过二次反射镜后再次聚光于集热管。二次反射镜的镜面形状可优化设计成一个二维复合抛物面，是一种理想的非成像聚光器。

线性菲涅耳反射太阳能发电系统采用直接蒸汽式工质加热系统，即集热管内即为做功工质，避免了采用中间传热工质的各种技术问题，但该技术在蒸发段处存在两相流的问题。在两相流的区域，集热管中的温度分布不均匀，同一根管子上会出现较大的温度梯度。直接蒸汽的菲涅耳式聚光集热系统存在三个基本加热模式：一次通过模式、注入模式以及循环模式，如图 3-44 所示。三种模式各有优缺点：一次通过模式结构简单，但两相流问题难以控制；注入模式理论上可对两相流进行调节，但结构复杂，需要额外增加多个阀门和管道，控制也较为复杂；循环模式采用气液分离器，可较为有效地控制两相流的问题，可谓最为传统的一种方式，系统的稳定性最好，但成本也最高。

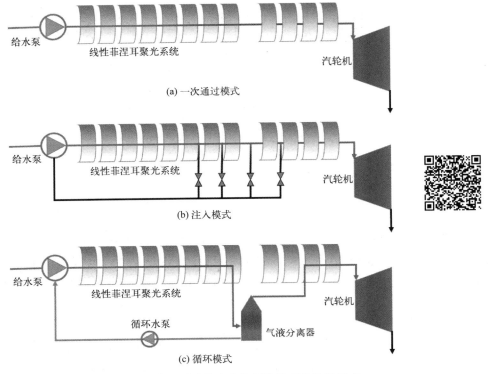

图 3-44　直接蒸汽的菲涅耳式聚光集热系统的三种加热模式

（2）槽式

槽式（PTC）太阳能热发电系统利用单轴跟踪的槽式抛物面反射镜把太阳能聚焦到线性吸热器上，加热管内吸热工质，与水/蒸汽换热产生过热蒸汽进入汽轮机发电，如图 3-45 所示。太阳能在槽式镜场中的聚集量为 $70\sim100$ 倍，吸热器工作温度达到 $350\sim550℃$。该系统的太阳能发电效率约为 15%。在各种太阳能收集技术中，该系统可以确保最佳的土地利用。一些槽式太阳能发电站在低太阳辐射时可使用化石燃料来补充能源生产，通常系统可以与传统的天然气发电站或燃煤发电站集成。

（3）塔式

塔式（SPT）光热发电系统（图 3-46）使用大型平面镜将太阳光反射到位于塔中央顶部的太阳能接收器上。接收器的材料通常是在高温下相对稳定的陶瓷或金属。照射到接收器上的平均太阳通量从 $200kW/m^2$ 到 $1000kW/m^2$ 不等，可实现较高的工作温度，通常为 $530\sim570℃$。在接收器中，工作流体的温度变得足够高以产生蒸汽，驱动汽轮机发电。在容量为 $100\sim200MW$ 的大型电站中，水/蒸汽、熔盐、液态钠或空气可用作系统中的工作流体。与其他光热电站不同，塔式电站需要大量的水供应和最大的土地面积。对于不同的设备，系统的效率会有所不同，这具体取决于诸如定日镜的光学特性、反光镜跟踪系统的精度以及反光镜清洁度等。

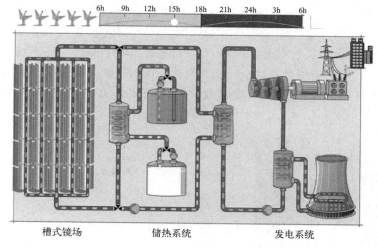

图 3-45　典型槽式太阳能热发电系统

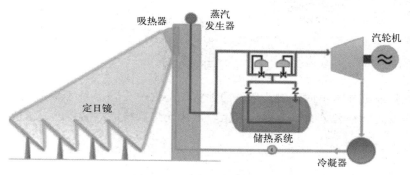

图 3-46　塔式光热发电系统

　　光热电站的规模必须很大时才能在经济上可行。通常，当发电站的发电能力为 $50\sim$ 100MW 时，就可以实现经济可行性和盈利能力。为了降低财务风险并降低电力生产成本，通常建议将塔式光热电站（即容量＞30MW 的商业电站）与天然气联合循环、燃煤或燃油进行联合发电。塔式光热发电系统可以收集和存储热量，且具有全天候发电的潜力。

　　目前以熔融盐为储热介质的导热油槽式和以熔融盐为传热储热介质的塔式太阳能热发电技术被认为是第二代太阳能热发电技术。为提高光热转化效率以及发电效率，研究人员正在探索下一代的太阳能热发电技术路线。第三代太阳能热发电技术的特点主要包括：聚光比更高，运行温度更高，超过 560℃，采用新的传热流体和吸热器，储热系统成本更低，发电效率更高。其中，新的传热流体是全球范围内广泛研究的课题。新的传热流体的选择可以是：新的熔盐、高压气体和粒子。如图 3-47 所示，在一座采用粒子吸热器的装机 20MW 的塔式光热电站中，储罐可垂直安装于集热塔内部，冷罐的位置大约在集热塔中部，在此情况下，只需将吸热颗粒从塔身中间泵到顶部对其进行加热。

（4）碟式

　　碟式聚光发电装置如图 3-48 所示。在碟式聚光（SPD）光热系统中，使用了抛物线点聚焦聚光器。接收器放置在带有跟随太阳的两轴跟踪系统的组件中。在焦点处，为了进行有效的功率转换，斯特林/布雷顿发动机与发电机一起放置，以方便利用接收器上的热量。在焦点处的聚光比约为2000，工作流体的温度、压力通常分别达到700～750℃、20MPa。一般来说，碟式聚光镜的直径为5～10m，表面积为40～120m²。聚光镜表面由涂在玻璃或塑料上的银或铝制成，太阳反射率可以达到90%～94%。单个碟式光热系统的发电能力范围为0.01～0.5MW。配置斯特林发动机的碟式光热系统的发电效率在25%到30%之间，这是所有太阳能发电技术中太阳能转换效率最高的。碟式的太阳能电效率比塔式和槽式高50%～100%。

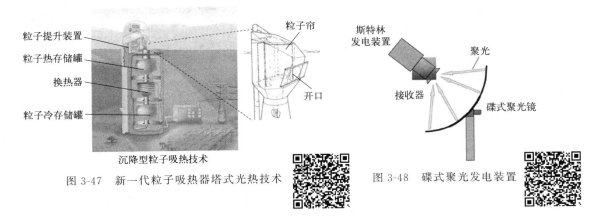

图 3-47　新一代粒子吸热器塔式光热技术　　　图 3-48　碟式聚光发电装置

　　与其他光热发电技术不同，碟式发电的独特优势之一是该系统不需要完全水平的地面，可轻松应用于偏远和小型分布式电网。但是，碟式光热系统巨大的建设成本使得其技术推广出现停滞。

3.3　光能与生物质能转化

　　光能与生物质能转化是指地球上的植物、藻类和某些细菌通过光合酶利用自然光合作用将水和二氧化碳（或硫化氢）转换，合成其自身需要的营养物质并释放氧气，从而完成光能到生物质能的转化。生物质能还可以经过化学转化进一步转化为不同形式的化学能。光合作用释放的氧气为生物高效的有氧呼吸和细胞代谢提供了前提，产生的碳水化合物为人类、动物和微生物提供了能量和物质，促进了生物向多样性进化，而生物通过呼吸作用分解碳水化合物并释放出能量，以维持自身的生命活动，同时释放出二氧化碳可再次被光合作用利用。因此，自然界中，光合作用和呼吸作用协同完成了生物圈中最重要的物质循环——碳-氧循环。本章主要介绍自然光合作用中太阳能转化为生物质能的相关内容。

3.3.1　自然光合作用的基本原理

　　光合作用为地球上一切生命的生存和发展提供了物质和能量基础，在这个过程中，光能被转化为化学能储存于有机物中。光合作用过程伴随着物质的传递与能量的转化：受太阳光照射，天线色素分子依靠其较宽的吸收光谱捕获了多波段光能，将光能以共振方式传递到反应中心色素。特殊叶绿素a被光激发后发生电子跃迁，电子从基态跃迁到激发态，不稳定的电子被转移给原初电子受体，失去电子的叶绿素a呈现氧化态，可从原初电子受体处重新获得电子恢复成原来状态。如此循环往复，原初电子受体即可将电子带入电子传递链中，启动了原初反应。正是电子传递链的形成，推动了光反应阶段一系列生理生化进程。光合作用中太阳能转换的基本原理为人工光合成太阳能燃料的开发提供了重要的理论基础。

光合作用一般可以分为以下 4 个基本过程：原初光反应，光驱动水氧化，同化力形成，碳同化作用。其中，原初光反应、光驱动水氧化和同化力形成是在类囊体膜蛋白上发生的，与光直接有关，又被称为光合作用的光反应阶段；而碳同化过程是发生在叶绿体间质中的酶催化反应，不需要光的参与，被称为光合作用的暗反应阶段。光合作用核心问题之一是光合作用中高效吸能、传能的分子机理和能量转化的酶催化反应机理。现已确定光合作用光能的吸收、传递和转化均是在具有一定分子排列及空间构象、镶嵌在光合膜上的捕光及反应中心色素蛋白复合体中高效进行的。

（1）原初光反应

原初光能转化过程是光合作用的首要及核心过程。太阳光被捕光色素分子吸收后，能量被进一步传递到光合蛋白光系统Ⅱ（photosystem Ⅱ，PSⅡ）和光系统Ⅰ（photosystem Ⅰ，PSⅠ）中的反应中心，引发原初光化学反应，发生电荷分离，形成一个强氧化性的光生空穴和一个强还原性的光生电子，将光能转化为电化学势，这是光能直接参与的反应。在 PSⅡ 的反应中心，光生的空穴传递到放氧中心参与水的氧化反应，电子传递到末端受体质体醌。质体醌脱离 PSⅡ 穿梭至细胞色素 b_6/f 供出电子，同时将质子由类囊体膜外转移到内腔，电子继续传递到质体蓝蛋白，作为 PSⅠ 的电子供体。PSⅠ 发生光化学反应，产生强还原性的电子传递到受体铁氧还蛋白，将辅酶Ⅱ（$NADP^+$）还原，生成还原型辅酶Ⅱ（NADPH）。伴随着电子传递的进行，在类囊体膜内外产生质子梯度，驱动 ATP 合酶（ATP synthase）光合磷酸化合成 ATP。综上所述，光合蛋白 PSⅡ 和 PSⅠ 在类囊体膜上发生光反应及一系列电子传递过程，最终合成 ATP 和 NADPH 这 2 种生物代谢中重要的能量载体。光合电子传递 Z 链如图 3-49 所示。

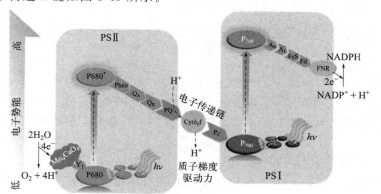

图 3-49　光合电子传递 Z 链

（2）光驱动水氧化

水被氧化产生 O_2 同时释放出质子。

（3）同化力形成

光系统之间的电子传递及耦合的磷酸化反应形成同化力还原型辅酶Ⅱ（NADPH）和三

磷酸腺苷（ATP）。

（4）碳同化作用

CO_2 通过卡尔文循环（还原性磷酸戊糖途径）被吸收转化为有机碳，这是植物将无机碳净转化为糖类的唯一途径。如图 3-50 所示，卡尔文循环可以分为 3 个步骤：a. 1 分子核酮糖-1,5-二磷酸（ribulose-1,5-bisphosphate，RuBP）与 1 分子二氧化碳经核酮糖-1,5-二磷酸羧化酶/加氧酶（ribulose-1,5-bisphos phate carboxylase/oxygenase，Rubisco）反应生成 2 分子 3-磷酸甘油酸（3-phosphoglyceric acid，3-PGA）（CO_2 固定）；b. 3-磷酸甘油酸还原为 3-磷酸甘油醛（glyceraldehyde-3-phosphate，G3P）（3-PGA 还原）；c. 3-磷酸甘油醛重新生成核酮糖-1,5-二磷酸（RuBP 再生）。在这个循环中，每 3 个 CO_2 分子固定后产生的丙糖磷酸分子（又称三碳糖磷酸，是 3-磷酸甘油醛和二羟丙酮磷酸的平衡混合物）比用来再生 3 个核酮糖-1,5-二磷酸所需的丙糖磷酸分子要多出 1 个，因此就有 1 个丙糖磷酸分子被运转出叶绿体参与蔗糖的合成。

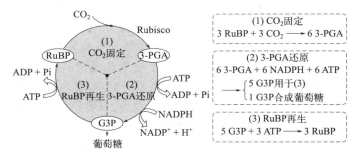

图 3-50　光合作用中 CO_2 固定的卡尔文循环（ADP 为二磷酸腺苷）

卡尔文循环过程需要还原力 NADPH 和 ATP。每 3 分子 CO_2 同化净生成 1 分子丙糖磷酸的过程需要 9 分子 ATP 和 6 分子的 NADPH。

$$3CO_2 + 3H_2O + 9ATP + 6NADPH + 3RuBP \longrightarrow G3P + 9ADP + 9Pi + 6NADP^+$$

$$(3\text{-}207)$$

卡尔文循环产生的丙糖磷酸，最终会通过一种用二氢丙酮磷酸交换无机磷酸盐的丙糖磷酸转运蛋白离开叶绿体，进入胞质溶胶中合成葡萄糖和蔗糖。CO_2 可通过卡尔文循环被固定转化为有机物，从而为地球上的大多数生物提供物质基础和能量基础。

3.3.2　自然光合作用的主要方式

目前，生物圈内可以进行光合作用的生物有光合细菌（蓝细菌、紫色细菌、绿硫细菌等）、低等植物（藻类、地衣等）和高等植物（苔藓、蕨类、种子植物等）。根据光合作用中氧气的释放与否，可将光合作用分为厌氧光合作用和放氧光合作用两类。厌氧光合作用主要在光合细菌（紫色细菌、绿硫细菌等）中进行，这类光合细菌是地球上最早出现、具有原始光合体系的原核生物，主要分布于水生环境中光线能照射到的缺氧区。它们将光作为能源，利用自然界中的有机物、硫化物、氨等作为电子供体进行光合作用，此过程中并无氧气放出。放氧光合作用主要在蓝细菌、藻类和高等植物内进行，这类生物以光为能源，将二氧化碳和水合成碳水化合物，并释放出氧气。放氧光合作用是进化过程中出现的高级光合作用方式，也是目前自然界中占主导地位的光合作用方式，放氧光合作用产生的氧气对形成臭氧层、维持地球大气中的氧平衡起关键性作用。

（1）光合细菌的光合作用

光合细菌（photosynthetic bacteria，PSB）是地球上出现最早、自然界中普遍存在、具有原始光能合成体系的原核生物，是在厌氧条件下进行不放氧光合作用的细菌的总称。PSB在厌氧光照条件下，能利用低级脂肪酸、多种二羧酸、醇类、糖类、芳香族化合物等低分子有机物作为光合作用的电子受体，进行光能异养生长。在黑暗条件下能利用有机物作为呼吸基质进行好氧或异养生长。光合菌细胞内只有一个光系统，即 PS Ⅰ，光合作用以 H_2S（或有机酸、醇、糖类等有机物）为原始供氢体，在黑暗厌氧条件下经丙酮酸代谢系统作用下产生 H_2，同时还能在某些条件下固定空气的分子氮生氨。光合细菌在自身的同化代谢过程中，又完成了产氢、固氮、分解有机物三个自然界物质循环中极为重要的化学过程。这些独特的生理特性使它们在生态系统中的地位显得极为重要。

（2）绿色植物的光合作用

绿色植物光合作用发生在植物细胞中的叶绿体，具体分为两个阶段：光反应过程和暗反应过程。第一个阶段是光反应过程，在光反应中，化学反应是在叶绿体内的类囊体上进行，光系统捕获光子后，在光合反应中心引起光化学反应，催化水裂解放出氧气，生成还原型辅酶（NADPH）和三磷酸腺苷（ATP）；第二个阶段是暗反应过程，在暗反应中，化学反应是在叶绿体内的基质中进行，一系列酶利用还原力转化二氧化碳合成生物质。

光合作用主要发生在叶绿体中。叶绿体内部由基质和类囊体组成。在光合作用中与太阳能转换直接相关的过程发生在叶绿体的类囊体膜上，而固定 CO_2 的酶催化反应过程（卡尔文循环）发生在叶绿体基质中。在类囊体膜上广泛镶嵌着进行光合作用的 4 种光合膜蛋白：PS Ⅱ、PS Ⅰ、细胞色素 b_6/f 和 ATP 合酶。这些光合蛋白都是一种超分子蛋白复合体，在其蛋白主体结构上结合了大量光合作用中所需的色素、电子传递辅因子和酶类等。这些光合蛋白各有分工，协同作用，共同完成了光合作用中的光化学反应过程。

（3）微藻类的光合作用

在生物能源生产体系中，微藻每年固定的 CO_2 约占全球净光合产量的 40%，在能量转化和碳循环中起到举足轻重的作用。目前，在地球上存活的微藻生物至少有 20 万种，表现出生物功能和代谢产物的多样性。微藻利用光合作用将太阳能转换为各种形式的可再生能源，例如，微藻光合产氢、脂肪酸以及烃类化合物，部分生物质通过化学再加工可以转化为燃料和高附加值化学品。科学家认为微藻能源是未来具有开发前景的可再生能源之一。

微藻是一种含有叶绿素 a，没有专门细胞器却能进行光合作用的微生物，微藻光合产氢是利用捕获的太阳能，在光系统（PS Ⅱ 和 PS Ⅰ）以及产氢酶的作用下，将水分解放出氧气和氢气。该过程包括两步反应：a. 微藻利用光能通过 PS Ⅱ 催化水氧化，放出氧气，产生质子和电子；b. 蓝藻通过固氮酶（或绿藻通过可逆产氢酶）利用 PS Ⅱ 产生的电子还原质子放出氢气。但可逆产氢酶对氧气非常敏感，在氧气存在下易失活，这对微藻产氢的研究是一个严峻的挑战。科学家为此提出了两步间接法，以使产氧和产氢在时间和空间上分离，避免氧气对可逆产氢酶的抑制。两步间接法微藻光合产氢的反应系统至少包括微藻的高密度培养、产氢酶的暗诱导表达和光照产氢三个部分。如果在优化的工艺条件下，微藻产氢在太阳光下能够具有大于 10％的光能转化效率，则有望实现产业化。

3.3.3 生物质光合作用制氢

生物法制氢通过产氢酶和固氮酶 2 种关键酶的催化活性将生物质中水分子与有机底物转化为氢气。生物法可细分为直接光解法、间接光解法、光发酵法、暗发酵法、光暗发酵耦合法、无细胞生成酶转化法等路径。

（1）直接光解制氢技术原理

直接光解制氢过程发生在藻类或植物细胞中，微生物通过光合作用将水分子分解为氢离子和氧气，产生的氢离子通过产氢酶转化为氢气。研究表明，栅藻属、绿球藻属和小球藻属都是可利用直接光解法制氢的高效产氢藻类菌株。厌氧条件下产氢酶从铁氧化还原蛋白中接收电子，作为电子供体将水转化成氢气。光系统Ⅰ参与二氧化碳还原反应，光系统Ⅱ将水分子分解为氢和氧，生物质光解结束时，水分子中释放 2 个质子，氢气通过产氢酶或光系统Ⅰ的 CO_2 还原形成。当植物缺乏产氢酶时，光系统Ⅰ参与二氧化碳的还原。

（2）间接光解制氢技术原理

间接光解制氢技术是利用蓝藻或微藻从淀粉或糖原产生氢气的过程。光合作用形成碳水化合物后，在黑暗条件下通过植物细胞代谢产生氢气，代谢过程中产生的还原辅酶Ⅱ转移到质体醌池和光系统Ⅱ。有氧条件下电子传递链一直存在，氧气耗尽后细胞转为厌氧状态，通过诱导产氢酶将可用电子转移至光系统Ⅰ，产生氢。藻类在固定碳的同时也能够通过摄取产氢酶固定大气中的氮。固氮酶产生的氢气可以被产氢酶重新吸收，同时去除氧气，保护对氧气敏感的产氢酶，间接提高产氢量。光子转化效率会限制间接光解法制氢量，无法大量制氢，同时目前技术难以有效提高植物的光合效率。

（3）光发酵制氢技术原理

光发酵制氢技术利用厌氧光合微生物将有机底物转化产生氢气，是一种安全有效的制氢方式，其机理如图 3-51 所示。区别于直接光解法中电子直接被产氢酶利用后进行光合制氢，光发酵法中电子通过光系统Ⅱ进行光化学氧化，因此光发酵能够通过利用多种基质完成。该技术缺点为无氧条件下光合菌的生长速度远低于暗发酵细菌，这导致其效率低于暗发酵技术。光发酵制氢技术的系统复杂，会受到预处理方法、原料特性、光生物反应器等多种因素影响。

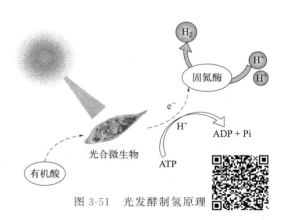

图 3-51　光发酵制氢原理

（4）暗发酵制氢技术原理

暗发酵制氢技术通过专性厌氧菌与兼性生物进行，在特定工况下富含碳水化合物的藻类进行反应后产生氢气，具体原理如图 3-52 所示。该技术显著缺点为产物存在有毒化合物、乙酸、丁酸和其他挥发性脂肪酸，且氢产量较低。该技术优点是与光发酵制氢技术相比，经济性高且产氢速率快，无须光照因此能够稳定持续地制氢，产物处理后可获得生物燃料。

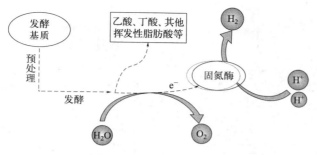

图 3-52　暗发酵制氢原理

（5）光暗发酵耦合制氢技术原理

光发酵技术与暗发酵技术耦合后能够提高制氢产量。耦合方式有两种：一种是将暗发酵过程中产生的有机酸用于光发酵过程；另一种是将暗发酵与光发酵过程在包含两种类型微生物群落的单个反应器中完成。光暗发酵耦合过程中产生的有机酸能够被光发酵技术中的微生物转化为氢气，防止系统中有机酸的积累。该技术需要同时考虑两种技术的工艺条件，对于暗发酵技术而言，还需耦合其他工艺对于最终产品进行有效处理，以保证制氢技术的经济可行与环境可持续性。

3.4　光能与化学能转化

从 3.3.1 节和 3.3.2 节中可以看出，自然界中光合生物通过光合作用将太阳光能转化为生物质能存储在有机物中，从而为地球上几乎所有的生命活动提供了物质基础以及能量来源。受自然光合作用的启发，人们开始探索如何将太阳光能直接转化为化学能，由此发展了人工光合成技术。人工光合作用旨在模仿自然光合作用的原理，通过催化材料将光能转化为化学能存储在氢气、碳基化合物等太阳能燃料中，用以替代传统化石燃料。经过近半个世纪的发展，人工光合成技术取得了多项研究进展，有望在重塑全球能源与工业格局、构建人与自然和谐共生的可持续发展社会中发挥重要作用。本节将从人工光合作用的基本原理入手，并进一步介绍人工光合作用的主要反应途径、评价方法以及性能调控策略。

3.4.1　人工光合作用的基本原理

人工光合作用的核心是催化材料。以典型的半导体催化材料为例，其反应的第一步是半导体吸收光子产生光生载流子（图 3-53）。当入射光子的能量 $E=h\nu$（ν 为光子频率）大于半导体的带隙 E_g 时（$h\nu > E_g$），入射光子能够激发价带中带负电荷的电子（e^-）跃迁进入导带，在价带中留下一个带正电荷的空穴（h^+）。

由于半导体只能被能量大于其带隙的光子激发，因此半导体对太阳光谱的吸收范围取决于带隙的大小

$$E_g = 1240/\lambda \tag{3-208}$$

式中，λ 为半导体对太阳光谱的吸收带边，即能够使半导体产生光激发的最大波长。根

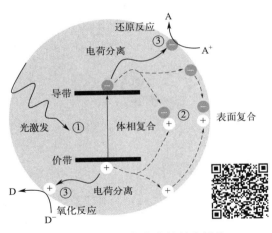

图 3-53　以半导体催化材料为例的
人工光合成反应基本原理
（①光激发产生光生电子和空穴；②光生电子-空穴的分离；
③光生电子与空穴分别驱动表面还原与氧化反应）

据公式（3-208），带隙越小，半导体的吸收带边越大，越有利于实现广谱吸收。

催化反应的第二步是光生载流子的空间分离。光激发产生的光生电子和空穴需要分别从半导体内部（体相）迁移到半导体表面。如图 3-53 所示，与光生载流子分离的竞争过程是光生载流子的复合，即光生电子靠近光生空穴后成对消失，能量以辐射或非辐射的形式散失。这个过程可能发生在半导体内部，称为体相复合，也可能发生在半导体表面，称为表面复合。

由于光生电子和光生空穴分别具有一定的还原和氧化能力，在到达半导体表面后，能够与吸附在表面的反应物分子发生相互作用，驱动一系列还原（电子参与）和氧化

（空穴参与）反应，将反应物分子转化为产物分子，从而完成催化反应的第三步（图 3-53）。在这个过程中，光生电子的电位（即导带电位）要比反应物分子的还原电位更负，光生空穴的电位（即价带电位）要比反应分子的氧化电位更正，才能满足化学反应发生的热力学条件。此外，应当在半导体表面构造合适的还原与氧化活性位点，降低反应活化能，从而降低化学反应发生的动力学势垒。

3.4.2　人工光合作用的主要反应途径

目前，通过人工光合作用制备太阳能燃料的主要反应路径包括全解水制氢、二氧化碳还原制碳基燃料反应。此外，氮气还原合成氨、甲烷直接转化制甲醇及硫化氢分解制氢等也受到了人们越来越多的关注。

（1）全解水制氢

氢气的燃烧热高、能量密度大、使用过程对环境无污染，被认为是十分有发展前景的二次清洁能源之一。目前工业化制氢的主要方式是煤炭和天然气在高温下和水蒸气发生重整反应［公式（3-209）和公式（3-210）］，此制氢过程会消耗大量的化石能源并排放温室气体，因此不符合可持续和环境友好的发展理念。

$$C + H_2O \longrightarrow CO + H_2 \tag{3-209}$$

$$CH_4 + H_2O \longrightarrow CO + 3H_2 \tag{3-210}$$

全解水制氢为获得绿色、洁净的氢气能源提供了一种有前景的新途径。在这个过程中，催化材料在光激发下产生光生电子和空穴，光生电子可驱动水还原反应产生氢气，而光生空穴可驱动水氧化反应产生氧气，具体的反应式如下［公式（3-211）至公式（3-214）］

$$催化材料 + h\nu \longrightarrow 催化材料 + e^- + h^+ \tag{3-211}$$

产氢半反应：

$$2H^+ + 2e^- \longrightarrow H_2 \tag{3-212}$$

产氧半反应：
$$2H_2O + 4h^+ \longrightarrow O_2 + 4H^+ \tag{3-213}$$

总反应：
$$2H_2O \longrightarrow 2H_2 + O_2, \quad \Delta G^{\ominus}(298K) = 237kJ/mol \tag{3-214}$$

全解水制氢反应的 $\Delta G^{\ominus}$ 为 237kJ/mol，即 1mol 的反应进度能够将 237kJ 的太阳能转化为化学能存储起来。换句话说，全解水是吸热反应，其发生的热力学条件是外界能够向反应体系提供 237kJ/mol（即 1.23eV）的能量。因此，半导体催化材料的带隙要大于 1.23eV，并且导带电位比水的还原电位（0V vs RHE）更负，同时价带电位比水的氧化电位（1.23V vs RHE）更正，光激发产生的光生电子和空穴才有足够的能量驱动全解水过程的进行（图 3-54）。此外，由于产氧半反应是一个四电荷转移过程，相比于产氢半反应面临更大的动力学势垒，因此产氧半反应往往是全解水的控速步骤。

图 3-54 以半导体为例，其导价带结构与人工光合成全解水半反应的对应关系

（2）二氧化碳还原

化石燃料的大量使用导致大气中二氧化碳浓度逐年升高，由此造成的温室效应对维持地球生态环境以及人类生产生活带来了严峻考验。通过模拟自然光合作用原理，利用人工光合成将二氧化碳和水转化为一氧化碳、甲烷、甲酸、甲醇、乙醇、乙烯等碳基燃料或高附加值化学品，为解决温室效应、实现碳资源循环利用提供了一种理想途径。

与全解水反应类似，二氧化碳还原也是一个热力学非自发反应（$\Delta G^{\ominus} > 0$），能够有效将太阳能以化学能的形式存储起来。不同的是，二氧化碳分子具有很高的结构稳定性与化学稳定性，其在催化材料表面的吸附与活化面临较大困难，此外，二氧化碳还原反应的机理和反应产物十分复杂［公式（3-215）至公式（3-220）］。

$$CO_2 + 2e^- + 2H^+ \longrightarrow CO + H_2O \qquad -0.51V \; vs(NHE, pH=7) \tag{3-215}$$

$$CO_2 + 2e^- + 2H^+ \longrightarrow HCOOH \qquad -0.58V \; vs(NHE, pH=7) \tag{3-216}$$

$$CO_2 + 6e^- + 6H^+ \longrightarrow CH_3OH + H_2O \qquad -0.39V \; vs(NHE, pH=7) \tag{3-217}$$

$$CO_2 + 8e^- + 8H^+ \longrightarrow CH_4 + 2H_2O \qquad -0.24V \; vs(NHE, pH=7) \tag{3-218}$$

$$2CO_2 + 12e^- + 12H^+ \longrightarrow C_2H_5OH + 3H_2O \qquad -0.33V \; vs(NHE, pH=7) \tag{3-219}$$

$$2CO_2 + 14e^- + 14H^+ \longrightarrow C_2H_6 + 4H_2O \qquad -0.27V \; vs(NHE, pH=7) \tag{3-220}$$

因此，虽然二氧化碳还原研究经过了四十余年的发展，但能量转化效率低、反应选择性差（目前主要为一氧化碳、甲烷、甲酸等碳一产物）仍然是该领域首先要解决的瓶颈问题。从原子/分子层面了解自然光合作用的原理并作为指导原则，借助纳米科学和材料科学的新方法和新思路作为合成手段，设计开发高效、高选择性的人工光合成催化体系，是目前需要重点攻克的研究方向。

（3）氮气还原合成氨

氨作为世界上最大的工业合成化学品之一，其产量居各种化工产品之首。现代合成氨技术起源于 1905 年德国化学家提出的 Haber-Bosch 工艺，该工艺是以氮气和氢气为原料，在金属催化剂的作用下高温、高压直接合成氨。该过程往往需要消耗大量的化石能源并伴随温室气体的排放，因此寻找清洁、可持续的合成氨方法受到越来越多的人关注。

近年来，利用太阳能驱动氮气还原合成氨被认为是可以取代 Haber-Bosch 最有潜力的技术之一。由于氮气还原是一个六电子参与的复杂反应，还存在诸多问题亟待解决。首先，氮气性质稳定，$N \equiv N$ 三键裂解能高达 410kJ/mol，这使得氮气加氢过程变得极其困难；液相条件下催化材料更倾向于与水结合发生析氢副反应，大大降低了氮气还原效率，如何减少析氢副反应过程的发生是科学家们面临的一大挑战。其次，由于电子与空穴复合动力学势垒相对较低，电子与空穴更倾向于发生复合并以热能等形式耗散能量，如何有效抑制催化过程中载流子的复合也是科学家们一直致力解决的问题。

在氮气还原反应机理研究中，加氢路径的探究对于设计和制备高效且稳定的催化剂至关重要。目前，已探明的氮气加氢过程通常涉及远端加氢和交替加氢两种反应机制。在远端加氢机制中，质子化倾向于发生在远离催化剂表面的氮原子上，H^+/e^- 先攻击该氮原子形成末端氮化物中间体，产生第一个 NH_3 分子，然后再攻击另一个氮原子产生另一个 NH_3 分子。而在交替作用机制中，H^+/e^- 在两个氮原子上交替加氢，生成二亚胺（HN=NH）和肼（H_2N-NH_2）等关键中间体，最后交替生成两个 NH_3 分子。

虽然基于人工光合成的氮气还原合成氨技术已经取得了一定的研究成果，但其较低的产氨活性需要研究者进一步去设计具有高活性、高选择性及高稳定性的催化材料。如何采用先进的表征技术来精准观测氮气还原反应过程中的活性位点和中间体结构，明晰氮气还原加氢路径的决速步，为催化材料的筛选提供实验和理论指导具有重要意义。

（4）甲烷直接转化

甲烷（CH_4）是天然气、页岩气、煤层气等的主要成分，被认为是碳一化学的重要原料，催化甲烷转化是实现甲烷转化为高值化学品的重要手段。目前甲烷转化主要为合成气间接过程。由于间接路径需要高温高压，因此制约了甲烷转化的发展。人工光合成作为温和条件下反应的绿色技术，可以将甲烷转化为高价值产品[含氧液体产物（甲醇、甲醛、乙醇、乙醛等）、碳氢产物（乙烷、乙烯等）、重整产物（氢气、一氧化碳等）]。

在人工光合成中，甲烷转化反应可分为甲烷部分氧化、甲烷重整、甲烷偶联、甲烷燃烧和甲烷功能化。如甲烷部分氧化反应，其最佳产物是甲醇。在自然界中，用于甲烷向甲醇转化的天然催化剂是甲烷单加氧酶（MMO），在环境温度和压力下它能在水溶液中催化反应发生。而人工光合成技术也可以利用过氧化氢（H_2O_2）或者分子氧（O_2）等作为氧化剂，在水溶液中直接催化氧化 CH_4 转化为甲醇[公式（3-221）]，该反应也被称为化学领域中的"圣杯"反应。但从反应热力学来看，CH_4 和 O_2 更有可能转化为 CO_2 而不是 CH_3OH[公式（3-222）]。因此，在反应过程中，除了 CH_3OH 外，通常还会检测到大量热力学上有利的产物 CO_2。为了打破热力学极限，通常的解决策略是通过高压（$10\sim30$bar）以阻止甲醇的过度氧化。然而，在这种条件下，用 O_2 作为氧化剂阻碍连续脱氢是极其困难的。

$$CH_4 + 1/2O_2 \longrightarrow CH_3OH \qquad \Delta G^\ominus(298K) = -111.3kJ/mol \qquad (3-221)$$

$$CH_4 + 2O_2 \longrightarrow CO_2 + 2H_2O \qquad \Delta G^\ominus(298K) = -800.9kJ/mol \qquad (3-222)$$

与传统的热催化策略相比，人工光合成甲烷转化过程中涉及的激发态过程可以打破稳态热力学平衡的理论限制，使得甲烷的活化和转化可以在温和的条件下进行。同时，常见的催化材料如过渡金属氧化物等提供了丰富的晶格氧相关活性位点，使得其容易活化甲烷的 C—H 键。尽管人工光合成甲烷转化的研究非常广泛，但仍有许多方面有待探索，包括高活性、高稳定的催化材料设计、机理研究、反应探索和光反应器优化。

（5）硫化氢分解制氢

硫化氢是化石能源开采和精炼过程中常产生的伴生气。由于其具有剧毒性，工业上硫化氢的处理至关重要。石化行业中常用到的硫化氢大规模处理工艺为克劳斯工艺，该工艺将硫化氢部分氧化生成水和单质硫，但过程中容易产生二氧化硫等尾气。硫化氢和水同为 Ⅵ A 族氢化物，理论上硫化氢也能在太阳光驱动下通过人工光合成作用获得清洁能源氢气和单质硫，实现变废为宝。

在能量大于半导体催化材料禁带宽度的光子照射下，其价带电子被激发并跃迁至导带，并在价带产生空穴，电子将硫化氢中的质子还原产生氢气，空穴则将硫化氢中的硫氧化得到单质硫。热力学上，硫化氢分解反应的 $\Delta G^\ominus$ 大于 0（33.3kJ/mol），因此该反应为热力学非自发的上坡反应。相对于人工光合成全解水（$\Delta G^\ominus = 237kJ/mol$），分解硫化氢从热力学上更容易实现。动力学上，相比于全解水中氧发生氧化需要四电子过程，硫化氢中的硫氧化为硫仅需要两个电子，该反应也更加容易发生。常用于人工光合成催化分解硫化氢制氢的半导体催化材料包括硫化镉、硫化锰和硫化铟等硫化物及其复合材料。一方面，相比于其他催化材料可能在硫化氢氛围下发生硫化反应引起的组成和结构改变，此类硫化物催化材料可适当避免这一问题；另一方面，相比于其他氧化物催化材料，此类催化材料往往在可见光区具有较好的吸收，对太阳能光谱的利用更为充分。

目前，基于人工光合成的硫化氢分解制氢反应在制氢效率的提升上已取得了一定进展，但该反应也存在一些问题，如氧化产物中对可见光有明显响应的多硫化物对入射太阳光产生竞争性吸收，使得催化材料可吸收利用的光子数显著减少；或是硫附着在催化材料表面导致反应活性位点被掩埋，使得催化材料失活。因此，开发适宜的催化材料和相关反应体系，减少毒副硫产物的生成，实现硫氧化产物的高选择性定向转化，对后续硫化氢分解制氢的发展至关重要。

3.4.3　人工光合作用的评价方法

光能-化学能转化效率是衡量人工光合成反应的重要指标，以人工光合成全解水反应为例，常用的能量转化效率参数包括表观量子效率（apparent quantum efficiency，AQE 或称为 external quantum efficiency，EQE）和太阳能到氢能转化效率（solar-to-hydrogen conversion efficiency，STH）

$$\begin{aligned} AQE(EQE) &= \frac{反应物消耗的光子数}{总入射的光子数} \\ &= \frac{2 \times 反应生成的 H_2 分子数}{总入射光子数} \end{aligned} \qquad (3-223)$$

表观量子效率 AQE 的测试通常采用单色光为入射光源，因此 AQE 反映的是某一个波长下太阳能到化学能的转化效率。同一种催化材料在不同波长下有不同的 AQE 数值，数值大小与其光吸收能力密切相关。相反，太阳能到氢能转化效率 STH 通常采用 AM1.5G 模拟太阳光连续光谱（包括紫外-可见-近红外光）为入射光源，能够反映出反应体系在模拟太阳光照射下整体表现出的能量转化效率

$$STH = \frac{反应物存储的化学能}{入射的太阳能}$$

$$= \frac{\gamma_{H_2} \Delta G^{\ominus}}{P_{sun} S} \qquad (3\text{-}224)$$

式中，γ_{H_2} 为氢气的产生速率，mmol/s；P_{sun} 为模拟太阳光的功率密度（100mW/cm^2）；S 为光照面积，cm^2；$\Delta G^{\ominus}$ 为水裂解反应的标准摩尔吉布斯自由能改变量（237kJ/mol）。

图 3-55 给出的是一种典型的用于人工光合成的半导体催化材料表观量子效率随波长的变化趋势，其在波长为 350nm、360nm、365nm、370nm、380nm 处的 AQE 分别为 95.7%、95.9%、91.6%、59.7%、33.6%。由于其吸收带边小于 400nm，仅能够被紫外光激发，而不能利用占太阳光谱绝大部分的可见光和近红外光，因此在模拟太阳光连续光谱照射下的整体 STH 仅为 0.65%。

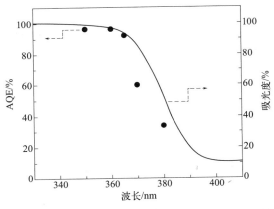

图 3-55 一种典型的用于人工光合成的半导体催化材料的表观量子效率随波长变化趋势

由于人工光合作用的基本过程包括吸收光子产生电子-空穴对、电子-空穴迁移到催化材料表面和电子与空穴在催化材料表面分别参与还原和氧化反应这三个基本步骤，因此要提高人工光合作用的总太阳能利用效率，需要考虑提高光吸收效率、电荷分离效率和表面反应效率等方面。

3.4.4 聚光太阳能化学转化利用

尽管人工光合成取得了进展，但是光化学反应的转化率和太阳能转化为燃料的效率仍然较低，特别是对于需要高能量输入的反应，如甲烷活化、二氧化碳还原和氨合成。聚光太阳能化学转化利用（solar concentrated chemical conversion and utilization，SCCCU）将太阳能与化学能结合在一起，形成一种新型的太阳能利用技术。在聚光系统中观察到的光到热的

局部转化和累积加热效应对催化反应过程的能效可能比传统过程高几个数量级，这种由光热效应和热载流子同时驱动的化学反应过程被称为聚光太阳能化学转化。具体来讲聚光太阳能化学转化利用可分为聚光太阳能光化学转化利用和聚光太阳能热化学转化利用。

3.4.4.1 聚光太阳能光化学转化利用的原理与应用

（1）原理

光化学转化利用的原理主要概括为两种类型：一种涉及半导体光催化剂在光辐照下触发的电子-空穴对参与的反应；另一种涉及金属纳米颗粒中的热载流子参与的反应，其中金属纳米颗粒是通过光照下的局域等离子体效应诱导的。一旦用特定波长的光照射可以吸收光的材料，就会发生带间和/或带内电子激发产生的热载流子、光热加热和电场的局部增强效应。特别地，界面和吸附质将在 $100fs \sim 10ps$ 的时间范围内通过电子-电子和电子-声子热化为费米-狄拉克（Fermi-Dirac）分布。同时，化学反应的中间过程发生在皮秒尺度上，这表明聚光太阳能产生的热能可以促进中间物种在解吸之前的活化。因此，聚光太阳能光化学转化在较温和的条件下可以获得更理想的转化效率，甚至突破了热反应体系的局限性。

化学反应通过三个步骤发生：a.反应物的吸附；b.中间物种的活化；c.产物的解吸。这三个关键步骤决定了整个催化反应的活性、产物选择性和稳定性。因此，下面将从这三个角度解释聚光太阳能光化学转化的优点。与传统的热驱动催化相比，由于光诱导载流子具有相当高的能效，强太阳能催化在较温和的条件下可以获得更理想的催化效率，甚至突破了热反应体系的局限性。在聚光太阳能催化过程中，通过光和催化剂之间的相互作用加热的是整个催化剂表面。重要的是，热载流子可以在吸附物脱附前直接注入吸附质的反键轨道，从而促进其进一步活化，其最终实现了许多不能通过热催化条件实现的催化反应过程。因此，聚光太阳能光化学转化受到光热效应和光生载流子复合速率的影响。

（2）应用

聚光太阳能光化学转化广泛适用于各种化学过程。如合成氨（固氮）反应、甲烷（CH_4）活化和二氧化碳（CO_2）还原等。单一的光催化合成氨反应受到光生电荷利用不足和高活化能的问题限制，导致氨产率低。在光催化固氮反应中，氮在催化剂表面的吸附活化通常是决定性的速度步骤，有效的载体分离是光催化固氮的重要条件。利用聚光太阳能光催化合成氨不需要外部热源，不仅提高了阳光的利用率，而且也利于氮气（N_2）的活化。此外，在同时利用两种温室气体——CO_2 和 CH_4 的重整反应中，尽管该间接法产生的合成气可以通过费-托合成工艺生产高附加值的化学产品，但是需要高的反应温度才能活化 C—H 键和 C＝O 键。而在利用聚光太阳能光催化该反应时，通过光化学效应可以利用其产生的非热电子和空穴来激活吸附在催化剂表面的 CH_4 和 CO_2，从而实现低温的转化。

3.4.4.2 聚光太阳能热化学转化利用的原理与应用

（1）原理

聚光太阳能热化学转化利用的原理是利用太阳聚光技术，将太阳光聚焦后产生高温热量，然后将高温的热能转化为化学能，从而达到能量转化与存储的目的。典型的聚光太阳能热化学转化利用技术主要分为三个部分：太阳能聚光装置、热转化装置和化学转化装置。太阳能聚光装置利用太阳聚光技术,将太阳能聚焦到热源上,聚焦后的热源温度最高可以达到几千摄氏度,比传统太阳能利用技术的温度高得多。热转化装置利用高温热能,将其转化为机械能或流体能,从而实现能量转化。最后,化学转化装置将热能转化为化学能,这种化学能可以用来生产汽油、燃料电池燃料、烯烃等能源。

聚光太阳能热化学转化利用技术的主要优势在于它能够有效地将太阳能转换为化学能,并且具有高转换效率。催化剂是聚光太阳能热化学转化过程中不可缺少的组成部分,主要作用是改善反应活性、增加反应速率,进而提高太阳能聚光热化学转化的效率。由于太阳聚光技术催化剂的发展,聚光太阳能热化学转化利用技术的转化效率可以达到50%以上,远远高于传统太阳能利用技术的转化效率。常用的催化剂类型有金属催化剂、氧化物催化剂和复合催化剂等。金属催化剂是聚光太阳能热化学转化过程中最常用的一种催化剂,它具有较高的化学活性,并能够与反应物发生反应,从而显著提高反应速率和转化效率。常用的金属催化剂有铂、钯、钌、钛、铑等。氧化物催化剂能够有效地催化聚光太阳能热化学转化过程,从而提高聚光太阳能热化学转化的效率。常用的氧化物催化剂有氧化铁、氧化锰、氧化钴、氧化铝等。复合催化剂是聚光太阳能热化学转化过程中最新的一种催化剂,它将金属催化剂、碳基催化剂、有机催化剂和氧化物催化剂等多种催化剂复合在一起,从而实现最优的聚光太阳能热化学转化效率。聚光太阳能热化学转化过程中使用的催化剂类型非常多,上述只是其中的一部分。在聚光太阳能热化学转化过程中,催化剂的选择至关重要。

（2）应用

目前,聚光太阳能热化学转化利用技术已经在电厂、发电厂、燃料电池系统、空间站等领域得到了广泛应用。例如,美国太阳能公司就利用聚光太阳能热化学转化利用技术,将太阳能转化为电能,供应给美国的电力系统,取得了很好的效果。此外,聚光太阳能热化学转化利用技术还可以用于汽车发动机,生产汽油、燃料电池燃料等能源。近年来,聚光太阳能热化学转化利用技术发展出更多的应用,例如利用聚光太阳能热化学转化利用技术生产氢气、水等能源,这将为氢能提供一种新的可能。提出了太阳能聚光光伏与甲醇裂解互补的太阳能集中发电系统［图3-56（a）,简称太阳能集中发电系统］与太阳能分布式供能系统［图3-56（b）,简称太阳能分布式供能系统］。太阳光经聚光器汇聚至光伏电池表面,光伏电池将部分太阳能转化为电能,其余太阳能转化为热能并进而被甲醇的预热、裂解过程吸收。其中在200℃左右的反应段吸热发生裂解反应生成合成气,储存在合成气储罐中,按需通入燃

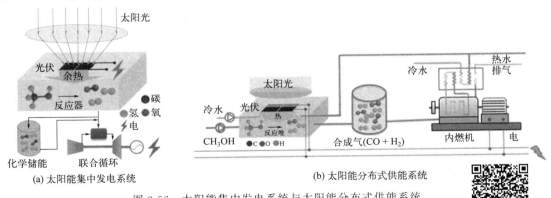

图 3-56 太阳能集中发电系统与太阳能分布式供能系统

气-蒸汽联合循环系统或内燃机热电联产系统。甲醇裂解反应实现了对光伏电池余热品位的提升，即 200℃ 左右的余热经甲醇裂解反应转化为合成气中的化学能，并最终在燃气轮机或内燃机中以燃烧的形式在高温下（如 1300℃）释放，做功（即发电）能力得到显著提升。

聚光太阳能热化学转化利用技术的发展前景非常广阔，随着它的改进，其应用范围将不断扩大，从而使太阳能在全球能源中的比重得到进一步提高，成为全球能源架构中的主要能源之一，为节约能源、保护环境和"双碳"目标等做出重要贡献。

思考题

1. 在载流子输运的驱动力中，有效电场是电场吗？
2. 为什么晶硅太阳电池中的扩散电流不重要？
3. 在存在外加电场和光照情况下，耗尽区的载流子浓度还近似于零吗？
4. 辐射化学势什么情况下才等于太阳电池的输出电压乘以电子电量？
5. 常见的光电转化材料有哪些？
6. 膜蒸馏太阳能海水淡化的基本原理是什么？
7. 简述聚光太阳能化学转化利用的基本原理。
8. 聚光太阳能光化学转化利用的两种主要类型是什么？
9. 太阳能转化成生物质能包含哪些过程？
10. 微藻生命过程会产生氢气，其产氢原理是什么？

课后习题

1. 载流子的复合机制有哪些？
2. 半导体输运方程组包括哪几个方程？
3. 温度对太阳电池输出功率的影响与光吸收材料的哪些性质有关系？
4. 功函数和电子亲和势之间存在什么关系？
5. 什么是施主杂质和受主杂质？
6. 碟式、槽式、塔式、线性菲涅耳式太阳能热发电站的异同点是什么？
7. 在 1 太阳和室温情况下，太阳电池的短路电流 $j_{sc}=30\text{mA/cm}^2$，开路电压 $V_{oc}=0.60\text{V}$。如果入射光强度 b_s 提高到 100 太阳，用理想二极管模型计算开路电压 V_{oc}，并且提出这样计算所需的假设。
8. 在温度 $T=300\text{K}$，半导体的本征载流子浓度 $n_i=2.0\times10^6\text{cm}^{-3}$。$t=1\text{ns}$ 的光脉冲照射半导体薄片，光子能量 $E=2.1\text{eV}$，辐照度 $P=100\text{mW/cm}^2$。如果半导体对 $E=2.1\text{eV}$ 光子能量的吸收系数 $\alpha=5.0\times10^3\text{cm}^{-1}$，认为光脉冲太短，光脉冲过程中的载流子复合可以忽略不计。

（1）试计算光脉冲后的光生载流子浓度。
（2）在以下两种情况下，计算载流子浓度 n、p 和它们的乘积 np：
① 本征半导体；

② 掺杂半导体，施主浓度 $N_d = 1.0 \times 10^{16} cm^{-3}$ 的 n 型半导体。

9. 两个太阳电池的开路电压分别为 $V_{oc1} = 0.5V$ 和 $V_{oc2} = 0.6V$，短路电流密度分别为 $j_{sc1} = 20mA/cm^2$ 和 $j_{sc2} = 16mA/cm^2$。假设满足理想二极管模型，试问两个太阳电池串联情况和并联情况下的开路电压 V_{oc} 和短路电流密度 j_{sc}。

10. 一块电阻率为 $3\Omega \cdot cm$ 的 n 型硅，空穴寿命 $\tau_p = 5\mu s$，$\mu_p = 400cm^2/(V \cdot s)$。在其平面形的表面处有稳定的空穴注入，且表面处非平衡载流子浓度 $(\Delta p) = 10^{13} cm^{-3}$。计算从这个表面扩散进入半导体内部的空穴电流密度，以及在离表面多远处过剩空穴浓度等于 $10^{12} cm^{-3}$。

参考文献

[1] Jenny N. 太阳电池物理[M]. 上海：上海交通大学出版社，2018.

[2] 熊绍珍，朱美芳. 太阳电池基础与应用[M]. 北京：科学出版社，2009.

[3] 李灿. 太阳能转化科学与技术[M]. 北京：科学出版社，2020.

[4] 翁敏航. 太阳电池：材料·制造·检测技术[M]. 北京：科学出版社，2013.

[5] Donald A N. 半导体器件导论[M]. 北京：清华大学出版社，2006.

[6] 王志峰. 太阳能热发电站设计[M]. 2版. 北京：化学工业出版社，2019.

[7] 饶政华，李玉强，刘江维，等. 太阳能热利用原理与技术[M]. 北京：化学工业出版社，2020.

[8] Wang O，Domen K. Particulate photocatalysts for light-diven water splitting mechanism，challenges，and design strategies[J]. Chemical Reviews，2020，120：919.

[9] Takata T，Jiang Z，Sakata Y，et al. Photocatalytic water splitting with a ouantum efficiency of almost unity[J]. Nature，2020，581：411.

[10] Fu Q，Jen A K Y. Perovskite solar cell developments，what's next？[J]. Next Energy，2023，1(1)：100004.

[11] 郭星星，高航，殷立峰，等. 光热转换材料及其在脱盐领域的应用[J]. 化学进展，2019，31(4)：580-596.

[12] 马苏翔. 近红外吸收共轭聚合物的合成及其光热转换性能研究[D]. 合肥：合肥工业大学，2019.

[13] 李健，官亦标，傅凯，等. 碳纳米管与石墨烯在储能电池中的应用[J]. 化学进展，2014，26(7)：11.

[14] 童丽. 有机共轭高分子纳米材料在光热抗菌和肿瘤光热治疗中的应用[D]. 南京：南京邮电大学，2019.

[15] 陈晓亮. 聚吡咯纳米材料的制备及其作为近红外光吸收材料的应用[D]. 上海：东华大学，2016.

[16] 王聪，代蓓蓓，于佳玉，等. 太阳能光电、光热转换材料的研究现状与进展[J]. 硅酸盐学报，2017，45(11)：1555-1568.

[17] 冯瑞华，马廷灿，万勇，等. 太阳能材料国际发展态势分析[J]. 科学观察，2008，3(06)：11-25.

[18] 金红光，郑丹星，徐建中. 分布式冷热电联产系统装置及应用[M]. 北京：中国电力出版社，2010.

[19] 韩朋，姜超，张晓红. 光热转换功能材料研究进展[J]. 石油化工，2019，48(5)：7.

[20] 吴亚娇. Au、Au-Ag 纳米结构制备及其近红外光热效应[D]. 长沙：湖南大学，2018.

[21] 冯群峰. 硫化铜近红外吸收性能调控及其应用研究[D]. 上海：上海师范大学，2018.

[22] 张书海. 集核磁共振成像与光热治疗于一体的硫化铜纳米粒子的研究[D]. 哈尔滨：哈尔滨工业大学，2013.

[23] 方振兴. 氧化钨纳米材料的制备及性质研究[D]. 长春：吉林大学，2017.

能量转化与存储原理

[24] 王兆洁，余诺，孟周琪，等. 半导体光热转换纳米材料的研究进展[J]. 中国材料进展，2017，36(12)：921-928.

[25] 张誉心. 钨基半导体纳米材料的制备、表征及其在癌症诊断与治疗方面的应用研究[D]. 上海：东华大学，2015.

[26] 胡晓阳. 碳纳米管和石墨烯的制备及应用研究[D]. 郑州：郑州大学，2013.

[27] 饶政华，李玉强，刘江维，等. 太阳能热利用原理与技术[M]. 北京：化学工业出版社，2020.

[28] 李靖，朱川生，李华山，等. 采用不同集热器的太阳能吸收式制冷系统经济性分析[J]. 新能源进展，2018，6(05)：379-386.

[29] 陈德明，徐刚. 太阳能热利用技术概况[J]. 物理，2007(11)：840-847.

[30] Rao Z Q，Wang K W，Cao Y H，et al. Light-reinforced key intermediate for anticoking to boost highly durable methane dry reforming over single atom Ni active sites on CeO_2[J]. Journal of the American Chemical Society，2023，145(45)：24625-24635.

[31] Rao Z Q，Cao Y H，Huang Z A，et al. Insights into the nonthermal effects of light in dry reforming of CH_4 to enhance the H_2/CO ratio near unity over Ni/Ga_2O_3[J]. ACS Catalysis，2021，11：4730-4738.

第4章

热能转化原理与过程

本章介绍了在能量转化过程中的热力学和传热学的基本原理知识，进一步介绍了热能向电能的传统转化过程和新型热工过程热电转化，然后介绍了热能的梯级利用，最后介绍了热能的综合控制。在能量的转化中实现了由化学能向热能的转化，热能转化为机械能，机械能再通过发电机转化成电能。因此，在能量的使用中应做到温度对口、梯级利用，什么级别的能量做什么样的事情，使其效率达到最大化。

4.1 动力循环理论

动力循环是指在热源和冷源的作用下对工质进行一系列的热力学过程，将热能转化为机械能，这种循环过程多用于驱动动力设备或发电机发电。动力循环是热力学规则的基本应用。

4.1.1 循环的概念

通过工质的热力学状态变换过程，可以将热能转化成机械能做功。当然要做功必须通过工质的膨胀过程，但是任何一个热力膨胀过程都不可能一直进行下去，而且连续不断地做功。为使连续做功成为可能，工质在膨胀做功后还必须经历某些压缩过程，使它恢复到原来的状态，以便重新进行膨胀做功的过程。把工质从某一初始状态，经历一系列状态变化，最后又恢复到初始状态的全部过程称为热力循环，简称循环。按照效果的不同和进行方向的不同，可以分为正向循环和逆向循环。

（1）正向循环

如果循环产生的总效果，是将热能变为机械能则称为正向循环，或称热机循环。下面以1kg工质在封闭气缸内进行任意的正向循环为例，概括说明正向循环的性质。图 4-1（a）和图 4-1（b）分别为该循环的 p-V（压力-体积）图以及相应的 T-S（温度-熵）图。

设1kg质量的工质，从状态 1 经 1-a-2 过程膨胀到状态 2，为使工质回到初态，须对工质进行压缩。从图 4-1（a）中可以看出，膨胀过程的 1-a-2 曲线高于压缩的过程 2-b-1 曲线，显然工质所做的膨胀功大于外界消耗的压缩功。整个循环所获得的净功，等于工质对外界所做的膨胀功和外界对工质所做的压缩功的代数和。净功也称为有用功，用符号 w_0 表示。

下面分析循环中的能量转化关系。工质从高温热源吸入热量 q_1，向冷源放出热量 q_2，则整个循环热量的代数和为 $q_1 - q_2$，如图 4-1（b）所示。这部分热量差是热机工作的有用热，称为循环的净热量，用符号 q_0 表示，即

$$q_0 = q_1 - q_2 \qquad (4\text{-}1)$$

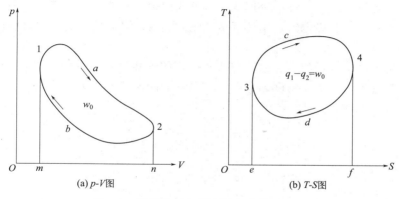

图 4-1　循环的 p-V 图以及相应的 T-S 图

热力学第一定律，有

$$q_0 = \Delta u + w_0 \tag{4-2}$$

由于工质完成一个循环后又回到初始状态，故 $\Delta u = 0$，所以

$$q_0 = q_1 - q_2 = w_0 \tag{4-3}$$

上式说明：工质从热源吸收热量 q_1，向冷源放出热量 q_2，而循环的净热量 q_0（有用热）则转化为循环的净功 w_0（有用功）。

由此可见，热能能连续不断地转化为机械能，是以向冷源放热为补充条件。综上所述，完成一个全部正向循环后的效果为：

a.高温热源放出了热量 q_1；

b.低温热源获得了热量 q_2；

c.将 q_0 的热量转化为功。

通常将正向循环所做的循环净功与工质从高温热源吸收的热量之比称为循环热效率，即

$$\eta_t = \frac{w_0}{q_1} = \frac{q_1 - q_2}{q_1} = 1 - \frac{q_2}{q_1} \tag{4-4}$$

循环热效率 η_t 是评价热机循环的经济指标，η_t 值越大，表示循环的经济性越高。

（2）逆向循环

从图 4-1（a）中可以看到，工质如果沿着 1-b-2 完成一个膨胀过程后，再沿着 2-a-1 过程回到初始状态 1 时，由于过程曲线 2-a-1 高于过程曲线 1-b-2，也就是说膨胀功小于压缩功，所以循环的总效果是消耗外界的功，即将机械能转化为热能，并使热量从低温物体传到高温物体，这种循环称为逆向循环。

4.1.2　卡诺循环与卡诺定理

4.1.2.1　卡诺循环

卡诺循环是理解和探讨热能利用的基础。在热能转化领域，我们始终追求最高效率的能量转化方式，以最大限度地利用能源并减少能源浪费。而卡诺循环作为理论上最为理想的热

能循环模型，为我们提供了一种理论框架，帮助我们理解热能转化的基本原理，探索提高能源利用效率的方法。为了确定给定条件下热机循环热效率可能达到的最大限度，需要来分析卡诺循环和循环热效率。

卡诺循环是由两个可逆的定温过程和两个可逆的绝热过程组成的。图 4-2 中过程 1-2 是可逆的定温膨胀过程，工质在温度 T_1 下从同温度的高温热源吸入热量 q_1。在 $T\text{-}S$ 图中表示为面积（12561），即

$$q_1 = T_1(S_2 - S_1) \tag{4-5}$$

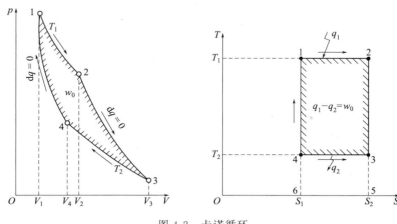

图 4-2　卡诺循环

过程 2-3 是可逆绝热膨胀过程，在绝热膨胀过程中工质的温度自 T_1 降到 T_2；过程 3-4 为可逆的定温压缩过程，工质在温度 T_2 下向同温度的低温热源放出热量 q_2。在 $T\text{-}S$ 图中表示为面积（34653），即

$$q_2 = T_2(S_2 - S_1) \tag{4-6}$$

过程 4-1 是可逆的绝热压缩过程，在压缩过程中工质的温度由 T_2 升高到 T_1，这样就完成了一个可逆卡诺循环。卡诺循环热效率可写为

$$\eta_t = \frac{q_1 - q_2}{q_1} = 1 - \frac{q_2}{q_1} = 1 - \frac{T_2(S_2 - S_1)}{T_1(S_2 - S_1)} = 1 - \frac{T_2}{T_1} \tag{4-7}$$

式中，T_1 为工质在等温吸热过程中的温度，即热源温度；T_2 为工质在等温放热过程中的温度，即冷源温度。

从卡诺循环热效率公式可得到以下结论：

a. 卡诺循环热效率取决于高、低温热源的温度 T_1 和 T_2，与工质的性质无关。提高 T_1 或降低 T_2 都可以提高循环热效率。

b. 卡诺循环的热效率只能小于 1，不可能等于 1。因为 $T_1 \neq \infty$，$T_2 \neq 0$，所以 $\eta_t < 1$。这说明在热机中不可能将热源得到的热量全部转化为机械能，必然有一部分热源损失。

c. 当 $T_1 = T_2$ 时，$\eta_t = 0$，这就说明只有单一热源的热力发动机是不可能存在的。要利用热能产生动力，就一定要有温差。

因为在热机的热力过程中，实际上存在着摩擦、扰动、有温差的传热等损失，故其循环

为不可逆循环，循环热效率必然低于理想的可逆卡诺循环热效率。可以证明：在给定的温度界限内，所有动力循环中以卡诺循环热效率最高。

如图 4-3 所示，设 $ABCDA$ 代表一任意可逆循环，循环的最高温度为 T_1，最低温度为 T_2。显然 1kg 工质在该循环中的吸热量 q_1 可用 $ABCefA$ 区域的面积表示，1kg 工质再循环中的放热量 $|q_2|$ 可用 $CDAfeC$ 区域的面积表示。倘若各取一平均吸热温度 $\overline{T}_1$ 和平均放热温度 $\overline{T}_2$，分别使矩形面积 $\overline{T}_1\Delta S$ 等于 $ABCefA$ 区域的面积，矩形面积 $\overline{T}_2\Delta S$ 等于 $CDAfeC$ 区域的面积，则此可逆循环热效率为

$$\eta_t = 1 - \frac{|q_2|}{q_1} = 1 - \frac{\overline{T}_2 \Delta S}{\overline{T}_1 \Delta S} = 1 - \frac{\overline{T}_2}{\overline{T}_1} \tag{4-8}$$

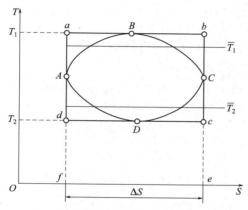

图 4-3　温熵图上的任意可逆循环

由此可见，对于任意可逆循环，如果平均吸热温度 $\overline{T}_1$ 愈高，或平均放热温度 $\overline{T}_2$ 愈低，热效率就愈高。但平均吸热温度 $\overline{T}_1$ 总是较循环的最高温度 T_1 低，平均放热温度 $\overline{T}_2$ 总是较循环的最低温度 T_2 高，因此，在给定的温度界限内，任意可逆循环热效率必将低于该温度界限内的卡诺循环热效率。

4.1.2.2　卡诺定理

1842 年卡诺在他的热机理论中首先阐明了可逆热机的概念，并阐述了有重要意义的卡诺定理。

定理一：在两个恒温热源之间工作的一切可逆热机具有相同的热效率，其热效率等于在同样热源间工作的卡诺循环热效率，与工质的性质无关。

证明：如图 4-4 所示，设两个恒温热源的温度分别为 T_1 和 T_2，A 为理想气体工质进行卡诺循环的热机，B 为任意工质进行卡诺循环或其他任意可逆循环的热机。使热机 B 逆向运行时，因热机 B 进行的是可逆循环，逆向运行和正向运行时相比，和两个恒温热源交换热量的绝对值不变，而方向相反。

现在用热机 A 带动 B，由热力学第一定律，有

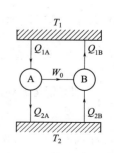

图 4-4　两个恒温热源
之间工作的可逆热机

$$Q_{1A} - Q_{2A} = W_0 = Q_{1B} - Q_{2B} \qquad (4-9)$$

$$Q_{2B} - Q_{2A} = Q_{1B} - Q_{1A} \qquad (4-10)$$

假设 $\eta_{tA} > \eta_{tB}$ 则有

$$\frac{W_0}{Q_{1A}} > \frac{W_0}{Q_{1B}} \qquad (4-11)$$

可见 $Q_{1B} > Q_{1A}$。

这样，高温热源得到净热量 $Q_{1B} - Q_{1A}$，低温热源失去净热量 $Q_{2B} - Q_{2A}$，两者相等，而外界并没有功输入，热量自发地从低温传向高温，这违反了热力学第二定律克劳修斯说法，证明了上述的假定是错误的，即 η_{tA} 不可能大于 η_{tB}。同理，可使热机 A 逆行，热机 B 带动 A，也可证明 η_{tB} 不可能大于 η_{tA}，所以只能 $\eta_{tB} = \eta_{tA} = \eta_c$，这里 η_c 是卡诺循环的热效率。定理一得证。

定理二：在两个恒温热源之间工作的任何不可逆热机的热效率都小于可逆热机的热效率。

证明：仍参考图 4-4，设 A 为不可逆热机，B 为可逆热机，由热机 A 带动 B 逆向运行。和定理一的证明类似，可以得出结论，η_{tA} 不可能大于 η_{tB}。现假设 $\eta_{tB} = \eta_{tA}$，即

$$\frac{W_0}{Q_{1A}} = \frac{W_0}{Q_{1B}} \qquad (4-12)$$

$$Q_{2B} - Q_{2A} = Q_{1B} - Q_{1A} = 0 \qquad (4-13)$$

这样，循环虽可进行，工质恢复到原来状态，热源既未得到热量，也没有失去热量，外界既没有失去功，也没有得到功。这与 A 为不可逆热机的前提相矛盾，因此 $\eta_{tA} \neq \eta_{tB}$。综合起来，只有 $\eta_{tA} < \eta_{tB}$。定理二得证。

4.2 热能与电能转化

热能与电能的转化，传统上主要是蒸汽动力循环和燃气动力循环，近年来，一些新型热工过程和非热工过程也得到关注和应用，主要包括超临界二氧化碳循环、有机朗肯循环、热电半导体和热光伏电池等。

4.2.1 蒸汽动力循环

4.2.1.1 朗肯循环

（1）朗肯循环流程图

热能转换循环的设计目标是将热能转化为有用的功率输出，同时尽可能减少能量损失。朗肯（Rankine）循环作为一种热力学循环模型，通过合理的工作流程和热量传递过程，在保证功率输出的同时，尽可能减少能量浪费，提高能源利用效率。其是指以水蒸气作为工质的一种理想循环过程，主要包括等熵压缩、等压加热、等熵膨胀及一个等压冷凝过程。图

4-5 是最简单的蒸汽动力循环——朗肯循环流程，整个流程由水泵、锅炉、汽轮机和冷凝器四个主要装置组成。

下面结合朗肯循环的 T-S 图、h-S（焓-熵）图（图 4-6）分析朗肯循环的具体工作过程。

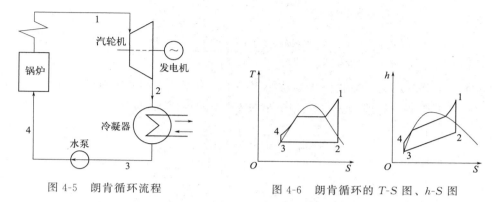

图 4-5　朗肯循环流程　　　　图 4-6　朗肯循环的 T-S 图、h-S 图

3-4 过程：在水泵中水被压缩升压，过程中流经水泵的流量较大，水泵向周围的散热量折合到单位质量工质，可以忽略，因而 3-4 过程简化为可逆绝热压缩过程，即等熵压缩过程。

4-1 过程：水在锅炉中被加热的过程，是在外部火焰与工质之间有较大温差的条件下进行的，不可避免地工质会有压力损失，是一个不可逆加热过程。

1-2 过程：蒸汽在汽轮机中的膨胀过程流量大、散热量相对较小，当不考虑摩擦等不可逆因素时，即等熵膨胀过程。

2-3 过程：蒸汽在冷凝器中被冷却成饱和水，同样将不可逆温差传热因素放于系统之外来考虑，简化为可逆定压冷却过程。因过程在饱和区内进行，此过程也是定温过程。

（2）理想朗肯循环的热效率

下面结合图 4-7 分析理想朗肯循环的热效率。

以每千克工质为基准，在蒸汽发生器内的定压吸热过程 4-5-1 中，工质从一侧冷却剂吸入的热量 q_1 为

$$q_1 = h_1 - h_4 = A_{m451nm} \qquad (4\text{-}14)$$

式中，A_{m451nm} 表示 T-S 图上 $m451nm$ 区域的面积，下面的表示方法相同。

在汽轮机内的绝热膨胀过程 1-2 中，蒸汽所做的理论功 w_{T} 为

$$w_{\mathrm{T}} = h_1 - h_2 \qquad (4\text{-}15)$$

在冷凝器内的定压（定温）放热过程 2-3 中，乏汽向循环冷却水放出的热量 q_2 为

$$q_2 = h_2 - h_3 = A_{m32nm} \qquad (4\text{-}16)$$

在绝热压缩过程 3-4 中，水泵消耗的功 w_{p} 为

$$w_{\mathrm{p}} = h_4 - h_3 \qquad (4\text{-}17)$$

整个循环中工质完成的净功 w_0 为

$$w_0 = w_T - w_p = (h_1 - h_2) - (h_4 - h_3) = A_{12345} \tag{4-18}$$

则循环有效热量为

$$q_0 = q_1 - q_2 = (h_1 - h_4) - (h_2 - h_3) = (h_1 - h_2) - (h_4 - h_3) = A_{12345} \tag{4-19}$$

因为 $q_0 = w_0$，故循环热效率为

$$\eta_t = \frac{w_0}{q_1} = \frac{q_1 - q_2}{q_1} = \frac{(h_1 - h_2) - (h_4 - h_3)}{h_1 - h_4} = \frac{w_T - w_p}{q_1} \tag{4-20}$$

通常水泵消耗的功与汽轮机做出的功相比甚小，在不要求精确计算的条件下，可以忽略水泵耗功对计算的影响，即 $h_4 \approx h_3$，则循环热效率的近似表达式为

$$\eta_t = \frac{w_T}{q_1} = \frac{h_1 - h_2}{h_1 - h_3} \tag{4-21}$$

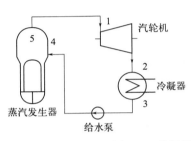 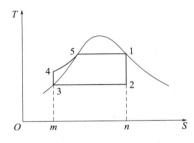

图 4-7　理想朗肯循环热效率分析

（3）工作运行参数对朗肯循环效率的影响

在朗肯循环中，表征朗肯循环特性的循环特性参数分别为从蒸发器输出的过热蒸汽的状态所确定的蒸发压力 p_1 和蒸发器出口温度 t_1 以及冷凝器中冷凝状态所确定的冷凝压力 p_2。接下来分别分析这三个参数对朗肯循环热效率的影响。

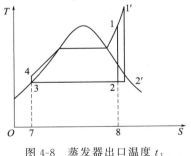

图 4-8　蒸发器出口温度 t_1
对朗肯循环热效率的影响

① 蒸发器出口温度 t_1 对循环热效率的影响

由图 4-8 可知，在蒸发与冷凝压力一定时，提高工质的蒸发器出口温度可使系统热效率增大。这是由于当蒸发温度由 1 提高到 1′时，平均吸热温度随之提高，使得循环温差增大，从而提高循环热效率。另外，循环工质在膨胀终点的干度随着蒸发温度的提高而增大，而干度的增大有利于提高膨胀机械的性能，并延长其使用寿命。

但蒸发温度的提高是有限的。一方面，受到设备材料耐热性能的限制，另一方面，提高蒸发温度可能使工质在膨胀终点处于过热状态，此时膨胀后的工质蒸汽仍具有较高的能量未被充分利用，会增加冷凝器的热负荷。

② 蒸发压力 p_1 对热效率的影响

由图 4-9 可看出，在蒸发温度 t_1 和冷凝压力 p_2 一定时，系统效率随着蒸发压力升高而增大。当蒸发压力由 p 升至 p' 时，平均吸热温度升高，从而使得朗肯循环的平均温差增大。

根据等效卡诺效率的概念可知，平均温差越大，系统效率就越高。所以循环的热效率随着蒸发压力的提高而提高。现代大容量的蒸汽动力装置，其初始参数毫无例外都是高温高压的。

但是过度提高蒸发压力也会对系统产生一些不利影响。例如膨胀机械的机械强度问题。在蒸发压力提高的同时，乏汽的干度会相应降低，乏汽中所含液态相工质的增加，不但会使膨胀机械的工作性能降低，而且由于液滴的冲击，会使膨胀机械的使用寿命大大缩短。

③ 冷凝压力 p_2 对热效率的影响

由图 4-10 所示，在相同的蒸发温度与蒸发压力下，系统热效率随着冷凝压力的降低而增大。当冷凝压力由 p 降低为 p' 时，平均放热温度随之降低，循环温差增大，从而使得系统热效率增大。

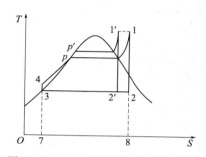 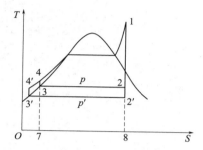

图 4-9　蒸发压力 p_1 对热效率的影响　　　图 4-10　冷凝压力 p_2 对热效率的影响

但是也不能通过一味降低冷凝压力来获得更高的热效率。这是因为工质饱和温度与饱和压力是一一对应的，降低冷凝压力势必会导致冷凝器中的饱和温度降低，而饱和温度需要高于环境温度，才能保证系统的正常运行；其次，为了防止管路产生负压，渗入杂质，系统管路中的压力一般高于环境压力，确保系统稳定运行。此外，冷凝压力的降低同样会使乏汽的干度减小，所以应适当降低冷凝压力获得较高的热效率同时避免液滴冲击的产生。

（4）提高朗肯循环效率的方法

利用平均吸热温度和平均放热温度的概念，可以定性分析如何来提高朗肯循环的热效率。对于任何一个可逆循环，其热效率都可以用下面的公式来计算

$$\eta_t = 1 - \frac{\overline{T}_2}{\overline{T}_1} \tag{4-22}$$

式中，$\overline{T}_1$、$\overline{T}_2$ 分别代表平均吸热温度和平均放热温度。

结合前面的分析，可以总结出，提高朗肯循环热效率大致有如下几个方法：

a. 提高过热器出口蒸汽压力与温度。

b. 降低排汽压力。

c. 减少排烟、散热损失。

d. 提高锅炉、汽轮机内效率（改进锅炉、汽轮机的设计）。

（5）再热循环、回热循环的原理

以上分析所得的提高效率的措施局限于朗肯循环的范围内，提高效率的潜力有限。因此应在朗肯循环的基础上发展较为复杂的循环，如再热循环、回热循环等，以达到有效地提高

蒸汽循环热效率的目的。下面简单介绍蒸汽再热循环和抽汽回热循环的原理。

①蒸汽再热循环

所谓再热循环就是蒸汽在汽轮机内做了一部分功后，将它抽出来，通过管道送回锅炉再热器中，使之再加热后又送回到汽轮机低压缸里继续膨胀做功的循环。再热循环的工作原理和 T-S 图如图 4-11 所示。

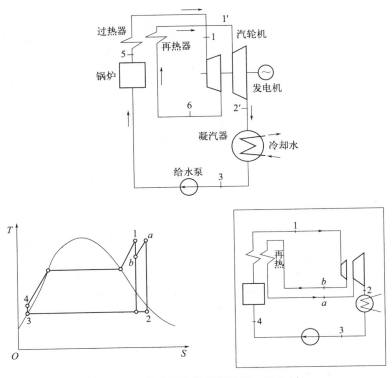

图 4-11　蒸汽再热循环装置图、T-S 图

②抽汽回热循环

回热循环是在朗肯循环的基础上，对吸热过程加以改进而得到的。所谓回热就是利用在汽轮机内做过功的蒸汽来加热锅炉给水，采用回热可以提高循环的平均吸热温度，从而提高循环热效率。抽汽回热循环的工作原理和 T-S 图见图 4-12。

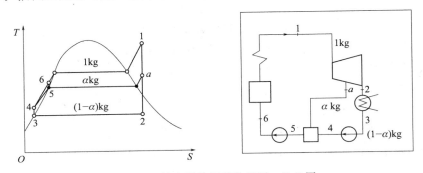

图 4-12　抽汽回热循环装置图、T-S 图

4.2.1.2 汽轮机

（1）汽轮机简介

汽轮机也称蒸汽透平发动机，主要元件是由喷嘴（也称静叶）与叶片（也称动叶片）两个部件组成。喷嘴固定在机壳或隔板上，叶片固定在轮盘上。汽轮机是一种旋转式蒸汽动力装置，高温高压蒸汽穿过固定喷嘴成为加速的汽流后喷射到叶片上，使装有叶片排的转子旋转，同时对外做功。汽轮机装置如图4-13所示。

汽轮机是现代火力发电厂的主要设备，具有单机功率大、效率高、寿命长等优点，也用于冶金工业、化学工业、舰船动力装置中。

图 4-13　汽轮机装置

（2）汽轮机的分类

汽轮机种类很多，可根据结构、工作原理、热力性能、用途、汽缸数目进行分类。

① 按结构

只有一列喷嘴和一列叶片组成的汽轮机叫单级汽轮机。由几个单级串联起来叫多级汽轮机。由于高压蒸汽一次降压后汽流速度极高，因而叶轮转速极高，将超过目前材料允许的强度。因此采用压力分级法，每次在喷嘴中压降都不大，故汽流速度也不高。高压蒸汽经多级叶轮后能量既得到充分利用而叶轮转速也不超过材料强度许可范围，这就是采用多级汽轮机的原因。多级汽轮机的纵剖面图见图4-14。

如果蒸汽离开每一级叶片的流速仍高，为了充分利用汽流的动能，可用导向叶片将汽流引入第二排叶片中（每一个叶轮可安装两排叶片）进一步推动转轴做功，这称为速度分级，简称速度级（又称复速级）。速度级常用于小型汽轮机或汽轮机的第一级。

② 按工作原理

蒸汽通过喷嘴时，压力下降，体积膨胀形成高速汽流，推动叶轮旋转而做功。如果蒸汽在叶片中压力不再降低，也就是蒸汽在叶片通道中的流速（即相对速度）不变化，只是依靠汽流对叶片的冲击力量而推动转子转动，这类汽轮机称为冲动式，也称压力级，在工业中应用广泛。

如果蒸汽在叶片中继续膨胀，相对速度比进口时要大，这种汽轮机的做功不仅由于蒸汽对叶片的冲击力，还由于蒸汽相对速度的变化而产生的巨大的反作用力，因此这类汽轮机称为反动式汽轮机。

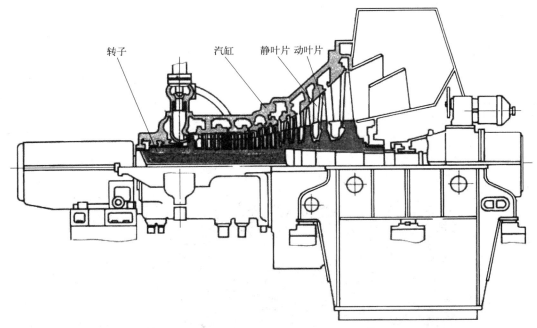

图 4-14　多级汽轮机的纵剖面图

③ 按热力性能

有凝汽式、供热式、背压式、抽汽式和饱和蒸汽汽轮机等类型。凝汽式汽轮机排出的蒸汽流入凝汽器，排汽压力低于大气压力，因此具有良好的热力性能，是最为常用的一种汽轮机；供热式汽轮机既提供动力驱动发电机或其他机械，又提供生产或生活用热，具有较高的热能利用率；背压式汽轮机的排汽压力大于大气压力；抽汽式汽轮机是能从中间级抽出蒸汽供热的汽轮机；饱和蒸汽汽轮机是以饱和状态的蒸汽作为新蒸汽的汽轮机。

④ 按用途

可分为电站汽轮机、工业汽轮机、船用汽轮机等。

⑤ 按汽缸数目

可分为单缸汽轮机、双缸汽轮机和多缸汽轮机。

⑥ 其他划分

另外还可按照蒸汽初压（低压、中压、高压、超高压、亚临界、超临界、超超临界）、排列方式（单轴、双轴）等划分标准对汽轮机进行分类。

（3）汽轮机的具体构造

汽轮机由转动部分（转子）和静止部分（静子）两个方面组成。转子包括主轴、叶轮、动叶片和联轴器等。静子包括进汽部分、汽缸、隔板和静叶栅、汽封及轴承等。下面分别具体介绍构成汽轮机的各个组件。

① 汽缸

汽缸是汽轮机的外壳，其作用是将汽轮机的通流部分与大气隔开，形成封闭的汽室，保证蒸汽在汽轮机内部完成能量的转化过程。汽缸内安装着喷嘴室、隔板、隔板套等零部件；汽缸外连接着进汽、排汽、抽汽等管道。汽缸的高、中压段一般采用合金钢或碳钢铸造结构，低压段可根据容量和结构要求，采用铸造结构或由简单铸件、型钢及钢板焊接的焊接结构。汽轮机的汽缸布置见图 4-15。

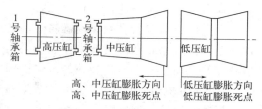

图 4-15 汽轮机的汽缸布置

高压缸有单层缸和双层缸两种形式。单层缸多用于中低参数的汽轮机。双层缸适用于参数相对较高的汽轮机。高压缸包括高压内缸和高压外缸。高压内缸由水平中分面分开，形成上、下缸，内缸支承在外缸的水平中分面上。高压外缸由前后共四个猫爪支撑在前轴承箱上。猫爪由下缸一起铸出，位于下缸的上部，这样使支承点保持在水平中心线上。

中压缸由中压内缸和中压外缸组成。中压内缸在水平中分面上分开，形成上下汽缸，内缸支承在外缸的水平中分面上，外缸上加工出来的一外凸台和在内缸上的一个环形槽相互配合，保持内缸在轴向的位置。中压外缸由水平中分面分开，形成上下汽缸。中压外缸也以前后两对猫爪分别支撑在 2 号轴承箱和低压缸的前轴承箱上。

低压缸为反向分流式，每个低压缸由一个外缸和两个内缸组成，全部由板件焊接而成。汽缸的上半和下半均在垂直方向被分为三个部分，但在安装时，上缸垂直结合面已用螺栓连成一体，因此汽缸上半可作为一个零件起吊。低压外缸由裙式台板支承，此台板与汽缸下半制成一体，并沿汽缸下半向两端延伸。低压内缸支承在外缸上。每块裙式台板分别安装在被灌浆固定在基础上的基础台板上。低压缸的位置由裙式台板和基础台板之间的滑销固定。

② 转子

转子是由合金钢锻件整体加工出来的。在高压转子调速器端用刚性联轴器与一根长轴连接，此轴上装有主油泵和超速跳闸结构。所有转子都被精加工，并且在装配上所有的叶片后，进行全速转动试验和精确动平衡。

套装转子：叶轮、轴封套、联轴节等部件都是分别加工后，热套在阶梯型主轴上的。各部件与主轴之间采用过盈配合，以防止叶轮等因离心力及温差作用引起松动，并用键传递力矩。中低压汽轮机的转子和高压汽轮机的低压转子常采用套装结构。在高温下，套装转子叶轮与主轴易发生松动，所以不宜作为高温汽轮机的高压转子。

整锻转子：叶轮、轴封套、联轴节等部件与主轴整体锻造而成，无热套部分，这解决了高温下叶轮与轴连接容易松动的问题。这种转子常用于大型汽轮机的高、中压转子。结构紧凑，对启动和变工况适应性强，宜于高温下运行，转子刚性好，但是锻件大，加工工艺要求高，加工周期长，大锻件质量难以保证。

焊接转子：汽轮机低压转子质量大，承受的离心力大，采用套装转子时叶轮内孔在运行中将发生较大的弹性形变，因而需要设计较大的装配过盈量，但这会引起很大的装配应力，若采用整锻转子，质量难以保证，所以采用分段锻造、焊接组合的焊接转子。它主要由若干个叶轮与端轴拼合焊接而成。与尺寸相同、有中心孔的整锻转子相比，焊接转子强度高、刚性好、质量轻，但对焊接性能要求高，且其应用受焊接工艺及检验方法和材料种类的限制。

组合转子：由整锻结构、套装结构组合而成，兼有两种转子的优点。

③ 联轴器

联轴器用来连接汽轮机各个转子以及发电机转子，并将汽轮机的扭矩传给发电机。现代汽轮机联轴器常用三种形式：刚性联轴器、半挠性联轴器和挠性联轴器。

刚性联轴器：这种联轴器结构简单，尺寸小；工作不需要润滑，没有噪声；但是传递振动和轴向位移，对中性要求高。

半挠性联轴器：右侧联轴器与主轴锻成一体，而左侧联轴器用热套加双键套装在相对的轴端上。两对轮之间用波形半挠性套筒连接起来，并配合两螺栓坚固。波形套筒在扭转方向是刚性的，在变曲方向是挠性的。这种联轴器主要用于汽轮机-发电机之间，补偿轴承之间抽真空、温差、充氢引起的标高差，可减少振动的相互干扰，对中性要求低，常用于中等容量机组。

挠性联轴器：通常有两种形式——齿轮式和蛇形弹簧式。这种联轴器可以减弱或消除振动的传递，对中性要求不高，但是运行过程中需要润滑，并且制作复杂，成本较高。

④ 静叶片

也称为静叶，是固定在汽轮机隔板上的叶片，它们的主要作用是在汽轮机的级中对蒸汽进行引导和加速，从而将蒸汽的热能转化为动能。

⑤ 动叶片

动叶片安装在转子叶轮或转鼓上，接受喷嘴叶栅射出的高速汽流，把蒸汽的动能转化成机械能，使转子旋转。叶片一般由叶型、叶根和叶顶三个部分组成，如图 4-16 所示。

叶型是叶片的工作部分，相邻叶片的叶型部分之间构成汽流通道，蒸汽流过时将动能转化成机械能。按叶型部分横截面的变化规律，叶片可以分为等截面直叶片、变截面直叶片、扭叶片、弯扭叶片。

图 4-16　汽轮机的叶片

a. 等截面直叶片：断面型线和面积沿叶高是相同的，加工方便，制造成本较低，有利于在部分级实现叶型通用等优点。但是气动性能差，主要用于短叶片。

b. 弯扭叶片：截面形心的连线连续发生扭转，可很好地减少长叶片的叶型损失，具有良好的波动特性及强度，但制造工艺复杂，主要用于长叶片。

叶根是将叶片固定在叶轮或转鼓上的连接部分。它应保证在任何运行条件下的连接牢固性，同时力求制造简单、装配方便。

a. T 形叶根：加工装配方便，多用于中长叶片。

b. 叉形叶根：加工简单，装配方便，强度高，适应性好。

c. 枞树型叶根：叶根承载能力大，强度适应性好，拆装方便，但加工复杂，精度要求高，主要用于载荷较大的叶片。

汽轮机的短叶片和中长叶片通常在叶顶用围带连在一起，构成叶片组。长叶片在叶身中部用拉筋连接成组，或者设计成自由叶片。

围带的作用：增加叶片刚性，改变叶片的自振频率，以避开共振，从而提高了叶片的振动安全性；减小汽流产生的弯应力；可使叶片构成封闭通道，并可装置围带汽封，减少叶片顶部的漏气损失。

拉筋：其作用是增加叶片的刚性，以改善其振动特性。但是拉筋增加了蒸汽流动损失，同时还会削弱叶片的强度，因此在满足了叶片振动要求的情况下，应尽量避免采用拉筋，有的长叶片就设计成自由叶片。

⑥ 汽封

转子与静子之间的间隙会导致漏汽，这不仅会降低机组效率，还会影响机组安全运行。为了防止蒸汽泄漏和空气漏入，需要有密封装置，通常称为汽封。

汽封按安装位置的不同，分为通流部分汽封、隔板汽封、轴端汽封。

⑦ 轴承

轴承是汽轮机一个重要的组成部分，分为径向支撑轴承和推力轴承两种类型，它们用来承受转子的全部重力并且确定转子在汽缸中的正确位置。

在汽轮机运行过程中，汽轮机渗漏和汽缸变形是最为常见的设备问题，汽缸结合面的严密性直接影响机组的安全经济运行，检修研刮汽缸的结合面，使其达到严密，是汽缸检修的重要工作，在处理结合面漏汽的过程中，要仔细分析形成的原因，根据变形的程度和间隙的大小，可以综合运用各种方法，以达到结合面严密的要求。

4.2.2 燃气动力循环

4.2.2.1 布雷顿循环概述

布雷顿（Brayton）循环是一种重要的热力学循环，用于热能转化和能源利用领域。在当今社会对能源效率和环境可持续性的关注日益增强的背景下，布雷顿循环作为一种高效、可靠的能源转化技术，具有重要的应用价值。布雷顿循环一般是指燃气轮机循环，是由绝热压缩、等压加热、绝热膨胀和等压冷却 4 个过程组成的热力循环。理想布雷顿循环的 p-V 图、T-S 图如图 4-17 所示。

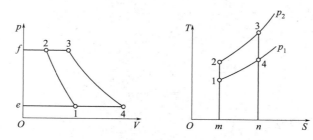

图 4-17　理想布雷顿循环 p-V 图、T-S 图

1-2 为空气在压缩机里的可逆绝热压缩过程（等熵）；2-3 为空气在燃烧室中的定压加热过程；3-4 为燃气在燃烧透平中的绝热膨胀过程（等熵）；4-1 为乏汽在环境中的可逆定压放热过程。

4.2.2.2 理想布雷顿循环的热效率

由理想布雷顿循环的 T-S 图分析可得，在压气机内消耗的功为

$$w_C = h_2 - h_1 \tag{4-23}$$

输出的功

$$w_T = h_3 - h_4 \tag{4-24}$$

则装置的净循环功为

$$w_{net} = w_T - w_C = (h_3 - h_4) - (h_2 - h_1) \tag{4-25}$$

循环中单位工质的吸热量

$$q_1 = h_3 - h_2 = c_{p,m}\Big|_{t_2}^{t_3}(T_3 - T_2) \tag{4-26}$$

单位质量工质对外界放出的热量

$$q_2 = h_4 - h_1 = c_{p,m}\Big|_{t_1}^{t_4}(T_4 - T_1) \tag{4-27}$$

根据热力学第一定律，循环的热效率为

$$\eta_t = \frac{w_{net}}{q_1} = 1 - \frac{q_2}{q_1} = 1 - \frac{h_4 - h_1}{h_3 - h_2} \tag{4-28}$$

若比热容的值为定值，则循环热效率为

$$\eta_t = \frac{w_{net}}{q_1} = 1 - \frac{h_4 - h_1}{h_3 - h_2} = 1 - \frac{c_p(T_4 - T_1)}{c_p(T_3 - T_2)} = 1 - \frac{T_4 - T_1}{T_3 - T_2} \tag{4-29}$$

4.2.2.3 实际布雷顿循环

但是在实际情况下，压缩和膨胀的过程中都存在不可逆因素，朝熵增加的方向偏移。

图 4-18 中，1-2-3-4-1 是理想过程，1-2'-3-4'-1 是考虑了不可逆因素后的实际过程，其中 1-2' 是压气机中的不可逆绝热压缩过程，3-4' 是燃气轮机中的不可逆绝热膨胀过程。接下来分析燃气轮机实际循环的热效率计算过程。

燃气轮机实际做功为

$$w'_T = h_3 - h_{4'} \tag{4-30}$$

压气机实际做功为

$$w'_C = h_{2'} - h_1 \tag{4-31}$$

实际循环的循环净功为

$$w'_{net} = w'_T - w'_C \tag{4-32}$$

因此装置实际循环的热效率为

$$\eta_t = \frac{w'_{net}}{q_1} = \frac{w'_T - w'_C}{h_3 - h_{2'}} \tag{4-33}$$

4.2.2.4 回热型布雷顿循环

在定压加热简单循环的基础上采用回热，是提高热效率的一种措施。即在装置中添加一个回热器，利用排气的热量加热压缩后的气体。其装置见图 4-19。

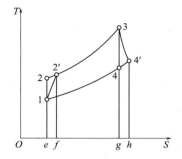

图 4-18 实际布雷顿循环的 T-S 图

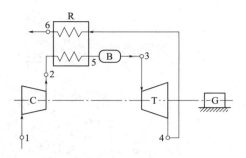

图 4-19 回热型布雷顿循环
T—燃气轮机；C—压气机；R—回热室；B—燃烧室；G—发电机

采用燃气轮机装置发电也有不足之处。我国目前的能源结构还是以煤为主，油和天然气资源相对短缺，直接烧油或天然气发电成本高。目前，燃气轮机发电技术已普及我国各大热电厂。但是，燃气轮机在使用过程中必须面对的维护问题并不乐观。由于天然气的洁净程度未必得到有效控制，天然气中的杂质很容易在压气室积聚，甚至腐蚀基体金属。因此，燃气轮机必须定期清洗，否则，效率会逐渐降低，同时影响使用寿命。

4.2.3 发电厂概述

4.2.3.1 燃煤电厂

从能量转化的角度看，燃煤电厂生产的实质是将煤的化学能转化为热能，热能转化为机械能，机械能转化为电能的过程。锅炉、汽轮机、发电机是实现化学能转化为热能、机械能、电能的三大主要设备。燃煤电厂主要的生产系统可以分为燃烧系统、热力系统（汽水系统）、电气系统和控制系统四大部分。燃煤电厂的生产工艺流程见图 4-20。

燃烧系统主要包括锅炉的燃烧部分以及燃料供应系统、风烟系统和除渣系统等。原煤斗中的原煤先送至磨煤机内磨成煤粉，煤粉由热空气携带经过排粉机送入锅炉的炉膛内燃烧。煤粉燃烧后形成的热烟气沿着后部的水平烟道和尾部烟道流动，放出热量，最终进入除尘器。洁净的烟气在引风机的作用下通过烟囱排入大气。在此过程中由送风机将助燃用的空气送入装设在尾部烟道上的空气预热器内，利用热烟气加热空气。燃烧系统运行性能的好坏将直接影响到锅炉热效率的高低。

热力系统也叫作汽水系统，主要由锅炉、汽轮机及凝汽设备的连接系统、给水回热系统、给水除氧系统、汽水损失及补充水系统组成。除氧器水箱中的水经过给水泵升压后进入高压加热器送入省煤器。在省煤器内，水受到热烟气的加热，进入锅炉的汽包内。水冷壁水管的上下两端均通过联箱与汽包连通，汽包内的水经由水冷壁不断循环，吸收煤粉燃烧过程中释放的热量，加热后的饱和蒸汽由汽包的上部流出进入过热器，在过热器变为过热蒸汽，具有热势能的过热蒸汽经过管道进入汽轮机，在汽轮机中通过蒸汽推动汽轮机转子转动将热能转化为机械能。

电气系统包括对外供电系统和厂用电系统，其主要任务是通过汽轮机带动发电机将机械能转化为电能。电能经过变压器升压后，由输电线送至用户。

控制系统的主要任务是实现火力发电生产过程的自动化和机-炉-电的集中控制，以保障机组经济、安全、可靠地运行。

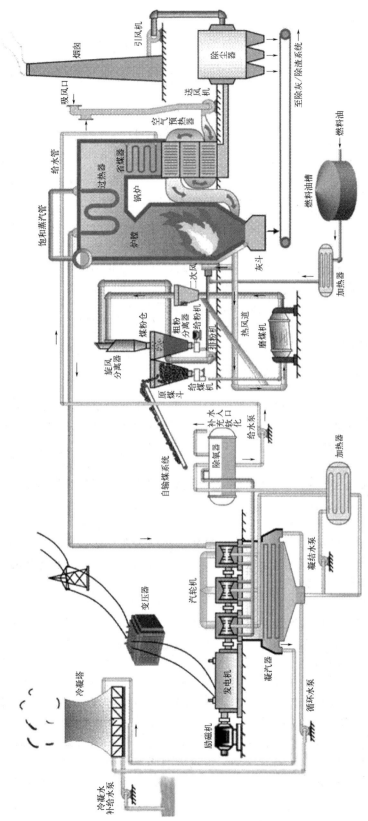

图 4-20 燃煤电厂的生产工艺流程

4.2.3.2 核电站

核电站是利用核裂变或核聚变反应产生的能量转化为电能的设备。目前核裂变发电已经达到了工业应用规模，而核聚变需要在 1 亿摄氏度的高温下才能进行，条件十分苛刻，迄今为止尚未实现工业化和大规模应用。

核反应堆是核电站的心脏，相当于火电站的锅炉。核燃料在核反应堆中发生核裂变链式反应产生热量，用以加热水，使之变成蒸汽，蒸汽通过管路进入汽轮机，推动汽轮机转子转动进而带动发电机发电。依据反应堆的堆型，目前世界上已投入运行的核电站共有五种：压水堆核电站、沸水堆核电站、重水堆核电站、气冷堆核电站和快中子堆核电站。其中压水堆核电站因功率密度高、结构紧凑、安全易控、技术成熟、造价和发电成本相对较低等特点，成了国际上最广泛采用的商用核电堆型。压水堆核电站工艺流程见图 4-21。

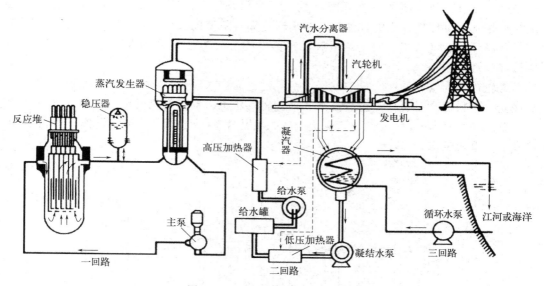

图 4-21 压水堆核电站工艺流程

压水堆核电站利用轻水作为冷却剂和中子慢化剂，运行压力通常保持在 $12\sim17MPa$。主要由核蒸汽供应系统（即一回路系统）、汽轮发电机系统（即二回路系统）及其他辅助系统（即三回路系统）组成。其中汽轮发电机系统部分和其他辅助系统部分称为"常规岛"；核蒸汽供应系统称为"核岛"，这是与火电区别最大的地方。一回路主要由压水反应堆、蒸汽发生器、稳压器、主泵和冷却剂管道等组成；二回路由蒸汽发生器、汽轮机、凝汽器、凝结水泵等组成；三回路由辅助系统设备包括发电机、水泵、外部蒸发器以及其他辅助设备组成。

反应堆运行时主泵将高压冷却剂（普通水）送入反应堆，冷却剂从外壳与反应堆围板之间自上而下流到堆底部，然后由下而上流过堆芯，带走核裂变反应放出的热量。冷却剂流出反应堆并进入蒸汽发生器，通过上千根传热管将热量传给管外的二回路水，使水沸腾产生蒸汽，再由主泵送入反应堆。以此循环，不断地把反应堆中的热量带出并转换产生蒸汽。从蒸汽发生器中出来的蒸汽推动汽轮机转子转动，带动发电机发电。循环中，做过功的废汽在凝汽器中凝结成水，再经由凝结水泵送入加热器，重新加热后送回蒸汽发生器，组成二回路循环系统。凝汽器中用三回路中的循环泵抽取江河水作冷却剂，冷却后又排回到江河中，组成第三回路循环。

核裂变与核聚变的方式所释放出的热量比碳原子燃烧这一化学反应所释放的热量高得多。例如 1g 铀裂变释放的热量相当于 2.6 吨标准煤，1g 氢裂变释放出的热量相当于 25 吨标准煤。由此可见，核电的燃料循环费用远远低于火电，但核电厂系统复杂，设备众多，对于安全性要求严格。

4.2.3.3 LNG 电厂

燃气-蒸汽联合循环电厂（LNG）在我国得到了高度的重视和发展，主要是由于燃气-蒸汽联合循环电站的高效率、低污染、调峰性能好等诸多优点对于促进我国整个电力行业的发展具有极其重要的意义。

燃气-蒸汽联合循环机组主要由燃气轮机、余热锅炉、汽轮机三大主要部件组成。其中燃气轮机是其关键部件，它的性能也是影响联合循环效率的关键。燃气轮机及其辅助设备组成了联合循环的燃气系统，而余热锅炉、汽轮机则组成了联合循环的蒸汽系统。燃气-蒸汽联合循环原理见图 4-22。

燃气轮机从大气中抽取大量空气经过滤器过滤后进入压气机进行压缩，压缩后的空气进入燃烧室与燃料混合燃烧，产生高温烟气推动燃气轮机带动发电机发电。由于燃气轮机产生的废汽温度还很高（450～600℃），将废汽送入余热锅炉，烟气中的热能转换成蒸汽推动汽轮机带动发电机发电。

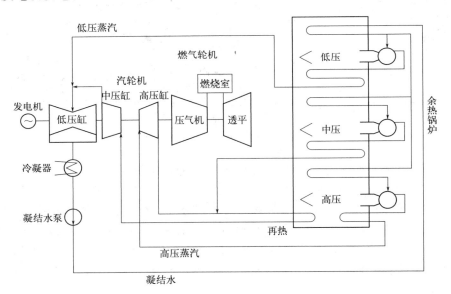

图 4-22　燃气-蒸汽联合循环原理

以下为我国典型的燃气-蒸汽联合循环发电机组实例。

京丰♯1 机组是国内首批建设的 9F 型大容量燃气-蒸汽联合循环发电机组之一，燃机型号为日本三菱公司 M701F，机组采用 "1＋1＋1＋1" 单轴配置型式，即安装 1 台燃气轮机、1 台余热锅炉、1 台汽轮机和 1 台发电机，其中燃气轮机、汽轮机和发电机布置在一根轴上。

4.2.3.4 IGCC 电厂

整体煤气化联合循环发电（integrated gasification combined cycle，IGCC）是新一代清洁煤发电技术，先将煤气化并净化后送入联合循环发电，其特点是发电效率高、环保性能好、节水、硫和灰渣可资源化利用、CO_2 捕集成本低等，克服了传统煤电的突出问题。

IGCC 发电技术主要有煤气化技术、煤气净化技术、燃气轮机技术、余热锅炉和汽轮机技术、系统集成及控制技术等，将化工和发电领域的多工艺、多系统进行了高度集成。华能"绿色煤电"项目天津 IGCC 煤气化发电为中国第一座自主设计和建造的 IGCC 电厂。

华能天津 IGCC 电厂电站机组额定功率 265MW，全流程分为气化岛和动力岛两大部分，其中气化岛由空气分离系统、煤气化系统、净化系统、硫回收系统组成。空分采用全低压、独立、双泵内压缩、制氩、空气膨胀流程技术；煤气化装置为华能自主知识产权的二段式干粉加压（TPRI）气化炉，煤粉气化后采用旋风分离器和陶瓷过滤器进行干法除尘，然后经洗涤塔水洗；脱硫装置采用甲基二乙醇胺（MDEA）湿法脱硫技术，并利用液相催化氧化法硫黄回收工艺（LOCAT）回收硫；动力岛为一拖一 E 级双轴联合循环发电机组，包括一台燃气轮机及其发电机、一台无补燃型余热锅炉、一台汽轮机及其发电机和相关的辅助设备。系统框图如图 4-23 所示。

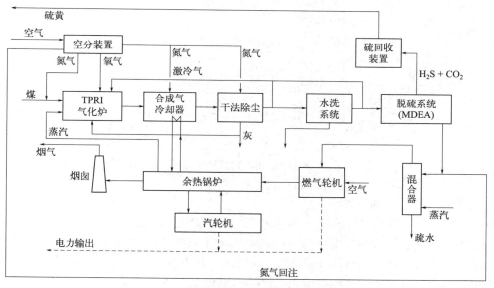

图 4-23　华能绿色煤电天津 IGCC 工程系统框图

目前，IGCC 技术虽然有众多优点，但其投资费用和发电成本仍然较高，设备复杂，系统的可靠性有待提高。

4.2.4　新型热工过程热电转化

4.2.4.1　超临界二氧化碳布雷顿循环

超临界二氧化碳（SCO_2）布雷顿循环是一种可实现高效热电转化的动力循环，以 CO_2 为工质，利用布雷顿循环完成能量转化，在整个循环过程中始终保持 CO_2 为超临界状态。

这一循环可利用的热源温度范围广（400～700℃）、效率高（40%～50%），适用于太阳能、核能、分布式能源、燃料电池等多个领域，被认为是当前十分具有发展前景的能量转化系统之一。

（1）典型 SCO_2 布雷顿循环系统

根据工质是否在进入压气机之前以及进入透平之前分流，可分为 3 种系统：简单超临界二氧化碳布雷顿循环、再压缩超临界二氧化碳布雷顿循环、分流再压缩超临界二氧化碳布雷顿循环。

① 简单 SCO_2 布雷顿循环

简单 SCO_2 布雷顿循环是最基本的循环布置方式，由压缩机、透平、回热器、冷却器、加热器组成，其系统流程图和 T-S 图如图 4-24 所示。高温高压的二氧化碳进入透平做功，压力降低形成低压高温的二氧化碳，在回热器中，低压高温的二氧化碳流体与高压低温的二氧化碳流体进行换热后，分别得到低压低温的二氧化碳流体和高压较高温的二氧化碳流体。其中低温低压的部分进入冷却器降温后，进入压缩机进行升压，进入加热器加热形成高温高压的二氧化碳，形成整个闭环系统。

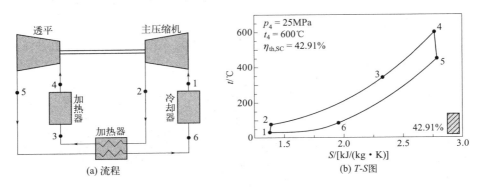

图 4-24　简单 SCO_2 布雷顿循环流程图与 T-S 图

② 再压缩 SCO_2 布雷顿循环

与简单 SCO_2 布雷顿循环相比，再压缩 SCO_2 布雷顿循环增加了如下部件：低温回热器（LTR）、辅压缩机、分流器和混合器等，其系统流程图和 T-S 图如图 4-25 所示。透平出口工质先经过高温回热器（HTR）和 LTR，后经过分流装置进行分流，分别进入主压缩机和辅压缩机。其中经过主压缩机的工质先经过冷却器降温，主压缩机出口工质进入 LTR 进行升温后与辅压缩机出口工质混合进入 HTR 进行升温，最后工质经过加热器，温度升至透平进口温度。

③ 分流再压缩 SCO_2 布雷顿循环

分流再压缩 SCO_2 布雷顿循环能够解决流体流量过大对透平要求较高从而削弱系统紧凑性的问题。相比于再压缩 SCO_2 布雷顿循环，分流再压缩 SCO_2 布雷顿循环增加了透平分流器等部件，其系统流程图如图 4-26 所示。透平的出口工质先经过 HTR、LTR，过程和再压缩 SCO_2 布雷顿循环相同。在经过加热器加热之后进入透平分流器进行分流，分别进入透平 A 和透平 B，两个透平出口的工质经过混合进入 HTR 形成整个循环。

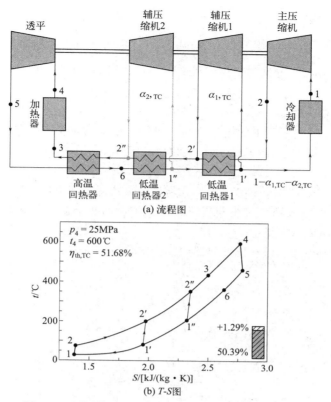

(a) 流程图

$p_4 = 25\text{MPa}$
$t_4 = 600℃$
$\eta_{\text{th,TC}} = 51.68\%$

(b) T-S图

图 4-25　再压缩 SCO_2 布雷顿循环系统流程与 T-S 图

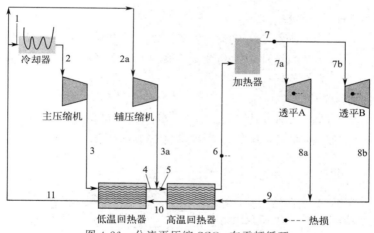

图 4-26　分流再压缩 SCO_2 布雷顿循环

（2）SCO_2 布雷顿循环的热力学计算

以简单 SCO_2 布雷顿循环为例，主压缩机出口（2 点）状态参数由主压缩机进口（1 点）参数和压缩机等熵效率 $\eta_{C,s}$ 确定

$$\eta_{C,s} = \frac{h_{2,s} - h_1}{h_2 - h_1} \tag{4-34}$$

压缩机耗功 w_C 为

$$w_C = \Delta h_{MC} = h_2 - h_1 \tag{4-35}$$

式中，h_1、$h_{2,s}$ 和 h_2 分别为主压缩机的进口焓、等熵出口焓和出口焓；Δh_{MC} 为主压缩机出口与进口的焓差。

透平对外输出的功为 $w_T = \Delta h_T = h_4 - h_5$ \hfill (4-36)

式中，h_4 和 h_5 分别为透平的进口焓和出口焓；Δh_T 为透平进口与出口的焓差。

回热器低压侧出口的温度 $T_6 = T_2 + \Delta T_R$ \hfill (4-37)

回热器的换热量为 $q_R = h_3 - h_2 = h_5 - h_6$ \hfill (4-38)

式中，ΔT_R 为回热器端差；T_6 和 T_2 分别是回热器低压侧出口温度和回热器高压侧进口温度；h_3、h_2、h_5 和 h_6 分别为回热器高压侧出口焓、回热器高压侧进口焓、回热器低压侧进口焓和回热器低压侧出口焓。

工质在冷却器中的放热量和再加热器中的吸热量分别为

$$q_{cooler} = \Delta h_{cooler} = h_6 - h_1 \tag{4-39}$$

$$q_{heater} = \Delta h_{heater} = h_4 - h_3 \tag{4-40}$$

可得简单 SCO_2 布雷顿循环的热效率为

$$\eta_{th,SC} = \frac{w_T - w_C}{q_{heater}} = \frac{\Delta h_T - \Delta h_{MC}}{\Delta h_{heater}} = \frac{\Delta h_T - \Delta h_{MC}}{\Delta h_T - \Delta h_{MC} + \Delta h_{cooler}} \tag{4-41}$$

（3） SCO_2 布雷顿循环的特点

① SCO_2 工质的优良特性

SCO_2 具有液体特性：密度大、传热效率高、做功能力强。兼具气体特性：黏度小、流动性强、系统循环损耗小，在循环中无相变。与此同时，SCO_2 无毒、不可燃、有良好的化学稳定性、环境友好、成本低廉。

② 能量转化效率高

SCO_2 热机的单次循环效率可达 35% 以上，多次循环可以再增加 10%～15%。当二氧化碳温度达到 550℃时，其发电系统的热效率高达 45%，当温度接近 750℃时，其系统的热效率可达 50%。

③ 系统简单、设备紧凑

在 SCO_2 布雷顿循环中，CO_2 始终处于超临界状态、密度大、动能大、不发生相变，所需的涡轮级数较少，涡轮机轴向尺寸小，冷却器、管路附件尺寸相应减小。

4.2.4.2 有机朗肯循环

（1）有机朗肯循环过程

有机朗肯循环（ORC）特指使用有机溶液作为工作流体的朗肯循环，即在传统朗肯循环中采用有机工质（如 R113、R123 等）代替水推动涡轮机做功，被广泛运用在工业废热回收、太阳热能发电、生质能燃烧发电上。由于有机溶液的沸点较低，在压力不太高的情况下（0.15～0.5MPa），温度 60～70℃，甚至 40～50℃就可以汽化为蒸气，从而可以利用原来废弃的品位较低的热能，将这些能源再生后以电能的形式输出，既有助于解决能源紧缺问题，又能减少常规能源利用过程中的污染问题。因此受到越来越多研究者的关注和重视。

简单 ORC 包含 4 个基本热力过程：加压、蒸发、膨胀和冷凝。以五氟丙烷干性物质做工质时，理想的有机朗肯循环如图 4-27 所示，由 4 个热力过程组成。

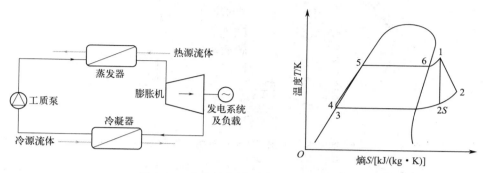

图 4-27 有机朗肯循环流程图和 T-S 图

a. 来自冷凝器出口的工质被输送进入工质泵，工质在工质泵中被绝热压缩至高压过冷液体。泵对工质做功为

$$w_p = h_4 - h_3 \ (\text{kJ/kg}) \tag{4-42}$$

b. 从工质泵出口状态输出的高压过冷态工质，在蒸发器中等压蒸发至过热蒸气状态，蒸发器中的吸热量可分为过冷段、饱和段及过热段。工质吸收的热量为

$$q_1 = h_1 - h_4 \ (\text{kJ/kg}) \tag{4-43}$$

c. 工质从蒸发器流出，进入膨胀机中做功。工质对外输出功为

$$w_t = h_1 - h_{2S} \ (\text{kJ/kg}) \tag{4-44}$$

d. 工质在膨胀机中做功后，进入冷凝器中放热成为饱和液态，完成循环。

$$q_2 = h_{2S} - h_3 \ (\text{kJ/kg}) \tag{4-45}$$

图 4-28 为太阳能驱动的有机朗肯循环，实质上为太阳能作为蒸发器热源。泵将有机工质等熵压缩，送入太阳能集热系统，利用太阳能热量对有机工质进行加热、蒸发、过热。流出后进入涡轮机冲击做功，输出功可以用来驱动海水淡化反渗透机组或发电。其他热源驱动的有机朗肯循环与之类似。

（2）有机朗肯循环工质

在有机溶液的选用上，通常会使用干性溶液，因为干流体的高温高压蒸气在涡轮机中膨胀之后呈饱和蒸气状态，不会出现存在液滴的情况，压降过程不会发生两相混合而损坏涡轮叶片，膨胀之后无须设置过热器，因而更适合作为循环工质。

理想的有机朗肯循环工质应该具备如下的特征：

a. 临界温度应该略高于循环中的最高温度，以避免跨临界循环可能带来的诸多问题，因此温度较高的热源相应要求高临界温度的工质；

b. 循环中最高温度所对应的饱和压力不应过高，过高的压力将会导致机械承压问题，

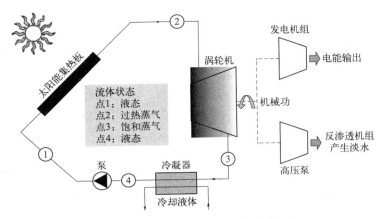

图 4-28 太阳能驱动的有机朗肯循环

进而增加不必要的设备费用；

　　c.循环中最低饱和压力不宜过低，最好能保持正压，以防止外界空气的渗入而影响循环性能；

　　d.工质的三相点要低于运行环境温度的最低温度，以保证流体不会在循环中的任意部位发生固化而造成堵塞甚至损坏；

　　e.在 $T\text{-}S$ 图中饱和蒸气线上 $\dfrac{\mathrm{d}T}{\mathrm{d}S}$ 应接近零或大于零（$\dfrac{\mathrm{d}T}{\mathrm{d}S}>0$ 为干流体，如 R113、苯；$\dfrac{\mathrm{d}T}{\mathrm{d}S}<0$ 为湿流体，如水等）；

　　f.较低的临界温度和压力，较小的比热容，低黏度和表面张力，高汽化潜热，高热传导率，热稳定性好；

　　g.无毒、不易燃、不爆炸且与设备材料和润滑油具有良好的兼容性；

　　h.良好的环境友好性；

　　i.价格便宜，且易于获得。

　　在实际应用场合，需要根据热源（如工业余热、地热、太阳能、生物质能、LNG 冷能等）情况，综合考虑以上因素，适当取舍，以选择合适的工质。

4.2.5　非热工过程热电转化

　　热工过程热电转化的能量转移方向是热-机械-电磁，而非热工过程可以实现热到电如热电半导体、热离子发电、磁流体发电或者太阳能到电能如热光伏电池的过程。

4.2.5.1　热电半导体

　　热电效应以及热能-电能转化的物理过程已经在第 2 章给出。实际应用的热电材料主要为半导体材料，称为半导体热电材料。热电优值 ZT 是评价热电材料的关键性能指标，决定了热电器件的效率极限。

　　（1）热电半导体的分类

　　根据热电优值 ZT 最大值在不同温区的分布，热电材料可划分为 3 种：低温区热电材料

（<250℃）；中温区热电材料（250～650℃）和高温区热电材料（>650℃）。

① 低温区热电材料

温度低于 250℃ 的余热是生产生活中占比最大的一种余热，据统计，低温余热约占 80%。低温区热电材料的研究，对于温差制冷、小功率温差发电具有重要意义。低温区热电材料常用 Bi_2Te_3 基与 MgAgSb 基热电材料。其中，Bi_2Te_3 基热电材料是研究最早、最成熟的热电材料之一，具有较大的泽贝克系数、较高的电导率和较低的热导率，广泛用于商业化应用领域。

Bi_2Te_3 是一种天然的层状结构材料，属六方晶系，如图 4-29 所示，其晶体呈层状结构，Bi 和 Te 的原子层按 Te^1-Bi-Te^2-Bi-Te^1 的方式在［111］方向上交替循环排列。Te 与 Bi 以共价键连接，而 Te^1 与 Te^1 之间以范德瓦耳斯力连接。该材料具有明显的各向异性，在平行于层面方向和垂直方向表现出的热电转化性能差异极大，平行于层面方向的热电性能较高，热导大概是垂直于层面方向热导的 2.1 倍。

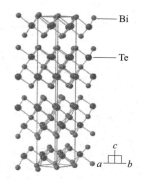

图 4-29 Bi_2Te_3 晶体结构

对于纯 Bi_2Te_3 热电材料，为 p 型，通过掺杂 Pb、Cd 等元素可形成 p 型材料，而过量的 Bi 元素或掺杂 I、Br 等元素或其化合物可使 Bi_2Te_3 转化为 n 型材料。一般而言，p 型 Bi_2Te_3 基热电材料热电优值通常比 n 型高，但后者的各向异性较前者更为优异，在实际生产中，利用等离子烧结、热变形等手段，增强 n 型材料织构，提高了载流子密度，使得 n 型材料具有较高的功率因子。常见 n 型和 p 型热电转化材料的无量纲热电优值如图 4-30 所示。

② 中温区热电材料

硫属化铅基材料是目前热电性能最好的中温区热电材料之一，包括 PbTe、PbSe、PbS 以及由它们组成的三元合金和四元合金。硫属化铅基晶体结构如图 4-31 所示。

PbTe 硫属化铅基热电材料化学键属金属键类型，均为面心立方结构，温差电特性具有完全的各向同性。该类材料体系本征载流子浓度较低，可通过掺杂优化载流子浓度来提高电导率和热电性能。优化载流子浓度的同时还可对能带进行调制以优化泽贝克系数。

PbTe 作为中温区的最佳热电材料之一，同时具备较小的禁带宽度和较低的晶格热导率。PbTe 在熔点以下具有一个狭窄的均匀区，其 Te 摩尔分数在 40%～60% 间变化，当 Pb 摩尔分数高于化合物的化学配比时，该化合物为 n 型传导，当 Te 含量高于化合物的化学配比时，该化合物为 p 型传导。然而过量 Pb 或者过量 Te 在材料中的固溶度较低，仅为万分之一，因此采用这种方法获得的载流子浓度较低。为获得最佳的载流子浓度，须采用外族杂质原子掺杂，且外族杂质原子应为替位型的，如 Na、Au、Tl 等受主掺杂元素，Zn、Cd、Bi 等施主掺杂元素，或被认为是两性原子的 Cu、Ag 等元素，掺杂种类取决于它们在 PbTe 晶格中的位置。

③ 高温区热电材料

SiGe 合金是目前较成熟的高温区热电材料，具有良好稳定性，Si 和 Ge 两种单质形成的连续固溶体，禁带宽度随组分的改变而变化，物理参数如晶格常数、密度、熔点也有相应的改变。

Si 和 Ge 都属于 IVA 族元素，化学键为共价键，两者可形成连续固溶体合金，SiGe 合金在常压下为立方晶系的金刚石结构（图 4-32）。

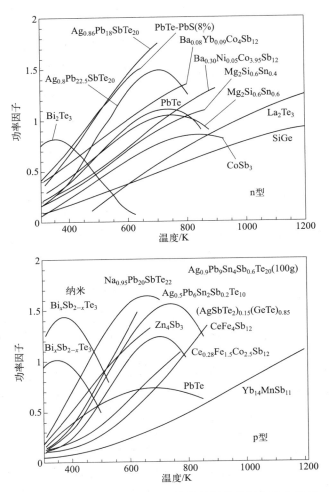

图 4-30 常见 n 型和 p 型热电转化材料的无量纲热电优值

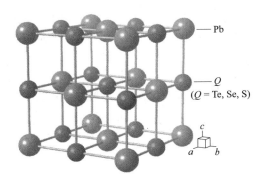

图 4-31 硫属化铅基晶体结构

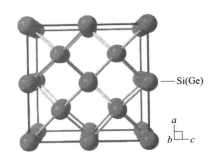

图 4-32 SiGe 合金晶体结构

单质 Si 和 Ge 的功率因子较大,且热导率较高,不能直接用于热电转化材料,但形成合金之后材料的热导率大幅下降。SiGe 合金适用于 $500\sim1000$℃高温,在 800℃时无量纲热电优值可达 1.8,SiGe 合金单晶的 ZT 也可以达到 0.65。SiGe 合金的许多物理性能可以通过改变 Si 和 Ge 的比例来调节,如通过调节二者比例,可以改善合金材料的泽贝克系数、抗氧化能力、热导率等参数。在材料制备过程中，也可人为引入晶体缺陷，增加点缺陷散射来降低材料的晶格热导率，进而提高整个材料的热电性能。SiGe 合金的主要缺点是它们在室温下的热导率高，通过掺入少量ⅤA 族化合物（如 GaP、GaAs 和 GaPAs 等）形成多元合金，可在合金中引入额外的声子散射，降低热导率。然而这种措施在使热导率降低的同时，电导率也急剧变小。利用晶界对声子的散射作用，制备纳米结构 SiGe 合金可在不影响电导率的情况下有效降低热导率。

（2）热电材料的应用

低温区 Bi_2Te_3 热电半导体可用于工业废热、余热回收及交通领域中利用温差发电器回收汽车尾气废热；2009 年大众汽车公司宣布开发出装有热电发电装置的原型汽车。高速公路工况下其热电模块可发出 600W 电能，可满足整车电气需求量的 30%，并可减少超过 5% 的燃料消耗量。与通用汽车公司联合开发的温差发电装置系统（图 4-33），已在雪佛兰混合动力车型上进行了 5 万公里的实车测试试验，试验表明可节省燃油达 10%。

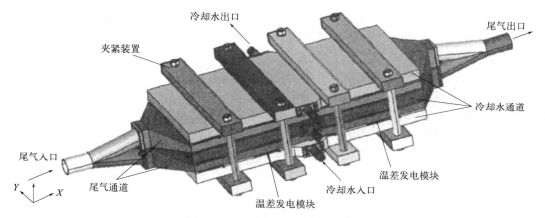

图 4-33　利用汽车尾气温差发电

中温区 PbTe 热电半导体则已经开始应用于激光、传感器件等部分商业领域。而高温区热电半导体则多用于军事领域、航空航天领域中的电源。例如 SiGe 合金可用于放射性同位素供热的热电发电器，应用在航空航天领域作为太空探测器的动力源。放射性同位素热电机，即核电池，就是利用放射性衰变的热量进行温差发电，通常使用的同位素就是钚 238，温差发电材料则为 SiGe 合金。火星表面昼夜温差极大，一般化学电池无法工作，太阳电池夜晚又无法使用，放射性同位素热电机可谓是深空探测中理想的能源。使用钚 238 作为核电池发热材料足以满足二十年甚至更久的深空任务。

潜在的应用领域还包括海底、高原、山区等特殊地域发电站；海洋温差能源的潜能在于其蕴含的资源量。经过各种计算，国际能源署（IEA）认为海洋温差能源的理论储量在 $10000TW \cdot h$，同时 IEA 调查了世界各地海水的温度分布，并发表了适合设置海洋温差发电设备的海域。仅表层与深层 1000 米处水温差在 22℃以上的海域就有 $6 \times 10^7 km^2$。

温差发电装置因具有设备体积小、运行无噪声、工作寿命长、绿色无污染、更关注发电和制冷迅速且工作稳定等优点，得到了广泛的应用，并且随着对热电材料研究的深入及其热电性的提高，热电技术将能给人类的生产和生活带来巨大的改变。

4.2.5.2　热光伏电池

热光伏电池概念是在 20 世纪 50 年代提出来的，1956 年世界上第一块热光伏电池由 Kolm 制备出来，这块热光伏电池的输出功率为 1W。热光伏电池实际上就是热红外光电池。热光伏技术是将高温热辐射体的能量通过半导体 p-n 结直接转化成电能的技术，其原理与太阳电池相似，只是利用的光源不同而已。太阳电池利用的光源是太阳光或可见光（400～800nm），而热光伏电池是利用红外线热辐射或火焰发出的红外线（800～2000nm）。光伏电池的结构也与太阳电池相似，由 p-n 结等组成，但由于其在热辐射下工作，而半导体受温度影响大，故需要采取保持室温的措施。它可以利用所有普通的燃料或燃油燃烧产生的热红外能来发电，所以在边远地区它可以作为发电机使用。p-n 结理论的限制计算预期效率有 20％～30％。目前对热光伏电池的研究集中在单个部件的优化。通常热光伏电池由以下部件组成：

a. 热辐射器。将热源发出的能量（如太阳能、化学能、生物能等）转化成热辐射能。

b. 光学滤波器。用来实现热辐射器与热光伏电池之间的光学匹配。

c. 热光伏电池组件。用来实现热辐射能和电能的转化。

d. 热回收器和辅助器件。用来将热光伏剩余辐射热收集进行循环再利用。

热光伏电池工作原理如图 4-34 所示，首先热辐射器把热源罩住，受热后辐射光子将热能转化为辐射能。光子透过罩在热辐射体外面的滤波片过滤掉能量小于热光伏电池带宽能量的低能光子，而使得大于热光伏电池带宽能量的高能光子到达热光伏电池，最后热光伏电池由于光生伏特效应产生光生电子，而电子以电流的方式输出到外电路作为电源使用。同时将滤掉的光反射回热辐射器重新利用，提高效率。由于滤波片不可能是理想的，所以那些到达热光伏电池的不能产生电子的低能光子的能量将作为热损耗损失掉。

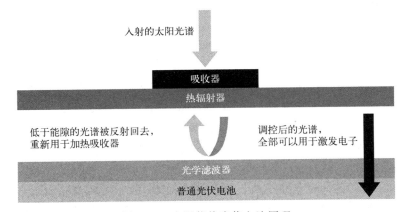

图 4-34　太阳能热光伏电池原理

优点：无移动部件，理论效率高，噪声低，便携，可靠性高，高体积比功率，高质量比功率，将热能利用与发电相结合。

由于热光伏电池与太阳电池所要转化的光的光谱和辐照度相差很大，所以热光伏电池和普通太阳电池相比在材料、结构、设计上有很大区别，热光伏电池所要转化的能量集中在红外，这就要求热光伏电池选择禁带宽度较窄的半导体材料，使电池的光谱响应峰值尽量和辐射体的辐射峰重合。早期的研究主要集中在 Si 和 Ge 电池上，目前主要是以 GaSb、InGaAs 为基础的多元化合物电池为主。

麻省理工学院的艾芙琳（Evelyn Wang）利用太阳能作为热光伏电池热源。将太阳能光吸收后转为热，之后再转为光，被普通光伏电池吸收。与红外热光伏电池不同的是，热源变为太阳光。如此实质上是将太阳能光谱进行调控，使普通光伏电池也可以利用太阳能所有的光谱。该装置可以将光伏电池效率提高到 60%（为普通光伏电池极限效率的 2 倍）。

4.2.5.3　热离子发电

热离子发电是利用金属表面热电子发射现象提供电能的一种发电方式。热离子发电装置由发射器和收集器两个基本部件组成。加热某种金属材料达到一定温度后，金属中的电子获得足够的动能，可以克服金属表面"势垒"的障碍，摆脱金属原子核的束缚，逸出金属表面而进入外部空间。

如图 4-35 所示，热离子发电的过程大致为管内抽真空，通入一定的铯蒸气，当发射极受到热源加热后，逸出电子，由于收集极与发射极之间逸出功不同，二者之间存在 $1\sim2\mathrm{eV}$ 的外接触电位差。发射极受热激发的逸出电子受到收集极吸引，加速跑向收集极，形成电流。热离子能量转化装置不同于传统的热机装置。它是用电子作为工质，没有机械转动的部件，可以直接将部分热能转化为电能，且具有较大的功率密度。真空热离子发电器的阴极和阳极之间的距离一般设计在

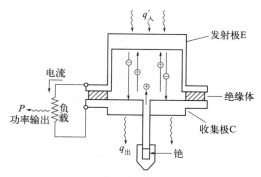

图 4-35　热离子发电原理

几个微米的数量级，这样可以降低空间电荷对热离子发电器的影响，获得更高的效率，随着技术的发展和高效电极材料的发现，在高温情况下，实际的真空热离子装置可实现较高的效率。此外，将真空热离子设备应用于太阳电池中，可突破传统 p-n 结太阳电池的理论效率局限。同时将真空热离子设备与其他能量转化器耦合，可获得更好的性能。例如，将真空热离子发电器与热电器耦合，可提高能量的转化效率。热离子转化器的输出电压很低，只有 1V左右，而输出电流比较大，达几安甚至上百安，而且是直流的。这样低的电压不但无法使用，传输过程中损失也很大，因此，必须把几十个热电致冷器（TEC）串联起来，组成一个单元，让电压上升到 $20\sim40\mathrm{V}$，才能供用户使用。或者进一步采用变流器和升压调节器将直流电变为交流电，并把电压提高到几百伏。

因为热离子转化器可以在高温工作下表现突出，当作为传统化石燃料发电厂顶部循环的一部分使用时，有提高发电厂整体效率的潜力。一般来说，煤、石油、天然气或核裂变等化石燃料的燃烧会产生温度超过 2000K 的高质量热量，但传统电厂由于涡轮机械部件的材料不能承受极端温度，只需要较低的热量来驱动汽轮机，一般是 $800\sim1300\mathrm{K}$。所以如果可以将高温热源充分利用，系统的整体效率可以提高。因此，克服温度约束的方法之一是添加不使用任何移动部件就能利用较高温度的热离子转化器。燃烧燃料产生的高品位热源在经过热离子转化器发电后，余热进入传统电厂，加热水产生蒸汽冲击汽轮机做功，实质上是充分利用了高品位热源，因为在热离子发电过程中，并没有高温热源加热低温介质的情况，所以避免了高温差传热造成的损失，如图 4-36 所示。据估计，此系统使用循环液态金属将热离子发射器加热到 1370K 的工作温度时，最高循环净电厂效率从 41.3% 提高到 47%，发电能力提高 27.6%。

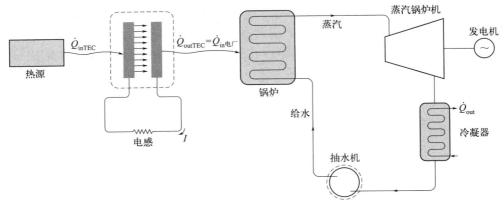

图 4-36　热离子顶部循环发电

4.2.5.4　磁流体发电

磁流体发电技术就是用燃料直接加热易于电离的工质，使之在高温下电离成导电的离子流，然后让其在磁场中高速流动时，切割磁场线，产生感应电动势，即由热能直接转化成电流，由于无须经过机械转化环节，所以称之为"直接发电"，其燃料利用率得到显著提高，这种技术也称为"等离子体发电技术"。缺点是通道和电极的材料都要求耐高温、耐碱腐蚀、耐化学烧蚀等，所用材料的寿命都比较短，因而磁流体发电机不能长时间运行。

磁流体发电原理简单来说是利用霍尔效应，带电粒子切割磁场线产生电动势。等离子体经高速喷射器打入发电通道后，通道相对应侧放置 N 极和 S 极磁体，在磁场的作用下，带不同极性的等离子体均受到垂直于运动方向但方向相向的洛伦兹力的作用，运动轨迹产生偏转，正负离子朝不同方向运动，带同种电荷的离子落到同一极板上，从而产生电势差。实际的问题在于如何获得等离子体。

高温电离的热源可以有多种选择如石油、天然气、燃煤、核能等。其中燃煤磁流体发电技术是磁流体发电的典型应用。燃烧煤可以得到 $2.6 \times 10^6 \, ℃$ 以上的高温等离子气体，打入发电通道，可发出直流电，经直流逆变成为交流电送入交流电网。

如图 4-37 所示，太阳能等离子体发电装置是一种新型发电装置构想。利用太阳能产生等离子体进行发电。太阳能电池板通过光伏效应获得的直流电压，在大阵列的太阳能电池板条件下，获得足够的电能并储蓄在蓄电池组中。在高频逆变器的作用下，可将低压直流电逆

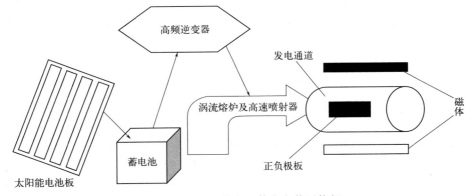

图 4-37　太阳能等离子体发电装置构想

变成高压交流电，并通过调节逆变器件，获得涡轮熔炉所需的电压平均值和频率，涡流熔炉在高频交流电压下通过涡流效应，可产生足够的温度和热量来为电离提供能量。而后将等离子体打入发电通道发电。

磁流体发电本身的效率仅 20% 左右，但由于其排烟温度很高，从磁流体发电机排出的气体可送往一般锅炉继续燃烧成蒸汽，驱动汽轮机发电，组成高效的联合循环发电，总的热效率可达 50%～60%，是正在开发中的高效发电技术中最高的。同样，它可有效地脱硫，有效地控制氮氧化物的产生，也是一种低污染的煤气化联合循环发电技术。

4.2.6 热能与电能转化的效率与应用

4.2.6.1 热能与电能转化效率概述

在热能利用过程中，转化装置的能量转化效率是最重要的考虑指标。燃煤电厂通过内燃机或发电机利用高温高压的水蒸气来驱动汽轮机或蒸汽机，将热能转化为机械能，继而汽轮机带动发电机转化为电能。热能到电能转化效率也只有 45% 左右，对于将热能转化成机械能的内燃机或者外燃机，其能源转化效率为 10%～50%。燃气轮机通过各种热机（汽油机、柴油机等）将热能转化成机械能，进一步带动发电机转化为电能，其效率为 20%～60%。

大型燃煤电厂的锅炉热效率在 90%～95% 之间，汽轮机的高、中、低压缸效率可达 90% 以上，发电机的效率均在 98% 以上。但是，由于在能量转化过程中存在着不可逆热损失，火力发电厂的全厂热效率仅为 40%～60%。因此，降低能量转化损失，提高发电热效率是我们需要持续追求的目标。

LNG 电厂从系统的角度来看，综合利用好各级能量，对高温热源使用燃气轮机循环，对低温热源使用汽轮机循环，可以得到较高的发电效率。目前，大多数联合循环的发电效率超过了 50%。

4.2.6.2 热电转化应用举例

除上述利用热能发电外，近年来由于热电材料性能的不断提升及环保等因素，利用热电转化技术进一步将大量废热回收转为电能的方式，普遍得到日、美、欧等先进国家和地区的重视。

（1）余/废热电转化

目前，中低温热源主要应用在基于朗肯循环的热力发电系统或在吸附制冷系统中作为脱附热源。基于泽贝克效应的热电转化技术开拓余热回收利用的手段和途径，因其特有的无噪声、寿命长、结构简单等优点，吸引了研究者的广泛关注。爱尔兰都柏林的 O'Shaughnessy 学者及其研究团队于 2015 年开发出一种适用的生物质火炉热电转化系统：其冷端采用热沉进行自然对流散热，热端通过热管置于炉膛之中，单个组件稳定输出功率可达 4.5W，对于给定的热沉和热源，可以通过增加组件的数量获得较大的输出电压或电流。使用者可以通过火炉热电转化模块进行移动设备充电、LED 照明以及为小型通信设备供电。

（2）热-电化学电池的应用

将热能转化成电能的现代热-电化学电池（热电池）已经在实践中作为开发的标准和基础。来自 NUST-MISIS 的科学家通过开发一种由金属氧化物电极和水电解质组成的新型热电池，能够收集低温热，随着材料中的电流增加，部件的内阻同时会降低。由于电池使用水，他们能使电池输出功率较传统热-电化学电池增加 10～20 倍。

4.3 热能的梯级利用

对高品位（高温）的热能，需要在不同的热力系统中，实现逐级合理利用，以达到综合效益最大化。从节能角度看，热能的梯级利用值得积极提倡，其可以将原本被浪费的高温热能逐步转化为有用的功率输出，从而最大限度地提高能源利用效率。通过在不同温度级别上进行能量转化，可以实现能源资源的充分利用，减少能源的浪费。但是，也需要明确，并不是所有梯级利用都切实可行，还需考虑增加梯级利用的设备后，在经济上的代价是否合理。

4.3.1 梯级利用理论概述

总能系统是通过系统集成把各种过程有机地整合在一起，来同时满足能源、化工以及环境等多目标功能需求的能量系统，而不是各种用能系统有关过程的简单叠加。吴仲华教授（1988 年）从能量转化的基本定律出发，阐述总能系统中能的综合梯级利用与品位概念，提出了著名的"温度对口、梯级利用"原理（图 4-38）。从这个基本原理出发，热能的梯级利用就成为能源动力系统集成开拓的核心科学问题。热能转化利用时不仅有数量的问题，还有热能品位的问题。热能的品位是指单位能量所具有可用能的比例，它常常被认为热能温度所对应的卡诺循环效率。"温度对口、梯级利用"原理从能的"质与量"相结合的思路进行系统集成，其本质是如何实现系统内动力、中温、低温余热等不同品位的能量的耦合与转化利用。例如，热力循环是利用燃烧后工质温度与环境温度之间的温区范围内的热能，所以系统集成的好坏取决于这部分热能利用得是否充分和有效。

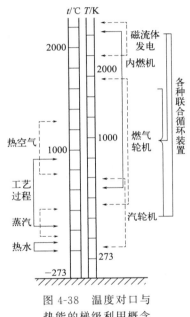

图 4-38　温度对口与
热能的梯级利用概念

不同的总能系统体现"热能梯级利用"集成原理的途径和方法将有很大的差别，关键是寻找体现能的综合梯级利用的各种行之有效的技术与方法，即要针对指定的具体功能和条件，从不同思路采用多种措施和组合。例如，a. 联合循环的梯级利用。对于联合循环系统来说，一般高品位（高温）的热能首先在高温热力循环（如燃气轮机）中做功，而中、低品位（中、低温）热能的排热和系统中其他余热与废热回收后再在中、低温热力循环（如汽轮机）中膨胀做功，然后利用系统流程和参数的综合优化，使各循环实现合理的匹配，减小系统的不可逆损失，从而获得总能系统性能最优。b. 热（或冷）功联产的梯级利用。对于热功或冷热电联产系统集成时，则侧重于按照热能品位的高低对口进行梯级利用，从系统层面安排好功、热或冷与工质内能等各种能量之间的配合关系与转化使用，以便在实现多热功能目标时达到最合理用能。c. 系统中低温热能的梯级利用。对于蒸汽燃气轮机循环（STIG）和湿空气透平循环（HAT）等系统，系统集成的侧重点在于通过热能梯级利用来高效利用系统中各种中低温余热与废热。

d. 复杂联合循环中的热能梯级利用。对于更复杂的联合循环，如燃煤联合循环（CFCC）等系统，不仅要考虑燃料释放热能的梯级利用问题，而且还要考虑回收利用系统中各种热能的梯级利用问题。

对于各种热能转化利用系统，系统集成的核心科学问题都是热能梯级利用原理（图4-39）。它们有着通用的基本方程。用 W_{gt} 和 W_{st} 分别代表总能系统中燃气循环和蒸汽循环功率，则

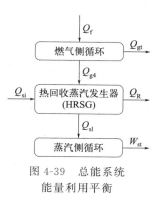

$$W_{gt} = \eta_{gt} Q_f = B_3 A_3 Q_{gt} = f(B_3, A_3) \tag{4-46}$$

$$W_{st} = \eta_{st} Q_{st} = B_4 A_4 Q_{st} = f(B_4, A_4, A_i) \tag{4-47}$$

图4-39　总能系统能量利用平衡

式中，B_3 为燃气侧循环技术系数（即考虑有关部件技术实时水平等对系统性能的影响）；$A_3 = 1 - T_0/T_3 = 1 - 1/\tau$，即燃气侧循环热源的能量品位；$B_4$ 为蒸汽侧循环技术系数；$A_4 = 1 - T_0/T_4 = f(\tau, \varepsilon)$，为蒸汽侧循环热源的能量品位；$A_i$ 为加入蒸汽循环的其他蒸汽热源品位；η_{gt} 为燃气循环效率；η_{st} 为蒸汽循环效率。

纯产功的系统出功与燃气侧出功之比为

$$\frac{W_{cc}}{W_{gt}} = \frac{\eta_{cc}}{\eta_{gt}} = \frac{W_{gt} + W_{st}}{W_{gt}} = f(B_3, B_4, A_3, A_4, A_i) \tag{4-48}$$

对功热并供系统则有

$$\frac{W_{cc} + Q_R}{W_{gt}} = \frac{\eta_1}{\eta_{gt}} = f(B_3, B_4, A_3, A_4, A_i, A_R) \tag{4-49}$$

式中，Q_R 为系统有效热输出；A_R 为功热并供系统有效热能输出的热能品位；η_{cc} 纯产功系统效率；η_1 为功热并供系统效率。

从以上两式可以看出，当简单循环燃气轮机扩展集成为联合循环或功热并供等总能系统时，W_{cc}/W_{gt} 和 $(W_{cc} + Q_R)/W_{gt}$ 或 η_{cc}/η_{gt} 和 η_1/η_{gt} 等表达了不同热力循环的结合和不同用能系统一体化整合时的总能系统效率提升情况，即系统热能梯级利用完善度。它们与各热力循环技术系数（B_3, B_4）有关，即与各循环部件集成优化及其技术水平有关，而更重要的是与系统中各种能量转化利用时的热能品位（A_3, A_4, A_i, A_R 等）密切相关。

4.3.2　梯级利用的主要应用

4.3.2.1　联合循环

在联合循环中，系统整合的原则是：根据热能的品位水平来实现梯级利用，处理好不同热能循环的利用和循环中热功的配合关系和它们之间的转化使用情况，从系统的角度充分地利用每个区段的能量，以便得到更优的能源综合系统的性能。

排气全燃型联合循环是一个利用中低温燃气轮机排气作为锅炉热风，并以蒸汽循环为主，串联集成的热力循环，其中大部分燃料从锅炉加入循环，并产生中等品位过热蒸汽驱动汽轮机。它充分回收顶循环的中低温排气余热，以节省送风机高品位电功和锅炉空气加热能耗，即通过蒸汽循环和燃气循环的联合途径以充分实现部分输入燃料的能量梯级利用。

若以蒸汽循环的输入能量为1个单位，排气全燃型联合循环蒸汽侧与燃气侧的输出功各

为 η_s 和 $R_{gs}\eta_s$，总输入能量为 $1+R_{gs}\eta_s$，则不难推导出基于蒸汽循环的联合循环的相对性能的表达式为

$$\eta_{cc}/\eta_{st} = (1+R_{gs})/(1+R_{gs}\eta_{st}) \tag{4-50}$$

式中，$R_{gs}=W_{gt}/W_{st}$，为燃气轮机与汽轮机功率比（功比）；η_{st} 为汽轮机效率；η_{cc} 为联合循环效率。

由公式（4-50）可知，对一定的汽轮机，只要确定功比 R_{gs}，其排气全燃型联合循环的效率收益就基本确定了。排气全燃型联合循环的功比主要取决于锅炉中供氧量的平衡。为能更实际、简便地应用式（4-50），下面将给出 R_{gs} 的简明式。

$$R_{gs} = 1/\{[\eta_{st}H_{us}(1-\beta_g)/(L_s\alpha_sL_g)] + \eta_{st}(1/\eta_{gt}-1)\} \tag{4-51}$$

式中，H_{us} 为蒸汽循环燃料热值；β_g 为燃气循环燃料系数；L_s 为蒸汽循环理论空气量；L_g 为燃气循环理论空气量；α_s 为蒸汽循环过量空气系数；η_{gt} 为燃气轮机的热效率。

其中 L_s/H_{us} 一般变化不大，η_{gt}、β_g 与 L_g 取决于燃气轮机燃料品种及其热力方案与参数。同此，当知道蒸汽侧的燃料和效率与选定的燃气轮机时，原则上就可以通过公式（4-51）估定功比 R_{gs}，并进一步由式（4-50）预估该排气全燃型联合循环的效率增益。实际上由于联合后燃气轮机因背压增加等因素功率有所损失，汽轮机则因减少回热功率会有所增高。所以式（4-51）右侧还应乘以一个略小于 1 的修正系数。如果燃气轮机及 α_s 已经取定，则与之相配的蒸汽侧对联合循环效率的影响如下。

将式（4-51）代入式（4-50），可得

$$\eta_{cc} = (\eta_{st}+F)/(1+F) \tag{4-52}$$

式中

$$F = 1/\{[H_{us}(1-\beta_g)/(L_s\alpha_sL_g)] + (1/\eta_{gt}-1)\} \tag{4-53}$$

基本上与 η_{st} 无关。因此可知，η_{cc} 与 η_{gt} 间大致呈现线性关系。有了式（4-50）及式（4-52）就可以很简明快捷地估定排气全燃型联合循环的功比与效率了。

由于排气全燃型联合循环部分燃料通过锅炉进环，增大了 Q_{g4}，提高了蒸汽侧的做功。与燃料全部在燃气侧燃烧相比，燃烧后加环热能的平均品位（A_3）较小，因而联合循环系统增益也较小。由式（4-48）和式（4-50）也得出排气全燃型联合循环的系统收益为

$$\frac{\Delta W}{W_{st}} = R_{gs} \tag{4-54}$$

$$\frac{\Delta\eta}{\eta_{st}} = \frac{\eta_{cc}-\eta_{st}}{\eta_{st}} = \frac{\eta_{cc}}{\eta_{st}} - 1 = \frac{R_{gs}(1-\eta_{st})}{1+R_{gs}\eta_{st}} \tag{4-55}$$

排气全燃型联合循环是在 Rankine 循环基础上，"上游"串联 Brayton 循环，以便部分改变前者对高品位热能不做功的状况，使其更好地体现热能梯级利用原则。从上面公式分析表明，增大 R_{gs}，即加大输入系统中燃气侧循环的能量份额，也就是增大输入循环热能的平均品位 A_3，即增大热能梯级利用份额，使得联合循环在总体上的能量梯级利用状况得以改善，从而使系统的功率增益和效率增益都得以提高。但是，实际应用时，排气全燃型联合循环的 R_{gs} 常常比较小，即加入燃气循环能量比例小，能的梯级利用原则没有充分体现，可视

为改进了的汽轮机循环，循环性能改善就相对小些，效率增值也只有 2～5 个百分点（$\Delta\eta = \eta_{cc} - \eta_{st} = 2\% \sim 5\%$）。

4.3.2.2 冷热电联供

冷-热-电三联产分布式能源系统在国内已经取得了一定的发展。冷热电联供（CCHP）系统因为能源侧和需求侧物理距离很近，所以减少了很多传输过程中的损耗，多种能源的同时供给满足了人们生产生活各方面的需求。能源使用中的利用效率越来越高，而且随着新能源更多地利用在分布式能源系统中，系统的碳排放逐步下降。

CCHP 系统作为一个集发、配、用为一体的自给自足的能量综合系统，建立在能量阶梯利用基础上拥有多结构的使用方式。现行的最广泛的方式主要是使用天然气作为能源供给，通过燃气轮机消耗天然气驱动发电机，并同时通过余热锅炉进行蒸汽-燃气联合循环，增加了低品位热能的再利用，提高了系统的能源利用效率，降低了系统的运行成本，保持稳定的同时更提高了环境友好性。除此之外，风能、光能等新能源在系统中也得到了更多的利用，减少了化石能源的消耗，是可以长期使用的模式。CCHP 系统可以同时提供电能、热能和冷能，使得系统的适用范围越来越广泛，提高能量转化率，符合大电网的发展趋势。

下面对燃气冷热电联供分布式能源系统的具体案例进行介绍。四川省具有丰富的天然气资源，总量约 $7.2 \times 10^{12}\,m^3$，累计探明储量 $2.1 \times 10^{12}\,m^3$，年开采量近 $3 \times 10^{10}\,m^3$。同时，四川省输气管网的大规模建设也为天然气分布式能源发展提供了良好的资源条件。项目坐落在四川某省级经济开发区某三级综合性医院，建设规模为 1200 张床位，净用地面积 $60830\,m^3$，建筑总面积为 $1.2 \times 10^5\,m^3$，其中，地上建筑面积约为 $9.146 \times 10^4\,m^3$。主要建筑功能为门诊医技楼、住院综合楼、门诊大楼（业务楼）、康复中心、食堂等。系统的工艺流程图如图 4-40 所示。

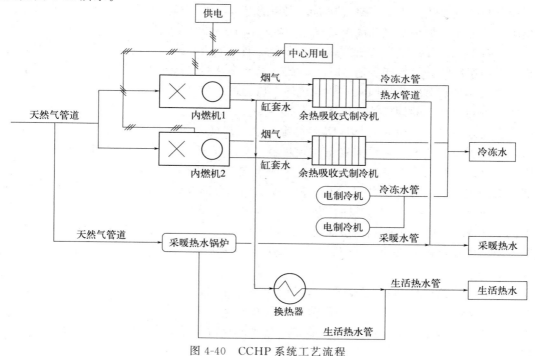

图 4-40 CCHP 系统工艺流程

根据医院规模、燃气参数和能源利用形式，主机选择燃气内燃机，采用燃气内燃机＋烟气热水型溴化锂吸收式制冷机＋电制冷机＋燃气锅炉的系统配置，具体如下：

a.两台 JM312 燃气内燃机以及两台配套的烟气热水型溴化锂机组与燃气发电机组一对一连接。其中内燃机额定出力 526kW，溴化锂机组的额定制冷量 640kW、制热量 591kW。

b.两台高效冷水机组制冷调峰，分别为 823kW 的螺杆机组和 2460kW 的离心机组，以更好地配置医院的冷热负荷变化，提高系统运行稳定性，提高能源利用效率。

c.配置一台可供采暖和热水供应的高效燃气锅炉，既可以满足日常生活中采暖及热水的需求，又同时满足了调峰需求，提高了负荷调节系统弹性。

CCHP 系统运行时根据工况不同需要及时调峰运行。综合考虑实际难度后，系统采用错峰运行模式，峰、平电价时段通过 CCHP 系统供电及制热制冷，市电及时补充；夜间 CCHP 系统停运，依靠市电以及冷水机组方式供能。而对于夏季典型日调峰来说，峰、平电价时段 CCHP 机组运行，烟气溴化锂热水机组制冷和供热；夜间时段 CCHP 停运，冷负荷由冷水机提供。冬季典型日峰、平电价时段 CCHP 机组运行，烟气溴化锂热水机组制冷和供热；夜间热负荷由燃气热水锅炉提供。

从经济上考虑，CCHP 全年能源支出费用低于 20 万元，常规分供系统全年能源支出超过 618 万元。虽然 CCHP 工程投资 1995.47 万元和常规分供系统 410 万元相比相差巨大，但是从长远角度来看 CCHP 系统更具有经济性，同时比常规分供系统节能 30%，保证了医院建筑供能的安全可靠性。

4.3.2.3　余热回收

锅炉烟气余热梯级利用系统中，在低能级段，低温省煤器（LTE）回收了烟气余热，用于加热闭合循环回路中的液相介质，通过闭合循环回路，回收的热量转移到前置空气预热器，通过与空气换热，提高了空气初温；在高能级段，空气初温的提高可以从空气预热器中置换出一部分用于加热空气的高温烟气，被置换出的高温烟气用于加热凝结水和（或）锅炉给水，排挤抽汽，提高了汽轮机效率，最终实现烟气余热的梯级利用。因此，可以将烟气余热梯级利用系统划分为低能级能量回收、低能级能量转移、高能级能量置换、高能级能量利用四个模块，分别对应热量回收、热量转移、热量置换和热量利用四个过程。综上所述，烟气余热梯级利用系统的烟气热量传递过程如图 4-41 所示。

在烟气余热梯级利用系统低能级段，输入系统的能量包括低温烟气㶲、增设低温省煤器后增加的引风机功率、增设前置空气预热器（FAH）增加的送风机功率以及液相循环介质闭合回路的水泵功率，最终输出的能量为前置空气预热器侧空气获得的㶲。图 4-42 表明了低能级烟气余热的有效㶲传递过程。其中，$E_{g,lte}$ 为低温烟气输入低温省煤器的烟气㶲；E_1 为闭合循环回路液相工质获得的㶲；$W_{p,lte}$ 为循环泵单位时间内输入的功；$W_{f,lte}$ 为由于增加低温省煤器导致单位时间内引风机输出功增加值；$W_{b,fah}$ 为由于设置前置空气预热器导致单位时间内送风机输出功增加值；$E_{a,fah}$ 为空气在前置空气预热器获得的㶲；E_{en} 为低温省煤器后烟气㶲。

低温省煤器获得低温烟气的㶲、引风机和水泵输入㶲，将能量转移给液相介质，使液相介质获得㶲并通过闭合回路转移到前置空气预热器，同时前置空气预热器获得送风机输入㶲，将能量转移给空气，使空气㶲增加，剩余的烟气㶲进入后续工艺。最终低温烟气余热转移给空气，提高了空气的初温。

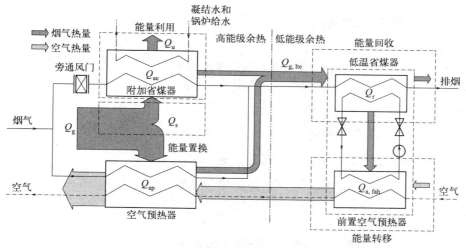

图 4-41　烟气余热梯级利用系统热量传递过程

Q_u—锅炉给水与凝结水吸热量；Q_s—空气初温的提高带来的预热空气的高温烟气热量节省量；Q_g—烟气热量；
Q_{ae}—高温烟气传递给附加省煤器的热量；Q_{ap}—高温烟气传递给空气预热器的热量；$Q_{g,lte}$—低温烟气输入低温
省煤器的热量；Q_r—闭合循环回路液相工质获得热量；$Q_{a,fah}$—空气在前置空气预热器循环获得的热量

在烟气余热梯级利用系统高能级段，输入系统的能量为高温烟气㶲，输出的能量为附加省煤器（AE）水侧获得的㶲、空气预热器（AP）中空气获得的㶲。图 4-43 表明了高能级烟气余热的有效㶲传递过程。其中 $E_{g,ap}$、$E'_{g,ap}$ 分别为空气预热器进风未预热时和预热时烟气在空气预热器中释放的㶲；$E_{g,ap}$ 为附加省煤器收到的烟气㶲；$E_{u,pa}$ 为凝结水和锅炉给水通过附加省煤器收到的㶲；$E_{a,ap}$ 为空气在空气预热器获得的㶲；E_{en} 为低温省煤器后烟气的㶲。

由于前置空气预热器提高了空气预热器入口空气温度，如保持进入空气预热器的烟气量不变，则进入锅炉的空气温度升高，锅炉排烟温度将会升高，空气预热器出口排烟温度也会升高，锅炉效率将降低，而且入炉风温过高也会影响锅炉正常运行。通过利用一部分排烟余热加热锅炉给水和凝结水，可减少空气预热器中用于预热空气的烟气量，将进入锅炉的空气温度和锅炉出口的烟气温度控制在合理范围内。加热锅炉给水和凝结水的这部分热量可以认为是利用低能级烟气余热置换出来的高能级热量，即通过低能级烟气余热的回收、转移，实现了热量的能级置换与提升。图 4-43 中，高能级烟气㶲大部分在空气预热器中传递给空气，小部分通过附加省煤器传递给锅炉给水和凝结水，烟气温度降低后，低能级烟气㶲进入低温省煤器。

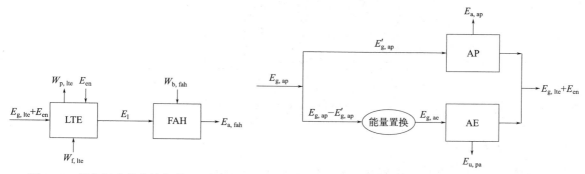

图 4-42　低能级余热有效㶲传递过程　　　　图 4-43　高能级余热的有效㶲传递过程

4.3.3 低温热能的品位提升

低温余热是重要的能量来源，余热资源总量大、品位低，难以实现高效经济的利用，如何提升低温热源的品位，是热能梯级利用和实现节能的重要问题。低温热源有多种转化形式，可通过热泵和制冷设备转化成高品位热能或冷能，通过热声设备转化为声能，通过余热发电设备转化为电能，在热力管网综合利用等。

4.3.3.1 热能转化为高品质热能

将热能转化成高品质热能的实现途径有很多，主要有热泵、变热器等设备，也可以通过间接方式，如热功转化、热电效应等将热能转化为电能，然后再利用电能转化为高温热能。此外，某些化学反应在进行时会释放热量，这些反应可以利用低温热源的热能来启动，从而产生高温热能，提升热能的品质。

热泵按其工作原理主要可分为吸收式热泵、蒸汽压缩式热泵和化学式热泵。热泵技术是目前发展最为成熟、使用最为广泛的余热升级利用技术。随着结构的不断创新与改进，工质的不断研发，其可用的热源温度不断降低，拓宽了低温余热的利用范围。其缺陷是热源温度越低时，热泵的热效率越低，且研发的高效能新工质目前还无法批量生产，仅限于试验使用。因此还需改进技术，提高工质制备水平或研发可大批量生产的新工质，进一步提高热泵的热效率。低温余热制冷技术与热泵技术原理相同，只是工质作用流程相反，在不同季节时可互相转换，在技术发展上相辅相成。

变热器又可称为第二类 AHT（吸收式热泵），是一种可以有效回收低品位余热的设备，可将低品位余热（如 60～100℃ 废热水）提升为中品位热量，理论温升可达 120℃，其工作流程如图 4-44 所示。该设备在把低品位余热提升为中品位可用热能的过程中只消耗少量泵功，设备可靠性高，寿命长。由于单级吸收变热器的能力较小，温升有限，因此提出多级吸收变热器。变热器的工作流程与吸收式热泵略有不同，其余热利用范围比热泵广，但是热效率却远低于热泵。变热器作为低温余热利用的现实途径之一还应继续优化流程，选取合适的工质才能得到广泛应用。

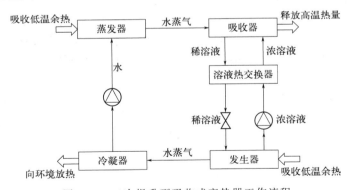

图 4-44 二次提升型吸收式变热器工作流程

4.3.3.2 热能转化成电能

纯低温余热发电装置多采用朗肯循环，如水蒸气扩容循环、有机朗肯循环、氨吸收式动力制冷复合循环、Kalina 循环等，其装置主要有单级蒸发、多级蒸发、蒸发扩充等基础类型。低温余热发电装置可提升一次能源利用率至 80% 以上，在分布式能源电站中可增加 20% 的发电量。低温余热发电也是目前技术较为成熟、适应性较广的低温余热利用技术之一，且与分布式能源电站较为匹配，可在以热（冷）定电的模式下，增加电厂的发电量，提高一次能源利用率，提高收益。但是要注意在配置发电容量时应考虑余热体量的波动情况，提高适应性。

4.3.3.3　热能转化成声能

热能在一定条件下转化为声能的现象即为热声效应，按能量转化方向的不同，热声效应可以分为两类：热驱动的声振荡和声驱动的热量传输。热声装置的最低起振温度约为 60℃，可有效进行低温余热的利用，且强制振动比自激振动有更低的起振温度。热声装置可有效地在热能与声能间进行能量转化，余热利用温度低，但是其效率不高，且尚未实现广泛使用，但热声装置可作为余热利用的新方式进行深入研究，为低温余热利用提供更多实现途径。

思考题

1.从热到电，有多少种转化的方法，请就所了解的方法尽可能列举，并比较它们的异同。

2.请查找资料，了解卡诺循环、朗肯循环、布雷顿循环的研究历史。

3.请设想未来不同类型基于热电能量转化的发电厂的形态。

4.举两个例子，说明在未来的能源系统中，本章提到的低温或者高温热能的转化过程可能同本书中的哪些能量转化或存储过程相结合，实现能量的梯级利用。

5.请从第 2 章相关内容——2.5 能量转化的热力学基础部分的观点出发，举例说明不同的发电过程所依据的热力学原理。

6.某液冷系统数据中心服务器总产热量为 10000kW，余热温度 60～70℃，如何利用这部分余热？

7.请简述烟气余热梯级利用系统中的四个模块和作用以及前置空气预热器的存在可以减少进入锅炉的空气温度和排烟温度过高现象的原因。

8.热声效应在低温余热利用中有哪些潜在的应用前景？目前主要面临哪些技术瓶颈？

课后习题

1.循环热效率是如何定义的？

2.从卡诺定理思考热机改善效率的方向有哪些？

3.请简述蒸汽动力循环与燃气动力循环的主要过程。

4.超临界二氧化碳布雷顿循环与有机朗肯循环相比传统动力循环分别有什么优势？

5.新型热工过程与传统热工过程热电转化的区别是什么？

6.什么是热能的梯级利用？举例说明热能梯级利用的主要方式。

7. 低温热源提升品位的途径有哪些？

8. 一卡诺机工作于 500℃ 与 30℃ 的两个热源之间，该卡诺机 1min 从高温热源吸收 1000kJ，求：

（1）卡诺机的热效率；

（2）卡诺机的功率。

9. 朗肯循环中，汽轮机入口初温 $t_1 = 540℃$，乏汽压力为 0.008MPa，试计算当初压 p_1 为 5MPa 时的循环热效率及乏汽干度。

10. 某燃气轮机装置理想循环，已知工质的质量流量为 15kg/s，增压比 $\pi = 10$，燃气轮机入口温度 $T_3 = 1200K$，压气机入口状态为 0.1MPa、20℃，假设工质是空气，且比热容为定值，$c_p = 1.004kJ/(kg \cdot K)$，$k = 1.4$。试求循环的热效率、输出的净功率及燃气轮机排气温度。

参考文献

[1] 田瑞，闫素英. 能源与动力工程概论[M]. 2版. 北京：中国电力出版社，2019.

[2] 付忠广. 动力工程概论[M]. 北京：中国电力出版社，2007.

[3] 邵和春. 汽轮机运行[M]. 北京：中国电力出版社，2006.

[4] 沈维道，蒋志敏，童钧耕. 工程热力学[M]. 3版. 北京：高等教育出版社，2001.

[5] 严家騄，王永青. 工程热力学[M]. 北京：中国电力出版社，2004.

[6] 王修彦. 工程热力学[M]. 北京：机械工业出版社，2007.

[7] 陈宏芳，杜建华. 高等工程热力学[M]. 北京：清华大学出版社，2003.

[8] 黄树红. 汽轮机原理[M]. 北京：中国电力出版社，2008.

[9] 王新军，李亮，宋立明. 汽轮机原理[M]. 西安：西安交通大学出版社，2014.

[10] 任永强，车得福，许世森，等. 国内外 IGCC 技术典型分析[J]. 中国电力，2019，52(02)：7-13，184.

[11] 崔丕桓. IGCC 系统发电设备可靠性分析[J]. 中国设备工程，2018(01)：96-98.

[12] 张璎. 核电站工作原理及发展趋势[J]. 装备机械，2010(04)：2-7.

[13] 李航宁，孙恩慧，徐进良. 多级回热压缩超临界二氧化碳循环的构建及分析[J]. 中国电机工程学报，2020，40 (S1)：211-221.

[14] 郭嘉琪，王坤，朱含慧，等. 超临界 CO_2 及其混合工质布雷顿循环热力学分析[J]. 工程热物理学报，2017，38(04)：695-702.

[15] 王羽鹏，罗向龙，梁俊伟，等. 有机朗肯循环系统工质设计与系统参数的同步优化[J]. 广东工业大学学报，2020，37(01)：69-80.

[16] 刘健，王辉涛，张淞源，等. 工质 R123 和 R245fa 的有机朗肯循环热力性能[J]. 可再生能源，2016，34(01)：112-117.

[17] 王大彪，段捷，胡哺松，等. 有机朗肯循环发电技术发展现状[J]. 节能技术，2015，33(03)：235-242.

[18] 郑浩，汤珂，金滔，等. 有机朗肯循环工质研究进展[J]. 能源工程，2008(04)：5-11.

[19] 刘飞标，王铸，彭燕，等. 法拉第型磁流体发电机试验和数值仿真[J]. 航空学报，2020，41 (11)：302-311.

[20] 邓建恩，曹立才，水贾鑫，等. 基于 3D 打印半导体热电材料的 PEMFC 温控系统[J]. 变频器世界，2019(07)：64-67.

[21] 吴平. 半导体热电材料的热电性能与制冷应用研究[D]. 武汉：华中科技大学，2019.

［22］ 吕学成,程剑,曹勇,等. 一种便携式高效集热的太阳能温差发电装置[J]. 中国战略新兴产业,2018
（36）:124.

［23］ 侯东光. 半导体温差发电装置设计与研究[D]. 成都:西南交通大学,2018.

［24］ 郭比. 锑化镓/镓铟砷锑热光伏电池的研究与制备[D]. 南昌:东华理工大学,2017.

［25］ 燃煤磁流体发电技术[J]. 能源与环境,2016(04):48.

［26］ 李铮桢,杨彪,柴明钢. 太阳能等离子体发电装置[J]. 科技创新与应用,2016(07):60.

［27］ 翟小锋. 高效率热光伏电池系统的设计[D]. 武汉:华中科技大学,2011.

［28］ 方思麟,于书文,刘维峰,等. 基于Ⅲ-Ⅴ族半导体材料的热光伏电池研究进展[J]. 半导体技术,2008
（08）:649-653.

［29］ 管祚尧,张秀华,张二力,等. 太阳能热离子发电[J]. 太阳能,1982(01):28-30.

［30］ Khalid K A A，Leong T J，Mohamed K. Review on thermionic energy converters［J］. IEEE
Transactions on Electron Devices，2016，63(6)：2231-2241.

［31］ 马新灵,孟祥睿,魏新利,等. 有机朗肯循环的热力学分析[J]. 郑州大学学报(工学版),2011,32(04):
94-98.

［32］ 林涛,韩凤琴,王长宏. 热电转化系统的发展与应用[J]. 新能源进展,2017,5(1):5.

［33］ 金红光,林汝谋. 能的综合梯级利用与燃气轮机总能系统[M]. 北京:科学出版社,2008:73.

［34］ 刘家友. 锅炉烟气余热能量置换梯级利用增效机制与实验研究[D]. 济南:山东大学,2019.

第 5 章

化学能转化原理与过程

化学能是一种很隐蔽的能量，它不能直接用来做功，只有在发生化学变化的时候才可以释放出来，变成热能、电能或者其他形式的能量。像石油和煤的燃烧，炸药爆炸以及人吃的食物在体内发生化学变化时所放出的能量都属于化学能。化学能是指储存在物质当中的能量，根据能量守恒定律，这种能量的变化与反应过程中热能的变化是大小相等、符号相反的，参加反应的化合物中各原子重新排列而产生新的化合物时，将导致化学能的变化，产生放热或吸热效应。本章主要介绍化学能与电能转化、化学能与热能转化、生物质能与电能转化以及生物质燃料转化的原理及方式。

5.1 化学能与电能转化

化学能直接转化为电能是电池内部自发进行氧化、还原等反应的结果，这种反应分别在两个电极上进行。氢气是一种很好的二次能源，相比于其他能源，氢气能量高，环保特性好。本节主要介绍通过燃料电池的方式实现氢能与化学能之间的转化，氢燃料电池在电源、电力驱动、发电等领域内都有明显的优点，具有广泛的应用前景。

5.1.1 氢能简介

氢能是未来最理想的二次能源之一，氢以化合物的形式储存在地球上最广泛的物质——水。氢具有以下性质和特点：来源广；燃烧热值高，氢的热值高于所有化石燃料和生物质燃料；清洁，氢本身无色无味无毒，燃烧产物只有水；燃烧稳定性好，容易做到比较完善的燃烧，燃烧效率很高，这是化石燃料和生物质燃料很难与之比拟的；存在形式多，氢可以以气态、液态或固态金属氢化物的形式存在，能适应储存和各种应用环境的不同要求。氢的制备方法主要分为化石燃料制氢、电解水制氢、生物制氢以及生物质制氢。

氢能的储存与运输是氢能应用的前提，但氢气无论以气态还是液态形式存在，密度都非常低，且易燃、易爆，这就为储存和运输带来了很大的困难。总体来说，氢气储存可分为物理法和化学法两大类。物理储存方法主要包括液氢储存、高压氢气储存、活性炭吸附储存、碳纤维和碳纳米管储存、玻璃微球储存等。化学储存方法有金属氢化物储存、有机液态氢化物储存、无机物储存、铁磁性材料储存等。氢气的运输与氢气储存技术的发展息息相关，目前氢气的运输方式主要包括压缩氢气和液氢两种，随着金属氢化物储氢等技术的成熟，未来的氢气运输方式必将发生翻天覆地的变化。

氢气是一种很好的二次能源，和其他物质以及其他能源相比具有很多特性，根据这些特性可以有效利用氢能源。表 5-1 列出了氢气作为能源资源时的各种特性。

氢气可以通过各种能源来获得，可以长期存储，在需要的时候可以随时转化为电能，而且和电能可以可逆高效率转化，这是其他能源难以相比的。氢能和电能结合，可以弥补相互的不足，是能源发展的一个趋势。当化石能源原料枯竭的时候，最佳的存储和运输能源的物质就是氢气，那个时候的能源体系将是电力和氢气相互辅助的一个系统。人类现在和未来会开发和提高太阳能等各种可再生能源的发电技术，以此来提高发电效率，电能和氢气将逐步成为能源系统的两个核心。

表 5-1　氢气作为能源资源的特性

性能及应用	特点
含能特性	能量高、能量密度可调范围大
环保特性	环保特性好，可以实现氢气-能源-水的循环
输送特性	可以通过容器或管道输送
存储特性	可以通过气态、液态和固体储氢材料的形式存储，形式多样
与其他能源的互换性	可以通过各种一次能源获得氢气，可以与电力相互转化
能源利用效率	高温、高转化率，能源效率比其他任何物质高
成本	从化石原料中获取成本低，以可再生能源制备成本高
安全性	无毒、易爆炸
应用方式	可以利用氢气转化成光、电、热、力
应用领域	化学、化工、冶金、电子、电力、航天等

5.1.2　氢能转化为电能的方式

氢能转化为电能的方式主要包括：燃料电池、燃气轮机（蒸汽轮机）发电。燃气轮机是一种外燃机，它包括三个主要部件：压气机、燃烧室和涡轮。工作原理是空气进入压气机，被压缩升压后进入燃烧室，喷入燃料即进行恒压燃烧，燃烧所形成的高温燃气与燃烧室中的剩余空气混合后进入涡轮的喷管，膨胀加速而冲击叶轮对外做功。燃气轮机所做功的一部分用于带动压气机，其余部分对外输出，用于带动发电机或其他负载。出于降低 NO_x 排放量的目的，目前氢主要是以富氢燃气（富氢天然气或合成气）的形式应用于燃气轮机发电系统。氢燃料电池是指由氢气和氧气通过氧化还原反应放出电能的氢能利用形式。下面主要介绍通过燃料电池来将氢能转化为电能的方法。

5.1.3　燃料电池

燃料电池被称为连续电池，它在等温条件下直接将储存在燃料与氧化剂中的化学能转化为电能。燃料电池在反应过程中不涉及燃烧，能量转换效率不受卡诺循环的限制。燃料电池的发电原理与传统电池相似。阳极进行燃料的氧化过程，阴极进行氧化剂的还原过程，导电离子在电解质内迁移，电子通过外电路做功并构成电的回路。燃料电池的工作方式与传统电池不同，它的燃料和氧化剂不是储存在电池内，而是储存在电池外的储罐内。当电池发电时，需要连续不断地向电池内输送燃料和氧化剂，排出反应产物和热量。

燃料电池的特点是能量转化率高，它的能效达到 $60\% \sim 70\%$，远高于热机和发电机的效率；环境友好，对于氢燃料电池，发电后的产物只有水；工作安静，方便使用，适用性强，燃料多种多样；燃料电池发电系统由配置合理的电池组组成，可实现工厂生产模块，电站安装，更换方便。

燃料电池种类较多，依据分类方法的不同，可以分为多种。根据电解质类型的不同，可以分为五类：碱性燃料电池（AFC）、质子交换膜燃料电池（PEMFC）、磷酸燃料电池（PAFC）、熔融碳酸盐燃料电池（MCFC）、固体氧化物燃料电池（SOFC）。相关介绍见表 5-2。

表 5-2　燃料电池介绍

类别	碱性燃料电池	质子交换膜燃料电池	磷酸燃料电池	熔融碳酸盐燃料电池	固体氧化物燃料电池
电解质	氢氧化钾溶液	质子渗透膜	磷酸	碳酸钾	固体氧化物
工作温度/℃	60～120	60～120	160～220	600～1000	600～1000
电化学效率/%	60～90	43～58	37～42	＞50	50～65
燃料	纯氢	氢，甲醇，天然气	天然气，氢	天然气，煤气，沼气	天然气，煤气，沼气

（1）燃料电池的效率

燃料电池的效率定义为电池对外电路所做功与电池化学反应释放的热能之比

$$f_{FC} = \frac{IVt}{\Delta H} \qquad (5-1)$$

式中，I、V 分别为电池的工作电流和电压；t 为运行时间；ΔH 为电化学反应焓变。

在热力学平衡状态下，电池对外电路做功为 $\Delta G = nFE$，其中 ΔG 为 Gibbs 自由能变，n 为电子转移数，F 为 Faraday 常数，E 为电池电动势。此时燃料电池的效率 f_{id} 由热力学效率决定

$$f_{id} = \frac{\Delta G}{\Delta H} = 1 - T \frac{\Delta S}{\Delta H} \qquad (5-2)$$

根据方程，对于熵变为负值的反应，燃料电池的热力学效率能够超过 100%，并且随着温度升高而升高。

在实际的燃料电池中，存在着由于极化导致的电动势下降，以及对燃料的不充分利用等非理想因素从而导致效率的降低，故将上式改为

$$f_{FC} = \frac{nFE}{\Delta H} \frac{V}{E} \frac{It}{nFf_g} f_g = f_{id} f_V f_I f_g \qquad (5-3)$$

式中，f_{id} 为热力学效率；f_V 为电压效率或电化学效率，$f_V = V/E$，表明了由于过电位引起的效率降低；f_g 为没有利用的燃料的分数；nFf_g 是理论上流经外电路的电流，因此 $f_I = It/(nFf_g)$ 称为电流效率或 Faraday 效率，一般都在 99% 以上。

在燃料电池（特别是高温燃料电池）运行过程中会产生一部分废热，通过合适的转化系统可以将一部分废热利用，从而进一步提高整个系统的转化效率。例如一般燃料电池的能量转化效率为 40%～60%，但是通过废热利用，整个燃料电池系统的总能量转化效率可达 90% 左右。

（2）动力学

燃料电池的理论电动势 E 由相应的化学反应决定，但工作时电池的输出电压 V 会小于

电动势 E，并且随着输出电流的增大而减小。实际上输出电压 V 与热力学决定的电动势 E 的差值 $\eta = E - V$ 被称为过电位。η 和 V 均为电池输出电流密度 j 的函数，η 和 j 之间关系的关系曲线称为极化曲线。对于氢氧燃料电池，随着电流密度的增大，还原电势升高，氧化电势降低，使电池电动势降低。

极化是由于在电池工作的动态过程中偏离热力学平衡态造成的，取决于电化学反应的控制步骤，包括由传质控制的浓差极化和由电极反应控制的电化学极化两种机理。

当整个电化学反应由电极反应控制时，产生的极化为电化学极化，极化曲线由 Butler-Volmer 方程给出

$$j = j_0 \left[\exp\left(\frac{\alpha_A n \eta F}{RT} \right) - \exp\left(-\frac{\alpha_C n \eta F}{RT} \right) \right] \tag{5-4}$$

式中，j_0 为交换电流密度，由在平衡电势下的电极反应速率得出；α_A 和 α_C 分别为阳极和阴极的传递系数，表明电池反应引起的能量改变；$n \eta E$ 为对阳极和阴极反应的分配，因此有 $\alpha_A + \alpha_C = 1$，该能量可以改变两个电极反应的活化能，从而改变反应速率，影响输出的电流密度。

当电化学反应由传质过程控制时，极化的机理是浓差极化，当输出电流较大时，电极附近溶液中反应物与生成物的浓度与溶液本体体积会有很大的不同，因此浓差极化不可忽略。造成浓差极化的过程包括扩散、对流以及电迁移等。由扩散引起的浓差极化造成的极化曲线为

$$V = E + \frac{nF}{RT} \ln\left(1 - \frac{j}{j_d} \right) \tag{5-5}$$

式中，j_d 是表面浓度为 0 时的极限电流密度。要减小浓差极化，需要降低扩散层的厚度，提高极限电流密度，这些可以通过燃料电池电极结构的设计来实现。

5.1.3.1　碱性燃料电池（AFC）

碱性燃料电池是最早开发的燃料电池，20 世纪 50 年代被应用于空间技术领域，20 世纪 60 年代被应用于汽车和潜艇。碱性燃料电池的显著优点是高能量转化率（最高可达 90%），高比功率和高比能量。

（1）工作原理

碱性燃料电池的电解质是氢氧化钾，导电离子是 OH^-，工作原理可表示如下。

燃料（H_2）在阳极上发生氧化反应

$$H_2 + 2OH^- \longrightarrow 2H_2O + 2e^- \tag{5-6}$$

氧化剂（O_2）在阴极上发生还原反应

$$\frac{1}{2}O_2 + H_2O + 2e^- \longrightarrow 2OH^- \tag{5-7}$$

电池反应

$$\frac{1}{2}O_2 + H_2 \longrightarrow H_2O \tag{5-8}$$

理论电动势 $E=0.401-(-0.828)=1.229(V)$

碱性燃料电池工作时会产生水和热量，采用蒸发和氢氧化钾的循环实现排除，以保障电池的正常工作。氢氧化钾电解质吸收 CO_2 生成的碳酸钾会堵塞电极的孔隙和通路，所以氧化剂要使用纯氧而不能使用空气，同时电池的燃料也要求高纯化处理。

（2）电池结构

碱性燃料电池的结构大致可分为以下几种：

① 氢氧化钾溶液置于框架内，称作碱腔，电极为双孔结构。氢氧化钾溶液可采用循环式或密封式两种。采用密封式结构与双极板组装成电池组。

② 石棉作隔膜，氢氧化钾溶液作电解质，石棉膜内饱浸氢氧化钾电解质。石棉膜的两侧分别是黏结型的氢电极和氧电极，组成了电极-膜-电极形式，采用密封结构使其与双极板组成电池组。

碱性燃料电池与其他几种燃料电池相比，能量转化效率高，化学性质稳定，而且采用非铂系催化剂，免受铂资源的制约，同时降低成本。

5.1.3.2 质子交换膜燃料电池（PEMFC）

质子交换膜燃料电池又称高分子电解质膜燃料电池，除具有燃料电池的一般特点，还具有比能量高、比功率大、寿命长、水易排出、无腐蚀的特性，且在室温下可以启动。

（1）工作原理

质子交换膜燃料电池以全氟磺酸型固体聚合物为电解质，以 Pt/C 或 Pt/Ru/C 为电催化剂，燃料为氢或净化重整气，氧化剂采用空气或纯氧，双电极材料目前采用石墨或金属。质子交换膜燃料电池工作原理如下。

阳极反应 $\qquad$ $H_2 \longrightarrow 2H^+ + 2e^-$ $\qquad\qquad$ (5-9)

阳极催化层中的氢气在催化剂的作用下发生反应，H_2 裂解为氢离子和电子。电子经外电路流动到达阴极，提供电力；氢离子（H^+）通过电解质膜转移到阳极。氢离子与 O_2 发生反应生成水。

阴极反应 $\qquad$ $\frac{1}{2}O_2 + 2H^+ + 2e^- \longrightarrow H_2O$ $\qquad\qquad$ (5-10)

电池反应为 $\qquad$ $\frac{1}{2}O_2 + H_2 \longrightarrow H_2O$ $\qquad\qquad$ (5-11)

（2）电池结构

质子交换膜燃料电池由电极、质子交换膜、双极板等部件组成，影响电池性能的因素主要有质子交换膜的厚度、电池的操作温度、质子交换膜的水含量。

（3）关键材料

① 电催化剂材料　主要是以铂为主。碳载铂合金催化剂，合金元素主要有铂、锰、钴和镍等，铂在合金元素中的比例一般在 $35\% \sim 65\%$ 之间。铂合金通过化学还原法沉积在碳载体上，形成碳载铂合金催化剂。纳米级颗粒铂/碳催化剂，通常采用炭黑、乙炔炭黑作载体，采用化学方法将铂沉积在载体上。通过特定方法将铂制备成纳米级粒度，使其具有高分散性。

② 电极材料　质子交换膜燃料电池的电极是多孔气体扩散电极，由催化层和扩散层组成。电极扩散层的材料通常是碳纸或碳布，厚度为 $0.20\sim0.30\text{mm}$。催化层的材料是纯铂黑和聚四氟乙烯乳液。

③ 质子交换膜　目前采用的质子交换膜为全氟磺酸型质子交换膜。制备全氟磺酸型质子交换膜的原料是聚四氟乙烯，经聚合制成高分子材料。

④ 双极板材料　在燃料电池组内，双极板的作用是分割氧化剂与还原剂、收集电流、分散气体和排热。双极板材料要有阻气功能，不能采用多孔透气材料，必须是电的良导体，具有抗腐蚀性。

（4）能量转化效率

对于燃料电池，由于工作过程不涉及机械能的转化，而是将燃料与氧化剂中的化学能通过电化学反应的方式转化为电能与热能，并生成产物水，因此不受卡诺循环的限制，其电能转化效率明显高于内燃机。

定义质子交换膜燃料电池的电能转化效率 η_e 为电池输出电能与电化学反应焓变 ΔH 的比值，即

$$\eta_\text{e} = \frac{zFV_\text{c}}{\Delta H} \tag{5-12}$$

式中，V_c 是燃料电池工作电压；z 是每摩尔反应的电子数。

氢气与氧气发生反应生成水的反应焓变有两种计算方式，若按液态水计算，则为高热值效率（HHV）；若按蒸气计算，则为低热值效率（LHV）。在 298.15K、101.325kPa 时，氢氧电化学反应的焓变可由氢气、氧气和水的热力学数据得到：$\Delta H = -285.84\text{kJ/mol}$（HHV）或 $\Delta H = 2413\text{kJ/mol}$（LHV），那么质子交换膜燃料电池的电能转化效率分别为

$$\eta_\text{e}(\text{HHV}) = \frac{V_\text{c}}{1.48} \tag{5-13}$$

或

$$\eta_\text{e}(\text{LHV}) = \frac{V_\text{c}}{1.25} \tag{5-14}$$

质子交换膜燃料电池在进行电能交换的同时，也在进行热能交换，热能主要有三个来源：电化学反应热；焦耳热（来自电池欧姆极化）；还可能有相变潜热生成。因此，质子交换膜燃料电池产生的废热为化学反应热、焦耳热与潜热的总和，热能转化效率 η_T 为

$$\eta_\text{T} = 1 - \eta_\text{e} \tag{5-15}$$

燃料电池发电系统是一个开放的能量转化系统，在计算实际的能量转化效率时，还应考虑到燃料的利用率以及辅助子系统的总功耗等因素的影响。

5.1.3.3　磷酸燃料电池（PAFC）

磷酸燃料电池是一种以磷酸为电解质的燃料电池，采用天然气作为燃料，空气作氧化剂，浸有浓磷酸的 SiC 微孔膜作电解质，Pt/C 作催化剂，工作温度 $200℃$。磷酸燃料电池产生的直流电流经过直交变换后以交流电的形式供给用户。磷酸燃料电池是目前单机发电量最

大的一种燃料电池，同时也是高度可靠的电源，可用于医院等的不间断供电。其发电效率为 $40\%\sim50\%$，热电联供的燃料利用率为 $60\%\sim80\%$。

（1）工作原理

磷酸燃料电池的原理如图 5-1 所示。以氢为燃料，氧为氧化剂，其反应如下。

阳极反应

$$H_2 \longrightarrow 2H^+ + 2e^- \tag{5-16}$$

阴极反应

$$\frac{1}{2}O_2 + 2H^+ + 2e^- \longrightarrow H_2O \tag{5-17}$$

电池反应

$$\frac{1}{2}O_2 + H_2 \longrightarrow H_2O \tag{5-18}$$

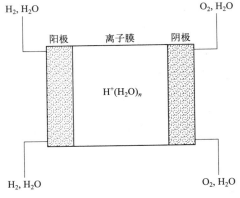

图 5-1　磷酸燃料电池的原理

（2）电池结构

磷酸燃料电池由多节单电池按压滤机方式组装成电池组，为保证电池稳定工作，必须连续地排除废热。其结构主要由阳极、阴极、离子膜、双极板构成，在组装时每 $2\sim5$ 节电池间就加入一片冷却板，通过水冷、气冷或油冷的方式实施冷却。

① 水冷排热　水冷可采用沸水冷却和加压冷却。沸水冷却时，水的用量较小，而加压冷却则水用量较大。水冷系统对水的质量要求高，以防止水对冷却板的腐蚀。

② 绝缘油冷却　采用绝缘油作冷却剂的结构与加压式水冷相似，油冷系统可以避免对高水质的要求，但由于油的比热容较小，流量远大于水的流量。

③ 空气冷却　空气强制对流冷却系统简单，操作稳定，但气体热容低，造成空气循环量大，消耗动力过大，所以气冷仅适用于中小功率的电池组。

（3）电池性能

① 电池的工作温度　从热力学角度分析，升高电池的工作温度会使电池的可逆电位下降，但升高温度会加速传质和电化学反应速率，减少活化极化、浓差极化和欧姆极化。

② 电池反应气体的工作压力　热力学分析表明，电池反应气体的工作压力升高会提高可逆电池的电压；从动力学角度看，升高压力会增加氧还原的电化学反应速率。升高压力会减少欧姆极化。

③ 电池的工作电位　在磷酸燃料电池的工作条件下，氧电极的工作电压高于 $0.8V$ 时，电催化剂铂会发生微溶，催化剂的载体也会慢慢氧化。

（4）电池材料

① 电极材料　包括载体材料和催化剂材料。催化剂附着于载体表面，载体材料要求导电性能好、比表面积高、耐腐蚀和低密度。

② 电解质材料　磷酸燃料电池的电解质是浓磷酸溶液。磷酸在常温下的导电性小，在

高温下具有良好的离子导电性，所以其工作温度在 200℃ 左右。磷酸是无色、油状且有吸水性的液体，它在水溶液中可离析出导电的氢离子。

③ 隔膜材料　磷酸燃料电池的电解质封装在电池隔膜内。隔膜材料目前采用微孔结构隔膜，它由 SiC 和聚四氟乙烯构成，具有直径微小的微孔，可兼顾分离效果和电解质传输。隔膜和电极组装后，电解质可透过微孔进入电极的催化层，形成稳定的三相界面。

④ 双极板材料　双极板的作用是分隔氢气和氧气，并传导电流，使两极导通。双极板材料是玻璃态的碳板，表面平整光滑，以使电池各部件接触均匀。为了减少电阻和热阻，双极板材料非常薄。

5.1.3.4　熔融碳酸盐燃料电池（MCFC）

熔融碳酸盐燃料电池属于高温燃料电池，工作温度是 650～700℃。与低温燃料电池相比，熔融碳酸盐燃料电池的成本和效率很有竞争力，总的来说有四大优势。

① 在工作温度下，熔融碳酸盐燃料电池可以进行内部燃料的重整，例如在阳极反应室进行甲烷的重整反应，重整反应所需热量由电池反应的余热提供；

② 工作温度为 650～700℃，其余热可用来压缩反应气体以提高电池性能，也可以用于供暖；

③ 燃料重整时产生的 CO 可以作为熔融碳酸盐燃料电池的燃料，而且不会受到 CO 中毒催化剂的威胁；

④ 催化剂为镍合金，不使用贵金属。

（1）工作原理

电解质为熔融碳酸盐，一般为碱金属 Li、K、Na、Cs 的碳酸盐混合物，隔膜材料是 $LiAlO_2$，正极和负极分别是添加锂的氧化镍和多孔镍。熔融碳酸盐燃料电池的工作原理如图 5-2 所示。

电池反应如下。

阴极反应

$$O_2 + 2CO_2 + 4e^- \longrightarrow 2CO_3^{2-} \qquad (5\text{-}19)$$

阳极反应

$$2H_2 + 2CO_3^{2-} \longrightarrow 2CO_2 + 2H_2O + 4e^- \qquad (5\text{-}20)$$

电池反应 $O_2 + 2H_2 \longrightarrow 2H_2O$ 　(5-21)

由上述反应可知，熔融碳酸盐燃料电池的导电离子为 CO_3^{2-}，CO_2 在阴极为反应物，而在

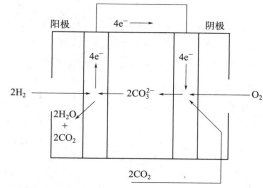

图 5-2　熔融碳酸盐燃料电池的工作原理

阳极为产物。实际上电池工作过程中 CO_2 在循环，即阳极产生的 CO_2 返回阴极，以保证电池连续地工作。通常采用的方法是将阳极室排出来的尾气经燃烧消除其中的 H_2 和 CO，再分离除水，然后将 CO_2 返回到阴极循环利用。

（2）电池结构

熔融碳酸盐燃料电池组装方式是：隔膜两侧分别是阴极和阳极，再分别放上集流板和双极板。其电池组的结构按进气方式可分为内气体分布管式和外气体分布管式。外分布管式电

池组装好后，在电池组和进气管之间要加入由 $LiAlO_2$ 和 ZrO_2 制成的密封圈。由于电池组在工作时会发生形变，这种结构会导致漏气，同时在密封垫内还会发生电解质的迁移。鉴于这些缺点，内分布管式逐渐取代了外分布管式，其克服了上述的缺点，但要牺牲极板的有效使用面积。在电池组内氧化气体和还原气体的相互流动有三种方式：并流、对流和错流。目前采用错流方式。

（3）电池材料

① 电极材料　其电极是 H_2、CO 氧化和 O_2 还原的场所，且必须具备两个条件：保证加速电化学反应，必须耐熔融盐腐蚀；保证电解液在隔膜、阴极和阳极间的良好分配，电极和隔膜必须有适宜的孔度相配。

② 隔膜材料　隔膜是熔融碳酸盐燃料电池的核心部件，必须具备高强度、耐高温熔盐腐蚀、浸入熔盐电解质后能阻气和具有良好的离子导电功能。目前主要采用的隔膜材料是 $LiAlO_2$，$LiAlO_2$ 粉体有三种晶型——六方晶型、单斜晶型和四方晶型。外形分别为球形、针状和片状。

③ 双极板材料　双极板主要有三个功能：隔开氧化剂与还原剂；提供气体流动通道；集流导电。目前采用的双极板材料主要为不锈钢和各类镍基合金。

5.1.3.5　固体氧化物燃料电池（SOFC）

固体氧化物燃料电池以固体氧化物为电解质，其不仅具有碱性燃料电池等的高效及环境友好的优点，同时还具有如下的特点：

① 全固态结构可以避免液体电解质带来的腐蚀和电解液流失；

② 在 $800\sim1000°C$ 的高温工作条件下，电极反应过程迅速，无须采用贵金属催化剂，降低成本；

③ 燃料选用范围广，除 H_2、CO 外，可直接采用天然气、煤气及碳氢化合物等；

④ 余热可用于供热和发电，能量综合利用效率达到 70%。

固体氧化物燃料电池主要用于燃气轮机、汽轮机发电系统，建造中心电站或分散电站。

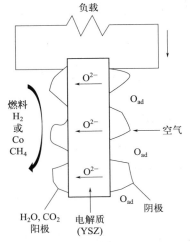

图 5-3　固体氧化物燃料电池的工作原理

（1）工作原理

电解质为固体氧化物，如 ZrO_2、Bi_2O_3 等，其阳极是镍掺杂的氧化钇稳定的氧化锆（Ni-YSZ）陶瓷，阴极目前主要采用锰酸镧材料。固体氧化物电解质在高温下具有传递 O^{2-} 的能力，在电池中起传递 O^{2-} 和分隔氧化剂与燃料的作用。固体氧化物燃料电池的工作原理如图 5-3 所示。电池反应如下。

阴极反应　　　　$O_2 + 4e^- \longrightarrow 2O^{2-}$　　　　　（5-22）

阳极反应　　$2O^{2-} + 2H_2 \longrightarrow 2H_2O + 4e^-$　　　（5-23）

电池反应　　　　$O_2 + 2H_2 \longrightarrow 2H_2O$　　　　　（5-24）

在阴极（空气电极）上，氧分子得到电子，被还原成氧离子；氧离子在电池两侧氧浓度差驱动力的作用下，通过电解质中的氧空位定向迁移，在阳极（燃料电极）上与燃料进行氧化反应。从原理上讲，固体氧化物燃料电池是理想的燃料电池类型之一，一旦解决了一系列的技术问题，有希望成为集中式发电和分散式发电的新方式。

（2）电池结构

固体氧化物燃料电池为全固体结构。目前主要的结构有以下几种：平板式、管式、瓦楞式、套管式和热交换一体化结构式等。

① 平板式结构　是将阳极/YSZ固体电解质/阴极烧结在一起，形成三合一结构，简称PEN平板。PEN平板之间由双极连接板连接。双极板内有导气槽，这样形成了PEN平板相互串联，空气和燃料气体分别从导气槽中交叉流过。目前，平板式固体氧化物燃料电池的结构多为PEN矩阵结构，既可以增大单电池面积，又可以解决YSZ的脆性问题。

② 管式结构　由多个管式的单电池以串联或并联的形式组装成电池组。每个单电池从里到外分别是支撑管、阴极、固体电解质和阳极。支撑管由多孔氧化钇稳定的氧化锆为原料制成，它起支撑作用并允许空气通过到达空气电极。它与空气电极、固体电解质和阳极共同构成了一端密封的单电池。

（3）电池材料

关键材料与部件为电解质隔膜、阴极材料、阳极材料和双极板连接材料。

① 固体氧化物电解质　目前，处于研究阶段的固体电解质材料主要有两种类型：萤石结构和钙钛矿结构，主要研究的是萤石结构。萤石结构的氧化物中 ZrO_2、Bi_2O_3 和 CeO_2 研究较多。掺杂 6%～10% 的 Y_2O_3 的 ZrO_2 是目前应用最广的电解质材料，加入 Y_2O_3 的目的是保持 ZrO_2 结构的稳定性。

② 阴极材料　要求具有良好的电催化活性和电子导电性，同时要求与固体电解质有良好的化学相容性、热稳定性和相近的热膨胀系数。目前采用最为广泛的阴极材料为掺杂锶的锰酸镧。

③ 阳极材料　可以选择 Ni、Co、Ru 和 Pt 等金属，考虑到价格因素，目前主要用 Ni。将 Ni 与 YSZ 混合制成金属陶瓷电极 Ni-YSZ。

④ 双极板材料　双极板在电池中连接阴极和阳极。在平板式中还起着分隔燃料和氧化剂、构成流场及导电作用。对双极板材料的要求是必须具备良好的力学性能、化学稳定性以及高电导率和接近 YSZ 的热膨胀系数。

5.2　化学能与热能转化

化学反应是指分子破裂成原子，原子重新排列组合生成新分子的过程。在反应中常伴有发光、发热、变色、生成沉淀物等，判断一个反应是否为化学反应的依据是反应是否生成新的分子。在化学反应中，反应物总能量大于生成物总能量的反应就叫放热反应，包括燃烧、铝热反应等。

5.2.1　燃烧反应

燃烧，是可燃物与氧化剂作用发生的放热反应，通常伴有火焰、发光或发烟的现象。燃烧的充分条件：一定的可燃物，一定的含氧量，一定的着火能量。物质的氧化反应现象是普遍存在的，由于反应的速度不同，可以体现为一般的氧化现象和燃烧现象。当氧化反应速度比较慢时，例如油脂或煤堆在空气中缓慢与氧的化合、铁的氧化生锈等，虽然在氧化反应时也是放热的，但同时又很快散失掉，因而没有发光现象。如果是剧烈的氧化反应放出光和热，即是燃烧。例如由于散热不良、热量积聚、不断加快煤的氧化速度而导致煤堆的燃烧，炽热的铁块在纯氧中剧烈氧化燃烧，等等。也就是说，氧化和燃烧都是同一种化学反应，只是反应的速度和发生的物理现象（热和光）不同。在生产和日常生活中发生的燃烧现象，大都是可燃物质与空气（氧）的化合反应，也有的是分解反应。

5.2.1.1 传统化石能源的燃烧

传统化石燃料包括煤、天然气等，是古代生物遗骸经过一系列复杂变化形成的，属于不可再生能源。

（1）煤

煤的主要元素通常指煤中有机质的碳、氢、氧、氮、硫五种元素及含量极低的元素，如磷、氯、砷等。煤中有机质的主要组成元素是碳，它是煤的结构单元骨架，也是燃烧时产生热量的主要来源。碳的标准摩尔燃烧焓为 -393.5kJ/mol，其燃烧反应方程式为

$$C+O_2 \longrightarrow CO_2 \tag{5-25}$$

煤的燃烧过程主要分为以下几个阶段。

① 挥发分析出阶段：煤受热失水干燥、析出挥发分。

② 燃烧阶段：包括挥发分及焦炭的燃烧，挥发分析出后，如果炉内温度足够，且有氧存在，挥发分即开始着火燃烧，形成明亮的火焰。挥发分的燃烧使焦炭被逐步加热，挥发分燃尽后，焦炭剧烈燃烧，所以挥发分的燃烧又会促进焦炭的燃烧。

③ 煤的燃尽阶段：随着燃烧的进行，可燃物质越来越少，煤中矿物质受热转化的灰分掩盖了剩余可燃物质，使其与空气接触困难，燃烧速度变慢，燃尽时间可持续很长。

（2）天然气

天然气的主要成分是甲烷，无色无味无毒，热值高，在 $36\sim42\text{MJ/m}^3$ 之间，其燃烧稳定、清洁、无灰渣，是洁净环保的优质能源。天然气的燃烧过程为

$$CH_4+2O_2 \longrightarrow CO_2+2H_2O \tag{5-26}$$

甲烷的标准摩尔燃烧焓为 -891kJ/mol，因此 1mol 甲烷燃烧能放出 891kJ 热量，而 1g 甲烷燃烧放出热量为 $1/16\times891=55.7(\text{kJ})$。燃烧天然气时主要产生二氧化碳和水蒸气，且不对大气层释放二氧化硫和小微粒物质，所释放的有害物质也比其他化石燃料少很多。

（3）燃烧过程的影响因素

① 燃料组成和燃料性质：包括灰分、水分、可燃质元素组成、发热量、燃料比、黏结性、灰熔点和粒度等。

② 炉内温度：只有达到着火点才能燃烧，燃烧过程中提高炉温可加速燃烧反应，增加稳定性，强化燃烧过程。

③ 氧化剂（空气量）：一定量的燃烧需要一定量的空气，空气量不够，会使有些可燃物得不到氧气而燃烧不充分。理论所需空气量可由化学计量法得到。

④ 与空气的混合：具备燃料和空气只是燃烧的必要条件，但还不充分。二者必须充分接触和混合，才能保证完全燃烧。

⑤ 燃烧时间：足够的燃烧时间是保证燃料燃尽的必要条件，任何燃烧均需要一定的时间，否则就不能燃烧完全。

5.2.1.2 生物质的燃烧

生物质直接燃烧是生物质最早被利用的传统方法，就是在不进行化学转化的情况下，将生物质直接作为燃料转化成能量的过程。燃烧过程所产生的能量主要用于发电或者供热。生物质直接作为燃料燃烧具有很多优点：

① 资源化，使生物质真正成为能源，而不是产生能源产品替代物的原料；

② 无害化，直接燃烧生物质不会造成环境问题，真正达到了能源利用的无害化；

③ 减量化，减少了生物质利用后剩余物的量。

据联合国粮食及农业组织统计，2019 年，全球三分之一的人口依靠诸如木材、木炭和农业废料等传统燃料作为家庭烹饪用燃料；生物质和木炭加起来占中低收入国家使用的传统烹饪燃料的 88% 左右。非洲对木质燃料的依赖程度最高（63% 的家庭，并且非洲有 90% 以上的木材被用作木质燃料），其次是亚洲和大洋洲（38%），以及拉丁美洲及加勒比海（15%）。若各地区依循当前政策，那么到 2030 年，全球近三分之一的人口仍无法转用清洁能源烹饪，将不得不依赖传统的木质燃料和其他类型的生物质能源。

生物质主要由碳、氢、氧三种主要元素和其他少量元素如硫、氮、磷、钾等组成。在生物质中，含碳量少，水分含量大，使得其发热量低，如秸秆类的收到基发热量为 12000～15500kJ/kg；含氢较多，一般为 4%～5%，生物质中的碳多数与氢结合成较低分子量的碳氢化合物，易挥发，燃点低，故生物质燃料易引燃。燃烧初期，挥发分析出量大，要求有大量的空气才能完全燃烧，否则容易冒黑烟。由于生物质燃料的这些特点，使得生物质的燃烧与煤的燃烧一样会经历预热干燥阶段、热分解阶段、挥发分燃烧阶段、固定碳燃烧阶段和燃尽阶段，但是生物质燃料燃烧过程有一些特点。

① 预热干燥阶段。在该阶段，生物质被加热，温度逐渐升高。当温度达到 100℃ 左右，生物质表面和生物质颗粒缝隙的水逐渐被蒸发出来，生物质被干燥。生物质的水分越多，干燥所消耗的热量也越多。

② 热分解阶段。生物质继续被加热，温度继续上升，达到一定温度时便开始析出挥发分，这个过程实际上是一个热分解反应。

③ 挥发分燃烧阶段。随着温度继续提高，挥发分与氧的化学反应速度加快。当温度升高到一定温度时，挥发分就燃烧起来，即发生着火，此温度称为生物质的着火温度。

④ 固定碳燃烧阶段。生物质中剩下的固定碳在挥发分燃烧初期被包围着，氧气不能接触到碳的表面，经过一段时间以后，挥发分的燃烧快要结束时，一旦氧气接触到炽热的碳，就可以发生燃烧反应。

⑤ 燃尽阶段。固定碳含量高的生物质的碳燃烧时间较长，而且后期燃烧速度更慢。因此有时将焦炭燃烧的后段称燃尽阶段。随着焦炭的燃烧，不断产生灰分，把剩余的焦炭包裹，妨碍气体扩散，从而妨碍碳的继续燃烧，而且灰分还要继续消耗热量。这时适当地加以

通风或者加以搅动，都可加强剩余焦炭燃烧。

5.2.1.3 生物质沼气技术

沼气是一种可燃气体，由于这种气体最先是在沼泽里发现的，所以称为沼气。沼气是有机物在厌氧条件下经多种微生物的分解与转化作用后产生的可燃气体。其主要成分是甲烷和二氧化碳，其中甲烷的体积分数一般为60%～70%，二氧化碳的体积分数一般为30%～40%，此外，还有少量的氢、氮、一氧化碳、硫化氢和氨等。甲烷是无色、无臭的气体。沼气来源于有机废弃物，广泛产生于污水处理厂、垃圾填埋场、酒厂、食品加工厂、养殖场、农村沼气池等。从环保角度讲，沼气中的甲烷是作用强烈的温室气体，其导致温室效应的效果是二氧化碳的27倍，因此要控制沼气的排放。

沼气发酵是一个微生物作用的过程，是指各种有机质（包括农作物秸秆、人畜粪便以及工农业排放废水中所含的有机物等）在厌氧及其他适宜条件下，通过微生物的作用，最终转化为沼气。

沼气的发酵主要分为液化、产酸和产甲烷三个阶段。农作物秸秆、人畜粪便、垃圾以及其他各种有机废弃物，通常是以大分子状态存在的碳水化合物，必须通过微生物分泌的胞外酶进行分解，分解成可溶于水的小分子化合物，即多糖水解成单糖或者双糖，蛋白质分解成肽和氨基酸，脂肪分解成甘油和脂肪酸。这些小分子化合物进入到微生物细胞内，进行后续一系列的生物化学反应，这个过程称为液化。接着在不产甲烷微生物群的作用下将单糖类、肽、氨基酸、甘油、脂肪酸等物质转化为简单的有机酸、醇以及二氧化碳、氢、氨和硫化氢等，其主要的产物是挥发性有机酸，其中以乙酸为主，约占80%，故此阶段称为产酸阶段。随后，这些有机酸、醇以及二氧化碳和氨等物质又被产甲烷细菌分解成甲烷和二氧化碳，或通过氢还原二氧化碳的作用，形成甲烷，这个过程称为产甲烷阶段。

5.2.1.4 燃料乙醇

乙醇，俗称酒精，是一种无色透明、具有特殊芳香味和强烈刺激性的液体。它以玉米、小麦、薯类、糖蜜等为原料，经发酵、蒸馏而制成，除大量应用于化工、医疗、制酒业外，还能作为能源工业的基础原料——燃料。将乙醇进一步脱水加上适量的汽油后形成变性燃料乙醇。所谓车用乙醇汽油，就是把变性燃料和汽油以一定的比例混配成的一种汽车燃料，在国外被视为替代和节约汽油的最佳燃料，具有价廉、清洁、环保、安全、可再生等优点。这项技术已经十分成熟。燃料乙醇的研究开发较早，早在20世纪初就有了燃料乙醇，后因石油的大规模低成本开发，其经济性较差而被淘汰。20世纪70年代中期以来发生了4次较大的"石油危机"以及可持续发展观念的深入，燃料乙醇又在许多国家得以迅速发展。目前世界上燃料乙醇的使用方式主要有3大类：a.汽油发动机，乙醇添加量为5%～22%；b.灵活燃料汽车，乙醇与汽油的混合比可在0%～85%之间任意改变；c.乙醇发动机，使用乙醇燃料，包括乙醇汽车和乙醇燃料电池车。

（1）生产乙醇的生物质原料

乙醇可以从许多含碳水化合物的植物中提取，根据其加工的难易顺序，分别如下：a.糖类来自甘蔗、甜菜、甜高粱；b.淀粉来自谷子、小麦、玉米、大麦；c.木质纤维类产品、草类、甘蔗渣、麦秸。乙醇可通过微生物发酵由单糖制得，也可以将淀粉和纤维素水解成单糖后制得，而对于木质纤维需要大得多的水解程度方能制得。这是利用的主要障碍，而淀粉水解则相对简单，并且已有很好的工艺。

（2）乙醇的生物质生产方法

① 热化学转化法　此方法制乙醇主要是指在一定温度、压力和时间控制条件下将生物质转化成液态燃料乙醇。生物质气化得到中等发热值的燃料油和可燃性气体（一氧化碳、氢气、小分子烃类化合物），把得到的气体组分进行重整，即调节气体的比例，使其最适合合成特定的物质，再通过催化合成，就可得到液化燃料乙醇。

② 生物转化法　此方法生产燃料乙醇大部分是以甘蔗、玉米、薯干和植物秸秆等农产品或农林废弃物为原料酶解糖化发酵制造的。其生产工艺有酶解法、酸水解法及一步酶工艺法等。这些工艺与食用乙醇的生产工艺基本相同，所不同的是需增加浓缩脱水后处理工艺，使其水的体积分数下降到 1% 以下。脱水后制成的燃料乙醇再加入少量的变性剂就可成为变性燃料乙醇，和汽油按一定比例调和就成为乙醇汽油。目前燃料乙醇的生产方法根据原料区分有：糖类、谷物淀粉类和纤维素类。用糖类加糖蜜生产乙醇是工艺最为简单、成本最低的方法，目前在南美洲国家广泛使用。以谷物淀粉作原料生产乙醇是目前北美洲和欧洲国家广泛使用的办法。下面主要介绍以纤维素为原料制取乙醇的工艺。

自然界中存量最大的碳水化合物是纤维素。据估计，全球的生物量中，纤维素占比 90% 以上，年产量约有 200×10^9 t，人类可直接利用的有 20×10^9 t。纤维素的最小构成单位是 D-葡萄糖，但其构成与淀粉不同，因而纤维素具有不溶于水的特性。纤维素的酶解过程比较复杂，降解速率缓慢，这是利用纤维素生产乙醇的最大障碍。但纤维素的来源非常丰富，各种废渣、废料中的主要成分都是纤维素。所以，利用纤维素生产乙醇不仅可以降低生产成本，还可以变废为宝，净化环境。图 5-4 是纤维素类物质发酵生产乙醇的工艺流程，包括预处理、水解及发酵等步骤。

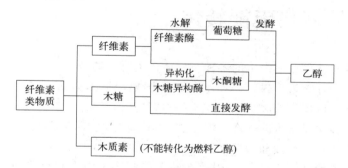

图 5-4　纤维素类物质发酵生产乙醇的工艺流程

（3）燃料乙醇的应用展望

由于推行燃料乙醇政策可以给国家带来巨大的综合收益，所以推行燃料乙醇政策的国家越来越多，燃料乙醇的应用范围越来越广。随着乙醇生产技术的进步（如酶技术、发酵技术、废水处理技术等）及乙醇生产成本的降低，燃料乙醇的价格将会越来越具有竞争性。总之，燃料乙醇是未来十分有希望的、清洁的、可持续发展的绿色能源之一，是一种很好的汽车代用燃料。

5.2.2 铝热反应

铝热反应是以铝粉和氧化铁为主要反应物的放热反应。当温度超过 1250℃ 时，铝粉激烈氧化，燃烧而放出大量热。这种放热反应的温度可达 3000℃ 以上。铝热反应非常迅速，作用时间短。加入硅铁粉时，可使作用缓和，利于延长作用的时间。当其用于浇注温度在 1000～1100℃ 的铜合金铸件，可再加少量强氧化剂，如硝酸钠、硝酸钾等；还可以加入镁作为点火剂，使其在较低的温度发生化学反应。

（1）铝热反应的原理

铝热反应的原理，是铝单质在高温的条件下进行的一种氧化还原反应，体现出了铝的强还原性。由于氧化铝的生成焓极低，故会放出巨大的热量，甚至可以使生成的金属熔化。另一方面，反应放出大量的热使铝熔化，反应在液相中进行使反应速率极快，短时间内放出极大量的热。铝热反应的剧烈程度，由金属的热值所决定，其中铝的热值约为 $3 \times 10^7 J/kg$。

（2）铝热反应的应用

铝热反应十分激烈，点燃后难以熄灭。若在钢等其他金属上点燃，还会熔穿金属物，加剧反应，故常被应用于制作穿甲弹。铝热反应过程中释放出的热可以使高熔点金属熔化并流出，故铝热反应广泛应用于焊接抢险工程之中。另外，也是冶炼钒、铬、锰等高熔点金属的重要手段。除此之外，其他的金属单质与金属氧化物混合之后点燃，也会发生强烈的氧化还原反应，效果类似于铝热反应。其中的金属单质可以是铝、镁、钙、钛或者是非金属硼、硅，而金属氧化物可以是三氧化二铬、二氧化锰、氧化亚钛、氧化铜或者是非金属氧化物二氧化硅、三氧化二硼等。

5.3 生物质能与电能转化

生物质是指由光合作用而产生的各种有机体，生物质能是指将太阳能转化为化学能的形式储存在生物中的一种能量形式，一种以生物质为载体的能量，它直接或间接地来源于植物的光合作用。在各种可再生能源中，生物质是独特的，它储存的是太阳能，更是一种唯一可再生的碳能源，可转化成常规的固态、液态和气态燃料。生物质能是人类一直赖以生存的重要能源，是仅次于煤炭、石油和天然气而居于世界能源消费总量第四位的能源。目前，生物质能在世界能源总消费量中占 14%，因而在整个能源系统中占有重要地位。生物质能极有可能成为未来可持续能源系统中的重要组成部分，到 21 世纪中叶，采用新技术生产的各种生物质替代燃料将占全球总能耗的 40% 以上。

世界上生物质资源数量庞大，形式繁多，其中包括薪柴、农林作物（尤其是为了生产能源而种植的能源作物）、农业和林业残余物、食品加工和林产品加工的下脚料、城市固体废弃物、生活污水和水生植物等。我国生物质资源主要是农业废弃物及农林产品加工业废弃物、薪柴、人畜粪便、城镇生活垃圾等四个方面。生物质能可以通过多种方式转化为电能，其中几种常见的方式是生物质直接燃烧发电、气化发电和沼气发电等。

5.3.1 生物质直接燃烧发电

生物质直接燃烧发电是指利用生物质燃烧后的热能转化为蒸汽进行发电，在原理上，与燃煤火力发电没什么不同。从原料上区分，目前生物质直接燃烧发电主要包括生物质（农林废弃物、秸秆等）燃料的直接燃烧发电和垃圾焚烧发电。直接燃烧发电是指把生物质原料送入适合生物质燃烧的锅炉内，生产蒸汽，驱动汽轮机，带动发电机发电。直接燃烧发电的关键技术包括原料预处理技术、蒸汽锅炉的多种原料适用性、蒸汽锅炉的高效燃烧、汽轮机的效率。

5.3.1.1 生物质直接燃烧技术

直接燃烧是目前把生物质转化为能量所通用的基本方式，大致可分为炉灶燃烧、锅炉燃烧、垃圾焚烧和固体燃料燃烧四种情况。炉灶燃烧是最原始的利用方法，一般适用于农村或者山区分散独立的家庭用，它的投资最少，但效率最低，燃烧效率在 $15\%\sim20\%$。锅炉燃烧采用了现代化的锅炉技术，适用于大规模利用生物质，它的主要优点是效率高，并且可实现工业化生产；主要缺点是投资高，不适合于分散的小规模利用。垃圾焚烧也是采用锅炉技术处理垃圾，但由于垃圾的腐蚀性较强，所以它技术要求更高，投资更大。固体燃料燃烧是把生物质固化成型后再采用传统的燃煤设备燃烧，主要优点是采用的热力设备是传统的定型产品，不必经过特殊的设计或处理，主要缺点是运行成本高。

5.3.1.2 生物质直接燃烧发电原理

生物质燃料的燃烧过程既是强烈的化学反应过程，又是燃料和空气间的传热、传质过程。燃烧除需要燃料存在外，必须有足够的热量供给和适当的空气供应。燃烧过程可分为预热、干燥、挥发分析出及着火、焦炭燃烧等过程。

生物质直接燃烧发电是由生物质锅炉设备利用生物质直接燃烧后的热能产生蒸汽，推动汽轮发电系统进行发电。在原理上与燃煤锅炉火力发电异曲同工。其工艺流程（图5-5）具体是：将生物质燃料从附近各个收集点运送至电厂，经预处理（破碎、分选）后存放到原料存储仓库，仓库容积要保证可以存放五天的发电原料；然后由原料输送车将预处理后的生物质送入锅炉燃烧，通过锅炉换热将生物质燃烧后的热能转化为蒸汽，为汽轮机发电组提供汽源进行发电。生物质燃烧后的灰渣落入除灰装置，由输灰机送到灰坑，进行灰渣处置。烟气经过烟气处理系统后由烟囱排放到大气中。

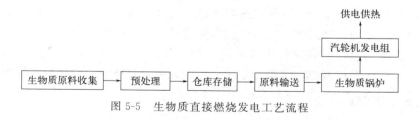

图 5-5 生物质直接燃烧发电工艺流程

5.3.1.3 生物质燃烧速率的影响因素

燃烧速率由反应物与生成物的气流扩散和化学反应动力学所控制。

（1）温度的影响

温度是决定化学反应速率快慢的主要因素之一，温度升高，反应速率迅速增加。反应速率常数 K 遵循阿伦尼乌斯定律

$$K = k_0 \mathrm{e}^{-\frac{E_a}{RT}} \tag{5-27}$$

当碳颗粒处于强烈燃烧时，认为反应级数 $n=1$，则

$$\omega_{\mathrm{O_2}} = KC_{\mathrm{O_2}} \tag{5-28}$$

式中，$\omega_{\mathrm{O_2}}$ 为燃烧化学反应的速率，$\mathrm{mol/(m^3 \cdot s)}$，即反应物氧气的消耗浓度；$C_{\mathrm{O_2}}$ 为碳粒表面的氧气浓度，$\mathrm{mol/m^3}$。

（2）气流扩散速度的影响

氧气的浓度和压力决定了其扩散速度，燃烧速率取决于扩散到燃烧表面上的氧气量，根据扩散控制反应有

$$\omega_{\mathrm{O_2}} = C_k (C_\infty - C_{\mathrm{O_2}}) \tag{5-29}$$

式中，C_k 为扩散速度常数，取决于气流速度，与反应温度无关；C_∞ 为周围介质中的氧气浓度，$\mathrm{mol/m^3}$。

合并式（5-28）和式（5-29）消除 $C_{\mathrm{O_2}}$，整理后得到

$$\omega_{\mathrm{O_2}} = \frac{C_\infty}{\dfrac{1}{C_k} + \dfrac{1}{K}} = kC_\infty \tag{5-30}$$

式中，$k = \dfrac{1}{\dfrac{1}{C_k} + \dfrac{1}{K}}$ 称为折算反应速率常数。式（5-30）反映了燃烧反应速率与化学反应动力学特性 K 和气流扩散特性 C_k 的关系。

5.3.1.4 生物质直接燃烧的设备分类及发展现状

（1）设备分类

影响生物质直接燃烧发电效率的关键因素是生物质燃烧效率的高低，而燃烧设备是影响生物质直接燃烧效率的关键因素。生物质燃料燃烧设备按规模可分为小型锅炉、大型锅炉和热电联产锅炉；按用途与燃料品种可分为木材炉、壁炉、颗粒燃料炉、薪柴锅炉、木片锅炉、秸秆锅炉及其他燃料锅炉；按燃烧形式可分为片烧炉、捆烧炉、颗粒层燃炉等。

（2）设备发展现状

日本在 20 世纪 50 年代研制出棒状燃料成型机及相关的燃烧设备；美国在 1976 年开发了生物质颗粒及其成型燃烧设备；日本、美国及欧洲一些国家的生物质成型材料燃烧设备已经定型并形成了产业化，在加热、供暖、干燥、发电等领域已普遍推广应用。这些国家的生物质成型燃料燃烧设备具有加工工艺合理、专业化程度高、操作自动化程度高、热效率高、

排烟污染小等优点。

　　我国在生物质燃料成型设备方面也作了大量的研究，如辽宁省能源研究所研制的颗粒成型机，中国林业科学研究院林产化学工业研究所研制的多功能成型机，河南农业大学机电工程学院研制的活塞式液压成型机等，在国内正在形成产业化。但生物质成型燃料燃烧效率低，仍然是低品位燃料，难以充分发挥生物质资源的作用。国内关于生物质燃料燃烧设备的设计与研究几乎是个空白，一些单位为燃用生物质成型燃料，在未弄清生物质成型燃料燃烧理论的情况下，盲目地把原有的燃煤设备改为生物质成型燃料燃烧设备。改造后的燃烧设备仍存在着诸多问题，致使燃烧设备的燃烧效率及热效率较低，出力及工质参数下降，排烟中污染物含量高。为了使生物质成型燃料能稳定、充分、直接地燃烧，根据生物质成型燃烧理论重新进行系统设计与研究生物质成型燃料专用燃烧设备是非常重要的，也是非常紧迫的。

　　生物质直接燃烧发电的技术已经基本成熟，进入推广应用阶段。美国大部分生物质采用这种方法利用，目前已建立了接近500座的生物质发电站，截止到2019年底，美国生物质能发电总量达到了7358MW，单机容量为10～25MW，处理的生物质大部分是农业废弃物或木材厂、纸厂的森林废弃物。这种技术单位投资较高，大规模下效率也较高，但它要求生物质集中，数量巨大，只适用于现代化大农场或大型加工厂的废物处理，对生物质较分散的发展中国家不是很友好。芬兰是世界上利用林业废料、造纸废弃物等生物质发电最成功的国家之一，其技术与设备为国际领先水平。福斯特威勒公司是芬兰最大的能源公司，也是制造具有世界先进水平的燃烧生物质的循环流化床锅炉的公司，最大发电量达 30×10^4 kW。

5.3.2　生物质气化发电

5.3.2.1　生物质气化发电原理

　　生物质气化发电技术的基本原理是把生物质转化为可燃气，再利用可燃气推动燃气发电设备进行发电。它既能克服生物质难以燃用而且分布分散的缺点，又可以充分发挥燃气发电技术设备紧凑且污染少的优点，所以是生物质最有效、最洁净的利用方法之一。

　　气化发电过程包括三个方面：一是生物质气化，把固体生物质转化为气体燃料；二是气体净化，气化出来的燃气都带有一定的杂质，包括灰尘、焦炭和焦油等，需经过净化系统把杂质除去，以保证燃气发电设备的正常工作；三是燃气发电，利用燃气轮机或者燃气内燃机进行发电，有的工艺为了提高发电效率，发电过程可以增加余热锅炉和汽轮机。经预处理的生物质原料，由进料系统送进气化炉内。由于提供氧气有限，生物质在气化炉内会进行不完全燃烧，发生气化反应，生成可燃气体——气化气。气化气一般要与物料进行热交换以加热生物质原料，随后经过冷却系统及净化系统。在该过程中，灰分、固体颗粒、焦油及冷凝物被除去，净化后的气体即可用于发电，通常采用内燃机、燃气轮机及汽轮机进行发电。生物质气化发电工艺流程见图5-6。

5.3.2.2　生物质气化发电的特点

　　生物质气化发电技术是生物质能利用中有别于其他可再生能源的独特方式，具有以下三个特点。一是技术具有充分的灵活性。由于生物质气化发电可以采用内燃机，也可以采用燃气轮机，甚至可结合余热锅炉和蒸汽发电系统，所以生物质气化发电可以根据规模的大小选用适合的发电设备，保证在任何规模下都有合理的发电效率。这一技术的灵活性，能很好地

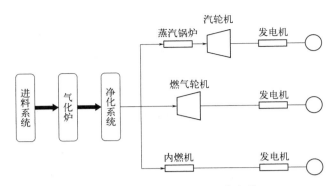

图 5-6　生物质气化发电工艺流程

满足生物质分散利用的特点。二是具有较好的洁净性。生物质本身属于可再生能源，可以有效地减少 CO_2、SO_2 等有害气体的排放，而气化过程一般温度较低，NO_x 的生成量很少。三是经济性。生物质气化发电技术的灵活性，可以保证该技术在小规模下有较好的经济性，同时燃气发电过程简单，设备紧凑，也使得生物质气化发电技术比其他可再生能源发电技术投资更少。

5.3.2.3　生物质气化发电系统的分类

　　生物质气化发电系统由于所采用的气化技术、燃气发电技术以及发电规模的不同，其系统结构和工艺过程有很大的区别。

　　① 根据燃气发电技术的不同分类。主要分为三种方式：一是将可燃气作为内燃机的燃料，用内燃机带动发电机组发电；二是将可燃气作为燃气轮机的燃料，用燃气轮机带动发电机组发电；三是用燃气轮机和汽轮机实现两级发电，即利用燃气轮机排出的高温废气把水加热成蒸汽，再用蒸汽推动汽轮机带动发电机组发电。

　　② 根据生物质气化方式不同分类。可以分为固定床和流化床两大类。

　　③ 根据生物质气化发电规模分类。可分为小型、中型、大型三种。小型生物质气化发电系统一般指采用固定气化设备，发电规模在 200kW 以下的气化发电系统，主要集中在发展中国家。美国、欧洲的发达国家等虽然小型生物质气化发电技术非常成熟，但由于发达国家生物质资源相对较贵，而能源供应系统完善，对小型生物质气化发电技术应用较少。中型生物质气化发电系统主要作为大中型企业的自备电厂，它可以适用于处理一种或多种不同的生物质。所需的生物质数量较多，需要粉碎、烘干等预处理，所采用的气化方式主要以流化床气化为主。中型生物质气化发电系统用途广泛，是目前生物质气化技术的主要方式。大型生物质气化发电系统相对于常规能源系统仍然是非常小的规模，考虑到生物质资源分散的特点，一般把大于 3000kW 且采用了联合发电方式的气化发电系统归入大型的行列。大型生物质气化发电系统主要功能是作为上网电站，它可以适用的生物质较为广泛，所需的生物质资源数量巨大，必须配套专门的生物质供应中心和预处理中心，是今后生物质利用的主要方式。

5.3.3　沼气发电

　　近年来随着经济的发展，城市化进程逐步加快，城市废弃物数量迅速增加。埋在填埋场的城市废弃物厌氧消化产生的沼气，若不进行回收利用，最终会进入大气，故控制沼气的排放已成为保护大气的一个重要方面；另外，沼气又是性能较好的燃料，纯燃料热值为 $21.98MJ/m^3$，属中等热值燃料。以沼气作为动力及燃料，带动发电机运转，获得高品位电能的沼气发电技术，是沼气综合利用的有效方式之一。

5.3.3.1 沼气发电原理

沼气发电原理是以沼气作为往复式发动机和汽轮机的主要燃料来源，以沼气来驱动发电机发电。沼气能量在沼气发电过程经历由化学能—热能—电能的转化过程，其能量转化效率受热力学第二定律的限制，热能不能完全转化为机械能，热能的卡诺循环效率不超过40%，大部分能量随尾气排出。从能量的角度看，碳氢燃料可被多种动力设备使用，如内燃机、燃气轮机、锅炉等。除此之外，采用发动机方式的结构最为简单，而且还具有成本低、操作简便的特点。

5.3.3.2 国内外沼气发电技术的发展现状

沼气发电在发达国家已受到广泛重视和积极推广，如美国的能源农场、德国可再生能源法的颁布、日本的阳光工程、荷兰的能源绿色等。生物质能发电并网在西欧一些国家的能源总量占比为10%左右，预计未来会更多。

我国有一批科研单位、院校和企业先后从事了沼气发电技术的研究及沼气发电设备的开发。在这一领域中，形成了科研、技术骨干队伍，建立了相应的科研、生产基地，积累了较多的成功和失败经验，为沼气发电技术的应用研究及沼气发电设备质量再上一个台阶奠定了基础。沼气发电技术主要应用在禽畜场沼气、工业废水处理沼气、垃圾填埋沼气三个方面。国内 $0.8\sim500kW$ 各级容量的沼气发电机组均已先后鉴定和投产，主要产品有全部使用沼气的纯沼气发动机及部分使用沼气的双燃料发动机。这些机组各具特色，各有技术上的突破，已在我国部分农村和有机废水的沼气工程上配套使用。目前，对双燃料发动机所做的研究工作较多。2024年7月，甘肃兰州新区百川畅银新能源有限公司生物质（生活垃圾填埋沼气）1MW发电项目成功并网，这是兰州新区供电公司迎来的首家"沼气电"并网发电项目，也是甘肃省兰州新区内目前规模最大的沼气发电项目，填补了兰州新区沼气发电业态的空白。

5.3.3.3 沼气发电产业化可行性

① 沼气发电具有巨大的动力源潜在市场。工厂化沼气的生产原料主要来自规模化畜禽养殖场粪污厌氧处理、酿酒制糖业等工业有机废水厌氧处理、城市污水厂的污泥厌氧处理和城市垃圾填埋四个方面。

我国主要畜禽粪便能源潜力非常可观，2017年我国大型牲畜和家禽粪便产沼气总潜能为1983.00亿立方米，极具规模化前景；酿酒废水具有高化学需氧量（COD）、高生化需氧量（BOD）、悬浮物（SS）、可生化性好等特点，若将废水直接排放，则会造成水体的严重污染，据统计，每生产1t白酒就要排出 $12\sim20t$ 废水，利用工业有机废水生产沼气的潜力巨大。

② 沼气发电更适用于大中型沼气工程。一般来说，万吨酒精厂、规模化畜禽养殖场、城市生活污水处理厂和城市生活垃圾填埋场是当地的支柱产业和必要的公益型企业，也是造

成污染的大户。对于高浓度有机废水的治理，目前国际上公认首选的技术是厌氧消化（沼气技术）。

③ 沼气发电是实施可持续发展战略的要求。万吨酒精厂、规模化畜禽养殖场、城市生活污水处理厂等典型的高浓度有机废水是国内主要污染源，是以牺牲环境为代价的，必须从源头治理，同时也应意识到，它又是可开发利用的宝贵资源。通过科学的处理和加工，便可将其转化为不可缺少的生产和生活资料。随着我国经济的高速发展，对化石能源的要求量越来越大，致使煤炭、电力供应紧张，煤价飙升，电力缺口大。因此，因地制宜地利用生物质沼气发电，并建立分散、独立的沼气发电厂就拥有广阔的市场前景，为实现我国可持续发展战略提供保障。

5.3.4　生活垃圾焚烧发电

城市生活垃圾的焚烧发电是利用焚烧炉对生活垃圾中的可燃物质进行焚烧处理。通过高温焚烧后消除垃圾中大量有害物质，达到无害化、减量化的目的，同时利用回收到的热能进行供热、供电，达到资源化。

5.3.4.1　国内外垃圾焚烧现状

目前，国内外使用和在建的垃圾焚烧炉以炉排层燃方式为主，少量采用回转窑和流化床方式，均属第一代垃圾焚烧炉的范畴。我国早期建设的生活垃圾焚烧关键设备——焚烧炉大多是从国外引进的，调控系统、采集配套系统已大量采用国产化装备技术。近年来，随着我国生活垃圾焚烧行业的快速发展，在引进、消化、吸收国外先进技术的基础上，各个核心设备的国产化已经基本完成，可以为生活垃圾焚烧设施提供成熟可靠的设备。我国生活垃圾焚烧的主要炉型有炉排炉、流化床炉、热解炉及回转焚烧炉等。其中，炉排炉因其燃料无须预处理、可靠性高、无须辅助燃料、厂用电率低、飞灰产量低等优势成为主流焚烧技术，市场份额超过 80%。目前垃圾焚烧炉主要存在以下不足：垃圾焚烧前需要分拣；投资过高，焚烧炉性能价格比太小；由于余热利用时中间转化环节太多，且均以水蒸气为热能中间载体，从而使热效率低下，垃圾热量资源利用率太低。确保垃圾稳定燃烧的措施有：进垃圾焚烧炉前先烘干潮湿垃圾的水分并预热垃圾，预热助燃空气至较高温度，焚烧炉内不设置余热利用装置。

垃圾焚烧作为一种废物处理和能源回收的方式，在国外得到了广泛的发展。比如欧洲国家，欧洲国家在垃圾焚烧领域处于领先地位，尤其是瑞典、丹麦、荷兰和德国。这些国家积极推动垃圾焚烧技术的发展，并将其作为可再生能源的重要组成部分。它们通过高效燃烧废物，不仅解决了废物处理问题，还产生了电力和热能。在美国，垃圾焚烧技术的发展相对滞后。尽管如此，一些地区仍然使用垃圾焚烧作为一种可行的废物处理方式。在一些州，垃圾焚烧厂通过控制废气排放和回收能源，为当地提供了可靠的能源来源，并减少了垃圾填埋的需求。

5.3.4.2　生活垃圾焚烧发电工艺流程

运输车将垃圾运至电厂，开到投料门，卸到垃圾坑。储坑容积较大，可堆放三天以上的焚烧量。垃圾在坑内发酵、脱水后，送入送料器，并排入焚烧炉，在焚烧炉内燃烧。在开始点炉时，需用助燃装置喷油助燃，一旦启动完毕，送风机经过蒸汽式空气预热器送入焚烧炉下部成为热风，即可使垃圾充分燃烧，助燃装置随即停用。燃烧的火焰即高温烟气，经过单炉膛双汽包自然循环锅炉，从而产生过热蒸汽，并为汽轮发电机组提供能源。

5.3.5　混合燃烧发电

5.3.5.1　混合燃烧发电方式

混合燃烧发电是指将生物质原料应用于燃煤电厂中，使用生物质和煤两种原料进行发电。混合燃烧主要有两种方式：一种是将生物质原料直接送入燃煤锅炉，与煤同时燃烧，产生蒸汽，带动汽轮机进行发电；另一种是先将生物质原料在气化炉中气化生成可燃气体，再通入燃煤锅炉，可燃气体与煤同时燃烧产生蒸汽，带动汽轮机进行发电。无论哪种方式，生物质原料预处理技术都是十分重要的，要将生物质原料处理成符合燃煤锅炉和气化炉的要求。混合燃烧的关键还包括煤与生物质混燃技术、煤与生物质可燃气体混燃技术、汽轮机效率。

5.3.5.2　混合燃烧发电分析

由于生物质的能量密度低、体积大，运输过程中增加了 CO_2 的排放，不适合集中大型生物质发电厂。而分散的小型电厂，投资、人工费高，效率低，经济效益差。所以在大型燃煤电厂，将生物质与矿物燃料联合燃烧成为新的概念。它不仅为生物质和矿物燃料的优化混合提供了机会，同时许多现存设备不需太大的改动，使整个投资费用降低。其优势是：大型电厂的可调节性好，能适应不同的混合燃烧，使混燃装置能适应当地生物质的特点。大多数燃煤电厂燃烧粉煤，生物质必须经过预处理，因为磨煤机不适合粉碎树皮、森林残余物或木块等生物质。生物质与煤炭的混合燃烧具有很大的潜在力。这项技术十分简单，并且可以减少二氧化碳排放量，这一技术在北美地区使用非常广泛。在美国，有几百家发电厂采用生物质与煤炭混燃技术，还有更多的发电厂将可能采用这一技术。目前，混合燃烧存在以下问题：

① 由于生物质含水量高，产生的烟气体积较大。而现有锅炉一般为特定燃料而设计，产生的烟气量相对稳定，所以烟气超过一定限度，热交换器很难适应。因此，混合燃烧中生物质的份额不宜太多。

② 生物质燃料的不稳定性使锅炉的稳定燃烧复杂化。

③ 生物质灰熔点低，工艺存在结渣问题。

④ 生物质燃烧生成的碱，会使燃煤电厂中脱硝催化剂失活。

在传统火电厂中进行混合燃烧，遵从生物质发电的工艺路线，既不需要气体净化设备，也不需要小型发电系统，可从大型传统电厂中直接获利。

5.3.5.3　我国发展混合燃烧发电的制约因素

生物质与煤混燃发电技术在中国的推广应用，最重要的制约因素有政策因素和技术因素，这些制约因为中国国情的特点而与其他国家有很大的差别。

① 政策的制约因素。我国生物质耦合发电仍处于探索阶段，虽国外已有大量的应用实例，但都难以满足我国国情。开发一套基于我国国情的生物质耦合燃煤发电体系，需要国家政策的大力支持。目前，我国生物质耦合发电项目大多处于公益阶段，需要国家财政的大量

帮扶、相应的科研经费以及对试点地区居民的奖励补贴。同时，应给国内科研人员创造出国交流的机会，深入学习其他成功案例的经验，并结合我国国情走自主研发道路。

② 技术的制约因素。近几十年来，我国在生物质发电技术投入的研究方向主要是针对中小型生物质气化发电技术，对生物质大型直接燃烧和混燃发电技术的开发研究与实际应用的经验积累很少。中国生物质资源的特点以农业废弃物为主，与国外的生物质发电条件有明显的差异，生物质资源的成分含量、对设备的影响和要求也有明显的差异。这就要求我们引进、消化国外先进生物质发电技术和设备的同时，根据我国特点，开发研究适合中国国情的具有自主知识产权的技术和设备。

5.4 生物质燃料转化

燃料是通过燃烧将化学能转化为热能的物质，由燃料获取的热能在技术上是可以被利用的，在经济上是合理的。生物质的燃料转化可以分为生物质气化、生物质热解、生物质固化等。

5.4.1 生物质气化技术

生物质气化技术已有一百多年的历史。最初的气化反应器产生于 1883 年，它以木炭为原料，气化后的燃气驱动内燃机，推动早期的汽车或农业排灌机械。生物质气化技术的鼎盛时期出现在第二次世界大战期间，当时几乎所有的燃油都被用于战争，民用燃料匮乏，因此德国大力发展了用于民用汽车的车载气化器，并形成了与汽车发动机配套的完整技术。我国生物质气化技术在 20 世纪 80 年代以后得到了较快的发展。20 世纪 80 年代初期，我国研制了由固定床气化器和内燃机组成的稻壳发电机组，形成了 200kW 稻壳气化发电机组产品并得到推广。20 世纪 90 年代中期，中国科学院广州能源研究所进行了流化床气化器的研制，并与内燃机结合组成了流化床气化发电系统，使用木屑的 1MW 流化床发电系统投入商业运行，并取得了较好的效益。1994 年建成第一个实际运行的集中供气的试点工程以后，迅速在全国推广。随着我国对生物质能越来越重视，我国生物质能相关投资数量也在不断增多。根据数据显示，我国已投产生物质能项目由 2016 年 655 个增至 2020 年 1353 个，年均复合增长率为 19.9%。生物质气化集中供气技术在高效利用农村剩余秸秆，减轻由于秸秆大量过剩引起的环境问题，为居民供应清洁的生活燃料方面已经开始发挥作用，逐渐成为以低品质生物质原料供应农村现代生活燃气的新事业。

生物质气化是指以固态生物质为原料在高温下部分氧化的转化过程。该过程是直接向生物质通气化剂（空气、氧气或水蒸气），生物质在缺氧的条件下转变为小分子可燃气体的过程。所用气化剂不同，得到的气体燃料也不同。目前应用最广的是用空气作为气化剂，产生的气体主要作为燃料，用于锅炉、民用炉灶、发电等场合。通过生物质气化得到合成气，可进一步转变为甲醇或提炼得到氢气。

5.4.1.1 生物质气化基本原理

所谓气化是指将固体或液体燃料转化为气体燃料的热化学过程。为了提供反应的热力学条件，气化过程需要供给空气或氧气，使原料发生部分燃烧。气化后的产物是含有 H_2、CO

及低分子 C_mH_n 等的可燃性气体。整个过程分为四步：干燥、热解、氧化和还原。

① 干燥过程　生物质原料进入气化器后，在热量的作用下，首先被干燥。被加热到 200～300℃时，原料中的水分首先蒸发，产物为干原料和水蒸气。

② 热解过程　当温度升高到 300℃以上时开始发生热解反应。热解是高分子有机物在高温下吸热所发生的不可逆裂解反应。大分子碳氢化合物的碳链被打碎，析出生物质中的挥发物，只剩下残余的木炭。热解反应析出挥发分主要包括水蒸气、氢气、一氧化碳、甲烷、焦油及其他碳氢化合物。

③ 氧化过程　热解的剩余物木炭与被引入的空气发生反应，同时释放出大量的热以支持生物质干燥、热解及后续的还原反应进行，氧化反应速率较快，温度可达 1000～1200℃，其他挥发分参与反应后进一步降解。

④ 还原过程　此过程没有氧气存在，氧化层中的燃烧产物及水蒸气与还原层中木炭发生还原反应，生成氢气和一氧化碳等。这些气体与挥发分组成了可燃气体，完成了固体生物质向气体燃料的转化过程。还原反应是吸热反应，温度会降低到 700～900℃。

5.4.1.2　生物质气化技术分类

从不同的角度对生物质气化技术进行分类。根据燃气生产机理可分为干馏气化和反应性气化，其中后者又可根据反应气氛的不同细分为空气气化、氧气气化、水蒸气气化及氢气气化；根据采用的气化反应炉的不同又可分为固定床气化、流化床气化和气流床气化。

（1）干馏气化

干馏气化其实是热解气体的一种特例。它是在气化过程中提供完全无氧或极有限的氧的条件而抑制反应大量发生的情况下进行的生物质热解，也可描述成生物质的部分气化。它主要使生物质的挥发分在一定温度作用下进行挥发，生成固体炭、木焦油、木醋液和气化气 4 种产物。按热解温度可分为低温热解（600℃以下）、中温热解（600～900℃）和高温热解（900℃以上）。由于干馏气化是吸热反应，应在反应工艺中提供外部热源以使反应进行。

（2）空气气化

以空气为气化介质的气化过程。空气中的氧气与生物质中的可燃组分进行氧化反应，产生可燃气，反应过程中放出的热量是为气化反应的其他过程即热分解与还原过程提供所需的热量，整个气化过程是一个自供热系统。但由于空气中含有 79% 的 N_2，它不参与气化反应，却稀释了燃气中可燃组分的占比，其气化气中氮气的体积分数高达 50% 左右，因而降低了燃气的热值。由于空气可以任意取得，空气气化是所有气化过程中最简单也是最易实现的形式，因而这种气化技术应用较普遍，通常气化产物的热值在 5000kJ/m^3 左右。

（3）氧气气化

氧气气化是指向生物质燃料提供一定氧气，使之进行氧化还原反应，产生可燃气。在与空气气化相同的当量比下，氧气气化的反应温度提高，反应速率加快，反应器容积减小，热效率提高，气化气热值提高 1 倍以上。在与空气气化相同的反应温度下，氧气气化的耗氧量较少，当量比降低，因而也提高了气体质量。氧气气化的气化产物热值与城市煤气相当，为 15000kJ/m^3 左右，是中值气体。在该反应过程中应控制氧气供给量，既保证生物质全部反应所需要的热量，又不能使生物质同过量的氧反应生成过多的二氧化碳。

（4）水蒸气气化

水蒸气气化是指水蒸气同高温下的生物质发生反应，它不仅包括水蒸气-碳的还原反应，还有 CO 与水蒸气的变换反应等各种甲烷化反应以及生物质在气化炉内的热分解反应等，其主要气化反应是吸热反应过程。因此，水蒸气气化的热源来自外部热源及蒸汽本身热源。典型的水蒸气气化产物中氢气和甲烷的含量较高，其热值也可以达到 $10920 \sim 18900 kJ/m^3$，为中热值气体。水蒸气气化反应温度不能过高，该技术较复杂，不易控制和操作。水蒸气气化经常出现在需要中热值气体燃料而又不使用氧气的气化过程中，如双床气化反应器中，就有一个床是水蒸气气化床。

（5）氢气气化

氢气气化是使氢气同碳及水发生反应生成大量甲烷的过程，其反应条件苛刻，需在高温高压及具有氢源的条件下进行。其气化气热值可达 $22260 \sim 26040 kJ/m^3$，属高热值气体。此类技术不常应用。

5.4.1.3　生物质气化设备

生物质气化反应发生在气化炉中，气化炉是气化反应的主要设备。生物质在气化炉中完成了气化反应过程并转化为生物质燃气。目前，国内外正研究和开发的生物质气化设备按原理分主要有流化床气化炉、固定床气化炉及携带床气化炉；按加热方式分为直接加热和间接加热两类；按气流方向分为上吸式、下吸式和横吸式三种。

5.4.1.4　生物质气化技术的应用

生物质气化技术的多样性决定了其应用类别的多样性。不同的气化炉，不同的工艺路线，其最终的用途是不同的；同一气化设备，选用不同的物料，不同的工艺条件，最终的用途也是不同的。生物质气化技术的基本应用方式主要有四个方面，即用于供热、供气、发电及化学品的合成。

① 生物质气化供气技术　是指气化炉产生的生物质燃气，通过相应的配套设备，为居民提供炊事用气，替代薪柴、煤或液化气。

② 生物质气化供热技术　是指生物质经过气化炉气化后，生成的生物质燃气送入下一级燃烧器中燃烧，为终端用户提供热能。

③ 生物质气化合成化学品技术　是指经过气化炉产生的生物质燃气，通过一定的工艺合成为化学制品。目前主要是合成甲醇和氨，为运输业提供代用燃料，为种植业提供肥料等。

5.4.2　生物质热解技术

生物质热解是指生物质在完全缺氧或者有限氧供给的条件下热降解为液体生物油、可燃气体和固体生物质炭三个组成部分的过程。生物质热解技术具有的特点有：能够以较低的成本和连续化生产工艺将常规方法难以处理的低能量密度的生物质转化为高能量密度的气、液、固产品，减少了生物质的体积，便于储存和运输，同时还能从生物油中提取高附加值的化学品。生物质中含硫含碳量均较低，同常规能源相比，减少了空气中 SO_2 和 NO_x 的排放。生物质利用过程中所释放出的CO_2同生物质形成过程中所吸收的CO_2相平衡,没有额外增加大气中的CO_2含量。生物油还是一种环境友好燃料,经过改性和处理后,可直接用于透平机,是21世纪的绿色燃料。

5.4.2.1 生物质热解原理

生物质主要由纤维素、半纤维素、木质素组成,空间上呈网状结构。生物质的热解行为可以归结为纤维素、半纤维素和木质素三种主要元素的热解。然而,这三种主要成分的热解并不是发生在同一时间段的。相对于纤维素和半纤维素,木质素的降解发生在一个较宽的温度范围内,而纤维素和半纤维素的降解则发生在一个较为狭窄的温度区间。相比之下,纤维素在绝大多数生物质中占主要成分,其热解规律具有一定的代表性,其热解可分为三个阶段。

第一阶段称之为预热解阶段,主要是纤维素高分子链断裂、纤维素聚合度下降及玻璃化转变,这一阶段会有一些内部重排反应发生,例如:失水,键断裂,自由基出现,羧基、羰基、过氧羟基的形成。当温度低于200℃时,纤维素热效应并不明显,即使加热很长时间也只有少量的重量损失,外观形态并无明显的变化。然而,经过预热解处理的木质纤维素材料内部结构已经发生了一些变化,其热解产物的产量不同于未经过预处理的纤维素材料,这表明预热解是整个热解过程中必要的一步。

第二阶段为热解的主要阶段,降解过程在$300\sim600℃$下进行,纤维素进一步解聚成单体,进而通过各种自由基反应和重排反应形成热解产物。这一阶段发生化学键的断裂与重排,需要吸收大量的热量。1,6-脱水内醚葡萄糖是这一阶段热解的主要产物。但该物质在常压和较高温度下不稳定,会进一步裂解成其他低分子量挥发性产物。

第三阶段为焦炭降解阶段,这一阶段焦炭进一步降解,C—H和C—O键断裂,形成富碳的固体残渣。

5.4.2.2 生物质热解工艺流程

生物质热解的一般工艺流程包括物料的干燥、粉碎、热裂解、产物炭和灰的分离、气态生物油的冷却和生物油的收集。

① 干燥 为了避免原料中过多的水分被带到生物油中,有必要对原料进行干燥。一般要求物料含水率在10%以下。

② 粉碎 为了提高生物油产率,必须有很高的加热速率,故要求物料有足够小的粒度。不同的反应器对生物质粒径的要求也不同,旋转锥所需生物质粒径小于$200\mu m$;流化床要求小于2mm;传输床或循环流化床要求小于6mm。但是,采用的物料粒径越小,加工费用也越高,因此需要综合考虑。

③ 热裂解 热裂解液化技术的关键在于要有很高的加热速率和热传递速率,严格控制温度以及热裂解挥发分的快速冷却。这样才能最大限度地提高产物中油的比例。

④ 炭和灰的分离 几乎所有的生物质中的灰都留在了产物炭中,所以炭分离的同时也分离了灰。但是,炭从生物油中的分离比较困难,而且炭的分离并不是在所有生物油的应用中都是必要的,因为炭会在二次裂解中起催化作用,并且在液体生物油中产生不稳定因素。

⑤ 气态生物油的冷却 冷凝阶段的时间及温度影响着液体产物的质量及组分,热裂解

挥发分的停留时间越长，二次裂解生成不可冷凝气体的可能性就越大。为了保证产油率，需要快速冷却挥发产物。

⑥ 生物油的收集　生物质热裂解反应器的设计除需对温度进行严格控制外，还应在生物油收集过程中避免由于生物油的多种重组分的冷凝而导致反应器堵塞。

5.4.2.3　生物质热解产物及应用

生物质热解产物主要有气体、焦炭及液体三种。

（1）气体

热解产生的中低热值的气体含有 CO、CO_2、H_2、CH_4 及饱和或不饱和烃类化合物。热解气体可作为中低热值的气体燃料，用于原料干燥、过程加热、动力发电或改性为汽油、甲醇等高热值产品。热解气体的形成方式：热解形成焦炭过程中，少量的（低于干生物质重量的 5%）初级气体随之产生，其中 CO、CO_2 约占 90% 以上，还有一些烃类化合物。在随后的热解过程中，部分有机蒸气裂解成二次气体。最后得到的热解气体，实际上是初级气体和其他气体的混合物。

（2）焦炭

热解过程所形成的另一个主要产品是焦炭。焦炭颗粒的大小很大程度上取决于原料的粒度、热解反应对焦炭的相对损耗以及形成机制。当热解目标是获得最大焦炭产量时，通过调整相关参数，一般可获得相当于原料干物质 30% 的焦炭产量。焦炭可作为固体燃料使用。

（3）液体

热解液是高含氧量、棕黑色、低黏度且具有强烈刺激性气味的复杂液体，含有一定的水分和微量固体炭。热解所得到的热解液也通常称之为生物油，生物油的理化特性对生物油的储存和运输具有重要的参考价值，并直接影响到生物油的应用范围与利用效率。生物油是含氧量极高的复杂有机成分的混合物，这些混合物主要是一些分子量大的有机物，其化合物种类有数百种之多，从属于数个化学类别，几乎包括所有种类的含氧化合物，如醚、酯、醛、酮、酚、有机酸、醇等。不同生物质的生物油在主要成分的相对含量上大都表现相同的趋势，在每种生物油中，苯酚、萘和一些有机酸的含量相对较大。热解液体组分包括两相：水相含有多种分子量的有机金属-氧化合物；而非水相包括许多不溶性高分子量有机化合物，尤其是芳环化合物，该相被叫作生物油或焦油，有重要的应用价值。水相中乙酸、甲醇和丙酮的含量比非水相中高。

5.4.2.4　生物质直接液化技术

生物质直接液化就是在较高的压力下液化，故又称高压液化。把生物质放在高压设备中，添加适宜的催化剂，在一定的工艺条件下反应制成液化油，反应物的停留时间长达几十分钟，作为汽车用燃料或进一步分离加工成化工产品。生物质通过液化不仅可以制取甲醇、乙醇、液化油等化工产品，而且还可以减轻化石能源枯竭带来的能源危机，所以生物质液化将是生物质能研究的热点。

液化是在合适的催化剂的作用下进行的，一般以水作为溶剂。在超临界条件下，以水作为介质，具有使反应加快、环境友好、产物易于分离等较好的反应特性，是具有开发和应用潜力的生物质液化剂和反应介质。液化和热解的对比如表 5-3 所示。

表 5-3　液化和热解的对比

过程	温度/℃	压力/MPa	干燥
液化	525～600	5～25	不需要
热解	650～800	0.1～0.5	需要

这两种过程都是将原料中的有机化合物转化为液体产品的热化学过程。液化是在催化剂存在的前提下，生物质原料中的大分子化合物分解成小分子化合物碎片，同时这些不稳定、活性高的碎片重新聚合成合适分子量的油性化合物。而热解一般不需要催化剂，较轻的分解分子通过气相的均相反应转化成油性化合物。

（1）生物质直接液化工艺

生物质与石油在结构、组成和性质上有很大的差异，生物质的主体是高分子聚合物，而石油是烃类物质的混合物，生物质中氢元素远少于石油，而含氧量却远高于石油，且生物质中含有较多的杂质。因而将生物质直接转化成液体燃料，需要加氢、裂解和脱灰过程。生物质直接液化工艺流程如图 5-7 所示。木材原料中的含水率约为 50%，液化前需将含水率降低到 4%，便于粉碎处理。木屑干燥和粉碎后，初次启动时与蒽混合，正常运行后与循环油混合。由于混合后的泥浆非常浓稠，且压力较高，故采用高压送料器输送至反应器。用 CO 将反应器加压到 28MPa，温度为 350℃，催化剂是浓度为 20% 的 Na_2CO_3 溶液，反应的产物是气体和液体。离开反应器的气体被迅速冷为轻油、水及不能冷凝的气体。液体产物包括油、水及其他杂质，可通过离心分离器分离，得到的液体产物一部分用作循环油使用，其他作为产品。

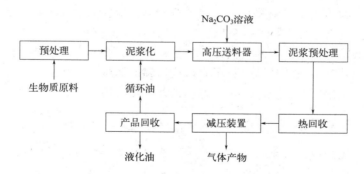

图 5-7　生物质直接液化工艺流程

（2）生物质直接液化研究现状

生物质加压液化温度一般低于快速热解。该法始于 20 世纪 60 年代，当时美国的 Appell 等人将木片、木屑放入 Na_2CO_3 溶液中，用 CO 加压至 28MPa，使原料在 359℃下反应，结果得到 40%～50% 的液体产物。近年来，人们不断尝试采用 H_2 加压，使用溶剂（如四氢萘、醇、酮等）及催化剂（如 Co-Mo、Ni-Mo 系加氢催化剂）等手段，使液体产率大幅度提高。但各种工艺均有一个共同的特点，即采用高压（到达 5MPa）和低温（250～400℃），这是为了便于气体运输，同时又保持高温下的液体系统。此外液化工艺进料一般以溶剂作为固相载体来维持浆状，添加还原气体（通常为 H_2）并使用催化剂，溶剂以水最引人注意，因其廉价且性质为人所熟悉。木材用作溶剂可得到产率为 45％的油，其含氧量为 20％～25％。以油作载体的研究报道更多，加拿大以螺旋加压进行木材的液化，美国使用改进的挤出螺旋以增加压力、减少溶剂用量。

生物质直接液化是远期目标，目前重点放在基础研究上。与热解相比，液化存在高压工艺较昂贵、浆料难以高压进料、泵送和换热负载高等技术难题。此外，液化产品较瞬时裂解的生物油黏度更高，性质更差，产量也明显较低。但是，如能控制反应速率和操作条件，液化产品可使含氧量降至最低而产量可达最高，因为伴有加氢-脱氧反应，在含氧量和热值方面较裂解油好。

5.4.3 生物质固化技术

所谓生物质固化就是将生物质粉碎至一定的粒度，不添加黏结剂，在高压条件下，挤压成一定形状。具有一定粒度的生物质原料，在一定压力的作用下（加热或者不加热），可以制成棒状、粒状、块状等各种成型燃料。其黏结力主要是靠挤压过程中所产生的热量，使得生物质中木质素产生塑化黏结。成型物进一步炭化制成木炭。生物质固化解决了生物质能形状各异、堆积密度小且较松散、运输和储运使用不方便的问题，提高了生物质的使用效率。

5.4.3.1 生物质固化成型原理

各种农林废弃物主要由纤维素、半纤维素及木质素组成。木质素为光合作用形成的天然聚合物，具有复杂的三维结构，是高分子物质，在植物中的质量分数为 15％～30％。木质素不是晶体，因而没有固定熔点，但有软化点，当温度达到 $70\sim100℃$ 时开始软化并有一定的黏度；当达到 $200\sim300℃$ 时呈熔融状，黏度高，此时若施加一定的外力，可使它与纤维素紧密连接，使植物体体积大幅减小，密度显著增加。即使取消外力，由于非弹性的纤维分子间的相互缠绕，使其仍能保持给定形状。冷却后强度进一步增加，成为成型燃料。若原料中木质素含量较低，可加入一定的黏结剂，当加入黏结剂时，原料颗粒表面将形成吸附层，颗粒间产生范德瓦耳斯引力，从而使粒子间形成连锁的结构。采用此种成型方法所需的压力较小，可供选择的黏结剂有黏土、淀粉、植物油及造纸黑液等。

5.4.3.2 生物质固化成型工艺

现有的生物质固化成型技术按生产工艺可分为黏结成型、压缩成型和热压缩成型，通常压缩成型分为生物质收集、干燥、粉碎、预压、加热、压缩及冷却等步骤。用于生物质成型的设备主要有螺旋挤压式、活塞冲压式和环境滚压式等几种主要类型。目前，国内生产的生物质成型机一般为螺旋挤压式，生产能力多在 $100\sim200kg/h$ 之间，生产的成型燃料为棒状，直径 $50\sim70mm$。活塞冲压机通常不用电加热，成型物密度稍低，容易松散。环境滚压机也不用电加热，该机型主要用于大型木材加工厂或造纸厂秸秆粉碎的加工，粒状成型燃料主要用于锅炉燃料。生物质固化成型工艺的一般流程如图 5-8 所示。

5.4.3.3 生物质型煤

生物质型煤是指破碎成一定粒度和干燥到一定程度的煤及可燃性物质，按照一定的比例

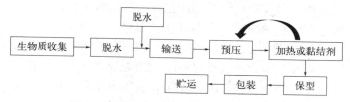

图 5-8　生物质固化成型工艺的一般流程

掺混，加入少量的固硫剂，利用生物质中的木质素、纤维素及半纤维素等的黏结与助燃作用，经高压成型机压制而成。生物质型煤水分低、挥发分高；在燃烧过程中，干燥干馏的时间短，挥发分易析出，容易着火和点燃，透气性好；在燃烧过程中形成微孔，增大了与空气的接触面积，因而能够充分燃烧，并能改善煤炭燃烧冒黑烟的情况，还能固硫和降低烟尘生成量；成型强度高，便于储存运输。生物质型煤技术将不可再生的化石能源和可再生的生物质能巧妙地结合在一起，具有综合利用能源和减少环境污染的双重功能。

（1）**生物质型煤生产工艺**

生物质型煤生产工艺主要由烘干、粉碎、混合、高压成型等单元组成，生产过程一般是：先将原煤和准备掺入的生物质分别进行烘干，将干燥后的原煤进行破碎，生物质则加以碾碎，磨成微细粉末。然后将两者进行充分混合，此时可根据原煤和生物质的特性，视情况加入适量的黏结剂和固硫剂。最后将上述混合物一同送入成型机，在高压下压制成型。生物质型煤也可以在压制过程中加入各种可燃的工业废弃物（煤泥、泥炭等）和城市生活垃圾。在成型之前，一定要控制混合成型的煤粉、生物质和生石灰的水分小于 5%，以便通过成型机固化成型。

（2）**生物质型煤燃料特性**

① **抗压强度**　其是生物质型煤各项力学性能指标中最直观、最具有代表性的指标。一般而言，随着原煤可磨性系数的不断增大，型煤的抗压强度逐步升高。当煤料粒径小于 0.3mm 时，生物质型煤的抗压强度逐渐降低。

② **点火性**　生物质型煤比原煤可燃基挥发分有所提高，在点火过程中，易燃的生物质率先点火放热，使生物质型煤在短时间内升温迅速达到着火点，使不易点火的原煤也随之很快着火，而且随着生物质的快速燃烧，在型煤中生物质燃料原来占有的体积迅速收缩，型煤中空出了许多孔道及空隙，使一个实心的球体变成了一个多孔形球体，这样就为氧气的渗透扩散创造了条件，所以点火能深入到球面表层下一个深度，形成稳定的点火燃烧。在高压成型的生物质型煤中，其组织结构决定了挥发分的析出及向型煤内部传递热量比较缓慢，所以形成挥发分点火逐步进行，且点火所需的氧气比原煤层状燃烧点火时要少。

③ **燃烧机理**　生物质型煤在燃烧的过程中呈多孔球燃烧有利于氧向内和燃烧产物向外的扩散，有利于加速传热传质和保证充分燃烧，因而不会产生煤热解过程中因为局部供氧不足发生的热解析碳冒烟现象。生物质型煤灰渣中残碳含量低，残余灰渣也难以黏结成块，一般呈香烟灰状。生物质型煤燃烧机理实质是属于静态渗透式扩散燃烧。燃烧围绕生物质型煤表面及不断地深入到球内进行，少量的 CO 在空间燃烧。生物质型煤燃烧特性既有着火容易、易燃尽优越可取的一面，又存在灰壳阻碍气体扩散、降低燃烧速度的另一面。生物质型煤要燃尽良好，最根本的原则是要实现有效合理的配风下的控温燃烧。影响生物质型煤燃烧

速度的主要因素包括生物质与煤的种类、燃烧温度、燃烧时通风情况、固硫剂添加情况、生物质不同掺量、生物质型煤外形与质量大小等。

④ 固硫特性　生物质型煤在成型过程中，不仅加固硫剂氧化钙，而且加有机活性物质（如秸秆、锯木屑等），生物质型煤在燃烧过程中，随着温度的升高，由于这些有机生物质比煤先燃烧完，碳化后留下空隙起到膨化疏松作用，使固硫剂颗粒内部不易发生烧结，甚至使得孔隙率反而增加，增大了气体向固硫剂颗粒内部的扩散，提高了固硫剂的利用率。此外由于生物质型煤在成型过程中煤与固硫剂接触混合均匀，可以在较低的钙硫比下，使固硫率达到 50% 以上，同时生物质对生物质型煤在燃烧过程中起到的膨化疏松作用会增加燃烧时的空气流通量，使得生物质型煤的热效率不仅大大高于散煤，而且高于普通型煤。

生物质型煤的燃烧过程分为两个阶段：挥发分燃烧阶段和煤焦燃烧阶段。生物质型煤在燃烧初期时生成的 SO_2 较少，燃烧中后期生成的 SO_2 较多。提高型煤固硫率的关键是固硫剂的制备，要求固硫剂有尽可能大的比表面积，反应活性尽可能高，同时要求固硫剂能耐较高的温度，并能使得所生成硫酸盐在高温下不易分解。实验证明，在氧化钙固硫剂的基础上加入适当的添加剂可以改善固硫效果。

（3）生物质型煤主要用途及存在的问题

利用生物质型煤可以提高工业锅炉热效率，削减污染物排放，减免脱尘除硫设备及其运行维护费用，节约能源，还能有效地解决工业型煤需求量大与生产水平有限、技术不过关的矛盾。中国生物质资源十分丰富，生物质型煤技术使人类有可能实现工业化大规模的开发与利用生物质能，使工、农、林业废弃物变废为宝，充分利用生物质能的可再生性，建立起可持续发展的能源系统，促进社会经济发展与生态环境改善的协调进行。生物质型煤虽然在燃烧性能和环保节能上具有很明显的优良特性，但它的致命缺点是压块机械磨损严重，配套设施复杂，使得一次性投资和成本都很高，目前还没有显著的经济优势。技术和经济因素阻碍了生物质型煤的商业化发展应用，使得生物质固化技术目前还处于实验室研究和工业试生产阶段，还没有形成规模产业。以后的研究将主要集中在降低成本和提高固硫率上。

思考题

1. 何谓化学能？化学能与电能、化学能与热能转化的原理及方式有哪些？
2. 氢能转化为电能的方式有哪几种？
3. 煤的燃烧过程分为哪几个阶段？
4. 生物质直接作为燃料燃烧具有哪些优势？
5. 什么是沼气？成分包括什么？
6. 什么是生物质能？
7. 生物质能与电能转化的方式有哪几种？
8. 与传统化石能源相比，生物质能有哪些优势？我国发展混合燃烧发电有哪些制约因素？
9. 生物质热解技术的优势有哪些？
10. 生物质热解一般包括哪几个工艺流程？

课后习题

1. 简述氢能的优势。

2. 简述碱性燃料电池、质子交换膜燃料电池、磷酸燃料电池、熔融碳酸盐燃料电池以及固体氧化物燃料电池之间的异同点。

3. 简述燃烧过程的影响因素。

4. 简述沼气发酵原理。

5. 描述铝热反应。

6. 我国生物质资源主要有哪四个方面？

7. 简述生物质气化技术的历史。

8. 生物质气化的过程是什么？

9. 简述生物质热解的三个阶段。

10. 对比生物质直接液化技术中的液化和热解过程。

参考文献

[1] 翟秀静，刘奎仁，韩庆. 新能源技术[M]. 2版. 北京：化学工业出版社，2010.

[2] 朱继平，罗派峰，徐晨曦. 新能源材料技术[M]. 北京：化学工业出版社，2014.

[3] 池凤东. 实用氢化学[M]. 北京：国防工业出版社，1996.

[4] Olabi A G . Hydrogen and fuel cell developments：an introduction to the special issue on "The 8th international conference on sustainable energy and environ mental protection（SEEP 2015），11-14 August 2015， Paisley， Scotland， UK"[J]. International Journal of Hydrogen Energy，2016，41（37）：16323-16329.

[5] 余英，田国政，王志凯，等. 生物质能及其发电技术[M]. 北京：中国电力出版社，2008.

[6] 周基树，延卫，沈振兴，等. 能源环境化学[M]. 西安：西安交通大学出版社，2011.

[7] 袁权. 能源化学进展[M]. 北京：化学工业出版社，2005.

[8] Santoro C，Arbizzani C，Erable B，et al. Microbial fuel cells：from fundamentals to applications. A review[J]. Journal of Power Sources，2017，356：225-244.

[9] Ong B C，Kamarudin S K，Basri S. Directliquid fuel cells：a review[J]. International Journal of Hydrogen Energy，2017，42(15)：10142-10157.

[10] 朱锡锋. 生物质热解原理与技术[M]. 合肥：中国科学技术大学出版社，2006.

[11] Marquevich M，Czernik S，Chornet E，et al. Hydrogen from biomass：steam reforming of model compounds of fast-pyrolysis oil[J]. Energy & Fuels，2016，13(6)：1160-1166.

[12] Nishiguchi T. Assessment of social，economic，and environmental aspects of woody biomass energy utilization：direct burning and wood pellets[J]. Renewable & Sustainable Energy Reviews，2016，57：1279-1286.

[13] 卡尔普. 能量转换原理[M]. 北京：机械工业出版社，1987.

[14] 衣宝廉等. 燃料电池和燃料电池车发展历程及技术现状[M]. 北京：科学出版社，2018.

[15] 张晓东等. 生物质发电技术[M]. 北京：化学工业出版社，2020.

[16] 雷廷宙，何晓峰，王志伟. 生物质固体成型燃料生产技术[M]. 北京：化学工业出版社，2020.

[17] 黄国勇. 氢能与燃料电池[M]. 北京：中国石化出版社，2020.

[18] Zore U K，Yedire S G，Pandi N，et al. A review on recent advances in hydrogen energy, fuel cell, biofuel and fuel refining via ultrasound process intensification[J]. Ultrasonics Sonochemistry, 2021, 73：105536.

第 6 章

化学储能原理

储能技术主要包括化学储能（例如电化学氢能等）和物理储能两大类。电化学储能的方式主要是充电电池和电容器，是在化学能与电能之间进行转化，从而实现电能的储存与释放。电化学储能体系主要包括传统蓄电池、锂离子电池、液流电池、超级电容器等。其性能评价指标主要包括标称电压、电极的容量、能量密度（质量、体积）、功率密度、倍率、循环寿命、充放电效率（库仑、能量）、自放电、老化等。

标称电压：主要由电化学储能体系中正极材料、负极材料的电位差决定，也与电解液、导电剂等影响内阻的有关，是一个与动力学、热力学有关的参数，单位为伏特（V）。

在电化学储能体系中，电极主要包括两种：正极和负极。

正极：放电时，电子从外部电路流入的电位较高的电极。此时除称为正极外，由于发生还原反应，也可以称为阴极（cathode）。

负极：放电时，电子从外部电路流出的电位较低的电极。此时除称为负极外，由于发生氧化反应，也可以称为阳极（anode）。

电极的容量：单位体积或质量的正极或者负极所能释放出的电量称为电极的容量，一般用 mA·h/L 或 mA·h/kg 表示。

能量密度：在整个储能体系中，单位体积或质量所能释放出的能量称为能量密度，一般用 W·h/L 或 W·h/kg 表示。

功率·密度：在储能体系给定的工作条件下，单位体积或质量所能释放出的能量称为功率密度，一般用 W/L 或 W/kg 表示。

倍率：电池的额定容量与指定工作电流之比称为电池的倍率，是对放/充电快慢的一种度量，以 C 表示。倍率 C＝电流（A）/ 额定容量（Ah）。所用额定容量 1 小时放电完毕，称为 $1C$ 放电；5 小时放电完毕，则称为 $C/5$ 放电。一般情况下，放电速率在 $C/5$ 以下为低倍率，$C/5 \sim 1C$ 为中倍率，$1C$ 以上为高倍率。

循环寿命：在一定的条件下，将充电电池进行反复充放电，当电池的容量达到规定要求以下时所能发生的充放电次数叫作电池的循环寿命。

充放电效率：在一定的充放电条件下，放电时释放出来的电荷与充电时充入的电荷的百分比叫作充放电效率。

自放电：储能体系在搁置过程中，没有与外部负荷相连接而产生容量损失的过程称为自放电。在单位时间内容量的损失率为自放电速率。主要与体系中电极材料、电解质之间的反应有关。

老化：随着能量的储存与释放过程的不断进行或者搁置时间的延长，储能体系的内阻增加，材料的性能发生衰变，该过程为老化。

6.1 传统蓄电池工作原理

传统蓄电池主要包括铅酸电池、镍镉电池、镍氢电池、镍铁电池和镍锌电池。下面分别予以说明。

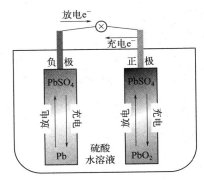

图 6-1　铅酸电池的工作原理示意

6.1.1　铅酸电池

铅酸电池的历史可以追溯到 1854 年，Sinsteden 首次发表该电池的一些性能数据。1859 年，Planté 独立地研制了将铅浸渍在硫酸中交替进行充放电的电池，该电池为现代铅酸电池的原型。1881 年 Fauré 引入了分开生产活性材料的工艺，成了膏状板栅设计的基础，基本上一直沿用至今。其负极和正极分别由铅、氧化铅组成，电解液为硫酸水溶液，隔膜位于正极和负极之间，目前通用的为玻璃纤维毡。在充放电过程中实现化学能与电能的转化，其原理如图 6-1 所示，发生的主要反应式如下。

负极反应：
$$Pb + HSO_4^- \xrightleftharpoons[\text{充电}]{\text{放电}} PbSO_4 + H^+ + 2e^- \tag{6-1}$$

正极反应：
$$PbO_2 + 3H^+ + HSO_4^- + 2e^- \xrightleftharpoons[\text{充电}]{\text{放电}} PbSO_4 + 2H_2O \tag{6-2}$$

整个电池反应：
$$Pb + PbO_2 + 2H_2SO_4 \xrightleftharpoons[\text{充电}]{\text{放电}} 2PbSO_4 + 2H_2O \tag{6-3}$$

在充电过程中实现电能转化为化学能，在负极 $PbSO_4$ 转变为 Pb，而在正极也是 $PbSO_4$ 发生转变，生成 PbO_2，能量储存在 Pb 和 PbO_2 中，在放电过程中，则是储存在 Pb 和 PbO_2 中的化学能转化为电能，均生成 $PbSO_4$。其开路电压为 2.08V。尽管电解液为硫酸溶液，可是电极反应物是 HSO_4^-，而不是 H_2SO_4。该电池放完电时，电解液硫酸的密度 $1.10\sim1.15g/cm^3$，相当于浓度 10%～15%（质量分数）；而充满电时，硫酸的密度约为 $1.28g/cm^3$，相当于浓度 35%～38%。

尽管铅酸电池的能量密度一般，但是其还在不断的发展之中，另外还具有如下一些特点：

① 同样的化学元素形成了两个电极的活性物质，铅以金属形式作为负极，以氧化物的形式作为正极；

② 反应物均为固体，溶解性低，而且反应高度可逆；

③ 反应物如 Pb、$PbSO_4$ 和 PbO_2 的组成非常明确，没有中间态的氧化物种，因此高于开路电压会导致完全充电，不需要进行持续的充电来实现满充；

④ PbO_2 的电子导电率相对而言比较高，不需要导电添加剂；

⑤ 由于 $PbO_2/PbSO_4$ 电极的氧化还原电位高，铅酸电池的电压较高，约为 2V；

⑥ 正极的高电位在另外一方面不允许使用铜之类的导电剂，因此采用 Pb，因为其表面形成 PbO_2 的钝化层，可以起到很好的保护作用，同时不影响电子的传输和表面的电化学反应；

⑦ 该电池本身可以消除内部气体，过充时，在正极产生的氧会扩散到负极，与负极产生的氢反应，生成水，因此没有压力的积累，可以成为免维护系统。

下面对其主要的负极、正极、电解液和隔膜进行一些必要的说明，便于深入了解铅酸电池的原理。

（1）电极

如式（6-1）和式（6-2）所示，Pb 和 PbO_2 分别是负极和正极的活性物质，但是它们的放电产物均为 $PbSO_4$。因此，为了减少生产步骤，节省成本，两个电极均以同样的前驱体进行制备，即灰色氧化物或者铅粉，为氧化亚铅（PbO）和金属铅的混合物，其中铅粉的含量为 20％～30％（质量分数），一次粒子的粒径在 $1～10\mu m$ 范围，也可以团聚形成更大的二次粒子。为了有利于后续的化成过程和形成 PbO_2，有时候在正极膏状物质中加入少量（质量分数为 5％～10％）的红铅或者 Pb_3O_4。在负极膏状活性物质中，也可以加入适量的添加剂如 Ga_2O_3、Bi_2O_3，可以有效增加析氢的过电位，减少析氢量，降低充电的终止电压，增加放电的终止电压，延长在高倍率下的循环寿命。

（2）铅栅

对于 Planté 涂膏板状铅酸电池，需要网栅（通常称为铅栅或者铅网）作为机械支撑体和集流体，同样正极也使用同样的网栅。铅栅一般与少量金属、非金属如锑、锡、钙、硒或者稀土元素形成合金，以加强机械强度，简化生产工艺，同时，合金对于铅酸电池的寿命、自放电和水的消耗也有着明显的影响。

（3）电解液

如式（6-1）～式（6-3）所示，H_2SO_4 溶液是电解液。为了得到低的阻抗，如图 6-2 所示，H_2SO_4 溶液的密度优选为 $1.2～1.3g/cm^3$。与许多电解液相似，离子导电率随温度的增加而增加。

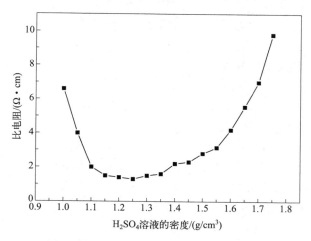

图 6-2　H_2SO_4 溶液的电阻与密度的关系

H_2SO_4 溶液不利于密封，因为其泄漏不仅会损坏装置，还会产生负面的环境影响。20世纪 70 年代，人们发现氧化硅可以使 H_2SO_4 溶液形成凝胶，减少了水的挥发，可以得到阀控式的免维护铅酸电池（VRLA 电池）。采用吸附型的玻璃毡（AGM）为隔膜，由于其主要组分是 SiO_2，也可以吸收大量的 H_2SO_4 溶液，形成凝胶。

（4）隔膜

良好的隔膜应该具有一些物理特性，例如透气性、孔隙率、孔径分布、比表面积、机械强度、电阻、离子电导率、化学稳定性。在使用过程中还必须耐酸、耐氧化和具有良好的稳定性。许多材料例如木材、橡胶、玻璃纤维毡、纤维素、聚氯乙烯、聚乙烯塑料等均作过隔膜。例如橡胶隔膜在酸性溶液中稳定性好，并且能够保证一些电化学优点。但是，玻璃纤维毡能够吸收硫酸溶液，而且便宜，因此广泛用于铅酸电池中。

（5）化成

铅酸电池的化成有两种：化成槽化成（外化成）和蓄电池化成（内化成）。前者是将完全干燥的生极板放在稀硫酸电解液（$1.1 \sim 1.15 g/cm^3$）中进行电解，经过氧化和还原，分别使正极板的一氧化铅变化为二氧化铅，使负极板的一氧化铅变化为海绵状金属铅的过程。该工艺通常需要 $8 \sim 48h$，具体时间与极板的厚度等有关。后者则是直接在组装后的电池中进行。在该工艺中，电池进行过充，会产生氢气、氧气及水的损耗，因此此前加入的硫酸浓度会发生变化，在化成结束后必须进行一定的调节。

化成后的铅酸电池就可以开始工作。对于目前的铅酸电池而言，其具有如下优点：

① 安全密封：在正常操作中，电解液不会从电池的端子或外壳中泄漏出；

② 没有自由酸：特殊的吸液隔板将酸保持在内，电池内部没有自由酸液，因此电池可放置在任意位置；

③ 泄气系统：电池内压超出正常水平后，VRLA 电池会放出多余气体并自动重新密封，保证电池内没有多余气体；

④ 维护简单：由于气体复合系统使正极产生的氧扩散到负极［式（6-4）和式（6-5）］，转化成水，在使用 VRLA 电池的过程中不需要加水。

正极副反应：
$$2H_2O \longrightarrow O_2 + 4H^+ + 4e^- \tag{6-4}$$

负极复合反应：
$$O_2 + 4H^+ + 4e^- \longrightarrow 2H_2O \tag{6-5}$$

⑤ 使用寿命长：采用了有抗腐蚀结构的铅钙合金栅板，VRLA 电池可浮充使用 $10 \sim 15$ 年；

⑥ 质量稳定，可靠性高：采用先进的生产工艺和严格的质量控制系统，质量稳定，性能可靠。电压、容量和密封在线上进行 100% 检验；

⑦ 安全认证：所有 VRLA 电池均通过美国保险商实验室（UL）安全认证。

对于铅酸电池的电化学性能如能量密度、循环寿命、倍率性能和自放电，除了受到电极材料的影响外，还与许多因素有关，例如电极的孔隙率、硫酸的浓度、水含量、添加剂、温度和电流。通常情况下，放电倍率低于 $1C$，随放电倍率或者电流的增加，平均输出电压和放电时间均下降。

6.1.2 镍镉电池

镍镉电池是瑞典人 Waldemar Jungner 在 1899 年发明的，1906 年他建厂开展该泛液型镍镉电池的生产。1932 年发现可以将活性物质沉积在多孔镍板电极中，1947 年开展密封式镍镉电池的生产。开始的时候采用"袋式"结构，由含镍的钢板和镉片组成。到 20 世纪 50 年代烧结式镍镉电池得到了迅速的发展。20 世纪 90 年代镍镉电池的市场被镍氢电池和锂离子电池取代，目前主要用于一些需要大功率、长寿命的军工等领域。其负极活性物质为 Cd，正极活性物质为 NiOOH，电解液为 KOH 溶液（通常密度为 $1.25 \sim 1.28 \mathrm{g/cm^3}$，并加有少量的 LiOH）。在充放电过程中发生的反应如式（6-6）～式(6-8)。

负极反应：
$$\mathrm{Cd + 2OH^- \underset{充电}{\overset{放电}{\rightleftharpoons}} Cd(OH)_2 + 2e^-} \tag{6-6}$$

正极反应：
$$\mathrm{NiOOH + H_2O + e^- \underset{充电}{\overset{放电}{\rightleftharpoons}} Ni(OH)_2 + OH^-} \tag{6-7}$$

整个电池反应：
$$\mathrm{Cd + 2NiOOH + 2H_2O \underset{充电}{\overset{放电}{\rightleftharpoons}} Cd(OH)_2 + 2Ni(OH)_2} \tag{6-8}$$

镍镉电池正极板上的活性物质由氧化镍粉和石墨粉组成，石墨不参加化学反应，其主要作用是增强导电性。负极板上的活性物质由氧化镉粉和氧化铁粉组成，氧化铁粉的作用是使氧化镉粉有较高的扩散性，防止结块，并增加极板的容量。活性物质分别包在穿孔钢带中，加压成型后即成为电池的正极板和负极板。极板间用耐碱的硬橡胶绝缘棍或有孔的聚氯乙烯瓦楞板隔开。

在放电过程中，位于负极的镉（Cd）和氢氧化钾中的氢氧根离子（$\mathrm{OH^-}$）化合成氢氧化镉，同时放出电子。电子沿外电路至正极，与正极的羟基氧化镍（NiOOH）、水反应，形成氢氧化镍和氢氧根离子，氢氧根离子则又回到氢氧化钾溶液中。在充电过程中，则发生上述逆过程。在充电和放电过程中，与铅酸电池不同，KOH 电解液没有消耗，只是参与了电极反应。因此，其浓度和密度保持不变。隔膜可以是具有良好透氧性能的无纺尼龙毡、聚乙烯或者聚丙烯的无纺布。如图 6-3 所示，镍镉电池的标称电压为 1.2V，一直到放电末期也降低很小。此前一次电池的电压一般为 1.5V，放电终止电压为 $0.90 \sim 1.0\mathrm{V}$，因此在许多场合用来取代一次电池。

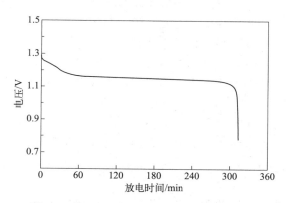

图 6-3　镍镉电池在 30℃下的典型放电曲线

镍镉电池的发展历史也比较久，它具有如下特点：
① 能量密度适中，通常为 $40 \sim 60 \mathrm{W \cdot h/kg}$ 和 $50 \sim 150 \mathrm{W \cdot h/dm^3}$；
② 循环寿命长，可达 500 次以上；
③ 优良的放电性能，其内阻小，可大电流放电，且放电时放电电压平稳，变化很小；
④ 可以进行大倍率充放电，其可以在 $1 \sim 2\mathrm{h}$ 内进行快速充电和放电；
⑤ 工作温度范围宽，可以高达 70℃ 或者以上；

⑥ 有自密封阀，具有高的可靠性，不会有电解液漏出的现象，并且免维护；

⑦ 可耐过充电或放过电，操作简单方便；

⑧ 搁置寿命长，几乎没有限制。

其主要缺点有两个方面：

① 在充放电过程中如果处理不当，会出现严重的"记忆效应"，使得服务寿命大大缩短。所谓"记忆效应"就是电池在充电前，电池的电量没有被完全放尽，电解质在极板表面形成结晶及相应的 γ-NiOOH，它们堵塞极板，增加内阻，降低单体电池电压，久而久之会引起电池可逆容量的快速降低。当然，通过合理的充放电方法例如过放电方式可减轻"记忆效应"；

② 镉是有毒的，因而镍镉电池不利于生态环境的保护。目前主要用于军事和航天，在民用场合已不再用镍镉电池了。

6.1.3　镍氢电池

6.1.3.1　镍氢电池发展历史

镍氢电池由苏联学者于 1964 年研制成功。这种电池以 H_2 作为负电极的活性物质，又称为半气体电池。20 世纪 70 年代中期，美国也开发出了功率大、重量轻、寿命长、成本低的镍氢电池，并于 1978 年成功应用在导航卫星上。这种电池存在着自放电的危险性，必须在减震条件下使用，充电后电池内氢气压力太高（3～5MPa），不可长期在充电状态下贮存。为了安全可靠地应用氢资源，人们采用新型贮氢材料——钛镍、镧镍合金作负极材料，这就是金属氢化物镍电池（简称镍氢电池，用 Ni-MH 表示）。它的开发工作始于 1985 年，20 世纪 90 年代中期投入市场。

由于贮氢材料具有吸放氢的特性，与电池充放电特性相类似，受到电化学研究与电池制造行业的高度重视，经过多年的改进与努力，终于利用多元 $LaNi_5$ 基合金在 1984 年研制成镍氢电池，此后美国 Ovonic 电池公司、日本松下、日本三洋等公司相继研制成圆筒型碱性锌锰电池，并在电池中不用镉，对环境无污染，其他使用特点与镍镉电池相同，镍镉电池装配线经改装即可投入 Ni-MH 电池的生产。到 21 世纪初，Ni-MH 电池逐步被锂离子电池取代。

20 世纪 80 年代末期，我国贮氢材料研制成功，并可以提供应用于电池的贮氢合金粉末。电池制造厂依靠自身的技术，将贮氢合金制成电极，装配成镍氢电池。

6.1.3.2　镍氢电池原理

镍氢电池由正极、负极、隔膜和电解液组成。正极活性物质为氢氧化镍，负极活性物质为金属氢化物，也称贮氢合金（电极称贮氢电极），电解液为 6mol/L 氢氧化钾水溶液。电池表达式为

$$(-)\,MH_x\,|\,KOH\,|\,NiOOH\,(+)$$

在化学能与电能转化的过程中主要发生如下电极反应。

负极反应：
$$MH_x + x\,OH^- \underset{充电}{\overset{放电}{\rightleftharpoons}} M + x\,H_2O + x\,e^- \tag{6-9}$$

正极反应：

$$NiOOH + H_2O + e^- \underset{充电}{\overset{放电}{\rightleftharpoons}} Ni(OH)_2 + OH^- \tag{6-10}$$

电池反应：

$$MH_x + xNiOOH \underset{充电}{\overset{放电}{\rightleftharpoons}} xNi(OH)_2 + M \tag{6-11}$$

电池电动势和开路电压值依贮氢合金中金属的种类和贮氢的量决定，电池的理论容量 $C = xF/(3.6M_{MH_x})$（mA·h/g），其中，x 代表每个反应物分子在电池反应中能够转移的电子数；F 是法拉第常数，值为 96485C/mol；M_{MH_x} 为氢化物的摩尔质量。一般工作电压可达 1.25V。

电池的设计与镉镍电池相同，负极容量比正极容量大，过充电时，正极产生的氧气在贮氢负极上还原，电池可实现密封设计。活性物质构成电极极片的工艺方式主要有烧结式、拉浆式、泡沫镍式、纤维镍式、嵌渗式等，不同工艺制备的电极在容量、大电流放电性能上存在较大差异，一般依据使用条件的不同，采用不同的工艺构成电池。通信等民用电池大多采用拉浆式负极、泡沫镍式正极构成电池。

6.1.3.3 镍氢电池特点

镍氢电池具有如下特点：

① 工作电压为 1.2V，与镍镉电池相当，可与镍镉电池互换；

② 比能量高，为镍镉电池的 1.5～2.0 倍，达到 60～80W·h/kg 和 210～300W·h/dm³；

③ 高的功率密度，可以达到 1000W/kg；

④ 耐过充过放能力强，循环寿命长，可以达到 500 次以上；

⑤ 无镉污染，被称为"绿色环保电池"；

⑥ 无记忆效应或记忆效应较小；

⑦ 维护简单，使用方便、安全等；

⑧ 导电导热性能好。

其缺点如下：

① 在深度放电时寿命有限；

② 过充时的电流只能是小电流，因为这时正极产生的氧可以通过隔膜，在负极表面可以及时生成水，抑制了氢的产生；

③ 在快充或者高负荷放电时产生的热量多；

④ 自放电速率比较高，短期应用而言没有问题，但是小负荷长期使用的场合就不适用了。

6.1.3.4 镍氢电池材料

镍氢电池的化学反应与镍镉电池有点类似。正极的正式名称应该为氢氧化亚镍，即 $Ni(OH)_2$，但是产业界称之为氢氧化镍，因此在本书中也称之为氢氧化镍。负极为储氢合金（MH）。

（1）正极材料

正极的生产一般采用泡沫镍填充 $Ni(OH)_2$ 工艺（图 6-4），主要是将活性物质、添加剂、掺杂剂、黏结剂、导电剂等混合均匀，再与一定浓度的黏结剂充分调匀后涂布在一定尺寸、一定孔隙率的泡沫镍上，在一定温度下烘干后即可压片。

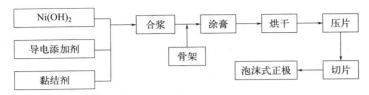

图 6-4　泡沫式正极工艺流程

泡沫镍的制备方法主要有烧结法、发泡法、电化学法、化学气相沉积法、模板法等。目前泡沫式镍正极，由于泡沫镍基板的高孔隙率，必须使用 Co、CoO 或 $Co(OH)_2$ 作为添加剂以提高 $Ni(OH)_2$ 的利用率。对于烧结式镍正极的电池，经过长期储存或过放后，不会发生容量下降，因为烧结式镍正极的导电网络为烧结镍基体，在低电位下也是稳定的。

（2）负极材料

一般来说，对用作镍氢电池负极的贮氢材料有如下要求：①较高的贮氢容量，电化学容量大；②在一定温度范围内可以进行吸氢和放氢，在室温下吸放氢反应速度快；③在碱性溶液中要稳定，抗腐蚀性能好；④合金易活化，电化学活性高；⑤平台压力适中，对氢的负极氧化具有良好的催化作用；⑥具有良好的导热性；⑦进行长期充放电仍能维持其稳定性；⑧粒径合适，易于制作极板且成本较低等。目前研究的体系很多，主要有 AB_5 型稀土基储氢合金、AB_2 型锆-钛基 Laves 相系储氢合金、A_2B 型镁基储氢合金、AB 型 Ti-Ni 储氢合金及储氢碳材料等等。其中 A 是指能与氢形成稳定氢化物的放热型金属，B 是指具有氢催化活性的吸热型金属。

（3）电解液

电解液常见的为 6mol/L KOH 溶液。在 KOH 溶液中加入适量的 LiOH，可以提高镍氢电池的放电容量。这是因为在长期的充放电过程中，由于温度过高、电解液浓度大及金属离子的存在，$Ni(OH)_2$ 的颗粒逐渐变粗，这就使得充电困难。当加入 LiOH 时，它能够吸附在活性物质颗粒周围，防止颗粒增大使其保持高度分散状态。但是 LiOH 的量不能太多，否则 Li^+ 会进入活性物质的晶格，形成一种没有电化学活性的镍酸锂（$LiNiO_2$），$LiNiO_2$ 的积累会影响电化学反应的进行。为了减少电解液的泄漏，也可以加入一些氧化物如 Sb_2O_5 形成凝胶，这与铅酸电池的凝胶化相似。也可以在碱性溶液中加入一些聚合物例如聚氧化乙烯、聚乙烯醇、聚丙烯酸、季胺的聚合物。当然，还可以在此基础上加入 SiO_2、ZrO_2。隔膜与镍镉电池相同。

6.1.3.5　镍氢电池的失效

镍氢电池也会发生失效，主要原因如下：

① 当镍氢电池经过多次充放循环后，正极膨胀，同时负极也略微膨胀，从而将隔膜压

紧，改变了电极间隙，使隔膜的孔隙率和所包含的电解液减少。电极变厚，吸收了从隔膜挤出的电解液，使电解液再分配；

② 电解液会由于合金氧化及具有较高吸水量的 γ-NiOOH 及 α-Ni(OH)$_2$ 的生成而减少，从而电池内阻增加，放电电压下降，容量也降低。增加电解液的含量，会造成内压的升高从而发生漏液等问题，在电池底部垫一层超强吸水剂可以提高电池大电流放电能力，大大延长寿命而不增加内压；

③ 负极在强碱性溶液中发生腐蚀，导致贮氢量下降，消耗的水分量增加，内阻增加。

6.1.4　镍铁电池

该种电池在 20 世纪初就已经研发出来了，它以铁作为负极，NiOOH 作为正极，电解液依然为 KOH 溶液，其电极反应如下：

负极反应：

$$Fe+2OH^- \underset{充电}{\overset{放电}{\rightleftharpoons}} Fe(OH)_2+2e^- \tag{6-12}$$

正极反应：

$$NiOOH+H_2O+e^- \underset{充电}{\overset{放电}{\rightleftharpoons}} Ni(OH)_2+OH^-$$

整个电池反应：

$$Fe+2NiOOH+2H_2O \underset{充电}{\overset{放电}{\rightleftharpoons}} 2Ni(OH)_2+Fe(OH)_2 \tag{6-13}$$

其标称电压为 1.30V，能量密度为 19～25W·h/kg 和 30W·h/dm^3，典型恒流充放电曲线如图 6-5 所示。

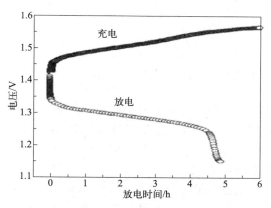

图 6-5　对于密封型贫液镍铁电池的典型恒流充放电曲线

（1A·h、0.2C 和 25℃）

镍铁电池的优点如下：

① 非常牢固，即使在滥用条件下例如冲击和振动、满充或满放状态下也具有长的循环寿命；

② 优良的耐过充/过放能力；

③ 镍铁电池可以接受 3000 次深度充放电循环；

④ 搁置寿命长，且不随搁置时间的变化而发生损伤，主要原因是电极中的反应物在碱性电解液中的溶解度低，而对于铅酸电池而言，必须以充电状态进行保持；

⑤ 长的日历寿命，可以长达 30 年；

⑥ 原材料成本稳定。

该类电池也具有一些缺点：

① 能量和功率密度低；

② 活性物质的反应率低，尤其是生成金属铁的过程慢，限制了其大电流充放电能力，只能慢充慢放；

③ 充放电效率低，一般约为 65%；

④ 随充电状态电压变化比较陡；

⑤ 自放电快，每月为 20%～30%；

⑥ 比镍镉电池更容易产氢；

⑦ 低温性能比镍镉电池差；

⑧ 生产工艺复杂。

6.1.5 镍锌电池

镍锌电池的正极为 NiOOH，负极为锌，其电池反应如下。

负极反应：

$$Zn + 2OH^- \underset{充电}{\overset{放电}{\rightleftharpoons}} ZnO + H_2O + 2e^- \tag{6-14}$$

正极反应：

$$NiOOH + H_2O + e^- \underset{充电}{\overset{放电}{\rightleftharpoons}} Ni(OH)_2 + OH^- \tag{6-15}$$

整个电池反应：

$$Zn + 2NiOOH + H_2O \underset{充电}{\overset{放电}{\rightleftharpoons}} ZnO + 2Ni(OH)_2 \tag{6-16}$$

其开路电压为 1.73V，比起镉电极，锌具有高的比能量，所以这种电池的比能量高于镍镉电池。其他的优点有：没有环境污染问题、成本相对较低、高倍率性能优良和循环寿命良好。然而，使用锌负极的问题有：它在浓 KOH 溶液中的溶解、充电和迁移过程中，存在枝晶的生长，这些问题至今为止一直限制了该电池体系的应用。所有这些缺点可以通过减少锌和氧化锌的溶解度来解决。为此，除了采用浓度较低的 KOH 溶液外，添加电极添加剂的方法也是有效的。当与氧化锌电极匹配时（电池组装后通常都处于放电状态），Ca(OH)_2 作为添加剂尤其有用。在浓碱性溶液中化学稳定的微孔聚丙烯隔膜，被证明是防止锌迁移到镍电极的很好屏障。该电池可以大电流放电，即使在低温条件下也可以以 6C 进行放电，然而，在 25℃下它的自放电约为 20%/月。

镍锌电池已用于一些移动应用场合，例如摩托车和电动汽车。用于电动汽车的电池据称与镍氢电池的性能相似，但成本要低得多。据报道，大的电池堆充电一次后的有效行程为 240km，最高速度为 130km/h。最近有一种混合全电原型车（概念车），它装备有高能量锌空气电池和加速用的高功率镍锌电池，充电一次能够运行的距离为 525km。然而，镍锌电池的循环寿命有限，主要原因在于锌负极。

6.2 锂离子电池工作原理

锂离子电池研究始于 20 世纪 80 年代末，1990 年日本 Nagoura 等人研制成以石油焦为负极、以钴酸锂为正极的锂离子二次电池，此二次电池以锂离子嵌入化合物，依靠锂离子在正极和负极之间移动来工作，因此简称为锂离子电池。锂离子电池自问世以来迅猛发展，目前已在小型二次电池市场中占据了最大份额。锂离子电池中的正极是锂离子的来源，负极是锂离子的接收器，电池的性能与其正极、负极、电解质等组成部分息息相关。若想提高锂离子电池的性能，需要了解锂离子电池工作原理，从材料和器件方面进行改进，才能得到具有实用价值的电池。

6.2.1 锂元素的基本理化特性

锂元素的化学符号是 Li，为第二周期元素，原子序数为 3，原子量为 6.941，在 25℃ 时以固态形式存在，在空气中很容易被氧化。锂元素的原子半径为 145pm，共价半径为 134pm，离子半径为 68pm。地壳中约有 0.0065% 的锂，其丰度居第 27 位。目前已知的含锂矿物有 150 多种，主要为锂辉石、锂云母、透锂长石等。

锂有 7 种同位素，其中锂 6(^{6}Li) 和锂 7(^{7}Li) 最稳定，半衰期最长的是锂 8(^{8}Li)，它的半衰期为 838ms，然后是锂 9(^{9}Li)，为 187.3ms，但其他同位素的半衰期均在 8.6ms 以下，而锂 4(^{4}Li) 是所有同位素里半衰期最短的，仅有 7.58×10^{-23}s。

锂元素含有一个价电子（$1s^2 2s^1$），因而在紧密堆积晶胞中的结合能较弱，使得锂金属很柔软，熔点较低（180.5℃），导电性较低，但是其熔点和硬度要高于其他碱金属。与其他碱金属相比，锂金属还具有较高的沸点（1326℃），以及最长的液程范围和高比热容。锂也是最轻的金属，密度仅有 0.53g/cm^3。

与所有第一主族碱金属元素一样，锂金属在常温下呈体心立方（bcc）结构，Li-Li 原子之间的最短距离为 304pm，较小于钾原子之间的距离；在晶胞中，每个锂原子均被最相邻的八个锂原子所包围。

锂元素最外层的电子具有较低的离子化焓，使得锂离子呈球形和低极性，锂离子的价态为 +1。而且 Li$^+$ 的离子半径很小，因而具有很高的电荷半径比。与其他碱金属元素相比，锂化合物的理化性质比较反常。例如，LiH 在 900℃ 高温下依然比较稳定，LiOH 比其他氢氧化物更加难溶于水。锂的一些其他盐类，如碳酸锂、磷酸锂和氟化物难溶于水，但氯化锂可以溶于某些有机溶剂。

第一主族元素中，从锂到铯，与其他物质（除氮气外）的反应活性逐渐增强。碱金属与氧气反应生成的产物不太一样：锂反应生成氧化锂（Li_2O）和部分过氧化锂（Li_2O_2），而其他碱金属（如钾、铷和铯）反应生成氧化物（M_2O）后会进一步反应生成过氧化物（M_2O_2）和超氧化物（MO_2）。锂是唯一一种在常温下能够与氮反应的碱金属元素，在常温下和氮气缓慢反应生成 Li_3N，而在加热时能够与碳反应生成 Li_2C_2。锂和醇、醚、羧酸、胺等有机溶剂也会反应生成一系列化合物。在众多锂化合物中，锂的配位数一般为 3～7。

6.2.2 锂离子电池发展历史

锂电池的研究历史可追溯到 20 世纪 50 年代，60 年代技术基本成熟，在 70 年代初实现了锂一次电池的商业化，但该类电池不能循环使用，浪费资源且不经济。与此同时，人们开始了锂二次电池（或锂离子电池）的研究。早在 1976 年，Exxon 公司的 Whittingham 提出了以层状 TiS_2 作为阴极材料、金属锂为阳极材料的锂离子电池。然而，由于金属锂在充放电过程中易枝晶化，造成电池短路，存在安全问题，从而导致 Exxon 公司试图商业化锂离子电池的计划破产。同年，Besenhard 等人建议用锂化的石墨和氧化物分别作为阳极和阴极材料。1980 年，Armand 提出了摇椅式锂二次电池的想法，即正负极材料均采用可以储存和交换锂离子的层状化合物，充放电过程中锂离子在正负极间来回穿梭，相当于锂的浓差电池。20 世纪 80 年代中期 Goodenough 等先后合成了三类氧化物正极，它们是能够提供锂源的正极材料。

Sony 公司于 1989 年申请了石油焦为负极、$LiCoO_2$ 为正极、$LiPF_6$ 溶于碳酸丙烯酯和碳酸乙烯酯混合溶剂作为电解液的二次电池体系的专利，并在 1990 年开始将其推向商业市场。由于这一体系不含金属锂，日本人将其命名为锂离子电池，这种说法最终被广泛使用。

这类电池具有高电压、高功率、长寿命、无污染等优点，满足了微电子和环保的要求，因此一经推出，迅速席卷整个电池市场，立即激发了全球范围内研发二次锂离子电池的狂潮。目前，人们还在不断研发新的电池材料，改善设计和制造工艺，不断提高锂离子电池的性能。

6.2.3 锂离子电池结构及基本原理

6.2.3.1 锂离子电池结构

了解锂离子电池的工作原理，首先需要知道锂离子电池的基本结构组成。锂离子电池的主要部件有正极、负极、电解质、隔膜和电池外壳。

锂离子电池的正极和负极通常采用具有一定孔隙的多孔电极极片，它是由集流体和粉末涂层组成。正极和负极极片结构如图 6-6、图 6-7 所示。正、负电极粉末涂料层是由活性材料粉末、导电剂、黏结剂等添加剂组成，活性材料通常为微米级粉体材料。多孔电极的使用可以增加电极的有效反应面积，降低电化学极化，减少锂离子电池充电过程中枝晶的产生，有效防止内部短路。

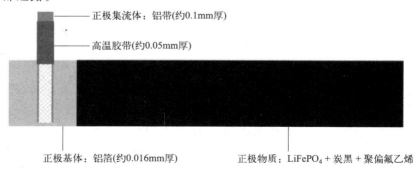

图 6-6　正极极片结构

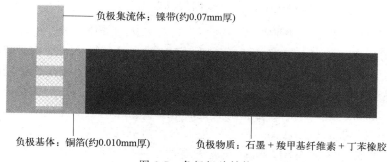

图 6-7　负极极片结构

　　锂离子电池正极材料需要具有较高的电化学稳定性和不易分解的结构，通常为过渡金属的离子复合氧化物。经过长期的探索和研究，目前常用的正极材料有：磷酸铁锂（LFP）、氧化钴锂（LCO）、氧化锰锂（LMO）、锂镍钴锰氧化物（NCM）、镍钴铝锂酸（NCA）等。

　　负极材料则选择电位尽可能接近锂电位的可嵌入锂化合物，并具有较好的充放电可逆性，以保证在嵌锂的过程中能保持良好的尺寸和机械稳定性。如各种碳材料（包括石墨、碳纤维）、硅基材料、锡基材料和金属氧化物等。

　　电解质主要以电解液的形式应用在锂离子电池中，传统的电解液由电解质和有机溶剂组成，通常为无色透明液体，具有较强吸湿性，只能在干燥环境下使用操作（如环境水分小于 $20mg/kg$ 的手套箱内）。常用的电解质锂盐为六氟磷酸锂（$LiPF_6$），有机溶剂为碳酸乙烯酯、碳酸丙烯酯和低黏度二乙基碳酸酯等烷基碳酸酯搭配的混合溶剂体系。近年来也发展了胶体电解质和固态电解质。

　　隔膜位于正负极之间，具有隔离电极的作用，避免两极上的活性物质直接接触而造成电池内部的短路。隔膜可以使锂离子通过，以形成通路，但电子不能通过。隔膜应具有足够的穿刺强度、拉伸强度等力学性能以及耐腐蚀性和足够的电化学稳定性。通常采用聚烯微多孔膜如聚乙烯、聚丙烯或它们的复合膜。

　　电池外壳采用钢或铝材料，盖体组件具有防爆断电的功能。其他辅助材料包括导电剂、黏结剂和集流体等。导电剂通常为炭黑、气相生长碳纤维（VGCF）和碳纳米管等；黏结剂有聚偏氟乙烯（PVDF）和丁苯橡胶（SBR）等，其中 PVDF 可用于正极和负极，SBR 通常用于负极。正极集流体为铝箔，负极集流体为铜箔。

6.2.3.2　锂离子电池基本原理

　　锂离子电池中正极的 Li^+ 脱出，嵌入负极材料，达到充电的作用。这里以石墨材料作为负极、含锂化合物 $LiCoO_2$ 作为正极为例，介绍锂离子电池的化学原理，其充放电过程的反应如下。

　　正极反应（氧化反应，失电子）：

$$LiCoO_2 \Longleftrightarrow Li_{1-x}CoO_2 + xLi^+ + xe^- \tag{6-17}$$

　　负极反应（还原反应，得电子）：

$$6C + xLi^+ + xe^- \Longleftrightarrow Li_xC_6 \tag{6-18}$$

　　电池总反应：

$$LiCoO_2 + 6C \Longleftrightarrow Li_{1-x}CoO_2 + Li_xC_6 \qquad (6\text{-}19)$$

可以看出，锂离子电池的基本工作原理为：当对电池进行充电时，电池的正极上有锂离子生成，生成的锂离子经过电解液运动到负极，而作为负极的碳层状结构具有很多微孔，达到负极的锂离子嵌入到碳层的微孔中，嵌入的锂离子越多，充电容量越高。同样，当对电池进行放电时，嵌在负极碳层中的锂离子脱出，又运动回正极，回到正极的锂离子越多，放电容量越高，我们通常所说的电池容量指的就是放电容量。在电池的充放电过程中，锂离子处于从正极→负极→正极的运动状态，就像一把摇椅，摇椅的两端为电池的两极，而锂离子就像运动员一样在摇椅中来回奔跑，所以锂离子电池又叫"摇椅电池"。正极材料 $LiCoO_2$ 充电原理见图6-8。锂离子电池充放电过程见图6-9。

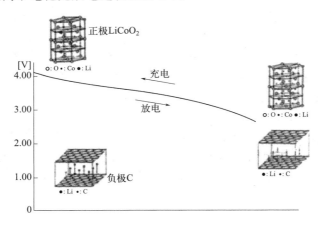

图 6-8　正极材料 $LiCoO_2$ 充电原理

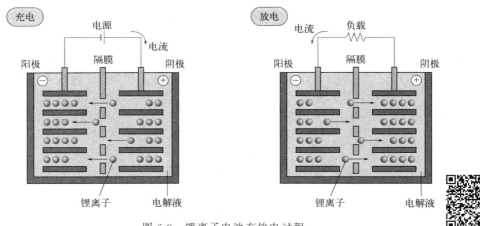

图 6-9　锂离子电池充放电过程

接下来介绍一下锂离子电池的电动势、电池理论容量、电池能量、电池功率以及库仑效率的定量计算方法。

（1）电池的电动势（E）

在等温等压条件下，当体系发生变化时，体系减小的吉布斯自由能小于等于对外所做的

最大非膨胀功，如果非膨胀功只有电功，则

$$\Delta G_{T,p} = -nFE \tag{6-20}$$

同时，电池的标准电动势等于正极标准电极电势减去负极标准电极电势，即

$$E^{\ominus}_{\text{电池}} = \varphi^{\ominus}_{\text{正极}} - \varphi^{\ominus}_{\text{负极}} \tag{6-21}$$

考虑到电极反应并不是在标准条件下发生的电化学反应，根据 Nernst 方程，电池的电动势可以表达为

$$E_{\text{电池}} = E^{\ominus}_{\text{电池}} - \frac{RT}{zF}\ln Q_r \tag{6-22}$$

式中，R 为摩尔气体常数；T 为热力学温度；F 为法拉第常数；z 为电池电化学反应中得失的电子数；Q_r 为反应熵。

电池在实际工作条件下存在各种极化会产生过电位，导致实际电动势要比理论电动势小一些，其中包括：

① 电极与电解液界面处的电荷转移极化，其大小与电极反应动力学直接相关；

② 由于电池存在内阻导致的电压降；

③ 由于活性物质传质产生浓度梯度导致浓差极化。

因此，最终电池的输出电压可表示为

$$E = E^{\ominus}_{\text{电池}} - \frac{RT}{zF}\ln Q_r - (\eta_{\text{正极}} + \eta_{\text{负极}})_{\text{电荷转移}} - (\eta_{\text{正极}} + \eta_{\text{负极}})_{\text{浓差极化}} - IR \tag{6-23}$$

其中，在小电流时，电池的过电位主要为电荷转移过电位；当电流增加到中等级别时，由于电池内阻产生的电压降快速增加并成为重要组成部分；当电流继续增加时，传质过程产生的浓差极化过电位也成为不可忽视的一部分。

（2）电池的理论容量（C）

电池的理论容量可以根据电池中含有的活性物质的量来计算

$$C = \frac{nF}{M} \tag{6-24}$$

式中，n 为摩尔反应中得失的电子数；F 为法拉第常数；M 为电极材料的摩尔质量。

不过电池的实际容量要比电池的理论容量低，可以通过以下方程计算

$$C_{\text{实际}} = \int I \, dt \tag{6-25}$$

式中，I 是电池放电（或充电）时的电流。

（3）电池的能量

电池在特定条件下对外界所做的电功叫作电池的能量，可以通过以下方程式计算

$$W = \int V_e \, dq \tag{6-26}$$

式中，能量密度 V_e 又可以分为体积能量密度（W·h/L）和质量能量密度（W·h/

kg）；q 为电荷量。

谈到电池的容量和能量时，必须指出放电电流的大小或者放电条件。通常放电条件可以分为恒电流放电和倍率放电两种。恒电流放电，顾名思义就是以恒定的电流进行放电。倍率放电是指电池在规定时间内放出其额定容量的电流值，数值等于额定容量的倍数。

$$\frac{C}{n}=\frac{电池的容量}{小时数}=电流值 \tag{6-27}$$

例如在 $2C$ 下放电，则 $n=0.5$，即在 0.5h 内将全部容量放完。

（4）电池的功率

电池的功率是指特定条件下单位时间内的电池对外所做的电功，可以通过以下方程式计算

$$P=\int V_p \mathrm{d}I \tag{6-28}$$

式中，电池的功率密度 V_p 可以分为单位质量的输出功率（W/kg）和单位体积的输出功率（W/L）。

（5）库仑效率（电流效率）

电池的库仑效率（CE）等于电池的放电容量除以电池的充电容量，即

$$\mathrm{CE}=\frac{C_{放电}}{C_{充电}} \tag{6-29}$$

6.2.4 锂离子电池主要性能参数

目前电动汽车（EVs）行业、大型储能站等电力领域对锂离子电池的需求日益增长。学术界和产业界一直努力追求实现锂离子电池优异的倍率、高低温充放电、循环寿命等电化学性能。要想充分地了解锂离子电池的性能特征以及优缺点就要先了解其一些重要的电化学性能参数。锂离子电池的电化学参数主要包括以下几个方面。

额定电压：是指电池器件长期稳定工作时的最佳电压。商业化的锂离子电池产品，其额定电压一般为 3.6～3.7V（也有少部分产品其电压可达 4.2V），正常工作时，其电压范围一般为 2.4～4.1V，也可以将下限电压设定为其他值，如 3.1V。

额定容量：容量是衡量电池性能的重要标志之一，它指一定条件下，电池可以放出的电量。锂离子电池的额定容量是指电池以 $0.2C$ 恒流放电，放至终止电压时放出的电量。一般来讲，实际容量通常会小于额定容量。

能量密度：一般分为两种，即质量能量密度及体积能量密度，分别指单位质量或单位体积释放或存储的能量，单位分别为 W·h/kg、W·h/L。当前电动车用锂离子电池能达到的能量密度大约为 100～200W·h/kg，就应用来说，这一数值还不太可观。例如，新能源汽车领域正在快速崛起，但其续航里程一直是阻碍其发展的重要因素，新能源汽车的单次行驶里程要想达到 500 公里（与传统燃油车相当），电池单体的能量密度则必须达到 300W·h/kg 以上。

荷电保持能力：是指电池充满电后，在开路状态下放置 28 天，然后以 $0.2C$ 恒流放电，

将放电至终止电压时所获的容量与额定容量相比所得的比值。其数值越大，说明电池荷电保持能力越强，自放电率越小。通常情况下，锂离子电池的荷电保持能力可达 85% 以上。

循环寿命：是指随着锂离子电池进行充放电循环，电池容量下降至额定容量的 70% 时，所得到的充放电次数。锂离子电池循环寿命的衰减，其实也就是电池当前的实际可用容量，相对于其出厂时的额定容量不断下降的一种变化趋势。任何能够产生或消耗锂离子的副反应都可能导致电池容量平衡的改变，这种改变是不可逆的，并且随着充放电循环不断累积，对电池循环性能产生严重影响。一般来说，锂离子电池循环寿命要求在 500 次以上。

电池内阻：是指当电池在正常工作时，电流流经电池内部受到的阻力，包括极化内阻和欧姆内阻。欧姆内阻主要是由电池各个部分的接触界面引起的接触内阻，包括电极、电解液、隔膜等。极化内阻主要是发生电化学反应时由极化引起的，包括浓差极化内阻、电化学极化内阻。在充放电过程中，内阻会使电池内耗增加，从而发热严重，加速电池老化。因此，内阻越小越有利于锂离子电池保持良好的电化学特性。

6.2.5 锂离子电池材料

6.2.5.1 锂离子电池正极材料

锂离子电池的迅速发展对新型电池材料（特别是新型正极材料）在能量密度及安全性等方面提出了更高要求。通常认为，正极材料的性能（如容量、电压）是决定锂离子电池的能量密度、安全性及循环寿命等的关键因素。因此，正极材料性能的改善和提升及新型正极材料开发和探索一直是锂离子电池领域的主要研究方向之一，人们已对众多类型的正极材料进行了研究。

（1）层状正极材料

① $LiCoO_2$ 正极材料

自从锂离子电池商用化以来，$LiCoO_2$ 一直是锂离子电池的主导正极材料。其理论比容量为 274mA·h/g，实际比容量为 140～155mA·h/g，平均电压 3.7V。可快速充放电，在 2.75～4.3V 范围内，锂离子在 Li_xCoO_2 中可可逆脱嵌，具有较好的结构稳定性和循环性能。其反应式如下

$$LiCoO_2 \rightleftharpoons Li_{1-x}CoO_2 + xLi^+ + xe^- \tag{6-30}$$

$LiCoO_2$ 热稳定性较差，同时当充电电压由 4.3V 提高到 4.4V 时，$LiCoO_2$ 的晶格参数 c 由 1.44nm 急剧下降至 1.40nm，导致其电化学性能和安全性能下降。

② $LiNiO_2$ 正极材料

理想的 $LiNiO_2$ 晶体具有 α-$NaFeO_2$ 型层状结构，属 R-$3m$ 空间群，其中的氧离子在三维空间作紧密堆积，占据晶格的 c6 位。镍离子和锂离子填充于氧离子围成的八面体孔隙中，二者相互交替隔层排列，分别占据 b3 位和 a3 位。图 6-10 为结构示意图。$LiNiO_2$ 存在制备困难和锂镍错排将导致容量和循环稳定性急剧下降等问题，但也具有资源丰富、价格便宜、无毒性等优点，是目前综合性能较好的新型正极材料，正逐步实现商业化应用。

③ 层状 $LiMnO_2$ 材料

该正极材料的首次放电比容量超过 270mA·h/g，达到理论值的 95%，而且能量密度

高，安全性能好，价格低廉，无毒性，被认为是十分具有发展潜力的正极材料。但也存在着一些问题，在热力学平衡条件下，层状 $LiMnO_2$ 处于亚稳态，具有的 O3 结构和锂化尖晶石 $Li_2Mn_2O_4$ 的结构极其相似，因此，在充放电循环过程中，层状 $LiMnO_2$ 正极材料会转化为更加稳定的锂化尖晶石 $Li_2Mn_2O_4$，从而造成可逆容量的迅速衰减。此外，$LiMnO_2$ 属于热力学亚稳相，在充放电循环过程中，Mn^{3+}（$3d^4$）产生的 Jahn-Teller 畸变效应会严重影响层状结构的稳定性，致使该正极材料易向尖晶石型结构转变，从而造成可逆容量的迅速衰减。

④ 层状三元正极材料

三元正极材料的通式为 $LiNi_xMn_yCo_{1-x-y}O_2$，简写为 NMC，三元材料是以镍盐、钴盐、锰盐为原料制备而成，产品为黑色粉末，其含有镍钴锰的比例可以根据实际需要调整，常见的比例有 NMC 333、442、532、811 等。$LiNi_{1/3}Co_{1/3}Mn_{1/3}O_2$ 属于 α-$NaFeO_2$ 层状结构，即六方晶型，$R3m$ 空间群，图 6-11 为结构示意图。Co 含量增加能有效减少阳离子混排，降低阻抗值，提高电导率和改善充放电循环性能，但随着 Co 含量增加，材料的可逆嵌锂容量下降，成本增加；Ni 为活性材料，Ni 的存在有利于提高材料的可逆嵌锂容量，但过多的 Ni 会使材料的循环性能恶化，发生阳离子混排，材料的热稳定性下降，容量保持率下降；Mn 不仅可以降低材料的成本，而且可提高材料的稳定性和安全性，但含量太高会出现尖晶石相而破坏材料的层状结构。

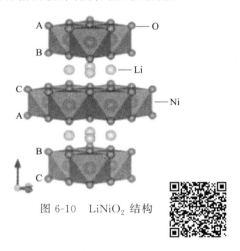

图 6-10　$LiNiO_2$ 结构

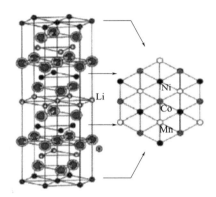

图 6-11　$LiNi_{1/3}Co_{1/3}Mn_{1/3}O_2$ 结构

（2）尖晶石结构材料

① $LiMn_2O_4$

尖晶石结构 $LiMn_2O_4$ 正极材料具有比 $LiCoO_2$ 更好的安全性，而且价格低廉。其理论比容量为 148mA·h/g，实际比容量一般在 115～125mAh/g 之间，可逆性好，且具有较好的热稳定性。但尖晶石 $LiMn_2O_4$ 在 3V 附近过度嵌锂时，易发生 Jahn-Teller 效应，由尖晶石结构向四方结构转变，电化学性能急剧下降。目前通过向 $LiMn_2O_4$ 中引入适当的金属离子和氧、氟、碘、硫、硒等阴离子进行掺杂，或进行颗粒表面包覆改性有效提高了其在高温下的循环稳定性。

② $LiM_xMn_{2-x}O_4$

$LiMn_2O_4$ 材料充放电过程中 Jahn-Teller 效应及 Mn^{3+} 的溶解导致循环性能较差，为了改善其循环性能，许多研究小组引入其他过渡金属制备 $LiM_xMn_{2-x}O_4$（$M=Co$，Cr，Ni，Fe，Cu 等）材料，其中 $LiNi_{0.5}Mn_{1.5}O_4$ 除拥有 $LiMn_2O_4$ 的优点外，还具有 $4.7V$ 高电压平台，实际比容量为 $125\sim135mA\cdot h/g$ 且结构稳定，而且它可以提供三维 Li^+ 传输通道，拥有较好的倍率性能。但是材料的制备过程中往往会有 $Li_xNi_{1-x}O_2$ 等非活性的杂相生成，导致材料的放电比容量有所下降；其次，材料的大电流倍率性能也需要进一步提高。

（3）聚阴离子正极材料

聚阴离子型化合物是一系列含有四面体或者八面体阴离子结构单元 $(XO_m)^{n-}$（$X=P$、S、As、Mo 和 W）的化合物的总称。目前报道比较多的是具有橄榄石和 NASICON 两种结构类型的聚阴离子型正极材料。其优点：第一，材料的晶体框架结构稳定；第二，易于调变材料的放电电位平台。其缺点是电子电导率比较低，材料的大电流放电性能较差。

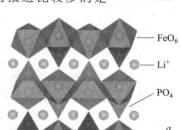

— FeO_6
— Li^+
— PO_4

$LiFePO_4$ 为橄榄石结构，实际比容量可达 $160mA\cdot h/g$ 左右，平均放电电压 $3.4V$ 左右。$LiFePO_4$ 具有较好的脱嵌可逆性、循环稳定性和安全性。其结构中 FeO_6 八面体通过共顶点连接起来，但聚阴离子基团的存在压缩了同处于相邻 FeO_6 层之间的锂离子嵌脱通道，降低了锂离子的迁移速率，导致材料只有较小的电子电导率，图 6-12 为 $LiFePO_4$ 结构示意图。

图 6-12　$LiFePO_4$ 结构

（4）富锂锰基正极材料

近年来富锂锰基材料因具有高的可逆比容量、优秀的循环性能、相对较低的成本以及新的电化学充放电机制等优点而受到广泛关注。富锂锰基正极材料用 $x Li[Li_{1/3}Mn_{2/3}]O_2\cdot(1-x)LiMO_2$ 来表达，其中 M 为过渡金属（Mn、Ni、Co、Ni-Mn 等）。研究者认为它是由 Li_2MnO_3 和 $LiMO_2$ 两种材料按不同比例复合而成的固溶体，分子式也可写为 $Li[Li_{x/3}Mn_{2x/3}M_{1-x}]O_2$，图 6-13 为其结构示意图。富锂锰基材料在充放电过程中表现出较好的循环稳定性和较高的充放电容量，但是倍率性能不理想，且首次循环不可逆容量高，而且富锂材料的工作电压区间在 $2\sim4.8V$，高充电电压引起电解液分解，使得循环性能不够理想，限制了其实际应用。

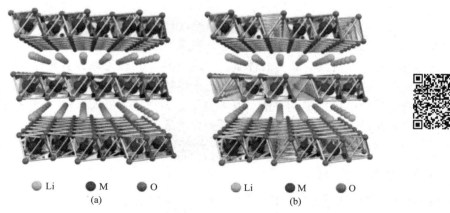

●Li　●M　●O　　　●Li　●M　●O
(a)　　　　　　　　　(b)

图 6-13　$LiMO_2$ 相和 $Li[Li_{1/3}Mn_{2/3}]O_2$ 相

锂电池正极材料是其电化学性能的决定性因素，对电池的能量密度及安全性能起主导作用，且正极材料的成本占比也较高。目前，全球主流的锂电池正极材料包括钴酸锂、锰酸锂、磷酸铁锂与三元材料等。

6.2.5.2　锂离子电池负极材料

电池负极材料是影响电池容量、寿命和安全的重要因素，因此一直是锂离子电池的研究热点。一般来说，理想的负极材料应具有成本低、稳定、高的离子/电子传输能力及高理论比容量等特点。

根据储能机理的不同，目前的锂离子电池负极材料可以分为以下三类：嵌入型负极材料、合金化型负极材料以及转换型负极材料。

（1）嵌入型负极材料

嵌入型负极材料是目前最常见也是商业化应用最成熟的负极材料，包括石墨化碳材料、非石墨化的碳材料（如石墨烯、碳纳米管、碳纳米纤维）、TiO_2 以及钛酸锂等。其中碳质材料的优点包括良好的工作电压平台、安全性好以及成本低等。但是也存在高电压滞后、高不可逆容量的缺点。钛酸盐负极材料具有优异的安全性、成本低、长循环寿命的优点，但能量密度低。

石墨化碳材料在晶体结构上具有显著的层状结构，锂离子能够不断嵌入与脱出，具有较好的充放电电压平台（$0 \sim 0.25V$）、较小的不可逆容量与优越的循环稳定性等特点，但也存在实际比容量低（$300 \sim 330 \text{mA} \cdot \text{h/g}$）、倍率放电性能差等问题。

钛基氧化物材料（$Li_4Ti_5O_{12}$、TiO_2）被认为是理想的锂离子电池负极材料，具有成本低、毒性小、充放电过程体积变化小、功率大、循环寿命长等优势，但也具有理论容量低与本征电导率低的缺点。

（2）合金化型负极材料

锡基材料和硅及硅化合物等材料的储锂过程属于合金化储锂机理。合金化储锂机理也可用方程式表示

$$M + x\text{Li}^+ + xe^- \Longrightarrow \text{Li}_x M \tag{6-31}$$

式中，M 指金属或合金材料。在从 M 到 Li_xM 的过程中，若锂化是通过固溶反应实现，整个锂化过程不存在相结构变化；若锂化是通过加成反应实现，则锂化过程一定伴随着相结构改变。非晶态和晶态硅的锂化过程就是分别通过固溶反应和加成反应来实现的。

硅是目前所发现的具有最高储锂量的负极材料，其理论嵌锂容量达 $4200 \text{mA} \cdot \text{h/g}$，现已成为目前研究的主要负极材料之一。然而，伴随着锂离子的不断脱嵌，硅基负极将产生巨大体积变化，导致电极变形与开裂，从而逐渐崩塌、粉化失效，表现出较差充放电循环性能。目前，解决硅基负极材料循环性能差的方法是将材料纳米化或薄膜化，以减小绝对体积膨胀，从而提高材料的循环稳定性。

（3）转换型负极材料

转换型负极材料的晶格中未能提供锂离子嵌入的位置，因此不属于典型的嵌脱机制，理论上该材料是通过锂离子与过渡金属阳离子之间的可逆置换反应来储存锂并获得高比容量

的。这类材料主要指过渡金属元素如钴、锰、钒、铁、镍等元素的氧化物、硫化物、磷化物等。其反应机理可用方程式表示

$$M_xO_y + 2yLi^+ + 2ye^- \longrightarrow yLi_2O + xM \tag{6-32}$$

转换型负极材料具有容量高、工作电压合适等优点，但同样面临体积膨胀变化大、固态电解质界面（SEI）膜不稳定的问题。除此之外，转换型负极材料还存在明显的电压滞后现象，具有较差的电化学反应动力学性能。

6.2.5.3 锂离子电池的电解质

实用的电解质应具有以下几个特点：a. 电化学稳定性好，不与正极、负极、隔膜、集流体、黏结剂、电池壳等发生严重副反应；b. 离子电导率高，电子绝缘性好，介电常数高，有利于电化学反应可逆进行；c. 使用温度范围宽，电压窗口宽；d. 生产成本低，环境友好。锂离子电池电解质可分为液态和固态电解质，目前市场上主要使用液态电解质，但液态电解质的溶剂易燃，具有安全隐患。因此，科研人员开始关注不易燃的固态电解质。

（1）液态电解质

目前采用的电解液是在有机溶剂中溶有电解质锂盐的离子型导体，常采用的有机溶剂有：PC（碳酸丙烯酯）、EC（碳酸乙烯酯）、DMC（碳酸二甲酯）、DEC（碳酸二乙酯）及THF（四氢呋喃）等。可用于锂离子电池的锂盐大体上可分为有机盐和无机盐，目前较常用的是无机阴离子导电锂盐，主要为六氟磷酸锂（$LiPF_6$）、二草酸硼酸锂（LiBOB）、四氟硼酸锂（$LiBF_4$）、双三氟甲烷磺酰亚胺锂（LiTFSI）等几种。在锂离子电池的工业生产中，一般将两种或两种以上的有机溶剂混合在一起使用，其中性能较好、应用最广的是以EC和DMC作为混合溶剂、以$LiPF_6$作为导电锂盐。

（2）固态电解质

目前广泛研究的固态电解质主要有无机固态电解质和聚合物固态电解质。

无机固态电解质具有热稳定性高、不燃烧、电化学窗口宽、力学强度高等优点，且基本不存在锂枝晶穿破电解质层导致电池内部短路问题。目前研究最多的是锂磷氧氮型（LiPON）、钙钛矿型（perovskite）、石榴石型（garnet）、阴离子聚合物（LISICON）型四种电解质。LiPON型固态电解质的化学性质和电化学性质稳定、电化学窗口较宽，但其离子电导率较低；perovskite型固态电解质在室温下的电导率较高，可达到10^{-3}S/cm，但其电化学性能及化学稳定性较差；garnet型固态电解质的离子电导率较高、化学稳定性较好，与金属锂的电化学稳定性高且拥有宽的电化学窗口；LISICON型电解质在结构上与γ-Li_3PO_4相似，其热稳定性高，但锂离子导电率较低，并且与锂和空气接触时稳定性差。

聚合物固态电解质由聚合物基质和锂盐组成。与无机固态电解质材料相比，聚合物电解质具有良好的柔顺性、成膜性以及质量轻的优点。目前研究最多的体系是聚环氧乙烷（PEO）为基体的电解质体系，锂离子与PEO中的醚氧键通过配位结合，离子传输依赖于分子链，非晶区的分子链蠕动引起离子跃迁完成。但高分子量的PEO在60℃以下开始发生结晶，进而导致离子电导率降低，因此研究人员采用了共聚、共混、接枝等改性方法来降低结晶度，进而提高其室温下的离子电导率。

6.2.6　锂离子电池应用与展望

随着科技的飞速前进与民众生活品质的提升，锂离子电池制造技术的革新与成本的有效降低，正显著加速着现代移动通信设备与家用电器的革新步伐，并深刻推动着国防军事、电信技术的蓬勃发展。展望未来，锂离子电池无疑将跃升为21世纪尖端科技领域，如人造卫星、航天器、水下潜艇、鱼雷系统、军事导弹及航空器等不可或缺的化学能源支柱。

在当前，磷酸铁锂、高镍、钴酸锂等动力电池成为了科研人员探索的热门方向。除此之外，对于新兴化学电池体系（如锂硫电池、固态电池、钠离子电池）以及创新电池概念（如氧化还原液流电池、金属空气电池）的探索，正逐步揭开能源存储与转换领域的新篇章，预示着未来电池技术的无限可能与广阔前景。

6.3　金属-空气电池工作原理

金属-空气电池是一类特殊的燃料电池，也是新一代绿色二次电池的代表之一，被称为是"面向21世纪的绿色能源"。按照负极所用的金属来分类，常见的有如下几种：一次性的锌空气电池、铝空气电池、铁空气电池、镁空气电池、锂空气电池和充电金属空气电池。主要组成为正极（空气电极）、负极（金属电极）和电解液。

6.3.1　空气电极

金属空气电池是以空气中的氧作为正极活性物质，氧电极性能的好坏严重影响电池的性能。空气电池的研究在历史上曾经陷入低谷，其中一个重要的原因就是没有高质量的空气电极。现在广泛使用的是气体扩散电极。气体扩散电极广泛地应用在燃料电池和金属空气电池中，电极的一面与电解液接触，另一面与空气接触。在电池放电过程中空气电极作为正极，空气中的氧气沿电极表面扩散进入电极内部，在催化剂的作用下发生还原反应。对

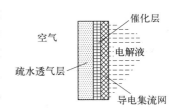

图6-14　空气电极的结构

于可充电池，空气电极在充电过程中作为负极，在电极表面发生析氧反应。电池直接消耗空气中的氧气，其基本的工作原理与氧电极相同。空气电极的结构如图6-14所示。

空气电极反应是在气、液、固三相界面上进行的，如图6-15所示。因为氧在水溶液中的溶解度和扩散速度都很小，采用两相电极时电流密度小，因此大多使用三相电极。三相电极的结构由活化层（亲水的催化层）、疏水层（疏水的气体供应层或防水透气层）、导电网（镍网或镀镍铜网）构成，电极内部能否形成尽可能多的有效三相界面将影响催化剂的利用率和电极的传质过程。通常采用耐腐蚀的碳基体作电极时，需要克服催化剂对碳基体的腐蚀和氧化以及合金元素和电解液中的杂质对正极性能和寿命的影响。此外，为了制成具有均匀微孔结构的空气电极，通常在催化层中加入适量的发孔剂，如无水 Na_2SO_4、NH_4HCO_3 等。

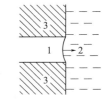

图6-15　三相界面
1—气相；2—液相；3—固相

若不涉及反应历程的细节，则各种电极上氧的还原反应历程基本上可分为两大类。一类是氧气首先得到两个电子还原为 H_2O_2 或

HO_2^-，然后再进一步还原为水，在酸性和中性溶液中的基本反应历程如下

$$O_2 + 2H^+ + 2e^- \longrightarrow H_2O_2（电化学反应） \tag{6-33}$$

$$H_2O_2 + 2H^+ + 2e^- \longrightarrow 2H_2O（电化学反应） \tag{6-34}$$

或 $$2H_2O_2 \longrightarrow O_2\uparrow + 2H_2O（催化分解） \tag{6-35}$$

在碱性溶液中，氧的还原反应电极电位只有 0.4V（相对标准氢电极），因而锰、银、镍、碳和稀土复合氧化物都可以使用。碱性溶液中反应的最终产物为 OH^-，同时中间产物 H_2O_2 能按照式（6-36）离解为 HO_2^-。

因此在强碱性溶液中氧还原过程的基本反应历程为

$$H_2O_2 + OH^- \longrightarrow HO_2^- + H_2O \tag{6-36}$$

$$O_2 + H_2O + 2e^- \longrightarrow HO_2^- + OH^-（电化学反应） \tag{6-37}$$

$$HO_2^- + H_2O + 2e^- \longrightarrow 3OH^-（电化学反应） \tag{6-38}$$

或 $$2HO_2^- \longrightarrow O_2\uparrow + 2OH^-（催化分解） \tag{6-39}$$

另一类反应历程中不涉及过氧化氢，而以吸附氧或表面氧化物作为中间粒子，例如

$$O_2 \longrightarrow 2MO_{吸} \tag{6-40}$$

$$MO_{吸} + 2H^+ + 2e^- \longrightarrow H_2O（酸性溶液） \tag{6-41}$$

或 $$MO_{吸} + H_2O + 2e^- \longrightarrow 2OH^-（碱性溶液） \tag{6-42}$$

通过表面氧化物（或氢氧化物）进行转换的反应历程也属此类，例如

$$2M + 2H_2O + O_2 \longrightarrow 2M(OH)_2 \tag{6-43}$$

$$M(OH)_2 + 2e^- \longrightarrow M + 2OH^- \tag{6-44}$$

由此可见，空气电极反应过程十分复杂，因此，作为氧电极催化剂，稳定性比催化性更重要。

空气电极作为正极，应该具有良好的导电能力（利于降低欧姆电阻）、充分的机械稳定性和适当的孔隙率、在电解质中的化学稳定性以及长期的电化学稳定性。影响空气电极的因素是多方面的，包括电极组成及成分、外界环境，有兴趣的可以参看有关文献或者参考书。

6.3.2 空气电极催化剂

对空气电极催化剂材料的一般要求是：对氧的还原/析出具有良好的催化活性；对过氧化氢的分解有促进作用；耐电解质的腐蚀；耐氧化/还原气氛的腐蚀；电导率大；比表面积大。就不同材料而言，比表面积大并不意味着催化活性高，但对同种材料来说，比表面积越大，活性中心越多，从而显示出更高的活性。金属空气电池的发展主要来自氧电极催化剂的不断更新，因此催化剂材料的研究一直是备受关注的课题。为降低正极反应过程的电化学极化，人们对氧还原反应的电催化剂进行了广泛的研究。最早用作氧还原电催化剂的是碳，但其催化活性相当低。到目前为止，贵金属铂是研究得最多且催化活性和稳定性最好的电催化

剂。早期的空气电极以纯铂为催化剂，铂负载量超过 $4mg/cm^2$，后来采用炭黑负载铂的技术使得铂的负载量降至 $0.5mg/cm^2$ 以下。但由于铂的价格十分昂贵，从而使其难以实现大规模应用，必须进一步减少铂的负载量及开发其他高性能的廉价催化剂。

目前研究的氧电极催化剂主要有铂及其合金、银、金属螯合物、金属氧化物（如锰氧化物、钙钛矿型氧化物等）等几个系列。

6.3.3 锌空气电池

锌空气电池的正极活性物质来源于空气中的氧气，负极采用廉价的锌。在碱性电解液里，电池反应如下。

正极：
$$\frac{1}{2}O_2 + H_2O + 2e^- \longrightarrow 2OH^- \tag{6-45}$$

负极：
$$Zn \longrightarrow Zn^{2+} + 2e^- \tag{6-46}$$
$$Zn^{2+} + 2OH^- \longrightarrow Zn(OH)_2 \tag{6-47}$$
$$Zn(OH)_2 \longrightarrow ZnO + H_2O \tag{6-48}$$

总电池反应：
$$Zn + \frac{1}{2}O_2 \longrightarrow ZnO \tag{6-49}$$

根据反应可知锌空气电池的电动势为

$$E = \varphi^{\ominus}_{O_2/OH^-} - \varphi^{\ominus}_{ZnO/Zn} + \frac{RT}{nF}\ln p^{1/2}_{O_2} \tag{6-50}$$

式中，$\varphi^{\ominus}_{O_2/OH^-}$ 为氧电极标准电极电位，其值为 $0.401V$；$\varphi^{\ominus}_{ZnO/Zn}$ 为锌电极标准电极电位，其值为 $-1.245V$。

常温常压下，空气中氧分压约为大气压的 20%，代入式（6-50）中，锌空气电池电动势为 $1.622V$。

$$E = 1.646 + \frac{0.0591V}{2}\ln 0.2^{1/2} = 1.622(V)$$

实际测量电池开路电压在 $1.40 \sim 1.45V$ 之间，主要原因是氧电极反应很难达到标准状态下的热力学状态。

传统的大型锌空气电池仍采用板栅状电极层压进行串联，构成高压电池组来使用。常用的锌空气电池有矩形和扣式。矩形电池结构如图 6-16 所示，电池正极为聚四氟乙烯型空气电极，负极由汞齐化锌粉压制而成。锌负极外包隔膜材料数层，隔膜材料可选用维尼龙纸、石棉纸或水化纤维素膜，电池顶部设气室，顶盖上留透气孔，防止内压过大。

锌空气电池的开路电压为 $1.45V$，工作电压为 $0.90 \sim 1.30V$，自放电为每月 $0.2\% \sim 1.0\%$，可在 $-20 \sim 40℃$ 的温度范围内使用，放电曲线平稳。

锌空气电池能源特性优异，有如下诸多特点：

① 常温常压下即可操作，不需外在的压力平衡设计；

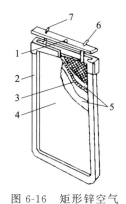

图 6-16 矩形锌空气
电池结构简图
1—注液口（透气孔）；2—外壳；
3—负极；4—正极；5—隔膜；
6—正极导线；7—负极导线

② 目前锌空气电池的实际能量密度已达到了 230W·h/kg，且未来还有很大的发展空间；

③ 自放电率低，若置于密闭空间中，放电率几乎为零；

④ 重量小、体积小、容量大、系统结构简单；

⑤ 锌空气电池具有良好的环保性，其产生电能后，产物主要有两种，即水汽与氧化锌，这些物质经处理后皆可再使用，属于零污染；

⑥ 锌空气电池所需的反应物主要有锌和空气，皆属低成本物质，故其经济性毋庸置疑；

⑦ 能在宽广的温度范围内正常工作，且无腐蚀，工作安全可靠；

⑧ 锌空气电池的应用层面很广，例如 3C 产品（计算机、通信和消费电子产品）、电动车辆或区域发电机。

锌空气电池具有高比能量，但是其比功率较小（90W/kg），不能存储再生制动的能量，寿命较短，不能输出大电流及难以充电。一般为了弥补它的不足，使用锌空气电池的电动汽车还会装有其他电池以帮助起动和加速。

锌空气电池贮存寿命低，主要原因是锌负极的自放电，发生的主要反应如下。

负极：

$$Zn + 2OH^- \longrightarrow ZnO + H_2O + 2e^- \tag{6-51}$$

正极：

$$2H_2O + 2e^- \longrightarrow H_2 \uparrow + 2OH^- \tag{6-52}$$

电池反应：

$$Zn + H_2O \longrightarrow ZnO + H_2 \uparrow \tag{6-53}$$

通过透气膜溶解在电解液中的氧也会加速锌的腐蚀。

负极：

$$Zn + 2OH^- \longrightarrow ZnO + H_2O + 2e^- \tag{6-54}$$

正极：

$$\frac{1}{2}O_2 + H_2O + 2e^- \longrightarrow 2OH^- \tag{6-55}$$

电池反应：

$$Zn + \frac{1}{2}O_2 \longrightarrow ZnO \tag{6-56}$$

自放电和气体转移衰减的共同影响决定锌空气电池的使用寿命和性能。对于大部分应用来说，水分转移是主要因素。然而，有些情况下，电解液的碳酸化作用和直接氧化作用会对性能有不利影响。

6.3.4　铝空气电池

铝在地壳中的含量居金属元素之首，外层电子结构极具特色，Al(Ⅲ) 离子有 3 个共价键，3 个配位键，既溶于酸又溶于碱，具有多种形态，其电阻率低（2.76$\mu\Omega$/cm），电化学当量高（2.98A·h/g），电极电位负（-1.66V）。其结构可以表达为：

$$（一）Al/电解液/O_2（空气）（＋）$$

电池放电时负极反应如下。

$$Al-3e^- \longrightarrow Al^{3+} \tag{6-57}$$

$$Al^{3+}+3OH^- \longrightarrow Al(OH)_3（中性溶液） \tag{6-58}$$

$$Al^{3+}+4OH^- \longrightarrow Al(OH)_4^-（碱性溶液） \tag{6-59}$$

正极反应为：

$$O_2+2H_2O+4e^- \longrightarrow 4OH^- \tag{6-60}$$

铝空气电池总的电极反应如下。

$$4Al+3O_2+6H_2O \longrightarrow 4Al(OH)_3（中性溶液） \tag{6-61}$$

$$4Al+3O_2+4OH^-+6H_2O \longrightarrow 4Al(OH)_4^-（碱性溶液） \tag{6-62}$$

另外，铝在两种条件下都存在腐蚀反应

$$2Al+6H_2O \longrightarrow 2Al(OH)_3+3H_2\uparrow \tag{6-63}$$

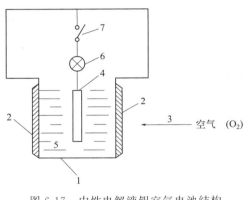

图 6-17 中性电解液铝空气电池结构
1—电池壳体；2—空气电极；3—空气（O_2）；
4—铝负极；5—电解液；6—负载；7—开关

图 6-17 是中性电解液铝空气电池结构示意图。

铝空气电池是用高纯铝或铝合金作负极，用氧（空气）电极作正极，用碱或盐作电解液。在放电过程中负极溶解，空气中的氧被还原而释放出电能。铝空气电池具有如下优越性。

① 铝是一种活泼金属，它比金属锌、镁等更有吸引力。铝的电化学当量很高，为 $2980A \cdot h/kg$，电极电位较负，是除锂之外质量比能量最高的金属，铝空气电池的质量比能量实际可达到 $450W \cdot h/kg$，体积比能量小于铅酸电池，比功率为 $50 \sim 200W/kg$，寿命达 $3 \sim 4$ 年。因此，对铝化学电源的研究和开发具有诱人的前景和挑战；

② 铝空气电池可携带燃料进行长距离行驶，节约能源，元件可快速更换，是电动自行车的理想电源。另外，该电池用在电动自行车上，无毒、无有害气体，可减小因燃油和燃气带来的噪声，对保护环境有利；

③ 安全可靠，无污染，从生产到使用，从新产品到废品回收，都不会污染环境，更不会燃烧爆炸，堪称绿色能源；

④ 铝的储量丰富，价格便宜。铝是地球上含量最丰富的金属元素之一，在元素分布上占第三位，全球铝的工业储量已超过 300 亿吨；

⑤ 铝空气电池无须充电，补充铝电极和电解液后即可产生电流；

⑥ 操作方便，加一次料只需 $5 \sim 6min$；

⑦ 铝电极的生产工艺和设备比较简单，投资少，研制费用低；

⑧ 可设计成电解液循环和不循环两种结构形式，便于不同场合使用。

众所周知，铝在空气和水中，表面会形成一层氧化膜。虽然金属铝的钝化膜只有几纳米厚，但造成负极极化增大、电位正移和电压滞后（在达到稳定电压过程中，由于氧化膜的内阻造成"滞后"），因此铝电极的钝化行为直接关系到铝空气电池能否实现。其中铝在碱性环境中的钝化性质与锌相似。在 400℃ 以上，铝的氧化（钝化）表现为三个阶段：无定形氧化物的生长、晶体氧化物的形成和极慢氧化。只要腐蚀速率与锌相近的铝合金，都适合于在碱性铝空气电池中使用。实际上锌的腐蚀速率为 $0.084mg/(cm^2 \cdot h)$，纯铝腐蚀速率则为锌的 1600 倍，因此，纯铝不能直接作为电池负极的一个重要原因是腐蚀，该腐蚀会使负极法拉第效率 η_F 极低（晶界腐蚀是 η_F 低的第二个原因），而析氢反应还会导致三方面的影响：电流效率低、电解液导电率下降和欧姆阻抗增加。此外，所有商业铝在碱性溶液中的腐蚀由负极控制。

6.3.5 铁空气电池

铁空气电池是大规模应用于牵引力最有可能的电化学动力源之一。早在金属-空气电池发展初期，在 ASEA 公司的燃料电池计划中就包含了发展电动汽车用铁空气电池的计划，从而出现了第一代铁空气电池，成本的降低促使了第二代铁空气电池的出现。制作高能量密度和力学性能好的铁电极当然是可能的，然而这样的铁电极也存在着自放电趋势和容量衰减的问题。因此，20 世纪 80 年代后受到的关注就逐渐少了。

铁空气电池用铁作电极材料，具有价格低廉、污染极少等优点，也是一种很有发展前景的新型绿色电池。其负极的反应为

$$Fe + 2OH^- \xrightleftharpoons[\text{放电}]{\text{充电}} Fe(OH)_2 + 2e^- \tag{6-64}$$

$$Fe(OH)_2 + OH^- \xrightleftharpoons[\text{放电}]{\text{充电}} FeOOH + H_2O + e^- \tag{6-65}$$

反应式（6-64）和式（6-65）的标准电极电位分别为

$$\varphi_1^\ominus = -0.87V, \varphi_2^\ominus = -0.55V \tag{6-66}$$

铁首先被氧化成 $Fe(OH)_2$，然后生成 $FeOOH$。当铁电极在碱液中负极极化较大时，容易形成钝化膜，大大降低电极的表面活性，使电极容量急剧下降，电池寿命缩短，在低温条件下，更容易形成与铁电极牢固结合的致密覆盖层，阻止铁电极的负极反应，因而负极容量显著减小。铁空气电池的关键是提高电极的性能。

铁空气电池的主要特点有以下几点。

（1）环境友好

在电极制备、电池使用和废旧电池处理过程中，都不会造成严重的环境污染。

（2）成本低廉

铁空气电池可以不采用贵金属铂作催化剂，而采用少量的镍、钴、银作催化剂，这一点就比其他金属燃料电池要经济得多。

（3）铁电极的材料来源丰富

铁元素在地壳中含量丰富，而且炼铁工业技术成熟，规模很大。假如铁空气电池能够用作电动汽车的动力电源，材料的供应也能完全满足市场的需求。

碱性铁空气电池中铁电极存在的主要问题有以下几点。

（1）铁电极在碱性电解液中容易钝化

如前所述，当铁电极在碱液中负极极化较大时，容易形成钝化膜；在低温条件下，更容易形成与铁电极牢固结合的致密覆盖层。由此导致：铁空气电池在大电流或较低温度下放电，电池的容量大大地降低。例如以 $C/5$ 放电时，0℃时的放电容量比 25℃时的放电容量减少 25%，−20℃时的放电容量只有 25℃时的 10%。

（2）铁电极自放电严重

在碱性溶液中，氢析出反应为

$$2H_2O + 2e^- \longrightarrow H_2 \uparrow + 2OH^- \tag{6-67}$$

其标准电极电位为 $\varphi_3^\ominus = -0.82V$，比铁在碱液中电极反应的标准电极电位要正 50 mV。所以，铁电极在碱液中很容易析出氢气，同时，铁生成氢氧化亚铁，造成铁电极自放电，从而降低电极活性物质的利用率。研究表明，铁电极在 25℃ 条件下，因自放电而导致容量损失达每天 1%～2%。

（3）铁电极的充电效率低

氢析出反应的标准电极电位不仅比铁电极反应的标准电极电位要正一些，而且通过对比氢在不同金属上的析出过电位发现，在不同电流密度下，氢在铁上的析出过电位要比在镉、锌、铅上都小。因此，铁作为电池的负极材料，其充电效率要比同为电池负极的镉、铅、锌低一些。

6.3.6 镁空气电池

镁空气电池具有比能量高、使用安全方便、原材料来源丰富、成本低、燃料易于贮运、可使用温度范围宽（−20～80℃）及污染小等特点。作为一种高能化学电源，在可移动电子设备电源、自主式潜航器电源、海洋水下仪器电源和备用电源等方面具有广阔的应用前景。

镁空气电池主要由镁合金负极、中性盐电解质和空气正极三部分组成。镁是非常活泼的金属，在中性盐电解质中有很高的活性，适合用作中性盐电解质金属空气电池的负极材料。

中性盐条件下镁空气电池的放电反应机理如下所示。

负极反应：

$$Mg \longrightarrow Mg^{2+} + 2e^- \tag{6-68}$$

正极反应：

$$O_2 + 2H_2O + 4e^- \longrightarrow 4OH^- \tag{6-69}$$

整个电池反应：　　　$$Mg + 1/2 O_2 + H_2O \longrightarrow Mg(OH)_2 \tag{6-70}$$

镁空气电池以空气中的氧作为活性物质，在放电过程中，氧气在三相界面上被电化学催化还原为氢氧根离子，同时金属镁负极发生氧化反应。在放电过程中，镁负极还会与电解液发生自腐蚀反应［式（6-71）］，产生氢氧化镁和氢气。

$$Mg + 2H_2O \longrightarrow Mg(OH)_2 + H_2 \uparrow \qquad (6\text{-}71)$$

因此降低了镁负极的库仑效率，使得镁空气电池性能降低，在实际应用中，开路电压约为 1.6V。

（1）镁负极

由于镁是工程应用中最活泼的金属，电极电势低，化学活性很高，在大多数的电解质溶液中，镁的溶解速度相当快，产生大量的氢气，导致负极的法拉第效率降低。普通镁（一般 99.0%～99.9%）中由于有害杂质存在，易发生微观原电池腐蚀反应，因此镁的自腐蚀速度大；同时，反应时产生较致密的 $Mg(OH)_2$ 钝化膜，影响镁负极活性溶解。寻找负极利用率高的镁合金负极材料是国际上镁空气电池研究的热点和难点问题之一，其关键是寻求高性能镁合金材料，减小析氢的腐蚀，解决活化与钝化的矛盾。

（2）电解质与添加剂

与锌、铝相比，镁是非常活泼的金属，在中性盐电解质中有很高的活性，当前镁燃料电池主要是采用中性盐溶液或海水作为电解液。

镁空气电池作为一种环境友好的高性能电源，特别是中性盐溶液或海水作电解质的镁空气电池系统，有着优良的性能价格比。近年来通过开发各种新型的镁合金负极、正极电催化剂和电解质添加剂以及优化正极结构，镁空气电池的研究取得了突破性的进展，可用于移动电子设备电源、自主式潜航器电源、海洋水下仪器电源和备用电源等领域。

6.3.7 锂空气电池

锂在金属电极中具有最高的理论电压（3.35V）和电化学当量（3.86A·h/g），锂金属电池与锂离子电池相比，同体积时容量要大 30% 左右，同重量时能量要高 30% 左右。由于锂金属电池的正极不需要化学加工和电池不需要进行化学工艺处理，其成本要比锂离子电池低 40% 左右。特别是其标准化的 3V 电压平台，不仅便于组合成适用于各种电器使用的电池，更是大规模商业化的 2V 半导体芯片的最佳配套电池，可取代电压为 3.6V 的锂离子电池成为今后手机的主要配套电源。其薄型工艺使其携带方便，应用范围更广，可应用于一些有特殊要求的环境。但锂空气电池采用金属锂作为电极，存在不少问题：

① 锂性质活泼，极易发生腐蚀和自放电现象，影响电池的寿命。

② 开发有效的正极或正极材料以及相关的电极催化剂，提高氧的活性。

③ 锂的价格相对较贵，限制了电池的使用范围。

锂空气电池可以采用合金的方法来减小锂负极的自放电现象，锂空气电池目前还无法与锂离子电池相媲美，有待于进一步提高其性能，拓展其应用范围。

6.3.8 充电的金属空气电池

从理论上上述一次性的金属空气电池均可以作为充电式的二次电池，但是研究较多的为锌空气电池、锂空气电池和钠空气电池，下面对这三种充电的金属空气电池的原理进行简单的介绍。

（1）充电的锌空气电池

目前充电的锌空气电池有 3 种：电化学、机械式和液压式。后 2 种的原理与前述一次性锌空气电池的原理相同，只是进行充电/再生的方式不同。在这里简单介绍下电化学充电的锌空气电池。其电极反应式如下。

负极反应：

$$Zn+2OH^- \underset{充电}{\overset{放电}{\rightleftharpoons}} ZnO+H_2O+2e^- \qquad (6-72)$$

正极反应：

$$O_2+2H_2O+4e^- \underset{充电}{\overset{放电}{\rightleftharpoons}} 4OH^- \qquad (6-73)$$

整个电池反应：

$$2Zn+O_2 \underset{充电}{\overset{放电}{\rightleftharpoons}} 2ZnO \qquad (6-74)$$

其理论输出电压为 1.65V。当然，在实际过程中没有如此简单。Zn 在 KOH 溶液的产物应该是 $Zn(OH)_4^{2-}$。只有当 $Zn(OH)_4^{2-}$ 浓度高时，才以 ZnO 和 OH^- 的形式释放出来。

充电锌空气电池的电化学性能与锌负极、空气正极（空气扩散层、孔隙率、催化剂）、电解质和空气条件等密切相关。然而，空气电极的影响更为显著，因为无论是氧的还原还是氧的析出，均涉及式（6-73）所示的 4 电子过程。因此，催化剂与前述的一次性锌空气电池不同，不单单具有氧还原（ORR）的功能，还要有氧析出（OER）的催化功能。目前的有效催化剂包括贵金属基催化剂如 Pt、Ir、Ag、Au 及其合金，过渡金属氧化物，复合催化剂。

（2）充电的锂空气电池

充电的锂空气电池随电解质的不同，主要有 4 种：有机液体电解质、有机液体电解质/水溶液电解质复合体系、有机液体电解质/离子液体体系和固体电解质。目前研究最多的还是有机液体电解质。

采用有机液体电解质锂空气电池的电极反应式如下所示。

负极反应：

$$Li \underset{充电}{\overset{放电}{\rightleftharpoons}} Li^+ + e^- \qquad (6-75)$$

正极反应：

$$O_2+2e^- \underset{充电}{\overset{放电}{\rightleftharpoons}} 2O^- \qquad (6-76)$$

整个电池反应：

$$2Li+O_2 \underset{充电}{\overset{放电}{\rightleftharpoons}} Li_2O_2 \qquad (6-77)$$

理论输出电压为 2.9V。当然实际过程很复杂，因为这是涉及 2 电子或者多电子的过程。其电化学性能主要与电解质和正极催化剂有关。如图 6-18（a）所示，采用金作为催化剂，充电和放电过程的平均电位差只有 1V 左右，并具有良好的循环性能。

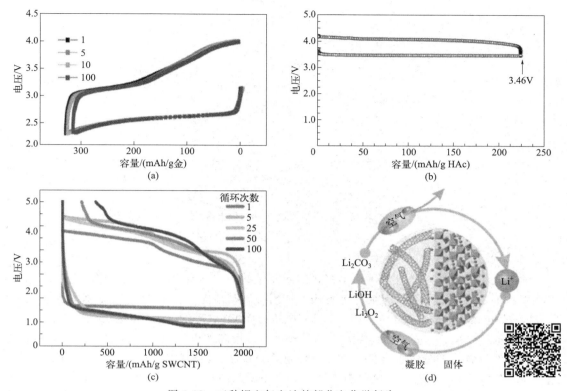

图 6-18　三种锂空气电池的部分电化学行为

[（a）采用 0.1mol/L LiClO$_4$-DMSO 为电解质、纳米孔金为催化剂的锂空气电池的充放电曲线，电流密度以金计算为 500mA/g；（b）采用 HOAc-H$_2$O 溶液为空气电极电解质的锂空气电池在 60℃ 的充放电曲线，电流密度以空气电极计算为 0.5mA/cm^2；（c）采用 [C$_2$C$_1$im][NTf$_2$] 季铵盐型离子液体为电解质、单壁碳纳米管（SWCNT）为催化剂的锂空气电池充放电曲线及其（d）充放电反应过程]

　　有机液体电解质/水溶液电解质复合体系的锂空气电池是张涛等人发明的，其负极采用位于液体电解质中的金属锂为负极，正极位于水溶液电解质中，中间为一层只能通过锂离子的 LISICON 固体电解质膜，整个电池的反应如式（6-78）所示。

$$4Li + O_2 + 2H_2O \underset{充电}{\overset{放电}{\rightleftharpoons}} 4LiOH \tag{6-78}$$

　　其理论输出电压与水溶液侧的 pH 值有关，为 3.5～4.3V。在 HOAc 水溶液中，放电平稳，约为 3.46V［图 6-18（b）］。

　　有机液体电解质/离子液体体系锂空气电池的整个电池反应式与式（6-77）相同，然而机理和过程有着明显的不同。如图 6-18（c）所示，由于离子液体的高黏度，反应动力学不快，充放电过程的过电位大，但是循环比较稳定。基于单壁碳纳米管，以 1000mA·h/g 的电流密度进行循环，100 次后没有明显的容量损失，这可能归结于离子液体与固相催化剂界面之间的良好相容性。

　　当采用固体电解质时，由于空气中水分和二氧化碳的存在，反应产物和机理与上述 3 种锂空气电池不同，最终产物为 LiOH 和 Li$_2$CO$_3$。如图 6-19 所示，由于固体电解质的室温离子导电率不高，约 10^{-4}S/cm，界面相容性也不理想，充放电过程极化大，倍率性能也不好，但是固体电解质可以防止氧和二氧化碳到达负极表面。

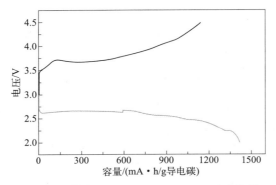

图 6-19　采用 $Li_{1.3}Al_{0.3}Ti_{1.7}(PO_4)_3$ 玻璃陶瓷
电解质的锂空气电池的充放电曲线

（3）充电的钠空气电池

钠的成本比锂低，而且资源更丰富，因此充电的钠空气成为了一个新的研究热点。目前的研究基本上集中在采用有机液体电解质的体系中，其结构、电解质和催化剂基本上与上述采用有机液体电解质的锂空气电池相同。其开路电压为 2.33V，理论能量密度为 $1600W \cdot h/kg$。

在 1mol/L $NaPF_6$ 的 1∶1 碳酸乙烯酯和碳酸二甲酯的电解质中，Na_2O_2 为主要的放电产物，当然电解质的分解也会生成 Na_2CO_3 和 NaOCO-R，而且过电位比较大。当电解质改为 0.5mol/L $NaSO_3CF_3$（三氟甲磺酸钠）时，主要放电产物为超氧化钠（NaO_2），可逆性好，开路电压为 2.27V。由于形成稳定的 NaO_2 只需发生 1 个电子的得失，从动力学上而言比需要 2 个电子的过氧化钠要容易；同时 NaO_2 分解需要的能垒也比 Li_2O_2 低。因此，如图 6-20 所示，充放电过程中的过电位低。对于锂空气电池，LiO_2 不稳定，只能是中间产物。

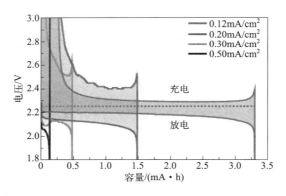

图 6-20　钠空气电池在不同电流密度下的充放电曲线

在 $NaSO_3CF_3$ 的碳酸丙烯酯和离子液体组成的电解质中也可以加入体积分数 10% 的 SiO_2 纳米粒子，当采用 CO_2 和 O_2 的混合物作为正极的反应活性材料时，该电池体系可以同时捕获氧气和二氧化碳，最终的主要放电产物为 $NaHCO_3$，其相对不稳定，可以进行可逆充电。

整体而言，从目前的结果来看，上述 3 种充电金属空气电池的实用化还有许多问题需要解决，包括空气电极、催化剂、电解质等，仍需继续努力探索。

6.4 其他化学电池工作原理

其他化学电池主要为液流电池、钠硫电池、金属钠-氯化物电池。其他没有投入商业化运行的二次化学电池则在此不再赘述，可以参看有关专著和相应的课程。

6.4.1 液流电池

液流电池主要包括全钒液流电池、多硫化钠/溴液流电池、锌-溴液流电池等。在这里只讲述全钒液流电池，因为其大规模商业化正在推进之中。

（1）全钒液流电池原理

全钒液流储能系统作为一种高效的储能装置，自1985年新南威尔士大学 M. Skyllas-Kazacos 等人提出以来，获得了众多研究者和产业界的关注，澳大利亚、日本、加拿大、美国、中国等都已投入巨资进行全钒液流电池的研究和开发。该电池的结构和工作原理如图6-21所示。主要包括负极电解液储罐、负极、电解质膜、正极和正极电解液储罐。负极和正极分别为负极电解液和正极电解液反应的场所。负极电解液主要为 $VOSO_4$ 的硫酸溶液、正极电解液为 $(VO_2)_2SO_4$ 的硫酸溶液，硫酸的浓度一般为 $3mol/L$ 左右，活性物质的浓度一般为 $2.5\sim5mol/L$。其电极反应如式（6-79）～式（6-81）所示。

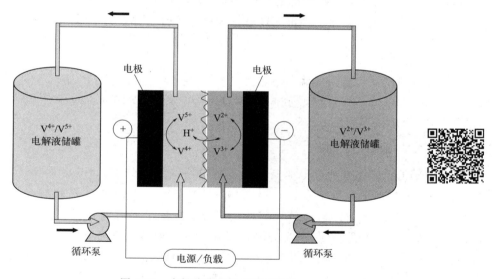

图 6-21　全钒液流电池工作原理

负极反应：

$$V^{2+}（绿色）\underset{充电}{\overset{放电}{\rightleftharpoons}}V^{3+}（紫色）+e^- \tag{6-79}$$

正极反应：

$$VO_2^+（黄色）+2H^++e^-\underset{充电}{\overset{放电}{\rightleftharpoons}}VO^{2+}（蓝色）+H_2O \tag{6-80}$$

整个电池反应：

$$V^{2+} + VO_2^+ + 2H^+ \underset{充电}{\overset{放电}{\rightleftharpoons}} V^{3+} + VO^{2+} + H_2O \tag{6-81}$$

由上述反应可以知道，从电解液颜色的变化就可以初步判断放电或者充电深度。在负极是钒在+2和+3价之间的转变，在正极则是在+5和+4价之间的转变。其处于100%充电状态下的开路电压为1.6V，50%充电状态下的开路电压约为1.4V。

（2）全钒液流电池特点

它具有如下优点：

① 电池的输出功率取决于电池堆的大小，储能容量取决于电解液储量和浓度，所以它的设计和使用非常灵活，当输出功率一定时，要增加储能容量，只要增大电解液储罐容积或提高电解质浓度即可；

② 电池的活性物质存在于液体中，电解液中金属离子只有钒的离子，在充放电过程中无其他电池常有的物相变化，因此电池使用寿命长；可深度放电而不损坏电池，自放电低。在系统处于关闭模式时，储罐中的电解液无自放电现象；

③ 电池安放地址自由度大，系统可全自动封闭运行，无污染，维护简单，操作成本低；电池系统的安全性能高；

④ 电池部件多为廉价的碳材料、工程塑料，材料来源丰富，易于回收，不需要贵金属作电极催化剂，成本比较低；其能量效率高，可达75%～80%，性价比好；

⑤ 启动速度快，如果电堆里充满电解液可在2min内启动，在运行过程中充放电状态切换只需要0.02s。

其主要缺点为：

① 能量密度低，又是液流电池，所以占地面积大；

② 工作温度范围为5～45℃，过高或过低都需要进行控制，防止电解质从溶液中发生沉积或者水解析出。

（3）全钒液流电池材料

① 电解液　全钒液流电池的负极和正极电解液组成分别为$VOSO_4$和$(VO_2)_2SO_4$的硫酸溶液。其制备最初将$VOSO_4$直接溶解于H_2SO_4，但$VOSO_4$价格较高，后来采用其他钒化合物如V_2O_5、NH_4VO_3等。制备电解液的方法主要有两种：混合加热制备法和电解法。其中混合加热法适合于制取1mol/L的电解液，电解法可制取3～5mol/L的电解液，因此后者成为了主流。如同铅酸电池一样，为了更方便起见，将负极和正极的电解液制成相同的组分$[V_2(SO_4)_3 + VOSO_4 + 2～3mol/L\ H_2SO_4]$，其中$V^{3+}$和$V^{4+}$的摩尔比为1:1，然后进行充电，在负极侧$V^{3+}$和$V^{4+}$转变为$V^{2+}$和$V^{3+}$，在正极侧$V^{3+}$和$V^{4+}$转变为$V^{4+}$和$V^{5+}$。当然，其中杂质对电流效率的影响也非常明显，必须具有较高的纯度。

② 电极　作为全钒液流电池电化学氧化还原的场所，电极本身不发生化学反应，活性物质经循环泵输送至电极表面进行电化学氧化还原反应。在反应过程中，电极处于强酸性、强氧化性以及压力较高的工作环境下，其稳定性和电化学活性影响着全钒液流电池的整体性能。因此全钒液流电池电极材料应具有耐酸性、耐氧化性、高导电性能、高电催化活性、高析氢析氧过电位、高比表面积、低的流动阻力和强的力学性能等。目前针对电极材料的研究

主要有金属类电极和碳电极。金属类电极虽然具有导电性好、力学性能优良等特点，但是因为其电化学性能差、正极易钝化以及成本高等问题不适合作为全钒液流电池的电极材料。碳电极具有耐酸性强、导电性优良、在较宽的电势范围内表现为化学惰性和低成本等特点，从而得到广泛的研究与应用。

③ 隔膜　在全钒液流电池中，隔膜用来抑制正负极电解液中不同价态钒离子的交叉混合，同时不阻碍氢离子的通过，可以进行电荷的传递，保证两边的电中性。理想的隔膜需要具备如下特点：a.高离子电导率和低面电阻；b.高离子选择性（低钒离子渗透率）；c.良好的机械稳定性；d.简单的制备步骤与工艺；e.低成本；f.良好的化学稳定性，包括耐酸性、耐氧化性和耐还原性。

电池隔膜一般都以阳离子交换膜为主。目前通常采用美国杜邦公司的 Nafion 膜，尽管其价格贵。隔膜对全钒液流电池的大电流性能、库仑效率、能量效率、使用寿命具有明显的影响。

全钒液流储能电池主要用于调峰电源系统、大规模光伏电源系统、大规模风能发电系统的储能以及不间断电源或应急电源系统。

6.4.2　钠硫电池

（1）原理

钠硫电池与常见的二次电池不一样，在 $300 \sim 380 ℃$ 工作，由液体电极和固体电解质构成。其负极为熔融的金属钠，正极为硫和多硫化钠组成的熔融盐。由于硫的电子导电率低，因此硫与多孔碳或者石墨毡混合，其集流体为碳或者石墨毡。固体电解质为能够传导钠离子的 β-氧化铝。在化学能与电能的转化（充放电）过程中，发生的电极反应和整个电池反应如下。

负极反应：

$$Na \underset{充电}{\overset{放电}{\rightleftharpoons}} Na^+ + e^- \tag{6-82}$$

正极反应：

$$S + 2e^- \underset{充电}{\overset{放电}{\rightleftharpoons}} S^{2-} \tag{6-83}$$

整个电池反应：

$$2Na + S \underset{充电}{\overset{放电}{\rightleftharpoons}} Na_2S \tag{6-84}$$

如图 6-22 所示，在放电过程中，化学能转化为电能，熔融钠释放电子，成为钠离子，电子则通过外电路做电功，然后回到硫正极，钠离子则通过固体电解质到达硫正极，硫正极结合外电路来的电子，与钠离子结合形成 Na_2S（一般是多硫化钠），实现化学能转化为电能的过程。而将电能转化为化学能则是相反的过程，在外界电能的作用下，Na_2S 释放电子，形成单质硫和钠离子，电子通过外电路到达负极，钠离子则通过固体电解质回到负极，并与外电路的电子结合，形成熔融的单质钠。

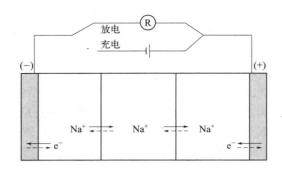

图 6-22　钠硫电池在化学能与电能进行转化过程中电子和钠离子的流向过程
[实线箭头为放电（化学能转化为电能）过程，虚线箭头为充电（电能转化为化学能）过程]

（2）电解质

固体电解质主要为氧化铝，分为两种类型：β-Al_2O_3 和 β''-Al_2O_3，化学式分别为 $Na_2O\cdot 11Al_2O_3$ 和 $Na_2O\cdot 5Al_2O_3$。β-Al_2O_3 的晶胞单元由 2 个尖晶石基块和 2 个 Na-O 层交叠而成，通过 Na-O 层上下 2 个尖晶石基块成镜面对称；β''-Al_2O_3 尽管类似于 β-Al_2O_3，由尖晶石基块沿 c-轴成层状排列，晶胞单元内含有 3 个尖晶石基块，c-轴的长度为 β-Al_2O_3 的 1.5 倍，结构上的差异导致 β''-Al_2O_3 的离子导电率显著高于 β-Al_2O_3，但是稳定性比 β-Al_2O_3 差。

（3）正极材料

钠硫电池的正极材料从理论上为硫，理论上的电极反应如式（6-82）～式（6-84）所示。但是在实际条件下，由于硫的电子导电率非常低，同时在高温下硫的蒸气压高，因此一般为 S-Na_2S 的混合体系，一方面提高了硫的电子导电率，另一方面降低了硫正极的蒸气压，减少了密封的成本。

根据能斯特方程，钠硫电池的开路电压与硫的含量和温度有关，同时与充放电状态也有一定的关系（图 6-23），尽管在相当部分充电状态下电压基本上不变。

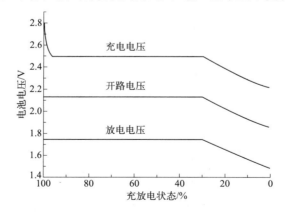

图 6-23　ABB 公司 A08 型号钠硫电池在 310℃处于不同充放电
状态下的充电曲线、放电曲线和开路电压曲线（电流为 40A）

（4）结构

钠硫电池的结构有片状电池和管状电池两种，基本上是由固体电解质 β-Al$_2$O$_3$ 决定的。就技术发展而言，目前普遍采用管状结构，因为比较容易加工。管状结构又分两种：以硫电极为中心和以钠为中心。

（5）特点

钠硫电池具有如下特点：

① 理论比能量为 760W·h/kg，实际上达到了 150W·h/kg；

② 在 350℃ 的开路电压为 2.076V；

③ 放电电流密度可达 200～300mA/cm^2，充电电流密度一般减半；

④ 充放电电流效率高，接近 100%；

⑤ 电池原材料的储量丰富；

⑥ 在 300～380℃ 的高温下工作，需要加热保温装置，目前的保温层可以低于 30mm，比热损失可低于 60W/m^2（320℃）。

钠硫电池也存在一些不足：

① 不能过充与过放，需要严格控制电池的充放电状态；

② 钠硫电池中的陶瓷隔膜比较脆，在电池受外力冲击或者机械应力时容易损坏，从而影响电池的寿命，容易发生安全事故；

③ 高温操作会带来结构、材料、安全等方面的诸多问题。

6.4.3 金属钠-氯化物电池

金属钠-氯化物（zero emission battery research activity，Zebra）电池是 20 世纪 80 年代中期以来研究开发的一种新型高能量电池，目的是希望用于电动车，主要是钠-氯化镍电池。其是在钠硫电池的基础上发展而来的，也是以 β''-Al$_2$O$_3$ 为传递钠离子的固体电解质，只是正极活性物质变为更安全的金属氯化物，包括 CuCl、NiCl$_2$、CoCl$_2$、FeCl$_2$、CrCl$_2$，其中研究和开发的主要是 NiCl$_2$，其构成为

$$（-）Na（液体）|β''-Al_2O_3（固体）|NaAlCl_4（液体）|Ni（固体）+NiCl_2（固体）（+）$$

如同钠硫电池的硫正极一样，金属钠-氯化镍电池的正极组成也包括部分镍。由于镍和氯化镍在电池工作温度区域（270～350℃）均处于固态，为了便于钠离子的迁移和化学能与电能转化过程的实现，还需要添加一种在电池工作温度区域既能进行钠离子传导又不参与正常电极反应的第二液体电解质，目前的最佳材料为 NaAlCl$_4$ 熔盐电解质。

金属钠-氯化镍电池在能量转化过程中的反应如下。

负极反应：
$$Na \underset{充电}{\overset{放电}{\rightleftharpoons}} Na^+ + e^- \tag{6-85}$$

正极反应：
$$NiCl_2 + 2e^- \underset{充电}{\overset{放电}{\rightleftharpoons}} Ni + 2Cl^- \tag{6-86}$$

整个电池反应：
$$2Na + NiCl_2 \underset{充电}{\overset{放电}{\rightleftharpoons}} 2NaCl + Ni \tag{6-87}$$

金属钠-氯化镍电池在放电时电子通过外电路负载从钠负极至氯化镍正极，而钠离子则通过 β''-Al$_2$O$_3$ 固体电解质陶瓷管与氯化镍反应生成氯化钠和镍，实现化学能转化为电能；

充电时在外电源作用下电极过程则正好与放电时相反，完成电能转化为化学能。其典型的结构和放电曲线如图 6-24 所示。

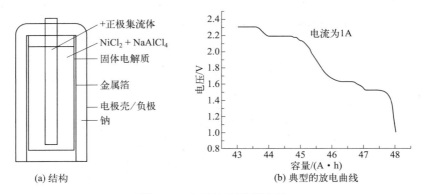

(a) 结构

(b) 典型的放电曲线

图 6-24　金属钠-氯化镍电池

该电池与钠硫电池相类似，具有如下的优点：

① 开路电压高，300℃时为 2.58V；

② 比能量高，理论比能量为 790W·h/kg，实际已达 100W·h/kg；

③ 比功率高，在 80% 放电深度（DOD）时达到 150W/kg，可较快地充电，电池经 30min 充电可达 50% 的放电容量；

④ 能量转化效率高，库仑效率达到 100%，无自放电；

⑤ 容量与放电率无关，因为电池内阻基本上是以欧姆内阻为主；

⑥ 循环寿命长，大于 5 年，充放电循环寿命大于 1000 次；

⑦ 免维护，是全密封结构，无外界环境温度的影响。

同时，该电池还有一些与钠硫电池不同的特性：

① 制备过程无液态钠，简单安全。因其制备通常都在放电状态，即用钠和氯化镍作为正极材料，通过首次充电在负极产生钠金属；

② 连接可以任意方式进行串并联排列组合，即使当电池组内部发生少量电池损坏时（一般＜电池总数的 5%）也无须更换，仍可继续工作；

③ 能承受反复多次冷热循环。早期的研究结果表明，电池在进行了 100 次冷热循环后，无容量和寿命衰退现象发生。因其正极的镍基混合物具有比 β''-Al_2O_3 陶瓷管高的热膨胀系数，所以在冷却固化时会收缩脱离 β''-Al_2O_3 管，无应力产生的问题；

④ 抗腐蚀能力相应增强。因其电池结构中将腐蚀性相对较强的正极活性物质置于 β''-Al_2O_3 陶瓷管内，从而降低了对电池金属壳体材料的防腐要求，并扩大了选材范围，同时也降低了电池制备成本；

⑤ 有相对宽广的工作温度范围。$NaAlCl_4$ 的熔点是 155℃，固态 NaCl 和 $NiCl_2$ 发生低共熔点的温度是 570℃。从理论上讲 Zebra 电池的工作温度区域可以在 155～570℃，因考虑到电池实际有效功率输出，一般认为在 270～350℃ 比较合适。

金属钠-氯化镍电池与钠硫电池相比，在安全方面更具优势，主要原因如下。

（1）电池本身具有过充、过放电保护机制

过充电：

$$Ni + 2NaAlCl_4 \longrightarrow 2Na + 2AlCl_3 + NiCl_2 \tag{6-88}$$

过放电：

$$3Na + NaAlCl_4 \longrightarrow 4NaCl + Al \tag{6-89}$$

电池在过充电时，正极中过剩的 Ni 和 $NaAlCl_4$ 熔盐电解质之间发生反应，不会导致高压/气体产生，或者导致材料结构发生破坏；同样在过放电时，只要负极中的钠还过剩，一个随后的过放电反应就在钠与 $NaAlCl_4$ 熔盐电解质之间进行，起到了一个有效的缓冲保护作用。

（2）电池组成材料无低沸点、高蒸气压物质

电池所有材料有较高的沸点，对应电池工作温度范围均呈低蒸气压，因此，对金属钠-氯化镍电池而言，一旦当电池发生损坏时，即使是 $\beta''\text{-}Al_2O_3$ 管破裂也无大的安全风险，这是由于熔融 Na 与 $NaAlCl_4$ 熔盐电解质之间直接反应动力学过程比较缓慢。

（3）电池已通过了美国先进电池联盟（USABC）制定的极为严格的安全考核试验

该安全考核试验共分 4 大类包括机械、热、电和振动滥用试验，16 个试验项目分别为冲击、摔落、贯穿、滚动、浸泡、辐射热、热稳定性、隔热损坏、过加热、热循环、短路、过充电、过放电、交流电、极端低温和滥用振动等。

由于金属钠-氯化镍电池和钠硫电池是属于同一家族，都以 $\beta''\text{-}Al_2O_3$ 固体电解质构成电池体系，这一特征决定了此类电池需要保持在 300℃ 左右才能有效工作，也正是受这一工作条件的限制，该电池冷热循环启动需要一定的时间（12～15h），另外电池在不工作时，有一定的热能损耗。

6.5 超级电容器储能原理

电能的储存和应用场景是丰富多样的，不同的场景对储能装置的要求也不尽相同，例如手机、备用电源以及混合动力汽车等设备对储能装置的能量储存大小和输出功率分别具有不同要求，传统的铅酸电池、锂离子电池以及空气电池等化学电源很难实现安全稳定的峰值功率输出，因此需要进一步开发新型的储能装置以适应上述不同应用场景。超级电容器存储电能的基本原理是利用电极表面形成双电层或高度可逆的氧化还原反应过程，克服了常规化学电源工作过程中严重的电化学极化问题，从而获得了高功率和长寿命的优势。

6.5.1 超级电容器概述

18 世纪中叶出现的莱顿瓶是最早的电容器，在伏打电堆被发明之前，莱顿瓶是 18 世纪研究工作者的电能来源，它是由一个内外均贴满银箔的玻璃瓶组成早期电容器，通过静电进行充电后，可以实现强放电过程。其原理为，在一定的电位差 U 下，在两板间确定电荷 $+q$ 和 $-q$，存储的能量 G 为 $\frac{1}{2}CU^2$ 或 $\frac{1}{2}qU$，其中，C 为电容器的电容，G 为 Gibbs 自由能，G 与 U 的平方成正比例关系。基于上述原理，Becker 于 1957 年申请了基于多孔碳-电解液界面双电层储能的第一个专利，之后美国的标准石油公司开始利用高比表面积活性炭制备双

电层电容器，使用溶有四羟基铵盐电解质的非水溶剂作为电解液，由于非水电解质的分解电压高于水溶液电解质，该体系可以获得较高的工作电压，进而实现更高的能量密度。

20世纪70年代后，人们又开发了一种"赝电容"体系的超级电容器，这种体系的电容特性与电化学吸附程度的电势密切相关，其中包括在Pt或Au上发生H或一些金属（如Pb、Bi、Cu）单分子层的电沉积作为储能的基础；或者利用某些过渡金属氧化物膜上发生二维或者准二维法拉第反应进行储能，如硫酸溶液中的RuO_2膜的二维法拉第反应。采用RuO_2膜和多孔碳电极的电容器均能实现在克级的材料上获得法拉第级别的高电容值，因此产生了"超级电容器"这个名称用于称呼上述两类电容器。

6.5.2 超级电容器与电池的比较

为了对比超级电容器和电池的区别，需要从原理上对其进行分析。电能在化学电源中的存储主要通过以下两种形式：a.通过化学能的形式存储在电层中，这需要电化学活性物质发生法拉第氧化还原反应释放电荷，当电荷在两个电势不同的电极间流动时即可对外做功。b.以静电对的方式，即直接以负电荷和正电荷的形式存储在电容器的极板上，这就是非法拉第电能存储过程。上述两种电能存储效率一般高于燃料的燃烧系统，因为后者的效率受到热力学卡诺循环的限制。

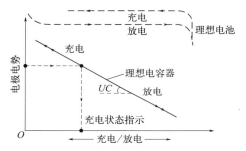

图6-25　电容器与电池放电和充电关系的差别（电位作为电荷的函数）

其中，法拉第和非法拉第系统的重要区别在于可逆性。静电电容器在存储能量时，充电和放电仅仅是电容器极板上电子的聚集和解聚的过程，不存在化学变化和相变，故可以在设备工作寿命期间保持稳定。然而，通过法拉第反应在电池中存储能量时，阳极材料和阴极材料必定发生相互的化学转变，通常还伴随相变。尽管所有的能量变化都能够以相对可逆的热力学方式进行，但电池中的充放电过程常常涉及电极材料转换的不可逆性，因此电池的实际寿命一般只有一千至几千个充放电循环。电容器与电池放电和充电关系的差别见图6-25。

常见的静电电容器只能存储很少的电荷，即它们只能用较低的能量密度进行电能存储。然而，在充电的电极/溶液界面处，一般存在着电容值为$16\sim50\mu F/cm^2$的双电层。因此在高比表面积碳粉、碳毡或炭气凝胶构成的具有足够大表面积的电极上，可以获得$10\sim100F/g$的高双电层电容，这使得超级电容器可以作为电池能量存储装置的补充。由于双电层电容的充放电不涉及相变和化学组成的变化，因此这种电容器具有高度的循环使用寿命，正常情况下可达$10^5\sim10^{10}$次。双电层电容器充放电时，仅仅需要电子通过外电路在电极表面进出和电解质阴阳离子从溶液内部迁移到充电界面，上述原因使得电容器的充放电过程是高度可逆的。

超级电容器和电池的运行机理在原理上具有较大差异，对于双电层型电容器，电荷存储过程是非法拉第过程，即理想的、没有发生电极界面的电子迁移，其中电荷和能量的存储是静电性的。对于电池而言，电极上发生了法拉第过程，即发生了穿过双层的电子迁移，对应会发生电活性材料的氧化态的变化和化学性质的变化。由于特殊的热力学条件，出现一个中间情况，当发生法拉第电荷迁移时，电极电势φ相当于通过电荷数量q的连续函数，这就出

现了 $dq/d\varphi$，相当于一个可以测量的电容，我们称其为赝（准）电容。当离子和分子发生伴随部分电荷迁移的化学吸附时，就会产生类似的情形，例如以下过程

$$M+A^- \Longrightarrow \frac{M}{A^{1-\varphi}}+\delta e^-（在 M 中）\qquad(6\text{-}90)$$

电极表面上这样一个反应一般会引起一个依赖于电势的赝电容，δe^- 的数量与所谓的"电吸附价"有关，总的来说，上述电荷存储过程有如下重要的区别：

① 对于非法拉第过程，电荷的聚集靠静电方式完成，正电荷和负电荷居于两个分开的界面上，中间为真空或分子绝缘体，如双层、电解电容中的云母膜、空气层或氧化物膜。

② 对于法拉第过程，电荷的存储依靠电子迁移完成，电活性材料发生了化学变化或氧化态变化，这些变化遵循法拉第定律并与电极电势有关。在某些情况下就能产生赝电容，这种能量和存储是间接的，与电池类似。

在电容器中，电极上的电子电荷无论是剩余还是缺乏状态，都聚集在电极极板上，没有氧化还原化学反应，但是，在某些双层电容充电时，会发生部分电子的迁移而引起赝电容。电化学双电层的电荷中包含的电子是金属或碳电极离开原位的导带电子，电池的法拉第过程的电子则是迁移到或来自发生氧化还原的阴极或阳极物质的价带电子，尽管这些电子可能进出于导电材料的导带，某些情况下，法拉第电池材料本身就像金属一样能够导电（铅酸电池中的 PbO_2），或者是导电性良好的半导体和质子导体（镍氢电池中的 $NiOOH$）。相对于电池，双电层电容器可以提供接近存储电荷总量的 $2\%\sim5\%$，双电层电容器将在第 7 章详细介绍，本章仅介绍赝电容模型。

6.5.3　赝电容模型及其原理

赝电容器是对双电层电容器的补充，它产生于某些电极表面的电吸附过程，或氧化膜的氧化还原反应，如 RuO_2、IrO_2、Co_3O_4 上的氧化还原反应，在超级电容器和有关的电池领域，称之为赝电容的现象。双电层电容由电极电势的变化引起，依靠静电方式（即非法拉第方式）在电容器电极界面处储存电荷。而赝电容在电极表面的产生，则利用了与双电层完全不同的电荷存储机制，即利用法拉第过程，其中包括电荷穿过双层，与电池的充放电过程一样，但由于热力学原因导致的特殊关系产生电容，这个特殊关系就是电极上接受电荷的程度（Δq）和电势变化（$\Delta\varphi$）之间的关系，该关系的导数 $d(\Delta q)/d(\Delta\varphi)$ 或 $dq/d\varphi$ 就相当于电容，能够用公式表示并能用实验测定。

当前的研究结果表明，双电层电容器表现出的赝电容占其总电容值的 $1\%\sim5\%$，该赝电容是材料表面（边缘）含氧官能团的法拉第反应引起的，这些官能团取决于电极材料的制备和前处理条件，另一方面，与电池一样，赝电容也总是能够表现出部分静电双电层电容。

6.5.4　制备与评价方法

目前，基于超级电容器的储能模型可将当前的研究分为以下三种：双电层电容器；赝电容器（基于氧化还原反应过程）；双电层电容器和赝电容型超级电容器的混合体系。与电池一样，超级电容器的关键部件是电极、电解质和隔膜。除了赝电容型超级电容器之外，商业化的双电层型超级电容器的正负极采用相同的电极，这与电池完全不同，然而由于正极极化时的比电容通常不同于相同材料负极极化时的比电容，这就要求在两个电极中使用不同数量

的活性材料，而且在最终制成的电容器装置上标注极性。同样与电池类似的是，超级电容器的包装也取决于其形状、尺寸和最终的用途，如硬币型包装通常使用于电脑主板，大型的装置通常为方型结构，由多个相同的方型单体组成，中间由器壁隔开且各个单体的端子紧密连接，端板必须有良好的接触以减少等效串联电阻，从结构上讲，适当的压缩是有利的，但要保证电解液的含量。由于超级电容器的工业制造技术与电池的制造技术类似，可以完全采用电池生产的设备。

由于单体超级电容器的工作电压通常较低（水系仅1V），无法满足实际应用中的高工作电压要求，通常需要对单体电容器进行组合使用。在不考虑几何空间因素和组合电容器热管理等问题的前提下，可以通过导线进行简单串联，但上述过程可能会提高体系的等效串联电阻，影响大功率输出特性。考虑到以上问题，可以采用双极性结构，如图6-26所示，通过双极性结构的装配可以有效提升超级电容器的工作电压。

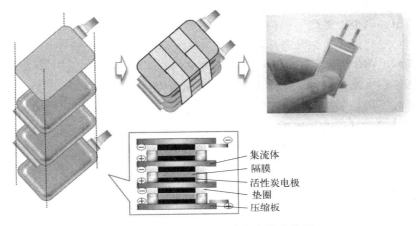

集流体
隔膜
活性炭电极
垫圈
压缩板

图 6-26 双极性结构组合电容器的装配

在研究超级电容器时，有多种测试手段可供选择，涉及物理性质、材料性质或电化学性质，利用电化学方法对超级电容器进行基础性的筛选测试是非常有效的，通常采用的电化学测试分析方法包括以下内容。

① 循环伏安测试 对于鉴别电容器材料而言，循环伏安测试是非常有用且快速的方法。在实验过程中，电极电势随时间作三角波变化，记录电流随电极电势或时间变化的曲线。对一定的电解质体系，预先选定两个电极电势，然后在这两个电极电势之间进行循环。

② 电化学阻抗谱测试 超级电容器的频率响应特性和等效串联电阻在评估超级电容器时是非常重要的，它们取决于：a.电极材料的固有性质；b.用于制造电极的高比表面积材料的孔径分布；c.电极制备时的工艺参数。电化学阻抗谱的测量用于评价电容器的性能要比评价电池更加有用，因为阻抗是电容元件最重要的参数之一。

③ 恒电流充放电 恒电流充放电或通过已知负载放电是测试电池的传统方法，该方法同样适用于超级电容器。通过电压对时间进行积分，可以计算电容器充入和放出的电荷以及能量，充分了解电容器装置的性能以及在使用条件下的限制，包括不同温度下的充放电和自放电特性。

④ 恒电位或者恒功率充放电 恒功率充放电在电池测试中经常用到，这种方法同样也适用于超级电容器，其中放电时电压衰减期间的功率输出能力是一个重要的测试参数。

⑤ 漏电流和自放电行为 当充分充电的电容器保持恒压控制的时候，通过对残留电流的检测，可以确定漏电流和自放电行为，测量时，将电容器装置以恒电压充电，该恒电压相当于充满电的电容器的开路电压，并且可以同时监测漏电流的大小。

⑥ 其他测试 其他有关的非电化学测试对超级电容器装置的评价和安全性实验也是非常重要的，非电化学测试主要包括：a. 高速放电和充电时内部温度的变化；b. 测试气体的析出情况；c. 长循环寿命试验，一般应超过 10^5 循环或者更高；d. 长时间维持合适性能，特别是双极性、组合的装置；e. 长时间使用时内部腐蚀的情况；f. 偶然的过充放电对电容器的影响评价；g. 较大温度范围内性能的评估；h. 有效工作电压范围的确定；i. 电阻变化状况。

6.6 氢能储能

氢位于元素周期表之首，它的原子序数为 1，是宇宙中普遍存在的元素。自然界中氢在常温常压下以气态氢分子的形式存在，在超低温或超高压下可成为液态或固态。氢能是指以氢及其同位素为主体的反应中或氢的状态变化过程中所释放的能量，主要包括氢化学能和氢核能两大类。H_2 的发热值为 142MJ/kg，而化石燃料仅为 47MJ/kg，因此，作为将来的能源载体，氢能是一种理想的清洁能源，被很多国内外专家誉为"21 世纪的绿色能源""人类未来的能源"。

作为储能领域的重要技术之一，储氢是氢能应用必须攻克的关键节点。本章重点从储氢原理出发，介绍了目前主要的储氢材料的储氢机理。储氢材料是指在一定的温度和压力下能与氢形成氢化物并且能可逆地吸附和释放氢气的材料。其反应过程可表示为

$$M + 1/2x\,H_2 \Longleftrightarrow MH_x + \Delta H \tag{6-91}$$

式中，M 为金属或合金；MH_x 为氢化物；ΔH 为反应放出的热量。储氢材料不仅要满足安全存储、成本合理、便于运输等基本要求，而且其储氢性能、扩散速率和充放氢的速率、保存时需要的压强和温度等因素也有相应要求需要满足。如储氢材料的压强与温度是相互关联的，并不独立。它们满足范特霍夫方程

$$\ln p_{H_2} = \frac{\Delta H^{\ominus}}{RT} \frac{\Delta S^{\ominus}}{R} \tag{6-92}$$

式中，p_{H_2} 为氢气压强；T 是热力学温度；$\Delta H^{\ominus}$ 是反应生成的标准自由焓变化量；$\Delta S^{\ominus}$ 是反应生成的标准自由熵变化量；R 为摩尔气体常量，$R = 8.314J/(mol \cdot K)$。

目前主要是采用固态储氢技术来储存氢气的，根据氢与固态材料作用机理的不同，从吸氢原理上可以分为物理吸附储氢和化学吸附储氢。物理吸附储氢主要是基于非极性氢分子和吸附剂之间的色散力作用，通过物理作用吸附在一些比表面积大、质量小、多孔的结构表面和骨架当中。在氢气吸附的过程中，氢分子的化学键没有断裂，是以分子的形式吸附在衬底上的，因此物理吸附储氢也可称为分子式储氢。而化学吸附储氢主要是指先由氢分子裂解成氢原子，再和碱金属、过渡金属或碱土金属的单质或合金发生化学反应形成金属氢化物，抑或是与不饱和有机液体进行加氢反应，从而实现氢的储存。可见在吸附过程中氢与材料发生了化学反应，最终以原子或离子的形式储存在材料之中，所以化学吸附储氢又可称为原子式

储氢。目前的储氢材料种类很多，本书将主要介绍金属储氢材料、碳质储氢材料、无机化合物储氢材料以及有机液体储氢材料。

6.6.1 金属储氢材料

6.6.1.1 金属储氢原理

金属储氢材料又叫作储氢合金，顾名思义就是可以储存氢气的合金，是目前研究较多的一种储氢材料。储氢合金储氢分为气-固储氢和电化学储氢两种方式。气-固储氢是指氢以原子态溶解于过渡金属或内过渡金属晶格内形成间隙固溶体，这样的储氢方式较为稳定。气-固储氢吸氢过程中，氢气的浓度对平衡压力作图，得到的图对于筛选性能优良的储氢材料有重要意义。电化学储氢是通过储氢合金电极储氢，水分子在电极表面还原产生的吸附氢，扩散到合金内部形成吸收氢，称为阴极储氢，阴极储氢过程中存在氢的电化学脱附和复合脱附。储氢合金电极的电化学反应过程包括以下步骤

$$M+H_2O+e^- \Longrightarrow MH_{ad}+OH^- \tag{6-93}$$

$$MH_{ad} \Longrightarrow MH_{ab} \Longrightarrow MH_{合金} \tag{6-94}$$

$$MH_{ad}+e^-+H_2O \Longrightarrow M+H_2\uparrow+OH^-（氢的电化学脱附）\tag{6-95}$$

$$2MH_{ad} \Longrightarrow H_2\uparrow+2M（氢的复合脱附）\tag{6-96}$$

储氢合金储氢原理主要是金属（M）与氢生成金属氢化物（MH_x）

$$M+xH_2 \Longrightarrow MH_x+xH（生成热）\tag{6-97}$$

即利用储氢合金与氢气反应生成可逆金属氢化物来储存氢气。上述反应是一个可逆的过程，正向反应吸氢、放热；逆向反应释放氢、吸热。改变温度和压力条件就可使反应按正向、逆向反复进行，从而实现氢的储存和释放功能。金属的密度较大，在一定的温度和压力下，表面能对氢起到催化作用，使得氢由分子态转变为原子态，从而能够进入到金属的内部，而金属就像海绵吸水那样能够吸收大量的氢。需要用氢的时候，只需加热金属氢化物即可放出氢。在元素周期表中，除了惰性气体以外，绝大多数的元素都能与氢反应生成氢化物，但是只有那些能够在温和的条件下大量可逆地吸/放氢的金属或合金氢化物才能作为储氢材料使用。金属可以与氢形成离子型或类盐氢化物、金属型氢化物、共价型或分子型氢化物等几种类型的储氢合金。

6.6.1.2 储氢合金的种类

储氢合金目前开发和研究的主要有稀土系 AB_5 型合金、钛系（Ti-）合金、镁系（Mg-）合金和钒系固溶体合金等。其性能如表 6-1 所列。

表 6-1 常见储氢合金材料的比较

合金类型	典型结构	典型代表	吸氢质量（质量分数）/%	理论电化学容量/[(mA·h)/g]	实际电化学容量/[(mA·h)/g]
稀土系	AB_5	$LaNi_5$	1.40	372	320

合金类型	典型结构	典型代表	吸氢质量(质量分数)/%	理论电化学容量/[(mA·h)/g]	实际电化学容量/[(mA·h)/g]
钛系	AB$_2$、AB	TiFe	1.80	536	350
镁系	A$_2$B	Mg$_2$Ni	3.60	965	500
钒系	BCC固溶体①	TiV固溶体	3.80	1018	500

①指体心立方固溶体。

（1）稀土系 AB$_5$ 型合金

在 20 世纪 60 年代末，飞利浦公司首先发现了以 LaNi$_5$ 为典型代表的具有 CaCu$_5$ 型六方结构的稀土系 AB$_5$ 型储氢合金。其中 A 侧由 La 一种或者包含 Ce、Pr 或 Nd 的多种稀土元素组成，B 侧由 Ni、Co、Mn 和 Al 等不吸氢金属组成。这种储氢合金具有吸放氢温度低、平台压适中、速度快、易于活化、滞后小、性质稳定、不易中毒等优点。但是这种储氢合金也存在明显的不足，由于 AB$_5$ 型储氢合金的一个 AB$_5$ 单元吸收的氢原子数目有限，导致其电化学容量低，而且稀土元素本身的价格昂贵，使得合金的生产成本高，并且其活化性能、循环寿命等也需要进一步提高。针对存在的这些问题，目前通常采用合金成分优化、稀土与镁合金化、结构纳米化、采用复合材料和开发一些新型稀土金属间化合物等办法来提高稀土系 AB$_5$ 型合金的储氢性能。

（2）钛系（Ti-）合金

钛系储氢合金是可以在一定的条件下反复吸、放氢的合金，是一种功能钛合金，其中最常用的是钛铁合金，钛铁合金具有 CsCl 型结构，室温下的平衡氢压为 0.3MPa，理论上的储氢密度为 1.86%（质量分数）。该合金的优点是放氢温度低，价格相对便宜。但是铁钛合金不易活化，容易受到杂质气体的影响，且滞后现象较为严重。为了提高其储氢性能，目前将元素合金化和表面处理作为该体系的研究重点。在钛铁合金的基础上，又发展了钛锰、钛镍、钛钴、钛铁锰等储氢材料，改善了钛铁合金的活化性能。

（3）镁系（Mg-）合金

镁系（Mg-）储氢合金的研究最早始于美国布鲁克海文国家实验室，由于其具有高储氢量、资源丰富、价格低廉和环境友好等优点，被认为是一种很有发展潜力的储氢材料。单质镁为六方密堆积结构，吸氢之后生成具有四方结构的氢化镁。但由于镁生成氢化镁后，放氢的温度过高，加上镁的表面活性大，易于被氧化从而阻止氢的进入，所以限制了其应用。针对氢化镁存在的问题，研究者们采取合金化、纳米化和利用催化剂等方法来改善镁的动力学性能，从而提高其储氢性能。目前镁系（Mg-）合金以 MgNi 合金和 Mg$_2$Ni 合金最具有代表性。

（4）钒系固溶体合金

钒系固溶体合金具有体心立方结构，吸氢后可生成 VH 和 VH$_2$ 两种氢化物。钒系固溶体合金具有储氢量大，平衡压适中和氢在氢化物中扩散速度快等优点，但同时其循环稳定性较差、合金熔点高、循环容量衰减速度快、价格贵、制备较难、对环境不太友好等不足限制了其大规模的应用。

6.6.2 碳质储氢材料

碳质储氢材料是近些年来才出现的新型储氢材料，具有存储容器质量小、安全可靠、存储效率高、可重复使用、形状选择余地大、对少量的气体杂质不敏感等优点，是未来很有潜力的一种储氢材料。

6.6.2.1 碳质材料储氢原理

碳质材料储氢主要是吸附作用的结果，所谓吸附，就是由于两相界面上分子（原子）间的作用力不同于主体相分子间作用力而导致界面浓度与主体浓度差异的现象。氢气在多种固体材料表面发生吸附的后果，都是使固体界面上的氢气密度增大，这就是碳质材料吸附储氢的基本原理。

6.6.2.2 碳质储氢材料的种类

（1）活性炭储氢材料

最初人们用普通活性炭储氢，但储氢效果并不理想，即使在低温下储氢量也达不到 1%（质量分数）。一直到 20 世纪 60 年代末，人们采用超级活性炭，一种比表面积更大（比表面积在 2000m^2/g 以上）、孔径更小、更均匀的活性炭，发现其储氢量明显增大。与其他储氢技术相比，超级活性炭吸附储氢具有储氢量高、解吸快、成本低、循环寿命长和储存容器自重轻等优点。作为一种很有潜力和竞争力的储氢材料，超级活性炭储氢将会促进规模化、低成本储氢技术的发展，对新世纪的能源环境和交通都有十分重要的意义。

（2）活性炭纤维储氢材料

活性炭纤维作为一种微孔结构丰富、性能优良的新一代吸附材料，其储氢性能是一项值得研究的事情。但目前关于活性炭纤维储氢的研究并不多，从现有的研究发现，氢的吸附量与活性炭纤维的孔径尺寸密切相关，能够吸附两层氢的孔的大小是最合适的吸附氢的孔尺寸（孔尺寸大约 0.6nm）。在较宽的压力范围内对不同的活性炭纤维储氢性能研究发现，活性炭纤维吸氢最高储量在 10MPa 时质量分数接近 1%。

（3）碳纳米管储氢材料

碳纳米管由于其具有储氢量大、可在常温下释放氢、释放氢速度快、质量相对较轻、便于携带等优点，被认为是一种具有广阔发展前景的储氢材料。因为氢气在碳纳米管中储存行为比较复杂，所以碳纳米管储氢机理还未能完全确定。虽然大多数学者都认为是吸附作用的结果，但是本质是物理吸附还是化学吸附，还存在争议，目前两种吸附方式共同作用于碳纳米管储氢的观点占据上风。因此，开发能够大量生产的高纯度和结构均一的廉价碳纳米管的新工艺，对氢气在碳纳米管中的吸附行为进行更为深入的理论分析，是今后碳纳米管储氢研究的主要方向。

（4）碳纳米纤维储氢材料

碳纳米纤维是为了吸附储氢开发的一种材料。根据催化剂的不同，碳纳米纤维有平板状、管状和鱼骨状三种不同的结构，其中鱼骨状的碳纳米纤维具有最好的吸附储氢性能。碳纳米纤维储氢性能优异的原因可能是其具有很高的比表面积，使大量氢气吸附在碳纳米纤维表面；碳纳米纤维的层间距远远大于氢分子直径，从而使氢气进入到层面之间。

（5）石墨烯储氢材料

新型碳纳米材料石墨烯由于具有独特的结构、优异的性能，在储氢方面具有良好的应用前景。理论研究显示，具有较大片层间距和多层的石墨烯结构更有利于氢气的储存。相对于孤立的石墨烯原子，氢分子与 3D 结构的石墨烯的结合键能要强。与其他的碳纳米材料进行研究对比，显示出石墨烯的储氢性能要优于其他材料。目前对石墨烯储氢的研究较少，因此对石墨烯储氢的机理还不甚清楚，尚需要进一步加强对其性能的研究和探索。

（6）C_{60} 富勒烯储氢材料

富勒烯储氢与其他碳质材料储氢不同，它既有物理吸附，又有化学吸附。当以富勒烯氢化物形式储存时称为笼外储氢，而以内嵌富勒烯包合物的形式储存时称为笼内储氢。富勒烯之所以能够进行化学吸附储氢，主要是因为富勒烯氢化物和氢之间可以进行可逆反应，在外界提供热量给富勒烯氢化物或内嵌富勒烯包合物时，它就可以分解并释放出氢气。

6.6.3 无机化合物储氢材料

（1）轻金属-B-H 化合物储氢

早在 1940 年，轻金属-B-H 配位氢化物体系的典型代表 $LiBH_4$ 就已经被合成，$LiBH_4$ 在 275℃ 或者 278℃ 发生熔化反应，并在 400℃ 时开始进行分解反应生成 LiH 和 B，最终在 600℃ 释放出约 9%（质量分数）的氢气，其分解反应方程式为

$$LiBH_4 \longrightarrow LiH + B + 3/2H_2 \uparrow \tag{6-98}$$

$LiBH_4$ 的理论储氢容量约为 13.6%（质量分数），通过添加 MgH_2，可以有效降低 $LiBH_4$ 的热力学稳定性。除 $LiBH_4$ 以外，常见的轻金属硼氢配位氢化物还有 $NaBH_4$、KBH_4、$Mg(BH_4)_2$ 和 $Ca(BH_4)_2$ 等。但是轻金属硼氢配位氢化物的可逆储氢能力较差，所以目前亟须改善轻金属硼氢配位氢化物体系的吸/放氢能力，从而达到实现实用化高容量储氢材料的目的。

（2）轻金属-Al-H 化合物储氢

轻金属-Al-H 化合物储氢材料的典型代表有 $LiAlH_4$ 和 $NaAlH_4$，由于锂离子的化学活性较强，在储存和运输中有较大的安全隐患，所以目前 $LiAlH_4$ 的研究较少，轻金属-Al-H 化合物储氢材料的研究还是以 $NaAlH_4$ 为主。轻金属-Al-H 化合物储氢材料的储氢原理是多步放氢，纯的 $NaAlH_4$ 在加热的时候，先会在 180℃ 左右熔化，继续升温，第一步分解反应在 185～230℃ 之间发生，第二步分解反应在 260℃ 以上才会进行，第三步分解反应的开始温度要高于 400℃。因为第三步放氢的温度过高，所以目前的研究主要在于前两步，$NaAlH_4$ 的可逆放氢容量可以达到 5.6%。由于纯的 $NaAlH_4$ 热稳定性高，难以直接用来可逆储氢，目前主要通过颗粒纳米化、多元化改性和掺杂改性等改性方法来提高其动力学性能。

（3）金属-N-H 化合物储氢

金属氮氢化物储氢材料主要为氨基-亚氨基体系，即金属-N-H 体系，其中金属主要指一

种或多种碱金属或碱土金属。金属-N-H 化合物的储氢机理分为分子协同固态反应机理和氨气中间体反应机理。其中分子协同固态反应机理，是指金属氢化物和金属氨基化合物在受热过程中均需要较高的温度才能分解，但两者混合后，发生固-固协同反应，在较低的温度下就能够放出氢气。氨气中间体反应机理，认为 $LiNH_2$ 首先分解生成 Li_2NH 并放出 NH_3，放出的 NH_3 再与 LiH 反应生成 $LiNH_2$ 并放出 H_2，新生成的 $LiNH_2$ 继续分解生成 Li_2NH 并放出 NH_3，新生成的 NH_3 再与剩下的 LiH 反应生成 $LiNH_2$ 并放出 H_2，如此反复，直到 LiH 和 $LiNH_2$ 全部消耗完。

（4）氨硼烷类化合物储氢

作为一种固态储氢材料，氨硼烷因其理论储氢量高达 19.6%（质量分数）以及具有相对良好的放氢动力学及热力学特性，受到了研究者们的广泛关注。在室温水溶液中，氨硼烷及其衍生物就能够稳定存在，当加入相应催化剂时，氨硼烷开始进行水解放氢反应。其水解放氢容量与热分解放氢容量相当，这一特性使得氨硼烷作为水解制氢材料具有广泛的应用前景。其原理是在催化剂的作用下，一分子 $NH_3 \cdot BH_3$ 中的 B 连接的三个 H 和两分子 H_2O 中的三个氢结合形成三分子 H_2 并放出。该反应实质上是一个氧化还原反应。

6.6.4 有机液体储氢材料

有机液体储氢技术具有应用安全、环保、高效、经济性高、储氢容量大及可实现大规模、远距离储存和运输等优点，近年来得到了广泛的关注。有机液体储氢是指利用不饱和的烷基烃或芳香烃等作为储氢载体，通过加氢和放氢这一可逆过程实现氢气的储放。其工作原理是对有机液体氢载体催化加氢，储存氢能；将加氢后的有机液体氢化物进行存储；运输到目的地，在脱氢反应装置中催化脱氢，将储存的氢气释放出来。有机液体储氢材料主要包括以下 5 类。

（1）苯及环己烷

苯环经过加氢反应生成环己烷，相反环己烷脱氢后的产物为苯，脱氢过程需要消耗一定的热量。苯和环己烷可以通过苯-氢-环己烷的可逆化学反应实现氢化和脱氢的过程。但是这一过程所需的生成热绝对值较大，说明氢化和脱氢反应需要的条件比较苛刻。研究表明，Pt 单金属催化剂对环己烷脱氢反应具有较高的催化活性，又因为 Pd 使氢气溢出的能力比 Pt 强，将两种催化剂共混后形成双金属催化剂，对环己烷脱氢反应的催化活性更好。

（2）甲苯与甲基环己烷

甲基环己烷的氢含量为 6.2%（质量分数），脱氢可以产生氢气和甲苯。因为甲苯和甲基环己烷在常温下均为液态，所以可以有效地利用现有的设备和管道运输和储存氢能。Boufaden 等研究发现当 $Mo-SiO_2$ 催化剂中 Mo 的摩尔分数为 10% 时对甲基环己烷的脱氢性能影响最为明显，脱氢后甲苯的产率高达 90%。Samimi 等研究发现甲基环己烷在 Pt/Al_2O_3 催化作用下的脱氢性能得到显著改善，其转化率高达 90% 以上。

（3）十氢化萘

十氢化萘作为一种传统的有机液体储氢材料，具有较强的储氢能力，理论含氢量为 7.3%（质量分数），在常温下呈现液态。体积储氢密度达 $62.93kg/m^3$，研究发现，1mol 反式-十氢化萘可携带 5mol 的氢，反应所消耗的热量约占氢能的 27%，可以提供丰富的氢能。Wang 研究了十氢化萘在 Pt-Sn/γ-Al$_2$O$_3$ 催化剂作用下，275～335℃ 和一个标准大气压时的脱氢转化率为 98%。

（4）咔唑

咔唑是一种不饱和芳香杂环有机物，由于掺杂氮原子，可以有效降低氢化和脱氢温度，从而使得其吸/放氢性能要比传统有机液体储氢材料好，咔唑全加氢后的质量储氢密度可达 6.7%（质量分数）。研究表明，用骨架镍作为咔唑吸/脱氢的催化剂，在 250℃、5MPa 的条件下加氢转化率高达 90%，在 220℃ 下的脱氢转化率为 60.5%，产物主要为咔唑和四氢咔唑。

（5）乙基咔唑

乙基咔唑理论储氢密度为 5.8%（质量分数）。乙基咔唑的脱氢反应焓约为 50kJ/mol，在 200℃ 下发生脱氢反应后的氢气纯度高达 99.9%，是一种较为理想的有机液体储氢材料。乙基咔唑加氢和脱氢反应都是分步完成的，在反应过程中，有四氢乙基咔唑、六氢乙基咔唑和八氢乙基咔唑等中间产物。乙基咔唑液相多次循环储/放氢之后的主要产物仍然是乙基咔唑、四氢乙基咔唑及八氢乙基咔唑，说明了乙基咔唑储氢具有较好的可逆性。

思考题

1. 简述锂离子电池的基本结构及工作原理。

2. 某锂离子电池的设计容量为 1000mA·h，若采用 0.2C 进行充放电，请计算：（1）所采用的充放电电流；（2）充放电循环 50 次所需时间。

3. 举例说明三种正极材料。

4. 谈谈锂离子电池在不同领域的应用。

5. 简述锌空气电池的工作原理。

6. 简述全钒液流电池的组成。

7. 钠硫电池在充放电过程中发生的电极反应有哪些？并简单说明其特点。

8. 超级电容器存储电能的基本原理是什么？

9. 硅基负极材料循环稳定性差的原因是什么？解决方法是什么？

10. 电解液的组成部分包括哪些？

课后习题

1. 以下哪款材料最不适用于正极材料（　　）。

A. LiCoO$_2$　　　　　　B. 层状三元正极材料　　C. LiMn$_2$O$_4$　　　　　　D. 金属铜

2. 目前的锂离子电池负极材料可以被分为（　　）、（　　）、（　　）三类。

3. 请列举三个蓄电池。

4.请列举三个锂离子电池的主要性能参数。

5.对空气电池催化剂材料的要求一般是什么？

6.简述铁空气电池的特点。

7.以下哪款材料最不适用于负极材料（　　　）。

A.石墨化碳材料　　　　B.钛酸锂　　　　　C.钴酸锂　　　　　D.硅碳材料

8.以下不属于隔膜特性的是（　　　）。

A.电子的良导体　　　　　　　　　　B.良好的离子通过能力

C.保持电解液的能力　　　　　　　　D.保护电池安全

9.钠硫电池的工作温度一般是多少？

10.列举通常采用的电化学测试分析方法。

参考文献

[1]　黄可龙，王兆祥，刘素琴．锂离子电池原理与关键技术[M]．北京：化学工业出版社，2008．

[2]　黄志高，林应斌，李传常．储能原理与技术[M]．北京：中国水利水电出版社，2018．

[3]　艾德生，高喆．新能源材料：基础与应用[M]．北京：化学工业出版社，2010．

[4]　王明华，李在元，代克化．新能源导论[M]．北京：冶金工业出版社，2014．

[5]　王新东，王萌．新能源材料与器件[M]．北京：化学工业出版社，2019．

[6]　李国欣．新型化学电源技术概论[M]．上海：上海科学技术出版社，2007．

[7]　吴宇平，袁翔云，董超，等．锂离子电池：应用与实践[M]．北京：化学工业出版社，2012．

[8]　吴宇平，张汉平，吴锋，等．绿色电源材料[M]．北京：化学工业出版社，2008．

[9]　Wu Y P. Lithium-ion batteries: fundamentals and applications[M]. New York: CRC Press-Taylor & Francis, 2015.

[10]　吴雄伟，刘俊，谢浩，等．全钒液流电池碳电极材料的研究进展[J]．中国科学：化学，2014，44(8)：1280-1288．

[11]　王高军，赵娜红，吴宇平．新型能量储存系统评析[J]．新材料产业，2008(5)：43-49．

[12]　Wu Y P. Metal oxides in energy technologies[M]. Oxford: Elsevier Science, 2018.

[13]　Wu Y P, Zhu Y S, van Ree T. Introduction to new energy materials and devices[M]. 北京：化学工业出版社，2020．

[14]　Pistoia G. 电池应用技术：从便携式电子设备到工业产品[M]．吴宇平，董超，段翼渊，译．北京：邮电出版社，2010．

[15]　Wu Y P, Rudolf H. Electrochemical energy conversion and storage[M]. Berlin: Wiley VCH, 2021.

[16]　Conway B E. Electrochemical supercapacitors: scientific fundamentals and technological applications[M]. New York: Springer. 2013.

[17]　墨柯．超导储能技术及产业发展简介[J]．新材料产业，2013(09)：61-65．

[18]　袁国辉．电化学电容器[M]．北京：化学工业出版社，2006．

第 7 章

物理储能原理

相较于化学储能，物理储能具有更加悠久的发展历史，并且具有规模大、绿色环保、循环寿命长、运行费用低等优点，是储能系统中不可或缺的一环。为早日实现能源转型，物理储能技术的发展应该时刻以"创新"为理念，从实验、工业化而逐渐渗入到人们的日常生活中，应用领域由高度集中走向分散，应用方式由固定死板走向灵活，逐渐打破目前物理储能所面临的僵局。

作为物理储能技术的代表，电磁能、热能和各种机械能存储在原理、应用领域、安装容量以及未来发展趋势上各不相同。第 6 章介绍了化学储能的原理，本章主要介绍物理储能的原理，并从储能原理角度介绍了几种代表性的物理储能技术，主要内容包括电磁能存储原理、热能存储原理和抽水蓄能、压缩空气储能和飞轮储能。

7.1 电磁能存储原理

磁场储能元件主要是电抗器，电场储能元件主要是电容器。因此，在现代储能中，超导线圈储能和超级电容器均属于物理储能中的电磁储能方式。其中，电磁储能是指把能量保存在电场、磁场或交变等电磁场内，可以快速对电网作出可控调节，保持电力系统的稳定性，因此在改善电质量方面有独特的优势，是具有广阔前景的储能方式。电容储能作为物理储能的一种，可以具有很高的尖峰电流和比功率，非常适合于短时大功率的应用场合，比如起重装置以及大功率脉冲电源等。电容储能在大功率电器电子产品中有良好的应用效果和优势，因此其应用范围也非常广泛。

7.1.1 电磁能概述

在最初的时候，电现象和磁现象是被分开研究的，许多科学家也认为电和磁之间并没有联系。直到 1820 年，奥斯特发现电流的磁效应，即一根小小的导线通上电流，在它的周围便有磁场产生，与通电导线平行的磁针便会发生偏转，自此也揭开了电磁学的序幕。1831年，法拉第发现了磁生电现象：如果闭合金属线圈的一部分导体在磁铁附近运动，切割磁感线，此时金属线圈中也会产生电流，产生的电流也被称为感应电流。电和磁是紧密联系在一起的，不仅磁可生电，电也能生磁。场与电和磁类似，电磁场被视为电场和磁场的综合体，电场、磁场之间同样也可以相互转化，相互生成。电流回路在恒定磁场中受到作用力而运动，说明在磁场中蕴藏着能量。因此可以利用线圈通过电流时产生的磁场来储存磁能，此为电磁储能。能量形式包括静态电场储能、静态磁场储能、时变电场储能、时变电磁储能以及电磁场中的能量损耗。其中，电容器作为电场的储能元件已在第 6 章进行了介绍。磁场的储能元件主要是电抗器，在现代储能元件中主要指超导磁体。当条件变化时又可以释放部分或全部所储能量，从而实现能量转化，其中电磁能转化成机械能的部分将在 8.2 节介绍。

人们在实验的基础上，借助数学工具，尤其随着近代计算机、人工智能等新技术的发展，加速了电磁能量理论的研究，并产生了许多相关学科，例如计算电磁学、磁电子学、生物电磁学、电磁兼容等，同时也应用到多个领域如通信、遥感，发展了新的材料如超导、永磁材料等，研制出新的器件如超导储能装置、光电子器件等等。电磁理论学科体系庞大，所含知识丰富，下面将简略介绍几个基本概念以帮助对电磁储能与电磁能量转化的原理理解。

（1）磁场强度

磁场强度（H，单位：A/m）为磁感应强度（B）与磁导率（μ_0）之比即

$$H = \frac{B}{\mu_0} \tag{7-1}$$

在自由空间中，磁导率 μ_0 为常数，因此磁场强度与磁感应强度的矢量一致。由于 μ_0 数值很小，因此在自由空间若要产生很大的磁感应强度则需要较大的电流。

（2）静磁场

静磁场又称为恒磁场，场源是导体恒定电流，由稳恒电流激发出静磁场。因此，静磁场能量建立的过程也可以看作是外部电功率输入的过程。

（3）时变电磁场

时变电磁场又称交变电磁场，电场不是恒定电场，电场和磁场都随时间变化。因此变化的电场激发的磁场和变化的磁场激发的电场总称为时变电磁场。

（4）磁路

磁路是磁感应线或磁通管经过的路径，形成的总是闭合回路。磁场分布在空间各处，对于制成的电磁器件和装置，磁体主体部分经过的路径称为主磁路，其余的部分称为漏磁路。通常人们可以人为设计磁路走向，将磁场约束在特定包围的封闭空间内，减少漏磁路。在磁路中，利用高磁导率的磁性材料如铁芯，可以产生强磁场而需要的电流不大。

与电路不同的一点是，电路存在消耗电功率，磁路可以存储磁场能量，一旦建立稳定的磁场，磁场能量就存储在磁路中保持不变。

（5）自感与互感

电抗器主要由线圈和铁芯组成，主要参数是电感。在电磁系统中，通电回路的电流变化会引起内部磁通的变化，磁通的变化又会在闭合线圈中产生感应电动势，阻碍电流的变化。这种因自身电流变化而引起感应电动势与电流回路的几何结构和周围介磁特性相关联，用自感表示。自感包括导体内部磁通链引起的内磁感和导体外部磁通链引起的外磁感两部分。

当同一铁芯上有多个导体线圈时，除了线圈自身的自感，线圈之间的磁通链相互作用也会产生耦合电感。当两个线圈构成的平面相互垂直时，此时磁链为零，互感为零。当通电时，这两个线圈各自的自感不变，但是线圈相对的位置角变化而引起互感和耦合能量变化，同时产生电磁转矩。

7.1.2 磁能和磁共能

磁能是一个状态函数，它仅与系统的即时状态有关。以最简单的单边电磁式装置为例引

出磁能和磁共能。

如图 7-1 的电磁铁所示，固定铁芯 S、可动衔铁 R 以及两者的气隙 δ 组成一个闭合磁路。

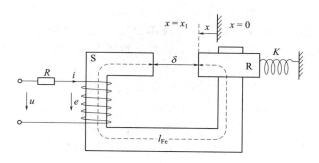

图 7-1　电磁铁

S—固定铁芯；R—可动衔铁；δ—两者的气隙；K—弹簧弹力系数

假设：

a. 铁芯各段的截面积均为 A，平均长度 l_{Fe}，气隙长为 δ，磁路的计算长度 $l = l_{Fe} + \delta$；

b. 衔铁 R 与固定铁芯 S 之间的接触面为无隙理想滑动面；

c. 激磁线圈的电阻等效为无电阻的理想线圈外串一个电阻 R。

由于气隙不同，磁化曲线（即 $\psi - i$ 曲线）也不同，如图 7-2 所示。可知，系统的磁链 ψ 与线圈电流 i 和衔铁的位移 x 有关，可表达为 $\psi = \psi(i, x)$，其中，i、x、ψ 三个变量中只有两个是独立变量。

应当注意，位移 x 为矢量，若取衔铁初位置作为坐标原点，位移即衔铁位置的坐标。

现将电磁铁的衔铁 R 保持在某一固定位置 x_1 上，即 $x = x_1$，激磁线圈外施加电压 u，各量的正方向如图 7-2 所示，电磁量从零开始增大，经过时间 t_1，线圈的电流为 i_1，感应电动势为 e_1，全磁链为 ψ_1，与线圈匝数 N 全部铰链的等效磁通中 $\varphi_1 = \dfrac{\psi_1}{N}$。则电路任意瞬时电压平衡方程式为

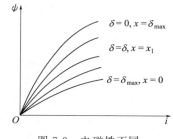

$$u - iR = -e = \frac{d\psi}{dt} \tag{7-2}$$

图 7-2　电磁铁不同气隙的磁化曲线族

上式两边同乘 $i\,dt$，积分后得到零到 t_1 时间内的能量平衡式

$$\int_0^{t_1} (ui - i^2 R)\,dt = \int_0^{\psi_1} i\,d\psi \tag{7-3}$$

上式中，$\displaystyle\int_0^{t_1} (ui - i^2 R)\,dt$ 指内电能输入的净电能。由于衔铁没有机械运动，即没有转化成机械能，所以这些静电能全部转化成磁能 W_m，即

$$W_m = \int_0^{\psi_1} i\,d\psi \tag{7-4}$$

磁能是状态函数，它仅与研究瞬时的即时状态有关。式（7-4）虽然是在衔铁固定的情况下推导得到的，但在衔铁运动时该式仍然成立。由此可知，磁能仅是 i 与 x（或 ψ 与 x，或 ψ 与 i）的单值函数。若衔铁在运动中某一即时状态的 i、x、ψ 与衔铁静止时某一即时状态的完全相同，则两者必有相同的磁能。

所以，无论机电装置的可动部分是运动还是静止，在计算即时磁能时，总可将可动部分等效成静止在即时状态的位置上，使电流 i 从零开始增大到即时状态的电流为止，磁场所获得的全部磁能可用式（7-4）来求得。

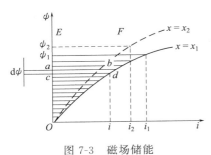

图 7-3　磁场储能

现用图解表示式（7-4），当电磁铁的衔铁位置保持在 $x = x_1$ 上，其磁链 $\psi = \psi(i, x_1)$ 就是图 7-3 中 $x = x_1$ 的那条磁化曲线，则 ψ 随 i 从零开始增大的过程中，式（7-4）中的 $i\,\mathrm{d}\psi$ 在图 7-3 对应小矩形 $abcd$ 的面积。因此，当 $t = t_1$、$x = x_1$、$i = i_1$、$\psi = \psi_1$ 时，电磁铁的磁能就等于图 7-3 中水平阴影线部分的面积。若在另一瞬时 $x = x_2$、$i = i_2$，则它的磁能就等于图 7-3 中 OEF 围成的面积，它与 $x = x_1$ 时的状态具有不同的磁化曲线。

在实际情况下，应该充分考虑到介质的影响。机电装置的磁场所在的整个空间，是由铁磁材料和气隙等不同介质组成的。在磁通密度相同的前提下，磁通密度的大小与介质的磁导率成反比。由于铁磁材料的磁导率是空气的上千倍，因此，总磁能大部分是集中在气隙中的。当有不同介质时，磁能的分布情况也不同。当磁通增长时，装置的大部分磁能是储存在磁路的气隙中；当磁通减少时，大部分磁能是从气隙中释放出来。铁芯内磁能占的比重很小，有时可以忽略不计。这就是在讨论耦合场时往往只注意气隙磁场的缘故。此外，设置气隙也是在使用上增大电抗器容量（增大装置的磁能）的最佳办法。

通过分部积分法将式（7-4）简化得到

$$W_{\mathrm{m}} = \int_0^{\psi_1} i\,\mathrm{d}\psi = i_1\psi_1 - \int_0^{i_1} \psi\,\mathrm{d}i = i_1\psi_1 - W_{\mathrm{m}}' \tag{7-5}$$

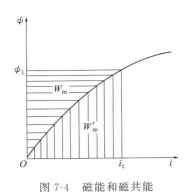

图 7-4　磁能和磁共能

式（7-4）右边第二项 $W_{\mathrm{m}}' = \int_0^{i_1} \psi\,\mathrm{d}i$ 定义为磁共能，用图解表示时为图 7-4 中垂直阴影部分面积。它与磁能 W_{m} 的关系是

$$W_{\mathrm{m}} + W_{\mathrm{m}}' = i_1\psi_1 \tag{7-6}$$

和磁能类似，磁共能也是一个状态函数。但是，它没有特定的物理意义，只是在某些情况下引用磁共能可以简化数学运算。当磁路是线性时，图 7-4 中的磁化曲线为直线，此时系统的磁能与磁共能正好相等，即

$$W_{\mathrm{m}} = W_{\mathrm{m}}' = \frac{1}{2} i_1\psi_1 \tag{7-7}$$

7.1.3　超导电磁储能

超导电磁储能的优势在于一次储存的电能可以长期保持且无损耗，同时可以瞬间释放储

存的能量，以保障电力系统的稳定运行。

7.1.3.1 超导磁体

超导磁体是超导电磁储能系统中的储能元件，也是系统的核心组成部分。超导磁体指由超导体制成的线圈。超导磁体的发展与超导理论的创立是相辅相成、相互促进的。最早是在1911年，由荷兰低温物理学家卡莫林·昂纳斯（H. K. Onnes）发现了低温超导现象。1933年，迈斯纳（W. F. Meissner）和奥克森菲尔德（R. Ochsenfeld）两位学者发现了若超导体在超导态，则具有完全抗磁性特性。这一现象被称为"迈斯纳效应"，可用于判断材料是否具有超导性。1957年，巴丁（J. Bardeen）、库珀（L. N. Cooper）和施里弗（J. R. Schrieffer）三位科学家对超导性的理论进行解释创建了BCS理论。1962年，约瑟夫森（B. D. Josephson）提出"约瑟夫森效应"，即电流能穿越两个超导体之间的薄绝缘层。

（1）超导体基本特性

超导体具有三大基本特性：零电阻、迈斯纳效应和约瑟夫森效应。

① 零电阻

超导体处于超导状态时，电阻为零是超导体的根本特性。即当超导体组成一个闭合回路时，通入电流是没有电能消耗而永久存在的。这种电阻为零的物理性质称为超导电性。

零电阻现象的发展与低温技术的进展是分不开的。1908年，荷兰物理学家昂奈斯利用减压降温法成功液化氦气（4.25K），从而为低温物理实验奠定了基础。1911年，发现汞在4.2K附近的电导率从0.0020S/m下降到10^{-6}S/m。超导体失去电阻时的这个温度称为超导转变温度或临界温度。

② 迈斯纳效应——完全抗磁性

超导体虽然具有零电阻的特征，但是其并非理想导体（完纯导体）。理想导体具有历史记忆功能即内部是否存在磁场与其降温和外加磁场的先后次序有关。但是，在1933年，德国物理学家迈斯纳和奥克森菲尔德进行实验发现，不论外加磁场的次序如何，超导体内的磁感应强度总是等于零。超导体的这种将磁场完全排斥在外的完全抗磁性又称迈斯纳效应。超导体完全排斥磁力线，而理想导体要维持磁通不变，这也是超导体与理想导体的区别之一，如图7-5。

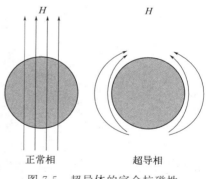

图7-5　超导体的完全抗磁性

但是应当注意的是，完全抗磁性并不是零电阻效应的结果，二者是超导体两个独立的基本性质。

③ 约瑟夫森效应

两块超导体之间存在$10^{-10}\sim10^{-9}$的绝缘层，没有电位差时，其间允许直流的超导电流持续通过，这被称为直流约瑟夫森效应；当存在电位差时，这两个超导体之间一定存在一定频率的交流电流，同时向外辐射电磁波，这被称为交流约瑟夫森效应。

约瑟夫森效应是一种隧道效应，又称势垒贯穿。根据量子力学理论，当粒子遇到大于其动能的势垒时，除了反射外，粒子具有一定的透射概率，即隧道效应。在超导体中，由于超流电子具有一定的概率进入绝缘层，因此当绝缘层厚度足够小时，被夹在两块超导体之间的绝缘层具有微弱的超导电性质。利用磁通量子化和约瑟夫森效应制成的新器件可作为探头，对微弱磁场和电压的检测极其灵敏，并广泛应用在物理学和医学领域。

（2）超导电磁性质的物质方程——伦敦方程

不同的物质具有不同的电磁现象，但是都应具有一定的电磁性质。伦敦方程便是根据二流体模型描绘超导电磁性质的物质方程。其中，伦敦第一方程揭示了超导电流密度与电场强度的关系；伦敦第二方程描述了超导体的抗磁性。推导过程如下。

① 伦敦第一方程

超导性属于量子现象，现有理论认为，当物体处于超导态时，传导电子有两类：其中一部分是正常电子；另一种被视为超导电子，这部分电子凝聚于一个量子态中，没有电阻效应，不被晶格散射，做完全有序运动。设正常电子密度为 n_e，超导电子密度为 n_s。

正常电流密度满足欧姆定律，可以表示为

$$j_n = \sigma \boldsymbol{E} \tag{7-8}$$

式中，σ 为电导率；$\boldsymbol{E}$ 为电场强度。

超导电子运动不受阻尼，其电流密度可表达为

$$j_s = n_s e_s v \tag{7-9}$$

式中，e_s 为电荷量；v 为超导电子速度。

如果存在电场，库珀电子对不受到任何阻力而产生加速度，由牛顿定律得到

$$m_s \frac{\mathrm{d}v}{\mathrm{d}t} = e_s \boldsymbol{E} \tag{7-10}$$

式中，m_s 为有效质量。将式（7-9）代入式（7-10）中，可得到超导电流密度的时间变化率与电场强度的关系为

$$\frac{\mathrm{d}j_s}{\mathrm{d}t} = \frac{n_s e_s^2}{m_s} \boldsymbol{E}, \mu_0 \frac{\mathrm{d}j_s}{\mathrm{d}t} = \frac{\mu_0 n_s e_s^2}{m_s} \boldsymbol{E} = \frac{\boldsymbol{E}}{\lambda^2} \tag{7-11}$$

式（7-11）便是伦敦第一方程的表达式。式中，$\lambda = \sqrt{m_s/(\mu_0 n_s e_s^2)}$，定义为透入深度，根据其他量的量纲可知 λ 的量纲为 m。可以看出，与正常传导电流遵循的欧姆定律不同，超导电流的变化率与电场强度成正比，而不是电流密度与电场强度成正比。

在恒定情况下，电流密度恒定即 $\frac{\mathrm{d}j_s}{\mathrm{d}t} = 0$，因此，电场强度 $\boldsymbol{E}$ 为零，根据式（7-11），超导电子所带来的电流密度是无损耗的。同时，当电场强度为零时，式（7-8）表示正常电子的 j_n 也为零。因此，在稳态情况下，超导体中不存在正常电流密度和电场强度，此时焦耳损耗为零，不存在发热问题。

如果是交变电流，$\frac{\mathrm{d}j_s}{\mathrm{d}t} \neq 0$，因此 $\boldsymbol{E} \neq 0$，$j_n \neq 0$，此时超导体是存在电阻损耗的。设电流频率为 ω，则式（7-11）可写成

$$j_s = \frac{\alpha \boldsymbol{E}}{\omega} \tag{7-12}$$

式中，$\alpha = \dfrac{n_s e^2}{m}$。

由式（7-8）、式（7-11）和式（7-12）可得

$$\frac{j_n}{j_s} = \frac{\sigma\omega}{\alpha} = \frac{m\sigma}{n_s e^2}\omega \approx 10^{-12}\omega \tag{7-13}$$

因此，对于一般的低频交流电，超导体的损耗很少。

② 伦敦第二方程

仅有伦敦第一方程还不能够描述超导体全部的电磁性质。根据麦克斯韦电磁感应定律的微分形式，电场强度的旋度等于磁感应强度的时间减少率，即

$$\nabla \times \boldsymbol{E} = -\frac{\partial \boldsymbol{B}}{\partial t} \tag{7-14}$$

将伦敦第一方程式（7-11）代入式（7-14）后得到

$$\frac{\partial}{\partial t}\left(\mu_0 \nabla \times j_s + \frac{\boldsymbol{B}}{\lambda^2}\right) = 0 \tag{7-15}$$

设与时间无关项为零，那么超导电流密度的旋度与磁感应强度成正比，即

$$\mu_0 \nabla \times j_s + \frac{\boldsymbol{B}}{\lambda^2} = 0 \tag{7-16}$$

式（7-16）称为伦敦第二方程，也可写成

$$\boldsymbol{B} = -\frac{m}{n_s e^2}\nabla \times j \tag{7-16'}$$

它不仅揭示了超导电流密度的旋度是超导内部磁感应强度存在的原因，也揭示了超导体的抗磁性。

对于超导体的材料特性和电磁场方程总结为如下方程组的形式

$$\begin{cases} \boldsymbol{B} = \mu_0 \boldsymbol{H}, \boldsymbol{D} = \varepsilon_0 \boldsymbol{E}, j_n = \sigma\boldsymbol{E} \\[2mm] \mu_0 \dfrac{\mathrm{d}j_s}{\mathrm{d}t} = \dfrac{\boldsymbol{E}}{\lambda^2} \\[2mm] \mu_0 \nabla \times j_s + \dfrac{\boldsymbol{B}}{\lambda^2} = \boldsymbol{0} \end{cases} \tag{7-17}$$

在稳态或静态时，超导体内超导电流密度恒定，电场强度和正常电流密度为零，因此，得到磁感应强度方程为

$$\nabla^2 \boldsymbol{B} - \frac{\boldsymbol{B}}{\lambda^2} = 0 \tag{7-18}$$

例 7-1 对于半无限大超导空间，$z=0$ 的上半空间为超导体，磁场沿 x 轴方向，大小随 z 变化，已知在 $z=0$ 处的磁感应强度为 B_0，透入深度为 λ，确定超导体内部磁感应强度的分布。

解答：如图 7-6 所示，由于磁场只有 x 方向分量且仅仅与坐标 z 有关，因此由式（7-19）得到磁感应强度满足一维二阶常微分方程，即

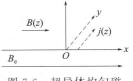

图 7-6　超导体均匀磁场中的超导半空间

$$\mathbf{\nabla}^2 B - \frac{B}{\lambda^2} = 0 \qquad (7-19)$$

解得

$$B(z) = c_1 \mathrm{e}^{-\frac{z}{\lambda}} + c_2 \mathrm{e}^{\frac{z}{\lambda}}$$

式中，系数 c_1 和 c_2 由磁场满足的边界条件确定。

在 $z=0$ 处的磁场大小为 $B(0)=B_0$，当 $z \to +\infty$ 时，磁场有限。将边界条件代入上述方程可以解得 $C_2=0$、$C_1=B_0$。于是，磁感应强度沿 x 方向随坐标 z 是按照指数规律衰减的，有

$$B(z) = B_0 \mathrm{e}^{-\frac{z}{\lambda}} \qquad (7-20)$$

电流密度只与坐标 z 有关且沿 y 轴方向，因此利用电流密度旋度与磁感应强度关系得

$$\mu_0 \frac{\mathrm{d} j_{\mathrm{s}}(z)}{\mathrm{d} z} = \frac{B(z)}{\lambda^2} \qquad (7-21)$$

超导电流密度也是随坐标 z 衰减的，式（7-21）积分后得到

$$j_{\mathrm{s}}(z) = \frac{B_0}{\mu_0 \lambda} \mathrm{e}^{-\frac{z}{\lambda}} \qquad (7-22)$$

（3）超导体临界条件

超导体在一定磁场和一定温度下，电阻值降为零，电流可以无阻地通过。要实现超导体的零电阻，温度、磁场和电流三个条件是相互制约的，即超导体存在三个临界条件：临界温度、临界电流和临界磁场。

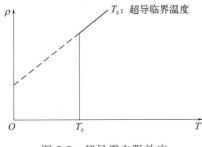

图 7-7　超导零电阻效应

① 临界温度

在外磁场、电流和应力等外部作用足够小的情况下，物体不再具有电阻而转变为零电阻的超导态时的温度称为超导临界温度（T_{c}），如图 7-7。T_{c} 与超导体纯度、周围的磁场及传输的电流等因素有关。

传统超导体正常运行需要有稳定的低温环境，一般临界温度不超过 23K，只有液氢和液氦满足条件。但是液氢容易爆炸，相比之下，液氦更适于作为超导磁体的冷却液。直到 1986 年，在氧化物中发现高温超导现象。后来，高温超导体被定义为在液氮温度（77K）以上为超导体的材料。结构复杂的氧化物陶瓷超导体一般符合这个特征。这一发现便使得普通实验室具备开展超导实验的条件，因此超导体的发展更为迅速，其应用前景也大为拓宽。

② 临界磁场

能量转化与存储原理

磁场条件包括磁场的大小和方向，在一定温度下，超导体能实现无阻状态的最大磁场被称为临界磁场 H_c。一旦磁场强度超过了 H_c，超导体便从超导态转变为正常态。在大多数情况下，临界磁场和温度存在关系

$$H_c = H_0 \left[1 - \left(\frac{T}{T_c} \right)^2 \right] \tag{7-23}$$

式中，H_c 是温度 T 下的临界磁场强度；H_0 是 $T=0K$ 时的最大临界场强；T_c 是场为零时的最高临界温度。

③ 临界电流

当处于超导态时，超导体可承载的最大电流为临界电流 I_c，相应的临界电流密度为 j_c。如果通入的电流的密度超过 j_c，则超导体的超导状态将失去，其电流也逐渐损耗。例如，当温度在 0K 时，0.2cm 的汞导线允许通过的最大电流为 200A，即当电流超出这个最大电流后，超导体将会从超导态转变成正常态。临界电流与温度的关系为

$$I_c = I_0 \left[1 - \left(\frac{T}{T_c} \right)^2 \right] \tag{7-24}$$

式中，I_c 是温度 T 下的临界电流；I_0 是 $T=0K$ 时的最大临界电流。综上，超导体的上述三个临界参数 T_c、H_c、j_c是互相关联的，关系如图 7-8 所示。$\{T_c, H_c\}$、$\{H_c, j_c\}$、$\{T_c, j_c\}$ 三个平面和 $\{T_c, H_c, j_c\}$ 曲面围成一个区域，在该区域内的任意一点的状态均是超导态的，在区域外的都是正常态。$\{T_c, H_c, j_c\}$ 曲面上任一点的状态为临界状态。在实际应用时，温度、磁场和电流三者是相互影响的。当温度一定时，超导体的临界电流密度随磁场强度的降低而减小；当磁场强度一定时，临界电流密度随温度的降低而升高。

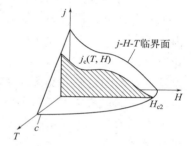

图 7-8　超导导线的临界电流-磁场强度-工作温度的基本关系

（4）超导体的类型

根据磁化特性，超导体分为两类：第一类超导体（如图 7-9），它的界面能为正，临界磁场不超过 0.1T；第二类超导体（如图 7-10），它的界面能为负，临界磁场较高。第一类超导体有且具有一个临界磁场，只有当外磁场 $H < H_c$ 时，才具有超导性，表现出完全抗磁性，磁体内磁感应强度为零。

第二类超导体具备两个临界磁场，其中 H_{c1} 为下临界磁场，H_{c2} 为上临界磁场，当外磁场小于 H_{c1} 时，第二类超导体与第一类超导体的状态一致，处于迈斯纳态，具有完全抗磁性；当外磁场大于 H_{c2} 时，此时超导磁体失超，转为正常态；当外磁场强介于 H_{c1} 和 H_{c2} 之间，第二类超导体处于正常态和超导态相混合的一种状态，磁场可穿过此类超导体的正常区域。在第二类超导体中，可分为理想第二类超导体和非理想第二类超导体。其中理想第二类超导体的晶格没有缺陷，临界磁场达不到可以制作超导线圈的程度，而非理想第二类超导体的晶格存在位错和脱溶相。理想第二类超导体的临界电流是由 H_{c1} 决定，非理想的临界电流则由 H_{c2} 决定。非理想第二类超导体具有较高的传输电流能力。理想和非理想超导体的磁化曲线的区别在于，前者的磁化曲线是可逆的，后者不可逆。实际上应用制备超导磁体常常是由非理想第二类超导体制作的。相较于传统常规磁体，超导磁体具有一些性能和

操作上的优越性：a.功耗小，在稳定运行时，没有焦耳热的损耗，这一点在储能领域的应用优势尤为明显；b.具有稳定而高强度的磁场；c.体积小，重量轻，制作工艺简便，使用方便。

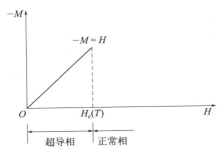

图 7-9　第一类超导体磁化特性

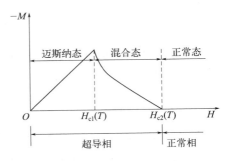

图 7-10　理想第二类超导体磁化特性

（5）超导磁体的稳定化

为保持超导磁体的稳定性，避免其偶然地从超导态转变为正常态，采取的防止磁体失超或失超传播的措施统称为超导磁体的稳定化。最理想的方法就是消除或控制正常区在超导体内出现的可能性。如果正常区不可避免应当设法防止它沿绕组失控地传播。超导磁体的稳定化可分内部稳定化或低温（或热）稳定化。内部稳定化一般采用将超导体细丝化来避免磁通跳跃而升温超过临界温度。因为磁通跳跃的强度随超导体的尺寸减小而降低，当丝径小于一定数值，就可避免产生磁通跳跃实现内部稳定化。另外，可以采用散热措施，利用高导热材料传走磁通跳跃产生的热量，但是要保证热量传出速度大于热量产生速度。这种防止磁通的措施又称为动态稳定化。除此之外，还可以采用在超导体上覆加高热容材料以吸收磁通跳跃产生的热量。

（6）超导磁体的设计

超导磁体可分为螺管形和环形两种（如图 7-11）。螺管线圈结构简单，环形线圈结构复杂，二者从根本上讲都属于空心螺管线圈结构，但是螺管线圈周围的杂散磁场相较环形线圈更大。一般而言，小型及中型的超导储能系统比较适合采用漏磁场较小的环形管；大型的一般采用结构简单的螺形管。大中小型的超导储能系统的特点及应用将在 7.1.3.2 部分展开介绍。

设计超导磁体的时候，应该考虑以下几方面：a.超导磁体的电磁特性。在设计时首要考虑的便是在具体应用中要能满足所要求的磁场，来判断临界电流密度。通过优化线圈结构来获得足够大的电感量，减少漏磁场。b.足够的机械强度。由于超导磁体在运行时相比常规导线和磁体要承受更多的电磁应力，因此保证足够的机械强度和良好固化是非常必要的。同时，由于线圈自身重量等，还需要骨架对其进行支撑。c.运行的可靠性。在对临界参数设计时需要充分满足其对稳定运行的要求，以保证其在相应工作点具有稳定可靠的工作。d.磁体的保护。应该具有一定保护机制，避免由超导态向正常态转变时出现损坏。e.低温技术与冷却技术。对于非高温超导磁体必须于低温下运行，因此应当采用合适的冷却方式。f.制造的成本。g.安全性问题。

(a) 螺管形超导磁体   (b) 环形超导磁体

图 7-11   两种不同形状的超导磁体

（7）超导磁体的应用

超导磁体没有导线中的电阻产生电损耗，也没有磁损耗，因此具有很高的应用价值。目前，主要用于超导磁体储能、超导电能传输电缆、超导电力变压器和超导电机等实现能量的储存、传输和转化。相比传统电缆，超导电能传输电缆具有更大的电流、更低的交流损耗，大大减少了电能在传输过程中造成的损失。超导变压器用于系统中的电压变换，相较于传统变压器，更小的短路电抗意味着更小的功率损耗和更稳定的调节能力，同时省去了铁芯，减小变压器的体积和质量，促进了变压器向体积小、轻量和高效等方面发展。采用液氮作为冷却系统，因此也避免了变压器油带来的环境污染问题。相比传统电机，超导电机也存在高功率密度和高效率等优点。

7.1.3.2 超导电磁储能装置

随着超导技术的发展，尤其是高温超导体的出现，超导体在能量储存方面的前景远大。其中，超导磁能量存储（superconducting magnetic energy storage，SMES）利用电感存储磁场能量的特性，将电能直接存储在超导线圈的磁场中，需要时再将电能输出给负载的储能装置。下文常简称为超导储能。

（1）超导储能系统的发展进程

1969 年，法国 Ferrier 提出利用超导储能装置来平衡公用电力负荷的设想。

20 世纪 70 年代，美国 Wisconsin 大学发明了基于格雷茨（Graetz）桥路的电能储存系统，这也是 SMES 电力应用系统的开端。

1974 年，第一台并网运行的 SMES 于美国洛斯阿拉莫斯国家实验室进行了测试。

80 年代逐渐推向市场，日本在 1986 年成立超导储能研究会，俄罗斯在 1988 年建成了储能达 $370 \sim 760 \mathrm{MJ}$ 的超导磁体，均为推动 SMES 的实际应用。相较于国外，我国起步较晚，于 20 世纪 60 年开始了低温超导的研究，在 1997 年由中国科学院电工研究所研制出第一台 SMES 的试验装置。随着超导科学与材料技术的进步，超导技术的应用，尤其是能量储存技术也日益成熟，具有了更高的可行性。随着一系列政策的推出，2016 年至 2019 年间，我国超导磁储能系统市场经历了一次显著的扩张，其市场规模从 7.23 亿元激增至 21.16 亿元。超导储能系统的发展进程如表 7-1。

表 7-1　美国、日本、韩国、中国、德国超导储能系统发展进程

国家	研究开发单位	研发时间	超导储能装置及主要参数	研究状况
美国	威斯康星大学应用超导中心	1970	率先开发超导电感线圈和三相 AC/DC 格雷茨桥路组成 6×3MJ/8MV・A 超导储能系统	试验完成
	R. Bechtel 团队	1993	1MW・h/500MW 的超导储能系统	示范样机
	超导公司和 IGC 公司	2001	1～5MJ 微型和小型超导储能系统	市场销售
	佛罗里达大学先进电力系统中心（CAPS）	2003	100MJ 的超导储能系统演示系统	试验完成
	罗切斯特大学	2020	三元含硫化氢系统，在 203K、155GPa 条件下实现超导	实验室阶段
日本	九州大学	1985	100kJ 的超导储能系统	试验阶段
	九州电力公司	1991	30kJ 的超导储能系统并联到 60kW 的水力发电机	并网运行
	中部电力公司	2009	与三菱电机共同开发 10MV・A/20MJ 的超导储能系统	试验完成
韩国	首尔国立大学	1985	20MJ 小容量超导储能系统	试验阶段
	韩国电工研究所	2008	开发 600IJHTS-超导储能系统	完成试验组装
中国	中国科学院电工研究所	1999	开发 25kJ（300V、220V）微型超导储能系统	完成样机
		2011	开发超导限流储能系统	并网运行
		2013	与英国巴斯大学开发 60kJ 超导储能系统-电池储能系统混合系统	完成设计
	华中科技大学与中国科学院等离子体物理研究所等	2015	600V/150kJ/100kW 的超导储能系统	试验完成
	上海电缆研究所	2020	35 千伏公里级高温超导电缆	开工
德国	ACCEL	2002	150kJ，用于 20kW UPS 系统	试验完成

（2）超导储能的原理

SMES 的基本原理是引导电能储存于直流电流过一个环状导线所产生的磁场中（如图 7-12）。

在正常运行期间，电网电流通过整流为超导电感充电，超导储能利用线圈的电感存储磁场能量。根据电路分析可知，超导电磁利用电感储存的磁能可由式（7-25）表示

$$E_{\text{SMES}} = 0.5LI^2 \tag{7-25}$$

式中，E_{SMES} 为电磁能量，J；L 为超导线圈电感，H；I 为超导线圈电流，A。

或者

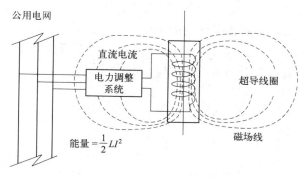

图 7-12　超导储能系统的构成

（L 为电感，I 为电流）

$$E_{\text{SMES}} = \frac{1}{2} \frac{B^2}{\mu} \tag{7-26}$$

式中，B 为绕组产生的磁场密度，T；μ 为空气磁导率，为 $4\pi \times 10^{-7} \text{H/m}$。

超导储能系统在放电时，假设在特定时间 t_s 内以恒功率 P_0 放电，根据能量守恒，在放电的任意时刻 $t(t < t_s)$，则线圈中的能量 $E(t)$ 为

$$E(t) = E_{\text{SMES}} - P_0 t \tag{7-27}$$

当 $t = t_s$ 时，线圈中的电流 I_s 为

$$I_s = \frac{P_0}{v} \tag{7-28}$$

式中，v 为 t 时线圈放电的电压。

在系统中，当 $I < I_s$ 时，无法保持以 P_0 的恒功率放电，放电功率减小的程度取决于放电深度（λ）。放电深度 λ 定义为实际输出能量 E_d 与 E_{SMES} 的比值

$$\lambda = \frac{E_d}{E_{\text{SMES}}} = \frac{P_0 t_s}{E_{\text{SMES}}} \tag{7-29}$$

在任意放电时刻 t 时，线圈的电流为

$$I(t) = \frac{P_0}{v \sqrt{1-\lambda}} \sqrt{1 - \lambda \frac{t}{t_s}} \tag{7-30}$$

由式（7-30）可知，在 t 时的线圈电流取决于放电深度 λ 和线圈运行电压 v 的大小。由式（7-27）和式（7-29）可得 t 时线圈的能量为

$$E(t) = E_{\text{SMES}} - \frac{E_{\text{SMES}} \lambda}{t_s} t = \frac{P_0 t_s}{\lambda} (1 - \lambda \frac{t}{t_s}) \tag{7-31}$$

（3）超导储能装置的组成

典型的超导储能装置主要由超导线圈、冷却系统、功率调节系统、监控系统和失超保护系统等部分组成（如图 7-13），其中核心是超导线圈。如果以普通导线来绕制该线圈，磁能

会因导线电阻发热而消耗。由于超导体具有在很低温度时电阻几乎为零的特性，运行时无直流电能焦耳热损耗。因此超导线圈可将电能长期无损储存起来，储能密度约 $10^8 \mathrm{J/m^3}$，比常规导线线圈高出 2 个数量级。在设计超导线圈时，应该首要考虑超导体的流通能力与所承受的磁场之间的关系，即磁场在空间的分布和随时间的变化。

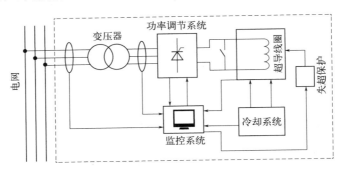

图 7-13　超导储能装置

　　冷却系统是维持超导线圈处于超导状态的保障和前提条件，其冷却效果直接影响着系统的性能，主要由不锈钢制冷器、低温液体的分配系统和自动氦液化器组成。冷却方式一般有两种：a. 将超导磁体直接沉浸于冷却液体中，一般指液氮（4.2K）；b. 采用超临界氦流通过导体内部的强制冷却方式。一般而言，第一种冷却方式的超导稳定性好，但是交流损耗大，而且耐压水平低。第二种冷却方式在交流损耗、耐压、机械强度等方面均优于第一种冷却方式，但是超导的热稳定性有待提高。对于大型超导磁体，一般采用超流氦冷却的方式实现高的冷却效率。

　　功率调节系统主要指通过超导线圈和电网之间的能量转化，实现功率交换。功率调节系统一般能够在四个象限内实现对功率需求的快速响应，独立地进行有功与无功的功率调节，具有谐波含量低、动态响应速度快等特点，一般采用基于全控型开关器件的脉冲宽度调节变流器作为功率调节系统。超导线圈只是一组直流装置，如果与公用交流电网相互联系实现充放电功能，则需要有一套电力调节系统（power conditioning system，PCS）。PCS 系统包括一台标准的固体直流/交流变换器和若干开关和控制装置。在电网电力过剩时将交流变为直流向超导线圈充电，电网电力欠缺时将超导磁环储存的直流电逆变为交流送入电网。超导磁体正是通过变流器将储存的电磁能转化为电能，从而实现能量的转化。根据电路拓扑结构，常见的变流器可分为电压型变流器 VSC（voltage source converter）和电流型变流器 CSC（current source converter）两种。从目前的应用来看，电压型变流器的直流侧电压较稳定且技术较为成熟，多与电网相连应用于大容量超导储能系统。电流型的结构简单，更适用于中小型储能系统。

　　监控系统根据系统需要对超导储能系统的功率输出进行调节，一般由信号采集器和控制器两部分构成。监控系统是超导系统中最复杂且又关键的部分。信号采集器从系统中提取功率、电压、电流等信息，控制器根据信号采集器采集的信息判断系统运行状况从而对超导磁体的充放电进行控制。超导储能装置对峰值的调节及用作备用电源均离不开控制器的良好设计与控制策略的恰当选择。通常超导系统的控制系统一般由外环控制和内环控制两部分组成。外环控制部分是主控制器，根据本身特性和系统要求，为内环控制器提供有功功率和无功功率的参考值；内环控制器根据外环控制器提供的参考值确定控制触发信号，使功率交换符合控制要求。对于控制策略，除了传统的基于系统内外部的控制方法之外，人工神经网络控制、遗传算法等新型综合控制方法也逐渐得到应用。

失超保护系统对维持整个装置安全可靠运行具有重要作用。一旦超导磁体失超，整个系统的电流电压发生了巨大的变化，可能面临着热失控、高压放电及应力过载等情况。除了防止超导磁体自身失超现象发生的措施之外，在装置中对于失超状况的检测与控制也是非常重要的。常见的失超检测方法有：升温检测、压力检测、超声波检测、流速检测和电压检测。其中应用最广的为电压检测，不仅可以检测出是否有失超问题发生，还可以测出原始失超位置。失超保护的措施包括：并联电阻法和变压器保护法等。并联电阻可分为外部并联和内部分段并联，其中并联电阻值的选择是其关键。

（4）超导储能系统的分类

超导储能系统按照储能容量大小的不同，可分为大型（1MW·h～1GW·h）、中型（1kW·h～<1MW·h）和小型（小于1kW·h）三类。大型超导储能系统主要用于控制电力频率、增加旋转备用容量、动态快速响应平衡负荷等；中型超导储能系统主要用于保证输电稳定性、对负荷进行调节等；小型超导储能系统主要用于改善电能质量和提高供电可靠性等。不同规模的超导储能系统的应用情况详细比较在表 7-2。

表 7-2　不同规模的超导储能装置应用情况

超导储能装置	规模	安装地点	应用目的和作用
小型	小于 1kW·h	负载端、长距离输电线电源端、小容量电场、风力发电系统、光伏发电系统	改善电能质量、调节电压波动、调平小波动负载、改善稳定性、提高供电可靠性、校正功率因数
中型	1kW·h～<1MW·h	配电站、中型发电厂	调节电压波动、调平大波动负载、保证输电稳定性、改善电源可靠性、减少无功调节和频率调节
大型	1MW·h～1GW·h	大型发电厂	负载调平后减少峰值功率、减少无功调节和频率调节、减少传输容量和电站建设、改善电源可靠性、用作备用电源装置

目前，为满足用户对高质量电功率的需求，小型超导储能系统的研制已经趋于成熟。小型超导储能系统的特点有：a.高的循环效率，进行一个周期操作，其循环时间在 5～10s 之间；b.很短的放电时间，最短可达 0.1～0.5s；c.损耗小；d.外部磁场低；e.相比其他小型储存容量，有很高的功率，具有优异性。表 7-3 采用不同超导线圈结构的两种小型超导储能系统的性能比较。

表 7-3　两种小型超导储能装置的性能

性能	A	B
高/m	2	2
外径/m	1	1
超导体	Nb-Ti	Nb-Ti
结构形式	螺线管	六个线圈组成的环形
额定电流/A	1000	1360
电感/H	2.0	1.47
储能/MJ	1	1.36

（5）超导储能系统的应用及优点

超导储能可以充分满足输配电网电压支撑、功率补偿、频率调节、提高电网稳定性和功率输送能力的要求，并具有响应速度快、转化效率高、比容量/比功率大等优点。对于电网的功率交换非常迅速的问题，电磁储能可通过采用电力电子器件的变流技术实现毫秒级快速响应，在短时间内进行可控的瞬时功率调节，有效提高电力系统的暂态稳定性。一般应用于以下几种情况：调节电力系统的峰谷；缓解由于瞬间断电产生的影响；保持电力系统的稳定性；大型超导储能系统也可作为一些激光武器的功率源。超导体可制成常规技术难以达到的大容量电力装置，除了具有低温零电阻的特点外，体积小、质量轻也是它的优势。除此之外，超导储能系统在建设时不受地点的制约，维护简单，费用低，污染小。综上，利用超导系统实现电磁储能的优点有：

① 超导线圈在运行时没有焦耳热损耗，可以长期无损耗地储存能量，储能密度高，约为 $10^8 J/m^3$。无须送变电设备，减少输送损耗，效率可达 95%，远远高于其他储能方式（一般为 70%），其余 5% 的能量损耗来自交直流转换和低温能耗，二者分别约占 3% 和 2%。

② 超导储能通过采用变流器与电网调节，对功率调节系统的响应速度非常快（几毫秒至几十毫秒），实现瞬时启动、停止。

③ 超导储能的储能量和功率调节的容量具有很大的一个范围。超导装置容易控制，能够与系统快速、独立地在四象限内进行有功和无功功率交换，具有较强的可靠性。

④ 超导储能的建造不受地点限制，维护相对简单、污染小。

但是，和其他储能技术相比，超导电磁储能成本仍很高昂，除了超导体价格昂贵外，运行成本所耗费用也较高。超导储能的运行对温度要求严格，冷却系统为维持低温制冷耗用大量能量，同时导致维修频率提高以及产生的费用也相当可观。目前，在世界范围内有许多超导电磁储能工程正在试运行或者处于研制阶段。

7.1.3.3 高温超导储能系统

高温超导体自从 1986 年被发现以来，便为超导储能系统的发展带来了新的方向。高温超导体的转变温度相较于普通的超导体要高得多，因此这为实现室温超导，彻底改变电力系统储存方式及传输方式带来了新的希望。例如氧化物高温超导体的出现，将超导体的应用温度从液氦提高到液氮（78K），这极大地突破了温度壁垒，扩展了超导体的应用空间。

高温超导体与常规超导体具有相同的超导特性，比如零电阻特性、迈斯纳效应和约瑟夫森效应等。表 7-4 是高温超导体与常规超导体的比较。

表 7-4　高温超导体与常规超导体一些参量的比较

序号	物理量	符号	常规超导体	高温超导体	高温超导体的特性
1	临界温度	T_c	<24K	<165K	高使用温度
2	相干长度	$\xi(0)$	5～100nm	约 1nm	弱钉扎
3	上临界场	$H_{c2}(0)$	约 20T	约 100T	强磁场、宽混合态范围
4	穿透深度	$\lambda(0)$	约 100nm	100nm	二者相差不多
5	下临界场	$H_{c1}(0)$	约 100Oe①	约 100Oe①	二者相差不多
6	各向异性	$1/\varepsilon$	1～5	5～100	层状特性与较小的磁通弯曲模量
7	正常电阻	ρ_n	$1\mu\Omega\cdot cm$	$20～200\mu\Omega\cdot cm$	强的量子隧穿和量子涨落

① 1Oe=79.5775A/m。

除了与常规超导体相同的特性之外，高温超导体还有几点自己独特的特点：a.相干长度短、仅有几个单晶胞；b.根据实验表征，氧化物高温超导的能隙对称性为 d-波；c.具有强的各向异性；d.氧化物高温超导体多存在层状结构；e.超导转变温度与材料的载流子浓度和材料的含氧量有关；f.在临界转变温度以上，部分导电粒子呈现配对状态。

高温超导体通常由化学结构复杂的陶瓷体料制成。一般来说，高温超导体的制备过程是：首先将原材料混合均匀放到高温环境煅烧一段时间，之后将其研磨、压成陶瓷片，再进行烧结退火等多个步骤。前聚体的合成方法可以是固态反应法、共沉淀法、凝胶法、碱金属熔融法、燃烧法、冷冻干燥法、微波烧结法和热均压法等。高温超导体是超导体发展的一个重要方向，具有重要的研究价值，因此如何制备出高纯度、物理性质优良的高温超导体将对研究高温超导的机理和高温超导器件的制备起着至关重要的作用。

7.1.3.4　超导体的交流损耗

根据 7.1.3 部分中伦敦方程的计算可知，超导磁体在直流下无损耗，但在交流情况下存在一定的损耗。在超导储能系统中综合应用时，所产生的交流损耗需要从多个因素进行考虑。

在交流电流时，超导磁体处于交变磁场中。磁通线在进入超导体和从超导体内排出的过程中都必须要克服钉扎力的阻碍作用。所谓钉扎力是指在超导体中由缺陷、杂质等对涡旋线起钉扎作用的力。克服钉扎力所消耗的能量均由外电源提供，因此导致了两个后果：损耗使得温度发生变化导致超导磁体自身的不稳定；增加制冷系统运行的负荷。将从以下三个方面对交流电流引起的损耗进行分析。

（1）磁滞损耗

磁通线在进出超导体时不仅要克服体内的钉扎势还要克服表面势垒的阻碍，从而产生的能量损耗称为磁滞损耗。

（2）涡流损耗

在磁场作用下，导体内部产生的电流形成涡旋状流动，这种流动能量转化为热能而造成的损耗称为涡流损耗。涡流损耗一般出现在多丝复合超导线结构中，实用化的超导线有 NbTi、Nb_3Sn 和高温超导带 MgB_2 等。如果要减少涡流损耗，应该尽量选择短的扭矩和高电阻率的基体材料。

（3）自场损耗

在超导体形成旋转磁场的过程中，传输电流从零增加到工作电流，这一过程产生的交流损耗称为自场损耗。自场损耗对形成磁场的快慢、通入电流的大小和方向均有影响。

7.1.3.5　超导储能应用及发展方向

我国的电力储能技术正值发展转变的关键时期。针对我国电力系统的需求，从实际用途、性能、技术成熟度等因素出发，对超导储能、电容储能和电池储能等储能方式进行考量，其优缺点及相应的发展潜能总结于表 7-5，比如化学储能（第 6 章）中的电容器储能、蓄电池储能。电容器储能功率密度高，但是由于漏电问题，不适合长期储能，同时由于输出电压较高，其能量密度也较低；而蓄电池虽然能量密度高，但是充电时间较长。

表 7-5　应用于电力系统的储能技术

储能类型		额定功率	反应时间	效率	循环寿命	环境影响	技术成熟度	应用方向
机械储能	抽水储能	$100\sim$ $2000MW$	$4\sim10h$	$60\%\sim$ 70%	数千次	极大	成熟	能量管理、频率控制和系统备用
	飞轮储能	$5kW\sim$ $1.5MW$	$15s\sim$ $15min$	$70\%\sim$ 80%	无限	良好	成熟	调峰、频率控制、电能质量控制
化学储能	铅酸电池	$1kW\sim$ $50MW$	$1min\sim3h$	$60\%\sim$ 70%	几百次	大	成熟	电能质量监控值、备用电源
	电容器	$1\sim10kW$	$1s\sim1min$	$70\%\sim$ 80%	数千次	大	较为成熟	电能质量调节，维持输电系统稳定性
物理储能	超导储能	$10kW\sim$ $1MW$	$5s\sim5min$	$80\%\sim$ 95%	无限	良好	正在发展	输配电力系统的暂态稳定性，电能质量调节

超导电磁储能系统在保持电力系统稳定性和改善电质量方面具有独特的优势，引起世界各国的高度重视，逐渐成为研究的重点。

① 基于超导储能高功率密度、快响应速度的功率型储能特性，超导储能装置的单独采用适合用于平抑短时功率波动，解决电网暂态频率稳定性问题。而在解决中长期功率稳定性问题方面，具有功率型储能特性的超导储能装置可以与能量型储能系统（如蓄电或者储氢等）相结合，构建混合型储能系统，以满足电网全方位的功率需求。

② 超导储能的大电感特性可以限制故障的过电流，提高可再生能源穿越故障的能力。

③ 当电网发生故障或者电能质量不佳时，微电网通常从主电网中得到电能供应，这种运行模式称为"孤岛运行"。正常运行情况通常是微电网和主电网并网运行，因此在向孤岛模式切换的过程中，微电网常常出现功率缺额的情况。超导储能利用其快速响应特征，为微电网提供功率支持，解决了微电网暂态频率稳定性的问题。

④ 在开发分布式储能系统中，超导储能系统与其他电力系统的综合利用也必不可少。在 20 世纪 90 年代被用于风力发电，其毫秒级功率响应可以有效抑制电气量波动，加强风电场的稳定性。除此之外，超导储能系统的储能单元常用于光伏发电系统。

超导储能系统是现代电力电子技术和超导技术有机结合的储能系统。虽然拥有传统导体不可比拟的一些优点，但是目前仍存在一些发展挑战，主要集中在能量密度、运行稳定性和安全性等方面。今后的研究将围绕于以下几个方面。

① 在建设超导电磁储能系统时尤其是小型系统，应该逐渐降低成本，增强竞争力。随着一代一代科学家的探索与实践，超导储能系统在性能上得到极大提升，整个系统的成本也在持续降低。

② 加大对高效制冷技术的研究。超导储能系统中，低温制冷系统是其损耗的主要来源，是决定系统效率的关键因素。应该结合系统运行工况的实际情况设计制冷系统实现动态调节制冷，减少制冷系统的功耗，改善系统的整体效率。

③ 优化超导储能装置。从电力系统的角度，开拓新的变流器和控制系统，设计优良的控制策略，增强监控系统识别信号的灵敏度，尤其是当超导磁体在临界失超状态下极其微弱

的失超电压信号。同时要深入对失超保护技术的研究，以提高系统安全性，在安全运行范围之内，逐渐提高系统的实时输出功率。

④ 积极开发大容量高温超导磁体技术。进一步完善有关超导线圈的损耗和稳定性问题，优化高温超导储能的工艺，是未来发展超导技术的必然途径之一。近年来，我国在高温超导材料的研究上取得了长足进展，特别是第二代高温超导材料 YBCO（钇钡铜氧）的制备技术。国内科研机构和企业已经成功制备出千米级的 YBCO 带材，并实现了量产和销售，技术指标基本达到了实用化要求。

⑤ 加紧与其他电力系统的配合应用，相互取长补短，协同共建。随着可再生能源发电成本的不断降低，超导储能同其他储能方式相比具有单位功率造价低、功率密度高等突出优势，同时随着其自身性能的开发进步，成本的不断降低，超导储能的用途将会越来越广泛，对发展可持续能源和能源的综合利用有重要意义，并有望成为主流物理储能技术的装置之一。

7.1.4 电容储能

在脉冲功率设备中，作为储能元件的电容器在整个设备中占有很大的比重，是极为重要的关键部件，广泛应用于脉冲电源、医疗器材、电磁武器、粒子加速器及环保等领域。

超级电容器又称为双电层电容器（electrical double-layer capacitor，EDLC），根据电化学双电层理论制成，因此又称为电化学电容器。超级电容器系列产品在能源领域具有广阔的市场前景，现应用范围已逐渐扩大到电子、电动汽车、太阳能和风力发电等领域。目前，超级电容器主要用于改善电能质量，常用于后备电源、替换电源和主电源三类。在以后的发展中，超级电容器应进一步加紧对能量密度的提高，需要综合考虑电容器材料的微观结构，合理选择电极、电解液，综合考虑性能匹配，不断进行探索和实践工作，进一步实现重量更轻、体积更小、能量更高的各类超级电容器的市场化推进，以在诸多领域发挥更重要的作用。已在第 6 章展开介绍，本章不再赘述。

7.2 热能存储原理

能量在国家经济的繁荣和技术的竞争方面起到了主要的作用。随着经济的发展，能量的需求将更大，因此就需要有大量的技术去满足能量发展的要求，而且这些技术应该能保证国家能源的安全、有效和环境质量。热能存储技术正是这样的一种技术，因为它能利用"削峰填谷"缓解电网负荷，大量减少总能消耗，提高能量利用率。另外，还可利用废热和太阳能去满足我们日益增长的能量需要，因而能减少化石燃料的开采和使用，有利于保护环境。

7.2.1 储热原理与技术

商业和工业等部门所需求的能量在每天、每周或不同的季节都是不断变化的。因此，为了使能量能经济合理使用，就需要有相应的热能存储系统。热能存储是通过对材料冷却、加热、溶解、凝固或者蒸发来完成的。例如，显热存储是通过某种材料的温度上升或下降而储存热能，其存储能力主要依靠存储材料的比热容和密度。常用的存储材料主要是石头和水。太阳能热装置是显热存储的例子，白天将太阳能储存起来可以为夜间取暖，或将夏天的热在冬天使用，并且当不用的时候热能生成电以供有需求的时候使用。潜热存储利用相变材料从固体变为液体时产生相变热而将能量存储起来，如将水凝结成冰并把它保存，可用于保藏食物、冷冻饮料等。

7.2.1.1 储热技术发展与应用

储热技术是以储热材料为媒介将太阳能光热、地热、工业余热、低品位废热等热能储存起来，在需要的时候释放，力图解决由于时间、空间或强度上的热能供给与需求间不匹配所带来的问题，最大限度地提高整个系统的能源利用率而逐渐发展起来的一种技术。储热技术的开发和利用能够有效提高能源综合利用水平，对于太阳能热利用、电网调峰、工业节能和余热回收、建筑节能等领域都具有重要的研究和应用价值。我国科学技术部 2012 年发布的《太阳能发电科技发展"十二五"专项规划》及国家能源局 2016 年发布的《能源技术革命创新行动计划（2016—2030 年）》中均对各种重点储热技术的研发进行了部署。国际能源署 IEA 曾持续启动了 SHC Task 32、SHC Task 42 系列项目，旨在筛选并突破有潜力的储热技术。近年来，全球储能市场规模持续扩大。据《2024—2030 年中国蓄热储能市场调查与投资战略报告》，2022 年全球蓄热储能市场规模为 216.6 亿美元，预计到 2032 年将超过 505.7 亿美元，复合年增长率达到 8.9％。总的来说，储热技术正在成为能源利用研究领域的一个热点。

目前储热技术已在以下几个场景实现应用。

（1）风能热能储存

风能与其他能源相比，具有蕴藏量大，分布广泛，永不枯竭的优势，但受天气和季节的影响非常大，遇到阴雨天和无风天气，则会造成电力供应紧张甚至中断，给广大使用该类可再生能源的用户，造成生产和生活的严重影响。风能通过桨叶转变成机械能，机械能通过发电机转变成电能，电能通过电热器转变成热能储存于储热材料中，当需要时可及时供应生产及生活中的热水、热风、热蒸汽。可用于建筑物的供暖或冷却、家庭和商业场所的热水供应、农牧业采暖、工业过程热利用等领域。

（2）太阳能热储存

太阳能集热器把所收集到的太阳辐射能转化成热能并加热其中的传热介质，经过热交换器把热量传递给蓄热器内的蓄热介质，同时，蓄热介质在良好的条件下将热能储存起来。当需要时，即利用另一种传热介质通过热交换器把所储存的热量提取出来输送给热负荷；在运行过程中，当热源的温度高于热负荷的温度时，蓄热器吸热并储存，而当热源的温度低于热负荷的温度时，蓄热器放热。

（3）电力调峰热能储存

随着经济的发展，我国电力市场呈现出新的特点：电力系统中的电力负荷峰谷差不断增大，电力负荷低谷期发电量过剩，而电力负荷高峰期发电量不足。以热定电的运行模式已不适应现阶段国内电力、供热市场的要求，同时面临着新的运行模式的挑战。近年来我国民用和工业用电大幅上升，而在民用和工业热水供应、采暖、空调、工业干燥及电热电器上，利用储能技术来加快传统工业和民用电气产品改造，积极开发和利用储能锅炉和储能式设备及电热电器产品，甚至建立灵活机动的中小型储能热电站，量大面广和灵活使用谷期电力，是实现峰谷电价、改善电网负荷平衡和淘汰效率低下机组的切实可行的手段，也是使用廉价而又清洁的电力，改善城市环境的可行办法。

（4）工业余热间歇式储存器

工业余热资源因为载体多样、分布分散、衰变快、不可储存、稳定性差等原因，一直未得到大量应用；工业生产过程排出的余热一般波动很大，而且与用热负荷的波动并不同步，所以实现工业余热的回收利用时，通过储热技术来平衡用热负荷是余热回收的重点，工业余热间歇式储存器主要用于蒸汽热能回收、烟气热能回收、热风热能回收。

7.2.1.2　储热基本原理与概念

储热技术包括两个方面的要素：其一是热能的转化，它既包括热能与其他形式的能之间的转化，也包括热能在不同物质载体之间的传递；其二为热能的储存，即热能在物质载体上的存在状态，理论上表现为其热力学特征。虽然储热有显热储热、潜热储热和化学反应储热等多种形式，但本质上均是储存物质中大量分子热运动时的能量。因而从一般意义上讲，热能存储的热力学性质与传统热力学性质相同，均有量和质两个衡量特征，即热力学中的第一定律和第二定律。

以显热储热为例，热能储存的量即所储存的热量的大小，数学上表现为物质本身的比热容和温度变化的乘积。具体地，假设储热材料本身的定压比热容恒定且大小为 c_p，在储热过程中物质载体的温度变化为 ΔT，则在储热过程中物质载体所储存的热量的大小 ΔQ 可表示为

$$\Delta Q = c_p \Delta T \tag{7-32}$$

可见，给定物质载体，其所储存热量的大小只与温差有关而与绝对温度无关，亦即储存热量的大小不能反映热量的品位，因而需要借助热力学中的另一个重要参数——有用功来衡量所储存热量的质。热力学中定义，在一个可逆的准静态传热过程中，物质载体本身的 E 的变化可表示为

$$\mathrm{d}E = \mathrm{d}H - T_a \frac{\delta Q}{T} \tag{7-33}$$

式中，T_a 为环境温度；H 为物质载体的焓值；T 为温度。将式（7-33）从温度 T_a 至温度（$T_a + \Delta T$）积分可得储热过程中物质载体的㶲的变化 ΔE

$$\Delta E = c_p \left[\Delta T - T_a \ln\left(\frac{T_a + \Delta T}{T_a} \right) \right] \tag{7-34}$$

将式（7-32）与式（7-34）合并，可以得到储存于物质载体的热量中㶲的比例为

$$\eta = \frac{\Delta E}{|\Delta Q|} = \frac{\Delta T - T_a \ln\left(\dfrac{T_a + \Delta T}{T_a} \right)}{|\Delta T|} \tag{7-35}$$

7.2.1.3　储热基本方式与材料

根据储热形式的差异，储热方式可分为显热储热、潜热储热和化学反应储热。三种不同的储热方式优缺点比较如表 7-6 所示。

表 7-6 不同储热方式的比较

特性	显热储热	潜热储热	化学反应储热
储热密度	小（56kW·h/m³）	中等（84～140kW·h/m³）	大（200～840kW·h/m³）
介质	水、土壤、岩石等	有机材料、无机材料	化学反应
热损失	长期储存时较大	长期储存时大	小
传输情况	短距离	短距离	长距离
寿命	长	有限	取决于反应物的衰减
优点	成本低，简单可靠	储热密度中等，恒温	储能密度高，热损失小
缺点	热损失大，体积庞大	导热差，相分离，热损失大	技术复杂，一次性投资大
应用现状	技术成熟，大规模应用	已进入中试阶段	实验室研究阶段

（1）显热储热

当温度升高或降低时，材料不改变原有相态，只是吸收或放出一部分热量，这部分热量就是显热。液体和固体材料本身具有较高的比热容和热导率，当它们温度改变时完成热量的存储，这是显热储热原理。

显热储热是最早应用也是应用最多的储热方式，具有方式简单、成本低的特点。可用于显热储热的材料很多，最常见的水、海水、油类是液体储热材料，也可以多种材料混合储热，如液体-固体、气体-固体系统储热；另外，地下水层、太阳池等可用于长时间的储热场合。

应用同一种物质的温度变化进行储热是显热储热的特点，显热储热成本低、材料来源范围广，方便获得。有的材料（例如水）本身既可以作蓄热体又可作传热的载热体，可省略热交换系统。该优点大大简化了储热系统的结构。然而显热储热材料通过自身的温度改变实现热量存储，在释放能量的过程中不能维持在恒定温度下，而是发生连续变化，无法实现温度控制；并且储热密度较低导致储热装置体积庞大；储热介质湿度高于外界环境湿度，两者之间由于温度差异发生传热损失，储热效率不高，特别需要对储热装置加强保温以防热量散失。因此显热储热方式适合短时间、小规模的储热场所。

加热物体，使温度从 T_1 升高到 T_2 时，所吸收的热量 Q 为

$$Q = \int_{T_1}^{T_2} c_p m \, \mathrm{d}T = c_p m (T_2 - T_1) = c_p m \Delta T \tag{7-36}$$

式中，c_p 为定压比热容，一般在温度变化不大的范围内可视为常数；m 为物体质量。

从理论上来讲，所有的物质都可成为显热储热材料，由上式可知，要得到最大的储热量，就应该增大物质的比热容、质量和储热温差。但是在实际应用中，并不希望储热材料的质量特别大，也不希望储热温差超过一定的区间，因此就需要选择比热容较大的物质。

相比于潜热储热，显热储热的能量密度远不及潜热储热，但是显热储热原理简单、技术成熟、材料相对丰富、成本低廉，这些优点使得显热储热在大规模商业化运行中具有更为广泛的应用前景。

（2）潜热储热

潜热储热原理是通过储热介质在固体、液体和气体三相中相互发生变化时吸热或放热实

现热量储存的，存储的热量也包含同相温度变化时的显热能量。其储热原理是物理变化，而非化学反应。潜热储热材料溶解时，从外界吸收热量，增加自身内能；当其冷却结晶时，又释放出热量来。

与显热储热相比，潜热储热具有以下优点：

① 储热能力高。潜热储热利用材料的相变潜热，能够在恒温下放出大量热量，储热装置体积紧凑，具有设计灵活、易于控制管理等优点。

② 储热过程温差小。吸热-放热过程温度稳定，这一特性有利于把温度变化控制在较小的范围内。

选择潜热储热材料时需要特别注意温度的选择问题，因为潜热材料的溶解性的差异和凝固点的不同，对温度水平有特殊的要求，每种材料有其适用的温度范围，因此选择储热材料时要特别注意。此外储热过程伴随着相变反应的发生，会使储热材料的体积有较大的变化，不易控制反应速度，反应激烈等，所以对储热容器的要求比较高，需要特殊的换热设备，系统比较复杂，这是潜热储热的缺点。

在选择潜热储热材料时，要从材料的物理条件、热条件、化学条件以及经济条件考虑。根据适用的温度范围，潜热储热介质可分为高温储热和低温储热两种方式。高温潜热储热材料主要有高温熔盐、混合盐和单纯盐，应用于小型电站和太阳能发电等方面。有研究指出潜热储热方式相比于现有的太阳能高温显热储热方式（混凝土储热、双罐熔盐储热等），前者的储热比热容最高，价格最低。当储热温度在 $10 \sim 70 ℃$ 时，为低温相变储热材料的工作温度，这样的储热材料可用于回收工业废热和以太阳能为热源的空调系统中。

（3）化学反应储热

化学反应储热通常利用可逆的化学变化，伴随有反应热的产生，如下式

$$A \underset{放热}{\overset{吸热}{\rightleftharpoons}} B + C \tag{7-37}$$

材料 A 发生分解反应生成两种物质 B 和 C，吸收的热量以化学能的方式储存在新物质当中。如果存在反应需要的温度、压力以及催化剂作用时，B、C 物质进行逆反应合成物质 A，释放出之前储存的热量。相比其他两种储热方式，化学反应储热的储热密度最高、热损失小，适用于长期的能量存储。

化学反应储热有以下特点：

① 储热密度高。化学反应中的反应焓比温差焓和相变焓要高很多，化学反应储热比前两种储热能量高、密度大。

② 易于存储和运输。化学反应储热与显热和潜热储热两种储热方式不同，储热材料是需要特定条件才能进行反应，在常温下可方便保存和利于运输，且不需要保温措施。

③ 应用灵活。化学反应储热在吸热和放热过程中温度波动很小，因此温度也容易调整控制。能够进行分解/合成反应的化合物，如水氧化物、氧化物、硫酸盐、碳酸盐、铵盐等可选择用来作为实现化学反应储热的材料。但是化学反应储热的方式技术过于复杂，受反应温度、蓄热密度、反应速度、反应热、储能难易程度的限制，因而在应用时要进行合适的选择，增加了初投资及整体的投资。选择氢氧化钙为储热材料时，可通过其反应生成氧化钙和水的小规模试验进行研究，结果表明化学反应储热对系统的约束条件苛刻，成本偏高，但是潜力巨大，有很高的研究价值。

7.2.2 典型储热技术

根据储热介质的不同，显热储热可以细分为蒸汽储热、熔盐储热、镁砖储热、混凝土储热、水体储热等；而潜热储热主要为相变储热（如石蜡储热）。本节主要针对各种典型储热技术的原理和关键技术进行梳理。

储热介质吸收太阳辐射或其他载体的热量蓄存于介质内部，环境温度低于介质温度时热量即释放。储热技术可以分为显热、潜热或两者兼有的形式。显热储热是靠储热介质的温度升高来储存。潜热储热是利用材料由固态熔化为液态时需要大量熔解热的特性来吸收储存热量，热量释放后介质回到固态，相变反复循环形成贮存、释放热量的过程。

显热储热过程的储热、放热量可以用以下公式描述

$$Q = \int_{T_i}^{T_0} mc_p \, \mathrm{d}T = mc_{\mathrm{ave},p}(T_e - T_i) \tag{7-38}$$

式中，Q 为储热量；c_p 为储热介质的比热容；T_e 为储热介质的平均温度；m 为储热介质的质量；$c_{\mathrm{ave},p}$ 为平均比热容。

潜热过程储热放热量可以用以下公式描述

$$\begin{cases} Q = \int_{T_i}^{T_m} mc_{s,p} \, \mathrm{d}T + m\alpha \Delta h + \int_{T_m}^{T_e} mc_{l,p} \, \mathrm{d}T \\ Q = m[c_{\mathrm{ave},s,p}(T_m - T_i) + \alpha \Delta h + c_{\mathrm{ave},l,p}(T_e - T_m)] \end{cases} \tag{7-39}$$

式中，Q 为储热量；$c_{s,p}$ 为储热介质的固态比热容；$c_{l,p}$ 为储热介质的液态比热容；$c_{\mathrm{ave},s,p}$ 为储热介质的平均固态比热容；$c_{\mathrm{ave},l,p}$ 为储热介质的平均液态比热容；α 为液体分数；Δh 为储热介质的熔化热；T_i 为储热介质的起始温度；T_m 为储热介质的熔化温度；T_e 为储热介质的截止温度。

7.2.2.1 熔盐储热

由于熔盐储热具有使用温度高、温度范围较宽、储热密度大、高温蒸气压低、热稳定性好、不可燃等热力学性能和化学性能的优点，且技术较为成熟、成本不太高，在技术和成本上都容易实现大规模高温下储热，因此熔盐作为储热和传热介质有广阔的应用前景，对于提高发电、产热效率、发电稳定性和可靠性有着重要意义。熔盐储热可分为单罐和双罐，双罐熔盐储热应用较广，技术较为成熟。为了降低熔盐储热成本，近年来开始有对单罐储热的研究。

双罐熔盐储热基本原理是通过载热介质传热或电加热器将热能或电能转化为高温熔融态无机盐类的显热，存储在高温熔盐罐中。当需要对外供给热能时，高温熔盐在换热器内释放储存的热量，温度降低后的熔盐存入低温熔盐罐。双罐熔盐储热电站见图 7-14。应用双罐蓄热较为著名的包括美国 Solar Two 塔式太阳能电站（图 7-15）、SEGS1 电站、西班牙的 Andasol 50MW 槽式太阳能电站和 Solar Tres 电站。其中 Solar Two 电站采用硝酸钠和硝酸钾熔盐作为蓄热工质，属于高温蓄热，蓄热量 105MW·h，可满负荷连续发电 3h。西班牙塞维利亚附近的 Solar Tres（图 7-16）在 2006 年建成，是世界上首个进行商业运行的具有塔式中心接收器的太阳能电站。Solar Tres 参照了 Solar One 和 Solar Two 的技术，额定发电功率为 15MW，采用熔融硝酸盐作为蓄热介质，蓄热量为 600MW·h，可保证 15h 的连续发电，整个电站全年可运行 6500h。

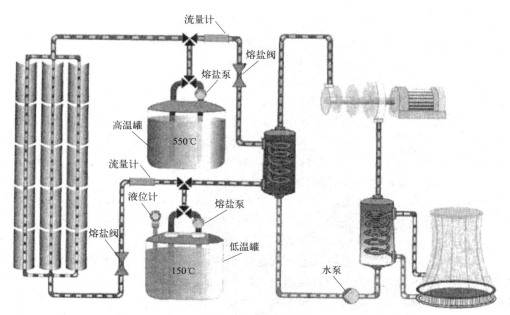

图 7-14　双罐熔盐储热电站

图 7-15　Solar Two 电站双罐蓄热

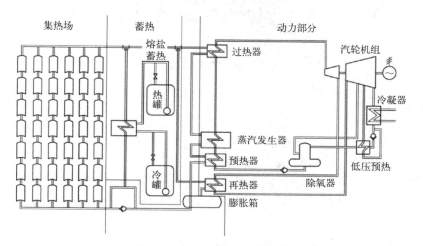

图 7-16　Solar Tres 电站蓄热

单罐储热在美国的电站中已经有过示范应用，但是后来由于一些原因没有推广开来。由于储热成本的压力，目前单罐斜温层储热研究非常火，主要目的是希望能够开发一种低成本的储热技术。斜温层的形成原理是流体的密度与温度密切相关，通常来说，对于某一种流体，在压力维持恒定的条件下，温度越高，其密度越小。在仅受重力作用的条件下，温度较低、密度较大的流体会自然下沉在低处，而温度较高、密度较小的流体会浮升到高处。也就是，在重力场内，冷、热流体能依靠密度差实现分层：冷流体在下侧，热流体在上侧。而当整个流场不受外力扰动，且分出上、下两端的流体能维持温度稳定的条件下，在一定冷热区域之间就会产生一个厚度相对较小的薄层，该薄层即为斜温层。在斜温层内，沿重力方向存在较大的温度梯度，温度-高度曲线斜率突增，倾斜程度增大，斜温层也因此而得名。而在斜温层之外，冷、热流体沿重力方向温度梯度较小，温度几乎不变。稳定的斜温层可以大幅减少冷、热流体的相互混合，而冷、热流体之间的传热可视为仅通过斜温层进行的导热，而对流传热量所占总换热份额极少，可忽略不计。如图 7-17 蓄热工况时，处于蓄热罐下端的冷流体被抽出罐外，沿蓄热回路被高温热源加热为热流体，随后由蓄热罐顶端回到蓄热罐，在蓄热罐上部储存下来。随着蓄热过程的进行，蓄热罐内流体总质量保持恒定，而冷流体逐渐减少，热流体逐渐增多，斜温层逐渐下移。同理，处于放热工况时，蓄热罐上侧的热流体从顶部进入放热回路，经过低温换热器或热用户后温度降低，成为冷流体，冷流体再从蓄热罐底部回到罐内。在放热过程中，热流体逐渐减少，而冷流体逐渐增多，斜温层上移，直到抵达蓄热罐顶部，放热结束。相对于传统的双罐蓄热系统，单罐蓄热最大的特点就是蓄热罐容积利用率高、占地面积小、系统简单，因而所需投资成本较少。

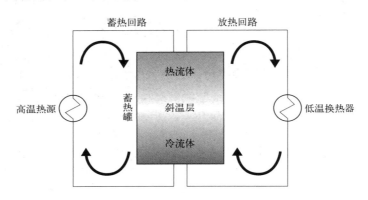

图 7-17　单罐斜温层储热过程

熔盐储热的优点：

① 热力学性能方面，上限温度高、熔点较低（三元盐 142℃，二元盐 221℃）、比热容较大、饱和蒸气压低、黏度低、对流传热系数高、兼具传热储热能力。

② 化学性能方面，500℃下热稳定性较好、腐蚀性小、本身无毒、不易燃爆。

③ 在经济性方面，材料易得、成本低、运行维护费用低。如熔融硝酸盐在高温时具有较低的压力，并且比热容和密度较高，因此储热密度更高，减少了设备初投资，增加了系统和设备的安全性。

熔盐储热的缺点：热导率低，易发生局部过热，高温下热稳定性较差，需要考虑防凝、防腐蚀和热应力问题。事实上，储能系统在当今光热电站中的应用已十分普遍。作为光热发电技术的主要优势，配置储能系统可以使光热发电相比其他可再生能源发电技术为电网提供更为稳定的电力供应。截至目前，全球光热发电市场持续扩大，项目数量和技术水平均有所提升。在建项目的具体数量和储热系统的配置情况，由于数据更新速度无法提供精确的实时数据。但可以预见的是，随着技术的进步和成本的降低，储热系统在光热发电项目中的应用将更加广泛。熔盐储热技术因其高效、稳定等优势，预计将继续成为主流选择。2024年，全球光热发电市场规模约为438亿美元，显示出该产业的强劲增长势头。预计到2030年，全球光热发电市场的总装机容量将达到687GW级别，进一步巩固其在可再生能源领域的重要地位。

熔盐储热固体填充物的能量方程可以表示为

$$\frac{\partial}{\partial t}\left[(1-\varepsilon)\rho_s c_{p,s}(T_s - T_c)\right] = -h_i(T_s - T_1) \tag{7-40}$$

式中，ρ_s 为固体填充介质的密度；$c_{p,s}$ 为固体填充介质的比热容；T_1 为液态熔盐的温度。

液态熔盐的连续性方程和动量方程为

$$\left\{ \begin{array}{l} \dfrac{\partial(\varepsilon\rho_1)}{\partial t} + \mathbf{\nabla}(\rho_1\bar{u}) = 0 \\[3mm] \dfrac{\partial(\rho_1\bar{u})}{\partial t} + \mathbf{\nabla}\left(\rho_1\dfrac{\bar{u}\bar{u}}{\varepsilon}\right) = -\varepsilon\,\mathbf{\nabla}\,p + \mathbf{\nabla}\,\bar{\tau} + \varepsilon\rho_1\bar{g} + \varepsilon\left(\dfrac{\mu}{K} + \dfrac{F}{\sqrt{K}}\rho_1\mid\bar{u}\mid\right)\bar{u} \end{array} \right. \tag{7-41}$$

式中，ε 表示多孔介质填充床的孔隙率；K 为储热罐中多孔介质的固有渗透率；$\bar{\tau}$ 为黏性应力张量；F 为储热罐中多孔介质的惯性系数；ρ_1 为液态熔盐的密度；$\bar{u}$ 为液态熔盐的速度矢量；p 为液态熔盐的压力；$\bar{g}$ 为重力加速度；μ 为液态熔盐的黏度系数。

熔盐的能量方程为

$$\frac{\partial\left[\varepsilon\rho_1 c_{p,1}(T_1 - T_c)\right]}{\partial t} + \mathbf{\nabla}\left[\rho_1\bar{u}c_{p,1}(T_1 - T_c)\right]$$

$$= \mathbf{\nabla}(\lambda_e\,\mathbf{\nabla}\,T_1) - p\mathbf{\nabla}\bar{u} + \mathrm{tr}\left[\mathbf{\nabla}\left(\frac{\bar{u}}{\varepsilon}\right)\bar{\tau}\right] + \frac{\bar{u}\bar{u}}{2\varepsilon}\times\frac{\partial\rho_i}{\partial t} + h_i(T_s - T_1) \tag{7-42}$$

式中，T_s 表示储热罐中固体填充介质的温度；T_c 表示储热罐下部入口处冷盐的温度；h_i 表示熔盐和储热罐中填料介质之间的体积间隙传热系数；λ_e 表示由液态熔盐和固体填料组成的混合物的有效热导率；$c_{p,1}$ 表示液态熔盐的比热容；ρ_i 表示组分 i 的密度。

7.2.2.2 蒸汽储热

高温蒸汽是火力发电厂、太阳能热发电及诸多工业过程中的主要热载体，可以推动汽轮机发电，可以直接与工业产品结合应用。而对于用汽负荷波动较大或者汽源供汽不稳定的蒸汽系统，采用合适的储热系统可有效地解决蒸汽的供需矛盾，从而稳定汽源运行工况，达到提高蒸汽品质、稳定生产工艺、节能降耗的目的。

存储蒸汽热能的系统需要对水蒸气显热、水蒸气凝结过程的凝结热和凝结水的显热等三部分热量进行合理存储，放热过程需要对凝结水的显热、饱和水的蒸发或沸腾过程的汽化潜热和过热蒸汽的显热进行有效提取。以 5MPa、400℃ 的过热蒸汽被冷却到 5MPa、200℃ 为例，5MPa 的饱和蒸汽温度为 263.9℃，1 公斤 5MPa、400℃ 的过热蒸汽被冷却至同等压力下的饱和蒸汽需要能量 404.1 kJ，1 公斤 5MPa 饱和蒸汽凝结过程放热量为 1639.7 kJ，将 1 公斤 5MPa 的饱和水冷却至 200℃ 可以释放 300.7 kJ。其中蒸汽凝结过程可以释放的能量占整个过程的 70%（汽化潜热）。

蒸汽蓄热器是热能的吞吐仓库，一般为卧式圆筒体，内装软化水。工作的基本原理如下。

① 充热过程：当用汽负荷下降时，锅炉产生的多余蒸汽以热能形式通过充热装置充入软水中贮存，使蓄热器内水的压力、温度上升，形成一定压力下的饱和水。

② 放热过程：当用汽负荷上升，锅炉供汽不足时，随着压力下降，器内饱和水成为过热水而产生自蒸发，向用户供汽。

通过蓄热器对热能的吞吐作用，使供用热系统平稳运行，从而可使锅炉在满负荷或某一稳定负荷下平稳运行。蓄热器中的水既是蒸汽和水进行热交换的介质，又是蓄存热能的载体。

在存储蒸汽的热能过程中，如何存储蒸汽的凝结热是关键。蒸汽定压凝结过程是个温度维持不变而释放大量热量的换热过程。如采用熔盐显热存储该部分热能，以二元硝酸盐为例，按照 260℃ 时的物性参数，1kg 熔盐温度升高 10℃ 可以存储的热量是 14.9kJ，仅存储 1kg 的 5MPa 蒸汽凝结潜热需要熔盐 110kg。

蒸汽蓄热器技术已经在西班牙的 PS10、PS20 和南非的 Khi Solar One 塔式太阳能热发电站中得到了成功应用。Khi Solar One 配置 2 小时蒸汽储热系统，共计安装了 19 个蒸汽储热罐（图 7-18）。

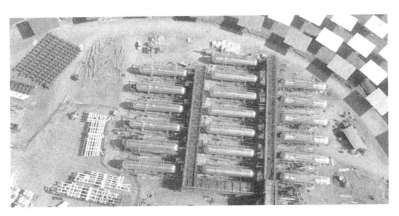

图 7-18　Khi Solar One 电厂的 19 个蒸汽储热罐

7.2.2.3　混凝土储热

太阳能热发电系统中可以采用的高温储热介质主要包括导热油、熔盐、水蒸气、混凝土、陶瓷、耐火砖等。其中，混凝土储热因为储热材料成本低廉、体积热容量较高、热导率适中、化学性稳定等特点，受到了国内外的高度关注。混凝土固态储热系统有以下优点。

① 从建设成本上看，混凝土固态储热系统不需要昂贵且不可靠的密闭罐体，一体化的

换热通道为普通水蒸气管道，整体成本稳定可控，较熔盐系统有很大比例的成本优势。

② 从运行安全上看，混凝土储热系统不会出现冻堵或超温、超压现象；整个系统不会出现过烧现象，基本上就像是一个永远不会过温、没有烟气侵蚀的锅炉，简单安全；实际投入运行后混凝土储热体每天工作运行温度波动范围可以控制在 40℃ 以内，温度变化速率极低，对结构强度影响较小。

③ 从运行稳定性上看，混凝土储热材料没有冷凝冻结风险，对多云阴雨雪天气极不敏感；混凝土体积质量巨大，其显热比热容巨大，温度难以突变，能够对与之相连接的直接换挡变速器（DSG）传热体系起到显著的稳定和调节作用，提供汽轮机运行所需的高稳定参数蒸汽；由于储热系统自身的基础温度高，即使连续阴雨雪天气，汽轮机仍可保持至少连续超过 7 日不间断运行，有非常大的安全稳定性优势。

2018 年由北京兆阳光热技术有限公司承建的华强兆阳张家口一号太阳能热发电站圆满完成了严酷条件下的大规模集热、储热和连续发电各环节的全体系测试验证内容，如期一次性顺利通过 24 小时连续发电测试。这也是全球第一座采用混凝土储热系统的大容量太阳能热发电站，其中固态储热系统占地约 2500m²，使用耐热混凝土约 27000m³，标准有效储热容量约为 700MW·h，具备 150MW 功率水平的储热接收能力和超过 45MW 的放热输出能力。储热过程中，聚光镜场产生的过热蒸汽对混凝土的高温部分进行储热、水工质的相变部分对混凝土的中温部分进行储热、水工质的冷凝水部分对混凝土的低温部分进行储热；取热过程中，经过汽轮机高加之后的过冷水从混凝土的低温部分进行取热，取热进一步变为蒸汽所需相变热量从混凝土的中温部分获取，而过热蒸汽所需过热热量从混凝土的高温部分获得，各部分热量都是由混凝土的温差显热提供，水/蒸汽传递热量的储存和汽轮机所需热量的提取过程可以近乎完美地匹配。北京兆阳太阳能光热发电厂混凝土储热过程见图 7-19。

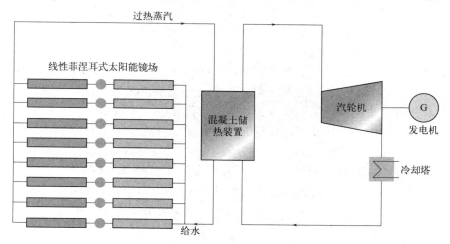

图 7-19 北京兆阳太阳能光热发电厂混凝土储热过程

储热系统热量储满后，取热前期可以执行汽轮机的 100% 负荷运行，随着所存热量逐渐减少，温度品位逐渐有所降低，汽轮机还可以滑压方式运行，例如从 100% 出力逐渐至 80% 出力曲线，工作压力也随之下降到额定工作压力的 80% 左右，蒸汽饱和温度点也随之降低，取热温差增大，混凝土储存的大量热量得以继续释放；混凝土储热体质量巨大且没有温度过冷凝固限制，当温差加大时能够取出巨大热量，因此可以使汽轮机在低负荷状态运行较长时间，例如极端情况下，能够保持汽轮机 20％甚至更低负荷超长时间连续运行，使得光热发电的稳定性和安全性的特点更加鲜明和突出。混凝土固态储热系统的指标特点与常见电网调度需求特点一致，能够在聚光集热结束后储热量最大时提供一段时间的最大功率取热输出，对应支持晚高峰满负荷发电，接下来的低谷用电时段，汽轮机可以降低一定输出功率，以加大取热温差尽量多提取储存的热量，实现储热系统高效利用。

挪威科技公司 Energy Nest 与德国 Heidelberg 水泥公司展开合作，耗时五年半研发出一种全新的特殊混凝土 HEATCRETE 储能技术，并于 2016 年登陆中国市场。HEATCRETE 混凝土有高比热容和高热导率。与之前最先进的混凝土相比 HEATCRETE 系统热导率提高了 70％，比热容提高了 15％，工作温度为−50～600℃。

7.2.2.4 镁砖储热

固体储热技术具有相对恒定、材料来源广泛、化学性质稳定、成本低、储热能力好等诸多优点，又有良好的商业潜力。其中以镁砖（图 7-20）为储热材料的固体储热技术目前已经广泛应用于储热供暖以及热电联产深度调峰领域。

镁砖的原料主要是菱镁矿，其基本成分是 $MgCO_3$，经过高温煅烧再破碎到一定粒度后成为烧结镁砂。含杂质少的镁砂 $[w(CaO)<2.5\%，w(SiO_2)<3.5\%]$ 作为制造镁砖的原料。镁砖按照其生产工艺的不同，可以分为烧结镁砖和化学结合镁砖两种，蓄热介质一般选

图 7-20　镁砖

择强度性能较好的烧结镁砖。镁砖的耐火度在 2000℃以上，其荷重软化温度随胶结相的熔点及其在高温下所产生的液相数量不同而有较大的差异。20～1000℃范围内，镁砖的线膨胀率一般为 1.2％～1.4％，并近似呈现线性。当镁砖在高温下出现液相时，会突然发生收缩。镁砖的热导率较高，在耐火制品中仅次于碳砖和碳化硅砖，随温度的升高而降低。

沈阳世杰电器有限公司研发了以镁砖为储热介质的"大功率电热储能炉"。该装置无须变压器，可以直接在 10kV 至 110kV 电压等级下工作，实现超大功率电热转化和超大容量的热储能，已在辽宁、吉林、河北、山东、内蒙古、北京等多个地区投放数百台。该装置中，当温度为 500℃时，镁砖的储热能力为 $300kW\cdot h/m^3$。热能输出方式有 130℃以下的热水、100～180℃的蒸汽、100～300℃的常压热风，其综合效率不小于 95％。

7.2.2.5 水体储热

水体储热技术是利用水的显热来储存热能，水作为储热载体，储水储热设备通常采用储热水罐（图 7-21）或储热水池作为储热容器，通过储热容器内热水-冷水的交替储存实现热能的存储和释放。在储热容器的上部和下部设置布水器，其作用分别是将热水或冷水均匀、缓慢、尽量小扰动地引入或引出容器内部。

水储热系统的储热、放热过程为储热水罐的工作过程。目前工程应用较多的水储热技术是单罐斜温层储热技术。斜温层的基本原理是以温度梯度层隔开冷热介质，利用同一个储热

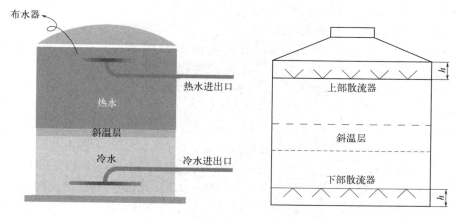

图 7-21　储热水罐

水罐同时储存高低温两种介质。储热水罐内部同时储存热水和冷水，水温度不同则密度不同。由于重力作用，密度不同的冷水和热水自然分层，热水在上，冷水在下，中间形成过渡层（斜温层）。储热水罐工作时，应保证其进口流量均匀和进出口流量平衡，并在冷、热水水位上下变化时保持斜温层稳定。为避免储热水罐中的水污染并将这些水带入热网，影响热网水质，储热容器内的液面上通常充入蒸汽或氮气，保持液面的微正压，使储热容器中的水与空气隔离。

鉴于储热水罐储热、放热过程的相似性，且罐内温度分布情况只由其工作原理决定，在此建立储热水罐储热过程的一维稳态模型如下

$$\frac{\partial T}{\partial t} - v\frac{\partial T}{\partial x} = a\frac{\partial^2 T}{\partial x^2} \tag{7-43}$$

其中导温系数 $a(\mathrm{m^2/s})$ 为

$$a = \frac{\lambda}{\rho c_p} \tag{7-44}$$

式中，x 为水体沿 x 轴方向上流动的空间位置，m；t 为储热罐储热时间，s；T 为水体在位置 x 处 t 时刻的温度，℃；v 为水体沿 x 轴方向上的流速，m/s；λ 为水体热导率，W/（m·℃）；c_p 为水体定压比热容，J/（kg·℃）；ρ 为水体密度，kg/m³。

水储热的关键技术包括布水器设计制造技术、水罐设计制造技术、热效率提高技术。

① 布水器设计制造技术。布水器是流体进出储热水罐的通道，也称作配水器。在自然分层储热水罐中，引导水在自身重力作用下，以重力流形式缓慢地流入储热水罐内，形成并保持一个稳定的斜温层。斜温层的形成依赖于布水器本身结构的设计，并通过选择布水器合适的出水口位置来实现。根据布水器的设计准则，要减小斜温层的破坏，需确保布水器具有较好的流速均匀性、压力平衡性、适当的进口雷诺数（Re）和弗劳德数（Fr），最终确保自然分层储热水罐的合理运行。

② 水罐设计制造技术。储热水罐采用合理设计储热容量、水流量、布水器结构，控制布水器开口的水流速度，合理选取罐体形状和高径比，通过保温设计限制壁面导热，通过控

制斜温层内冷热水层传热（降低扰动以减薄斜温层）等方法，能够降低冷热水层混合的影响，降低斜温层厚度，维持良好的自然热分层。

③ 热效率提高技术。储热效率是评价储热水罐性能的重要指标。储热水罐具有较高的热效率，总热效率通常大于90%。影响总热效率的主要因素是罐内热量损失。导致罐内热量损失的主要因素有：表面热量损失、水与壁面传热导致的热量损失、壁面附近自然循环导致的热量损失、入口水扰动导致冷热水掺混造成的热量损失、排污热量损失。热量损失是由以上多种因素引起的，在设计中应综合考虑，进行壁面保温设计和水罐内部结构改造。

我国首个太阳能塔式跨季节水体储热供热示范系统在2018年10月由中国科学院电工研究所太阳能热利用技术研究部门研制，于张家口市建成。其中系统采用优化的水体储热方式，实现了高效低成本储热。通过跨季节储热水体斜温层控制技术和低热损技术，减小储热水体混合热损，在确保储热水体建造成本不高于330元/m³的前提下，储热系统获取的热量可达到储热量的80%以上。

7.2.2.6 石蜡储热

潜热储热是利用相变材料在相变过程中吸收或释放热量来进行能量的储存或释放。从储热过程中材料相态的变化方式来看，相变材料可以分为四种：固-液相变材料、固-固相变材料、固-气相变材料、液-气相变材料。其中利用相变材料的固-液相变潜热来储存热能的储热技术，因储能密度大、储/放热过程近似等温、过程易控制等优点，成为最具发展潜力和最重要的储热方式。

低温固-液相变材料主要由水合盐类、石蜡类和脂肪酸类组成。其中，石蜡由于相变潜热高、几乎没有过冷现象、熔化时蒸汽压力低、不易发生化学反应且化学稳定性较好、在多次吸放热后相变温度和相变潜热变化很小、自成核、没有相分离和腐蚀性、价格较低等优势，成为目前十分受关注的相变材料之一。

石蜡是矿物蜡的一种，它是从原油蒸馏所得到的润滑油馏分经溶剂精制、脱蜡或经过蜡冷冻结晶、压榨脱蜡制得蜡膏，再经溶剂脱油、精制而得的片状或针状结晶。石蜡类材料的相变焓一般在160～270kJ/kg之间，拥有较为宽泛的相变温度区间。商用石蜡的相变温度通常在55℃附近，热导率约为0.2W/(m·K)。随着碳链长度增加，石蜡的相变温度和相变潜热均升高。在应用时可根据不同场合需求选择不同的石蜡类物质，以获得不同的相变温度。P-116是较受关注的商用石蜡类材料之一，其相变温度为47℃，相变焓约为210kJ/kg。

石蜡的众多优点使之在航空、航天、微电子等高科技系统以及建筑节能等各个领域得到了广泛应用，但由于石蜡热导率小、固液相变过程中易出现液态的泄漏问题，使得传热过程复杂化，从而在一定程度上制约了其实际应用。

目前研究人员发现，在石蜡中添加高热导率的多孔介质，例如金属泡沫、金属蜂窝、石墨等，以及添加金属粉末，例如铝粉、铜粉等能够明显提高石蜡的热导率。由于金属一般都具有较高的密度，会导致整个储热系统的重量增加，所以此种方法对于呈现轻量化发展趋势的电子设备领域来讲适用性欠佳。

碳纤维是由有机纤维经碳化及石墨化处理而得到的微晶石墨材料，其比热及导电性介于非金属和金属之间，热膨胀系数小，具有很强的抗腐蚀能力和较高的热导率［190～220W/(m·K)］，密度较低，同时能与绝大多数的相变材料相容。因此对于电子设备来讲可以在石蜡中添加碳纤维来提高其导热性能。

石蜡类相变材料在发生固-液相变时体积会发生变化，限制了其应用范围，为了避免在应用过程中的体积变化以及液体泄漏，需要对其进行封装。目前的封装技术主要有容器封装、微胶囊封装和定形相变材料封装三种。其中容器封装虽然解决了泄漏的问题，但是在实际应用中，当容器中相变材料凝固时，会在容器壁面形成固相薄膜，增大热阻，降低有效传热速率。微胶囊封装和定形相变材料封装是研究热点。

微胶囊封装技术是先将石蜡或无机水合盐等固-液相变材料分散为固态或液态的球形小颗粒，然后在其表面上包封一层性能稳定的高分子膜。其主要优点如下：a.将相变材料与外界环境隔离开来，减少了相变材料与外界环境发生反应的机会；b.微胶囊尺寸较小，具有较大的比表面积，可以增加传热面积；c.相变材料被封装在里面，可以解决石蜡在固-液相变过程中出现液态泄漏的问题。

定形相变材料是由相变材料和支撑材料组成的，其中支撑材料的选择要与相变材料相适应。与石蜡类相变材料相适应的支撑材料有聚烯烃、聚苯乙烯、聚丙烯、高密度聚乙烯以及一些骨架结构与石蜡相容的树脂或膨胀石墨等物质。石蜡通过扩散到它们的交联网络或空隙结构中，从而形成以石蜡为相变储能成分、聚合物或膨胀石墨为支撑骨架的定型固-固相变储能材料。

在电子设备的热管理方面，由于石蜡类相变材料有较高的相变焓以及合适的相变温度，可以吸收电子设备工作时产生的热量，并以潜热形式储存或将其储存的热量传递到环境中，在相变过程中可以维持电子器件温度在其相变温度范围内，延迟电子器件的升温和降温速率，有效地实现对电子器件的过热保护，延长电子器件的寿命。

在建筑节能方面，相变储能材料可以增加建筑的热舒适性。将定形相变材料制成板状，置于墙体中，当环境温度高于固-液共晶温度时，晶相熔化吸收热量，低于共晶温度时释放热量。有研究表明将石蜡与苯乙烯、高密度聚乙烯等定形相变储能材料用于墙体和地板材料中，可以起到电力移峰和节能保温的效果。

7.3 抽水蓄能

7.3.1 抽水蓄能概述

抽水蓄能是当前技术成熟、经济性优、最具大规模开发条件的电力系统绿色低碳、清洁灵活的调节电源，与风电、太阳能发电、核电、火电等配合效果较好。加快发展抽水蓄能，是构建新型电力系统的迫切要求，是保障电力系统安全稳定运行的重要支撑，是可再生能源大规模发展的重要保障。

抽水蓄能，即利用水作为储能介质，通过电能与势能相互转化，实现电能的储存和管理。利用电力负荷低谷时的电能抽水至上水库，在电力负荷高峰期再放水至下水库发电，可将电网负荷低时的多余电能转化为电网高峰时期的高价值电能。抽水蓄能的额定功率为 $100 \sim 3000 \mathrm{MW}$，适用于调峰、调频、紧急事故备用、黑启动和为系统提供备用容量，还可提高系统中火电站和核电站的效率。

抽水蓄能技术优势在于储存能量大，理论上可按任意容量建造，储存能量释放持续时间长，而且技术成熟可靠。抽水蓄能的缺点是电站建设受地理条件限制，一般都距离负荷中心较远，不但存在输电损耗，而且当电力系统出现重大事故而不能正常工作时，它也将失去作用。

7.3.2 抽水蓄能系统基本原理

抽水蓄能系统的基本组成包括两处位于不同海拔高度的水库、水泵、水轮机以及输水系统等。抽水蓄能电站依据的原理是电能转化，同时兼具水泵和水轮机两种工作方式。当夜间用电负荷减少，但是火电、核电不能大幅度停机或减少发电量时，处于水泵运行方式，将下储层的水抽至上蓄水池中，下储层的水位降低而上蓄水池的水位升高，实现电能到水位能的转化。当用电高峰期时，机组处于水轮机运行方式，上蓄水池的水放至下储层，带动水轮发电机组发电，将水的位能又转化为电能送至电网，解决供电所需，而发电后的水又回到下储层，如图 7-22 所示。如此循环往复操作，保障了电网运行的可靠性。

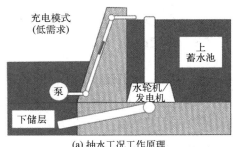 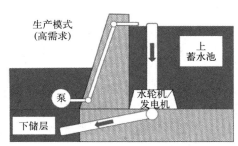

(a) 抽水工况工作原理   (b) 发电工况工作原理

图 7-22 抽水蓄能工作原理

7.3.3 抽水蓄能系统的性能指标

抽水蓄能系统的性能指标主要有系统功率和效率。

（1）系统功率

抽水蓄能机组的发电输出功率

$$P = QH\rho g\eta \tag{7-45}$$

式中，Q 为流量；H 为水头高度；ρ 为流体密度；g 为重力加速度；η 为装置效率。

由式（7-45）可见，可变量为流量、水头高度和装置效率。所需水头高度与流量成反比：若水头较高，则流量可以减小；若流量较大，则水头可以适当降低。在实际设计中，需要综合考虑这两个变量。例如，美国密歇根州勒丁顿抽水蓄能电站选择大流量和适中的水头。若当地水量有限，则应尽量根据地形地貌提高水头高度，减少所需水量。

（2）系统效率

抽水蓄能工作过程存在着能量损耗，包括流动阻力、湍流损失以及发电机、水泵和水轮机的损耗等。因此，抽水蓄能系统的循环效率在 70%～80%，预期使用年限为 40～60 年，实际情况取决于各抽水蓄能电站的规模与设计情况。表 7-7 给出抽水蓄能机组各部件的效率范围。

表 7-7   抽水蓄能电站的代表性循环效率值

项目		最低/%	最高/%
发电部分	水流传输	97.4	98.5
	水泵水轮机	91.5	92
	发电机	98.5	99
	变压器	99.5	99.7
	小计	87.35	89.44
抽水部分	水流传输	97.6	98.5
	水泵水轮机	91.6	92.5
	发电机	98.7	99
	变压器	99.5	99.8
	小计	87.8	90.02
	运行	98	99.5
合计		75.15	80.12

（3）抽水蓄能系统的主要损失

机械和电气部件并不是导致系统效率下降的唯一罪魁祸首。以下是造成整体系统损耗的其他主要因素。

① 水库蒸发

蒸发损失取决于水库的大小和位置。位于热带气候且具有较大地表储水比的浅水库比温和气候中的水库更容易受到蒸发损失的影响。同样，一个大的浅水库比一个小而深的水库蒸发更快。在干热和风的条件下，蒸发是极端的。每当蒸发损失很大时，可能需要补充水来重新填充一些水库容积。提出了一些创新的解决方案来缓解这个问题，包括部署漂浮在水库顶部的遮光球，以限制到达地表的辐射并导致蒸发，如图 7-23 所示。

图 7-23   Silver Lake 艾芬豪水库的遮阳球

② 泄漏损失

根据地质条件，可能需要在一个或两个储层中使用衬管以防止泄漏。尽管衬里系统可能包括与渗漏收集系统相结合的泄漏检测装置，但仍可能发生通过储层衬里的渗漏，如果发生这种情况，则该渗漏收集系统旨在捕获通过衬里流失的水。泄漏的一个主要来源是在水道的混凝土衬里部分产生的裂缝。

③ 传输损耗

电力传输损耗是传输线长度、电压以及导体尺寸和类型的函数。规划多种传输互连选项很重要。连接点的选择可能涉及对连接点是否应该是附近的变电站或是否应该连接到现有输电线路的研究。

（4）抽水蓄能的响应时间

运行发电模式类似于传统的水力发电机运行，水力发电机的输出可以通过改变闸门开口来调整。改变闸门开度会改变通过涡轮机的水量，这种能力允许涡轮机单元用于自动发电控制，并在工厂处于发电模式时调节频率和负载。在调节模式下将单速泵-涡轮机组作为发电机运行会导致相当大的效率损失。在泵模式下，该装置在浇口开口处运行，这允许对给定扬程进行最有效的操作。

可逆泵-涡轮机组的典型周转和启动时间值如下：

a. 从泵送至满负荷发电：2 到 20 分钟；

b. 从发电到泵送：5 到 40 分钟；

c. 从停机到满负荷发电：1 到 5 分钟；

d. 从停机到泵送：3 到 30 分钟。

对于可调速机器，可以减少其中一些时间，因为同步可以在较低的速度下发生。控制系统可以在几秒内匹配转子电速度和系统频率。因此，在机器达到全速之前，同步可以更快、更好地发生。另外，当调速机处于泵送模式时，速度不需要为了同步而达到或接近其标称速度，通常可以缩短 5% 到 15% 的潜在时间。

7.3.4 抽水蓄能技术

传统抽水蓄能电站多为恒速运行机组，运行效率低，调节速度慢，无法在抽水工况下实现快速有效的功率调节。随着电力电子技术的发展，可变速抽水蓄能技术不断成熟。与恒速运行机组相比，变速运行机组除了能"削峰-填谷"外还有许多其他优点。下面从电网和水电站两方面介绍这些优点。

变速运行对电网的好处：

① 快速吸收电网中的随机功率扰动，提高电网稳定性；

② 改善电网频率调节能力，减少为稳定电网频率设置的备用发电机的数量及启停次数；

③ 风和光伏等新能源发电的功率随机变化且难预测，限制了它们在电网中的占有率，变速抽水蓄能机组的优良功率调控性能可以提高新能源发电的占有率。

变速运行对水电站的好处：

① 水轮机有最佳工作点（最高效率点），它是水头、流量和转速的函数。恒速运行时水头和流量偏离额定点导致效率降低，从而限制水头和流量的允许工作范围。变速运行可以在较大水头和流量变化时通过改变转速提高效率，从而扩大允许工作范围。日本 Okawachi 抽水蓄能电站称它的 400MW 变速运行机组水力效率的改善可达 10%，平均效率提高 3%，如图 7-24 所示。

② 恒速运行电站在某些功率段会出现严重的水压波动和振荡问题，采用变速运行能显著减小波动和振荡。

目前可变速抽水蓄能机组包括交流励磁机组、全功率变频同步机组两种技术路线。

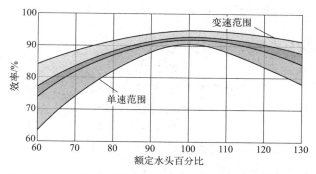

图 7-24   Okawachi 抽水蓄能电站（400MW）的水力效率与水头关系

（1）交流励磁抽水蓄能机组

2024 年 8 月 11 日，我国首台大型交流励磁变速抽水蓄能机组——河北丰宁抽水蓄能电站 12 号机顺利完成 15 天试运行，正式投产发电。该机组填补了国内大型变速抽蓄机组应用的空白，对推进大型变速抽蓄机组技术研究，提升电网调节能力，推动新型电力系统建设具有重要意义。另外，丰宁抽水蓄能电站，总装机容量 360 万千瓦，为世界之最。

（2）全功率变频抽水机组

2023 年，日立能源为奥地利最大发电企业 VERBUND 交付了全球首个在抽水蓄能项目中应用模块化多电平技术的静态变频器（SFC）解决方案。这一创新技术将帮助 VERBUND 优化 Malta Oberstufe 电站抽水蓄能机组的运行方式。该电站隶属于 VERBUND 旗下的 Malta-Reisseck 发电集团，公司总水电装机容量达 150 万千瓦。该抽水蓄能电站拥有 45 年的历史，日立能源的解决方案能够让该电站的两台水泵水轮机机组，从传统的定速运行模式升级为先进的可变速运行模式。相比定速运行模式，可变速水泵水轮机可根据电网需求和水库水位情况自动调节转速，从而大幅提升抽水蓄能机组的运行效率。

7.4 压缩空气储能

7.4.1 压缩空气储能概述

压缩空气储能（compressed air energy storage，CAES）是除抽水蓄能技术之外能够实现大规模电力储能的技术之一。它是一种基于燃气轮机发展而产生的储能技术，通过压缩空气的方式储存能量，该技术可满足长时间（数十小时）和大功率（几百到数千兆瓦）的要求。压缩空气储能技术具有储能效率高、单位储能功率高、成本低、寿命长（设计寿命大于 40 年）等优点，为风能、太阳能等可再生能源的高效利用提供了解决方案。由于压缩空气储能系统的储能周期不受限制、对环境友好且综合效率较高，可提高电力生产的经济性。

压缩空气储能主要应用为调峰、备用电源、黑启动等，效率约为 85%，高于燃气轮机调峰机组，存储周期可达一年以上。传统压缩空气储能系统也面临问题与挑战，如：在减压释能时需补充燃料燃烧，此时会产生污染物；大型压缩空气储能系统需找寻符合条件的地下洞穴用以储存高压空气，其相当依赖特殊地理条件。

7.4.2 压缩空气储能基本原理

传统压缩空气储能系统是基于燃气轮机技术开发的一种储能系统。图 7-25 为燃气轮机系统原理图，空气经压缩机压缩后，在燃烧室中利用燃料燃烧加热升温，然后高温高压燃气进入汽轮机膨胀做功。燃气轮机的压缩机需消耗约 2/3 的汽轮机输出功，因此燃气轮机的净输出功远小于汽轮机的输出功。

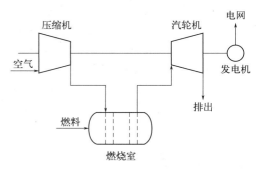

图 7-25　燃气轮机系统原理

图 7-26 为压缩空气储能系统的原理图，其压缩机和汽轮机不同时工作。在储能时，压缩空气储能系统耗用电能将空气压缩并存于储气室中；在释能时，高压空气从储气室释放，进入燃烧室利用燃料燃烧加热升温后，驱动汽轮机发电。由于储能、释能分时工作，在释能过程中，并没有压缩机消耗汽轮机的输出功，因此，相比于消耗同样燃料的燃气轮机系统，压缩空气储能系统可以多产生两倍甚至更多的电力。

压缩空气储能的工作过程同燃气轮机类似，如图 7-27 所示。假定压缩和膨胀过程均为单级过程 [图 7-27(a)]，则压缩空气储能的工作过程主要包括如下 4 个。

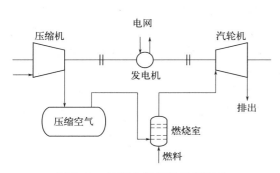

图 7-26　压缩空气储能系统原理

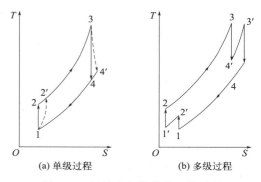

图 7-27　压缩空气储能的工作过程

① 压缩过程 1—2：空气经压缩机压缩到一定的高压，并存于储气室；理想状态下空气压缩过程为绝热压缩过程 1—2，实际过程由于不可逆损失为 1—2′。

② 加热过程 2—3：高压空气经储气室释放，同燃料燃烧加热后变为高温高压的空气，一般情况下，该过程为等压吸热过程。

③ 膨胀过程 3—4：高温高压的空气膨胀，驱动汽轮机发电；理想状态下，空气膨胀过程为绝热膨胀过程 3—4，实际过程由于不可逆损失为 3—4′。

④ 冷却过程 4—1：空气膨胀后排入大气，然后下次压缩时经大气吸入，这个过程为等压冷却过程。

压缩空气储能与燃气轮机工作过程的主要区别在于：a. 燃气轮机系统上述 4 个过程连续进行，即完成图 7-27（a）中一个回路的 4 个过程，而压缩空气储能系统中压缩过程 1—2 同加热和膨胀过程（2—3—4）不连续进行，中间为空气存储过程；b. 燃气轮机系统不存在空气存储过程。

注意：压缩空气储能系统实际工作时，常采用多级压缩和级间/级后冷却、多级膨胀和级间/级后加热的方式，其工作过程如图 7-27（b）所示。图 7-27（b）中，过程 $2'—1'$ 和过程 $4'—3'$ 分别表示压缩的级间冷却和膨胀的级间加热过程。

7.4.3　压缩空气储能系统的性能指标

由于压缩空气储能系统的压气过程与发电过程不同步，因此常规燃气发电机组的评价指标并不能完全反映压缩空气储能系统的优劣，且压缩空气储能系统除发电效益外兼具有储能效益，因此对此类系统的评价方式与常规电站评价方式不同。有鉴于此，采用四种指标评价压缩空气储能系统的性能。

（1）热耗（HR）

压缩空气储能系统的热耗是指系统发电过程总消耗热量 Q_f 与汽轮机的总膨胀功 W_t 之比

$$HR = Q_f/W_t \tag{7-46}$$

热耗 HR 反映出系统每发一千瓦时的电所消耗燃料的数量，压缩空气储能系统的热耗越低，说明单位产能下的燃料消耗量越少，系统的热效率则越高。设计选择中，对发电热耗率影响最大的是热回收系统。换热器使系统能够捕获从低压涡轮的废气余热中预热收回的空气。无热回收系统下压缩空气储能的热耗率一般为 $5500 \sim 6000 kJ/(kW \cdot h)$，采用换热器的热耗率通常是 $4200 \sim 4500 kJ/(kW \cdot h)$。相比之下，传统燃气轮机消耗的燃料约 $9500 kJ/(kW \cdot h)$，主要是因为电力输出的 2/3 用于压缩机的运行。而压缩空气储能系统能够单独提供压缩能源，所以其可实现的热耗率要低得多。

（2）电耗（ER）

压缩空气储能系统的电耗是指压缩阶段压缩机的总压缩功 W_c 与发电阶段汽轮机的总膨胀功 W_t 之比

$$ER = W_c/W_t \tag{7-47}$$

压缩空气储能系统的电耗反映出单位产出能所消耗的电能大小，电耗越低，说明压缩空气储能每发一千瓦时的电消耗的电能越少，其系统的总效率越高。

（3）总效率（ η_{ee} ）

压缩空气储能系统的总效率是指系统总输出功与总输入能量（ $Q_f + W_c$ ）之比

$$\eta_{ee} = W_t/(Q_f + W_c) = 1/(ER + HR) \tag{7-48}$$

系统的总效率 η_{ee} 将压缩单元消耗电能与发电单元消耗热能综合考虑在一起，反映出压缩空气储能对能量的总利用效率，其在数值上也等于电耗与热耗之和的倒数。

（4）电能存储效率（ η_{es} ）

压缩空气储能系统的电能存储效率反映出系统对电能的存储、转化效率，表达式如下

$$\eta_{es} = W_t/(\eta_{sys} Q_f + W_c) \tag{7-49}$$

式中，系统效率 η_{sys} 是发电系统中热能转化成电能的转化效率，与发电系统的种类有关。一般地，燃煤电站或常规燃气电站的系统效率接近 $40\%\sim55\%$。

7.4.4 压缩空气储能技术

（1）传统补燃式压缩空气储能系统

传统压缩空气储能技术以德国 Huntorf 电站和美国 McIntosh 电站为代表。Huntorf 电站于 1978 年投入运行，是世界上最大容量的压缩空气储能电站，如图 7-28 所示。机组的压缩机功率为 60MW，释能输出功率为 290MW。机组可连续充气 8h，连续发电 2h。在储能过程中空气经过两级压缩和级间冷却获得低温高压（约 10MPa）空气，并储存在地下容积达 $3.1\times10^5\,m^3$ 的废弃矿洞中。在释能过程中，低温高压空气通过燃烧室的 2 次补燃，获得高温气体。该电站在 1979 年至 1991 年间共启动并网 5000 多次，平均启动可靠性 97.6%，实际运行效率约为 42%。McIntosh 电站在 Huntorf 电站的基础上增设了回热器，用于从废气中回收热能，在压缩空气进入燃烧室之前对其进行预热，从而将系统效率提高至 54%。

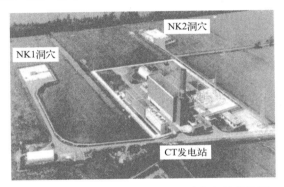

图 7-28　德国 Huntorf 压缩空气储能电站航拍图

传统压缩空气储能系统存在以下几个问题。a. 补燃式运行需要使用大量的化石燃料，有温室气体的排放。b. 依赖于天然岩石洞穴、废弃矿井等特殊地理条件，因洞穴结构复杂、气密性不良会导致有效容积大大减小。c. 压缩过程产生的压缩热被弃用导致大部分能量损失，相对于抽水蓄能等储能方式，系统循环效率较低。

（2）新型压缩空气储能技术

化石燃料资源的有限性及其燃烧存在的污染性决定了必须发展可替代清洁燃料或其他储能发电方式。就目前而言，补燃式压缩空气储能中可替代天然气的清洁燃料如氢气，从制备到最终利用尚未形成规模和体系，因此催生了非补燃式的新型压缩空气储能技术。

非补燃式系统较补燃式系统的区别在于采用热压分储方式，不仅将高压空气以压力势能的形式存储在储气室中，还将压缩过程产生的压缩热以热能的形式存储在蓄热罐中。目前新型压缩空气储能系统主要有绝热压缩空气储能系统、液化压缩空气储能系统和超临界压缩空气储能系统。

① 绝热压缩空气储能系统

绝热压缩空气储能技术是指空气压缩接近绝热过程。空气绝热压缩会产生大量的压缩热，如在理想状态下将空气压缩至 10MPa 能够产生 650℃的高温。通过回收利用压缩过程中的余热用以加热膨胀发电机入口空气，取代补燃，从而实现环境友好性，并提高系统效率。由于采用了压缩热回收、存储和循环利用技术，预期效率达到 50%～60%。系统在储能和释能过程中，只有空气与蓄热器之间的热量交换，没有额外的能源消耗，非常绿色清洁。

2012 年，清华大学主导承担了国家电网"压缩空气储能发电关键技术及工程实用方案研究"项目，研发能够实现电力大规模工程化存储的储能系统，项目所在地为安徽省芜湖市。项目第一阶段，研制 500kW 绝热压缩空气储能系统，完成原理示范样机的构建。2014年底，该系统完成安装调试，并成功实现了带载发电，成为世界上首套实现储能发电循环的绝热压缩空气储能发电系统。基于 TICC-500 系统，清华大学在青海大学校园内建设了100kW 光热复合压缩空气储能发电系统，该系统将绝热压缩空气储能系统和槽式光热系统有机耦合起来，利用槽式光热系统富集的太阳能光热为膨胀过程提供热量。

② 液化压缩空气储能系统

液化压缩空气储能技术是将空气压缩至高压后冷却液化，液态空气输送至储罐，冷却换热量被回收进储热系统，在膨胀释能阶段重新加热空气使其汽化。由于空气为液态存储，大幅提升了储能密度，减小了存储容积。同时引入了复杂的储换热系统，增加了液态空气输送泵的耗功，系统效率稍低于绝热压缩空气储能系统。

在该项技术的研发上，英国高瞻公司于 2010 年建成液态空气储能示范系统并成功投运，如图 7-29 所示。设计容量 600kW×7h，目的是验证深冷液化空气储能技术的可行性，设计效率为 70%，但由于低温系统技术问题，该工程实际发电量仅为 350kW，加之小型低温系统各环节损失较大，系统实际效率仅约为 8%。

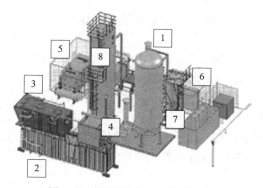

图 7-29　英国液化空气储能系统
1—低温储存；2—电力回收（40 英尺集装箱，1 英尺=3.048×10⁻¹ 米）；3—高档冷库；
4—冷循环压缩机；5—循环压缩机；6—主压缩机；7—空气净化单元；8—主冷箱

③ 超临界压缩空气储能系统

超临界压缩空气储能应用超临界状态下的流体兼具液体和气体的双重优点，例如具有接近液体的密度、比热容和良好的传质传热特性，又具有类似气体的黏度小、扩散系数大、渗透性好等特点。在储能过程中，利用富余电能通过压缩机将空气压缩到超临界状态，通过储热系统回收压缩热后，利用储冷系统存储的冷能将空气冷却液化，并存储于低温储罐中。在释能过程中，液态空气加压后，通过储冷系统将冷量储存，空气吸热至超临界状态，吸收储热系统储存的压缩热使空气进一步升温，通过膨胀机驱动电机发电。

中国科学院工程热物理研究所于 2009 年首次提出了超临界压缩空气储能技术，于 2011

年在北京建成了 15kW 样机，工作原理如图 7-30 所示，并于 2013 年在廊坊建成 1.5MW 示范系统，系统效率达 52.1%。

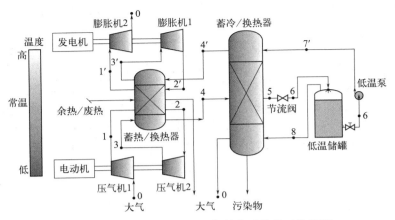

图 7-30　一种超临界压缩空气储能系统的工作原理

7.5　飞轮储能

7.5.1　飞轮储能概述

飞轮储能是可以将电能、风能、太阳能等能源转化成飞轮的旋转动能加以储存的一种新型的高效机械储能技术。与其他储能形式比，飞轮储能有以下几点突出优势。

① 储能密度高，瞬时功率大，充放电速度快，充放电速度不受化学电池"活性物质"限制，可在几秒内完成充放电，动态响应速度极快，功率密度大。

② 能量转化效率高。电能超过 90% 可转化为机械能，只有少量电机损耗转化为热能，输入输出综合效率可达 85%。

③ 超高的循环充放次数和超长使用寿命。满功率充放电循环次数可以超过 10 万次，此外，飞轮储能不存在电池储能因频繁深度放电造成的寿命缩短问题，正常情况下使用寿命可达 25 年。

④ 运行维护简单。正常维护抽真空系统、冷却系统和控制系统即可，无须更换部件。

⑤ 对环境条件尤其是温度变化不敏感。飞轮单元安装在地下混凝土机井内，所处环境温度变化不大，飞轮阵列散热功率 46kW/MW，只需冷却水量 4～6t/(h·MW)。

⑥ 无污染。飞轮为纯机械结构，没有化学排放，并且钢制飞轮方便回收利用，相比电池的废料污染对环境更加友好。

飞轮储能技术的特点决定了它尤其适合需要短时大功率电能输出且充放电次数频繁的场合，已经应用于交通运输、电网调节、新能源发电、不间断电源等领域，是一种具有广阔应用前景的储能方案。

7.5.2　飞轮储能基本原理

飞轮储能装置是一个机电系统，可将电能转化为旋转动能进行存储，基本结构如图

7-31 所示，主要是由电机、轴承、电力电子交换器、旋转体和外壳构成。

目前，飞轮储能系统主要有 3 种拓扑结构，如图 7-32 所示。图（a）为传统结构，电机与飞轮转子完全分离，通过机械联轴器相连或者共用一根轴。当选用感应电机等运行速度较低的场合，一般将电机放置在真空腔外部，加快散热。整体临界转速较低，振动和噪声大。图（b）为空心桶式结构，设计结构紧凑，为复合转子飞轮提供了一些优势，该复合转子飞轮将能量存储在中心具有轻质轮毂的复合环中。图（c）为一体式结构，最大限度地减轻了产品的外壳结构重量，但内转子在空间上限制了储能密度。

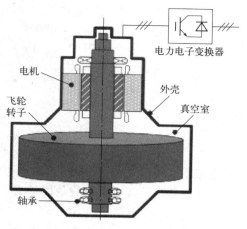

图 7-31 飞轮储能系统结构

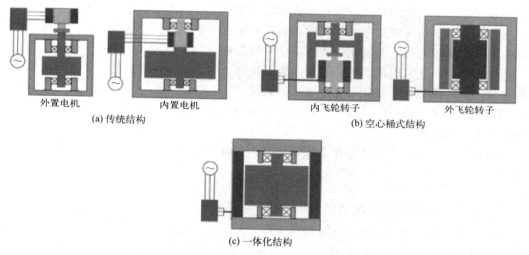

图 7-32 飞轮储能系统结构分类

飞轮储能系统按飞轮转速可分为低速飞轮储能系统和高速飞轮储能系统，按能量传递方式的不同又可以分为电机飞轮式储能系统和机械飞轮式储能系统。低速飞轮储能系统通常利用飞轮的大转动惯量提高储能量，飞轮体积庞大、质量很大，适合电站储能和不间断电源（以下简称 UPS）。高速飞轮储能系统，飞轮本体的质量和体积都较小，主要通过提高飞轮回转速度来提高储能量和功率。

飞轮最初在持续旋转状态下维持运行，在储能时，飞轮通过提升转速的方式储存机械能，当达到额定转速后，飞轮则维持转速恒定运转，此时飞轮系统已经具备释能条件；释能时，飞轮通过牵引电机进行能量的释放，其原理如图 7-33 所示。

飞轮是整个储能装置的核心，它的固有参数及转速状态直接决定了整个储能系统的储能容量。运行储存的能量为

$$E = \frac{1}{2}J\omega^2 \tag{7-50}$$

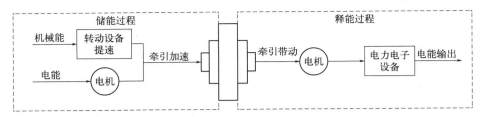

图 7-33　飞轮储能系统原理

式中，J 为飞轮的转动惯量，$kg \cdot m^2$，与飞轮的轮盘半径和材料有关；ω 为飞轮的旋转角速度，rad/s。

飞轮转速下降时，释放的能量为

$$E_{max} = \frac{J(\omega_2^2 - \omega_1^2)}{2} \tag{7-51}$$

根据飞轮转速变化的状态，飞轮储能系统主要有充电、放电和保持 3 种工作状态：

当控制系统下达充电指令时，飞轮储能系统电机以电动机状态运行，转子转速增大，飞轮吸收电网输入的电能，并转化为机械动能存储起来；

当控制系统下达放电指令时，飞轮储能系统电机以发电机状态运行，转子转速降低，飞轮释放转子中的机械能，转化为电能输出给电网；

当控制系统未下达指令时，飞轮储能系统进入保持状态，飞轮转子以恒定的速度旋转，以备随时响应调度指令。

充电状态和放电状态的区别在于能量的流入与流出方向相反，从而导致电机转速的升高和下降。

7.5.3　飞轮储能系统的性能指标

飞轮储能系统的主要性能指标有储能密度、转速、储能量、角动量、功率以及充放电效率等。其中，储能密度（也称比能量）e_0 是反映系统性能的关键指标，是飞轮结构设计优劣的评价标准。

对于单一材料制成的飞轮

$$e_0 = \frac{E}{m} = K_s \frac{\sigma_{max}}{\rho} \tag{7-52}$$

式中，m 为转子质量；σ_{max} 为转子的最大应力；ρ 为转子材料密度；K_s 为飞轮转子的形状系数。

令 $\sigma_{max} = K_m \sigma_b$，其中，$\sigma_b$ 为材料强度极限，K_m 为飞轮材料利用系数，则

$$e_0 = K_s K_m \frac{\sigma_b}{\rho} \tag{7-53}$$

对于由多种材料制成的飞轮

$$e_0 = \sum_{i=1}^{n} \frac{m_i}{m_0} e_i = \sum_{i=1}^{n} \frac{m_i}{m_0} K_s^i K_m^i \frac{\sigma_b^i}{\rho_i} \tag{7-54}$$

式中，m_i 为材料质量；K_s^i 为材料形状结构系数；ρ_i 为材料密度；K_m^i 为材料利用系数；σ_b^i 为材料强度极限；m_0 为所有材料质量和。

令 $C_i = \dfrac{m_i}{m_0} K_s^i \dfrac{\sigma_b^i}{\rho_i}$，代入式（7-54）得

$$e_0 = \sum_{i=1}^{n} C_i K_m^i \tag{7-55}$$

对于加工完成的飞轮，C_i 在各转速下为常量，此时系统理论上所能达到的最大储能密度，是当飞轮达到最高转速时，各材料的利用系数同时达到材料的许用系数。

$$e_{0,\max} = \sum_{i=1}^{n} C_i K_{m,\max}^i = \sum_{i=1}^{n} \frac{m_i}{m_0} K_s^i \frac{[\sigma]^i}{\rho_i} \tag{7-56}$$

式中，$K_{m,\max}^i$ 为材料的许用系数；$[\sigma]^i$ 为材料的许用应力。

飞轮结构的设计原则是：从满足应用需求出发，依据现有技术条件，通过设计使飞轮系统达到尽可能高的储能密度，从而减小质量，降低成本。

7.5.4 飞轮储能技术

经过国内外几十年的研究，飞轮储能技术的研究已经取得了较为丰硕的成果，已逐渐从纯学术和实验室研究慢慢向产业化和市场化方向转变。目前国内外已有多家生产飞轮储能产品的公司，国外有 Beacon Power、Temporal Power、Active Power、Amber Kinetics、Boeing、Quantum Energy 等，国内有沈阳微控飞轮技术股份有限公司、北京泓慧国际能源技术发展有限公司、华阳新材料科技集团、贝肯新能源有限公司等。2020 年举办的国际储能安全高峰论坛及产品展览会上，从展出的飞轮储能系统产品看，多数公司主要生产容量较小的飞轮储能设备产品，存电量少，充放电时间较短，主要用于传统的通信、石油、交通、舰船、航天等领域作为应急供电或稳压电源等。只有少数公司展出了大容量功率型飞轮储能系统的实际产品。作为一种动态响应速度快、功率密度高的短时储能技术，飞轮储能技术已经在电网调节、不间断电源、交通运输、新能源发电等领域得到了应用，并根据不同领域的特殊需求生发出与所处环境和运行模式相适应的应用方案。

（1）电力系统调峰调频

美国 Beacon Power 公司和加拿大 Temporal Power 公司率先有了大容量飞轮储能独立调频电站的成功应用业绩。2024 年上半年，我国飞轮储能产业化备案项目达到了 11 个，这表明飞轮储能项目在持续增加中。

2011 年美国 Beacon Power 公司在纽约州建立了一个包含飞轮储能装置阵列的电力调频变电站，如图 7-34 所示。得益于飞轮储能系统的快速动态响应，该变电站机组的入列和解列时间从传统发电机组的 5min 缩短到了 4s。总功率为 20MW、总储能容量 5MW·h 的系统由 200 个单体功率 100kW、储能 25kW·h 的飞轮储能单元并联组成。该公司在宾夕法尼亚州建立的另一个同等规模的飞轮储能电力调频变电站也于 2014 年开始投入运行。

加拿大 Temporal Power 从 2014 年以后陆续在加拿大安大略省及加勒比海投运了三个飞轮储能电站项目，装机容量分别为 2MW、5MW 和 10MW，分别采用单体功率 250kW/50kW·h 和 500kW/50kW·h 的两种飞轮储能单元产品组成飞轮储能阵列，提供电力系统

调频和辅助服务，如图 7-35 所示。

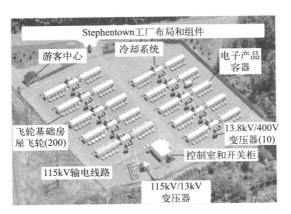

图 7-34　美国 Beacon Power 在 Stephentown 的飞轮储能调频变电站

图 7-35　加拿大 Temporal Power 在 Guelph 的飞轮储能电站

截至 2024 年 5 月底，我国已经建成投运的新型储能项目装机规模超过了 3800 万千瓦，平均储能时长达到 2.2 小时。有 12 个省区的装机规模超过百万千瓦。新型储能新技术也在不断涌现，压缩空气储能、液流电池储能、飞轮储能这些技术也在快速发展之中，有多个单体兆瓦级飞轮储能项目正在加快建设。

（2）不间断电源

在电力系统中，存在大量对电能质量要求高的用户，例如半导体制造业、银行的计算机系统、通信系统、医院的精密医疗设备等。当外部电网中断或供电质量异常时，为确保这些用户连续可靠供电，可配备飞轮储能 UPS。例如美国 Active Power 公司针对不同工作场合推出了功率等级可以在 250kW～4MW 之间灵活选择的不同系列飞轮储能 UPS 产品，已经在全球被各大数据中心、电信运营商等广泛采用，其双变换 UPS 和在线交互式 UPS 产品结构图分别如图 7-36（a）、图 7-36（b）所示。

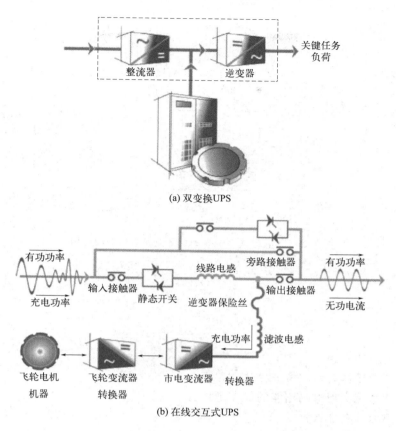

(a) 双变换UPS

(b) 在线交互式UPS

图 7-36　Active Power 公司 UPS 产品结构

（3）交通运输

在交通运输领域，飞轮储能技术应用的研究主要包括轨道列车、混合动力汽车以及电动汽车充电站等。交通运输领域的飞轮储能系统主要作为辅助能源，利用其动态响应速度快的特点，实现刹车能量的回收和再释放，实现节能减排。2010 年英国的 Williams Hybrid Power 公司成功完成了一辆比赛用的保时捷 911 GT3 R 混合动力汽车飞轮储能系统的试验，装置中的飞轮直径为 40.64cm（16in），最高转速 40000r/min，储能 0.2kW·h。该飞轮储能系统回收的刹车能量，在需要时能够持续 6~8s 输出 120kW 的功率，这一数值在 2011 年公布的改进版中被提高到了 150kW。

（4）新能源发电

随着人们对能源安全问题的日益重视，风力发电等新能源得到了广泛应用。但是风力发电具有间歇性、随机性，会导致系统的稳定性问题增加。飞轮储能系统可以与风力发电等间歇式新能源相配合来供电，可以避免柴油发电机的频繁起停，提高风电渗透率，降低发电成本与电价。图 7-37 为飞轮储能系统在葡萄牙亚速尔群岛应用的电路示意图。飞轮储能系统接到了三相 400V/50Hz 的交流电网中。

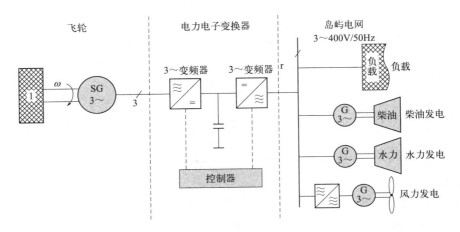

图 7-37　飞轮储能系统在葡萄牙亚速尔群岛的应用

思考题

1.什么是自感和互感?

2.在设计超导磁体时,应考虑哪几个方面?

3.利用超导系统实现电磁储能的优点是什么?

4.显热储热原理是什么?

5.潜热储热原理是什么?

6.化学反应储热有什么特点?

7.目前抽水蓄能发展情况是怎么样的?

8.飞轮储能具有怎样的优势?

9.飞轮储能系统的主要性能指标有哪些?

课后习题

1.简述电磁储能原理。

2.下列不属于超导体的三大特性的是 (　　　)。

A.零电阻　　　　　　　　B.迈斯纳效应

C.约瑟夫森效应　　　　　D.氧化性

3.超导体存在三个临界条件:(　　)、(　　)、(　　)。

4.典型的超导储能装置主要由 (　　)、(　　)、(　　)、(　　) 和 (　　) 等部分组成。

5.请对高温超导体与常规超导体进行比较。

6.储热技术根据储热形式的差异,可分为 (　　)、(　　)、(　　)。

7.与显热储热相比,潜热储热具有 (　　)、(　　) 的优点。

8.评价压缩空气储能系统性能的四个指标：（　　）、（　　）、（　　）、（　　）。

参考文献

[1]　姚晔. 能源转换与管理技术[M]. 上海：上海交通大学出版社，2018：01.

[2]　谢宝昌. 电磁能量[M]. 北京：机械工业出版社，2016：02.

[3]　樊栓狮，梁德青，杨向阳，等. 储能材料与技术[M]. 北京：化学工业出版社，2004：10.

[4]　卓忠疆. 机电能量转换[M]. 北京：水利电力出版社，1987：09.

[5]　郭蓓蕾. 超导磁体理论基础与设计应用[M]. 成都：电子科技大学出版社，2018：08.

[6]　肖钢，梁嘉. 规模化储能技术综论[M]. 武汉：武汉大学出版社，2017：09.

[7]　金建勋. 高温超导技术与应用原理[M]. 成都：电子科技大学出版社，2015：03.

[8]　蔚芳. 用于超导储能装置中变流器控制策略的研究和实现[D]. 北京：华北电力大学，2005.

[9]　黄晓英. 超导电磁储能的原理、构造及应用[J]. 供用电，1995，012(006)：52-54.

[10]　陈逸伦. 超导储能的应用与展望[J]. 中国战略新兴产业，2017，000(008)：140-142，146.

[11]　全绍辉. 高等工程电磁理论[M]. 北京：北京航空航天大学出版社，2013：09.

[12]　王家素，王素玉. 超导技术应用[M]. 成都：成都科技大学出版社，1995：06.

[13]　张文亮，丘明，来小康. 储能技术在电力系统中的应用[J]. 电网技术，2008(07)：5-13.

[14]　张中宽，孙慧丽. 浅谈储能技术在电力系统中的应用[J]. 科技传播，2016，8(18)：209-210.

[15]　李勇，刘俊勇，胡灿. 超导储能技术在电力系统中的应用与展望[J]. 四川电力技术，2009，32(S1)：33-37.

[16]　墨柯. 超导储能技术及产业发展简介[J]. 新材料产业，2013(09)：61-65.

[17]　李海滨，李雪，胡富静. 超导储能技术在现代配电网中的应用研究[J]. 技术与市场，2012，19(09)：5，8.

[18]　郭文勇，蔡富裕，赵闯，等. 超导储能技术在可再生能源中的应用与展望[J]. 电力系统自动化，2019，43(08)：2-19.

[19]　许崇伟，贾明潇，耿传玉，等. 超导磁储能研究[J]. 集成电路应用，2018，35(08)：25-29.

[20]　史冬蓓. 高温超导环型储能磁体的电磁结构分析与研究[D]. 兰州：兰州交通大学，2016.

[21]　翟世涛. 超导储能装置在电力系统中布局研究[D]. 武汉：华中科技大学，2008.

[22]　闻程. 超导发电机中超导磁体的设计及其实践[D]. 南京：东南大学，2016.

[23]　曹祥玉，高军，马嘉俊. 电磁场与电磁波[M]. 西安：西安电子科技大学出版社，2017：04.

[24]　陈雷明，李广成，杜银霄. 高温超导器件制备与性能[M]. 北京：知识产权出版社，2008：04.

[25]　时东陆，周午纵，梁维耀. 高温超导应用研究[M]. 上海：上海科学技术出版社，2008：10.

[26]　刘玉荣. 碳材料在超级电容器中的应用[M]. 北京：国防工业出版社，2013.

[27]　Ribeiro P F, Johnson B K, Crow M L, et al. Energy storage systems for advanced power applications[J]. IEEE, 2001, 89(12)：1744-1756.

[28]　Boenig H J, Hauer J F. Commissioning tests of the bonneville power-administration 30 MJ superconducting magnetic energy-storage unit[J]. Ieee Transactions on Power Apparatus and Systems, 1985, 104(2)：302-312.

[29]　Chen H S, Cong T N, Yang W, et al. Progress in electrical energy storage system: a critical review[J]. Prog. Nat. Sci. , 2009. 19(3)：291-312.

[30]　李永亮，金翼，黄云，等. 储热技术基础（Ⅰ）：储热的基本原理及研究新动向[J]. 储能科学与技术，2013，2(01)：69-72.

[31] 杜中玲. 太阳能中高温热利用及其储热技术的应用研究[D]. 南京：东南大学,2015.

[32] 赵彦杰. 无机盐/水热化学吸附储热的理论和实验研究[D]. 上海：上海交通大学,2016.

[33] 叶涛. 热力发电厂[M]. 北京：中国电力出版社,2006.

[34] 孙晓丽,鹿院卫,崔锡民,等. 单罐熔融盐释热传热规律实验研究[J]. 太阳能学报,2018,39(01)：8-13.

[35] 鹿院卫,杜文彬,吴玉庭,等. 熔融盐单罐显热储热基本原理及自然对流传热规律[J]. 储能科学与技术,2015,4(02)：189-193.

[36] 李昭,李宝让,陈豪志,等. 相变储热技术研究进展[J]. 化工进展,2020,39(12)：5066-5085.

[37] 刘冠杰,韩立鹏,王永鹏,等. 固体储热技术研究进展[J]. 应用能源技术,2018(03)：1-4.

[38] 何兆禹. 斜温层相变蓄热实验研究[D]. 北京：华北电力大学,2019.

[39] 钱怡洁. 单罐斜温层蓄热性能实验研究[D]. 北京：华北电力大学,2017.

[40] 沈祖诒,周之豪,刘启钊,等. 抽水蓄能技术研究[J]. 河海科技大学情报,1990,10(1)：63-66.

[41] Schlunegger H，Thni A. 100MW converter in the Grimsel 2 pumped storage plant [J]. Bulletin SEV/VSE，2014，105(3)：50-53.

[42] 鹿鹏. 能源储存与利用技术[M]. 北京：科学出版社,2016.

[43] 陈海生,刘金超,郭欢,等. 压缩空气储能技术原理[J]. 储能科学与技术,2013(2)：6.

[44] 路唱,何青. 压缩空气储能技术最新研究进展[J]. 电力与能源,2018,39(6)：861-866.

[45] 何子伟,罗马吉,涂正凯. 等温压缩空气储能技术综述[J]. 热能动力工程,2018,33(2)：6.

[46] 李季,黄恩和,范仁东,等. 压缩空气储能技术研究现状与展望[J]. 汽轮机技术,2021,63(2)：86-89，126.

[47] Morgan R，Nelmes S，Gibson E，et al. Liquid air energy storage - analysis and first results from a pilot scale demonstration plant [J]. Applied Energy，2015，137：845-853.

[48] Nakhamkin M，Andersson L，Swensen E，et al. AEC 110 MW CAES plant：status of project [J]. Journal of Engineering for Gas Turbines & Power，1992，114(4)：695-700.

[49] Succar S，Williams R H. Compressed air energy storage：theory, resources, and applications for wind power[J]. Princeton Environmental Institute Report，2008,8：81.

[50] 刘文军,贾东强,曾昊旻,等. 飞轮储能系统的发展与工程应用现状[J]. 微特电机,2021,49(12)：7.

[51] 齐洪峰. 飞轮储能与轨道交通系统技术融合发展现状[J]. 电源技术,2022,46(2)：4.

[52] 李本瀚,梁璐,洪烽,等. 基于飞轮储能的火电机组一次调频研究[J]. 电工技术,2022(9)：4.

[53] 戴兴建,李奕良,于涵. 高储能密度飞轮结构设计方法[J]. 清华大学学报：自然科学版,2008,48(3)：4.

[54] Lazarewicz M L，Ryan T M . Integration of flywheel-based energy storage for frequency regulation in deregulated markets[C]// Power & Energy Society General Meeting. New York：IEEE，2010.

[55] 张松,张维煜. 飞轮储能工程应用现状[J]. 电源技术,2012,36(3)：5.

[56] 张维煜,朱爆秋. 飞轮储能关键技术及其发展现状[J]. 电工技术学报,2011,26(7)：141-146.

[57] 苏岳锋,黄擎,陈来,等. 储能材料与技术[M]. 北京：北京理工大学出版社,2023：04.

第 8 章

其他能量转化及存储原理

8.1 机械能与电能转化

机械能的运动特性促使研究者采用不同的方式进行能量转化，在自然界及工业生活中，机械能的运动主要有平直伸缩运动、旋转运动和摇摆振动。对于平直伸缩运动和摇摆振动的能量转化，主要采用能直接将机械能转化为电能的压电材料作为核心，如波浪振动、轨道振动等；而对于旋转运动的能量转换，主要采用发电机组。由于现实中的振动大部分是以平直伸缩运动和摇摆振动为主，因此本节主要以压电为核心进行论述。压电能量收集器具有质量可控、空间利用率高、免维护或维护少、适用温度范围广等优势，因此压电能量收集装置已被广泛应用于波浪振动、铁轨振动、人体运动等领域。本节将从压电能量转化原理、压电材料和压电能量转化进展等方面展开介绍。

8.1.1 压电能量转化原理

8.1.1.1 压电效应

自人类社会进入电气化时代以来，电能是人类社会经济活动利用最为普遍和便利的能源形式，而机械能（动能）则是自然界和人类生存环境中存在的最为普遍的能源形式。将机械能转化为电能是当前主要的发电形式，水电、热电、风电以及核电均是利用各类能源驱动发电机运动从而输出电能，然而这些过程的本质是将机械能通过电磁能转化为电能。

将机械能（物质的运动或形变）直接转化为电能（电场）的物理过程是利用压电材料的压电效应予以实现的。日常生活中我们已经普遍地应用压电材料的换能作用来获得电能，最常见的例子便是一次性打火机的点火装置（如图 8-1 所示）。近十年来，随着无线传感器网络（wireless sensor

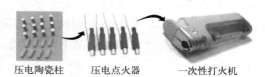

压电陶瓷柱　　压电点火器　　一次性打火机

图 8-1　利用压电效应点火的一次性打火机

network，WSN）技术的发展及其在军用 C⁴KISR 系统、物联网、医疗、智能家居等领域的应用，基于压电效应的环境振动储能技术，也成了 WSN 网络节点自供电的关键技术并得以飞速发展。

压电效应（piezoelectric effect）是 J. Curie 和 P. Curie 兄弟于 1880 年在 α-石英晶体上首先发现的。他们发现，当某些电介质晶体在外力作用下发生形变时，在它们的某些表面上出现异号电荷。这种没有电场的作用，只是由于应变或应力的作用，在晶体内产生极化的现象称为"正压电效应"[如图 8-2（a）所示]。1881 年，李普曼（Lippmann）根据热力学原理借助能量守恒和电量守恒定律，预见了逆压电效应的存在，即当在压电晶体上加一电场时，晶体不仅要产生极化，还要产生应变和应力。在几个月后居里兄弟证实了这一预测并给出了数值相等的石英晶体正、逆压电效应的压电常数。也就是说，如果将一块压电晶体置于外电场中，电场的作用会引起晶体内部正负电荷中心的位移，这一极化位移又会导致晶体发生形变，这就是"逆压电效应"[如图 8-2（b）]。这两种效应统称为"压电效应"，具有压电效应的材料称为压电材料。

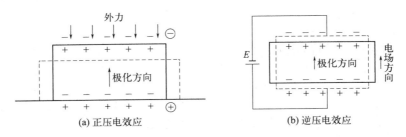

(a) 正压电效应　　　　　　　(b) 逆压电效应

图 8-2　压电效应示意图

当外加应力或电场不大时，产生的极化强度或应变与外场之间呈线性关系，正、逆压电效应可以用如下公式描述：

$$p = d \cdot X \tag{8-1}$$

$$S = e_t \cdot E \tag{8-2}$$

式中，p 为极化强度；d 为压电应变常数；e_t 为压电应力常数 e 的转置；X 为应力；S 为应变；E 为外加电场强度。

式（8-1）和式（8-2）分别描述正压电效应和逆压电效应，正压电效应可以由外加机械力产生电极化，因而可以实现机械能到电能的转化。

材料的压电效应起源于其晶体结构，其原理如图 8-3 所示。图 8-3（a）示出压电晶体中的质点在某方向上的投影。在晶体不受外力作用时，其正、负电荷重心重合，整个晶体的总电矩为零，因而晶体表面不带电荷。但是当沿某一方向对晶体施加机械力时，晶体就会发生由形变而导致的正、负电荷重心不重合，也就是电矩发生了变化，从而引起晶体表面的荷电现象。图 8-3（b）是晶体受到压缩时的荷电情况；图 8-3（c）则是晶体受到拉伸时的荷电情况。在这两种机械力的情况下，晶体表面带电符号相反。可见，压电效应起源于其正负电荷中心。1894 年沃伊特（Voigt）指出，在 32 种点群的晶体中，仅有 20 种非中心对称点群的晶体可能具有压电效应，而每种点群晶体不为零的压电常数最多 18 个。

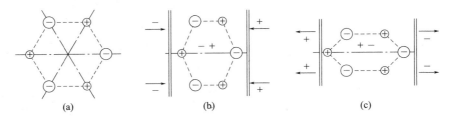

(a)　　　　　　　(b)　　　　　　　(c)

图 8-3　压电效应的基本原理

8.1.1.2 压电方程与材料物性常数

压电效应反映了晶体弹性与介电性之间的耦合，其行为由压电本构方程描述。压电方程组的建立是从描述系统状态与热力学特征函数入手，分析各物理量之间的关系。而方程中体现力学量（应力与应变）与电学量（电场和电位）相互作用的系数，即对应材料的物性系数，必定与相应量的状态有关，如介电常数与力学状态有关，弹性常数与电学状态有关。因此，根据其适应的边界条件——力学边界条件（自由或夹持）和电学边界条件（开路或短路）进行组合可得到四类压电方程，由此可计算出一系列的材料力学与电学物性常数。

第一类压电方程：当压电材料处于电学开路（电场强度 $E=0$）和机械自由（应力 $X=0$）状态时，以应力 X、电场强度 E 为自变量，以应变 S、电位移矢量 D 为因变量的压电方程为

$$S = S^E X + d_t E（d_t 是 d 矩阵的转置矩阵）\tag{8-3}$$

$$D = dX + \varepsilon^x E \tag{8-4}$$

第二类压电方程：当压电材料处于电学短路（电场强度 $E=0$）和机械夹持（应变 $S=0$）状态时，以应变 S、电场强度 E 为自变量，以应力 X、电位移矢量 D 为因变量的压电方程为

$$X = C^E S - e_t E \tag{8-5}$$

$$D = eS + \varepsilon^x E \tag{8-6}$$

第三类压电方程：当压电材料处于电学开路（电位移矢量 $D=0$）和机械自由（应力 $X=0$）状态时，以应力 X、电位移矢量 D 为自变量，以应变 S、电场强度 E 为因变量的压电方程为

$$S = s^D X + g_t D \tag{8-7}$$

$$E = -gX + \beta^x D \tag{8-8}$$

第四类压电方程：当压电材料处于电学开路（电位移矢量 $D=0$）和机械夹持（应变 $S=0$）状态时，以应变 S、电位移矢量 D 为自变量，以应力 X、电场强度 E 为因变量的压电方程为

$$X = C^D S - h_t D \tag{8-9}$$

$$E = -hS + \beta^x D \tag{8-10}$$

式中，d、g 为压电应变常数；e、h 为压电应力常数；C 为弹性刚度常数；s 为弹性柔顺常数；ε 为介电常数。d、g 压电应变常数，e、h 压电应力常数通过变换可得到各常数之间的关系：

$$d = \varepsilon^x g = es^E \tag{8-11}$$

$$e = dC^E = \varepsilon^x h \tag{8-12}$$

$$g = hs^D = \beta^x d \tag{8-13}$$

$$h = gC^D = \beta^x e \tag{8-14}$$

除以上物性常数外，对压电材料而言，还有机电耦合系数 k 这一非常重要的物性参数，k 反映压电晶体机械能与电能之间的相互耦合关系。k 只反映机、电两种能量通过压电效应耦合的强弱，并不代表两类能量之间的转化效率。在不同的场合有不同的要求，如对于压电换能器，k 越大越好，对于压电谐振器，k 必须小才能获得最大的频率稳定度。因为只有机电耦合系数小，电路参数变化对压电振子机械特性的影响才能达到最小，才能获得最大的频率稳定度。

8.1.1.3　压电结构设计

压电材料在实际使用中，通过结构的设计可以发挥更大的效能。压电发电过程的基本原理如图 8-4 所示，压电发电系统首先通过压电换能元件，将外界激励源输入的振动、应变等机械能转化为电能。由于外界激励源引起的应变会有正负动态变化，由正压电效应的基本原理可知，产生的电场极性会发生对应的正负以及大小的变化，因此换能元件产生的电能，必须通过整流电路整流后才能输出，对储能元件进行充电或驱动用电器。

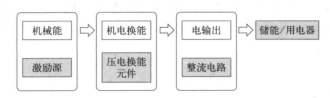

图 8-4　压电发电过程的基本原理

从外界机械能输入的方式来看，压电换能元件可分为应变式和共振式（如图 8-5 所示）。为了实现对不同类型外界激励的高效响应，压电换能元件被设计成不同结构或与必要的力学结构元件结合，以降低机械能输入过程中的能量损耗，主要有堆叠结构、悬臂梁结构、彩虹结构、钹式结构等。根据需要采用的压电材料包括多层陶瓷堆、压电纤维复合材料、压电双晶片、聚合物基复合材料等。

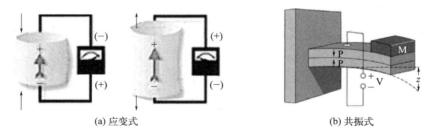

(a) 应变式　　　　　　　　　　　　　(b) 共振式

图 8-5　压电换能元件类型

（1）堆叠结构换能器

堆叠结构换能器如图 8-6 所示，一般由压电陶瓷片、环、薄膜等垂直堆叠而成，通过各层间的应变与电输出累加，对垂直大应力响应获得高电输出，属于应变式换能类型，主要用于路面能量采集等。

（2）悬臂梁结构换能器

悬臂梁结构换能器是共振式换能中最常用的结构类型，也可用于部分特定的应变式换能，其结构原理参见图8-5（b），通过将压电陶瓷片、薄膜或压电纤维复合材料与弹性基体结合，辅以质量配重，形成具有一定固有频率的悬臂梁振子，实现对外界激励的共振响应，激励压电材料反正正负应变实现换能。

图 8-6　堆叠结构换能器

（3）彩虹结构换能器

彩虹结构换能器如图8-7所示，该结构换能器可通过曲面对特定的应力产生比平面更大的应变响应和电输出，也可通过双晶片结构设计进一步提高电输出。

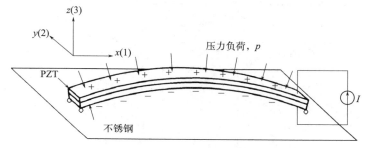

图 8-7　彩虹结构换能器

（4）钹式结构换能器

钹式结构换能器如图8-8所示，其通过特定的力学结构设计，利用弹性体将应力放大，从而获得较高的应变响应和电输出。

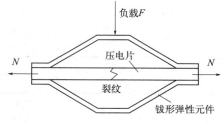

图 8-8　钹式结构换能器

8.1.2　压电材料

8.1.2.1　压电陶瓷

压电陶瓷是实现机械能与电能之间转化的重要功能材料，其应用已遍及人类日常生活及生产的各个角落。压电材料的广泛应用真正始于 20 世纪 40 年代中期压电陶瓷材料的发现。1943 年发现了 $BaTiO_3$ 陶瓷，1947 年利用其压电效应制成拾音器，开创了压电陶瓷的应用。1954 年发明了钛锆酸铅（PZT）二元系压电陶瓷，PZT 压电陶瓷材料具有居里点高、机电耦合系数 k 和机械品质因素 Q_m 大、温度稳定性和耐久性好、形状可以任意选择、便于大量生产等特点，使压电陶瓷的应用展开了新的一页。如果把 $BaTiO_3$ 作为单元系压电陶瓷的代表，二元系压电陶瓷的代表就是 PZT。1955 年以后的 10 年间，PZT 成为压电陶瓷之王。

1965 年日本在钙钛矿型压电陶瓷的基础上，成功研制了含铌镁酸铅的三元系压电陶瓷（PCM）。此后，各种性能优良的单元系、二元系、三元系、四元系压电陶瓷以及非铅压电陶瓷、压电复合材料、压电半导体陶瓷、铁电热释电陶瓷等不断问世，大大促进了压电陶瓷的广泛应用。现在所用的压电陶瓷材料主要是 Pb（Ti，Zr）O_3（PZT）、$PbTiO_3$-$PbZrO_3$-

ABO_3（ABO_3为复合钙钛矿型铁电体）及 $PbTiO_3$ 等铅基陶瓷。

铅基陶瓷中 PbO（或 Pb_3O_4）的含量约占原料总量的 70%，这类陶瓷在生产、使用及废弃后处理过程中都会给人类健康和生态环境造成严重损害。无铅化正成为压电陶瓷发展的迫切要求。无铅压电陶瓷的直接含义是不含铅的压电陶瓷，其更深层含义是指既具有满意的使用性又有良好的环境协调性的压电陶瓷，它要求材料体系本身不含有可能对生态环境造成损害的物质，在制备、使用及废弃后处理过程中不产生可能对环境有害的物质，且材料的制备工艺具有耗能少等环境协调性特征。迄今为止，可被考虑的无铅压电陶瓷体系有：$BaTiO_3$ 基无铅压电陶瓷；$Bi_{1/2}Na_{1/2}TiO_3$（BNT）基无铅压电陶瓷；铌酸盐系无铅压电陶瓷；铋层状结构无铅压电陶瓷。各种压电陶瓷的性能比较及各种无铅压电陶瓷材料体系的性能比较分别见表 8-1 和表 8-2。

表 8-1　各种压电陶瓷的性能比较

材料	厂商/开发者	$\tan\delta/\%$	k_p	$d_{33}/$ (pC/N)	$\varepsilon_{33}^T/\varepsilon_0$	Q_m
PZT-4	Morgan	0.4	0.58	290	1435	600
PZT-8	Morgan	0.2	0.52	300	1180	1200
PZT5	Morgan	2	0.6	400	1770	75
PCM-80	日本松下	—	0.58	273	1200	2000
PCM-88	日本松下	—	0.56	351	1950	610
PIC181	PIC	0.5	0.56	265	1200	2000
PIC255	PIC	2	0.62	400	1750	80
PMMN-PZT	清华大学	0.5	0.55	315	1585	1885
PMnS-PZT	Uchino Kenji	0.2	0.5	320	1300	1500
PZN-PZT	樊庆慧	<2	0.7	490	2150	—
PMnS-PZN-PZT	武汉理工大学周静	<0.2	0.64	360	2100	800

表 8-2　各种无铅压电陶瓷材料体系性能比较

材料	掺杂元素或物质	$\tan\delta/\%$	k_p	$d_{33}/$ (pC/N)	$\varepsilon_{33}^T/\varepsilon_0$	Q_m
$(Bi_{1/2}Na_{1/2})TiO_3$-$6BaTiO_3$	—	2.5	0.28	117	776	256
$(Bi_{1/2}Na_{1/2})TiO_3$-$6BaTiO_3$	Co	2.3	0.27	253	1200	253
$0.94(Bi_{0.5}Na_{0.5})TiO_3$-$0.06BaTiO_3$	Ce	2	0.23	120	914	160
$0.94(K_{0.5}Na_{0.5})NbO_3$-$0.06Ba(Zr_{0.05}Ti_{0.95})O_3$	Mn	1.2	0.49	234	1191	—
$Na_{0.25}K_{0.25}Bi_{4.5}Ti_4O_{15}$	Li、Ce	1.2	0.49	234	1191	—
$Bi_4Ti_3O_{12}$	Nb	2.3	0.036	19	181	2348
$(K_{0.49}Na_{0.51})_{0.98}Li_{0.02}(Nb_{0.77}Ta_{0.18}Sb_{0.05})O_3$	$BaZrO_3$	1.8	0.445	345	1210	135

8.1.2.2　压电高分子材料

压电高分子材料，或称压电聚合物，是利用具有极性结构的高分子聚合物中极性分子的转向来产生压电效应的。目前，压电性能较强的聚合物有聚偏二氟乙烯（PVDF）、聚偏二氟乙烯与三氟乙烯的共聚物［P（VDF-TrEF）］、奇数尼龙（Nylon-7，Nylon-11 等）、亚乙烯基二氰共聚物等。还有一些聚合物虽然压电性能较差，但因为它们具有优良的化学和电性能，也常常被用作压电复合材料的黏结相，如环氧树脂（EP）、聚醚醚酮（PEEK）、聚甲基丙烯酸甲酯（PMMA）、氯丁橡胶、聚氨酯等。PVDF 性能较好目前应用最广泛。

8.1.2.3　压电复合材料

压电复合材料是由两相或两相以上（其中至少有一相是压电相）材料，通过某种复合手段制备而成的具有与原组分材料性能不同的新性能的材料。压电复合材料的存在是为了克服或改善原组分材料的某些性能，使原组分材料的性能优势互补。随着压电传感器的专门化、功能化、精细化水平日益提高，原有的单一组分的压电材料在某些专门领域越来越不能满足要求。

压电陶瓷的成型温度较高，制备工艺复杂，加工困难，密度大，脆性大，限制了压电陶瓷材料在某些领域的应用。而压电聚合物，如聚偏二氟乙烯（PVDF），虽然具有良好的化学稳定性、优良的力学性能、优良的加工性能，与水、空气和人体生物组织的匹配性非常好等，但是压电聚合物的压电系数不高、介电常数较低、机电耦合系数很低、温度范围较窄，从而限制了压电聚合物在很多领域的应用。将压电陶瓷和聚合物通过某种方式复合，则可能达到复合材料的性能最优化，从而满足人们的各种应用需要。

压电复合材料的组成主要是各种形态（粉、纤维、膜片、柱状等）的压电陶瓷和不同性能的聚合物等。一般对压电复合材料按复合材料中陶瓷相和聚合物相的连通方式来进行分类，如陶瓷相和聚合物相都存在 0 维（颗粒状）、1 维（线、须、柱状等）、2 维（层状）和 3 维（网状）4 种连通方式，则复合材料可能存在的连通方式有 10 种，分别是 0-0 型、0-1 型、0-2 型、0-3 型、1-3 型、2-3 型、2-2 型、3-2 型、3-1 型、3-3 型。

目前压电复合材料的发展前沿是压电纤维复合材料（macro-fiber composite，MFC），压电纤维复合材料（MFC）是由单向排列的压电纤维插入环氧树脂基体并封装在叉指电极中的一种"三明治"结构功能复合材料，其结构如图 8-9 所示。这些材料因具有突出的各向异性、较大的结构变形以及良好的柔韧性而在智能应用中得到了广泛的关注，例如振动主动控制、结构健康监测、能量收集和传感等领域。

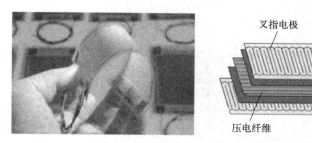

图 8-9　压电纤维复合材料（MFC）及其结构示意图

8.1.3　压电能量转化进展

压电能量收集装置主要用于具有高电压、高能量密度、高电容和小机械阻尼的场景，目前提升压电能量收集效率的技术主要包括：非线性法、双摆系统、升频转换法和电路管理系统等。其本质是提升系统振动能力，使系统与材料的频率响应一致，改善电路采集装置，使得装置整体阻抗匹配，降低损耗。

8.1.3.1 压电能量转化的频率响应

压电能量收集的主要特征之一是频率响应，只有当能量收集器的共振频率与其输入频率匹配时，能量收集器才能发挥最佳性能效果。目前，大多数压电能量收集器都是基于谐振的设备，这意味着收集装置的谐振频率与机械振动源的频率相匹配，以实现高效率。否则，由于带宽较小的限制，微小的频率不匹配会导致电压和功率输出显著降低。因此，压电层的尺寸和形状会根据系统的固有频率进行设计，并选择合适的压电材料以匹配应用频率。例如，压电陶瓷因其高刚度和卓越的压电特性而用于需要高振动频率（100Hz 以上）的场合中。相比之下，压电聚合物和压电复合材料用于需要较低振动频率（最高 30Hz）的场合中。

为了在制造后调整压电能量收集器的谐振频率，可以使用不同的技术实现自然频率调谐：

几何调谐——该技术包括调整系统的一些几何参数（惯性质量和形状）以调谐其共振频率。该技术意味着设计简单而不影响阻尼，并且在安装之前可以进行微调。

施加预载——通过对梁施加轴向预载来降低刚度。该技术具有较大的有效工作区域，但会影响阻尼，不适合微调。

扩展模式谐振器——该概念使用扩展变形并调整振动梁之间的距离。该技术具有较大的有效操作区域，但也意味着复杂的设计，并且需要微调。

刚度变化——将磁刚度添加到系统中。该技术易于实施且设计简单，但通过添加磁体可降低谐振功率，并且还具有复杂的非线性行为。

除此之外，为了扩大工作频率范围，可以在装置中增加多模态系统或使用非线性系统等。

以上介绍的拓宽工作频率系统都是谐振的，并且大多数工作频率高于 50 Hz。在 50 Hz 以下，使用谐振系统收集能量变得更具挑战性。此外，在 10 Hz 以下，使用谐振系统变得不现实。因此，对于这个频率范围，使用非共振系统，则采用升频转换法和自由质量块等方法。

8.1.3.2 压电能量转化应用

压电能量转化装置已被广泛应用于许多场景中。例如，使用双层挤压结构和压电梁阵列设计的压电能量收集器结构。在实验过程中，一个 60kg 的人以不同的频率踏上和踏下结构。在 1.81 Hz 的步进频率下，单个压电梁获得的最大输出功率为 $134.2\mu W$，因此地板结构内 40 个压电梁总共可以达到 5.368mW。

在基础设施和交通运输领域，压电能量转化技术同样具有广阔的应用前景。例如，将刚度弹簧与能量发生器集成在一起开发的用于收集足部机械能的装置。压电收集装置被放置在鞋子中靠近脚后跟的位置，当人的脚接触地面时，脚后跟压缩踏板，压电梁弯曲，从而产生电能。当脚离开地面时，刚度弹簧已经储存了弹性势能，该势能转化为动能，再次使压电梁弯曲。一个 60kg 的人每走一步可以获得 235.2mJ。通过对在人行道与楼梯中使用压电瓷砖收集振动能量的研究发现，由于行人上下楼梯时自然产生更大的踏步力量，因此放置在楼梯上的压电瓷砖比放置在人行道上的压电瓷砖表现更好。

除此之外，地砖设计应考虑行人交通的自然随机特性，以提高收集功率的水平。或者开发一种道路兼容的压电能量收集器，使用固定在两端的压电换能器，应力通过刚性杆向设备中心集中。能量收集器在实际路况下使用了五个月，在进入高速公路休息区时以 $10\sim50km/h$ 行驶的车辆受到压力。在 $50km/h$ 时，收割机的输出功率为 $2.381W$，而在 $10km/h$ 时，输出功率为 $576mW$。产生的能量用于为 LED 指示灯供电，并传输有关传感器泄漏、温度和应变的实时信息。此外，Cha 等分析了使用单晶 PVDF 梁结构收集鼠标点击运动产生的能量的可能性。当负载电阻与压电换能器的基本谐波阻抗匹配时获得的最大收集能量在 $1\sim10nJ$ 范围内，但可以通过使用多个压电层或效率更高的替代材料来提高这一水平。

总之，压电能量转化技术作为一种新兴的能源技术，具有广阔的应用前景和巨大的发展潜力。

8.2 电磁能与机械能转化

磁能-机械能转化材料是在外磁场或力（矩）的驱动下，实现磁能与机械能相互转化的一类材料。利用电磁能装备可实现在较短时间内通过能量的存储、功率放大和调控，将电能转化为瞬时动能、热能或辐射能等，在军民领域均有突破现有方式的重大战略意义。

8.2.1 磁能与机械能转化

在磁能-机械能转化材料中，磁致伸缩材料的应用最为广泛。磁致伸缩材料可以在外磁场的作用下发生不同程度的变形，反之，当材料发生变形时，也会使外磁场发生变化，从而实现能量转化。1842 年在 Fe 中发现了磁致伸缩现象，但是由于当时材料的磁致伸缩系数仅为 $20\times10^{-6}\sim30\times10^{-6}$，无法实现实际应用，并未引起足够的重视。直到 20 世纪 20 年代左右，发现纯 Ni 的磁致伸缩系数可达 50×10^{-6}，其开始被用于研制水声换能器、转矩仪表和振动器等，成为最早实现应用的磁致伸缩材料。磁致伸缩材料引起了研究者的广泛关注。20 世纪 50 年代，Fe-Al 和 Fe-Si 等具有磁致伸缩特性的软磁性合金也相继被开发出来。60 年代，Tb（铽）、Dy（镝）和 Er（铒）等稀土金属在低温时的磁致伸缩系数可达 10^{-3} 左右，极大地提高了磁致伸缩性能。但是在室温以上，这些稀土金属材料的铁磁性转变为顺磁性而导致磁致伸缩性能变差，因此在室温下应用受到限制。70 年代，Koon 和 Clark 分别报道了在室温下具有很高的磁致伸缩系数的稀土铁 LaveS 相化合物，其中 $TbFe_2$ 和 $SmFe_2$ 的室温磁致伸缩系数分别达到 1753×10^{-6} 和 1590×10^{-6}，约是纯 Ni 的 50 倍。1989 年具有优良室温性能的 $Tb_{0.27}Dy_{0.73}Fe_2$ 稀土化合物实现商业化并被命名为 Terfenol-D。但是 Terfenol-D 也存在稀土原料价格昂贵、塑性变形能力差、电阻率过低易发生涡流损耗等缺点。近年来，随着对磁致伸缩材料研究的逐渐深入，其性能得到进一步突破。2000 年，通过成分优化的 Fe-Ga 合金工作磁场低、磁化强度高，同时进一步降低了制造和加工成本，拓宽了磁致伸缩材料的应用范围。

磁致伸缩材料按其组成可以分为：稀土金属及其合金、稀土-过渡金属间化合物、过渡金属及其合金（如 Ni-CO 合金、Ni-CO-Cr 合金等）、铁氧体（如 Ni-Co 铁氧体和 Ni-Co-Cu 铁氧体等）。按其组织结构，可以分为晶体材料和非晶材料。其中，按照晶粒数量，晶体材料又可分为单晶材料和多晶材料，多晶材料按照晶体学特征又可分为取向多晶材料和非取向多晶材料。磁致伸缩材料根据维度可分为块体材料、二维薄膜材料、一维纳米线材料及零维粉体材料。其中块体材料按照形状又可分为块状、柱状、管状、盘状、带状和丝状等。根据磁致伸缩材料的体积和形状不同，其制备方法也不同。通常采用凝固法、粉末冶金法、机械加工法、黏结法制备块体材料，物理和化学气相沉积法制备薄膜材料，电化学沉积法制备一维纳米线材料，气体雾化法和机械合金化法制备粉体材料。其中，稀土铁磁致伸缩材料主要采用定向凝固方法制备。

　　磁致伸缩效应又称焦耳磁致伸缩效应，是指物质在外磁场作用下磁化后，其长度或体积发生变化的现象，当去掉外磁场后，又可恢复到原来的尺寸。从本质上讲，磁致伸缩材料内部磁性根据外部形状的角度变化而发生实时响应，通过磁性物质在形状上的变化实现机械行为，因此具有磁致伸缩功能的材料可以实现磁能-机械能之间的相互转化。这种材料磁化状态的变化可以由环境温度变化引起。根据单畴晶体的温度在居里温度（T_c）上下，由顺磁状态与铁磁状态的转化而使原子间距发生变化，晶体从而发生膨胀与收缩。除此之外，磁化状态的变化也可以由外部施加磁场引起（如图 8-10）。在外磁场的作用下，发生磁畴的移动和转动，从而使材料尺寸发生变化。如图 8-10（a）所示，当无磁场时，铁磁材料内部磁畴排列混乱，材料在宏观上无形变也无磁性。图 8-10（b）为当增加外磁场时，铁磁材料的磁矩发生偏转，磁致伸缩量增大。图 8-10（c）为磁化至饱和状态，即当外磁场达到一定数值时，材料不再伸长，此时铁磁材料内部磁畴与外磁场的方向基本一致。

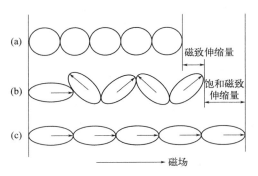

图 8-10　铁磁材料磁致伸缩发生过程的示意图
［（a）无磁场作用时；（b）在磁场作用下磁化；
（c）磁化至饱和状态］

　　根据磁化过程形状的变化，将材料的磁致伸缩分为线磁致伸缩和体磁致伸缩。其中线磁致伸缩是指材料在单一方向上伸长或缩短，体磁致伸缩是指在体积上发生膨胀或收缩。利用磁致伸缩系数 λ（$\lambda = \Delta l / l_0$，其中，l_0 为材料的原始长度，Δl 为材料在长度方向的变化量）度量磁致伸缩的大小。如果磁致伸缩系数为正值（即 $\lambda > 0$），则材料沿轴向伸长，沿径向缩短，但是材料的体积保持不变，如图 8-11（a）所示。此时 λ 随着施加的周期性磁场的增加呈近线性对称分布［图 8-11（b）］。当磁场大小不变而方向改变时，材料发生形变如图8-12（a）所示，λ 与磁场转动的角度 θ 呈图 8-12（b）所示的变化规律。

　　磁致伸缩颗粒的形状和尺寸可以影响复合材料的磁致伸缩系数和极限频率。比如，块体磁致伸缩材料在磁学、力学、声学和热学等方面具有优越的性能，得到了广泛应用。但需要对磁致伸缩材料施加预压力使得装置结构复杂，同时材料在交变磁场中工作时产生涡流损耗，使能量转化效率降低。在保持块体材料磁致伸缩系数不显著改变的前提下，降低材料在单方向的尺寸得到二维薄膜材料，可以改善块体磁致伸缩材料的上述不足，拓宽应用领域。磁致伸缩薄膜材料是把磁致伸缩材料沉积在适当厚度的衬底材料上，再以悬臂梁或膜片的形式用于微型驱动器。磁致伸缩薄膜材料具有如下优点：①强磁致伸缩效应；②高机电耦合系数；③较高的响应速度；④非接触式驱动。磁致伸缩系数的测量方法主要有电阻应变法、电容法、小角转动法等。薄膜等薄样品的磁致伸缩系数，通常通过悬臂梁法进行测量。

　　从实际应用角度来说，磁致伸缩材料应该具有高磁致伸缩系数、高居里温度、低磁晶各

能量转化与存储原理

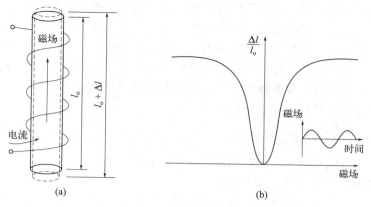

图 8-11　材料在磁场下的伸缩示意图（a）和典型的线磁致伸缩曲线分布（b）

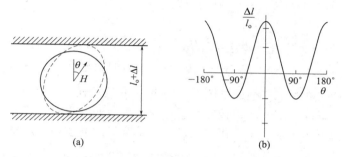

图 8-12　饱和磁场旋转诱发的磁致伸缩示意图（a）和对应磁致伸缩曲线分布（b）

向异性和高饱和磁化强度，从而实现输出功率大、能量密度高、响应速度快等特点，表现出巨大的潜力。但是，该类材料也存在脆性大、电阻小等缺点，使成型加工变得更加复杂，限制了其在大应力条件下的应用，电阻小导致的涡流效应限制了其在高频领域中的应用。

8.2.2　电磁能与机械能转化概述

在工程中，有很多由电磁能量产生机械能或者利用机械能产生电磁能量的形式，转化的流程如图 8-13。在物理系统中，能量守恒原理是一个必须遵守的普遍规律，在电磁能与机械能的转化过程中同样需要遵守。这个能量的转化过程是依赖耦合场实现的，即无论哪种形式的电磁能量转化都需要耦合磁场。在电磁系统中，耦合电磁场为电场和磁场的耦合。耦合场一方面接收输入系统的电能（或机械能），实现储能及储能的累积；另一方面，耦合场又要释放输出系统的机械能（或电能）。能量以不同的形式输入和输出，耦合场作为中间媒介是实现能量储存和转化的关键。

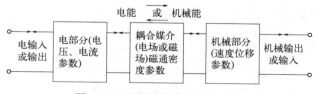

图 8-13　电磁能量转化的方框图

通常利用机电装置实现上述能量转化。绝大多数机电装置是通过电磁力来实现机电能量转化的，又被称为电磁式机电装置。电磁式机电装置由电系统、作为耦合媒介与储存能量的电磁场和机械系统组成。在能量转化过程中，总会产生一些损耗，通常以热能的形式散发出来。于是，在电磁能与机械能相互转化的过程中，在不计入电磁辐射能量的前提下，常存在电能、机械能、电磁场储能和各种损耗产生的热能这四种形式的能量。根据能量守恒原理，按电动机惯例写出机电装置的能量方程式为

（电源输入的电能）＝（耦合场储能的增量）＋（输出的机械能）＋（能量损耗）　　（8-15）

式中最右边一项能量损耗，按其起因的不同可分为三类：

① 电系统在通电流时产生的电阻损耗；

② 机械系统由于摩擦等，将部分机械能转化成热能的损耗，称为机械损耗；

③ 耦合电磁场在介质中产生的损耗，如铁芯磁滞、涡流损耗和自场损耗等。

如果把上述三项损耗分类，并分别归并到相应的能量项目中去，式（8-15）可以化为如下形式：

（电源输入的电能－电阻损耗）＝（耦合场储能的增量＋介质损耗）
＋（输出的机械能＋机械损耗）　　（8-16）

将上式对应的能量转化成平衡图如图 8-14，其中电阻损耗和机械损耗已从系统中移出，目前存在于系统的均是净电能和净机械能增量；介质损耗归并为耦合场吸收的能量，在图中用虚线表示，但是在分析机电能量转化的机理时，耦合场的介质损耗忽略不计。

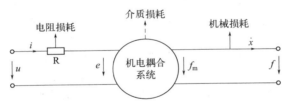

图 8-14　机电装置中的能量平衡

把式（8-16）各项能量除以 $\mathrm{d}t$ 进行时间微分，则得机电装置能量微分平衡式为

$$\mathrm{d}W_{el} = \mathrm{d}W_f + \mathrm{d}W_{mec} \qquad (8\text{-}17)$$

式中，$\mathrm{d}W_{el}$ 表示扣除电阻损耗后在 $\mathrm{d}t$ 时间内输入耦合场的净电能；$\mathrm{d}W_{mec}$ 表示 $\mathrm{d}t$ 时间内转化为机械能的能量增量；$\mathrm{d}W_f$ 表示 $\mathrm{d}t$ 时间内耦合磁场吸收的能量。在电磁式机电装置中忽略不计耦合场的介质损耗，$\mathrm{d}W_f$ 就是耦合磁场储能的增量，即 $\mathrm{d}W_f = \mathrm{d}W_{mec}$。

8.2.3　单边激励机电装置

在物理系统中，质量守恒也是一个普遍规律。在电磁能与机械能转化的分析研究中，也需以此为基本出发点。电磁式机电装置的机电能量转化过程，大体如下：当装置的可动部件发生位移时，气隙磁场将发生变化，包括线圈磁链的变化和气隙磁能的变化。磁链的变化引起线圈内感应电动势，通过感应电动势的作用耦合磁场将从电源补充能量；同时，磁能的变化产生电磁力，通过电磁力对外做功使部分磁能释放出来变为机械能。这样，耦合磁场依靠感应电动势和电磁力分别作用于电和机械系统，使电能转化成机械能，或反之。

仍以图 7-1 中的电磁铁为例，对电磁式发电机装置中电磁能与机械能转化过程所涉及的能量进行推导。

电磁铁通电使衔铁运动过程中，考虑线圈电路的电能平衡方程，在一段时间内由电源供给耦合磁场的净电能为

$$\Delta W_{el} = \int_{t_1}^{t_2} (ui - i^2 R) dt = -\int_{t_1}^{t_2} ei \, dt = \int_{\psi_1}^{\psi_2} i \, d\psi \tag{8-18}$$

式（8-18）与第七章磁能表达式（7-4）在形式上相似，但是两者的积分路径是不同的。在 7.1 中，应用能量关系守恒推导出的式（7-4）认为衔铁不动即 x 为常量。而式（8-18）是在衔铁的位置不断移动的情况下进行推导的，不仅电流变化，相应的能量也在进行转化，即通过衔铁的位置位移实现电磁能与机械能的相互转化。当气隙长度减小时，磁场对衔铁做机械功，即由电能供给的部分电能和（或）部分磁能转化成机械能；当气隙长度增大时，则外力对衔铁做机械功，即机械能部分转化成磁储能，部分以电能馈电给电源。下面，将分成三种情况对转化原理进行讨论，如图 8-15 所示。

假设稳定磁动势保持恒定，即 $F_0 = NI_0$。

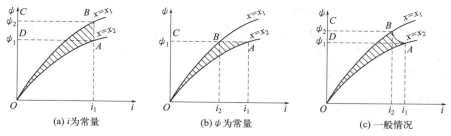

图 8-15　衔铁移动 Δx 的能量关系

在 A 与 B 之间，衔铁电能的变化为 W_{el}，衔铁所做的机械功为 W_{mec}，磁储能的变化为 W_m。

第一种理想情况如图 8-15（a）：衔铁从 A 缓慢地移动到 B，所需的时间为 Δt，轨迹可用 $i = i_1$ 的线段 $\overline{AB}$ 表示，Δt 内线圈的电流为常量。

衔铁移动缓慢，气隙磁阻变化缓慢导致磁通密度变化率也很小，因此由此而伴生的感应电压可以忽略不计。在此过程中，激磁电流 I_0 和磁动势 F_0 仍可视为保持在恒定值。推导过程如下。

Δt 时间内，输入此系统的能量为

$$W_{el} = \int_{t_1}^{t_2} e(t) i(t) \, dt = \int_{\psi_1}^{\psi_2} NI_0 \, d\varphi = F_0 (\psi_2 - \psi_1) \tag{8-19}$$

$e(t)$ 和 $i(t)$ 分别为激磁线圈中感应的电压和电流。

Δt 时间内磁能增量 ΔW_m：

$\Delta W_m =$ 最终储能 − 初始储能 $= W_{mB} - W_{mA} =$ 面积（$OBC - OAD$）

A 点磁能 $W_{mA} =$ 面积 OAD

B 点磁能 $W_{mB} =$ 面积 OBC

Δt 时间内输入的净电能 ΔW_{el}：

$$\Delta W_{el} = \int_{\psi_1}^{\psi_2} i_1 \, d\psi = i_1 (\psi_2 - \psi_1) = 面积 \, ABCD \tag{8-20}$$

Δt 时间内电磁力所做的机械功 ΔW_{mec}：

$$\Delta W_{mec} = \Delta W_{el} - \Delta W_m = 面积(ABCD + OD - OAB) = 面积 \, OAB \tag{8-21}$$

ΔW_{mec} 的面积用图 8-15（a）中阴影线表示。值得注意的是，这部分面积也表示在 Δt 时间内，耦合磁场中磁共能的变化 $\Delta W'_m = \Delta W_{mec} = 面积 \, OAB$。此外，在 $i =$ 常量的条件下，这部分面积就是耦合磁场 Δt 时间内的磁共能增量 $\Delta W'_m$ 即

$$f_{m(av)} \Delta x = \Delta W_{mec} = \Delta W'_m$$

则得衔铁在位移 Δx 内受到的平均电磁力为

$$f_{m(av)} = -\frac{\Delta W'_m}{\Delta x} \Big|_{i恒定} \tag{8-22}$$

第二种理想情况如图 8-15（b）：衔铁从 A 快速移动到 B，所需的时间为 Δt，轨迹可用 $\psi = \psi_1$ 的线段 $\overline{AB}$ 表示，Δt 内线圈磁链为常量。

衔铁从 A 移动到 B，由于移动速度非常快，所以磁通量来不及变化。磁动势 F_0 保持稳定态，磁通最终达到稳态值。推导方法与第一种方法相同，可得到下列关系。

Δt 时间内输入的净电能 $\Delta W_{el} = 0$，于是，Δt 时间内总机械能为

$$\Delta W_{mec} = \Delta W_{el} - \Delta W_m = -\Delta W_m = \Delta W_{mA} - \Delta W_{mB} = 面积(OAB - OBC) = 面积 \, OAB \tag{8-23}$$

这表明：在 $\psi =$ 常量的条件下，机电装置的总机械能，也就是电磁力所做的机械功是耦合磁场释放部分磁能转化而来的，它等于耦合场磁能的负增量。所以平均电磁力为

$$f_{m(av)} = -\frac{\Delta W_m}{\Delta x} \Big|_{\psi恒定} \tag{8-24}$$

第三种情况如图 8-15（c）：衔铁从 A 以中间速度移动到 B，所需时间为 Δt，Δt 内线圈电流和磁链均为变量。

这是一般情况，电磁铁工作点由 A 点到 B 点的过渡轨迹将处于第一与第二种轨迹之间，即不再是与横纵坐标平行的直线段，而是取决于电磁铁实际动态情况的由 A 点到 B 点的某一条曲线。应用上述同样的方法可求得图 8-15（c）中阴影部分面积 OAB，即电磁力所做的机械功。

综合上述三种情况可知，电磁力所做的机械功皆可由两条磁化曲线与过渡轨迹所包围的面积确定。

如果取极限使 Δx 趋近于零，那么三种情况下等于机械功的阴影面积 OAB 就趋近于相等，由式（8-22）或式（8-24）算得的平均电磁力都趋近于衔铁在 x_1 位置上所受电磁力的真值。所以把这两式改写成微分形式，得电磁力的表达式为

$$f_m = -\frac{\partial W'_m}{\partial x} \Big|_{i恒定} \tag{8-25}$$

或
$$f_{\mathrm{m}} = -\frac{\partial W_{\mathrm{m}}}{\partial x}\Big|_{\psi_{恒定}}$$
(8-26)

例 8-1　一个电磁铁如图 8-16 所示，衔铁 R 和中心铁柱的截面积都为 A，气隙长为 δ，激磁线圈匝数为 N。若接在直流电源上电流为 I，若接在交流电源上则线圈的感应电动势 $e = \sqrt{2}E\sin\omega t$。假设铁芯磁导率 $\mu_{\mathrm{Fe}} = \infty$，不计气隙的边缘效应和漏磁，忽略衔铁与固定铁芯滑动面的间隙。试对直流和交流两种情况，分别求作用在衔铁上的电磁力 f_{m}。

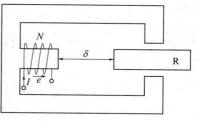

图 8-16　电磁铁的示意图

解答：磁路是线性的，磁导 $\wedge = \dfrac{\mu_0 A}{\delta}$，$\mu_0 = 4\pi \times 10^{-7}\,\mathrm{H/m}$

（1）接在直流电源上，已知电流 I。

磁势 $F = IN$

磁能 $W_{\mathrm{m}} = \dfrac{1}{2}F^2 \wedge = \dfrac{(IN)^2 \mu_0 A}{2\delta} = W_{\mathrm{m}}\ (i,\ \delta)$

电磁力公式在数学推导中没有限定位移 x 的正方向，得电磁力为

$$f_{\mathrm{m}} = \frac{\partial W_{\mathrm{m}}(i,\delta)}{\partial \delta} = -\frac{I^2 N^2 \mu_0 A}{2\delta^2}$$

式中的负号表示衔铁所受的电磁力是倾向使气隙缩小的吸引力。

改写上式可得

$$f_{\mathrm{m}} = -\frac{B^2 A}{2\mu_0}$$

或
$$\frac{|f_{\mathrm{m}}|}{A} = \frac{B^2}{2\mu_0} = w_{\mathrm{m}}$$
(8-27)

即衔铁截面上单位面积所受的电磁力大小等于气隙磁能密度。

（2）接在交流电源上，已知线圈的感应电动势 $e = \sqrt{2}E\sin\omega t$。

气隙磁通

$$\phi = -\frac{1}{N}\int e\,\mathrm{d}t = \frac{\sqrt{2}E}{N\omega}\cos\omega t = \psi_{\mathrm{m}}\cos\omega t = B_{\mathrm{m}}A\cos\omega t$$

磁能

$$W_{\mathrm{m}} = \frac{\psi^2}{2\wedge} = \frac{\psi^2 \delta}{2\mu_0 A} = W_{\mathrm{m}}(\psi,\delta)$$

电磁力

$$f_{\mathrm{m}} = -\frac{\partial W_{\mathrm{m}}(\psi,\delta)}{\partial \delta} = -\frac{\psi^2}{2\mu_0 A} = -\frac{B^2 A}{2\mu_0}$$

该式与式（8-27）一致，说明式（8-27）是计算交、直流电磁铁电磁力的普遍公式。忽

略不计线圈电阻 $U \approx E$，则

$$f_{\mathrm{m}} = -\frac{A}{2\mu_0}(B_{\mathrm{m}}\cos\omega t)^2 = -\frac{A}{4\mu_0}B_{\mathrm{m}}^2(1+\cos 2\omega t)$$

$$= -\frac{A}{4\mu_0}\left(\frac{\sqrt{2}E}{AN\omega}\right)^2(1+\cos 2\omega t) \approx -\frac{U^2}{2\mu_0 AN^2\omega^2}(1+\cos 2\omega t)$$

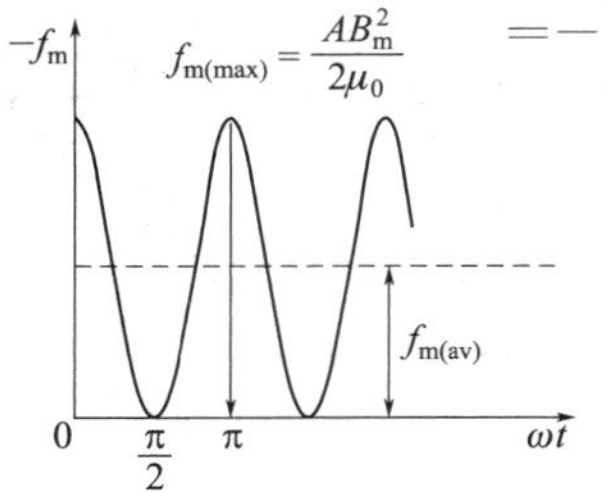

图 8-17　交流电磁
铁的电磁力

可见，交流电磁铁的电磁力 f_{m} 基本与 δ 无关，在时间上以两倍电源频率脉动，引起衔铁的振动，如图 8-17 所示。

平均电磁力为

$$f_{\mathrm{m(av)}} = -\frac{AB_{\mathrm{m}}^2}{4\mu_0} \approx -\frac{U^2}{2\mu_0 AN^2\omega^2}$$

式中的负号表示吸引力。

8.3　核能与电能转化

相较于传统能源，核能（nuclear energy）有着明显的优越性。从 19 世纪末起，有关物质结构的研究开始进入微观领域，科学家对此的探究从未停止。直到 1945 年，才逐渐揭开原子结构的神秘面纱。原子能的释放，向人类展示了原子能中所蕴含的巨大能量的同时，也改变了人们对能源利用的方式。核能作为一种优质的新能源，使得能源结构也发生了相应变化，而且减轻了化石燃料带来的环境污染等问题。同时，核燃料的能量密度远远高于化石燃料，有效减轻了运输和储存的负担，且降低了成本。随着人们利用核能的技术逐渐成熟，能源结构逐渐合理化，人类所面临的石油等不可再生能源储量匮乏的问题也得到相应的缓解。以核能代替化石燃料燃烧用于发电所带来的优势有目共睹，美国、俄罗斯、英国、法国、中国、日本、以色列等国家相继展开对核能的研究应用，将核能视为极具发展前景的能源体系。

8.3.1　核能与电能转化原理

8.3.1.1　常见的核反应

由于原子核内存在着强大的核力，在结构发生变化时，各种核子需要克服核力做功或者核力对外做功，这个过程会伴随着能量的变化。原子核的结构发生变化时释放出的能量叫作核能。核能可通过以下三种核反应之一进行释放：①核裂变（nuclear fission），是将一个质量大的原子（主要指铀核或钚核），分裂成 2 个或多个质量轻的原子核，在裂变中释放出大量的能量并伴随中子辐射；②核聚变（nuclear fusion reaction），是质量轻的原子（主要指氢），在一定条件下（如超高温和高压）聚合成一个质量相对较大的原子，并释放巨大的能量；③核衰变（nuclear decay），是原子核自发射出某种粒子而变为另一种核的过程，是自然进行且速度缓慢的一种裂变形式。它们在科学研究、工业、医学以及其他领域内均有重要应用，例如原子弹或核能发电厂的能量来源就是核裂变。

（1）核裂变

核裂变又称核分裂，只有一些质量非常大的原子核例如铀，才能发生核裂变。原子核在发生核裂变时，释放出巨大的能量称为原子核能，俗称原子能。快速运动的中子撞击不稳定核时，也能触发裂变。以 ^{235}U 的裂变反应为例，不稳定的重核，可以自发裂变，释放大量的核能，并产生质量较轻的 Sr 元素和 Xe 元素，如式（8-28）。

$$^{235}_{92}U + ^{1}_{0}n \longrightarrow ^{90}_{38}Sr + ^{136}_{54}Xe + 10^{1}_{0}n + 1.76 \times 10^{7}eV \tag{8-28}$$

如果将足够数量的放射性物质（一般以 ^{235}U 为主）堆在一起，一个核的自发裂变放出的中子将触发近旁两个或更多重核的裂变，其中每一个至少又触发另外两个核的裂变，依此类推而使裂变不断进行下去产生大量持续的核能，这种反应被称为链式反应。图 8-18 是核裂变链式反应示意图。这便是核武器（比如原子弹）和核电站（主要指核反应堆）的能量释放过程。铀核链式反应应该满足一定的条件，比如能够使核燃料正常发生链式反应的最小体积（即临界体积），相应的质量（即临界质量）^{235}U 的临界质量约为 1kg。链式反应使核能的大规模利用成为可能。其中在核能发电的核反应堆中，链式反应的能量释放过程是受人工方法控制的一个能量缓慢释放的过程。

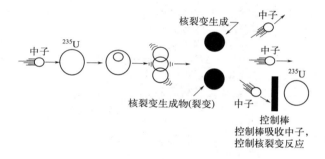

图 8-18　核裂变链式反应示意图

（2）核聚变

自然界中，核聚变在太阳上已持续进行了约 50 亿年。最容易实现的一种聚变反应是氢的同位素——氘与氚的聚变。核聚变不属于化学变化。典型的核聚变反应的示意图如图 8-19 所示。

与核裂变相比，核聚变有两个突出的优点：一是地球上蕴藏的核聚变能远比核裂变能丰富得多。据测算，每升海水中含有 0.03g 氘，经过核聚变释放的能量与 300L 汽油燃烧后释放出的能量相当。地球上的海水中蕴藏着丰富的氘资源，若用于核聚变，其潜在能量巨大，相当于核裂变元素所能释放出的全部核裂变能量的 1000 万倍。虽然自然界中不存在氚，但通过中子与锂原子作用，就可以产生氚，而海水中也含有大量锂。二是既干净又安全。因为核聚变并不会产生污染环境的放射性物

图 8-19　核聚变反应示意图

质，同时受控核聚变反应可在稀薄的气体中持续地稳定进行。

（3）核衰变

典型的核衰变反应是 ^{232}Th 吸收中子后经过两次 β 衰变生成 ^{233}U，

$$^{232}_{90}\text{Th} + ^1_0\text{n} \longrightarrow ^{233}_{90}\text{Th} \xrightarrow{\beta} ^{233}_{91}\text{Pa} \xrightarrow{\beta} ^{233}_{92}\text{U} \tag{8-29}$$

放射性核衰变发出射线的常见类型如下。

① α 衰变。放射性核素射出 α 粒子后变成另一种核素。子核的电荷数比母核减少 2 个单元，质量数比母核减少 4 个单元。粒子的特点是电离能力强，射程短，穿透能力较弱，在云室中留下粗而短的径迹。

② β 衰变。放射性原子核发射电子和中微子转变为另一种核，产物中的电子被称为 β 粒子。特点是电离作用较弱，穿透本领较强，云室中的径迹细而长。

③ γ 射线。γ 射线是一种波长非常短、频率很高的电磁波。电离作用最弱，穿透本领最强，云室中不留痕迹。

例 8-2 静止的锂核 $^5_3$Li 在俘获一个中子后，生成一个氚核和一个 α 粒子，并释放 4.8MeV 的能量。（1）写出核反应方程式；（2）计算反应过程中的质量亏损。

解答：（1）核反应方程式 $^5_3\text{Li} + ^1_0\text{n} \longrightarrow ^3_1\text{H} + ^4_2\text{He}$

（2）由质能方程 $\Delta E = \Delta mc^2$ 得

$$\begin{aligned}
\Delta m &= \frac{\Delta E}{c^2} \\
&= \frac{4.8 \times 10^6 \times 1.6 \times 10^{-19}}{(3.0 \times 10^8)^2}(\text{kg}) \\
&= 8.53 \times 10^{-30}(\text{kg})
\end{aligned}$$

8.3.1.2　核能与电能转化

实现可控的链式反应是核能发电的前提，裂变主要由中子引起，其问题的关键就是如何获得大量中子从而引起新的核裂变使得裂变反应持续进行。在这个过程中，中子引起重元素（如 ^{235}U 等）分裂成两个碎片，同时放出中子以保证裂变的持续进行，并在这个过程中伴随着大量能量的释放。

核能发电过程是利用核反应堆中核裂变材料所释放出的热能进行发电的过程。与火力发电极其相似，但其优越性极为明显：①核燃料的能量密度高。1kg ^{235}U 裂变所产生的能量大约相当于 2500 吨标准煤燃烧所释放的热量。②污染少，利于生态保护。核能发电不会排放大量的污染物到大气中，也不会产生二氧化碳加重温室效应。③成本低。核能的原料成本低，同时可以节省燃料在运输和储存上的成本。二者的差异仅在于，核能发电是用核反应堆及蒸汽发生器来代替火力发电的锅炉，以特殊形式"燃烧"产生热量。之后的过程都是将水加热而产生蒸汽，然后利用产生的水蒸气推动蒸汽轮机并带动发电机。在这个过程中，发生能量转化的过程为：核能→水和水蒸气的内能→发电机转子的机械能→电能。能量的转变是由核裂变能取代燃料的化学能。核反应所放出的热量较燃烧化石燃料所放出的能量要高很多，所以需要的燃料体积比火力发电所需的燃料体积要小得多。

核电站是利用核反应堆中的核分裂或核融合反应所释放的能量加热工质产生电能的发电厂，火电站是通过锅炉中化石燃料的燃烧加热工质。由于发电原理极其相似，因此核电站与火电站在建设上大同小异。二者的差异主要在于核反应堆。核反应堆，又称为原子反应堆或反应堆，是装配了核燃料以实现大规模可控制裂变链式反应的装置。现在反应堆的类型有压水堆、沸水堆、重水堆、石墨气冷堆等。沸水堆是一回路的冷却剂通过堆芯加热变成 70 个大气压左右的饱和蒸汽，经汽水分离并干燥后直接推动汽轮机旋转，进而带动发电机旋转做功产生电能。除沸水堆外，轻水堆等其他类型的动力堆都是利用一回路的冷却剂通过堆芯加热在蒸汽发生器中将热量传给二回路或三回路的水，然后形成蒸汽推动汽轮发电机。

核反应堆的组成包括：核燃料、慢化剂、控制棒、冷却剂、屏蔽层。

（1）核燃料

核燃料指在核反应堆中通过核裂变或核聚变产生实用核能的材料。重核裂变和轻核聚变是两种获得实用铀棒核能的方式。现大量用于建造核反应堆的燃料主要是重核核裂变，如 ^{235}U 和 ^{239}Pu，轻核核聚变燃料如氘（^{2}H）、氚（^{3}H）用得很少。根据不同的堆型，核燃料可分为金属（包括合金）燃料、陶瓷燃料、弥散体燃料和流体燃料。

核燃料在反应堆中发生链式反应，这个过程应该满足以下要求：①核燃料与包壳材料良好相容且与冷却剂无强烈的化学作用；②具有高的熔点和热导率；③辐照稳定性好；④制造容易，再处理简单。

同一般的火力发电相比，核燃料使用过后的产物具有极强的放射性且存在发生核临界的危险，因此应当得到妥善的处理。产物一般是裂变产物、铀、钚等的混合物，需要通过复杂的化学分离纯化过程对其进行后处理。目前各国普遍使用的是以磷酸三丁酯为萃取剂的萃取法，即普雷克斯流程。为防止核临界，通常将设备置于具有重混凝土防护墙的设备室中。

（2）慢化剂

慢化剂又称中子减速剂，用于减慢中子的运动速度，即减少中子能量，使之成为中能中子。在一般情况下，可裂变核发射的中子飞行速度比其被捕获的中子速度要快，因此慢化剂对维持核反应堆的链式反应具有重要作用。慢化剂的选择应该考虑以下几个因素：①核特性，即良好的慢化性能和尽可能小的宏观吸收截面和大的中子宏观散射截面；②价格；③机械特性；④辐照稳定性。通常分为固体慢化剂和液体慢化剂两种。固体慢化剂中常用的为石墨，石墨价格便宜，具有良好的慢化性能和加工性能及小的中子俘获截面。水具有良好的热物理性能，价廉，且需泵送的功率小，因此常被用作慢化剂和冷却剂。液体慢化剂中常用的是重水，重水性能优良，但因价格昂贵限制其发展。

（3）控制棒

为了控制链式反应的速率，将吸收中子的材料做成吸收棒，称为控制棒或安全棒。高速中子会大量飞散，为了使反应堆按照一定计划运行，需要减速中子而增加其与原子核碰撞的机会。在这个过程中，控制棒起着补偿和调节中子反应速率以及紧急停堆终止反应的作用。控制棒的材料应该具有大的热中子吸收截面和小的散射截面；在吸收中子后产生的新同位素仍具有大的热中子吸收截面；具有很长的使用寿命等。核电站常用的控制棒材料有钢、银铟镉合金等。

（4）冷却剂

冷却剂是把反应堆堆芯燃料裂变释放的能量带出反应堆的介质，避免反应堆过热而烧毁。链式反应会产生大量热量，由主循环泵驱动将热量带走传给二回路中的工质，产生高温高压蒸汽驱动汽轮发电机发电。冷却剂是唯一既在堆芯内工作又在堆芯外工作的一种反应堆成分。应当注意的是大多数流体以及内部的杂质在中子辐照下将带有放射性，因此冷却剂需要用耐辐照的材料包容起来，用耐射线的材料进行屏蔽。理想的冷却剂应在高温和高中子通量场中稳定，具有优良的慢化剂核特性，同时有较大的传热系数和热容量，高密度和低黏度，出色的抗氧化性以及感生放射性弱。冷却剂可分为液体冷却剂和气体冷却剂两种。前者包括水（轻水、重水）、碳氢化合物、液态金属（钠、钾）和低熔点的熔盐等。轻水在价格、处理和活化方面都有优势，也是压水堆核电站普遍采用的慢化剂兼冷却剂，但热特性一般。重水虽然是优良的冷却剂和慢化剂，但价格昂贵。液态钠的热物理性能好，但是对热中子吸收截面大，主要用于中子堆。钠钾合金主要用于空间动力堆，具有大的热容量和良好的传热性能。气体冷却剂包括二氧化碳、氢气。虽然气体冷却剂具有许多优点，但对系统密封性要求高，需要较高的循环泵功率。

（5）屏蔽层

反应堆运行时，会向四周辐射大量的中子、γ射线和热辐射，即使停止运行也会向周围放出γ射线。为了避免辐射，必须在反应堆和辅助设备周围设置屏蔽层。中子屏蔽通常用具有较大中子俘获截面元素的材料，比如含硼，有时是浓缩的^{10}B。有些屏蔽材料俘获中子后放射出γ射线，因此在中子屏蔽外要有一层γ射线屏蔽。屏蔽γ射线通常会选择钢、铅、普通混凝土和重凝土。铅的屏蔽厚度较小，混凝土具有较大的屏蔽厚度。除此之外，γ射线强度很高，被屏蔽体吸收后会产生大量热量，因此需要在紧靠反应堆的射线屏蔽层中设冷却水管以带走热量。通常在反应堆堆心和压力壳之间也设有热屏蔽，以减少中子引起的压力壳辐照损伤和射线引起的压力壳发热。设计屏蔽层所达到的效果为将辐射减到人类允许剂量水平以下。核电站除了关键设备核反应堆外，还有许多与之配合的重要设备。以压水堆核电站为例，这些重要设备包括主泵、稳压器、蒸汽发生器、安全壳、汽轮发电机和危急冷却系统等。

8.3.2 核电站原理

8.3.2.1 核电站发展的四个历程

1954年，苏联奥布宁斯克核电站的并网发电，拉开了人类利用核能发电的序幕。

一代（试验起步阶段，1961～1968年）：核电站的开发与建设开始于20世纪50年代。1954年6月，苏联建成世界上第一座核电机组——5000kW石墨水冷堆奥布宁斯克核电站；法国和英国在1956年也各建成一台石墨气冷堆机组；1957年，美国建成用于发电的60MW压水堆。虽然，第一代核电站具有较大规模的反应堆，期望获得高的热效率，但是由于技术水平的局限性、投资费用高以及安全性等方面的挑战，第一代反应堆的功率通常较低。

二代（发展阶段，1969～1988年）：这一阶段核电技术趋于成熟，拥有核电站的国家逐年增加。特别是1973～1974年的石油危机将世界核电的发展推向高潮。在试验性和原型核电机组基础上，陆续建成电功率在30万千瓦以上的压水堆、沸水堆、重水堆等核电机组。

第二代核电站证明了核能发电技术的可行性，与火电、水电相比非常有竞争力。

三代（缓慢发展阶段，1989～2000年）：20世纪90年代，三哩岛和切尔诺贝利核电站发生严重事故，这也使得世界核电界集中力量研究和攻关核事故问题。美国和欧洲先后出台"先进轻水堆用户要求"文件和"欧洲用户对轻水堆核电站的要求"文件，国际上通常把满足这两份文件之一的核电机组称为第三代核电机组。第三代核电技术问世以后，受到全球核电用户的普遍关注，包括中国在内已经选用或准备选用更安全、更经济的第三代核电技术进行新的核电机组建设。

四代（复苏发展阶段，2001年至今）：第四代核能利用系统指快中子反应堆技术，不使用铀燃料而改用^{239}Pu作燃料。换言之，在堆芯燃料^{239}Pu的外围再生区里放置^{238}U，^{239}Pu发生裂变反应时放出来的快中子，被装在外围再生区的^{238}U吸收，^{238}U就会很快变成^{239}Pu。这样的设计不仅提高能量的产生效率，而且充分利用核废料——^{238}U，因而核废料问题将得到有效解决。因此，从安全性和经济性方面来看，第四代核电更加优越，废物量极少，无需厂外应急，并具有防核扩散能力的核能利用系统，预计到2030年实现商业化。

8.3.2.2 轻水堆核电站原理

从在运核电机组数量上看，轻水堆与重水堆占绝大多数，其中轻水堆占比达82%，重水堆占比为11%。比例最高、最具竞争力的轻水堆包括压水堆和沸水堆。现对其运行原理进行介绍。

（1）压水堆核电站

压水堆核电站的回路包括：一回路为反应堆冷却剂系统，由反应堆堆芯、主冷却剂泵、稳压器和蒸汽发生器等组成。二回路由蒸汽发生器、水泵、汽水分离器、汽轮机、凝汽器等组成。示意图如图8-20，经过蒸汽发生器，一回路、二回路进行热量交换。核裂变产生的热量由一回路带到蒸汽发生器，从而将二回路的水加热成饱和蒸汽，蒸汽经汽水分离器分离后送入汽轮机做功，此时由热能转变成机械能，汽轮机带动发电机发电。汽轮机分为高压缸和低压缸，蒸汽先在高压缸做功，然后从高压缸排出，经再热器加热提高温度后，再进入低压缸继续做功。低压缸排出的低压蒸汽在凝汽器中冷却成凝结水，经水泵送回蒸汽发生器再被加热成蒸汽，进行下一个循环。

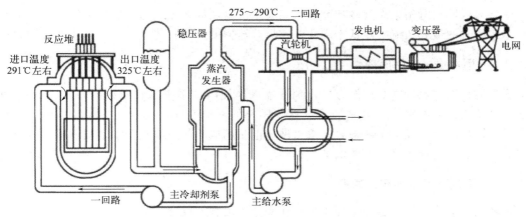

图 8-20　压水堆核电站系统示意图

一回路系统和二回路系统相互隔绝，万一燃料元件出现包壳破损的情况，只有一回路的水的放射性增加，二回路中水的品质不会受到影响，从而提高了核电站的安全性。

（2）沸水堆核电站

与压水堆核电站相比，沸水堆核电站取消了蒸汽发生器，只有一个回路，示意图为图8-21。冷却剂从堆芯下部进入，在进入堆芯上部的过程中，获取沸水堆核燃料裂变产生的热量汽化变成汽水混合物。蒸汽经汽水分离，干蒸汽进入汽轮机做功带动发电机发电。做功后的蒸汽排入冷凝器进行冷却后变成凝结水，重新送入回路再进行下一次循环。沸水堆核电站的工作压力约为7MPa，蒸汽温度为285℃。

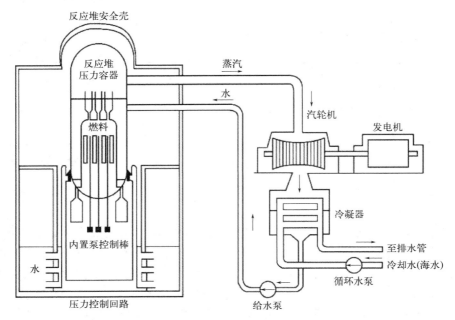

图 8-21　沸水堆核电站系统示意图

与压水堆核电站相比，虽然沸水堆核电站的系统相对简单，但沸水堆核电站的水蒸气带有放射性，因此需要对该部分屏蔽，从而增加了发电系统检修的复杂性。

由于沸水堆核电站中作为冷却剂的水会发生沸腾，故在设计沸水堆核电站时，一定要保证堆芯运行时的最大热流密度低于沸腾的临界热流密度，防止传热恶化，致使堆芯烧毁。

8.3.2.3　重水堆核电站原理

重水堆是以重水（D_2O）作为慢化剂。重水堆核电站系统示意图如图8-22所示。与轻水堆核电站相比，重水堆核电站的优点在于燃料的适应性强，缺点是重水堆体积大、造价高。因此，从运行的经济角度来看，重水堆核电站的成本效益低于轻水堆核电站。所以重水堆核电站的实际数量比轻水堆核电站少得多。

8.3.2.4　石墨气冷堆核电站原理

石墨气冷堆以二氧化碳或氮气作为冷却剂。根据它发展的三个阶段，分为天然铀石墨气冷堆、改进型气冷堆和高温气冷堆等三种堆型，分别对其原理进行介绍。

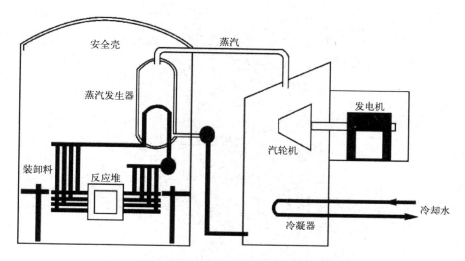

图 8-22　重水堆核电站系统示意图

（1）天然铀石墨气冷堆核电站

天然铀石墨气冷堆是英国、法国两国为商用核能发电建造的堆型之一，核电站以天然铀为燃料，石墨为慢化剂，二氧化碳为冷却剂。

天然铀石墨气冷堆的堆芯大致为圆柱形，由很多正六角形棱柱的石墨块堆砌而成，正六角形中有许多孔道，以便冷却剂把热量带出堆芯。堆芯中的热气体，经蒸汽发生器将热量传给二回路的水，产生的蒸汽对汽轮机做功，带动发电机发电。冷却剂气体放热后温度下降，借助循环回路再回到堆芯吸热，进行下一个循环。

这种石墨气冷堆的主要优点是以天然铀为燃料，缺点是功率密度小、天然铀消耗量大、反应堆体积大、造价高。英国和法国现均已停建这种堆型的核电站。

（2）改进型气冷堆核电站

改进型气冷堆是在原有的石墨气冷堆的基础上进行改进。冷却剂仍为二氧化碳，对蒸汽条件进行调整，以提高气体冷却剂的最大允许温度，出口温度达 $670℃$。慢化剂为石墨，而燃料改用浓度为 $2\%\sim3\%$ 的 ^{235}U。

改进型气冷堆的堆芯结构与天然铀气冷堆类似，但蒸汽发生器布置在反应堆四周，并用混凝土压力壳包容。它的蒸汽条件追平了新型火电厂的水平，其热效率也可与之相比。

（3）高温气冷堆核电站

高温气冷堆以石墨为慢化剂，冷却剂采用氦气，循环方案如图 8-23，出口温度可达 $750℃$ 以上，燃料采用陶瓷型涂敷颗粒。颗粒燃料是以直径 $200\sim400\mu m$ 的氧化铀或碳化铀为堆芯，在其外面涂敷 $2\sim3$ 层热解碳或碳化硅，然后将接近于 $1mm$ 的燃料颗粒弥散在石墨基体中压制成燃料元件。

高温气冷堆具有良好的安全性，可以在发生事故时自动停堆，缓慢升温，不发生堆芯熔化，同时在运行和维修时放射性低；其次，燃料循环比较灵活，可以使用高浓度铀＋钍或低浓度铀作为燃料；最后，高温气冷堆核电机组热效率高，可达 40% 以上。

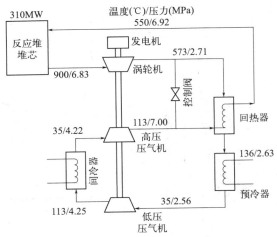

图 8-23　高温气冷堆氮气透平直接循环方案

8.4　其他能量间接转化过程

8.4.1　风能与电能的转化

太阳对地球表面照射不同而产生的温差引起大气中压力分布不平衡，发生对流运动形成风产生的动能为风能。因此，风能的实质是太阳能的一种转化形式。风能储量大，是一种清洁的、可再生的能源。风能的大小取决于风速和空气密度，空气流动速度越大，风能越大。据估计，到达地球的太阳能中大约只有2%转化成风能，但其总量却十分可观，约为2.74×10^{12}MW，理论上若仅1%的风能被开发利用，便可满足全世界的能源需求。

全球风能资源丰富。人们对风能的利用主要分为两种形式，即以风能作为动力和风力发电，其中以风力发电为主。19世纪末，第一台风力发电机组于丹麦问世，单机功率为5～25kW。随后，德国、荷兰、丹麦、美国等国家也纷纷投入对风力发电技术的研究，根据自身国家的情况制定了相应的风力发电计划。到现在为止，风力发电正进入一个迅速扩张的阶段，被公认为是世界上最接近商业化的可再生能源技术之一，也是最有可能大规模发展的能源之一。我国从20世纪80年代研制出大型风力发电机组开始也逐渐加大对风能的投入力度。在2011年，全国风电上网电量达约800亿千瓦时，可满足约4700万户居民一年的用电需求。2018年末，并网风电装机容量达1.8426亿千瓦。我国逐渐发展海上风电，2021年底，国内多个海上项目迎来集中并网，新增海上风电装机容量约13.4GW，占全球四分之三。

风力发电的工作过程：利用风力产生的动能带动风车叶片转动，然后促进发电机将动能转化为电能，电能通过电气设备送到电力系统。依据风车技术，即使微风速度（约3m/s）便可以开始发电。风力发电机一般由风轮、发电机、调向器（尾翼）、塔架和传动装置等构成，如图8-24，大型风力发电系统还有自控系统。

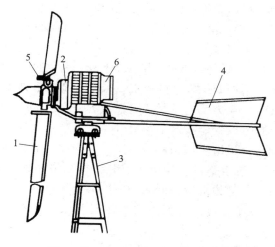

图 8-24　大型风力发电机基本构成
1—风轮（集风装置）；2—传动装置；3—塔架；4—调向器（尾翼）；
5—限速调速装置；6—做功装置（发电机）

风轮从风中吸收的功率可以用公式（8-30）表示，风的功率与速度的三次方成正比。与飞机螺旋桨将能量投入空气中不同，风力发电机的风轮是从空气中吸收能量的。所以当风速增加一倍时，风轮从气流中吸收的能量增加八倍。表 8-3 列出了各种形式风力发电机的全效率。

$$P = \frac{1}{2} C_{\mathrm{P}} A \rho v^3 \tag{8-30}$$

$$A = \pi R^2$$

式中，P 为风轮输出的功率；C_{P} 为风轮的输出系数；A 为风轮扫掠面积；ρ 为空气密度；v 为风速；R 为风轮半径。

表 8-3　不同形式风力发电机的全效率

风轮形式	全效率
阻力型垂直轴风力机（平板式）	不超过 12%
阻力型垂直轴风力机（风杯式）	不超过 7%
阻力型垂直轴风力机（S 形）	不超过 25%
升力型垂直轴风力机	15%～30%
多叶片风轮水平轴风力机	10%～30%
扭曲叶片风轮水平轴风力机（1～10kW）	15%～35%
扭曲叶片风轮水平轴风力机（10～100kW）	30%～45%
扭曲叶片风轮水平轴风力机（100kW 以上）	35%～50%

风力发电机可大致分为水平轴风力发电机和垂直轴风力发电机。风能发电的形式主要有以下三种：①独立运行；②风力发电与其他发电方式相结合；③风力并网发电。

风能蕴含能量丰富，取之不尽，用之不竭，且分布广泛，只要有太阳在，就能源源不断地形成风，风能可以就地取材，无须运输。但是风能的含能量极低，由于风能来源于空气流动，它的能量密度仅为 $0.02kW/m^2$（速度为 3m/s 时）。就能源的利用而言，风能的随机性和间歇性却给它的利用带来了诸多不便。气流瞬息万变，风能因地域不同、地势不同、时间不同而具有波动，因此大规模风电并网给电力系统带来一系列挑战，例如，由于电网承受扰动能力有限，难以消纳超过电网容纳能力的风能；风电的随机性使得风电对电网系统的稳定运行构成威胁。就目前而言，风力发电主要建立在边远地区。

随着风力发电的制造技术及控制技术不断提升，风电产业展现出广阔的发展前景，装机容量连年增长，并且有向海上风电领域拓展的趋势。基于此，业界预计：

① 机组容量持续增长。机组单机容量增大有利于提高风能利用效率，降低成本和占地面积，进一步实现风力发电的规模效应，同时为后期海上风电建设奠定基础。

② 结构设计向紧凑、轻盈化过渡。为了便于运输和安装，机组在设计上应该向轻量、体积小发展。

③ 启动性能好、输出功率稳定的风力发电技术逐渐成为主流。

④ 直驱式无齿轮箱可有效提高系统的运行可靠性和延长寿命，降低由于维护齿轮箱问题而造成的机组故障的成本，因此其市场份额将会逐渐增大。

⑤ 风电机将从恒速运行方式逐渐向变速运行过渡，随风速变化。

⑥ 关键部件的性能逐渐提高，机组运行引入人工智能控制技术。

⑦ 由于陆上风力发电可能带来的一些问题，例如占用大量土地、发出庞大噪声等，海上发电具有广阔的发展前景，并且海上风能是陆地的 3 倍。

⑧ 风力发电的成本及维护费用将大幅度降低。

8.4.2 海洋能与电能的转化

水作为生命之源，不仅可以被直接利用，也可以作为能量的载体。水能作为一种可再生能源，是清洁、绿色的能源，指水体的动能、势能和压力能等能量资源。狭义上的水能指河流的水能资源。广义上的水能资源包括河流水能、潮汐水能、海洋能和沙能等能量资源。

海洋，占据了地球的 70.9%，是一个具有巨大能量的宝库，也是具有战略意义的开发领域。海洋能是指海水自身所具有的动能、势能和热能，其主要存在形式包括潮汐能、波浪能、潮流（海流）能以及海水盐差、温差能等。其中，转化电力的方式主要包括潮汐能发电、波浪能发电、潮流能发电和温差能发电等。

（1）潮汐能发电

海面的上下运动为潮汐，水平运动则为潮流，潮汐潮流的运动是月球和太阳的引力形成的，蕴藏着可观的能量。潮汐能具有动能和位能两个方面。潮汐能发电是利用水位差所具有的位能来发电，通常潮差在 5m 以上，即潮水涨落产生的水位差所具有的位能变为机械能，再把机械能转变为电能的过程。具体来说，潮汐能发电就是利用在海湾或有潮汐的河口建造拦水堤坝，将海湾或河口与海洋隔开形成水库，然后在坝内或坝房安装水轮发电机组（图8-25），利用潮汐涨落时外海与水库间形成的水位差，使海水通过水轮机时推动水轮发电机组进行发电。

潮汐能发电形式主要有 3 种：①单池单向发电，即利用落潮发电。涨潮时海水充满蓄水池，落潮时潮水驱动水轮机进行发电。②单池双向发电，即落潮和涨潮都发电，沿两个水流

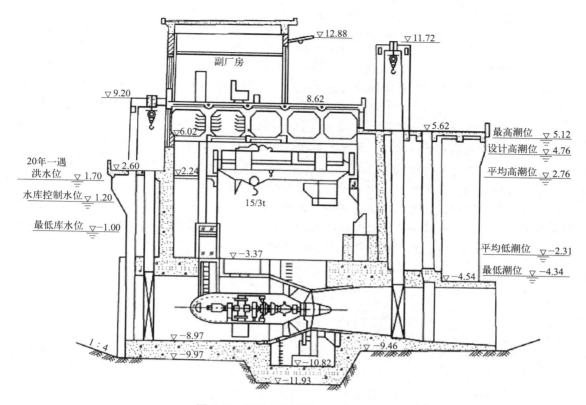

图 8-25　江夏潮汐电站厂房横剖面图

方向均可发电，只是在水库内外水位相平即平潮时不能发电。③双池双向发电，此时备有上、下2个蓄水池，发电机组则置于两池之间，落潮时利用上下两池之间的水位差来发电，两个单库配对使用，相互补充，更加灵活，由于可以连续发电，其效率也得到了大大提高。目前，主要通过水轮机优化设计提高潮汐电站水轮机效率，如调节水轮机灯泡比、导叶和桨叶翼型等。

　　潮汐能发电是从20世纪50年代才开始的，到现在，先后共建设100多座潮汐电站，完成了对多个百万千瓦级潮汐电站的研究，是海洋能利用技术中最为成熟且应用规模最大的一种。最大的潮汐发电站——法国朗斯河口发电站于1967年竣工，实现24万千瓦的装机总容量。目前，在我国沿海一带也建成了潮汐电站。1980年建成的世界上最大的一座双向潮汐电站，总装机容量达3200kW。潮汐能发电技术是一项潜力巨大的技术，有诸多优点，但成本因素仍是制约潮汐能发展的主要因素。

（2）波浪能发电

　　海流亦称洋流，宽度最高可达几百海里（1海里＝1.852千米），长度可至数千海里，深度约几百米，流速通常为1~2海里/时。波浪发电的发电过程是将波力转换为压缩空气，从而驱动发电机发电。波浪上升时将空气室中的空气压上去，被压的空气通过正压水阀室进入气缸，驱动空气透平发电机产生电能。一般分为三个阶段：吸能阶段、能量传递阶段、发电机系统。波浪能发电可应用于海上波力发电浮航标系统，如浮标灯和岸标灯塔。因为一般航标在波浪大的地方难以人工实现，因此波浪能发电在这一方面具有很大优势，目前波力航标成本已大大降低，具有广阔的发展前景。除此之外，还有波力发电船、岸式波力发电站等。

（3）温差能发电

海水可以吸收太阳辐射到地球的大部分能量，随着深度增大水温逐渐降低，当海洋表层温度在25～30℃时，水下400～700m的深层海水温度只有5～10℃。由于水是地球上热容量最大的物质，因此海洋表层和深层的温度都保持恒定。温差能发电过程是利用二者的温差——海水表面的温海水加热、汽化低沸点物质驱动汽轮机发电，然后再利用冷海水使之冷凝成液态。同潮汐能与波浪能发电不同，海洋温差能发电可以提供稳定的电力。同时它的运行与维护费用低，工作寿命长。发电过程不排放任何废物，而且也可以实现无限期工作。但是经研究发现，这种发电技术可能会对附近的海洋环境产生影响，虽然相对核电站或其他燃料电站的影响要小，但是也不排除对海洋生物产生潜在毒害的影响。温差能发电的方式大概有三种：闭式循环系统、开式循环系统和混合式循环系统（图8-26～图8-28）。

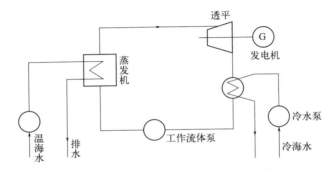

图8-26　闭式循环海洋温差能发电系统

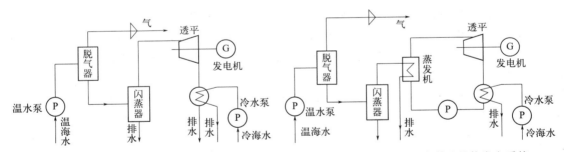

图8-27　开式循环海洋温差能发电系统　　　　图8-28　混合式循环海洋温差能发电系统

其中，闭式循环技术最接近商业化应用。闭式循环技术通过水浆将氨或氟利昂等低沸点工作介质打入蒸发器内，利用表层的温海水加热蒸发，介质蒸汽作为工质，经加压打入汽轮机，驱动发电机发电。深层的冷海水可以将从汽轮机排出的工质蒸汽冷凝，之后再蒸发，如此反复循环。由于这些工质是在闭合的系统中循环的，所以称作闭式循环。海水温差能发电功率的表达式如下

$$P = \eta_c c G \Delta T \tag{8-31}$$

式中，η_c为卡诺循环热效率；c为海水比热容；G为流量；ΔT为发电设备的进口温度和出口温度的差值。

海洋能是依附于海水的一种清洁、可再生的新兴能源。海洋能具备以下几方面特点：①作为广义水能的一种，海洋能同水能一样，总水体蕴藏量大，但是能量密度低。②海洋能来源于太阳辐射和天体间的万有引力，属于可再生能源。③海洋能的开发对环境污染小。④海洋能中包含着较稳定与不稳定能源。因此目前世界上对海洋能的开发都呈现加紧的态势。但由于海洋环境恶劣，相比于光伏发电、风力发电等系统，海洋能的发展受到了一定的阻碍。未来各国将加强合作，积极推进世界海洋能发展，海洋能将向着大型化、综合化利用的趋势发展。

8.5 混合能量存储原理

8.5.1 混合储能的提出

储能技术，即能量储存，指利用化学或者物理的方法，通过一种介质或者设备，把一种能量形式用同一种或者转化成另一种能量形式存储起来，基于未来应用需要以特定能量形式释放出来的一系列技术和措施。储能技术多种多样，按照技术原理分类，储能技术可以分为物理储能（如抽水蓄能、压缩空气储能和飞轮储能等）、电磁储能（如超导电磁储能和超级电容器等）、化学储能（如铅酸电池、氧化还原液流电池、钠硫电池和锂离子电池等二次电池）以及蓄热和蓄冷相变储能等。各类储能技术分类及其优缺点如表8-4所示。按照各种储能技术的特点，储能技术可分为容量型储能和功率型储能。功率型储能如超级电容器、飞轮储能、超导电磁储能等具有响应速度快、功率密度大、循环寿命长等优势，适合于需要提供短时较大脉冲功率的场合，如应对电压暂降和瞬时停电、提高用户的用电质量、抑制电力系统低频振荡、提高系统稳定性等。容量型储能如蓄电池、压缩空气储能、抽水蓄能等释能时间长、容量密度大，但功率响应速度相对较慢并且不适合频繁、快速地充放电，故适合于系统调峰、大型应急电源、可再生能源并入等大规模、大容量的应用场合。

表 8-4 各类储能技术分类及其优缺点

储能技术类型		优点	缺点
物理储能	抽水蓄能	规模大，效率较高，技术成熟	地理位置受限制，工程投资较高
	压缩空气储能	规模大，能量密度大，运行成本低	对场地要求较高，响应慢，一次投资费用较高
	飞轮储能	功率密度高，效率高，寿命长，瞬时功率大，响应速度快，安全性能好，环境污染小，不受地理环境影响	能量密度较低，系统复杂，保证系统安全性方面费用高
电磁储能	超导电磁储能	响应速度快，储能效率较高，比容量/比功率大，寿命长，维护简单	系统复杂、造价较高
	超级电容器	功率密度高，循环寿命长，充放电效率高，低温性能好	能量密度较低，成本较高

储能技术类型		优点	缺点
化学储能	铅酸电池	价格低廉，抗滥用性能好，适用范围广	能量密度低，功率密度低，循环寿命较短，环保性差
	锂离子电池	能量密度高，功率密度中等，循环寿命较长，充放电效率较高	耐过充/放电性能差，低温性能较差，电池管理系统复杂
	液流电池	存储容量大，充放电功率可定制化设计，安全性好，易于组合，应用领域广	效率较低，设备成本较高
	钠硫电池	存储容量大，充放电效率高，充放电功率可定制化设计，安全性好，应用领域广	需工作在高温环境，电池材料易燃易爆，生产工艺复杂

　　每种储能技术在工作寿命、性能、成本方面都有其独特的性能和优点，同时也存在不足。单一储能技术不能同时提供所有功能要求，如能量密度、功率密度、放电倍率、循环寿命等。也就是说，不存在单一的储能解决方案可以适合每个电网级应用。但为了实现储能系统的动力性、持久性和可靠性，并发挥多种储能技术的优势，混合储能系统（hybrid energy storage system）应运而生。

　　混合储能系统是指几种不同类型的储能系统的混合应用，是将两种或多种类型的储能系统组合在一起形成一个单一的储能系统。混合储能系统将不同技术组合到整个储能系统中，通过优化能量存储和传递的特征需求，以获取最大收益，从而确保所使用储能技术达到最佳性能，从而贴切地满足客户的个性化需求。混合储能系统为降低成本提供了途径，两个或多个储能系统可以共享大部分相同的电力电子和电网连接硬件设备，从而降低前期和维护成本。与混合储能系统相配套的能源管理系统通过对温度控制系统、通风系统和监测系统的控制，智能地运行储能系统中的每个部件，使混合储能系统能量损失最低，实现能量经济利用。

　　针对各种储能技术不同的特性，国内外的研究学者对混合储能技术做了大量的研究。总结来看，混合储能系统类型可以分为短期储能和长期储能，如图 8-29 所示。短期混合储能主要有：蓄电池和燃料电池混合储能、蓄电池与超级电容混合系统、蓄电池和飞轮储能，以及蓄电池、超级电容和燃料电池混合储能等；长期混合储能类型主要有：压缩空气储能与超级电容混合系统、压缩空气储能与蓄电池混合、压缩空气储能与蓄电池和超级电容多元复合储能系统、抽水蓄能与压缩空气储能耦合系统以及重力储能和抽水蓄能耦合系统等。这些混合储能系统主要是将单个储能的功率密度、容量密度、响应时间、循环寿命以及成本等重要性能优势组合，以发挥每种储能在某方面的突出优势。

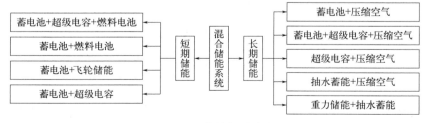

图 8-29　混合储能系统类型

8.5.2　混合储能系统

在混合储能系统的研究中，关于蓄电池和超级电容混合系统的研究最多。混合储能系统通常是能量型储能和功率型储能的混合使用，其目的是综合二者各自的优势，弥补缺陷，以获得更优的性能。蓄电池作为能量型储能的代表器件，具有能量密度大、存储电能较多的优势，但也存在多次大功率循环充放电会影响寿命的不足；与之相比，超级电容是功率型储能的代表器件，能够快速、频繁地进行大倍率充放电，且不涉及化学反应，功率密度大、内阻较低、响应速度快、循环寿命长、温度范围宽，但储能容量较小。将蓄电池和超级电容器这两类性能互补的储能元件组成混合储能系统，分别负责响应功率波动中的稳态和瞬态分量，通过系统集成优化设计和高效管理，充分发挥两种储能元件的优势，实现优势互补，能够在不增加电池数量的前提下有效提升储能系统的功率输出能力，同时减轻不良工况对电池健康的影响，显著延长电池循环寿命。由此构成的混合储能系统更能同时满足微网对于稳定功率补偿和快速波动响应的需求，兼顾高能量密度和高功率密度的应用要求，大幅提升储能系统的整体技术性能和经济性。1997 年，荷兰 Delft 大学实验室首次将蓄电池-超级电容混合储能系统引入由热能、风能、太阳能构成的分布式发电系统中，验证了混合储能在发电系统中应用的可行性。美国南加州大学 R. A. Dougal 等于 2002 年首次提出蓄电池-超级电容混合储能系统的概念，给出这种结构可以有效发挥两种储能技术优势并有效延长蓄电池寿命的理论证明。此后，混合储能系统在分布式发电和微电网中的应用成为学者们研究的热点。

蓄电池-超级电容混合储能系统由蓄电池、超级电容和双向 DC/DC 变换器三部分组成，根据双向 DC/DC 变换器的位置以及三部分连接方式的不同，可将蓄电池-超级电容混合储能系统的结构分为无源式、半有源式和有源式三大类。它们能根据能量传递、储存及现实情况的需要，通过不同的配置达到用户所需的要求。

（1）无源式蓄电池-超级电容混合储能系统

无源式混合储能系统是将超级电容器与蓄电池通过无源器件连接，如电感、二极管等，蓄电池-超级电容混合储能系统的无源式结构如图 8-30 所示。无源器件的工作特性决定了超级电容与蓄电池之间的能量流动过程。蓄电池和超级电容直接并联，不经过双向 DC/DC 变换器直接连接到外部系统，构成直接并联混合储能系统［图 8-30（a）］。该结构的优点是结构简单、元器件较少、对系统的控制算法相对容易，但由于没有双向 DC/DC 变换器，无法对蓄电池和超级电容的充放电进行控制。在实际应用中，要求蓄电池和超级电容的电压和容量要与负载端严格匹配。无源式结构维持系统稳定效果较差，储能器件不能得到充分利用。蓄电池和超级电容均直接连接到外部系统，当外部系统的负载发生突变时，蓄电池的充放电电流会发生快速变化，从而将会大大降低蓄电池的使用寿命。

中国科学院电工研究所唐西胜等以直接并联电路结构为基础，提出了一种通过电感互联的超级电容与蓄电池并联结构，称为电感并联混合储能系统，结构如图 8-30（b）所示。该系统中，在蓄电池前增加了一个电感器，而超级电容器的接入方式不变，直接与负载相连接。该系统的优点是因为加入了电感器，降低了蓄电池的放电电流波纹，输出电流得到优化，提高了蓄电池的工作效率和系统的储能效率，输出功率也得到增强。缺点是不能灵活地对系统进行配置，在储能系统放电时，会对负载的电压造成不良影响等。与直接并联混合储能系统一样，该混合系统结构同样不能使超级电容容量被充分利用。

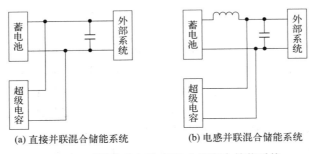

(a) 直接并联混合储能系统   (b) 电感并联混合储能系统

图 8-30　无源式蓄电池-超级电容混合储能系统

（2）半有源式蓄电池-超级电容混合储能系统

蓄电池-超级电容混合储能的半有源式结构如图 8-31 所示。该结构有两种连接方法，一种是蓄电池与双向 DC/DC 变换器连接后与超级电容并联 [图 8-31 （a）]。该连接方式可弥补蓄电池充放电电路的不足，可以对蓄电池的充放电电流进行控制，防止蓄电池充放电电流激增，有助于延长其循环寿命，同时超级电容容量也可得到充分利用。但此连接结构无法对超级电容的电流进行控制，若超级电容的容量较低，当负载发生剧烈变化时，超级电容的电压也会发生剧烈变化，从而影响外部系统的端电压。

另一种是超级电容与双向 DC/DC 变换器连接后与蓄电池并联，该连接方式可以对超级电容的充放电电流进行控制，但无法对蓄电池的电流进行控制 [图 8-31 （b）]。由于存在 DC/DC 升压结构，该连接结构对超级电容的电压要求较第一种连接方式低 [图 8-31 （a）]。半有源式结构也相对简单、元器件较少、控制方法比较简单、安全性高。但仍存在不能对混合储能器件进行单独控制，维持系统稳定性效果差等缺点。

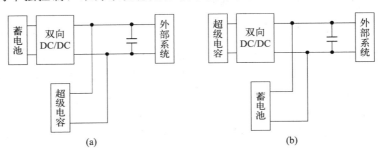

(a)　　　　　　　　　　(b)

图 8-31　半有源式蓄电池-超级电容混合储能系统

（3）有源式蓄电池-超级电容混合储能系统

蓄电池-超级电容混合储能系统的有源式结构如图 8-32 所示。该结构有两种基本方式，一种是并联型，超级电容和蓄电池分别通过双向 DC/DC 直流变换器（并联控制器）后连接到外部系统 [图 8-32 （a）]。蓄电池和超级电容之间能量的流动过程、方式由并联控制器控制。并联型蓄电池-超级电容混合储能系统中，当外部系统的直流母线电压发生突变时，为了充分利用超级电容功率密度大的特点，同时降低对蓄电池的冲击性电流扰动、提高其使用寿命，可通过低通滤波器将直流母线的电压波动分为高频扰动和低频扰动，分别由超级电容和蓄电池承担。但这类方法需要对功率供需突变进行复杂的分频，并且在实际中对传感器的精度与灵敏度要求非常高，增加了系统成本。总的来说，这种方式能够更灵活地对储能系统的能量流动进行控制，充分利用了混合储能系统的优势，维持系统稳定性效果好。

另一种是级联型，蓄电池和超级电容通过双向 DC/DC 变换器级联成一个整体，然后再通过另一个双向 DC/DC 变换器连接到外部系统［图 8-32（b）］。级联型蓄电池-超级电容混合储能系统中，两个双向 DC/DC 变换器可以分别实现对超级电容和蓄电池的充放电控制。当直流母线电压发生突变时，首先控制超级电容进行充放电，在超级电容能量不足时再启动蓄电池向超级电容进行充放电，以达到稳定直流母线电压的目的，无须复杂的分频计算即可实现高频功率分量由超级电容承担，低频功率分量由蓄电池承担。从而可有效减少蓄电池的充放电次数，提高其使用寿命。这种方法能够实现对储能器件的能量控制，对于维持系统稳定有较好的效果。

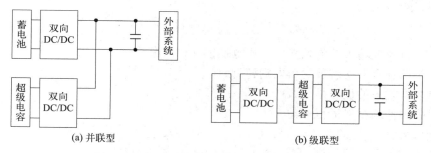

图 8-32　有源式蓄电池-超级电容混合储能系统

与无源混合储能系统相比，有源式蓄电池-超级电容混合储能系统增加了双向 DC/DC 直流功率变换器即并联控制器，使得整个系统在配置容量时有了比较大的灵活性。通过调控并联控制器，可以控制流转在蓄电池与超级电容之间的能量，便于能量管理。根据蓄电池自身的性能、工作状况、工作环境设计合理的能量管理过程，改善蓄电池的工作状况，延长蓄电池的使用寿命。

蓄电池-超级电容构成的混合储能系统，其能量管理方法不只限于对蓄电池或超级电容某一储能元件的状态评估与管控，而是要根据两种储能元件特性差异，在不同的储能状态和功率需求下给出安全、高效的功率分配方案。在电动汽车中应用混合储能系统的目的在于尽可能降低电池的功率输出水平以延长其循环寿命，利用超级电容作制动能量回馈，提升储能系统的功率输出能力。因此，混合储能系统的能量管理策略必须围绕如何以最优成本高效实现这些目标而开展设计和研究。

尽管混合储能系统具有很多吸引人的优势，但混合储能系统仍然面临着不利因素，例如混合系统本身存在更复杂的电源管理要求。但这仍不妨碍蓄电池-超级电容混合储能系统是储能技术的重要发展方向，在电动汽车电-电混合动力系统、高能武器装备电源系统、可再生能源发电系统、通信设备电源系统等领域有着广阔的应用前景。

思考题

1.压电效应是谁首先发现的？怎么发现的？

2.什么是压电高分子材料？请列举。

3.压电能量收集装置一般适用于什么应用场景？

4.什么是磁能-机械能转化材料？

5.放射性核衰变发出射线通常有哪几种类型？

6.核能发电过程是怎样的？

7.核能发电的能量转化过程是怎样的？

8.从在运核电机组应用数量上看，轻水堆与重水堆哪种比例更高，更有竞争力？

9.什么是混合储能系统？

10.你最看好哪种储能方式？为什么？

课后习题

1.从外界机械能输入的方式来看，压电换能元件可分为（   ）、（   ）。

2.试列举两种有发展前景的压电陶瓷材料。

3.压电复合材料的优势是什么？

4.请对磁致伸缩材料进行分类。

5.核能可通过（   ）、（   ）、（   ）三种核反应之一进行释放。

6.请概述核能发电的优势。

7.请列举至少三种核电站的反应堆。

8.核反应堆的组成包括：（   ）、（   ）、（   ）、（   ）、（   ）。

9.请概述压水堆核电站的回路。

10.混合储能类型可以分为短期储能和长期储能，分别列举短期储能和长期储能的种类。

参考文献

[1] 王树昕，董蜀湘，桂治轮，等.压电陶瓷材料对超声马达性能的影响[J].压电与声光，2000，22（1）：23-26.

[2] Fan H，Kim H E. Effect of lead content on the structure and electrical properties of Pb[(Zn$_{1/3}$Nb$_{2/3}$)$_{0.5}$(Zr$_{0.47}$Ti$_{0.53}$)$_{0.5}$]O$_3$ ceramics[J]. Journal of the American Ceramic Society，2001，84（3）：636-638.

[3] Zhang H，Shen J，Tian J，et al. Elastic，dielectric and piezoelectric properties of Fe$_2$O$_3$ doped PMnS-PZN-PZT ceramics[J]. Ferroelectrics，2016，491（1）：15-26.

[4] 卓忠疆.机电能量转换[M].北京：水利电力出版社，1987.

[5] 谢宝昌.电磁能量[M].北京：机械工业出版社，2016.

[6] 王秀和，等.永磁电机[M].北京：中国电力出版社，2011.

[7] 包叙定.中国电机工业发展史 百年回顾与展望[M].北京：机械工业出版社，2013.

[8] 王家素，王素玉.超导技术应用[M].成都：成都科技大学出版社，1995.

[9] 闻程.超导发电机中超导磁体的设计及其实践[D].南京：东南大学，2016.

[10] 关旸.超导感应电机的研究[D].杭州：浙江大学，2008.

[11] 唐丽婵，齐亮.永磁同步电机的应用现状与发展趋势[J].装备机械，2011（01）：11-16.

[12]　李传统. 新能源与可再生能源技术[M]. 南京：东南大学出版社，2012.

[13]　杨天华. 新能源概论[M]. 北京：化学工业出版社，2013.

[14]　刘波，贺志佳，金昊. 风力发电现状与发展趋势[J]. 东北电力大学学报，2016(2)：7-13.

[15]　许守平，李相俊，惠东. 大规模电化学储能系统发展现状及示范应用综述[J]. 电力建设，2013，034(007)：73-80.

[16]　鲍玉军. 风光发电及传输技术[M]. 南京：东南大学出版社，2014.

[17]　Wang S，Wang J，Lin S，et al. Public perceptions and acceptance of nuclear energy in China：The role of public knowledge，perceived benefit，perceived risk and public engagement[J]. Energy Policy，2019，126：352-360.

[18]　Menyah K，Wolde-Rufael Y. CO_2 emissions，nuclear energy，renewable energy and economic growth in the US[J]. Energy Policy，2010，38(6)：2911-2915.

[19]　Terao Y，Sekino M，Ohsaki H. Comparison of conventional and superconducting generator concepts for offshore wind turbines[J]. IEEE Transactions on Applied Superconductivity，2012，23(3)：5200904-5200904.

[20]　Dougal R A，Liu S，White R E. Power and life extension of battery-ultracapacitor hybrids[J]. IEEE Transactions on Components and Packaging Technologies，2002，25(1)：120-131.

[21]　Babu T S，Vasudevan K R，Ramachandaramurthy V K，et al. A comprehensive review of hybrid energy storage systems：Converter topologies，control strategies and future prospects[J]. IEEE Access，2020，8：148702-148721.

[22]　Dubal D P，Ayyad O，Ruiz V，et al. Hybrid energy storage：The merging of battery and supercapacitor chemistries[J]. Chemical Society Reviews，2015，44(7)：1777-1790.

[23]　Bocklisch T. Hybrid energy storage approach for renewable energy applications[J]. Journal of Energy Storage，2016，8：311-319.

[24]　Chong L W，Wong Y W，Rajkumar R K，et al. Hybrid energy storage systems and control strategies for stand-alone renewable energy power systems[J]. Renewable and Sustainable Energy Reviews，2016，66：174-189.

[25]　Wee K W，Choi S S，Vilathgamuwa D M. Design of a least-cost battery-supercapacitor energy storage system for realizing dispatchable wind power[J]. IEEE Transactions on Sustainable Energy，2013，4(3)：786-796.

[26]　Gao L，Dougal R A，Liu S. Power enhancement of an actively controlled battery/ultracapacitor hybrid[J]. IEEE Transactions on Power Electronics，2005，20(1)：236-243.

[27]　Chen H，Zhang Z，Guan C，et al. Optimization of sizing and frequency control in battery/supercapacitor hybrid energy storage system for fuel cell ship[J]. Energy，2020，197：117285.

[28]　唐西胜，齐智平. 超级电容器蓄电池混合电源[J]. 电源技术，2006，11：933-936.

第 9 章

能源系统能量管理原理与技术

能源系统是将自然界的能源资源转变为人类社会生产和生活所需要的特定能量服务形式（有效能）的整个过程，是为研究能源转换、使用规律的需要而抽象出来的社会经济系统的一个子系统，而能量管理有助于提高能源系统中能量的转化与存储效率。随着电气化水平持续提升，电能逐步成为最主要的能源消费品种。本章节将首先介绍能源系统能量管理的基本原理，然后讨论信息技术在新型电力系统能量管理中的应用，最后讨论综合能源系统的能量控制技术。

9.1 能源系统能量管理原理

能源系统通常由勘探、开采、运输、加工、分配、转换、储存、输配、使用和环境保护等一系列工艺环节及其设备所组成。能量管理是实现能源系统规划建设与优化运行的核心环节。一般情况下，需根据能源系统供给与需求侧的能源负荷预测结果，综合考虑外部能源市场信息、系统运行功率平衡、用户需求等约束条件，建立经济效益好、环境污染小的合理化能量管理策略，在保障能源系统稳定运行的前提下，实现对能源系统各节点的有效调度。

9.1.1 能源系统与能量管理

系统是由多个相互联系、相互制约的组成部分结合而成的、具有特定功能的一个有机整体或集合。系统是由若干要素组成的，这些要素可能是一些个体、元件、零件，也可能其本身就是一个系统，或称之为子系统。

系统可以分成三类：自然系统、人造系统、自然系统和人造系统组合而成的复合系统。能源系统就是典型的复合系统，它不但涉及各种自然系统的能源资源，例如煤炭、石油、天然气、太阳能等，还包括了大量的人类对自然事物的改造活动，例如能源资源的开采、转换、利用和存储等。

能源系统，可以分为运输和固定两个分系统，每个系统内的供应、需求和分配设施都是高度适配的，但相互之间却是独立的。根据能源种类划分，能源系统可分为煤炭系统、石油系统、核能系统、电力系统、热力系统等；根据地域大小或范围划分，能源系统又可分为世界能源系统、国家能源系统、城市能源系统、农村能源系统、企业能源系统、园区能源系统、居民区能源系统等。

在电力系统中，能源管理系统（EMS）包括：数据采集和监控系统（SCADA 系统），自动发电控制（AGC）和经济调度控制（EDC），电力系统状态估计（state estimator），安全分析（security analysis），调度员模拟培训系统（DTS）。以典型的电力系统为例，图 9-1 所示为能量管理功能示意图。

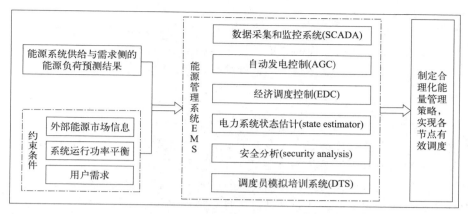

图 9-1　能量管理功能示意图

（1）能量管理的任务

能量管理可以解决能源需求预测、能源供应预测、能源的合理分配和使用、能流分析、能源大系统分析等技术问题。

能源需求预测表现为采用能源系统能量管理的不同技术方法，按照历史统计数据、经济发展速度、生活水平提高程度、区域人口发展趋势等，可以对能源系统的需求情况进行预测。

能源供应预测就是在现有的资源条件和能源技术条件下，预计在一定时间内供应的各种能源总量及其年增长率。在含有风力发电、太阳能发电等的能源系统中，能源供应预测的主要任务是根据设备信息与天气数据，预测下一时间段的能源供应设备出力负荷。

能源的合理分配和使用不但可以降低运维成本和装置容量，还能提高系统的稳定性和可靠性。在较高可再生能源渗透率的能源系统中，利用电能路由器进行能量管理和优化调度对能源系统的经济运行与系统规划有着重要的意义。

能流分析是指在电力和热力工程中，分析一台能源加工或转换设备的效率时，经常把流经该设备各部分的能量分配情况以各种图线的方式表达出来，这种电能图或热流图可以形象地显示出各种设备中的能量利用和损耗情况，有利于了解、分析和改善设备的利用效率。

能源、经济和环境的大系统分析表现为研究能源对经济发展的制约作用及能源消耗对环境的负面影响，从而协调能源、经济、环境三者之间的关系。

（2）能量管理的常用方法

随着能量管理研究与实践的不断深入，数学、物理、计算机等多学科技术交叉融合，并以不同的研究路线与实施方式对能源系统进行能量管理。发展至今，能量管理逐渐形成模型仿真、运行优化、分析评价等三种常用方法。

模型仿真主要是利用各种数学公式（函数式、微分方程、矩阵等）或图形列表客观地描述能源系统各要素的信息，以及各要素之间的相互关系，从而建立相应的数学模型，并通过计算机进行数值计算。

运行优化一般是以模型仿真或初期计划为基础，建立优化分析的数学模型，使得能源系统整体目标最优或生成令人满意的方案。在能源系统的能量管理优化方法中，数学规划方法常被作为核心工具来求解问题。

分析评价方法通常用于对各种优化的能量管理结果进行分析和对比，研究并判定它们是否能够真正被使用，能否获得预期的效果。在目前的系统分析方法中，对设计因素多、范围广、关系复杂的能源系统，主要还是依靠定性分析，或将定量分析和定性分析结合起来对能量管理进行分析、评价。

（3）能量管理的表现形式

能量管理的主要表现是能量交互，业务形式是能量交易。在市场中，能量主要有生产、运输、存储、调配和消费等环节。而能量管理正是通过信息管控对能源的主要环节进行感知、检测和计量，以获取相关数据，并以此数据为基础，同时结合优化策略进行能量交互，根据行业标准和市场协议价格进行交易结算，这是能源系统能量管理的主要目的。

现代化能源系统的能量管理是耦合能源信息与能量交互的管理系统，即结合能量供需双方的信用水平、金融能力、生产或消费能力等信息，以能量交易达成为核心业务，匹配和优化供、需、输、配等相关方效益的平台系统。具体的表现包括能量供需方管理、功率预测和负荷匹配管理、能量交互与交易、能效服务等四大功能模块。

9.1.2 能源系统能量管理方式

随着现代化能源系统持续朝着规模化、多元化、智能化的方向发展，能源系统的能量管理需要进一步考虑拓扑结构。在不同的拓扑结构下，能量管理系统存在着不同的通信协议和协同控制策略，因此，有必要先对能源系统的能量管理方式进行分析。根据能量管理系统的控制策略差异，能源系统的能量管理可以划分为集中式、分布式与混合式三种主要方式。

（1）集中式能量管理方式

集中式能量管理是通过中央能量管理系统对每个能量节点（energy node，EN）进行统一管理：首先每个能量节点根据自身的优化目标进行系统内部优化，如果无法满足优化目标，能源系统将各自的需求信息传递给中央能量管理器，后者再根据系统运行的总目标进行二次优化，使整个系统达到最优化运行。其中，能量节点可以是一个能源供应或需求设备，也可以是一个能源子系统。典型的集中式能量管理方式如图 9-2 所示。

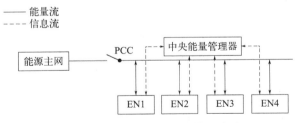

图 9-2　典型的集中式能量管理方式

集中式能量管理系统的主要优势是结构简单，它可以利用中央能量管理器集中地处理每个能量节点的交互信息，不需要设置复杂的通信规则与能量交互协议，但随着能量节点接入数量增加，信息交流数据量与能量交互频率急剧增加，中央能量管理器在计算速度上无法满足电力系统调度的实时要求；随着大量的信息集中到中央能量管理器，其控制复杂性也会急剧增加，导致能量管理系统的各能量节点设备"即插即用"能力下降。另外，如果某个能源子系统出现连接故障，导致其工作在孤岛模式下时，该能源子系统便无法得到其他能源系统的能量支持。此时能源子系统必须能够实现能量的自给自足，在运行稳定性上存在一定的不足。

（2）分布式能量管理方式

在实际的能源系统中，能源系统的组成对象很可能属于不同的运营主体，因此，可根据单主体或多主体，将能量管理的架构分为两类：单层架构和双层架构。对于单层架构的能源系统，能源需求侧资源完全属于独立用户的自有可控范畴，用户可自主决策。对于双层结构的能源系统，用户侧资源可分为两部分：一是各节点用户自有的可调控资源，这些资源根据用户属性存在差异性；二是全体用户共有的可控负荷、分布式电源、储能及电动汽车等资源，用户类型为多主体构成的聚合型用户，如社区、园区等。

针对不同层级架构能源系统的复杂特性，可通过分布式能量管理方式对系统内各能量节点进行有效管理。相比于集中式能量管理，分布式能量管理并不完全依赖外部电网等能源主网的支持，每个能量节点或能源子系统之间通过一定的连接方式完成局部互联，当其中节点发生故障或者能量供需不平衡时，该节点可以通过内部的能量管理系统向邻近的能量节点发出信号，由其他节点完成能量互济，使其能够再度稳定运行。分布式能量管理的形式多样，鉴于篇幅有限，本书只列举了目前应用比较广泛的四种分布式能量管理结构，如图 9-3 所示。

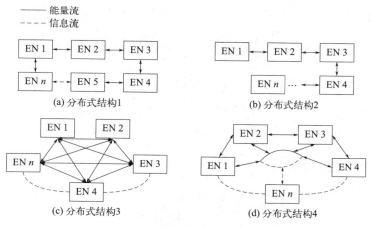

图 9-3　典型的分布式能量管理方式

从图 9-3 所示的分布式能量管理方式结构可以看出，如果将每个能量节点与其他节点全部相连，其稳定性势必最高，如图 9-3（c），但这种结构控制复杂度更高且经济性较差。分布式能量管理的能源系统虽然在稳定性上优于集中式能量管理的能源系统，但分布式能量管理也存在一定的缺陷，虽然每个能量节点或能源子系统可以很好地实现自身的优化目标，但由于优化缺少全局信息，难实现全局的优化目标，需要不断迭代交互，求解时间相对较长。基于图 9-3（a）设计的一种孤岛模式下的双层间歇通信网络，除了具有能源系统的"即插即用"能力外，该通信网络还具有对时间延迟、数据丢失、链路故障的高鲁棒性，可以有效应对所有分布式电源或能源微网之间信息交换中出现的时间间隔不确定性。采用图 9-3（b）的分布式能量管理结构，使每个能源子系统仅需与相邻的系统进行信息交互就可以达到稳定运行的目的，极大地减轻了通信负担，较好地保护了用户隐私，而且该结构具有较高的可靠性和扩展性。采用图9-3（d）的系统结构，可以通过设置合适的控制增益有效地缓解通信延时问题，使分布式能量管理系统具有更好的"即插即用"能力，有效地解决能源子系统间能量交互的实时性问题，但缺点是控制策略相对复杂。

（3）混合式能量管理方式

混合式能量管理在一定程度上结合了集中式能量管理与分布式能量管理的优点，它能有效缓解由集中式能源系统中的中央能量管理器所导致的性能瓶颈等问题，如信息量过大而造成信息拥堵、用户隐私泄露、实时性较差等；它又可以解决分布式能源系统难以达到全局最优的问题。混合式能量管理方式下的单能源子系统仅与相邻的能源子系统互联，如图9-4所示，它们之间由子能量管理器进行协调，当其中一个子系统发生故障或出现能量不平衡时，可以通过子能量管理器传递需求信息，从相邻的能源子系统获得能量支持；如果相邻的子系统无法满足供给需求，子能量管理器可以向中央能量管理器传递信息，然后由中央能量管理器协调，通过其他区域的能源子系统完成能量互济。该能源网络结构可有效减少中央能量管理器的通信量与缩短计算时间，有助于实现能量的实时调度与管控。

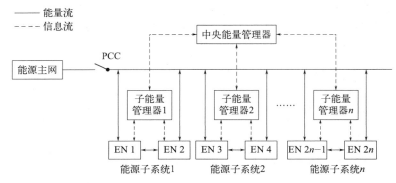

图 9-4 典型的混合式能量管理方式

（4）三种能量管理方式对比

通过对以上能源系统的三种能量管理方式进行对比分析，可以看出三种能量管理方式都有各自的优缺点。以电网为例，由于未来电网系统将接入大量分布式发电系统与新型电力负载，在其物理拓扑结构选择上将主要从其经济性、稳定性、可扩展性、信息通信量、控制复杂性等指标方面进行考虑。经济性主要由基础设施和运行成本决定。基础设施成本将取决于连接微电网所需的元件数量、元件的额定功率以及使用技术，运行成本会受到发电成本、辅助服务成本或电力损耗等因素的影响；稳定性是指多个电网子系统构成的复杂能源网络在受到扰动后恢复到稳定状态的能力，即当某个子系统或电力节点发生电力短缺或系统故障时，是否可以快速得到其他节点的电力支持再次恢复稳定运行的能力；可扩展性是指系统接受新元素的能力，如接受现有电力系统内部分布式系统、负载增长的能力和接受新发电设备接入的能力；信息通信量是指大型电网系统在进行能量交互或交易时通信流量的大小、通信延时长短、信息泄露问题；控制复杂性是指不同能量管理方式为达到稳定运行的目的所设置控制策略的难易程度。三种能量管理方式的对比分析如表9-1所示。

表 9-1　三种能量管理方式的优缺点

能量管理方式	优缺点说明
集中式	结构简单使得控制复杂性较低、经济性较好，但稳定性较差，可扩展性受限，信息通信量会随着能量节点数量增加而增加，信息易泄露
分布式	结构种类较多，联络线较多的结构稳定性好、可扩展性强、不易出现信息泄露，但经济性较差、信息通信量大、控制复杂性高，联络线较少的分布式结构表现相对较差
混合式	相比于集中式和联络线较少的分布式结构，其稳定性、可扩展性与信息通信能力较好，一定程度上结合了集中式方式与分布式方式的优点

工业控制系统的发展从集中、集散式控制系统（DCS），现场总线控制系统（FCS）到智能控制系统（ICS），控制单元日益智能化，已经具备了代理（Agent）的基本特征，控制方式日益走向多智能控制单元协同工作的模式，整个控制系统已经具备了多代理系统（multi-agent system，MAS）的雏形，基于多智能体的分布式控制系统是工业控制的发展方向。MAS 是一种分布式智能系统，能够智能、灵活地对工作条件的变化和周围过程的需求进行响应。多代理系统由多个 Agent 通过共同合作组成，其基本单元 Agent 可以是软件也可以是物理实体，多 Agent 可与其所在环境进行互动，为共同完成目标而协同合作。MAS分布式管理系统的技术优势主要体现在五个方面，见表 9-2。

表 9-2　MAS 分布式管理系统的技术优势

优势	内容
Agent 具有自主权	每个能量节点都能通过 Agent 设定好的目标，结合其所处环境以及自身特点，自主地尝试完成任务
数据、信息的处理被分散化	被传输的只是少量的必要数据（包括本地能量节点做出的控制行为或一些错误报告等），使得上级 Agent 只需要处理少量的数据
提升了控制系统的可靠性和鲁棒性	一个能量节点出现故障后，通过信息高效传输与人工智能技术，可以迅速通过 Agent 发送状态报告，使整个能源系统的其他 Agent 立即响应，尝试弥补因故障能量节点退出运行而对整个系统造成的影响
MAS 系统较为开放	具有较好的扩展性，能够在不对整个能源系统进行较大改动的情况下加入新的 Agent，适用于快速发展的系统
智能化的 Agent 具有一定学习和记录能力	通过对其过去动作和行为的总结，可以在相似问题的处理上提升效率，从而使得整个 MAS 的问题解决速度和效率得到提升

MAS 技术的应用非常广泛，在能源工业中的应用涵盖了过程控制、系统诊断、能源设备制造、能流网络管理等方面。尤其是在能源系统信息管控方面，MAS 十分适合物联网及微电网的分布特征，例如 Agent 可以被用来检索和过滤能源系统中海量的数据信息，提高工作效率；MAS 技术主要用于解决电网和分布式能源能量协同控制问题，针对这些问题制定 MAS 控制策略，以提高系统的整体协调性和运行效率。下面主要介绍四种代理模型。

（1）ESS 代理模型

ESS 代理参与发电调度净收益见式（9-1）。

$$\pi_t^{\text{ESS}} = \rho_{\text{ESS},t}^{\text{dis}} g_{\text{ESS},t}^{\text{dis}} - \rho_{\text{ESS},t}^{\text{chr}} g_{\text{ESS},t}^{\text{chr}} \tag{9-1}$$

式中，π_t^{ESS} 为 t 时刻储能系统运营收益；$\rho_{\mathrm{ESS},t}^{\mathrm{dis}}$ 和 $\rho_{\mathrm{ESS},t}^{\mathrm{chr}}$ 分别为 t 时刻储能系统放电和充电价格；$g_{\mathrm{ESS},t}^{\mathrm{dis}}$ 和 $g_{\mathrm{ESS},t}^{\mathrm{chr}}$ 分别为 t 时刻储能系统放电和充电功率。ESS 代理有生命周期最长（longest life cycle，LLC）、经济性最优（optimal economic efficient，OEE）两种运行模式。

当 ESS 以 OEE 模式运行时，主要目标是平衡短时功率差额，维持系统运行平稳性，主要约束条件见式（9-2）～式（9-6）。

$$\sum_{t=1}^{T}(Q_0 + g_{\mathrm{ESS},t}^{\mathrm{chr}} - Q_t)(1 - \rho_{\mathrm{ESS}}) = \sum_{t=1}^{T} g_{\mathrm{ESS},t}^{\mathrm{dis}} \tag{9-2}$$

$$Q_{t+1} = Q_t - g_{\mathrm{ESS},t}^{\mathrm{dis}}(1 + \rho_{\mathrm{ESS},t}^{\mathrm{dis}}) \tag{9-3}$$

$$Q_{t+1} = Q_t + g_{\mathrm{ESS},t}^{\mathrm{chr}}(1 + \rho_{\mathrm{ESS},t}^{\mathrm{chr}}) \tag{9-4}$$

$$0 \leqslant g_{\mathrm{ESS},t}^{\mathrm{chr}} \leqslant \overline{g}_{\mathrm{ESS},t}^{\mathrm{chr}} \tag{9-5}$$

$$0 \leqslant g_{\mathrm{ESS},t}^{\mathrm{dis}} \leqslant \overline{g}_{\mathrm{ESS},t}^{\mathrm{dis}} \tag{9-6}$$

式中，Q_0 为储能系统初始蓄能量；Q_t 为 t 时刻储能系统蓄能量；ρ_{ESS} 为储能系统充放电损耗率；$\rho_{\mathrm{ESS},t}^{\mathrm{dis}}$ 为 t 时刻储能系统放电损耗率；$\rho_{\mathrm{ESS},t}^{\mathrm{chr}}$ 为 t 时刻储能系统充电损耗率；$\overline{g}_{\mathrm{ESS},t}^{\mathrm{chr}}$ 和 $\overline{g}_{\mathrm{ESS},t}^{\mathrm{dis}}$ 分别为 t 时刻储能系统充、放电功率上限。

当 ESS 以 LCC 模式运行时，主要目标是提高 ESS 使用寿命、提高系统抑制峰值负荷的能力。既要满足式（9-2）～式（9-6）约束条件，又要满足约束条件式（9-7）～式（9-9）：

$$g_{\mathrm{ESS},t}^{\mathrm{chr}} \rightarrow g_{\mathrm{ESS},t}^{\mathrm{chr},\mathrm{R}} \tag{9-7}$$

$$g_{\mathrm{ESS},t}^{\mathrm{dis}} \rightarrow g_{\mathrm{ESS},t}^{\mathrm{dis},\mathrm{R}} \tag{9-8}$$

$$g_{\mathrm{ESS},t}^{\mathrm{chr}} g_{\mathrm{ESS},t}^{\mathrm{dis}} = 0 \tag{9-9}$$

式中，$g_{\mathrm{ESS},t}^{\mathrm{dis},\mathrm{R}}$ 和 $g_{\mathrm{ESS},t}^{\mathrm{chr},\mathrm{R}}$ 分别为 ESS 的额定充放电功率。

（2）DGs 代理模型

DGs 代理包括 WPP 代理、PV 代理和 CGT 代理。CGT 代理以自身经济效益最大为目标，发电净收益函数如式（9-10）～式（9-13）：

$$\pi_t^{\mathrm{CGT}} = \rho_{\mathrm{CGT},t} g_{\mathrm{CGT},t} - C_{\mathrm{CGT},t}^{\mathrm{pg}} - C_{\mathrm{CGT},t}^{\mathrm{ss}} \tag{9-10}$$

$$C_{\mathrm{CGT},t}^{\mathrm{pg}} = a_{\mathrm{CGT}} + b_{\mathrm{CGT}} g_{\mathrm{CGT},t} + c_{\mathrm{CGT}}(g_{\mathrm{CGT},t})^2 \tag{9-11}$$

$$C_{\mathrm{CGT},t}^{\mathrm{ss}} = [u_{\mathrm{CGT},t}(1 - u_{\mathrm{CGT},t})] D_{\mathrm{CGT},t} \tag{9-12}$$

$$D_{\mathrm{CGT},t} = \begin{cases} N_{\mathrm{CGT}}^{\mathrm{hot}}, & T_{\mathrm{CGT}}^{\min} < T_{\mathrm{CGT},t}^{\mathrm{off}} \leqslant T_{\mathrm{CGT}}^{\min} + T_{\mathrm{CGT}}^{\mathrm{cold}} \\ N_{\mathrm{CGT}}^{\mathrm{cold}}, & T_{\mathrm{CGT},t}^{\mathrm{off}} > T_{\mathrm{CGT}}^{\min} + T_{\mathrm{CGT}}^{\mathrm{cold}} \end{cases} \tag{9-13}$$

式中，π_t^{CGT} 为 CGT 发电净收益；$\rho_{\mathrm{CGT},t}$ 为 CGT 发电上网价格；$C_{\mathrm{CGT},t}^{\mathrm{pg}}$ 和 $C_{\mathrm{CGT},t}^{\mathrm{ss}}$ 分别为 CGT 发电燃料成本和发电启停成本；a_{CGT}、b_{CGT} 和 c_{CGT} 为 CGT 发电能耗系数；$g_{\mathrm{CGT},t}$ 为 CGT 在 t 时刻的发电输出功率；$u_{\mathrm{CGT},t}$ 为 CGT 发电状态变量，0～1变量，1表示处于运行

状态，0 表示处于停机状态；$D_{\mathrm{CGT},t}$ 表示 CGT 启动成本；$N_{\mathrm{CGT}}^{\mathrm{hot}}$ 和 $N_{\mathrm{CGT}}^{\mathrm{cold}}$ 分别表示 CGT 发电热启动成本和冷启动成本；$T_{\mathrm{CGT}}^{\min}$ 为 CGT 最短启动时间；$T_{\mathrm{CGT},t}^{\mathrm{off}}$ 表示 CGT 持续停机时间；$T_{\mathrm{CGT}}^{\mathrm{cold}}$ 表示 CGT 冷启动时间。

WPP 代理以自身经济效益最大为目标，向 MGCE 代理申报拟售电量和售电价格。WPP 初始投资属于沉没成本，而其发电无能耗成本，单位运维成本较低，发电边际成本很低，其净收益主要考虑风电发电上网收益，见式（9-14）：

$$\pi_t^{\mathrm{WPP}} = \rho_{\mathrm{w},t} g_{\mathrm{w},t} \tag{9-14}$$

式中，π_t^{WPP} 为 WPP 在 t 时刻的发电收益；$\rho_{\mathrm{w},t}$ 和 $g_{\mathrm{w},t}$ 分别表示 t 时刻 WPP 发电上网价格和发电上网电量。

PV 代理以自身经济效益最大为目标，响应 MG 发电调度收益见式（9-15）：

$$\pi_t^{\mathrm{PV}} = \rho_{\mathrm{PV},t} g_{\mathrm{PV},t} \tag{9-15}$$

式中，π_t^{PV} 为 PV 在 t 时刻的发电收益；$\rho_{\mathrm{PV},t}$ 和 $g_{\mathrm{PV},t}$ 分别表示 t 时刻 PV 发电上网价格和发电上网电量。

（3）MGCC 代理模型

MGCC 代理的优化目标为经济效益最优，如式（9-16）：

$$\max \pi^{\mathrm{MG}} = \sum_{t=1}^{T} \left(\pi_t^{\mathrm{CGT}} + \pi_t^{\mathrm{WPP}} + \pi_t^{\mathrm{PV}} + \pi_t^{\mathrm{ESS}} + \pi_t^{\mathrm{AL}} + \pi_t^{\mathrm{IL}} \right) \tag{9-16}$$

式中，π_t^{ESS}、π_t^{AL}、π_t^{IL} 分别为 ESS、AL、IL 设备在 t 时刻的发电收益。

约束条件考虑负荷供需平衡、分布式电源运行和系统备用等。

① 负荷供需平衡约束如式（9-17）。

$$\begin{aligned} &g_{\mathrm{w},t}(1-\varphi_{\mathrm{w}}) + g_{\mathrm{PV},t}(1-\varphi_{\mathrm{PV}}) + g_{\mathrm{ESS},t}^{\mathrm{dis}} - g_{\mathrm{ESS},t}^{\mathrm{chr}} \\ &+ g_{\mathrm{CGT},t}(1-\varphi_{\mathrm{CGT}}) = L_t^{\mathrm{SL}} + L_t^{\mathrm{IL}} + L_t^{\mathrm{AL}} \end{aligned} \tag{9-17}$$

式中，φ_{w}、φ_{PV} 和 φ_{CGT} 分别为 WPP、PV 和 CGT 设备的能量传输损耗系数；L_t^{SL}、L_t^{IL} 和 L_t^{AL} 分别表示在 t 时刻 SL、IL 和 AL 三种负荷的需求量，其中 SL（sheddable load）表示可切负荷，IL（interruptible load）表示可中断负荷，AL（adjustable load）表示可调负荷。

② 分布式电源运行约束如式（9-18）～式（9-19）。

$$0 \leqslant g_{\mathrm{w},t} \leqslant \delta_{\mathrm{w}} g_{\mathrm{w},t}^* \tag{9-18}$$

$$0 \leqslant g_{\mathrm{PV},t} \leqslant \delta_{\mathrm{PV}} g_{\mathrm{PV},t}^* \tag{9-19}$$

式中，δ_{w} 和 δ_{PV} 分别为 WPP 和 PV 发电并网比重；$g_{\mathrm{w},t}^*$ 和 $g_{\mathrm{PV},t}^*$ 分别表示 WPP 和 PV 的额定功率。

③ 系统备用约束如式（9-20）和式（9-21）。

$$g_{\mathrm{MG},t}^{\max} - g_{\mathrm{MG},t} + \Delta L_t^{\mathrm{IL}} + \Delta L_t^{\mathrm{AL}} \geqslant r_1 L_t + r_2 g_{\mathrm{w},t} + r_3 g_{\mathrm{PV},t} \tag{9-20}$$

$$g_{\mathrm{MG},t} - g_{\mathrm{MG},t}^{\min} \geqslant r_4 g_{\mathrm{w},t} + r_5 g_{\mathrm{PV},t} \tag{9-21}$$

式中，$g_{\mathrm{MG},t}^{\min}$ 和 $g_{\mathrm{MG},t}^{\max}$ 分别为 MG 最小和最大可用出力；$g_{\mathrm{MG},t}$ 为 MG 在 t 时刻的发电出力；ΔL_t^{IL}、ΔL_t^{AL} 分别表示 IL、AL 产生的负荷削减量；r_1、r_2 和 r_3 分别为负荷、WPP 和 PV 上旋转备用系数；r_4 和 r_5 分别为 WPP 和 PV 下旋转备用系数。

（4）DMS 代理模型

以最大化净收益为 DMS 代理的优化目标如式（9-22）：

$$\max \pi^{\mathrm{DMS}} = \sum_{t=1}^{T}\sum_{i=1}^{I}\pi_{i,t}^{\mathrm{MG}} - \sum_{t=1}^{T}\sum_{i=1}^{I}(\rho_{\mathrm{UG},t}g_{\mathrm{UG},t} + \rho_{\mathrm{SP},t}g_{\mathrm{SP},t})$$
$$- \sum_{t=1}^{T}\sum_{i=1}^{I}\left[\rho_{\mathrm{W},t}(g_{\mathrm{W},t}^{*} - g_{\mathrm{W},t}) + \rho_{\mathrm{PV}t}(g_{\mathrm{PV},t}^{*} - g_{\mathrm{PV},t})\right] \quad (9\text{-}22)$$

式中，π^{DMS} 表示 DMS 代理净收益，包括 DMS 代理调度收益、清洁能源弃能成本、公共电网购电成本和缺电惩罚成本；$\pi_{i,t}^{\mathrm{MG}}$ 表示第 i 个 MG 在 t 时刻运行净收益；$\rho_{\mathrm{UG},t}$ 和 $g_{\mathrm{UG},t}$ 分别表示在 t 时刻 DMS 代理向公共电网的购电价格和购电量；$\rho_{\mathrm{SP},t}$ 和 $g_{\mathrm{SP},t}$ 分别表示 DMS 代理缺电惩罚价格和缺电电量。

DMS 代理考虑供需平衡、MGCC 代理间联络线、MGCC 代理出力以及系统备用等约束条件如式（9-23）～式（9-27）：

$$\sum_{i=1}^{I}g_{i,t}^{\mathrm{MG}} + g_{\mathrm{UG},t} = \sum_{i=1}^{I}L_{i,t} \quad (9\text{-}23)$$

$$g_{\mathrm{UG}}^{\min} \leqslant g_{\mathrm{UG},t} \leqslant g_{\mathrm{UG}}^{\max} \quad (9\text{-}24)$$

$$\underline{g}_{i,t}^{\mathrm{MG}} \leqslant g_{i,t}^{\mathrm{MG}} \leqslant \overline{g}_{i,t}^{\mathrm{MG}} \quad (9\text{-}25)$$

$$\sum_{i=1}^{I}(\overline{g}_{i,t}^{\mathrm{MG}} - g_{i,t}^{\mathrm{MG}}) \geqslant r_6 \sum_{i=1}^{I}L_{i,t} + r_7 \sum_{i=1}^{I}g_{i,t}^{\mathrm{MG}} \quad (9\text{-}26)$$

$$\sum_{i=1}^{I}(g_{i,t}^{\mathrm{MG}} - \underline{g}_{i,t}^{\mathrm{MG}}) \geqslant r_8 \sum_{i=1}^{I}g_{i,t}^{\mathrm{MG}} \quad (9\text{-}27)$$

式中，$g_{\mathrm{UG},t}$ 为 t 时刻 DMS 代理与主网间交换功率；$g_{\mathrm{UG}}^{\max}$ 和 $g_{\mathrm{UG}}^{\min}$ 分别为其上、下限；$g_{i,t}^{\mathrm{MG}}$ 为第 i 个 MG 在 t 时刻发电出力；$\overline{g}_{i,t}^{\mathrm{MG}}$ 和 $\underline{g}_{i,t}^{\mathrm{MG}}$ 分别为其上、下限；$L_{i,t}$ 为第 i 个 MG 在 t 时刻所在区域负荷需求；r_6 和 r_7 分别为负荷与微电网的上旋转备用系数；r_8 为 MG 下旋转备用系数。

9.1.3　能源系统的能量信息管控

（1）能量信息传输方式

以国家电网公司为代表的能源类企业正在加速推进营销计量、抄表、收费模式标准化建设和电网信息化建设，并将其列为信息化建设的重要组成部分，能量信息和能量信息传输的受重视程度远超以往任何时期。能量信息流的层次模型分为电网设备层、通信网架层、数据存储管理层、数据应用层四个层次。每个层次组成的信息支撑体系是能源系统能量信息运转的有效载体和传输基础。在通信网架层中，能量信息的数据传输方式可以根据传输媒介的不同分为两大类，即有线通信传输和无线通信传输。

① 有线通信传输。电力线载波通信是一种典型的有线传输方式，通过把输电线路作为载波信号的传输媒介实现能源系统信息通信，具有通道可靠性高、投资少、见效快、与电网建设同步等特点，是电力系统特有的通信方式。这种通信方式因超出我国规定的频率使用范围而逐步退出运行。

当今，光纤通信以传输频带宽、抗干扰性高和信号衰减小等优势而远优于电缆、微波通信的传输，已成为世界通信中的主要传输方式，是现代通信的主要支柱之一。光纤通信进行能量传输的主要原理是，在发送端，首先要把传送的能量信息变成电信号，然后调制到激光器发出的激光束上，使光的强度随电信号的幅度（频率）变化而变化，并通过光纤发送出去；在接收端，检测器收到光信号后把它变换成电信号，经解调后恢复原信息。

但是光纤通信也存在一些缺点，比如光纤的切断和接续需要一定的工具、设备和技术；分路、耦合不灵活；光纤光缆的弯曲半径不能过小（要大于 20cm），否则会有供电困难问题。

② 无线通信传输。能量信息的无线通信方式主要有微波通信、无线局域网通信、4G 及 5G 通信等方式。微波通信是使用波长在 0.1mm 至 1m 之间的电磁波即微波进行的通信，不需要固体介质，只要两点间直线距离内无障碍就可以传送微波。微波通信具有良好的抗灾性能，但微波经空中传送，易受干扰。

无线局域网通信是在局部区域内以无线媒体或介质进行通信的无线网络。其传输媒介为射频无线电波和红外光波，具有灵活性高、可伸缩性强、经济性显著等优点；但又存在一些局限性，如可靠性易受影响、宽带系统容量有限、兼容性和安全性等方面可能存在挑战。

4G 通信技术是第四代移动信息系统，通信中使用的技术先进于 2G、3G 通信，使得信息通信速度变快。近年来新兴的 5G 技术是最新一代蜂窝移动通信技术，也是继 4G、3G 和 2G 系统之后的延伸。5G 的性能目标是提高数据速率、减少延迟、节省能源、降低成本、提高系统容量和大规模设备连接。

（2）能量信息分布式存储

随着能源系统规模化与智能化的不断发展，能源系统的能量信息存储技术需要满足更高的性能要求，在软件层，需要解决新产生的结构化数据、半结构化数据、非结构化数据，并兼顾对遗留数据的管理，进而保证数据的可用性和正确性；在硬件层，需要合理地利用底层的物理设备特性，满足上层应用对存储性能和可靠性的要求。

首先，采用分布式的信息存储可显著降低信息的传送代价。其次，分布式数据库中，每个局部结点都有一个完全的数据库管理系统，各个局部结点的数据库管理系统可独立地管理局部数据库，同时又服从集中控制机制，支持全局的应用，使系统内的价值信息更加透明。最后，在大多数网络环境中，单个数据库服务器最终无法满足需求。如果服务器软件能支持透明的水平扩展，可以通过增加多个服务器或处理器（多处理器计算机）来进一步分散数据和分担处理任务，很大程度提高了能源系统信息管控的扩展性。

能量信息的分布式存储种类很多，为全面、系统地对分布式数据结构进行分析，可采用分布式数据结构的三个特征（分布性、异构性、自治性）来描述分布式数据结构的类型。

分布性是指系统的各组成单元是否位于同一场地上。分布式数据结构的系统是物理上分散、逻辑上统一的系统，即具有分布性。而集中式数据库系统是集中在一个场地上，所以不具备分布性。异构性是指系统的各组成单元是否相同，不同为异构，相同为同构。异构主要包括：数据异构性、数据系统异构性和平台异构性。自治性是指每个场地的独立自主能力。自治性通常由设计自治性、通信自治性和执法自治性三个方面来描述。根据系统自治性，可分为集中式系统、联邦式系统和多库系统。集中式系统即传统的数据库；联邦式系统是指实现需要交互的所有数据库之间的一对一连接；多库系统是指若干相关数据库的集合。各个数据库可以存在于同一场地，也可分布于多个场地。

分布式的信息存储方式已在能源系统中得到有效应用，以电力系统为例，经过 40 多年的发展，电网调度自动化系统已经由最初的集中式电力系统监控控制与数据采集系统（SCADA）演变为分布式 SCADA/EMS/DMS。分布式能量信息存储技术可完成将信号转换为信息并及时提供给电力系统管理阶层用户以实现决策支持的任务。

同时，区块链技术的兴起也为数据的安全存储提供了全新的解决方式，其具有安全、透明、隐私保护等特点，相较于分布式能量信息存储数据库，在保障数据存储安全上更进了一步。基于区块链的数据安全存储能够实现对身份主体的验证、提升数据传输和存储使用加密等级、建立新型主体的信任机制、强化分布式存储的一致性等，从而数据泄露风险、数据真实性风险、存储数据的机构的信任风险得到有效的防范和控制。

（3）能源系统中的能量信息处理技术

目前，能源系统信息化技术应用场景已延伸到建设规划、企业运营、生产调度、客服中心、交易平台等各个方面，对能量信息的管控需求已经由传统的常规分析转入深度分析。传统的信息分析处理平台已无法满足能量大数据的需求，为突破平台的性能瓶颈，新的能量信息处理技术不断出现。这些技术大多是基于虚拟环境的实现，它们不仅提升了平台的扩展性、容错性及提高了资源利用率，而且使其维护成本也大大降低。

以电力系统为例，当前的能量信息处理技术主要包括能量管理系统（EMS）、配电网管理系统（DMS）和电力系统调度自动化三个方面，并且可以进一步细化为监视控制与数据采集、自动发电控制、电力系统状态评估、模拟培训、配电自动化、地理信息化、综合信息管理等多类系统。

监视控制与数据采集系统可以对现场的运行设备进行监视和控制，以实现数据采集、设备控制、测量、参数调节及各类信号报警等功能。自动发电控制系统主要控制发电机出力，解决电力系统在运行中的频率调节和负荷分配问题。电力系统状态评估可根据遥信结果确定网络拓扑以及潮流分布。模拟培训系统可提供一种仿真培训环境，使培训人员在正常状态或事故状态下实践操作。配电自动化系统是可以使配电企业在远方以实时方式监视、协调和操作配电设备的自动化系统。地理信息化系统可以对整个或部分地球表层（包括大气层）空间中的有关地理分布数据进行采集、存储、管理、运算、分析、显示和描述。综合信息管理系统主要进行信息的收集、传输、加工、存储、更新和维护，以提高系统整体效益和效率为目的。

通过对这些应用场景和信息化系统的详细分析，可以将能源系统所应用的信息处理类型主要分为批处理、流处理、内存计算、图计算、查询分析等。目前，已经有众多计算模型可以用来进行上述信息处理，例如，由加州伯克利分校 AMP 实验室开发的分布式快速分析项目 Spark 可以实现实时批处理；Google 开发的"交互式"数据分析系统 Dremel 可以实现快速交互查询等。能源系统多样化的信息处理要求要在多个系统中实现，不仅增加了开发者的工作量，也增加了维护费用。下面将介绍两种典型的实现多种应用类型数据分析的信息处理框架。

Hama是一个建立在Hadoop平台上的分布式框架，主要由三个部分组成：提供许多原语的Hama Core、一个交互式用户控制台Hama Shell和Hama API。Hama具有以下多种技术优势：Hama能充分利用Hadoop所有的功能以及它的相关包，极大地提高了系统的兼容性；可以在不做任何修改的情况下充分利用大规模分布式的互联网基础设施和服务，增强了系统的可扩展性；Hama提供了简单的并行计算模型接口，任何遵循该接口的并行计算模型均可以插件的形式自由加入和删除，灵活性优势明显；Hama的原语可以应用于各种涉及矩阵计算和图计算的场景中，为技术人员提供很好的适用性操作界面。

Apache Flink是另一个高效、分布式、基于Java实现的通用大数据分析处理框架，它具有分布式平台的高效性、灵活性和扩展性以及并行数据库查询的优化方案，可支持批量和基于流的数据分析，并且提供了基于Java和Scala的API。Flink的主要技术优势体现在以下方面：运行速度快，Flink将迭代处理算法深度集成到平台中，使得平台能够以极快的速度来处理数据密集型和迭代任务；可靠性和扩展性强，Flink包含自己的内存管理组件、序列化框架和类型推理引擎，因此当服务器内存被耗尽时，Flink也能够很好地运行；表现力佳，利用Java或者Scala语言能够编写出类型安全和可视为核心的代码，并能够在集群上运行所写程序；易用性高，在无须进行任何配置的情况下，Flink内置的优化器能够以最高效的方式在各种环境中执行程序。

除了Hama和Flink技术框架，其他平台也在不断改进，新的信息处理框架也在不断出现，并且随着内存计算、SDN等新技术的成熟，能源系统信息处理迎来了新的挑战和机遇。

（4）能源系统中的能量大数据技术

在全球迫切需要实现能源转型的发展潮流下，"互联网＋"智慧能源已成为广受能源系统关注的热点，数据不再局限于过去的统计分析与周期报表制作环节，而是被进一步加工、分析与利用，并在用户用能特性与潜力的挖掘、源-荷特性的预测分析、能源市场交易以及其他增值服务等方面得到充分应用。能源大数据技术是融合海量能源数据与大数据构建"互联网＋"智慧能源的重要手段。传统能源的生产、传输、消费、转换、交易等全产业链，依托能源大数据技术，形成能源与信息高度融合、互联互通、透明开放、互惠共享的新型能源体系。面向"互联网＋"智慧能源的能源大数据基本架构由应用层、平台层、数据层以及物理层组成。

能源大数据从多个数据源采集数据信息，主要来自物理层的能源生产、能源传输、能源消费全环节数据以及数据层装设在能源网络和能源装备的传感器装置和能源表计获取的系统运行信息及设备健康状态信息。与传统能源系统的结构化量测数据相比，每类数据源的数据采集所覆盖的范围大小不一，数据信息聚焦的时空尺度有别，在数据多样性方面呈现出明显的多源异构特征。大数据技术在能源全环节传感信息采集装置与能源设备中的海量应用，使得能源大数据的量级达TB至PB级甚至EB级以上；此外，能源大数据强调数据采集的时效性与全面性，所获得的数据采集频率在分钟级以内，数据增长速度快。

数据层的能源系统信息通信网络负责能源系统各环节、各设备间的通信以及控制，同时为数据传输提供途径，将数据层的大量数据安全高效地上传至平台层，同时将相应的控制运行指令向下传递，实现网络全覆盖。然而，仅依靠传统的有线通信技术无法满足系统大量终端设备的通信需求，因此以无线通信为主的现代通信技术兴起，按传输距离划分的短距离无线通信技术和远距离无线通信技术在园区多能源系统的数据通信中起到了重大作用。短距离无线通信主要指智能交互终端之间的短距离通信方式，常用的有 ZigBee、EnOcean、蓝牙等。远距离无线通信主要指智能交互终端与调度中心之间的远距离通信方式，常用的有 5G、NB-IoT、LoRa、GPRS 等。

能源管理大数据平台除了有大量的结构化数据外，还存在视频、图像、地图等半结构化、非结构化数据，为有效存储不同类型数据，需要考虑多种存储技术。目前，商业数据库管理系统通过关系型数据库进行存储和管理，采用的结构化数据存储技术主要有 My SQL、SQL Server 等。针对能源领域物联网实时监测数据的实时、海量、价值密度低等特点，则采用时间序列数据存储技术，如 OpenTSDB、InfluxDB 等。能源领域的文档类数据，利用文档类专用的存储方案进行存储管理，主流的分布式文件系统有 CouchDB、MongoDB 等。针对能源大数据量级大的问题，MongoDB 支持的数据结构广泛，不仅可以存储复杂的数据类型，保留了 SQL 一些友好的特性（如索引），而且还支持自动分片、自动故障转移等功能。MongoDB 的上述特性满足了用电大数据对存储容量、存储速率等方面的要求，其自动分片机制增强了集群水平扩展能力，可解决用电大数据基本的存储问题。

在上述技术的支撑下，能源大数据可在能源规划领域帮助政府主体部门获取和分析用能用户的能效管理水平信息与用能行为信息，为能源网络的规划与能源站的选址布点提供技术支撑。在能源生产领域，进行可再生能源发电精准预测、提升可再生能源消纳能力；在能源消费领域，有效整合能源消费侧可再生能源发电资源、充分利用电动汽车等灵活负荷的可控特性，以及参与电力市场的互动交易并实现利润最大化。

9.2 电力系统能量管理的原理与技术

9.2.1 电力系统与能量管理

9.2.1.1 传统电力系统特点与要求

传统电力系统是一个复杂的工程系统，按照电力从产生到使用的过程，可以将传统电力系统划分为发电、输电、配电和用电四个环节，以下分别介绍各个环节的运行原理。

发电环节：发电是电力系统的起点，其任务是将各种能源转换为电能。这些能源可以包括化石燃料、水力、风力、太阳能等。在发电站，这些能源被转换为电能，根据输入能源种类的不同，发电站包括燃煤电站、水电站、风电站等。发电的过程中，维持电压和频率的稳定对整个系统的正常运行至关重要。

输电环节：电能在发电站产生后，需要被输送到使用电的地方，这就是输电环节的任务。变电站和输电线路构成了电能传输的基础设施。变电站用于调整发电站所产生电能的电压水平，高电压输电线路可减小传输过程中的能量损耗，然后通过输电线路传输到城市、工业区域等用电点，满足不同地区的需求。

配电环节：电能通过输电线路到达终端时，往往电压等级较高，不适合用户直接使用，配电环节的任务就是降压并将电力引入各个用户。在这个阶段，电能通过变压器降低电压，然后通过配电网传送到家庭、企业等终端用户，电缆和变电设备构成了这个环节的主要组成部分。在此环节中要进行适当的电压调整，确保电力稳定地流向终端用户。

用电环节：电能到达终端用户，被用于各种场景。这可以包括家庭用电、工业生产、商业设施等。在用电环节，电能被转化为照明时的光能、加热时的热能、机械能等各种形式的能量，以满足人们生活和工作的需求。

传统电力系统是一个十分复杂的大系统，具有多个方面的特点和要求，这些特点和要求直接影响着系统的运行和维护。下面我们将深入探讨传统电力系统在安全性、可靠性、经济性和可控性等方面的特点和要求。

安全性是电力系统设计和运行的首要目标之一。电力系统的各类设备必须具备高度的安全性和可靠性。这包括设备的结构设计、制造质量，以及定期的检修和维护工作。采用先进的安全技术，如过载保护、温度监测等，确保设备在运行过程中不会发生故障，降低火灾等事故的风险。电力系统需要建立完善的事故应急预案，以应对突发事件。这包括火灾、设备故障、自然灾害等各种可能影响系统安全的事件。预案需要明确责任人、紧急措施和协同合作机制，以迅速而有效地处理事故。过载和短路是电力系统中常见的安全隐患。引入过载和短路防护装置，如保险丝、断路器等，当系统出现异常电流时及时切断电路，防止设备过热和电线起火，可起到关键的安全保护作用。电力系统的操作人员需要接受专业的安全培训，了解系统的安全操作规程和紧急应对措施。同时，提供必要的个人防护装备，确保操作人员在工作中的安全。引入先进的监测系统，对电力系统的各个参数进行实时监测。一旦系统出现异常，如电流超负荷、电压波动等，及时发出警报，使操作人员能够迅速采取措施，确保系统的安全运行。

可靠性是电力系统的核心特点之一。电力系统必须能够在各种条件下提供稳定的电能，以满足用户的需求。电力系统的设备，如发电机、变压器、开关设备等，必须具备高度的可靠性。这涉及设备的设计、制造质量以及定期的维护和检修工作。采用先进的技术和材料，确保设备在长时间运行中不会发生故障，对提高电力系统的可靠性至关重要。为了应对可能的设备故障或计划外事件，电力系统需要设立有效的备用机制，这包括备用发电机、备用变压器等设备。当主要设备发生故障时，备用机制可以迅速投入运行，以确保电力供应的连续性。及时发现故障并迅速采取措施是确保电力系统可靠性的关键。引入先进的监测系统，能够实时监控设备状态，一旦发现异常，立即采取修复措施。快速的故障恢复机制可以减小故障对电力系统运行的影响。电力系统的规模也影响着其可靠性。大型系统通常拥有更多的备用机制和冗余系统，因此更具备应对故障的能力。然而，规模过大也可能带来复杂性，需要更严密的管理和监控。定期进行可靠性评估是确保电力系统持续可靠运行的一部分。这包括对设备寿命的评估、系统运行数据的分析，以及根据评估结果进行系统改进的过程。通过不断优化系统结构和管理策略，可靠性水平可以得到不断提升。

在电力系统中，经济性与效率密切相关。为提高电力系统的效率，需要优化输电线路和变电站的设计和运行。采用低阻抗、低损耗的导线材料，减小输电过程中的电阻和感抗，以及使用高效的变压器和开关设备，都有助于降低能量转化过程中的损耗，提高系统的效率。电力系统的效率直接关系到能源的利用和系统运行的成本。提高输电线路和变电站的效率，减少能量损耗，是提高整个系统效率的关键。使用先进的技术以最小化电能转换过程中的能量浪费，对实现高效的电力系统至关重要。引入智能化系统，如远程监测、自动调度等技术，以及负载管理和优化技术，对提高电力系统的效率和经济性都是至关重要的。这些系统可以实现实时监测和智能调度，优化电力的分配和传输，降低运行成本，从而提高系统的经济性。引入先进的能源存储技术，如电池存储系统，对提高电力系统的效率和经济性同样至关重要。这些技术可以平衡系统的供需关系，储存多余电能以应对高负载时段，减少能量浪费，从而提高整体的经济性。在电力系统的规模设计和管理中，需要平衡规模的扩大与系统管理的复杂性。规模扩大通常意味着更多的投资和更高的运营成本，因此需要精细的管理和智能化系统的支持，以确保系统在规模扩大的同时保持经济性。此外，进行成本-效益分析是评估电力系统效率与经济性的关键步骤。通过对系统的建设、运营和维护成本进行全面的分析，可以确定投资回报率，从而指导未来的系统改进和升级决策。

最后，电力系统的可控性是确保系统能够适应不同电力需求和工作条件的关键因素。可控性要求电力系统能够对电能进行灵活的调度和分布。通过智能化系统，实现对电能在不同地区、不同时间段的调度，以适应负载的变化。这包括对发电站的运行模式、输电线路的传输能力进行实时调整。电压和频率是电力系统中的关键参数，需要保持在合适的范围内。可控性要求系统能够实现对电压和频率的精确控制。通过调整发电机的输出和变压器的参数，确保系统在不同负载条件下保持稳定。电力系统需要具备灵活的电能转换能力，以适应不同形式的能源输入和多样化的用电需求。这包括采用先进的电力电子设备，如变流器和逆变器，以实现电能的高效转换和适应性。引入智能化调度和监测系统，能够实时监测电力系统的运行状态，预测负载变化，为系统提供灵活的调度策略。这包括对负载预测、风力和太阳能等可再生能源的集成进行智能管理。可控性要求电力系统具备适应性控制策略，在面对突发负荷、能源波动等情况时能够迅速调整。灵活的控制算法和智能决策系统是实现这种适应性控制的关键。

9.2.1.2 新型电力系统内涵与特征

新型电力系统是以确保能源电力安全为基本前提，以满足经济社会发展电力需求为首要目标，以最大化消纳新能源为主要任务，以坚强智能电网为枢纽平台，以源网荷储互动与多能互补为支撑，具有清洁低碳、安全充裕、经济高效、供需协同、灵活智能等基本特征的电力系统。构建新型电力系统是实现"双碳"目标、贯彻新发展理念、构建新发展格局、推动高质量发展的必要过程。

2021年首次提出构建新型电力系统，党的二十大报告强调加快规划建设新型能源体系，为新时代能源电力发展提供了根本遵循。《新型电力系统与新型能源体系》一书中提到，新型电力系统是清洁低碳、安全高效的能源体系的重要组成部分，承载着能源转型的历史使命，具备清洁低碳、安全充裕、经济高效、供需协同、灵活智能的特征。

（1）清洁低碳

新型电力系统作为清洁低碳能源体系的关键组成部分，通过采用先进的技术和清洁能源，有效减少了对传统化石燃料的依赖，从而降低了碳排放水平。这种清洁低碳特征有助于应对气候变化，推动社会朝着更可持续的能源未来迈进。

（2）安全充裕

新型电力系统致力于确保电力供应的安全和充裕。通过电力传输和分布技术，系统能够提高电力供应的可靠性，降低电力中断的风险。这种安全充裕保障不仅增强了能源系统的稳定性，而且满足了社会对可靠能源的基本需求。

（3）经济高效

新型电力系统注重经济高效运行，通过提高能源转换效率、降低生产和分配成本，实现了经济上的高效性。这有助于推动整个能源行业的可持续发展，减少资源浪费，提高资源利用效率，从而为经济发展提供更为稳定和持久的动力。

（4）供需协同

新型电力系统具备供需协同的特征，通过智能调度和管理，系统能够更好地匹配电力供给和需求之间的关系。这种供需协同机制有助于避免电力浪费，提高电力利用效率，实现能源资源的优化配置，从而使整个能源体系更具有可持续发展的能力。

（5）灵活智能

新型电力系统的灵活智能特质体现在对不同能源和负载的智能管理和适应能力上。系统能够迅速应对能源波动和需求变化，通过智能化的监测和控制手段，实现电力系统的灵活调度。这种灵活智能的特性有助于提高能源系统的应变能力，使其更好地适应不断变化的能源环境。

9.2.1.3 新型电力系统能量管理原理

新型电力系统注重能源的高效利用和可持续性，其能量管理原理涵盖了多个方面，包括可再生能源整合、智能化调度、储能技术应用等。在本小节中，我们将深入探讨新型电力系统的能量管理原理，以满足当代社会对清洁、高效能源的需求。

在新型电力系统中，能量管理的核心之一是可再生能源的整合。系统充分利用太阳能和风能等可再生资源，借助光伏和风力发电设备将自然能源转换为电能。整合的关键在于优化电力系统，使其能够适应这些可再生资源的不稳定性，通过智能化调度系统提前预测能源波动情况，并在系统中实施多元化的能源来源。这种整合策略旨在最大程度地提高系统的可再生能源比例，推动电力系统向清洁、可持续的方向发展，同时确保系统在不同天气和能源波动条件下的稳定运行。

新型电力系统在能量管理中广泛应用先进的储能技术，以有效弥补可再生能源的波动性。引入电池存储系统，这一技术能够在太阳能或风能产生多余电能时进行储存，在需求高峰时释放储存的电能，从而平衡系统的供需关系。此外，采用压缩空气储能技术，通过将多余电能用于压缩空气来储存能量，并在需要时释放空气以转化为电能。这样的储能技术不仅提高了系统的能源利用效率，还提高了系统对可再生能源波动的适应性，推动电力系统向更加可持续和灵活的方向发展。

新型电力系统借助智能化能量管理系统，通过先进的技术和算法实现对系统的精确控制。实时监测系统成为关键，能够监测电力系统的运行状态、负荷情况和可再生能源产出，实现对电能的实时调度。此外，系统通过需求响应，能够灵活地根据用户需求调整电能分配，提高系统的灵活性和适应性。引入智能化能量管理系统，使电力系统更加智能、响应迅速，从而有效应对不同负载条件和能源波动，推动系统朝着清洁、智能、可持续的方向不断发展。

在新型电力系统中，强调提升系统的可控性和效率，以实现清洁、高效的能源管理。通过智能电能调度，系统能够灵活调整电能分配，最大化地提高电力系统的效率。在电压和频率控制方面，采用先进的电力电子设备实现对电压和频率的精确控制，确保系统在不同负载条件下保持稳定。此外，引入电力电子设备如变流器和逆变器，可实现电能的灵活转换，以适应不同形式的能源输入和多样化的用电需求。通过这些措施，新型电力系统实现了更灵活、智能地运行，提高了系统的可持续性和可靠性。

9.2.2 新型电力系统能量管理技术

9.2.2.1 大电网能量管理技术

在新型电力系统的构建过程中，大规模新能源并网带来强不确定性和随机性，使得大电网安全稳定特性发生深刻变化，系统平衡机理显著转变，电力电量平衡难度逐步增大，电力保供形势日益严峻，给大电网的安全、稳定、经济运行带来巨大挑战。2023年4月，国家能源局在《关于加强新型电力系统稳定工作的指导意见（征求意见稿）》中指出，进一步加强稳定工作是构建新型电力系统的必然要求，解决电力系统安全稳定运行和新能源高效消纳之间的矛盾，实现大电网范围内的能量高效管理，已经成为构建新型电力系统的首要任务。

（1）大电网实时功率平衡挑战

电力系统在不同新能源渗透率的多个时间尺度面临不同的挑战，根据可再生能源渗透比例，将未来可再生能源发展分为中比例（10％～30％）、高比例（30％～50％）和极高比例（50％～100％）3个阶段。

在中比例渗透阶段，风电和光伏以局部集中并网为主，送出端可再生能源比例较高，因此，对电网的挑战主要来源于送出网络和并网等局部环节。由于大部分风电和光伏资源富集地区远离负荷中心，需要通过远距离输电从地区电网末端接入，送出网络往往较为薄弱。可再生能源出力的随机波动性将导致并网线路与并网点周围的电能质量下降与潮流阻塞问题。另外，可再生能源机组通过电力电子换流设备与主网连接，这使得其对输出电气量的控制更强，反应更加灵敏，同时故障的耐受能力也更差。系统运行方面，为保证系统供需实时平衡，并网地区的调峰调频灵活性资源需求急剧增加。此时，由于可再生能源是在局部集中接入，灵活性资源不足带来的问题主要体现为局部地区的弃风和弃光。

在高比例渗透阶段，可再生能源并网方式从局部并网转为多地区的集中式与分布式并网。德国目前已有90％以上的光伏装机为分布式。我国光伏和风电装机增量也呈现相近的趋势，随着装机的广泛普及，可再生能源出力的间歇性开始对电网整体运行产生影响。稳定性方面，电力电子接口控制量包含多个时间尺度，使得电力电子装置能够在较宽的频带内响应电网扰动。机组与机组之间、机组与网络之间的稳定问题进一步复杂化，超同步振荡等宽频域内的独特现象将开始在更大范围内出现。分布式与集中式并举使得电源侧与负荷侧的不确定性均大幅度增大，日内运行场景呈现多样化。全系统常规机组将不得不随可再生能源波动调整出力大小。一方面，这对大型煤电、热电联产等火电机组的调频调峰能力提出了进一步要求；另一方面，电力资源需要通过电网在全系统内协调配置，系统潮流模式更加多样，转换更加频繁。

在极高比例渗透阶段，以风电和光伏为主体，多种电源形式甚至多种能源形式协调发展将是极高比例可再生能源电网的重要特征。此时，若仅通过提高间歇性的风电和光伏的渗透率实现100%可再生能源渗透，则其间歇性与电力电子接口对电力系统的挑战将进一步被放大。系统充裕性、经济性和稳定性都会受到严重影响。系统稳定方面，在极高比例可再生能源的背景下，由于大型火电比例降低，同步电网的惯性将大幅度下降。1996—2016年，欧洲的等效惯性时间常数下降了20%。系统整体惯性与频率稳定和暂态稳定息息相关。当可再生能源瞬时渗透率超过50%时，由于惯性的降低而出现频率稳定或暂态稳定问题的概率将会大幅度增加。此外，风电和光伏的容量系数极低，若要满足大部分的电量供应，其电力装机容量将远超负荷峰值。这意味着在日内运行时，若风电和光伏等间歇性可再生能源出力较大，系统中将出现大量的电力过剩；若出力较低，则系统中将出现大量电力缺额，需要保持大量的备用容量。电力网络在此波动下，传输负担也会增加，但利用率反而降低。

（2）电网电力电量时序平衡技术

可再生能源出力的波动性与不确定性造成了多个时间尺度上的电力、电量不平衡，为电力系统供需平衡带来了挑战。短期体现为电力不平衡，长期体现为电量不平衡。应对这一挑战的根本方法是提高系统的灵活性，使系统出力可调节资源以适应净负荷曲线的变化。提升系统灵活性具体可从提高系统灵活性调节能力和缓解净负荷曲线的间歇性两个方面着手。

① 灵活性电源与火电灵活性改造。我国目前仍主要依赖煤电作为主要的电力来源，其装机容量占总装机容量的比例约为60%。传统的大型煤电发电机组在调节性能方面存在较大不足，无法满足可再生能源并网的需求，尤其在爬坡速度、启动时间和调峰能力等方面表现不佳。此前，煤电向下调峰能力不足曾是我国东北、华北、西北地区风能被废弃的主要原因之一。为提高电源侧的灵活性，目前推动灵活调节电源建设和提升火电灵活性成为关键举措。与煤电机组相比，燃气轮机组具备更优越的调节能力，而且单位装机投资成本较低，然而由于我国的天然气价格较高，燃气轮机的装机比例相对较低。受限于燃气轮机的边际成本较高，未来相当长一段时间内我国电源结构仍将会以煤电为主。因此，对煤电进行灵活性提升改造是当前较为经济的手段。具体的技术路线包括锅炉侧改造、汽轮机改造和控制系统改造。改造后的燃煤电厂在德国已实现最小负荷降低到额定容量的12%。我国要求改造后的纯凝机组最小技术出力达到额定容量的30%，部分电厂机组在不投油稳燃时的纯凝工况最小技术出力为20%～30%。根据不同的机组类型和改造技术路线，煤电灵活性改造的成本在60～180元/kW之间。另外，灵活运行会缩短发电厂的寿命，因此与此相关的额外成本需要进行细致的考虑。

② 提升新能源与负荷的预测精度。可再生能源出力和负荷需求的预测是电力系统机组组合和经济调度的基础。目前来看，可再生能源出力预测的相对误差通常比负荷需求预测高1%～3%，而可再生能源出力预测的平均误差则在3%～8%之间，其中风电的预测误差通常大于光伏，最大误差甚至超过10%。然而，随着技术的不断进步和历史数据的积累，可再生能源出力预测的误差整体呈现下降的趋势。如果预测越准确，那么在实际电网调度过程中需要调节的资源就越少，系统为出力偏差付出的成本也会越低，特别是在高比例可再生能源渗透的情况下更加显著。一项基于美国西部电网精确预测的经济效益研究指出，当可再生能源渗透率达到24%时，若预测精度相较目前水平提高了10%或20%，则每年的运行成本分别可以节省1.00亿美元和1.95亿美元。

③ 需求响应技术。需求响应是一种重要的手段，用于开发用户端的灵活性。通过用户

响应，电力负荷可以"随风而动，随光而动"，从而降低净负荷曲线的波动性。需求响应可以根据用户响应的对象的不同，分为基于价格的需求响应和基于激励的需求响应。前者通过改变零售电价来影响电力需求，具体包括分时电价、实时电价和尖峰电价等机制；后者则通过制定明确的奖励政策来激励用户在必要的时候调整负荷，这些激励措施包括直接负荷控制、可中断负荷和需求侧竞价等。需求响应能够提升电力系统对负荷的控制能力，但面对高比例可再生能源并网所带来的问题，需要更快速、更灵活的响应方式。目前实际实施的需求响应主要以减少负荷为主，主要用于电力需求高峰时段的调节。然而，为了稳定可再生能源的波动和保证其消纳，需要调节更灵活的负荷，例如热泵和公共场所的温控负荷等。此外，在应对高比例可再生能源下可能出现的电力供过于求问题时，还需要更多的"增加负荷响应"的措施，鼓励工商业和居民用户在负荷低谷时段使用电力，可以通过价格信号引导电动汽车充电或调整工业负荷的生产时间等方式实现。

④ 储能技术。截至 2023 年底，全球已投运电力储能项目累计装机规模达到 289.2GW。储能设备通过将电能转化为其他形式，比如机械能和化学能来储存能量。随着储能成本的大幅下降，未来的储能设备将从根本上改变电力系统无法有效地大规模长时间存储电能的基本特征。

储能技术可以被应用在电力生产、输送和消费等各个环节，能够有效实现电力和电量在多个时间尺度上的平衡调节，完成调峰、调频、可再生能源波动消纳和季节性电量平衡等多项辅助任务。随着大规模可再生能源并网以及预测误差和随机波动带来的不平衡问题，系统的调频需求明显增加。在短时间尺度上，由于可再生能源出力的瞬时波动和电力系统调度的需求，需要响应速度较快的储能类型，比如电化学储能和飞轮储能。而随着可再生能源装机比例的增加，电力和电量在日内或日间尺度上的不平衡问题愈发显著，表现为调峰资源短缺、局部线路阻塞和可再生能源电力过剩等。这导致对储能设备能量需求增加，推动了抽水蓄能、压缩空气储能和储热等储能技术的广泛应用。在长期时间尺度上，高比例可再生能源电力系统面临季节性电力和电量不平衡问题，需要具备长时间和大容量存储能力的季节性储能。季节性储能则可以将电能转化为其他可长期存储的能量形式，如电转气、大型抽水蓄能和压缩空气储能，实现跨能源形式的长期储能和优化利用。

⑤ 新能源发电提供灵活性。随着新能源在电力系统中的占比逐步提升并成为电量主体，单向依靠其他灵活性资源满足系统灵活性需求，以保障高比例新能源的全额消纳，已不再符合新型电力系统的发展理念，还会造成系统整体效益的下降。新能源应提高电力系统主体责任意识，基于其技术特点主动提供灵活性，为系统灵活性需求的减少和灵活性供应能力的提升做出应有贡献。

风电与光伏发电在运行过程中皆依靠电力电子器件接入电网，电力电子化设备具有更好的调节特性，利用虚拟同步机控制新能源并网逆变器以实现新能源机组以电压源形式并网，使新能源具有自同步电网特性，可提高新能源发电的调节能力。尽管风电受到风机转速控制要求和机械调节装置限制，但在电力电子器件作用下其仍可以提供分钟级调节能力，从而减少系统的灵活性需求。

现阶段由于技术不成熟，提高新能源发电调节能力的技术短期内尚无法实现普及。随着技术进步以及新能源装机逐步取代常规同步发电机组的主导地位，新能源发电必须承担起建立系统电压和维持系统实时平衡的义务，依靠相关技术提高其接入系统的频率稳定性，从而实现新能源常规化调节。

（3）空间尺度电网能量管理技术

可再生能源机组选址位置与地区资源禀赋天然相关，而资源富集地与负荷中心往往逆向分布，因此，高比例可再生能源电力系统必然存在电力、电量空间的不平衡。为此，需要通过电网的大范围互联和多能源形式之间的互济转化实现电力、电量的空间平衡。

① 互联电网和跨区远距离电力传输。省级电网作为主要的有功频率控制主体，承担的调节压力日益加剧。送端省网一般位于风电、光伏、水电资源富集地区，用电负荷及电网规模相对较小，大规模新能源并网带来的强不确定性和波动性使得省网维持供需平衡压力巨大。因此，需要深入挖掘区域电网内各省网的电力互济潜力，以保障电网安全和新能源消纳，并降低实时平衡成本。受端省网在省外来电（特高压直流线路输电为主）占比快速增长下，因灵活性调节能力不足已经无法足额消纳，省间电力互济需求也日益增大。因此，互联电网作为支撑不同资源禀赋地区电能互济、备用共享的输电平台，在多省网有功功率平衡协同控制、跨省跨区备用共享优化决策等方面发挥着更加显著的作用。

高压交直流输电是远距离输电的最基本手段，对各区资源互补备用互济有重要意义。中国主要大型能源基地与东部负荷中心之间的距离为 1000～3000 km，超出传统超高压输电线路的经济输送距离。截至 2019 年 6 月，中国特高压远距离输电工程累计线路长度已达27570 km。"九交十直"的特高压混联电网格局基本形成，其中，9 条用以连接"三北"地区可再生能源生产基地和东部沿海。张北柔性多端高压直流项目已于 2020 年投入使用，缓解了困扰张北地区已久的能源消纳难题。未来随着终端用能电气化的推进，电力系统负荷仍然具有较大增长空间，电网空间拓展的需求巨大。

② 多能互补和综合能源系统。由于风、光资源存在着随机性、波动性、间歇性等诸多不可控特性，将其作为单一的发电资源接入系统将对电网安全稳定运行带来极大风险。考虑不同发电资源的互补性，可以通过多种发电资源的互补联合调度，实现区域电力系统的出力平稳。常见的促进新能源消纳的多能互补模式有风水互补、风光互补、新能源与常规火电互补等。

风水互补是利用水电的调峰能力消纳风电的一种模式。风电和水电在时间上的互补特性，使得风水互补成为可能；但是在地域上的差别，使得风水互补模式需要远距离、大容量调度。

风光互补模式利用太阳能和风能在资源条件和技术应用上的互补特性，既可以保障系统的供电可靠性，又能合理利用新能源，在独立的供电系统中应用广泛，例如海岛供电系统、边防哨所供电系统等。风光互补发电系统利用控制器，根据日照强度、风力大小及负载的变化，不断对蓄电池组的工作状态进行切换和调节，以满足系统负载变动需求，提高系统的稳定性与可靠性。

新能源与常规火电互补模式可以在区域新能源装机不足时提高常规火电出力，在区域新能源多发时压减常规火电出力，以实现系统平衡。但该模式受限于煤电机组灵活性，严重时可导致电网出现负荷缺口。常规火电机组需耦合储能技术或碳捕集技术降低多能互补系统的成本与排放，提高火电机组灵活性与调峰能力，促进新能源消纳。

综合能源系统是指协同开发、转换、储备、运输和利用各种能源形式，以共同满足终端能源需求的能源系统。能源枢纽、能源路由器、电制氢、电转其他能源（power-to-x，P2X）技术以及季节性储能等技术都属于综合能源系统的范畴。在地理范围上，综合能源系统分为区域级和跨区级两个层次。区域级主要指园区或城市某一区域内的各种能源分配、转换和存储系统；而跨区级则是指连接多个区域综合能源系统以及能源产地的能源传输网络。综合能源系统打破了电、热、气、交通等不同领域之间的壁垒，实现了更大范围内能源供需的平衡，充分挖掘了能源系统的灵活性。

综合能源系统通过提供各种广义能量存储设备来消纳可再生能源，并减少大电网空间电力电量不平衡。其中，最直观的储能设备包括储气、储热和储冷等跨能源存储设备。此外，由于不同能源形式的运行时间尺度差异，热网和气网中的暂态过程也可以为电力系统提供一定的储能效果，比如供热管网和建筑物的等效储热效应。综合能源系统中的P2X技术不仅可以电制气和电制热，还可以利用电能制取工业原料，如铝、乙烯和汽油等。这些工业原料通过物流网络进行储运，从广义上来说，也能消除空间电力和电量需求的不平衡。综合能源系统实现了更广泛能源形式之间的需求互补，通过多种能源的灵活转化和多能源的综合需求响应，为电力系统消纳可再生能源提供了额外的弹性。

9.2.2.2 配电网能量管理技术

随着新能源的广泛应用，"碳达峰"和"碳中和"目标的提出，对电力系统的运行和管理提出了更高的要求。配电网作为电力系统的重要组成部分，其能量管理技术的优化对提高电力系统的运行效率和可靠性具有重要意义。配电网的结构可以分为两种类型：树状结构和环形结构。树状结构是指配电网的每个节点只有一个上级节点，从而形成一个树状的结构。这种结构的优点是简单、易于控制；但缺点是可靠性较低，一旦某个节点发生故障，就会影响其下游的所有节点。环形结构是指配电网的每个节点有两个或多个上级节点，从而形成一个环状的结构。这种结构的优点是可靠性较高，一旦某个节点发生故障，仍然可以通过其他路径进行供电；但缺点是复杂、难以控制。配电网的结构类型会影响其运行效率和安全性，因此需要根据实际情况进行合理的选择和优化。

（1）数据监测与分析技术

数据监测与分析是配电网能量管理的核心技术之一。通过数据监测，能量管理系统可以实时获取配电网的运行状态和相关数据，如电压、电流、功率因数、有功功率和无功功率等。这些数据可以帮助管理人员了解配电网的运行状况，发现潜在的问题和优化空间。通过配电网运行效率监测分析、配变重/过载预警分析、设备缺陷趋势分析，管理人员能较好发现配电网存在的问题，保障电网的安全运行。数据分析是对监测数据进行处理和挖掘的过程，通过分析可以提取出有用的信息和知识，为决策提供支持。

数据监测的主要方法有两种：在线监测和离线监测。在线监测是指在配电网正常运行的情况下，通过安装在配电网各个节点的传感器和仪表，实时采集和传输数据，进行数据分析和处理。在线监测的优点是能够及时反映配电网的实时状态，及时发现并处理异常情况，提高配电网的运行效率和可靠性。离线监测是指在配电网停运或部分停运的情况下，通过对配电网的部分或全部元件进行检测和测试，获取数据，进行数据分析和处理。

数据分析的主要方法有两种：统计分析和智能分析。统计分析是指利用数学和统计学的方法，对数据进行描述、归纳、推断和预测，从中发现数据的规律和特征，为决策提供依据。统计分析的优点是能够对数据进行客观和科学的分析，提高分析的准确性和可信度。统计分析的缺点是需要大量的数据和复杂的计算，分析结果也可能受到数据的质量和分布的影响，难以适应配电网的动态变化和不确定性。智能分析是指利用人工智能和机器学习的方法，对数据进行分类、聚类、关联、模式识别和优化，从中发现数据的隐藏信息和知识，为决策提供支持。智能分析的优点是能够对数据进行自动和智能的分析，提高分析的效率和灵活性。

（2）优化调度与控制技术

优化调度与控制技术是配电网能量管理的另一个关键技术。优化调度是根据电力需求和可用的发电资源，制定合理的发电计划和调度方案，以提高电力系统的运行效率和经济性。控制技术则是为了保证配电网的安全稳定运行，通过调节各种设备的参数和运行状态，实现对配电网的实时控制。

优化调度的主要方法有三种：集中式调度、分布式调度和分层式调度。集中式调度是指由一个中心机构或者平台，根据全局的电力需求和供给，统一制定功率计划和调度指令，协调各配电网的运行。集中式调度的优点是能够实现全局的优化，提高电力系统的整体效率和稳定性。集中式调度的缺点是需要大量的信息和通信，调度过程较为复杂和耗时，难以适应电力系统的动态变化和不确定性。分布式调度是指由各个发电厂和配电网自主制定和执行发电计划和调度方案，根据局部的电力需求和供给，进行自适应的调整和协商。分布式调度的优点是能够实现局部的优化，提高电力系统的灵活性和鲁棒性。分布式调度的缺点是难以实现全局的优化，可能导致电力系统的效率和稳定性下降。分层式调度是一种把集中式调度和分布式调度结合起来的调度方式，是指将管理组织分为不同的层级，各个层级在服从整体目标的基础上，相对独立地开展调度活动。分层式调度的优点是能够兼顾全局的优化和局部的灵活，提高电力系统的协调性和适应性。分层式调度的缺点是需要建立有效的信息交换和协作机制，避免层级之间的冲突和不一致。

储能技术逐渐成为解决新能源发电间歇性问题的有效手段。储能设备可以将多余的电能储存起来，并在需要时释放出来，从而保证电力系统的稳定运行。智能开关则是将传统开关与智能化技术相结合，实现对配电网的远程控制和自动化管理。智能开关的应用可以提高配电网的运行效率和可靠性，降低人工干预和事故风险。

随着新能源和智能技术的发展，配电网能量管理技术将迎来更多的机遇和挑战。未来的配电网将更加复杂和多元化，需要更多的跨学科知识和技术来应对。未来的研究和发展方向可能包括：开发更加高效和可靠的储能技术；研究新的优化算法和控制策略；探索区块链等新技术在配电网中的应用；提高配电网的韧性和自适应性；等。

9.2.2.3 微电网能量管理技术

可再生能源发电具有显著的波动性和不确定性，同时作为未来主要交通工具的电动汽车也具有充放电的大容量和随机性的特点。当数量庞大、分布广泛的分布式可再生能源和电动汽车群体接入中低压配电网时，会使电网的运行稳定性和用户的供电可靠性面临严峻挑战，微电网技术成为解决分布式电源直接接入电网所引起的一系列问题的有效手段。

多微网系统可以在一定程度上借鉴微电网的规划设计方法，如网架的设计、分布式能源和储能装置的选址和定容等。但是多微网系统更加复杂，其规划设计需兼顾多方面的因素，如互联的方式、整体运行的经济性与可靠性、整个系统的协同运行能力，以及与电网的协同运行能力、对内部子微网的多种运行模式和运行目标的适应能力等。通过交流、直流方式和交直流混合方式可以实现多微网系统互联。作为由若干微电网、分布式电源、储能单元及各类负荷等组成的集群系统，多微网系统的互联方式将直接影响系统整体的运行稳定性和控制灵活性，并且间接地影响其提供电压、频率支撑和"削峰填谷"的能力。根据所使用的连接装置，可分为直接交流互联和可控交流互联两种方式。

当多微网系统并网运行时，其作为一个整体可看作配电网的一个可调度单元；当其离网运行时，可通过各微电网之间的能量交互，为系统内用户提供可靠的电能供应。作为多微网运行控制的核心，能量管理系统集调度策略制定、功率控制、负荷管理、分布式电源与储能出力控制等功能于一身。其短期任务是维持多微网系统的电压、频率稳定，快速跟踪分布式电源出力波动和负荷变化，实现多微网各运行模式之间的平稳过渡；长期运行管理则综合考虑优化目标、分布式电源出力预测、负荷预测、多微网协同运行模式以及电能交易策略等因素，来制定多微网优化调度方案，进而指导多微网系统协调优化运行。

多微网能量管理可分为集中式、分布式两类，集中式能量管理依靠多微网能量管理系统统一制定优化策略，与各微电网控制器（microgrid central controller，MGCC）及底层的电气设备进行通信并发送控制指令；分布式能量管理主要依靠 MAS 进行运行管理和决策，通过管理机构（配电网级、多微网级）、各子微网以及各分布式电源等代理之间的通信协调实现多微网系统稳定运行。

与单个微电网相比，多微网系统的拓扑架构更加复杂，与配电网之间有更多、更灵活、更复杂的电能和信息交互，系统内分布式可再生能源、电动汽车、储能单元的拥有率也更高。因此，多微网系统的控制不仅要考虑各微电网自身的稳定运行，而且要保障多微网系统整体的电压、频率稳定，以及多微网系统内部可靠的电能交换。由于多微网系统包含数量众多的电力电子设备，针对这些设备的协调控制是实现整个多微网系统稳定运行、工作模式灵活转换等的关键。在控制系统架构方面，多微网可分为集中式分层控制和分布式控制。

多微网系统的 DG 数量和种类较多，各子微网的运行方式和控制目标各有不同，整个系统的拓扑结构、互联方式也多种多样，而且鲜有实际运行的应用范例。现有的研究主要采用小信号特征值分析法。对于结构复杂的交直流混连多微网系统，主要采用基于模块化建模思路，对多微网系统中的直流子微网、交流子微网、DC/DC 互联装置、DC/AC 互联装置等分别搭建小信号模型。

对于多微网系统这样典型的"能量产消者"集群，其电能交易管理可分为中心化和去中心化两种。前者建立一个合作环境下的集中管理平台，将多微网系统看作一个利益整体，进行统一管理、全局优化；后者属于竞争环境下的自治型管理模式，系统中各微电网属于不同利益主体，运行工况、运行目标、用户需求等各不相同。为实现竞争环境下的多微网系统协调运行，多微网内各微电网之间、微电网和配电网需要进行电能交易。

对多微网电能交易的研究主要基于价格响应、价格博弈、贡献水平等方面开展。价格响应是指多微网能量管理中心根据系统内盈余电量水平，统一制定内部电能交易的电价，以协调各微电网运行；价格博弈指各微电网根据自身情况，独立决定其期望的购售电价格，以公开拍卖等方式进行电能交易；贡献水平指系统内的盈余电能按照购电微网的历史能量贡献进行分配，贡献水平高的微电网会获得更有利的电能交易条件。

9.2.3 电力系统能量管理安全

9.2.3.1 传统电力系统能量管理安全

安全性：保障传统电力系统的安全对于能量管理至关重要。这涵盖了对潜在故障的预防、监测和应对。例如防止过载、短路、火灾等事件的发生，确保设备正常运行。

监控和控制系统：引入先进的监控和控制系统，例如 SCADA（supervisory control and data acquisition）系统，以实现对电力系统的实时监测、远程控制和数据采集。这有助于快速应对系统变化和异常情况。

应急响应：能量管理需要建立健全的应急响应机制，以迅速处理突发事件，保障电力系统的持续稳定运行。这可能涉及备用电源、快速修复设备故障及协调各方面的紧急处理计划。

综合而言，传统电力系统的能量管理涉及多个层面，需要综合考虑生产、传输、分配、效率、安全等因素，以确保电力系统的可靠性和稳定性。随着技术的不断发展，智能化和数字化技术的应用也为传统电力系统的能量管理提供了更多的可能性。电力系统的供电稳定性、可靠性对于发电侧、配电侧及用户侧而言都至关重要，所以能够保证电力系统安全地持续运行成为电力系统建设必不可少的一环。

从传统电力系统能量管理安全的角度，电力系统的运行一般分为四种状态：安全运行状态、警戒状态、紧急状态和恢复状态。各种运行状态之间的转移需要通过控制手段来实现，如预防控制、校正控制、稳定控制、紧急控制、恢复控制以及继电保护预防控制等，这些控制统称为安全控制，如图 9-5 所示。

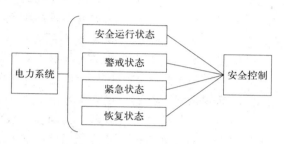

图 9-5　电力系统运行的四种状态

电力系统安全运行状态指电力系统的频率、各点的电压、各元件的负荷均处于规定的允许值范围，并且当系统由于负荷变动或出现故障而引起扰动时，仍不会脱离正常运行状态。由于电能的发、输、用在任何瞬间都必须保证平衡，而用电负荷又是随时变化的，因此，安全运行状态实际上是一种动态平衡，必须通过正常的调整控制才能得以保持。

电力系统警戒状态指电力系统整体仍处于安全规定的范围，但个别元件或局部网络的运行参数已临近安全范围的阈值。一旦发生扰动，就会使系统脱离正常状态而进入紧急状态。处于警戒状态时，应采取预防控制措施使之返回安全运行状态。

电力系统紧急状态指正常状态的电力系统受到扰动后，一些快速的保护和控制已经起作用，但系统中某些枢纽点的电压仍偏移，超过了允许范围，或某些元件的负荷超过了安全限制，使系统处于危机状况。紧急状态下的电力系统，应尽快采用各种校正控制和稳定控制措施，使系统恢复到正常状态。

电力系统恢复状态指即便采用各种校正控制和稳定控制措施，系统仍不能恢复到正常状态，按照对用户影响最小的原则，采取紧急控制措施，使系统进入恢复状态。这类措施包括使系统解列（即整个系统分解为若干局部系统，其中某些局部系统不能正常供电）和切除部分负荷（此时系统尚未解列，但不能满足全部负荷要求，只得去掉部分负荷）。在这种情况下再采取恢复控制措施，使系统返回正常运行状态。

9.2.3.2　新型电力系统能量管理安全

新型电力系统的能量管理涉及更加先进的技术和方法，以应对不断增长的能源需求、不断提高的能源效率、不断提升的新能源渗透率等挑战。以下对新型电力系统能量管理安全的关键方面进行阐述。

可再生能源集成方面，新型电力系统通常包括大量的可再生能源，如太阳能和风能。能量管理需要有效地集成这些不稳定的能源，通过先进的预测、调度和储能技术维持电力系统稳定。储能技术方面，新型电力系统通常包括先进的储能技术，如电池储能系统。这使得能量管理能够更好地处理能源波动，平衡供需关系，提高电力系统的可靠性和灵活性。数据分析和人工智能方面，利用大数据分析和人工智能技术，能量管理可以更精确地预测能源需求，优化能源分配，提高系统效率。实时数据分析有助于迅速应对系统异常和优化运行。去中心化和区块链技术方面，去中心化的能源市场和区块链技术可以改善能源交易的透明度和安全性，促使更多的参与者参与到能源生产和交易中。能量管理需要适应这种去中心化的模式，确保安全和公正的能源交易。电动汽车等可调资源方面，考虑到电动汽车的普及，新型电力系统的能量管理需要协调电动汽车的充电需求，优化充电基础设施的布局，平衡电力系统负荷。网络安全方面，随着电力系统的数字化程度提高，网络安全变得尤为重要。能量管理需要采取有效的措施来保护电力系统免受网络攻击和数据泄露的威胁。

综上所述，新型电力系统的能量管理涉及更加复杂和先进的技术，充分利用可再生能源、储能技术和智能化系统，提高电力系统的可持续性和适应性的同时，新型电力系统能量管理安全面临更加严峻的挑战，而电力系统的安全优化调度作为新型电力系统能量管理安全的关键问题，下面将进行重点阐述。

新型电力系统调度可以划分为两类：从时间层面上，进行多时间尺度协调调控的研究；从空间层面上，进行多区域协调调控的研究。

（1）多时间尺度协调调控策略

在时间层面上，针对可再生能源随时间尺度增大而调控精度下降的问题，更好的解决办法是在时域上采用多时间尺度协调调控策略。

多时间尺度协调调控策略，是针对不同时间尺度上的电力系统资源（如可再生资源等）、负荷、用户等采用不同的控制手段进行调度，达到一种时间上广度和调度上准确度相结合效果的手段。针对需求侧负荷、用户等，将多时间尺度协调调控策略应用于需求侧管理上，可更好地对需求侧资源进行合理分配，以达到既保证安全性又维持其经济性的目标。在需求侧管理下，需求侧响应负荷资源按响应时间尺度可大致分成两类：日前长时间尺度与日内短时间尺度。与需求侧响应相对应，在调度上，也可以采用多时间尺度协调调控策略来应对需求侧响应资源的不同情况。

目前，在多时间尺度上进行可再生能源发电安全调度和控制的研究较多，其特点是通过建立集中的优化模型，实现局部电网的调度和控制，其本质上属于集中式的调度和控制方式。

（2）多区域协调调控策略

在空间层面上，目前的解决方法主要是通过区域协调的方式来实现电网统筹调度和控制，也就是采用多区域协调调控策略。

多区域协调调控策略，即根据不同区域情况下的发电资源（如火电厂、水电厂、风电厂等）、输配电方式、用户种类及多寡，进行大范围内、多区域下的统筹调度和控制。由于各发电厂的种类及大小不同、输配电的环境条件不同、消费者种类及大小不同，电力系统为了完成优质的调度，必须结合多地域、多区域的特点，通过各方面的协调达到电网的要求。

区域协调的调控策略主要采用集中控制的方式，考虑到区域电网的信息是分散管理的，也逐渐出现了分布式和分散式的调控策略。集中控制的应用已经较为成熟，本小节重点介绍一种较为新型的融合分布式与分散式特点的调控机制——交互能源机制。在新能源电力系统调度中，交互能源机制根据交易与调度的实现方式可分为分布式控制和分散式控制两种运行方式，这里分别进行介绍。

① 分布式交互能源机制。分布式交互能源机制是将几个相关主体以分布式的模式联系在一起，使其既相互关联，又在保证电网经济、安全、稳定运行的同时，可以各自进行自主决策，从而避免了一方或者几方的决策大幅影响全局。

分布式的交互能源交易平台需要包括成员管理、合同管理、交易管理以及结算系统等诸多软件模块，各个子模块对应的服务器、路由器等网络设备，以及各参与主体侧配置的管理系统与运行服务器等。

如图 9-6 所示，在分布式交互能源机制下，分布式能源拥有者、产消者、虚拟电厂等主体与交互能源平台之间通过价格引导和功率方案的信息交互相联系，下层主体提供功率方案，交互能源平台根据电网的可用资源和辅助服务市场的竞价结果对虚拟电厂等主体进行电能的价格引导。

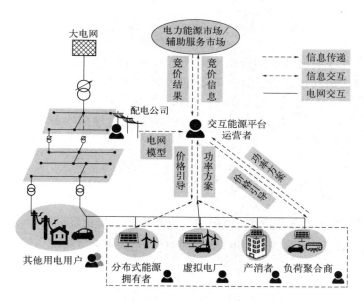

图 9-6 分布式交互能源机制支撑系统示意图

② 分散式交互能源机制。分散式交互能源机制依靠区块链技术的支撑，产消者、虚拟电厂等主体之间可进行自发的能量交易，交互能源平台仅作为连接各产消者等主体及配电公司的桥梁，从而在分布式系统基础上对平台的"调度"功能进行了进一步弱化，形成了分散式的机制。

如图 9-7 所示，依靠区块链技术支撑的分散式交互能源机制可实现产消者等主体不经过交互能源平台而直接进行产消者、虚拟电厂等主体之间的信息交互，交易信息传递的环节变得更为简洁，交易更为方便。

交互能源机制的一个特点即是可通过分布式或分散式调度模式实现最小化管理侧的数据采集和通信需求。

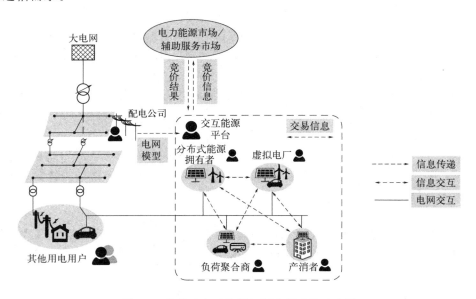

图 9-7   分散式交互能源机制支撑系统示意图

本小节以电动汽车为例，详细介绍考虑配电网安全约束的交互能源机制建模方法。首先，从聚合商的角度出发，建立电动汽车充电计划优化模型。其次，介绍考虑配电网络约束的交互能源机制模型，实现需求侧资源与配电网的友好互动。

i. 充电计划优化模型。电动汽车充电计划的制定以充电成本最小为优化目标，具体形式如公式（9-28）所示：

$$\min \sum_{j=1}^{N_k^{\mathrm{E}}} \sum_{i=1}^{N_{\mathrm{T}}} \Phi_{j,i} P_{j,i} t \tag{9-28}$$

式中，$P_{j,i}$ 表示第 j 辆电动汽车 i 时段的充电功率，为优化变量；$\Phi_{j,i}$ 为电力市场的价格矢量；t 为每个时间段的长度；N_k^{E} 为电动汽车的总数量；N_{T} 为充电计划的总时间段数。

约束条件如公式（9-29）、式（9-30）所示：

$$SOC_{0,j} E_{\mathrm{cap},j} + \sum_{i=1}^{N_{\mathrm{T}}} P_{j,i} t = SOC_{\max,j} E_{\mathrm{cap},j} \tag{9-29}$$

$$0 \leqslant P_{j,i} \leqslant P_{\max,j} \quad i=1,\cdots,N_{\mathrm{T}} \tag{9-30}$$

式中，$SOC_{0,j}$ 表示第 j 辆电动汽车初始的荷电状态；$SOC_{\max,j}$ 为充电结束时电动汽车达到的最大荷电状态；$E_{\mathrm{cap},j}$ 为第 j 辆电动汽车的电池容量；$P_{\max,j}$ 为电动汽车最大的充电功率。第一个约束条件表示充电的能量应满足电动汽车用户需求，第二个约束条件表示充电功率小于或等于其充电桩的最大功率。

经过上述优化，聚合商得到所有电动汽车全时间段的充电计划，但聚合商与交互能源平

台交互时，聚合商需要提供不同配网节点所消耗的功率，则不同节点不同时段的总功率表示为

$$P_{k,i,l}^{E} = \sum_{j \to l} P_{j,i} \quad k = 1, \cdots, N_F; i = 1, \cdots, N_T; l = 1, \cdots, N_B \tag{9-31}$$

式中，$P_{k,i,l}^{E}$ 为聚合商 k 在 i 时段 l 节点处的总功率；$j \to l$ 表示第 j 辆电动汽车所在的位置属于节点 l；N_F 为聚合商总数；N_B 为配网节点总数。

ⅱ. 交互能源机制建模方法。交互能源平台负责检查聚合商的充电计划是否会导致网络拥塞，如果存在拥塞，交互能源平台将生成拥塞价格；如果不存在，则聚合商的充电计划将被接受。

为了对交互过程进行建模，首先提出一个灵活性成本函数，该函数表示聚合商功率偏差成本，如公式（9-32）所示：

$$\mu_k = C_{k,i,l} (\widetilde{P}_{k,i,l} - P_{k,i,l}^{E})^2 \tag{9-32}$$

式中，μ_k 为灵活性成本函数，表示对偏离原充电计划功率的惩罚；$\widetilde{P}_{k,i,l}$ 为待优化的变量，其满足下式约束：

$$\sum_{i=1}^{N_T} \widetilde{P}_{k,i,l} t_i = \sum_{j \to l} (SOC_{max,j} - SOC_{0,j}) E_{cap,j} \tag{9-33}$$

交互能源平台的目标是跟踪调节聚合商的功率，并最大限度减少网络损失，目标函数如公式（9-34）所示：

$$\min a \sum_{i=1}^{N_T} \sum_{i=1}^{N_B} \left[P_{trans}(i,l) - \sum_{k=1}^{n_F} P_{k,i,l}^{E} \right]^2 + b P_{loss} \tag{9-34}$$

约束条件：

$$\sum_{l=1}^{N_B} P_{trans}(i,l) \leqslant P_{trans}^{max}(i) \tag{9-35}$$

$$U_0(i,l) + \Delta U(i,l) \geqslant U_{min}(i,l) \tag{9-36}$$

式中，a,b 为权重系数；$P_{trans}(i,l)$ 为交互能源平台对电动汽车聚合商的期望功率，其中不包括基本负载；n_F 为 l 节点处的聚合商数量；P_{loss} 为网损；$P_{trans}^{max}(i)$ 为变压器最大容量；$U_0(i,l)$、$\Delta U(i,l)$、$U_{min}(i,l)$ 分别为初始的节点电压、电压变化量、配电网的最小允许电压。

网损表示如下：

$$P_{loss} = \sum_{i=1}^{N_T} \sum_{line=1}^{N_{line}} \left(\frac{P^2(i,line) + Q^2(i,line)}{V^2} \right) R_{line} \tag{9-37}$$

电压偏差表示为

$$\begin{bmatrix} \Delta P \\ \Delta Q \end{bmatrix} = \begin{bmatrix} \dfrac{\partial P}{\partial \theta} & \dfrac{\partial P}{\partial U} \\ \dfrac{\partial Q}{\partial \theta} & \dfrac{\partial Q}{\partial U} \end{bmatrix} \begin{bmatrix} \Delta \theta \\ \Delta U \end{bmatrix} = \boldsymbol{J} \begin{bmatrix} \Delta \theta \\ \Delta U \end{bmatrix} \tag{9-38}$$

$$\begin{bmatrix} \Delta\theta(i,l) \\ \Delta U(i,l) \end{bmatrix} = \boldsymbol{J}^{-1} \begin{bmatrix} \Delta P(i,l) \\ \Delta Q(i,l) \end{bmatrix} = \boldsymbol{J}^{-1} \begin{bmatrix} P_{\text{trans}}(i,l) \\ 0 \end{bmatrix} \tag{9-39}$$

$$\Delta U(i,l) = \boldsymbol{J}_{21}^{-1} P_{\text{trans}}(i,l) \tag{9-40}$$

为了实现社会效益最大化，交互能源机制下的总优化目标为

$$\min \sum_{k=1}^{N_F} \sum_{i=1}^{N_T} \sum_{l=1}^{N_B} C_{k,i,l} (\widetilde{P}_{k,i,l} - P_{k,i,l}^E)^2 +$$

$$a \sum_{i=1}^{N_T} \sum_{i=1}^{N_B} [P_{\text{trans}}(i,l) - \sum_{k=1}^{n_F} P_{k,i,l}^E]^2 + bP_{\text{loss}} \tag{9-41}$$

上述模型为集中式优化模型，但交互能源机制的实现方式一般为分布式，因此，还需通过次梯度等分布式算法实现。

为了保障转型期的电力系统安全稳定运行，需保障足够的支撑能力、系统惯量、调节能力，筑牢电网安全稳定基础，具体举措如下。

通过改造现有火电、水电机组调相功能，提高资产利用效率，在新能源场站配置分布式调相机等，保障电力系统的动态无功支撑能力。同时，要求分布式电源承担主体安全责任，通过技术进步来增强主动支撑能力，确保高比例新能源电网安全稳定运行。

保持适度规模的同步电源，发展新能源、储能等方面的新型控制技术，开发新型惯量支撑资源，提高电力电子类电源对系统惯量的支撑能力，扩大交流电网规模，提高同步电网整体惯量水平，提升抵御故障能力，更好促进清洁能源消纳的互联互通。

充分挖掘灵活性资源调节能力，推进电动汽车、分布式储能、可中断负荷等灵活性资源参与电力系统调峰、调频与调压方法研究，为电力系统适应不断加大的波动性、有功/无功冲击提供重要保障。

9.3 综合能源系统中的能量控制技术

综合能源系统是指一定区域内利用先进的物理信息技术和创新管理模式，整合区域内煤炭、石油、天然气、电能、热能等多种能源，实现多种异质能源子系统之间的协调规划、优化运行、协同管理、交互响应和互补互济，在满足系统内多元化用能需求的同时，有效地提升能源利用效率、促进能源可持续发展的新型一体化能源系统。

总体来看，建设和发展综合能源系统可带来三方面的好处：第一，综合能源系统可以和区块链、物联网以及人工智能等多种先进技术相结合，有助于提高社会供能系统的利用率，促进可再生能源规模化开发；第二，可以推进能源市场价值衡量标准的统一，有利于提高社会的资金利用效率，实现能源的可持续发展，构建节约型社会；第三，多能互补技术可以在供能端将不同类型的能源进行有机整合，提升了能源综合利用效率，减少弃风、弃光、弃水现象，有利于提高社会供能系统的安全性和自愈能力，有利于提升人类社会抵御自然灾害的能力，对保证国家安全有重大意义。

9.3.1 综合能源系统概述

9.3.1.1 综合能源系统发展背景

我国发电总装机容量及水电、风电、光伏发电装机容量均处于世界第一，但风电、光伏发电占社会总发电量的比例远低于欧盟一些国家，弃能现象异常严重，如德国风电占比6.5%，弃风率仅为0.2%；西班牙风电占到总发电量的6.5%，其中，瞬时风电占比54%，弃风率仅为0.7%；丹麦风电装机容量375万千瓦，占比20%，同样弃风率低于1%。而我国，风电仅占总发电量的3%，但在2016年，部分地区的弃风率创下了历史新高，如甘肃43%、新疆38%、吉林30%、内蒙古21%，"四弃"电量达1600多亿千瓦时，其中"弃风"400亿千瓦时、"弃光"70亿千瓦时、"（非正常）弃水"700亿千瓦时、"弃核"500亿千瓦时。从电力装机角度考虑，我国可再生能源发展规模并非过快，而是区域平衡、时间节点规划、发展模式和运行机制出现了问题。截至2023年底，我国水电、风电、光伏发电累计装机容量分别达为3.7亿千瓦、4.41亿千瓦和6.09亿千，我国的能源遵循集中开发模式，可以有效提高能源利用率、优化资源配置和降低弃风弃光率。但随着资源环境约束和气候变化的不断挑战，集中能源开发模式已经不能满足当前现实需求，并表现出明显的"近用户、高能效"的特征。

从能源开发方式来看，现有能源类型可以划分为集中式能源和分布式能源，集中式能源的多能互补主要包括"风光水火储"大型能源基地互补运行以及终端一体化功能系统。对分布式能源的多能互补来说，常见的是通过微电网、虚拟电厂的形成聚合多种分布式能源，实现电力的最优化就地消纳。然后，随着电转热、电转气、热转冷等技术的成熟，多种分布式能源聚合为微能源站，实现就地冷、热、电、气协调供给也变得可行，未来分布式能源的多能互补形式也将具有较大的空间，这就要求建立相应的多能互补优化模型，从而实现清洁能源的最大化并网利用。

当前，我国能源系统主要包括电力、热力、天然气、煤炭等多种能源系统，但目前各种能源系统的规划和运行仍旧相对独立，协同运行机制不够健全。现行单一能源批复价格机制未能考虑能量转化过程中利益传递关系，导致多能互补在实际运行中面临诸多障碍。为了应对日益严重的环境污染，各国政府陆续出台多种政策和方针，大力促进清洁能源产业的发展和应用。但是清洁能源电力生产与消费之间存在诸多矛盾：一是风电、光伏等可再生能源具有显著的不确定性和间歇性，导致清洁能源的开发效率不高；二是发电侧接入电网存在困难、成本高且难以控制，导致降低电能质量和可靠性。同时，随着我国经济社会的不断改革，用户侧对各类型能源需求逐渐增长，各类能源消费价格也相继提高，并造成一系列的环境污染问题。在此背景下，为了解决上述问题，将各类可再生能源与冷能、热能、电能相结合，提出了多能互补系统的概念。多能互补系统也被称为三联产系统，是以电力系统、天然气系统以及可再生能源系统等多种能源网络耦合互联形成的多能互补综合能源系统，以满足区域用户的电、热、冷、气需求。例如，一种基于日前经济优化调度的综合能源系统结构，其具体设计模式如图9-8所示。

在能源需求大幅增长与环境保护日益迫切的双重压力下，世界主要国家和地区均将注意力投向了能够实现多能互补的综合能源系统，先后出台了一系列的政策方案保障综合能源系统的研究和发展。欧洲最早提出了综合能源系统的概念，并通过欧盟第五框架、欧盟第六框

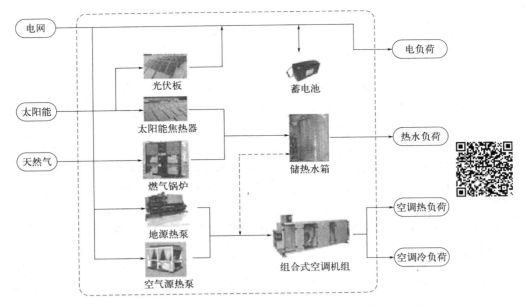

图 9-8　基于日前经济优化的多能互补综合能源系统结构图

架（2002—2006 年）和第七框架（2007—2013 年）将多种能源协同优化作为重点，致力于推动多能源协同优化和综合能源系统的发展。截至 2020 年，欧洲 27 个国家将执行可再生能源行动计划，其中，能源消费的 42％用于住宅领域，47％用于供热和供冷，然而引起上述能源消费比例的主要原因在于欧洲多数国家属于温带和寒带地区，对各类供热需求相对较大，且该类能源消费占比将直接达到全部住宅消耗的一半以上。此外，在用户需求的各类能源中，由可再生能源联合相关制热制冷技术，实现 21％供热和供冷需求，而且各类能源中，生物质能占比 81％、热泵占比 2％、地热能占比 2％和太阳能占比 6％。

9.3.1.2　综合能源系统的概念及特征

（1）综合能源系统的概念

尽管已有大量前期研究并且已经存在一些局部综合能源系统，但对于综合能源系统还缺乏统一的定义。为便于讨论，本书的综合能源系统特指在规划、建设和运行等过程中，通过对能源的产生、传输与分配（能源网络）、转换、存储、消费等环节进行有机协调与优化后，形成的能源产供销一体化系统。它主要由供能网络（如供电、供气、供冷/热等网络）、能源交换环节（如热电冷联供机组、发电机组、锅炉、空调、热泵等）、能源存储环节（储电、储气、储热、储冷等）、终端综合能源供用单元（如微网）和大量终端用户共同构成。图9-9 为典型的综合能源系统的示意图。

（2）综合能源系统的技术特征

伴随着多能源供需形式的有效交互与先进能量控制技术的不断发展，综合能源系统的技术特征逐渐显现，主要体现在四个方面：支撑多种能源综合交易；实现大规模分布式市场主体的参与；支持灵活、智能的能源消费；信息技术依赖程度较高。

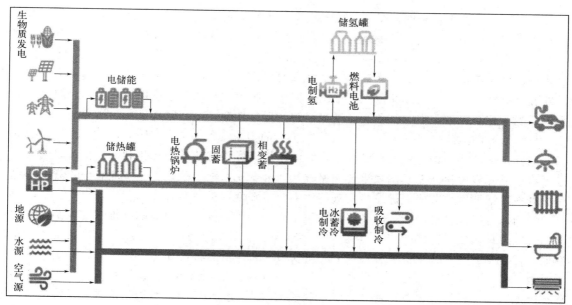

图 9-9　综合能源系统示意图

支撑多种能源综合交易是促进多种能源交互的有效方式之一，也是能源产业市场化改革的必然趋势。由于综合能源系统的主要目标是满足需求侧的多种能源需求，提高能源利用效率和可再生能源消纳比例，因此，冷、热、电、气等多能源耦合技术的发展使得市场交易主体与交易对象更加多元化，为多类型能源之间的综合交易提供了支撑。

实现大规模分布式市场主体的参与体现了综合能源开源、开放的技术特征。传统能源市场寡头垄断模式已不再适应分布式风电、光伏、储能以及天然气等分布式能源设备大量接入的要求，而综合能源系统能够接入多种市场参与主体，实现对等互联与能源共享的要求。因此，综合能源系统使得能源市场进一步开放，交易限制逐渐减少，交易竞争性将显著增强。

综合能源系统可支持灵活、智能的能源消费。随着用户购买能源的自主选择权的增加，用户在能源市场的参与度显著提高，参与需求侧响应的积极性逐渐增强。此外，随着能源市场的发展，用户的能源使用需求出现了差异。因此，能源供应商开始发展个性化、定制化的综合能源服务，从而促进能源消费向灵活化、智能化的方向发展。

综合能源系统的信息技术依赖程度不断提高。随着多种能源的接入，综合能源系统对信息技术的依赖程度也逐步提高。信息的收集、传输、计算、分析和共享技术将为能源市场交易决策提供重要支撑，信息安全也成为能源综合交易可靠性的重要保障。

9.3.1.3　综合能源发展现状

综合能源系统最早起源于欧洲，早在 1998 年欧洲就率先确定了以综合能源系统为能源发展战略。在欧盟第五框架（FP5）实施的多个项目中，以 ENERGIE 项目和 Microgrid 项目最具代表性，实现了多种能源的协同优化和可再生能源在用户侧的友好开发，为综合能源系统的研究奠定了基础。此后，欧盟各国相继展开了综合能源相关的研究工作。

目前，北美国家综合能源系统的开发技术与示范工程均走在世界的前列，其中以美国为代表。美国十分注重综合能源系统的技术开发，为了实现美国各类能源系统间良好的协调配合并提高清洁能源供应与利用比重，美国能源部（DOE）在 2001 年提出了综合能源系统（IES）发展计划。2016 年 4 月，美国纽约的布鲁克林微电网建立了全球首个能源区块链交易系统，该系统将处于区块链网络中五个家庭的屋顶光伏发电直接出售给区块链交易系统的另外五个家庭。该系统的成功建立，标志着区块链技术在能源领域应用的开端，为综合能源系统的能量控制提供了借鉴，使社会供能系统的可靠性和经济性得到进一步提高。

日本是亚洲地区最早开展综合能源系统研究的国家。2009 年，日本政府公布了至 2050 年的减排目标，认为构建覆盖全国的综合能源系统，实现能源结构优化和能效提升，同时促进可再生能源规模化开发是国家重要战略方针。日本东京电力公司通过节能服务、智能用电系统等手段帮助用户节能，进一步实现能源系统供需两端的调节及优化。

我国综合能源系统起步较晚，但是得到了政府的大力支持，政府陆续推出了鼓励政策推动综合能源系统发展。2022 年，国家发展改革委和国家能源局在《"十四五"现代能源体系规划》《"十四五"可再生能源发展规划》等文件中部署综合能源服务有关任务，提出了综合能源服务的具体举措：依托智能配电网、城镇燃气网、热力管网等能源网络，综合可再生能源、储能、柔性网络等先进能源技术和互联通信技术，推动分布式可再生能源高效灵活接入与生产消费一体化，建设冷热水电气一体供应的区域综合能源系统，培育壮大综合能源服务商等新兴市场主体。

在国家政策的支持下，地方政府也陆续推出政策以推动相关项目的落地。福建省发布《福建省"十四五"能源发展专项规划》为综合能源服务发展壮大提供了更多商业模式选择；贵州省出台了《贵州省能源数字化"十四五"规划》，鼓励推动能源与信息技术融合，进一步提升综合能源数字化水平。整体来看，在我国政府与各能源企业的有力推动下，我国的综合能源系统建设已进入大力发展阶段，可再生能源项目开发、节能设备的研发利用、创新型综合能源服务模式等产业化方面取得了显著进展。

9.3.2 综合能源系统规划与评估方法

9.3.2.1 综合能源系统多能互补原理

综合能源系统的互补耦合是基于分布式能源之间的互补性建立的，能源互补性指能源系统中某一类型的能源机能受损甚至缺失后，可以通过调整其他能源的出力得到部分或全部补偿，它反映了各种不同类型能源之间的相互关系。比如：风-光发电中，白天风力较小，晚上风力较大，而光照白天较强，晚上较弱，在风-光耦合的系统中，二者所发电能互补可以减少对电网产生的波动；风-光-储耦合的系统已初步研究两种能源之间的互补性和建立评估耦合度的指标，探讨各能源之间的耦合度。

由此可以看出，综合能源系统可以解决可再生能源出力的间歇性、波动性和随机性给电力系统带来的冲击。太阳能、风能等可再生能源随季节、时间以及气象条件变化而波动，综合能源系统可以通过多种储能形式、多种可控分布式电源有效抑制可再生能源的波动，提高配电网供电可靠性，促进可再生能源发展应用，同时缓解化石能源紧张、减少环境污染。

从能源传递链来看，清洁能源多能互补系统存在"源-网-荷-储"多种协同互补路径，即源端互补、源网互补、源荷互补等多种互补模式以及相互之间的协调互补模式。其中，源端互补是电源侧不同类型的能源，按照其处理特性要求进行互补，如风电和光伏互补、风电-

光伏和水电互补、风电-光伏-水电-火电和储能互补等，均实现了不同类型能源之间的互补性，从而降低了出力的间歇性和不稳定性。储能装置可以实时跟踪各类可再生能源出力情况，以便降低各类可再生能源消纳率，具体包括风电-光伏和储能相结合、风电-储能相结合以及光伏和储能相结合等模式。源网互补主要是将各类可再生能源介入电源侧，调整系统的灵活性和优化系统容量配置，进一步提高可再生能源的消纳率。为了降低电网损耗，可采用储能技术和柔性技术协调整个配电网。源荷互补是采用柔性负荷和需求响应技术，促进可再生能源消纳率和调节电网峰谷差，可以以时间负荷尺度为主线，构建"多级能源协调、逐级细化"的调度优化模型。因此，在整个系统中实现"源-网-荷-储"互补模式是今后发展的一个趋势。

综合能源系统多能互补关键技术主要包括以下几个方面。

（1）分布式能源发电技术

分布式能源发电技术主要包括风力发电技术、光伏发电和太阳能集热发电技术、微型燃气轮机技术、具有区域热能品位调节的先进热泵技术、低成本商用燃料电池等。分布式能源发电技术发展的同时，能源转换站、能源集线器、用户端的智慧用能与计量设备、以智能电动汽车为主体的交通网络等关键技术和设备研发也在不断发展之中。

（2）储能技术及储能配置策略

储能技术主要用以解决发电功率与负荷功率之间的不匹配以及不同类型电源响应时间之间的不匹配问题，它是促进多能互补发展的核心基础。多能互补系统中的储能包括两部分：一是电力存储，主要是将集中式燃煤发电厂低谷电力以及间歇性可再生能源发电量中的一部分存储在储能系统之中，其中的储能系统主要包括抽水蓄能、电磁储能、机械储能以及化学储能等；二是电能与其他能量形式的存储与转化，即电化学储能、储热、氢储能和电动汽车等储能技术。通过多能互补系统的储能及能量转化，进一步实现电网、天然气管网、冷热网和交通网等多能源网络的耦合。多能互补系统中储能技术运行原理如图9-10所示。

在实践中，为了使不同的多能互补系统发挥最大效用，需要做到以下两点：第一，通过选择不同特性的储能装置并将其进行混合搭配以获得更高的系统性价比；第二，通过选择不同功率/容量的储能单元进行搭配以实现最优系统能效，同时需要在系统层面加强能效和运行成本优化的能量控制。目前，储能技术的发展正处于关键阶段，关键材料研发、制造工艺和能量转化效率提升等技术难点亟须突破。开发大容量、低成本、长寿命的储能系统，并实现储能装置与多能互补系统的匹配是未来的研究重点。

（3）综合能量控制系统

综合能量控制系统是重点针对用户负荷、分布式电源、交易中心等，利用信息流提供的信息资源调控能量流，保障多能互补系统有效率地平稳运作。为了管控庞杂的多能互补系统，系统平台对核心环节（预测、分析、处理等）进行全局优化管理，将电网、可再生能源、非可再生能源、储能系统、各种用能负荷等进行有机结合，制订供能端不同能源出力和不同形式能量的合理转化计划，进行多维度的综合决策。其功能框架如图9-11所示。

目前，国内外在综合能量控制方面的研究尚处于起步阶段，基础理论仍不够完善和深入，项目实施与实践仍不够成熟。例如在电力能量控制的研究阶段方面，对多电压源微电网的运行控制和能量控制技术的研究结果表明，目前机组优化启停、日内经济优化调度、实时

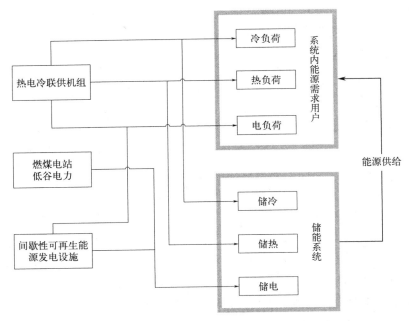

图 9-10 多能互补系统中储能技术运行原理图

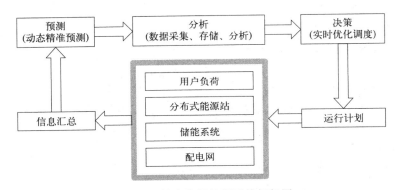

图 9-11 综合能量控制系统框架图

调整等阶段，将分别采取不同管理策略实现系统安全经济运行；自治协同的智能电网能量控制系统将多个分布集中式能量控制子系统通过双向通信形成互联，实现多能流协同优化管理。今后几年内的研究将聚焦于多能流实时建模、多能流多时间尺度安全控制、多能流混合时间尺度优化调度等方面。

（4）协同优化控制技术

多能互补优化控制系统主要是根据负荷预测、分布式能源发电预测、电价及气价等信息，对各类分布式能源系统进行多能互补、优化调度。对此，国内研究学者提出多电源协调控制技术及策略，并验证了控制策略的可行性和系统软件的有效性。除此之外，有学者提出集中管理和分层/分级控制思路，建立就地控制、集中控制和配网调度层，通过对多能系统规划、智能调控、协同控制、综合评估、信息安全、能源交易及商业服务运行模式等关键技术的研究，创建协同优化控制软件系统架构，支持分散式决策和集中协调，实现多能互补系统对内、对外的协调控制。

此外，多能互补系统相关技术还包括大容量远距离输电技术、先进电力电子技术、可靠安全通信技术、标准化技术等。多领域、跨学科技术的开发研制将有效保证多能互补系统输出优质电能，实现分布式能源与现有能源主网的协调配合，确保配电网安全运行。

9.3.2.2 综合能源系统规划设计

综合能源系统的规划设计是综合能源项目实施的基础，也是项目能否达到预期效果与收益的关键因素之一。综合能源系统的规划设计主要包括项目的建设目标、选址设计、系统关键模块划分及关键技术融合等几个方面。

（1）建设目标

探索综合能源系统资源共建、共享、共赢的商业新模式，研究"源-网-荷-储"系统控制技术，有效引导削峰填谷，促进可再生能源消纳，降低整体用能成本。项目的建设要考虑提高融合创新能力，充分利用综合能源系统资源，降低变电站、储能、供热、制冷、数据中心等的设施建设成本；考虑业务系统融合创新，促进各模块协调控制，资源集约、能耗降低，通过联合运行提高电网、热网、燃气网等能量网络的可靠性和经济性；充分发挥带动作用，为全行业和更多市场主体发展创造更大机遇，实现价值共创。

目前综合能源系统规划优化主要以经济性目标为主，围绕全寿命周期内总成本最低、全寿命周期内碳排放量最低两个目标展开。

1）全寿命周期内总成本最低

全寿命周期内总成本主要包括综合能源系统初期的建设成本、寿命周期内综合能源系统的运行成本（包括能源的消耗量、人工费用的投入）以及综合系统内部的维护费用成本等。同时，考虑政府对综合能源系统发电的补贴收益。其目标函数为

$$
\begin{cases}
F = \min(C_{in} + C_{op} + C_{mc} - C_{bt}) = \min[f_{in}(x) + f_{op}(p) + f_{mc}(p) - f_{bt}(p)] \\
C_{in} = f_{in}(x) \\
C_{op} = f_{op}(p) \\
C_{mc} = f_{mc}(p) \\
C_{bt} = f_{bt}(p)
\end{cases}
\tag{9-42}
$$

式中，$f_{in}(x)$ 是系统投资建设成本，x 是规划建设的决策变量（各个设备的台数）；$f_{op}(p)$ 是寿命期内系统运行成本，即系统购买天然气、向电网购电等所花费的费用；$f_{mc}(p)$ 是系统的维护成本；p 是系统运行的决策变量（各个设备的出力）；$f_{bt}(p)$ 为政府对综合能源系统发电的补贴收益。

① 建设成本。综合能源系统的初始建设成本主要由设备的购置成本、安装成本、土地费用和其他费用组成，即

$$
f_{in}(x) = \frac{r(1+r)^y}{(1+r)^y - 1} \left(\sum_{i=1}^{n} c^i x^i + \sum_{i=1}^{n} j^i x^i + \sum_{i=1}^{n} t^i x^i + el \right)
\tag{9-43}
$$

式中，y 是系统的设计寿命；r 为折现率；c^i 为综合能源系统内部各设备单台购置成本；x^i 为各设备的规划最优台数；j^i 为综合能源系统各设备占用土地的使用成本；t^i 为每台设备

的安装费用；el 为建设阶段花费的其余成本。

② 运行成本。综合能源系统规划阶段需要考虑的系统运行成本主要有：全寿命周期内的燃料消耗费用、电能购买费用。公式如下：

$$f_{op}(p) = \sum_{i=1}^{n} P^i \eta^i + \sum_{i=1}^{n} G^i \kappa^i \tag{9-44}$$

式中，P^i 为第 i 个设备的运转出力情况；η^i 为第 i 台设备的耗电比例系数；G^i 为第 i 台消耗天然气的设备出力情况；κ^i 为第 i 台设备的消耗燃气比例系数。

③ 维护成本

$$f_{mc}(p) = \sum_{i=1}^{n} x^i w^i \tag{9-45}$$

式中，$f_{mc}(p)$ 为综合能源系统全寿命周期内所有设备的维护成本；w^i 为单台设备的维护成本。

2）全寿命周期内碳排放量最低

碳排放量最低的目标函数如下：

$$F = y \sum_{i=1}^{n} x^i N^i \tag{9-46}$$

式中，y 为整个系统寿命周期；N^i 为单位周期内 i 设备的碳排放量。

（2）选址设计

综合能源项目选址是开发建设综合能源系统的首要工作，选址决策是关键技术。选址决策主要是对综合能源项目投资的必要性、可行性及实施方案等进行科学论证，选址决策的结果将直接影响综合能源项目的经济效益和社会效益。科学合理的选址决策可以提高项目的经济效益，降低项目的建设成本，还能有效降低和规避项目中存在的风险；不科学的选址决策往往会造成项目决策的盲目性增加及带来财产损失，甚至会造成不可逆的后果，最终导致项目投资失败。因此，综合能源项目的科学选址决策研究是非常必要的。

为了构建一套科学合理的综合能源服务项目选址决策指标，在指标的选取过程中应遵循以下基本原则：第一，科学性原则，综合能源服务项目选址决策指标要满足综合能源服务的基本要求，遵循国家产业政策及地区发展规划等；第二，全面性原则，在选址决策指标选取时，必须全面考虑选址相关的影响因素，不可忽略某些难以发现的因素，否则将会影响综合能源服务项目选址的合理结论；第三，可操作性原则，选址决策指标的选择应尽量层次分明且相互独立，指标的数据易获得，评价过程简单便利且易于操作；第四，重要性原则，在选址决策指标的选取中，选择重要指标，剔除次要指标，使得选择的指标具有代表性。

（3）系统关键模块划分

根据综合能源系统的发展现状，可将系统内的能量供应与管理设施划分为不同类型的模块，主要包含变电站模块、新能源发电模块、储能及节能模块、超级充电模块以及能量控制模块等五大典型模块。这种模块化的设计思路，可为不同地区、不同类型的综合能源系统提供设计参考。借鉴优质项目的建设经验，现将五大典型模块介绍如下。

变电站模块：主要围绕一次设备智能化、二次设备就地化、设施施工模块化展开工作，最终实现一次设备质量和智能化提升，二次设备运维便利化和智能化，设施施工方案优选，高效的预制装配率，减小占地面积，降低工程建设难度。总的来说，将状态全面感知、信息高效处理、应用便捷灵活的能源互联网与现有变电站设计建造技术相结合，打造高可靠、高安全、建设周期短、绿色、环保的综合能源系统。

新能源发电模块：提高新能源发电利用效率，降低化石能源的依赖程度是开发建设综合能源系统的主要目标之一。因此，综合能源系统一般将风力发电、太阳能发电等新能源电力作为能量来源，这些发电设施以分散式及分布式为主，例如，利用综合能源区域内的屋顶、舱顶等资源，布置屋顶光伏发电板，建设光伏发电设施。

储能及节能模块：储能技术主要以电力的存储与释放设施为主，是吸收新能源多余电力、平衡能源供需、保障系统稳定运行的关键技术之一，可实现电网侧储能调频、调峰、调压等辅助服务，同时降低综合能源及能量控制的投资运维成本。节能模块是综合能源系统节能降耗的重要方式，包含各类节能降耗设备，例如吸收式热泵、相变储热、电制热及电制冷等，通过对多种能源的高效利用，以提高系统的经济性与环境性。

超级充电模块：在综合能源系统中建设以大容量、大电流充电为主的超级充电站，开展电动汽车充电，扩大充电服务市场，提高用户黏性，通过收取充电服务费、停车费等保证服务站的合理收益。超级充电站可以做到为大型公交提供超级快充服务，降低配电网压力以及节省用地和降低建设成本。

能量控制模块：主要围绕数据汇聚、微模块架构展开工作，基于系统内的能量信息开展用户能效监测、智能分析，最终实现能源的互补、优化控制和全景展示，将综合能源系统打造为本区域"能源流＋信息流＋业务流"三流协控中心，通过现代化信息技术为用户提供用能建议，制订节能方案。

综合能源系统采用模块化设计思路，实现各模块功能解耦、接口标准、按需互联，可结合变电站地区资源差异、周边用户的用能需求、用户特点、站址条件等实际情况进行"多能合一"的模块化组合。

（4）关键技术融合

随着综合能源系统规划设计相关技术的不断成熟，现已形成多种关键技术相融合的设计模式，并集中在空间融合、设备融合、系统融合、安全融合等四个方面。

空间融合一般是指综合考虑土地利用、多点融合对外提供能源等因素进行科学选址，考虑噪声、防火等要求对空间布置的制约，优化储能、信息管控设施等模块化技术，提升综合能源系统的空间利用率。

设备融合是基于综合能源系统规划的发用能设备，研究提高多种能源互补性与高效性的整体设计方案，研究整体能源网组合方式，降低综合能源系统的投资成本。

系统融合设计主要研究一体化通信、一体化数据采集、统一数据存储、统一数据处理、全面设备监控、综合数据分析、全景安全等技术，实现综合能源系统一体化综合监控与运营，提高综合能源系统对内对外服务能力。系统融合可实现关键模块的一体化综合监控和智能运营，包括：一体化数据采集实现全面感知、一体化业务平台支撑统一数据处理和全面监控、一体化业务应用系统支撑对内对外服务、全景安全保障安全可靠运行等。

安全融合主要是根据综合能源系统的业务需求，建立多维度、多层次、全方位的全景安全体系，包括人身安全、设备安全、网络安全以及安全管理体系等。

9.3.2.3　综合能源系统评估方法

综合能源系统在多种能源之间的优化调度和能源高效利用方面优势明显，但多种能源协调管控复杂，需要对系统建设的设计方案进行合理评估，以指导规划和建设工作。由于综合能源系统物理构成形式多样，建立完善的综合评估体系是对综合能源系统进行有效评估的关键因素。本书首先给出了建立综合能源系统评估的原则，然后按照经济效益、技术效益、环境效益、社会效益四个方面建立评价体系，并介绍两种常见的综合评估方法。

（1）评估原则

综合能源系统涉及多种能源供需主体，结构相对复杂，建立完善的综合评价体系是对综合能源系统进行有效评价的关键因素。在建立评价指标体系时，应当全面考虑综合能源系统中的各种要素以及它们之间的相互关系，并且兼有定性和定量指标，因此需要确立明确的指标选择原则作为依据，建立合理、科学、适用的评价指标体系。

（2）评价体系

评价体系的建立与完善是综合能源系统评估的必要条件，也是保障评估结果科学合理的关键因素之一。随着对评价体系研究的不断深入，综合能源系统评价的主要指标可分为经济效益、技术效益、环境效益及社会效益等四个方面。这四个方面相互独立且互相影响，共同组成完整的综合能源系统评价体系。

经济效益评价指标是评价综合能源系统经济性的关键。综合能源系统经济效益应当包括促进经济增长、促进产业升级、电费收益、供暖收益、信息服务收益和削峰填谷收益等。经济性指标是对综合能源系统进行市场选择的主要指标，主要包括初始投资成本、运维成本、使用寿命和政策支持等。对经济性进行评价主要是为了保证综合能源系统在其整个生命周期中初始资本和运营维护成本的平衡。

技术效益评价指标是评价综合能源系统技术合理性与可行性的重要体现。技术效益指标包括一次能源利用率、输送效率、能源转换效率系数、装置故障率、配网负载率水平、网络综合损耗等。最为常用的指标为一次能源利用率，该指标是指被评价的综合能源系统（冷热源系统）输出的全年累计采暖、空调及生活热水所需用热量、用冷量与冷热源设备所需一次能源消耗量的比值，反映了供能系统对原始能源的利用情况，同时间接地反映出系统耗能对环境的影响。

环境效益评价指标可体现综合能源系统在节能减排与环境保护方面的效益情况。该指标以 CO_2 减排量、SO_2 减排量、NO_x 减排量、粉尘减排量为评价内容，根据系统能源、燃料的消耗量和供能系统所用燃料或能源的污染物排放指标计算出各污染物的年排放量，然后对设计的综合能源系统方案的环境效益进行评价。各种供能模式对环境造成的负面影响包括直接污染和间接污染两种形式。直接污染是指供能系统的各种燃料产生的污染物对环境造成的污染，主要污染物包括烟尘、CO_2、SO_2、NO_2 等。对于以电作为动力或者直接进行电加热的能源系统，虽然电能本身没有污染，但由于电力供应主要依靠燃煤火力发电，所以，电力供能虽然没有产生直接的污染，却仍然存在间接污染。

综合能源系统的社会效益指的是供能系统对促进人类社会的发展所产生的效果和利益。目前，我国供能系统的社会效益评价尚无统一的方法，可以从资源可利用性、价格合理性、安全可靠性、技术成熟性四个方面对综合能源系统的社会效益进行定性化评价。资源可利用性是指能源系统所需资源的可利用程度；价格合理性是指供能系统所提供的热或冷货币化和商品化的程度；安全可靠性是指系统在运行过程中是否容易产生故障、是否易泄漏有毒有害气体、是否易发生爆炸危险、系统自动报警与保护装置是否齐全、功能是否完备、自动监测与控制系统是否便于对整个系统进行监控与管理；技术成熟性是指综合能源系统相关的技术与设施能否支持系统的安全运行、经济运营及降低能耗等。

（3）综合评估方法

综合评估方法是指使用比较系统的、规范的方法对多个指标、多个单位同时进行评价的方法，在现实中应用范围很广。综合评估是针对研究的对象，建立系统性、全面性的综合评价指标体系，利用一定的方法或模型，对搜集的资料进行分析，对被评价的事物做出定量化的总体判断。目前应用较为广泛的方法主要包括 TOPSIS 方法和模糊综合评价法。

1）TOPSIS 方法

TOPSIS 方法是一种逼近理想解的排序法，是多目标决策分析中一种常用的有效方法，又称为优劣解距离法。该方法只要求各效用函数具有单调递增（或递减）性，基本原理是借助多目标决策问题中正理想解和负理想解的距离来对评价对象进行排序，若评价对象最靠近正理想解同时又最远离负理想解，则为最优；否则不为最优。其中正理想解的各指标值都达到各评价指标的最优值，负理想解的各指标值都达到各评价指标的最差值。

TOPSIS 方法的优势在于对原始数据进行了规范化处理，消除了不同指标间量纲不同的影响，并能充分利用原始数据的信息，所以能充分反映各方案之间的差距、客观真实地反映实际情况。此外，该方法也避免了人们主观因素的干扰，同时解决了客观评价方法无法考虑到实际经验的问题。由于该评价问题的目标是通过比较不同综合能源系统的综合效益进而有针对性地提出某综合能源系统在某种效益方面的显著优势或者劣势，同时评价问题中的指标数据具有明显的量纲差异，故需要指标统一化后再进行评价。因此，TOPSIS 方法对于该评价问题具有良好适用性。本节所提出的 TOPSIS 评价方法包括以下几个步骤。

① 建立原始数据矩阵 $\boldsymbol{X}$。

$$\boldsymbol{X} = \left[x_{ij} \right] = \begin{bmatrix} x_{11} & x_{12} & \cdots & x_{1m} \\ x_{21} & x_{22} & \cdots & x_{2m} \\ \vdots & \vdots & \vdots & \vdots \\ x_{n1} & x_{n2} & \cdots & x_{nm} \end{bmatrix} \tag{9-47}$$

式中，x_{ij} 是第 i 类用户的第 j 个二级指标的取值，其中，$i=1,2,\cdots,n$；$j=1,2,\cdots,m$。

② 运用比重法将初始矩阵无量纲化处理，得到规范化矩阵 $\boldsymbol{Y}$。

$$\boldsymbol{Y} = \left[y_{ij} \right] = \begin{bmatrix} y_{11} & y_{12} & \cdots & y_{1m} \\ y_{21} & y_{22} & \cdots & y_{2m} \\ \vdots & \vdots & \vdots & \vdots \\ y_{n1} & y_{n2} & \cdots & y_{nm} \end{bmatrix} \tag{9-48}$$

其中，

$$y_{ij} = \frac{x_{ij}}{\sum\limits_{i=1}^{n} x_{ij}} \quad j = 1,2,\cdots,m \tag{9-49}$$

该步骤解决了不同指标间量纲不同而无法比较的问题。

③ 构造加权规范化矩阵。将规范化数据结合层次分析法所得权重,得到加权规范化矩阵 $\boldsymbol{P}$:

$$\boldsymbol{P} = (p_{ij})_{n\times m} = (w_j y_{ij})_{n\times m} \tag{9-50}$$

式中,w_j 为第 j 指标所占综合权重,即其相应一级指标权重与二级指标权重的乘积。

④ 计算正负理想解。实际情况下,没有绝对的最优解和最差解,因此可以运用下面公式确定评价指标的正理想解和负理想解。

$$V_j^+ = \begin{cases} \max\limits_{i} p_{ij} & p_{ij} \text{ 为极大型指标} \\ \min\limits_{i} p_{ij} & p_{ij} \text{ 为极小型指标} \\ \text{最佳值}\limits_{i} p_{ij} & p_{ij} \text{ 为中间型指标} \end{cases} \tag{9-51}$$

$$V_j^- = \begin{cases} \max\limits_{i} p_{ij} & p_{ij} \text{ 为极大型指标} \\ \min\limits_{i} p_{ij} & p_{ij} \text{ 为极小型指标} \\ \text{最差值}\limits_{i} p_{ij} & p_{ij} \text{ 为中间型指标} \end{cases} \tag{9-52}$$

式中,V_j^+ 为第 j 指标的正理想解;V_j^- 为第 j 指标的负理想解。

⑤ 计算距离尺度。计算每个目标到正理想解和负理想解的距离,距离尺度可以通过 n 维欧几里得距离来计算。目标到正理想解 V_j^+ 的距离为 S_i^+,到负理想解 V_j^- 的距离为 S_i^-。

$$S_i^+ = \Big[\sum_{j=1}^{m} (p_{ij} - V_j^+)^2\Big]^{\frac{1}{2}} \tag{9-53}$$

$$S_i^- = \Big[\sum_{j=1}^{m} (p_{ij} - V_j^-)^2\Big]^{\frac{1}{2}} \tag{9-54}$$

⑥ 计算相对贴近度。计算评价对象与正理想解和负理想解的相对贴近度:

$$C_i = \frac{S_i^-}{S_i^+ + S_i^-} \tag{9-55}$$

式中,$0 \leqslant C_i \leqslant 1$。当 $C_i = 0$ 时,表示该目标为最劣目标;当 $C_i = 1$ 时,表示该目标为最优目标。在实际的多目标决策中,最优目标和最劣目标存在的可能性很小。

⑦ 根据理想的贴近度 C_i 大小进行排序。根据 C_i 值按从小到大的顺序对各评价目标进行排列。排序结果贴近度 C_i 值越大,该目标越优,C_i 值最大的为最优评价目标,意味着综合效益越显著;反之,则综合效益越不显著。

2)模糊综合评价法

模糊综合评价法是一种基于模糊数学的综合评价方法。该综合评价法根据模糊数学的隶属度理论把定性评价转化为定量评价，即用模糊数学对受到多种因素制约的事物或对象做出一个总体的评价。它具有结果清晰、系统性强的特点，能较好地解决模糊的、难以量化的问题，适合解决各种非确定性的问题。该方法具体步骤如下。

① 确定评价因素集 W。将所有评价指标分成 m 个因素集，建立因素集 $W = \{W_1, W_2, \cdots, W_m\}$，满足 $W_i \bigcap W_j = \varnothing$（$i \neq j$）。再将 W_i 划分为子因素集 $W_i = \{W_{i1}, W_{i2}, \cdots, W_{im}\}$。

② 建立评价集 M，构建隶属度矩阵 E。根据指标的性质和程度，建立评价集 $M = \{M_1, M_2, \cdots, M_n\}$，元素 M_i 代表各种可能的总的评价结果。

③ 构建评价矩阵 E，如式（5-37）所示。

$$E = (e_{ij}) = (e_{11} \quad \cdots \quad e_{mn}), e_{ij} \in [0, 1] \tag{9-56}$$

式中，e_{ij} 是综合所有电力客户意见得到的评价对象按第 i 个因素集 W_i 获得第 j 个评语 M_j 的隶属度。

④ 确定权重集。给出 W_i 中各评价指标的权重向量集。

$$B_i = \{b_{i1}, b_{i2}, \cdots, b_{in}\} \tag{9-57}$$

⑤ 进行模糊综合评判。若对 W_i 的 m 个因素进行单因素评价后得到单因素评价矩阵 E_i，采用相同的模糊算子将 E_i 和权重向量 B_i 模糊合成，计算出该层次因素集 W_i 的评价结果 D_i。

$$D_i = B_i \circ E_i = (d_{i1}, d_{i2}, \cdots, d_{im}) \tag{9-58}$$

将 W_i 视为一个单独元素，用 D_i 作为 W_i 的单指标评价向量，可构成 W 到 M 的模糊评价矩阵：

$$E = (D_i) = (d_{i1}, d_{i2}, \cdots, d_{im}) \tag{9-59}$$

由此假设，若 W_1，W_2，$\cdots$，W_m 的权重向量为 $B_i = \{b_{i1}, b_{i2}, \cdots, b_{im}\}$，则 W 的综合评价为

$$D = D_i \circ E = (d_1, d_2, \cdots, d_m) \tag{9-60}$$

⑥ 得出评价结果。将模糊综合评价结果 D 与评价集 M 进行模糊运算，得出综合评价结果。

9.3.3 综合能源系统优化运行技术

9.3.3.1 综合能源系统优化运行策略

综合能源系统一般由电力、天然气和热能系统组成，电、气、冷、热能之间的相互转化、相互影响构成了综合能源系统运行的主要特征。不同能源彼此间的协调配合有助于实现综合能源系统整体运行的安全性、经济性和灵活性。考虑到微型能源系统内元件众多、结构复杂、能源形式多样，以及各能源子系统之间相互耦合、相互影响的特点，分层优化的调度方法是实现综合能源系统有效管理和能量管控的一种有效途径。通常采用的三层控制结构包括优化控制层、协调控制层和执行控制层，并根据时间尺度的不同，在优化控制层内部实现对电、气、热子系统的协调控制。

（1）优化控制层

在分层控制体系中，优化控制层用于求解综合能源系统的能量优化分配问题，因此，需制定系统在一段时间范围内的能量优化分配方案，同时下发给执行控制层。能量优化分配方案要同时满足能源系统的运行经济性、环保性、安全性等多种目标，以及各设备或用户对电、气、热、冷能的需求。优化控制层同时要满足整个能源系统以及每台设备的各种运行约束，且要考虑包括电系统、热能系统和燃气系统在内的各子系统的动态过程和耦合联系。

优化控制层利用能源集线器技术，根据电/热系统的预测负荷数值，生成各子系统的调度信号，随后通过模型所得的优化结果下发给优化控制子层，实现对微型能源系统的运行调控。但是，由于通过优化分配技术得到的优化分配时间尺度往往与不同能源子系统所具有的时间尺度相差较大，在实际操作的过程中，很有可能出现不满足设备约束或网络限制的情况。因此，须在分层优化控制体系架构的最优模块中，根据控制对象的时间尺度划分若干子层，对不同时间尺度的控制对象分别进行优化。同时，我们需要考虑到综合能源系统的优化控制问题本身是一个整体，所以需研究其优化控制问题的解耦方法，在尽量不损害解的最优性前提下，根据时间尺度将整个系统的优化控制问题拆分成若干子问题，进而实施分层协调优化。

根据综合能源系统的时间尺度，可将优化控制层分为三个子层，即慢控制子层、中间控制子层和快速控制子层。其中，慢控制子层主要对热储能系统进行管理，以平衡热能系统功率需求。中间控制子层主要负责天然气系统管理以及为快速控制子层生成设定点，并会在每一个步长中利用天然气动态仿真工具进行方案验证，根据验证结果对优化调度命令的生成设定点进行进一步调整。快速控制子层主要负责短期的频率调节以及电储能系统的管理，以应对光伏出力和电气负荷的波动。优化控制层将优化分配方案按照各层的时间尺度逐级送给各子层，以实现对电、气、热子系统的协调控制。

（2）协调控制层

设计系统协调控制层的目的，是实现对整个综合能源系统及其控制体系的总体控制，其功能主要包括层间协调、软切换以及根据实际情况选择控制策略。

层间协调主要是对优化控制层根据设备情况而调整的运行计划进行协调，并为之后的优化分配方案提供借鉴。例如，三联供系统中的微型燃气轮机耦合了天然气系统和电气系统，因此，需要协同两个子系统之间的交互，如果天然气系统运行越限，中间控制层将会调整微型燃气轮机的出力，并将调整结果返送给协调控制层。再比如说，空调系统耦合了电气系统与热能系统，为避免微型燃气轮机的频繁调整，空调将会用于平衡由预测误差导致的功率差额。当电储能系统达到其运行边界时，一种直接负荷控制的方法将会被使用，以满足系统需求。通过协调热储能系统和空调系统，能够满足电气系统的需要，同时不影响热能的供应。当热储能装置达到其运行约束时，电气系统的功率需求将会通过电网（并网运行方式）及微型燃气轮机（独立运行模式）进行平衡。

软切换主要是为了解决热负荷响应时间较长的问题，采用软切换可以减小热负荷变化过程中的电气系统波动。此外，按计划执行的模式切换过程（如从并网转为独立运行模式）也为软切换过程，通过控制微型燃气轮机和空调的权重来实现，并对综合能源系统联络线的功率实施控制。

在综合能源系统中，热电联产系统拥有的主要运行模式有：以热定电、以电定热、混合运行、经济性最优模式和能源综合利用率最优模式。为保证系统的运行效率，协调控制层会根据系统运行条件的不同，选择不同的控制策略。

（3）执行控制层

执行控制层将运行优化方案转化为综合能源系统中各个具体设备的控制指令和状态设定值，它是优化控制层与实际设备的接口部分，具体包括微型燃气轮机、空调、电储能、热储能、光伏等环节的控制器。这些控制器一般是嵌入在相应设备内部，微型能源系统的上层控制环节，通过与这些控制器通信实现对系统各元件的实际控制。

首先，从锅炉控制策略来说，由于一个区域供暖系统以变流量和变供回水温度差的模式来提高能效，所以，当系统处于供暖模式时，锅炉将提供变温热水以满足系统的供暖需求。在供冷季时，锅炉输出的热能将驱动吸收式制冷机组进行制冷。由于吸收式制冷机组的热力系数与其发生器的进水温度紧密相关，因此，当系统在供冷模式下运行时，为了确保吸收式制冷机组具有相对稳定的运行性能，锅炉将提供恒温热水。在不同运行工况下，锅炉的出水温度将由温度控制系统通过温度设定点进行调节，调节的实质则是改变锅炉的输入功率。其次，对制冷机组而言，出于对制冷机组安全性和经济性的考虑，不同负载工况下应对其制冷功率进行调节。对螺杆式制冷机组来说，制冷功率将通过调节压缩机的输入功率以达到控制的目的。

对燃气内燃发电机组来说，在冷热电三联供系统中，内燃机输出机械功率驱动同步发电机发电，内燃机输出机械功率即为发电机输入功率，其值的变化直接决定发电机的输出功率。考虑到内燃机数学模型比较复杂，而其机械功率输出即为同步发电机的有功输入，在对发电机组并离网控制策略进行研究时，将内燃机理想化，即仅研究同步发电机输入功率对频率的影响。由于系统中内燃发电机组在发电容量中占比较大，且输出可控，因此，内燃发电机组的控制方式为：在并网运行时，系统电压、频率由大电网支撑，发电机组作为可控单元接受大电网上层控制信号调度；在离网运行时，由内燃发电机组向冷热电三联供系统提供电压频率支撑。

9.3.3.2　综合能源系统优化调度算法

多种能源的耦合互补与梯级利用，可减小分布式能源波动对综合能源系统的冲击，促进可再生能源的发展应用，是缓解化石能源紧张、减少环境污染的有效途径。从能源利用角度来看，多种能源系统在不同时间尺度上具有相关性和互补性，可进行多时间尺度的能量存储和转供。在综合能源系统能量产生和利用的过程中，综合能源系统的优化调度成为基本问题。本小节对综合能源系统中常见的优化调度算法进行介绍，主要包括动态规划、遗传算法、模糊层次分析法。

（1）动态规划

动态规划（dynamic programming，简称DP）是20世纪50年代初，美国数学家贝尔曼（R. Bellman）等在研究多阶段决策过程的优化问题时提出的。动态规划的应用极其广泛。动态规划法是一类处理多阶段决策问题的有效方案，其理论基础是最优性理论，即最优策略所包含的子策略一定是最优子策略。以每小时为调度间隔为例，日前优化调度过程可以分为

24 个阶段决策过程。在进行每个阶段决策时，由于本阶段的决策将会对下面的阶段产生影响，所以不仅要考虑阶段指标，还应该考虑从本阶段直至最后一个阶段的总指标。动态规划的流程如图 9-12 所示。

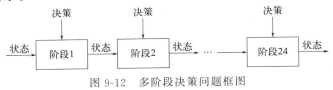

图 9-12　多阶段决策问题框图

（2）遗传算法

遗传算法（genetic algorithm，GA）最早由美国的 John holland 于 20 世纪 70 年代提出。该算法通过数学的方式，利用计算机仿真运算，将问题的求解过程转换成类似生物进化中的染色体基因的交叉、变异等过程。遗传算法已被人们广泛地应用于组合优化、机器学习、信号处理、自适应控制和人工生命等领域。在求解较为复杂的组合优化问题时，相比一些常规的优化算法，遗传算法通常能够更快地获得较好的优化结果。其主要特点有搜索覆盖面更大、个体编码方式多样、易于实现并行化、所需的信息量少，以及具备自适应、自组织和自学习性。基本遗传算法的流程如图 9-13 所示。

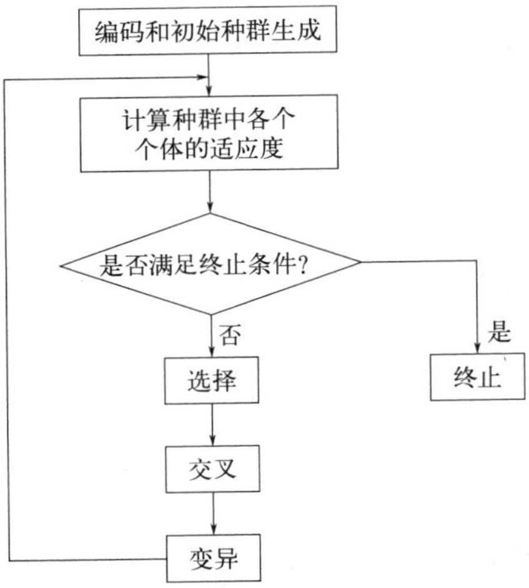

图 9-13　基本遗传算法流程图

（3）模糊层次分析法

模糊层次分析法（FAHP）是美国运筹学教授 T. L. Saaty 在 20 世纪 70 年代提出的一种定性与定量相结合的系统分析方法。层次分析法可以用来确定评价指标体系中各指标的权重，模糊综合评价方法则对模糊指标进行评定，模糊层次分析法将二者相结合，为决策者选择最优方案提供了科学的依据。近年来，该方法在安全和环境研究中得到了广泛的应用。然而，模糊层次分析法存在一些缺陷：检验判断矩阵是否一致非常困难，且检验判断矩阵是否具有一致性的标准（$CR < 0.1$）缺乏科学依据；判断矩阵的一致性与人类思维的一致性有显著差异。其总体模型如图 9-14 所示。

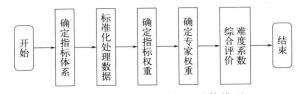

图 9-14　模糊层次分析法总体模型

9.3.3.3　综合能源系统运营服务

在不断优化调度、提高运行效率的同时，综合能源系统已开拓出涵盖能源规划设计、工程投资建设、多能源运营服务以及投融资服务等方面的新型服务方式，即综合能源服务。该模式以满足终端客户多元化能源生产与消费的需求为目标，结合大数据、云计算、物联网等技术，实现多能协同供应和能源综合梯级利用，以创新性服务方式降低各类用户的用能成本。综合能源服务对提升能源利用效率和实现可再生能源规模化开发具有重要的作用。目前，世界各国已探索出了不同类型的道路，以下介绍几种主要的综合能源服务商业模式。

（1）一体化模式

随着售电市场的开放，法国、德国等欧洲国家出现了许多具备配电网资格的配售一体化售电公司，其最大的特点在于，公司不仅可以从售电业务中获得收益，还可以从配电网业务中获得配电收益。由于拥有配电资格，公司更容易在售电市场上占据先机，开展售电增值服务，例如合同能源管理、需求侧响应，同时还可以利用客户资源参与电力辅助市场。但是这种模式的售电公司同时需要投入更多的资金来建设或改造配电网，而且需要承受更大的政策风险。

（2）多种能源服务模式

国外一些售电公司在开展售电业务的同时，也对该地区开展其他能源甚至公共交通、设施等服务，也就是城市综合能源公司。公司通过这种方式吸引更多的客户，提高客户的忠诚度，利润来源也更多样化。然而，这类公司往往需要经营其他一些利润很少甚至是没有利润的公共基础服务，如市内公共交通，这样将加重财务负担，可能会导致其陷入财政困境。

（3）虚拟电厂包月售电模式

大范围虚拟电厂建立的基础在于拥有众多分布式可再生能源发电设备的控制权、分布式储能设备等一系列灵活性设备、可再生能源的市场化销售机制和一套精准的软件算法。加入电力共享池的终端用户能够便捷地互相交易电力，通过各自的分布式储能设备最大化地使用分布式可再生能源的电力，减少外购电，从而显著降低用电成本。

（4）互联网售电服务模式

为了降低交易成本，提升竞争力，成熟的电力市场都有比价网站，供用户选择套餐及更换售电商服务。这些比价网站向用户提供的所有服务都是免费的，盈利主要来自有商业合作的售电公司或商家所支付的佣金。互联网售电服务模式可以很好地保护用户信息和相关数据，而且比价过程简单迅速，比价过程十分公平。

9.3.4　智慧能源的能量控制

9.3.4.1　智慧能源的概念

智慧能源是将先进信息和通信技术、智能控制和优化技术、现代能源供应、储运、消费技术与综合能源系统深度融合，在综合能源系统中实现数字化、自动化、信息化、互动化、智能化、精确计量、广泛交互、自律控制等功能，能够实现资源的优化决策及广域协调。智慧能源将最先进的信息化技术引入综合能源系统，最终实现能量流、信息流、业务流的深度融合，代表了未来能源领域的发展方向。

目前，我国的智慧能源已经从发电、输电、变电、配电、用电到调度全环节开展建设。并在以下四个方面进行重点突破和创新：①发电侧。包括可再生能源发电预测技术、大规模可再生能源并网运行控制技术、高性能大容量、储能技术（超导储能、压缩空气储能等）。

②输电侧。包括特高压直流输电技术、柔性直流输电技术、交直流大电网智能调度、经济运行与安全防御技术。③用电侧。包括需求侧响应、高级量测技术、分布式储能技术、直流配电网技术、电动汽车无线充电技术。④信息技术。包括云计算、大数据、物联网、人工智能、区块链。

9.3.4.2 智慧能源技术特征及技术形式

智慧能源技术是一种将能源生产、传输、存储、消费等过程与先进技术进行融合发展的技术，具有设备智能、多能协同、信息对称、供需分散、系统扁平、交易开放等主要特征。在全球新一轮科技革命和产业变革中，智慧能源技术与能源产业深度融合，正在推动能源新技术、新模式和新业态的兴起。智慧能源技术主要有四个特征：第一，智慧综合能源系统借助先进的云计算、大数据、物联网等技术，能够使能源的生产、传输、储存和消费高度定制化、自动化和智能化，因而具有智慧的特征；第二，智慧综合能源系统是建立在多种能源网络基础上的完整体系，能够实现多种能源网络之间的互联互通，还能够实现能源的生产、加工转化、传输配送、存储、终端消费、回收利用等各环节的优化管理；第三，智慧综合能源系统能够提高能源利用效率，推动传统能源的清洁高效利用和可再生能源的稳定充分利用，优化能源消费结构，因而具有低碳化乃至零排放的特征；第四，在智慧能源系统中，消费者角色发生了转变，能够根据能源供应的波动性主动参与能源的生产和消费，转型为产消者。

智慧综合能源站的关键技术见表 9-3。

表 9-3　智慧综合能源站关键技术

关键技术领域	关键技术名称
模块划分与融合	系统布置设计技术 智能综合能源站全景建模技术
变电站模块	保护就地化 就地模块 模块化装配式技术
储能模块	储能电站快速控制功率控制技术
超级充电模块	V2G 技术 超级充电模块系统接入
数据中心	模块化数据中心设计 数据中心智能化管理
信息全面感知	传感器与供能技术 物联代理技术
智能运营平台	基于大数据和人工智能技术的用能特征分析 "变储光充数"电能协调优化控制
通信架构	多子网集成技术 通信融合接入技术
全景安全	网络安全本体安全防护技术 网络安全行为安全检测技术 网络安全可信免疫技术 智慧消防技术

关键技术领域	关键技术名称
三维数字化设计	三维协同设计 基于 GIM 的三维建模技术 三维数字化交付和动态场景展示及运维

　　智慧综合能源主要的技术形式包括三维数字化设计技术和模块化建设技术。三维数字化设计技术是为了从根本上解决项目规划、设计、施工及运行维护等各阶段应用系统直接产生的信息断层，实现全过程的工程信息管理以及生命周期管理，保证信息从一阶段传递到另一阶段不会发生"信息流失"，以减少信息歧义和信息不一致性。关键技术包括三维建模技术、数据交换标准、数据集成平台以及三维数字化交付和动态场景展示及运维。模块化建设技术是为了建立智慧综合能源站标准化构件，实现一定的预制率和对成本的控制以及完成预制构件在工厂的自动化生产。运用三维设计技术，将能源站建、构筑物分解为标准化构件，建立参数化标准构件库，实现能源站构筑物结构配件的专业化、商品化生产，推进工程模块化建设。采用三维数字化设计技术，可为综合能源系统全生命周期数据化管理提供支撑；采用模块化建设技术，能够提高能源站施工效率和工艺水平。

9.3.4.3　案例介绍

（1）天津某中学综合智慧能源工程

　　天津某全日制寄宿式中学可容纳 3600 余名学生，分为教学、生活和体育活动三大功能区。该学校建设包括供暖系统、生活热水系统、照明系统以及智慧采集及能源监测系统的智慧能源工程。

　　供暖系统采用燃气锅炉供暖方式。生活热水系统采用空气源热泵＋燃气锅炉辅助加热方式供应师生生活用热水。相较于原有的供热方式，这种方式可以减少温室气体的排放，提高能源利用效率。照明系统中采用节能灯替代教室原有灯具，有效提高了照明用能效率，降低照明费用。能源监测平台由现场数据采集系统、通信系统、数据中心和展示界面四部分组成。能源服务平台可建设在本地服务器上，采集本地、远程能耗数据存储于本地或云端，统一实现计量、监测和管理功能，达到"监管一体化"的目标。能源管理者或监管者可通过电脑、移动终端随时随地浏览平台中的相关能耗数据，最终实现能源的有效利用，达到节能减排的目的。

（2）天津滨海新区某生态宜居型智慧能源小镇

　　基于智慧城市物理基础和数据资源，以"高度数字化、高度低碳化"为主题，建设 800 万平方米生态宜居型智慧能源小镇，简称全域可控资源融合的虚拟电厂和综合储能系统，提升可再生能源利用比例，提高非侵入式负荷量测系统覆盖率，实现市政数据与电网数据深度融合，提升用户参与度与社会感知度。

　　该项目围绕能源物理网、能源信息网、能源服务网三个方面开展建设。建设网-源-荷-储多元可控资源融合的能源物理网，作为智慧能源小镇的物理基础；建设融合多项信息技术的能源信息网，作为智慧能源小镇的实现手段；建设面向社区、交通、政务多对象的能源服务网，作为智慧能源小镇的应用平台。

智慧能源小镇主要建设内容包括 10 个子项，各建设任务如表 9-4 所示。项目重点在储能综合利用、非侵入式负荷量测等方面实现突破。

表 9-4 智慧能源小镇建设项目

建设项目		主要内容
能源物理网	主动配电网	全面应用配电即插即用设备、状态感知装置，全面实现智能电能表非计量功能，支撑配电网主动感知、主动运维以及分布式能源主动管控
	集中式储能电站	建设 10MW 集中式储能电站，在国内首次实现储能多业务场景综合利用（调峰/调频、交易优化、应急保障等）
	虚拟电厂	建成国内首座源-荷-储融合调控的虚拟电厂，参与电网需求响应，含柔性负荷 10MW、分布式发电 3MW、储能 1MW
	配网带电作业机器人	依托"时代楷模"张黎明负责的天津市重点科研项目，应用基于人工智能的配网带电作业机器人，在国内首次实现基于三维感知和多臂协作的智能化配网带电作业
能源信息网	非侵入式负荷量测系统	在国际上首次规模化部署面向居民、工商业等全用户类型（含 5000 户居民，200 户工商户）的非侵入式负荷量测设备，实现精细化负荷监测与能耗预警等分析功能
	全业务泛在电力物联网	研制应用边缘物联代理装置，实现各类量测设备的统一接入和泛在互联。构建全时空覆盖的立体通信网络，支撑综合能源服务全业务的通信接入与运营
	小镇智慧能源数据云	整合小镇综合能源量测数据、智慧城市政务数据，采用先进云计算架构，建立多用户模式的能源数据云服务平台，支持多维互动、多能互补的海量信息处理
能源服务网	智慧能源社区	建设 10 个智慧能源社区，获取各类用能终端海量数据，为用户提供节能、分布式能源交易等能源服务，以及社交服务、安防监控、远程控制、停车等公共服务
	电动汽车与电网多维互动	建设风光互补交直流充电网络，在国内首次实现电动汽车与电网的多维度互动
	智慧能源数据服务平台	整合内外部数据资源，为政府、企业、居民提供多样化、定制化综合能源信息服务。覆盖企业用户 353 户、楼宇超市等非居民用户 1251 户、居民 13548 户

9.3.4.4 现代化信息技术在智慧能源中的应用

在国家政策的大力支持与市场环境不断融合的情况下，我国能源技术创新进入高度活跃期，现代化信息技术与能源发展不断交融，新的能源科技成果不断涌现，出现了以"云大物智区"为代表的先进技术与智慧综合能源系统的高度融合。

（1）云计算

智慧综合能源与云计算在对资源的利用上具有相似之处。它们都是将物理上分布式的资源在逻辑上整合成一个有机的整体，通过有序的控制调度实现更大的效能。由于实现了资源的统一管理和调度，因此，对资源的利用者或者提供者来说，不必关心资源来自何方或者输送至何处，只要按照各自的需求调用或者提供相应的资源即可，从而保证资源的随时获取和无限扩展。综合能源系统与信息的高度融合，基于云计算平台进行信息计算分析处理，是实现能源有序流动的最好途径。

（2）大数据

综合能源系统中的大数据主要包括反映能源生产的数据、反映能源配送转换的数据、反映能源交易过程的数据以及参与能源交易过程的参与方的数据。这类能源数据体量巨大、结构复杂、种类繁多，但却包含着巨大的价值。合理运用综合能源系统中的大数据，可以辅助综合能源服务的多能源系统协同运行决策，提高综合能源服务的管理水平，支持综合能源系统安全稳定、经济地运行。

（3）物联网

将物联网技术运用在综合能源服务中，利用物联网感知层采集如发电量、用电量及可再生能源总量等与能源相关的对象信息，提高智慧综合能源系统能源-信息一体化架构中信息环节的采集与获取能力。通过对信息流的分析计算进而及时对智慧能源系统的能源流进行调度和控制，最终实现对能源可靠、高效、合理的调度，最大化提高可再生能源的利用率和整个能源网络中的能源利用率。

（4）人工智能

随着能源结构变革，新能源产业得到快速发展，分布式能源的高比例渗透以及电动汽车的大规模接入使能源互联网更为复杂和灵活，存在不确定性大、非线性强、耦合关系复杂等特点。能源互联网呈现智能化发展趋势，其应用技术的要求趋向于高效、简单、可靠。因此，人工智能技术凭借其优势和特点，已成为解决复杂能源互联网络问题的有力措施，是提升其安全性、可靠性、经济性的有效工具。在研究进程中，人工智能技术在智慧能源的调控、规划、交易等方面得到广泛的应用。

（5）区块链

区块链技术是利用块链式数据结构来验证与存储数据、利用分布式节点共识算法来生成和更新数据、利用密码学的方式来保证数据传输和访问的安全、利用由自动化脚本代码组成的智能合约来编程和操作数据的一种全新的分布式基础架构与计算范式。这种分布式数据结构集合了去信任化、去中心化以及安全性的技术特点，与综合能源系统的未来发展需求非常契合。以区块链为代表的数字技术，与电力技术加速融合，将显示出强大的发展潜力，借助能源区块链技术，有望打造一个去中心化的能源电力市场新局面，推动我国综合能源系统的快速发展。

综上所述，随着经济的迅速发展和工业化的不断推进，我国的能源消费总量也逐渐攀升，环境保护和能源安全将成为能源战略向多元化和清洁化方向转型的驱动力。只有不断与先进信息技术进行融合，才能促使智慧能源的不断发展，推动我国能源战略转型。

思考题

1. 能源系统是什么？
2. 能源系统的改造和发展面临什么样的困境？
3. 请对三种能量管理方式进行简单的对比分析。

4. 随着新能源渗透率的提升大电网将会面临哪些不同的挑战？有哪些方法应对？

5. 为适应分布式电源、储能、电动汽车等电力电子设备数量不断增长的情况，多微网系统的设备控制层应做出何种调整以满足要求？

6. 目前国内外综合能源发展现状是什么样的？

7. 综合能源多能互补关键技术主要包括哪些内容？

8. 综合能源系统的评估原则是什么？

9. 假设将综合能源系统优化调度过程分为 24 个阶段决策过程，且之前的决策影响后续的决策，那么一般适用哪种算法？

10. 以"天津某中学综合智慧能源工程"为例，假设选择模糊层次分析法作为综合能源系统优化调度，那么建立指标评价体系时，可以考虑的因素有哪些？

课后习题

1. 简述能量管理的概念。

2. 能量管理系统包括什么？

3. 能源系统的能量管理方式包括哪些？

4. 简单介绍能量信息传输方式。

5. 分布式数据库的特点是什么？

6. 以电力系统为例，能源系统中的能量信息处理技术有哪些？

7. 新型电力系统的特征有哪些？

8. 配电网的能量管理技术可分为哪些方面？

9. 新型电力系统能量管理安全包括哪些关键方面？

10. 简述综合能源系统研究意义。

11. 简述综合能源系统的概念和技术特征。

12. 针对综合能源系统的优化规划，本书提到了哪些算法？

13. 简述 TOPSIS 方法和模糊综合评价法。

14. 简述综合能源系统优化调度算法的基本工作原理和主要特点。

参考文献

[1] 黄素逸，龙妍，关欣. 能源管理[M]. 北京：中国电力出版社，2016.

[2] 刘念，张建华. 用户侧智能微电网的优化能量管理方法[M]. 北京：科学出版社，2019.

[3] 王晓辉. 微电网运行仿真技术[M]. 北京：中国建筑工业出版社，2018.

[4] 任庚坡，楼振飞. 能源大数据技术与应用[M]. 上海：上海科学技术出版社，2018.

[5] 孙博华，赵翔. 中国能源智能化管理现状及发展趋势[J]. 华北电力大学学报（社会科学版），2014(01)：1-6.

[6] 桑博，张涛，刘亚杰，等. 多微电网能量管理系统研究综述[J]. 中国电机工程学报，2020，40(10)：3077-3093.

[7] 中国电机工程学会电力信息化专委会. 中国电力大数据发展白皮书[M]. 北京：中国电力出版社，2013.

[8] 闫龙川，李雅西，李斌臣，等. 电力大数据面临的机遇与挑战[J]. 电力信息化，2013，11(4)：1-4.

[9] White T. Hadoop：The definitive guide[M]. 3rd ed. Sebastopol，CA：O'Reilly，2012.

[10] 王尧，李欢欢，鞠立伟，等. 面向智能化调度的微网群能量耦合协调控制策略及仿真分析[J]. 电网技术，2018，42(07)：2232-2239.

[11] 辛保安. 新型电力系统构建方法论研究[N]. 中国电力报，2023-07-11(001).

[12] 廖思阳，皮山泉，徐箭，等. 新型电力系统直控式负荷多层级协同调控关键技术综述[J]. 高电压技术，2023，49(09)：3669-3683.

[13] 黄蔓云，卫志农，孙国强，等. 数据挖掘在配电网态势感知中的应用：模型、算法和挑战[J]. 中国电机工程学报，2022，42(18)：6588-6598.

[14] Ehsan A，Yang Q. Optimal integration and planning of renewable distributed generation in the power distribution networks：A review of analytical techniques[J]. Applied Energy，2018，210：44-59.

[15] 董朝阳，赵俊华，文福拴，等. 从智能电网到能源互联网：基本概念与研究框架[J]. 电力系统自动化，2014，38(15)：1-11.

[16] 王成山，李鹏. 分布式发电、微网与智能配电网的发展与挑战[J]. 电力系统自动化，2010，34(2)：10-14.

[17] 支娜，肖曦，田培根，等. 微网群控制技术研究现状与展望[J]. 电力自动化设备，2016，36(4)：107-115.

[18] 刘迎澍，陈曦，李斌，等. 多微网系统关键技术综述[J]. 电网技术，2020，44(10)：3804-3820.

[19] 周孝信，赵强，张玉琼. "双碳"目标下我国能源电力系统发展前景和关键技术[J]. 中国电力企业管理，2021(31)：4.

[20] 唐亚东，刘寅，杨维永. 基于等级保护网络安全体系的新型电力系统风险分析与防范[J]. 网络安全技术与应用，2023(12)：130-133.

[21] 吴文传. 张伯明，孙宏斌. 电力系统调度自动化[M]. 北京：清华大学出版社，2011.

[22] 刘吉臻. 规模化新能源开发利用对电力系统安全的影响[J]. 国家电网，2016(06)：34-36.

[23] 辛保安，李明节，贺静波，等. 新型电力系统安全防御体系探究[J]. 中国电机工程学报，2023，43(15)：5723-5732.

[24] 曾鸣. 综合能源系统[M]. 北京：中国电力出版社，2020.

[25] 施春杰，赵文会. 综合能源服务技术框架及其业务模式[M]. 上海：上海财经大学出版社，2019.

[26] 华电电力科学研究院有限公司. 多能互补分布式能源技术[M]. 北京：中国电力出版社，2019.

[27] 国网天津市电力公司电力科学研究院，国网天津节能服务有限公司. 综合能源服务技术与商业模式[M]. 北京：中国电力出版社，2018.

[28] 周邺飞，赫卫国，汪春，等. 微电网运行与控制技术[M]. 北京：中国水利水电出版社，2017.

[29] 陈娟，鲁斌，齐玮. 区域能源互联网规划、商业模式与政策保障机制[M]. 北京：北京邮电大学出版社，2019.

[30] 孙宏斌，郭庆来，文劲宇，等. 能源互联网[M]. 北京：科学出版社，2020.

[31] 王辉. 综合能源服务市场分析[M]. 上海：上海财经大学出版社，2019.

[32] 童光毅，杜松怀. 智慧能源体系[M]. 北京：科学出版社，2020.

[33] 孙艺新，吴文炤. 能源大数据时代[M]. 北京：人民邮电出版社，2019.

[34] 赵亮，崔素媛，李文娟，等. 综合能源服务解决方案与案例解析[M]. 北京：中国电力出版社，2020.

[35] 任庚坡，楼振飞. 能源大数据技术与应用[M]. 上海：上海科学技术出版社，2018.

[36] 杨东伟. 能源区块链探索与实践[M]. 北京：中国电力出版社，2020.

[37] 余晓丹，徐宪东，陈硕翼，等. 综合能源系统与能源互联网简述[J]. 电工技术学报，2016，31(01)：1-13.

[38] 史佳琪. 区域综合能源系统供需预测及优化运行技术研究[D]. 北京：华北电力大学，2019.

［39］ 李奇. 园区级综合能源系统运营优化策略研究［D］. 北京：华北电力大学，2018.

［40］ 牛哲文，郭采珊，唐文虎，等. "互联网＋智慧能源"的技术特征与发展路径［J］. 电力大数据，2019（5）：6-10.

［41］ 娄素华，卢斯煜，吴耀武，等. 低碳电力系统规划与运行优化研究综述［J］. 电网技术，2013，37（06）：1483-1490.

［42］ 陈龙，韩中洋，赵珺，等. 数据驱动的综合能源系统运行优化方法研究综述［J］. 控制与决策，2021，36（2）：283-294.

［43］ 李娜，周喜超，王冰，等. 综合能源系统优化模型综述与展望［J］. 上海节能，2020（06）：543-548.

［44］ 黄子硕，何桂雄，闫华光，等. 园区级综合能源系统优化模型功能综述及展望［J］. 电力自动化设备，2020，40（01）：10-18.

［45］ 程浩忠，胡枭，王莉，等. 区域综合能源系统规划研究综述［J］. 电力系统自动化，2019，43（07）：2-13.

［46］ 娄素华，卢斯煜，吴耀武，等. 低碳电力系统规划与运行优化研究综述［J］. 电网技术，2013，37（06）：1483-1490.

［47］ 郭创新，丁筱. 综合能源系统优化运行研究现状及展望［J］. 发电技术，2020，41（01）：2-8.

［48］ 黄璐. 基于遗传算法的云计算任务调度算法研究［D］. 厦门：厦门大学，2014.

［49］ 江高. 模糊层次综合评价法及其应用［D］. 天津：天津大学，2005.

第 10 章

新型能量转化与存储技术

前面章节详细讲述了能量的物理基础并介绍了各种能量转化和存储技术的原理。随着科技的进步，各种新型能量转化与存储技术不断涌现，如钙钛矿太阳电池、纳米体系能量转化技术、光帆技术等能量转化技术以及镁离子电池等新型能量存储技术。本章将简要介绍各种新型能量转化与存储技术的原理、发展现状及展望。

10.1 新型能量转化技术

能量转化技术的发展是实现能量高效转化的关键环节，基于人们对能量转化技术需求的提升，近年来在原有太阳电池、热电器件等能量转化技术的基础上，大量的新型能量转化技术应运而生，如钙钛矿太阳电池、纳米发电技术、光帆技术等。新型能量转化技术是当前能源研究领域的前沿技术，是科技创新最活跃、科技进步最迅速的技术体现，具有广泛的应用前景和发展潜力。随着技术的不断进步和应用领域的拓展，这些技术将为未来的可持续发展提供强有力的支持。

10.1.1 钙钛矿太阳电池技术

钙钛矿太阳电池是一种以钙钛矿结构（ABX_3）化合物为光捕获活性材料的太阳电池，最常见的钙钛矿材料是有机金属卤化物杂化钙钛矿，例如甲胺铅碘、甲脒铅碘。这些钙钛矿材料展现出卓越的光吸收特性，同时具有较高的载流子迁移率和较长的寿命，从而能够支撑获得高性能的光电器件。近年来，钙钛矿太阳电池的光电转化效率提升迅速，实验室规模的单结钙钛矿太阳电池的效率已从 2009 年的 3.8％ 提升到 2023 年的 26.1％，钙钛矿/硅叠层电池的效率已在 2023 年达到 33.7％。由于具有实现更高效率和低成本制备的潜力，钙钛矿太阳电池在实用化上越来越有吸引力。目前主要的研究方向是进一步提升效率、增强长期运行稳定性、优化材料体系和器件结构，以及开发大面积电池等实用化技术。

10.1.1.1 钙钛矿太阳电池发展历程

钙钛矿材料是一类拥有通式 ABX_3 结构的化合物，其名字源于同名矿物钙钛矿（$CaTiO_3$），于 1839 年这一矿物首次被发现，由德国科学家 Gustav Rose 在俄国乌拉尔山脉发现，为纪念俄国地质学家被命名为 "perovskite"。随着时间的推移，钙钛矿材料逐渐走向合成和应用的领域。1892 年，美国科学家 H. L. Wells 首次成功合成了基于 $CsPbX_3$ 的钙钛矿材料，这一里程碑性的成就为后来的研究奠定了基础。在 20 世纪中期，荷兰人 Philips 和纽约大学 Western Electric 首次将氧族钙钛矿应用于容器和机电传感器，这标志着钙钛矿材料在实际应用领域的突破。之后钙钛矿材料不断被尝试应用于光电催化、燃料电池、电致发光与传感器领域，直至 2009 年被应用于太阳电池。在光伏领域，钙钛矿材料一般指有机金属卤化物，其晶体结构由一种阳离子 A [如 Cs^+、$CH_3NH_3^+$、$HC(NH_2)_2^+$ 等]、一种阳离子 B（如 Pb^{2+}、Sn^{2+}、Ge^{2+} 等）以及一种阴离子 X（如 I^-、Br^-、Cl^- 等）组成。有机阳离子插入金属卤化物八面体的层间，主要稳定在立方结构。可替换的离子种类使其光学带隙能在 $1.2\sim3.2eV$ 之间调动，这为电池研究提供了很大的操作空间。

钙钛矿太阳电池是在染料敏化电池的基础之上延续和演变的。1991 年，Gratzel 等利用有机染料敏化的介孔纳米 TiO_2 作为光阳极发展了一种新型的经济高效太阳电池——染料敏化电池。基本结构包括透明导电光学玻璃（FTO）、介孔氧化物半导体（TiO_2）、吸附在半导体表面的敏化剂（染料）、含有氧化还原介质的电解质以及对电极。核心工作原理为：染料分子吸光，其中的电子被激发之后注入半导体的导带，敏化剂转化为氧化态，之后电子经由外电路到达对电极还原氧化还原介质，从而再生敏化剂，如图 10-1 所示。

Miyasaka 等在 2009 年首次将 $CH_3NH_3PbBr_3$ 和 $CH_3NH_3PbI_3$ 两种钙钛矿材料作为染料敏化电池的敏化剂，他们以纳米晶体颗粒的形式沉积在介孔 TiO_2 上，并实现了 3.8% 的光电转化效率。从此，围绕钙钛矿材料在太阳电池中的应用开展了大量的研究。2012 年，Nam-Gyu Park 等推出了全固态介孔太阳电池，将 $2,2'',7,7''$-四[N,N-二（4-甲氧基苯基）氨基]-$9,9'$-螺二芴（spiro-OMeTAD）引入染料敏化电池之中以接收钙钛矿中产生的光生空穴。虽然这时仍沿用了"敏化"的概念，但钙钛矿电池的结构已经初具雏形（图 10-2）。

图 10-1　染料敏化电池结构

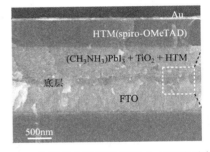

图 10-2　全固态介孔钙钛矿敏化太阳电池结构

随着对有机金属卤化物材料晶体结构、吸光特性和载流子输运特性的深入研究，Henry J. Snaith 等在 2013 年正式阐述了介孔结构的非必要性，并提出了平面异质结结构的钙钛矿太阳电池。在此结构中，n 型 TiO_2 致密层作为电子传输层，并作为钙钛矿层沉积基底，之后在钙钛矿层上沉积 p 型空穴传输导体 spiro-OMeTAD，形成结构为透明导电基底/电子传输层/钙钛矿层/空穴传输层/电极的平面异质结钙钛矿太阳电池。在后续的研究中，该电池与依然保留介孔结构的介孔钙钛矿太阳电池成为两种主流的电池。研究人员在这两种电池的基础上，从材料开发、钝化技术、薄膜沉积技术等方面不断探索高效钙钛矿太阳电池制备技术，为解决能源和环境问题提供有力的解决方案。

10.1.1.2　钙钛矿太阳电池工作原理

（1）工作原理

钙钛矿太阳电池一般由透明导电基底、载流子传输层、钙钛矿层及金属电极组成。钙钛矿太阳电池的工作原理是：太阳光从透明导电基底面入射进入电池，钙钛矿层作为光活性层吸收光子并产生电子-空穴对，由于钙钛矿材料的激子束缚能较小，如 $CH_3NH_3PbI_3$ 的激子束缚能仅为 (19 ± 3)meV，电子-空穴对在室温下就能够分离成为自由载流子，然后在内建电场的作用下向两侧传输，并通过两侧的载流子传输层（电子传输层和空穴传输层）传输到电极，形成电流回路，从而完成整个光电转化过程。如图 10-3 所示，整个过程大致可以分为三个步骤：①激子的产生与分离；②自由载流子的传输；③载流子的收集和电流的产生。

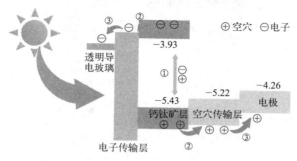

图 10-3　钙钛矿太阳电池工作原理示意图

激子的产生与分离：钙钛矿材料作为直接带隙半导体拥有较高的光吸收系数（约 10^5cm^{-1}），在光激发产电子-空穴对的 2ps 内就能够产生自由载流子，然后在内建电场的作用下向两侧传输。通常大约仅 600nm 厚的钙钛矿材料即可充分吸收入射光子并产生自由电子-空穴对。相较于无机半导体电池微米级的吸光层而言，这有利于降低电池成本。

自由载流子的传输：钙钛矿材料中的载流子扩散长度很长，大约为 $1\mu m$，保证了自由载流子能够在内建电场的作用下顺利地到达活性层与传输层的界面。并且钙钛矿材料中的载流子有着非常高的迁移率，约为 $25cm^2/(V\cdot s)$，比有机太阳电池的载流子迁移率高出三个数量级。

载流子的收集和电流的产生：通过载流子传输层传输出去的电子和空穴分别被电极收集形成电流。传输层和电极的选择需要考虑材料的能级位置，形成合适的界面能级匹配是实现高效载流子传输与收集的关键。

（2）电池结构

钙钛矿太阳电池通常包括中间的钙钛矿吸收层、两侧的电子传输层（n 型半导体如 TiO_2、SnO_2、C_{60}）与空穴传输层（p 型半导体如 spiro-OMeTAD、PTAA、PEDOT：PSS），以及覆盖于最外侧的负极（透明电极）和正极（金属）。当前高效电池中最常见的结构主要有三种，分别是包含介孔层的介孔结构 [图 10-4（a）]、正向 n-i-p 平面结构 [图 10-4（b）] 和反向 p-i-n 平面结构 [图 10-4（c）]。

① 介孔结构：介孔结构钙钛矿太阳电池中的多孔纳米晶金属氧化物骨架位于致密层之上，被钙钛矿层完全渗透，具有支撑和传导电子的功能。2012 年，Nam-Gyu Park 教授等将 $CH_3NH_3PbI_3$ 作为吸光材料附着在 $0.6\mu m$ 厚的介孔 TiO_2 中，并采用固体空穴传输层，得到的钙钛矿太阳电池的效率接近 10%。介孔结构钙钛矿太阳电池随后便以此结构为基础开始发展，尤其是近几年，电池效率得到了迅速提升。2021 年，Michael Grätzel 教授等使用伪卤化物阴离子甲酸盐钝化钙钛矿薄膜中的阴离子空位缺陷并增强钙钛矿薄膜的结晶度，优化后的介孔结构钙钛矿太阳电池获得了 25.2% 的认证效率。

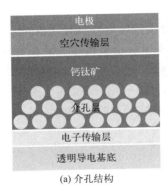
(a) 介孔结构

(b) 正向n-i-p平面结构

(c) 反向p-i-n平面结构

图 10-4　钙钛矿太阳电池结构示意图

② 正向 n-i-p 平面结构：Snaith 等首次摆脱掉需要高温烧结的介孔层，将钙钛矿薄膜直接沉积在 TiO₂ 致密层上，并将空穴传输层沉积在钙钛矿薄膜上，得到 n-i-p 平面结构的钙钛矿太阳电池。虽然习惯上将钙钛矿层称为 i 型层，不过在实际制备过程中，钙钛矿层往往不是 i 型的，其导电特性主要取决于钙钛矿材料的组分和基底性质。2023 年，Seok 教授等采用烷基氯化铵调控钙钛矿薄膜的结晶生长，相应 n-i-p 平面结构钙钛矿太阳电池获得了 25.7% 的认证效率。

③ 反向 p-i-n 平面结构：与正向 n-i-p 平面结构钙钛矿太阳电池相比，在反向 p-i-n 平面结构中，两侧电荷传输层的位置互相调换，即透明导电基底上为空穴传输层，随后钙钛矿薄膜沉积在空穴传输层上，而电子传输层沉积在钙钛矿层之上并联结金属电极。考虑到旋涂法制备钙钛矿薄膜时使用的前驱体溶液包含强极性溶剂，能够溶解大部分有机材料，因此空穴传输材料不采用介孔结构电池和正向 n-i-p 平面结构电池中常用到的 spiro-OMeTAD，而常采用聚［双（4-苯基）（2,4,6-三甲基苯基）胺］（PTAA）等材料。2022 年，朱凯教授等采用 3-氨甲基吡啶（3-AP）对钙钛矿薄膜表面进行修饰，降低了钙钛矿薄膜的表面粗糙度并导致钙钛矿表面导电特性 n 型转变，促进了光生电子的收集，相应 p-i-n 平面结构钙钛矿太阳电池获得了超过 25% 的认证效率。

10.1.1.3　钙钛矿太阳电池研究进展

（1）效率提升

光电转化效率是衡量钙钛矿太阳电池性能的关键指标，是研究人员在研发太阳电池时关注的焦点。当前，单结钙钛矿太阳电池的认证效率达到了 26.1%，已经接近传统硅基太阳电池的效率。

在钙钛矿太阳电池研究初期，研究人员主要围绕电池材料设计、钙钛矿薄膜沉积优化和电池机构设计开展工作。2012 年，Park 和 Gratezel 等采用固态空穴传输材料 spiro-OMeTAD 代替液态电解质，制备出第一个全固态钙钛矿太阳电池，在获得 9.7% 的效率的同时显著提升了电池的稳定性。2013 年，Snaith 等利用双源共蒸发的方法沉积出致密的钙钛矿薄膜，制备出无须介孔骨架层的平面结构钙钛矿太阳电池，获得了 15.4% 的效率。经过 spiro-OMeTAD 固态空穴传输层和平面结构的引入，钙钛矿太阳电池的研究体系基本确定。同时，钙钛矿太阳电池的研究工作愈演愈烈，研究人员对钙钛矿太阳电池的各个方面做了详尽的探索，包括界面调控、体系优化、缺陷钝化等，并取得了许多实质性的进步，钙钛矿太阳电池的效率也随之迅速提升。例如，2015年，Seok等通过分子互交换的方法改善钙钛矿薄膜的结晶，将效率提升到20%以上。2018年，游经碧等采用PEAI钝化钙钛矿薄膜表面，先后研制出转化效率为23.3%、23.7%的钙钛矿太阳电池，连续两次作为世界纪录被美国国家可再生能源实验室（NREL）发表的"Best Research Cell Efficiencies"表格收录。2021年，Jangwon Seo和Moungi G. Bawendi等开发出化学水浴沉积SnO_2的方法，制备出均匀、致密的SnO_2电子传输层，获得了认证效率为25.2%的钙钛矿太阳电池。随后，2023年，基于化学水浴沉积SnO_2技术，Seok等进一步通过烷基氯化铵调控钙钛矿薄膜结晶生长，制备出认证效率为25.7%的钙钛矿太阳电池。当前，钙钛矿太阳电池的认证效率已经达到了26.1%，如此迅速的效率提升在光伏研究历史上是前所未有的，这也显示出钙钛矿太阳电池在光伏领域的巨大潜力。

上述钙钛矿太阳电池效率都是在小面积电池中获得的，电池的有效活性面积一般小于$1cm^2$。这种小面积电池无法在现实生活中实际应用，因此，为了切实推进钙钛矿太阳电池的商业化发展，研究人员尝试在具有更大面积的钙钛矿模组上获得高的效率。当前，$50cm^2$内的微型钙钛矿光伏模组的最高认证效率为22.72%（$24cm^2$），由瑞士联邦理工学院Nazeeruddin团队获得。百平方厘米级的小型钙钛矿光伏模组的最高认证效率为20.5%（$63.98cm^2$），千平方厘米级的钙钛矿光伏模组的最高认证效率为18.2%（$756cm^2$），均由无锡极电光能科技有限公司获得。对比不同面积的模组效率可知，随着面积增加，电池的效率明显下降。这种过大的效率损失是钙钛矿太阳电池在放大生产过程中面临的第一个重大挑战，需要研究人员进一步关注和攻克。

（2）稳定性增强

光电转化效率、稳定性、成本是决定钙钛矿太阳电池能产业化应用的三个核心要素。尽管钙钛矿太阳电池具有成本制备低的优势，并且光电转化效率已经达到了26.1%，然而其工作稳定性仍停留在千小时级，成为钙钛矿太阳电池未来应用绕不开的问题。钙钛矿太阳电池稳定性的下降主要来源于电池材料在运行过程中的降解。

当前高效钙钛矿太阳电池中的钙钛矿材料主要是有机-无机杂化钙钛矿材料，其中有机成分主要是甲胺和甲脒，无机成分主要是碘化铅。综合考虑钙钛矿材料的晶体结构和化学特性，稳定性不好的两个主要原因是：①晶体结构不稳定。钙钛矿结构中金属原子与卤素原子之间弱的离子键以及有机阳离子与无机八面体之间的非共价键使钙钛矿具有软晶格特性，从而使得钙钛矿晶体结构对外部条件敏感，在温度、压力、光照等因素的影响下，晶格会发生结构转变，引起材料分解。②离子迁移。钙钛矿材料是一种离子晶体，材料中的卤素离子、有机阳离子等在电场、温度、应力等因素影响下会在晶格中发生移动，移动速率通常与晶格缺陷、温度、电场强度等相关。离子迁移会导致钙钛矿材料的光学、电学、力学性能发生变化，并且会造成材料成分偏析和相分离，引起材料的失效和分解。

除了钙钛矿材料的降解之外，电荷传输层的某些特性以及不理想的界面接触也会影响电池的稳定性。其中最典型的是常用的空穴传输层材料spiro-OMeTAD中包含的吸湿掺杂剂，不仅会吸收水分导致降解，而且会进行离子迁移影响钙钛矿晶格，进而导致电池效率降低。此外，以TiO_2为电子传输层的钙钛矿太阳电池在紫外光照下的稳定性较差，这是由TiO_2表面的氧空位光诱导催化导致界面上的载流子复合加重，使得电池的开路电压和电流在紫外光照下发生持续的衰减。

针对钙钛矿电池材料的失效和分解，常见的解决思路有：对钙钛矿太阳电池进行封装和对钙钛矿电池材料进行改性优化。对钙钛矿太阳电池进行封装可以有效地隔绝水、氧对电池的破坏，是电池在户外应用的重要技术。钙钛矿太阳电池的封装方法与硅基太阳电池、有机太阳电池等类似，包括玻璃封装、聚合物封装、薄膜封装等。对钙钛矿材料进行优化可以调控钙钛矿的结晶特性、降低缺陷，提升钙钛矿太阳电池的内在稳定性。2023 年，鄢炎发教授等利用 DFT，发现含有磷的路易斯碱分子与不配位的 Pb 原子的结合最强，展现出优异的缺陷钝化能力。因此，选择二膦路易斯碱 DPPP［1,3-bis(diphenylphosphino) propane］来修饰钙钛矿薄膜。DPPP 处理后的倒置（p-i-n）钙钛矿太阳电池具有 24.5% 的光电转化效率。初始效率为 23.5% 的钙钛矿太阳电池在经过 3500h 的稳态功率输出后可以保持初始效率的 100%。

（3）钙钛矿叠层太阳电池

尽管单结钙钛矿太阳电池性能持续获得突破，但由于热化损耗和传输损耗等的限制，单结钙钛矿太阳电池的光电转化效率会存在一个效率极限，该效率极限一般为 Shockley-Queisser（S-Q）效率极限，而克服 S-Q 效率极限的有效方法之一是构建叠层太阳电池。

为了获得尽可能高的光电转化效率，叠层电池应满足材料晶格匹配、禁带宽度组合合理以及顶、底子电池电流匹配等基本要求。叠层电池中的顶、底子电池的电流密度一般不同，顶、底子电池的电流失配会使电池性能降低明显，设法获取电流匹配的结构是保证叠层电池具有良好性能的关键。叠层电池的顶电池采用宽带隙吸收层，以有效地转换短波长光谱，从而将光损失降到最小；底电池采用窄带隙吸收层，以获取近红外光子，从而最大限度地拓宽可吸收光谱。当器件被光照射时，宽带隙的顶电池吸收能量高于其带隙的短波长光子，产生高的开路电压（V_{OC}），而窄带隙底电池吸收长波长光子，这可以减少光热损失，提高光电转化效率。当前，钙钛矿叠层太阳电池顶层常用高禁带宽钙钛矿半透明电池吸收较高能量的光子；下层则通过低禁带宽电池吸收较低能量光子，多为窄带隙钙钛矿电池、晶硅电池、碲化镉/铜铟镓硒薄膜电池等。根据下层低禁带宽度材料的不同，钙钛矿叠层电池可分为钙钛矿/钙钛矿叠层电池（也称全钙钛矿叠层电池）、钙钛矿/硅叠层电池、钙钛矿/铜铟镓硒叠层电池等。

目前，南京大学谭海仁教授团队通过在混合钙钛矿子电池中应用双层异质结来抑制界面复合，提高电荷转移速率，制备的全钙钛矿叠层太阳电池达到 28.5% 的记录效率，同时表现出优异的稳定性。

德国柏林亥姆霍兹材料与能源中心在 p-i-n 单结结构中使用碘化哌嗪修饰的三卤化物钙钛矿（1.6eV 带隙）与之相结合，改善了能带排列，减少了非辐射复合损失，并提高了电子选择性接触的电荷提取效率。最终单结钙钛矿太阳电池表现出高达 1.28V 的开路电压，并在钙钛矿/硅叠层太阳电池中实现 32.5% 的认证效率。

肖旭东教授团队通过对钙钛矿吸收层联合使用体相掺杂及表面处理，制备了高性能、高稳定性的宽带隙（1.67eV）钙钛矿电池，再通过调节铜铟镓硒电池带隙，最终与 1.04eV 带隙的铜铟镓硒电池匹配，获得了效率为 28.4% 的钙钛矿/铜铟镓硒四端叠层太阳电池。

需要指出的是，标准测试条件下测得的效率，在自然条件下并不常见。因此，叠层电池的设计与使用应考虑具体应用条件下的光谱匹配。

10.1.1.4 钙钛矿太阳电池发展展望

（1）性能提升

钙钛矿太阳电池自被报道以来发展迅速，其效率和稳定性都有不同程度的提升。但是对钙钛矿太阳电池目前的性能来说，其距离商业化的要求仍有很大差距。为了更好地实现产业化应用，下一步钙钛矿太阳电池的技术发展应重点关注效率的突破和稳定性的提升两个方面。

就效率突破而言，单结钙钛矿电池理论效率约33%，钙钛矿/钙钛矿叠层电池理论效率超过40%，因此钙钛矿太阳电池的效率仍有较大的提升空间。就稳定性提升而言，钙钛矿太阳电池暴露在大气环境下光电转化效率存在严重的衰减，紫外光照、温度、水汽、氧气等也会影响电池的稳定性。因此开发稳定性较高的电子/空穴传输材料、光吸收层等材料，寻找简单有效的电池封装技术，是提高钙钛矿太阳电池稳定性的有效方法。另外，完善钙钛矿电池性能和寿命的评测标准，建设稳定性测试平台，为钙钛矿电池的产业化提供可靠技术评估，是推进钙钛矿太阳电池产业化的迫切需求。

（2）大面积电池制备

尽管钙钛矿太阳电池器件发展迅猛，其光电转化效率已经超过26.1%，但目前报道的高效率器件基本是基于小面积基底并利用旋涂法实现的。实现高效大面积制备是钙钛矿太阳电池走向商业化的基础。大面积钙钛矿制备过程中需要精确控制钙钛矿薄膜的形态及结晶品质以保证性能，当前制备方式的研究集中在刮涂法、喷涂以及气相沉积法等。除以上方法外，研究人员还开发了喷墨打印、印刷、软覆盖沉积等方法，以实现大面积钙钛矿太阳电池的制备，并基于不同方法开发了多种器件性能增强策略且取得了一些研究成果。

然而，目前大面积钙钛矿太阳电池仍处于起步阶段，在实际应用中仍存在一些问题，如钙钛矿薄膜的质量、各功能层之间的接触、电极设计、稳定性及封装等。解决以上问题将会对钙钛矿太阳电池的商业化发展起到巨大的推动作用。尽管大面积钙钛矿太阳电池的发展时间还较短，但目前科研界和商业领域都对其展现出了浓厚的兴趣，相信在研究力度的不断加大和商业化进程的推动下，大面积钙钛矿太阳电池将取得快速发展。

（3）绿色无毒制备

发展绿色无毒的钙钛矿太阳电池，不仅能够保障用户与环境的健康，还能实现资源的合理分配和高效利用，满足可持续发展的需要，是钙钛矿太阳电池商业化的有效助推剂。从材料的选择上面，科研人员尝试用锡（Sn）、锌（Zn）等金属元素来替代有毒的Pb，但电池的性能会有不同程度的下降。制备流程方面，推行清洁环保的制备方法，主要措施是避免和减少使用对环境有害的化学药品以及对流程进行合理优化实现生产过程中产生的废弃物的回收再循环利用。另外，未来钙钛矿太阳电池的生产和应用过程的环境评估和监管制度仍需完善和贯彻，行业仍需明确的环保标准和政策来规范自身，国际之间仍需努力推进合作与知识共享以攻克钙钛矿太阳电池的绿色无毒化技术难题。

（4）多场景应用

目前有关钙钛矿的科学研究不只停留在高效率的突破、稳定性的保持、面积的扩展以及产业化量产上，针对钙钛矿电池的不同应用场景研究人员也开展了多种探索，如室内光伏领域以及柔性穿戴与半透明电池等。

① 室内光伏钙钛矿太阳电池。近年来，电子设备的相互关联和基于物联网的信息共享正持续塑造人们的生活。离网供电系统的建设将使物联网无线网络易于集成，室内光伏（IPV）可通过收集室内光线提供长期稳定的电力保障，与物联网完美契合。钙钛矿太阳电池具有制备成本低、可柔性制备、光电转化效率高、弱光吸收利用率高等优势，正逐渐成为IPVs的最佳候选者。云南大学张文华、任小东和陕西师范大学赵奎、刘生忠等采用 β-丙氨酰胺盐酸盐（AHC）自发形成二维钙钛矿成核种子层，以改善薄膜均匀性、结晶质量和太阳电池性能。作为室内光伏器件，小面积（$0.09cm^2$）钙钛矿太阳电池的效率达到 42.12%，大面积 $1.00cm^2$ 和 $2.56cm^2$ 太阳电池的效率分别高达 40.93% 和 40.07%，都是当前类似尺寸的室内光伏电池的最高效率值。

② 柔性钙钛矿太阳电池。柔性钙钛矿太阳电池（flexible perovskite solar cell，FPSC）是柔性、可折叠的轻质太阳电池，具有良好的可弯曲性和可恢复性，在建筑集成光伏、无折叠飞行器、智能汽车和可穿戴电子设备的应用中备受关注。FPSC 在制备和使用过程中产生反复弯曲、扭曲或其他形式的变形是不可避免的，而由此形成的裂纹、缺陷及晶格应变是器件失效的主要原因。因此，柔性钙钛矿太阳电池的力学性能测试实验非常重要，如通过弯曲实验研究弯曲角度、弯曲半径、弯曲循环次数等对其效率变化的影响。葛子义研究团队通过氰基衍生物在钝化钙钛矿缺陷的同时释放钙钛矿薄膜的应力，降低了钙钛矿薄膜的杨氏模量，增强了钙钛矿薄膜的柔韧性，获得了效率达 24.08% 的柔性钙钛矿太阳电池，其是目前公开报道的柔性钙钛矿太阳电池的最高效率。

③ 半透明钙钛矿太阳电池。半透明钙钛矿太阳电池（ST-PSC）作为一个新兴的研究方向，其独特的优势是活性层的半透明性及颜色可调性，为半透明钙钛矿太阳电池提供了广阔的社会应用前景，例如日常建筑生活玻璃、数码产品显示屏及其他美学建筑应用等。对半透明钙钛矿太阳电池而言，其透光性和效率的平衡是研究人员关注的焦点，调控电池的吸光特性也成为提升电池性能的有效途径。黄劲松等开发了一种基于树脂粒子的捕光层，以增加半透明 Pb-Sn 钙钛矿太阳电池的光子路径长度，并用中性 PEDOT 取代酸性 PEDOT：PSS HTL，以获得更好的热稳定性，将半透明 Pb-Sn 钙钛矿太阳电池的效率从 15.6% 提高到 19.4%。

10.1.2 纳米体系的能量转化技术

10.1.2.1 纳米发电机体系

纳米发电机作为一种新兴电源，能将环境中的机械能转化为可利用的电力输出，为开发环境中经常被浪费或忽视的机械能（如运动的动能、波浪能、雨滴的动能和风能）提供了机会。纳米发电机除了发电还可以用来作为传感器，例如感知人体的运动状态、监测身体和生理变化及判断水滴的运动方向等，其为自供电传感提供了新的思路。目前，主流的纳米发电机有压电纳米发电机、摩擦纳米发电机和热释电纳米发电机等，压电纳米发电机和摩擦纳米发电机利用材料的压电、摩擦电和静电感应将环境中的机械能转化为电能，而热释电纳米发电机通过纳米级热释电材料的热释电效应将收集的热能转化为电能。

压电纳米发电机（PENG）是基于材料的压电效应进行发电的，由纳米压电材料制作而成，可以将随机的机械能转化为电能。王中林团队于 2006 年首次提出了 PENG 的概念。他们利用原子力显微镜（AFM）拨动氧化锌纳米结构（ZnONW），使其发生弯曲，ZnONW 的压电特性在纳米线径向方向上产生压电场。而 AFM 探针的金属尖端和 ZnONW 之间形成的具有整流特性的肖特基势垒（Schottky barrier）导致积累电荷的突然释放，产生了能够被观测到的电信号，实现了纳米尺度的机械能向电能的转化。压电材料作为基体对 PENG 的性能起着决定性的作用，除了压电材料的矩阵之外，压电材料的微形貌和结构也影响着其输出性能，随着研究的深入，其在传感器供电、微小信号传感和驱动执行器等多个方向都有了很大的应用。目前常用的压电材料包括：氧化锌（ZnO）、压电陶瓷（PZT）、氮化镓（GaN）、钛酸钡（$BaTiO_3$）、锆酸铅（$PbZrO_3$）、钛酸铅（$PbTiO_3$）、钽酸锂（$LiTaO_3$）、硫化镉（CdS）和硫化锌（ZnS）等。其原理是当在压电材料上施加外力时，材料内部受到压缩应力产生形变，发生电极化现象，进而导致材料表面会产生不同种类的电荷，从而产生压电电势；当把外力撤掉时，压电电势将消失，累积的电子在外电路中沿着相反的方向返回，因此可以在周期性的垂直压缩和释放下产生周期性的电子流动，将动能转化为电能。PENG 利用压电极化电荷和所产生的随时间变化的电场来驱动电子在外电路中的流动，将两个电极覆盖在一个绝缘且具有压电特性的材料的顶部和底部，当施加垂直于压电材料的外力时，处在材料内部晶格的正负电荷中心发生偏移，在材料的两端产生压电极化电荷，进而材料的内部会形成极化电场，导致材料表面形成电势差，这个电势差通过外部负载从一个电极到另一个电极的电子流动来平衡。PENG 工作于静态平衡时，是一种类平板电容器结构模型，开路电压和输出功率分别为

$$V_{OC} = Q/C = Fd_{33}L/(\varepsilon_0\varepsilon_r A) \tag{10-1}$$

$$W = 1/2CV_{OC}^2 = F^2 d_{33}^2 L/(2\varepsilon_0\varepsilon_r A^2) \tag{10-2}$$

式中，V_{OC} 为开路电压；Q 为电荷量；C 为电容量；F 为施加外力；d_{33} 为压电系数；ε_0 为真空介电常数；ε_r 为压电材料相对介电常数；L 为器件厚度；A 为器件面积。

摩擦纳米发电机（TENG）的工作原理是摩擦起电效应和静电感应，摩擦起电即两种摩擦材料接触并发生摩擦的过程中会分别带上等量极性相反的两种电荷，随着两种材料的分离，两种极性不同的电荷也会随之分离，进而会在两种材料之间产生电势差。这种现象在生活中随处可见，例如空气干燥时空气与衣物的摩擦产生静电，梳头的时候头发会立起来等。摩擦起电也给我们的生活带来了很多危害，比如当人行走在计算机机房的地毯上时摩擦导致带电，当人触碰电子计算机时脆弱的电子元件可能因瞬间高压放电而损坏；摩擦起电还可能引起火灾。Wang 等于 2012 年提出的 TENG 巧妙地转变了摩擦效应的负面效应，合理地利用摩擦表面的静电荷，在消除危害的同时，将能量收集起来，为开发新能源提供了思路。根据应用场景的不同，可以将 TENG 分为四种工作模式，如图 10-5 所示，分别为垂直接触-分离模式、横向滑动模式、单电极模式和独立摩擦层模式。垂直接触-分离模式作为最简单的结构模式，包含两种摩擦材料，初始时，在外力驱使作用下两个摩擦层紧密接触，由于两种材料得失电子能力不同，电荷在二者间发生转移，此时两个摩擦层分别显示等量相反的电荷。随着外力释放，摩擦层之间产生分离过程，自由电子在电势差的作用下在外电路中流动以平衡电位差，因此在周期性的外界压力驱使下，电子在外电路中来回流动形成电流。当两个表面分离时，两个电极之间产生电势差，驱动电子在两个电极之间流动。横向滑动模式利用了不同材料之间的相对滑动。在两种材料组成的器件中，一种材料在另一种材料上发生相

对滑动时，电极上的感应电势将驱动电极上的自由电子在外界负载中周期性流动，形成感应电流。与垂直接触-分离模式的 TENG 相比较，横向滑动模式的 TENG 由于接触摩擦效果更加明显，产生的摩擦电荷也会显著提升。

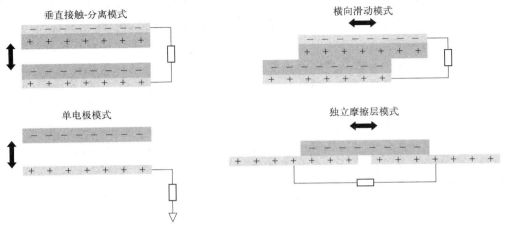

图 10-5　摩擦纳米发电机的四种工作模式

　　受制于复杂形式机械能的收集和利用，传统模式的 TENG 已经无法满足应用的需要，例如电子皮肤和智能可穿戴等。考虑实际应用的复杂性、便携性等因素，TENG 又衍生出了单电极模式和独立摩擦层模式。而对于单电极模式，只有一个电极连接摩擦材料，是由可以自由移动而不受任何限制的摩擦层和接地电极组成，电子在地和电极之间移动。单电极模式极大地扩展了 TENG 在各种情况下的实际应用。独立摩擦层模式包含一个独立的摩擦层和同一平面上的两个固定电极，当摩擦层上的摩擦电荷交替接近两个电极时，由于接触和非接触模式下的静电感应，电极之间产生交流电。目前为了提高 TENG 的发电效率，主要的研究集中在选择摩擦电序列相差较大的材料、在摩擦表面引入纳米结构、对摩擦材料进行化学修饰以及附加电荷激励等方面。TENG 发展至今，已经实现对不同形式机械能的收集和利用，包括风能、蓝色能源以及生物机械能等。

　　热释电纳米发电机是一种能量收集装置，它能够利用纳米结构的热释电材料把外界的热能转化成电能。其结构由热释电材料和上下覆盖的电极组成，原理是基于材料的热释电效应，将外界的热能转化成电能。当环境中温度变化时，材料中的偶极子以其平衡轴为中心，按照一定的角度自由摆动，在低于居里温度范围内，摆动幅度随温度的升高而增大，随温度的降低而减小。热释电材料的自发极化强度会随着偶极子的不停转动而发生改变，吸引在电极表面的自由电荷会因极化强度的变化而在外电路中流动，因此产生热释电电流。

　　为了进一步提高单一机械能量的转化效率和扩大基于混合纳米发电机的能量采集器的应用场景，摩擦纳米发电机-电磁发电机、摩擦纳米发电机-压电纳米发电机、摩擦纳米发电机-热释电发电机、摩擦纳米发电机-太阳能和摩擦纳米发电机-化学电池等各种混合纳米发电机被开发以获取多种能源。比如压电纳米发电机的输出电压高，但输出电流低且匹配电阻高；而电磁发电机（EMG）具有大电流、低电压、低匹配负载电阻的输出特性。电磁发电机适用于高频条件，其在低频工作时，极小的电压输出限制了它的实际应用；而摩擦纳米发电机可以在低频范围产生非常高的输出，在收集低频机械能方面显示出巨大的优势。因此，可以将不同技术相互结合以扩展能量收集装置的工作频带范围，达到提高输出特性的目的。

10.1.2.2　纳米太阳电池

太阳电池若要与传统化石能源竞争，必须实现以下两个方面的技术突破：一是降低太阳电池的生产消耗及材料成本；二是进一步提高太阳电池的光电转化效率，即提高光吸收和传递的效率。为了提高光吸收，纳米材料［在三维空间中至少有一维处于纳米尺寸范围（1～100nm）或由它们作为基本单元构成］被广泛应用在光伏技术中。利用纳米级金属氧化物、碳纳米管、纳米线和量子点等材料可尽可能多地将光子转化为电子-空穴对，减少其他形式的能量损耗，进而提升太阳电池的转化效率，且在纳米器件制备中更少的原材料投入可进一步降低生产成本。此外，纳米结构具有大比表面积，这一特点不仅可以增加有效的吸光面积，还能够增加光子在材料中的传播距离，实现更高效的光子吸收和传递效率。迄今为止，纳米光伏技术作为一种新型光伏技术已在大规模照明系统、无线传感器网络以及汽车制造等众多领域有所布局。特别是在硅太阳电池方面，纳米结构的使用大大降低了硅材料的消耗，有效降低了硅太阳电池的成本，并已开始商业化应用。

按照空间类型分类，纳米结构大致可分为三维纳米材料（金属氧化物薄膜）、二维纳米材料（量子阱）、一维纳米材料（纳米线/纳米管）和准零维纳米材料（量子点）。

纳米金属氧化物薄膜/阵列在微电子装置、光伏电池、生化传感器等众多领域引起人们的广泛关注和研究。金属氧化物包含至少一种金属阳离子和氧阴离子，且可以通过掺杂、加偏压或改变化学计量比等方式合成为不同的晶体结构，并且能够提供不同的电子性能。例如，纳米氧化锌是一种 n 型半导体，其带隙为 3.3～3.6eV，室温下激子束缚能为 60meV，在常温下纳米氧化锌具有良好的发光功能。同时纳米氧化锌制备简单，原料容易获得，具有光电导性（电子在纳米氧化锌薄膜中的输运比较容易），在太阳电池方向具有很大的应用潜力。纳米氧化锌具有比表面积大和多孔洞的特点，有助于吸附更多的染料，因此被广泛应用于染料敏化电池。其次，纳米氧化锌应用在太阳电池表面，可扩展其吸收光谱，以提高太阳电池的效率。

量子阱作为一种半导体器件，它能够在三个维度上限制载流子的运动，从而产生量子效应，即可以通过调整其宽度和深度来控制载流子的能量和位置，从而实现精确的能带工程。这使得量子阱在半导体激光器、太阳电池和其他器件中得到广泛应用。量子阱太阳电池是一种多层半导体结构，由多个宽度相对较小的能带偏移层和宽度较大的禁带层组成。在太阳光照射下，能带偏移层中的电子和空穴被激发，形成电子-空穴对。这些电子-空穴对会在禁带层中发生分离，电子和空穴分别被捕获并转移到不同的电极上，产生电流。

半导体纳米线和纳米管相较于二维薄膜和块体材料展现出更优异的增透性。除此以外，纳米线或纳米管也能够保证少数或多数载流子的持续稳定传输，为传输路径中的载流子提供电势，减少界面复合时所消耗的能量。近年来对碳纳米管基光伏电池的研究相对广泛，碳纳米管（CNTs）被集成到各类光伏电池中以提高性能。CNTs 很好地满足了光伏电池所需的材料特性，是提高光伏电池稳定性和光电转化效率的理想候补材料。首先，CNTs 具备可调节带隙（0.5～2.57eV），其范围覆盖了大部分太阳光谱（400～2000nm），符合光伏电池对光敏材料的带隙要求；其次，CNTs 可分散到液相溶剂中，从而易于集成到各种类型的光伏电池中。此外，CNTs 还具有良好的化学稳定性和力学特性，能提高光伏电池在实际应用中的使用寿命。

相比于其他材料，纳米结构通常具有非常小的尺寸。因此，纳米材料具有更高的比表面积和独特的光学和电子性质。纳米结构除了可应用在传统太阳电池中以外，也可应用于新兴的太阳电池技术。当粒子的尺寸达到纳米量级并小于其激子玻尔半径时，材料中某些原子轨道的电子能量发生了分裂，费米能级附近的电子能级由连续态分裂成分立能级，如图 10-6 所示。因此，当粒径减小到一定值时，纳米材料的许多物理性质都与其颗粒尺寸有强烈的依赖关系。例如，量子点的尺寸不同，其可覆盖的吸收范围也不同，可利用此效应来制备灵活可调的新型光学材料用于不同需求的太阳电池。

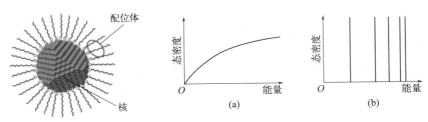

图 10-6　块体材料（a）和纳米晶（b）的能级状态

　　量子点（QD）是准零维的半导体纳米晶（NC）的统称，其尺寸在空间的三个维度都限制在小于 20nm 范围内，又被称为"人造原子"。当 QD 的尺寸小于或接近其波尔激子半径时会表现出显著的量子限域效应，其内部电子在各个维度上的运动都受到了限制，使得原本在块体材料中连续的能带结构分立化，从而导致材料带隙展宽，吸收和发光光谱发生相应的蓝移，表现出独特的光-电特性质。相比于块体材料，小尺寸的 QD 由于量子限域效应，具有尺寸可调的激子吸收和发光。通过改变 QD 的尺寸和形态，可以定制由激子衍生的各种性质。此外，QD 具有高荧光效率、长荧光寿命以及窄且对称的发光峰等特性。尤其是通过湿法化学合成的 QD 具有非常广阔的应用前景，其可以容易地从溶液相中加工，允许使用诸如旋涂和增材制造的方法，通过使用自组装和三维（3D）打印等技术，实现快速、灵活地生产大面积和低成本的复杂材料和设备。近几十年来，QD 薄膜作为光伏器件［量子点太阳电池器件（QDSC）］的吸光层，已经受到了广泛的研究。

　　通常，在湿法合成 QD 的过程中，表面需覆盖长链有机配体使其在非极性溶剂中均匀分散。同时，长链有机配体可以有效钝化 QD 表面的悬挂键，从而消除陷阱态，使 QD 胶体体系获得较高的荧光量子产率（PLQY）。QDSC 面临的主要挑战是由于 QD 表面被大量长链绝缘配体包覆，无法进行有效的电荷传输。因此，通常利用配体交换的方法将有机长链替换成较短的配体。QD 的配体交换常分为液相配体交换和固相配体交换两种。其中，液相配体交换要求配体交换过程在液相体系中快速完成，以获得通过单步沉积可直接得到的足够厚度的量子点薄膜，从而最大限度地减少材料和时间成本的浪费，同时也有利于大规模的器件组装。目前，传统金属硫属族 QD 多采用液相配体交换策略，量子点表面的长链配体可以更彻底地被短链分子取代，从而改善表面缺陷钝化，增强太阳电池器件的电荷载流子提取。然而，通常需要两种表面活性剂［油酸（OA）和油胺（OAm）］用于钙钛矿量子点（PQD）的合成，这使得 PQD 的配体交换比金属硫属族 QD 更为复杂，如图 10-7 所示。正如 Luther 及其同事所提出的，在钙钛矿量子点太阳电池器件（PQDSC）的构建过程中，层层旋涂的 PQD 薄膜之间通常采用两步固相配体交换的方法分别去除长链 OA 和 OAm 配体，在保证 CsPbI$_3$ PQD 固体薄膜稳定性的同时促进器件内电荷载流子的提取和传输。除此以外，为解决这一问题，人们开发了多种策略改善这一现象。

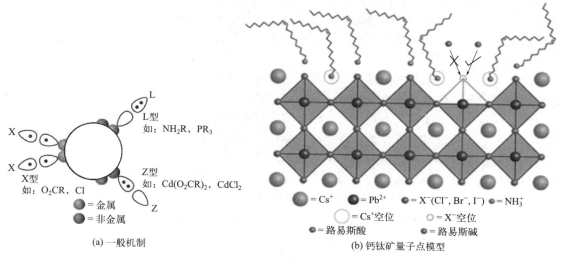

图 10-7　量子点的配体结合状态

（图中标注）

L 型
如：NH₂R，PR₃

X 型
如：O₂CR，Cl

Z 型
如：Cd(O₂CR)₂，CdCl₂

● = 金属
● = 非金属

(a) 一般机制

● = Cs⁺　　● = Pb²⁺　　● = X⁻(Cl⁻，Br⁻，I⁻)　　● = NH₃⁺
○ = Cs⁺空位　　○ = X⁻空位
● = 路易斯酸　　● = 路易斯碱

(b) 钙钛矿量子点模型

短链配体取代策略能够减轻绝缘封端配体对 PQD 固体薄膜内电荷传输的不利影响。由于量子点在固相时流动性较差，这种方式弱化了溶剂环境对量子点晶体结构的影响，使得配体交换过程比较温和。因此，对于晶格能较低的离子型晶体结构，固相配体交换在器件的制备过程中较为普遍。为进一步增加电荷提取，Ling 等在 PQD 薄膜的后处理过程中采用硫氰酸胍和温和的热退火工艺相结合的策略，实现了 15.21% 的器件效率。胍阳离子可以吸附在 PQD 表面以取代原始胺配体，并在 PQD 后处理过程中填充表面缺陷。同时，采用胍盐和热退火工艺后处理有利于形成光滑且紧密堆积的 PQD 固体薄膜，增强了 PQD 之间的电子耦合，从而提高了量子点薄膜的载流子迁移率。除此以外，Wang 等提出了一种不同的配体去除策略，利用仲胺和 OA 之间的酰化反应促进 PQD 原始配体的去除、控制表面配体密度并改善点间耦合。除了对 PQD 进行表面化学调控改善其载流子传输性能、钝化缺陷以外，一系列研究集中在考虑对器件进行界面改性或组装异质结以提高器件光伏性。未来，进一步提高量子点太阳电池器件性能的有效途径是探索增强器件内电荷传输的方法，降低器件的能量损失，以便在未来实现商业应用。

10.1.2.3　纳米压电（皮肤传感器）

在过去的十几年中，可穿戴电子产品（如皮肤传感器）逐渐兴起。一方面，这些电子设备被设计成"更智能"的模式，以便在更小的设备上实现更多功能，例如无线通信、运动/医疗监测、生理传感等；另一方面，将这些电子产品与生活中常用物体组合在一起，并将其转化为"智能"电子设备，实现对人体的传感监测。这些对电子产品的多功能性和可穿戴性的要求驱使着科研人员不断深入研究，使电子产品的不同组件（特别是能源设备）向着微型化、灵活化、可伸缩、可自修复、可植入或可穿戴等特性发展。考虑到电子产品分布广泛，传统刚性电池电源的频繁维护与更换将是一个重大的挑战。开发能够利用自然环境中各种形式能量的电子产品是目前面临的重要问题。其中，纳米发电机因其尺寸形状可调、材料选择广泛以及结构多变的特性而备受关注。由于纳米发电机可以将各种形式的机械/物理刺激直接转化为电信号输出，并且其电响应信号与外界物理刺激的强弱和幅度相关，能够作为反映外界物理刺激的完美平台。在过去几年中，研究者利用纳米发电机开发了大量自驱动力学传感器，包括压力、应变、弯曲等。其中，压力是触发纳米发电机工作的最常见刺激之一，实时检测压力大小及其分布对实现皮肤传感器、仿生机器人、人机交互和医疗监控等应用具有重要意义。

传感器作为无线传感网络、人工智能及物联网等技术的核心，其在柔性、可拉伸性及能源供应等方面都面临着前所未有的难题，迫切需要开发具有高柔性、轻量化、小型化及可持续自供电的传感器。皮肤传感器作为一种最新的自驱动传感器直接关系到下一代机器人、医疗健康设备、人体假肢及可穿戴设备等的智能化和多功能化，受到了多学科研究人员的高度重视。目前，基于纳米发电机的自驱动皮肤传感器已经获得了重大进步。纳米发电机的发明及新材料的开发使自驱动皮肤传感器在柔性化、弹性化、透明化、可扩展性、轻量化和多功能化等方面取得了显著进展。基于纳米发电机的皮肤传感器技术是自驱动传感系统跨时代意义的进展，但基于单一 PENG 或 TENG 的自驱动皮肤传感器无法保证系统稳定地工作，如当两个摩擦材料之间没有相对运动时，TENG 将不起作用。而基于混合纳米发电机的自驱动皮肤传感器由于其能量采集效率高、传感能力强而成为目前的研究重点。

PENG 皮肤传感器的机制：理论源头是麦克斯韦位移电流，其利用压电极化电荷和所产生的随时间变化的电场来驱动电子在外部电路中流动。PENG 的压电材料一般被其顶部和底部电极覆盖，其工作基础是压电效应与静电感应效应的耦合，是在压电材料压缩-恢复（33 模式）或拉伸-释放（31 模式）的过程中发电的，但无论是 31 模式还是 33 模式，其分析过程均可以等效为一个电容器，此处以 33 模式为例对 PENG 的工作机制进行分析。由于整个器件充当电容器，因此电荷泵浦的电子流通过外部电路来回驱动，充电和放电过程导致 PENG 产生交流型电荷，具体工作机制如图 10-8 所示。详细地说，由于压电材料的压电/铁电性质，当 PENG 受到外部施加的作用力时，压电材料内部的电偶极子会由于应力引起的极化效应在某单一方向上整齐排列，因此会立即产生压电静电势来平衡极化偶极子。为了屏蔽压电电位，正电荷和负电荷分别在顶部和底部电极处累积，从而产生来自器件的电信号 [图 10-8（a）]。继续压缩直到器件处于一种平衡状态而无电信号产生 [图 10-8（b）]。此后，释放所施加到 PENG 的压力，两个电极所积累的电荷将向相反的方向转移，因此也产生了方向相反的电信号 [图 10-8（c）]。继续释放压力，PENG 将处于完全自由的状态，压电材料中的极化偶极子又一次呈现随机排列的状态，故不产生电信号 [图 10-8（d）]。此后，若再一次给 PENG 施加压力，器件将又一次回到图 10-8（a）所示的状态，如此往复，PENG 就可以将机械能转化为电能输出。

TENG 皮肤传感器的机制：TENG 是以单电极模式工作的，而且，当皮肤传感器作为可穿戴设备与人体不断发生接触-分离工作过程时，人体皮肤就同时充当了 TENG 的另一个摩擦层和另一个电极（地），最终皮肤和皮肤传感器就构成了一个垂直接触-分离式 TENG。TENG 是基于接触起电和静电感应效应的耦合工作的，垂直接触-分离式 TENG 也不例外，其完整工作机制如图 10-9 所示。首先，当两个摩擦层（人体皮肤和硅橡胶等材料）的距离足够远时，硅橡胶强的得电子能力使其带负电，银电极强的失电子能力使其带正电，此时，正电荷与负电荷完全中和，所以不产生电信号 [图 10-9（a）]。应该指出的是，硅橡胶近似绝缘体的固有属性使其上累积的负电荷在该过程中不但不会被完全中和，而且还会保留较长的时间。一旦皮肤与 TENG 靠近，静电感应效应驱使电极中积累的电荷转移到作为良导体的人体皮肤中来补偿皮肤与硅橡胶之间的电位差，此时，人体皮肤与电极之间存在的电位差

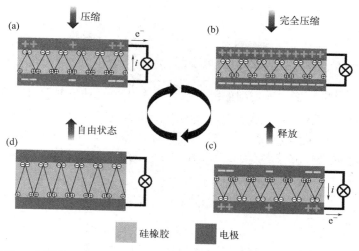

硅橡胶　　　电极

图 10-8　PENG 一个周期：（a）压缩；（b）完全压缩；（c）释放；（d）完全释放（自由状态）

促使电子流动，从而产生由电极到皮肤的瞬时电流［图 10-9（b）］。当皮肤继续靠近 TENG 直到与硅橡胶完全接触时，电极中的电荷会完全转移到皮肤，使皮肤与硅橡胶所带电荷的数量相同但极性相反，但由于此时两个摩擦层表面几乎处于同一平面，所以不存在电势差，故也不存在电信号［图 10-9（c）］。最后，当皮肤逐渐与 TENG 分开时，由于静电感应效应，正电荷又将从人体皮肤转移到电极。此时，人体皮肤与电极之间存在的电位差再次促使电子流动，从而产生由皮肤到电极的瞬时电流［图 10-9（d）］。若皮肤与 TENG 继续分离，直到回到图 10-9（a）所示的状态，则正电荷又一次完全转移到电极，如此往复循环，则 TENG 就可以将机械能转化为电能输出。

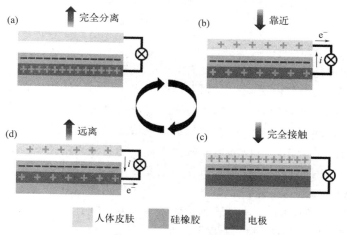

人体皮肤　　　硅橡胶　　　电极

图 10-9　垂直接触-分离式 TENG 一个周期：（a）完全分离；（b）靠近；（c）完全接触；（d）远离

　　随着高新科技的迅猛发展，人工智能、物联网技术、电子皮肤和压力感知等新兴技术必然需要自身具有较高的压力灵敏度作为支撑。基于纳米发电机的柔性自驱动皮肤传感器发展迅速，自驱动皮肤传感器应该能够实现多种物理量的传感，此外，还应该对穿着的人体具有一定的保护能力。从近年的发展情况来看，未来的柔性自驱动皮肤传感器向可洗涤、无毒及高度生物兼容性的方向发展。

10.1.3 光帆技术

10.1.3.1 光帆技术简介及其基本原理

光帆，又称太阳帆，是一种新型的能量转化技术。光帆是一种无引擎、采用独特推进方式的航天器推进技术：以太阳光光压为推进动力。光是由没有静态质量但有动量的光子构成的，光是电磁波，具有波粒二象性。光的量子学说认为，光是由许多被称作光子（photon）的离散能量单元组成的，其中每个光子没有静态质量（Static Mass），但具有能量 E 及动量 MV：

$$E = h\nu; MV = h\nu/c \tag{10-3}$$

式中，h 为普朗克常数；ν 为光子频率；c 为真空中光速。当光照射到物体表面时，光子会被表面反弹，就像气体分子撞到物体上一样，它的动能就转化成对物体的压力。当太阳光照射到帆板上后，帆板将反射出光子，而光子也会对太阳帆产生反作用力，推动零重力的太阳帆前行。根据动量守恒原理，如果被照物体能全部反射光，物体将会得到原光子两倍的动量 MV。

$$MV = 2h\nu/c \tag{10-4}$$

如果每秒每平方厘米内通过的光子数为 n，则被照物体每秒每平方厘米内的光动量变化 ΔMV 为

$$\Delta MV = 2nh\nu/c \tag{10-5}$$

根据牛顿第二定律，动量变化等于外力冲量，在每秒每平方厘米条件下，即光压 P 为

$$P = 2nh\nu/c = 2N/c \tag{10-6}$$

式中，$N = nh\nu$，称作能量流密度。

光的电磁波学说认为，光照在导体表面上时，导体中的自由电子就处在交变电磁场作用下，产生感应电流，此电流在磁场中受到力，就形成光压力，同样可得出 $P = 2N/c$。

光帆的工作原理就是将照射过来的太阳光反射回去，由于光子反射与入射动量的变化从而产生了光对光帆的光压力。每一粒太阳光子都会给光帆传递少量的动量，这种能量是微小的，但经过较长时间的聚集，可以加速光帆使之运行达到惊人的速度。太阳光压力的方向指向光帆的法线方向，因此，通过控制光帆与太阳光线的夹角，可使太阳光压力成为动力或者阻力从而控制光帆。如果调整光帆的姿态，使太阳光压力方向不在轨道平面内，则其轨道倾角也可以改变。因此，理论上光帆可以到达太阳系内的任何地方。然而，单个光子所传送的动量非常小，其所产生的推力也极其微小，在一个天文单位的距离上（指地球到太阳的距离）全反射时，太阳光在每平方千米上也只能产生大约9N的压力。为了最大限度地从太阳光中获得加速度，光帆要建得很大很轻，而且表面要十分光滑平整。

10.1.3.2 光帆技术优化思路及其应用

光帆技术有四项关键技术，一是轻量化，需要光帆结构质量尽可能小，才能最大化地提升光帆的性能。这就要求在满足光帆的力学物理性能及空间环境需要的前提下，采用密度更

小的材料；二是储存问题。为了便于储存、运输和发射，光帆必须储存在小的体积内，需要合理安排各种结构，使存放的体积更小、更容易展开；三是展开技术。当光帆与运载工具分离后，展开机构要迅速、完好地展开，并且光帆在展开后能够顺利地抛离展开机构，进一步减小光帆的质量；四是结构控制问题。由于光帆质量很小，但展开后的面积很大，从而使转动惯量增大，难以控制飞行姿态。因此，研究更快更好地控制这种结构的方法也是一个关键的环节。

目前，开展太阳帆研究项目的机构主要有德国航空航天局、欧洲航天局、俄罗斯巴巴金空间科技中心、日本宇宙航空研究开发机构、美国航空航天局及美国行星学会和中国科学院沈阳自动化研究所等。

1999 年，欧洲航天局联合德国航空航天局合作开发了 20m×20m 的太阳帆模型，该太阳帆采用了 4 块等腰直角三角形的聚合物薄膜和 4 根 14m 长的支撑架结构，主要用于对不同种类聚合物薄膜材料的验证。

2001 年，俄罗斯联合美国行星学会共同研制发射了 Cosmos-1 太阳帆航天器，这是世界上首次尝试发射以太阳帆作为航天飞行动力装置的航天器。但由于在发射后期航天器故障，两次发射的 Cosmos-1 最终均坠毁，其太阳帆主体由 8 片 14m 长的三角形聚酯薄膜构成，抵达轨道后，压缩空气将被注入太阳帆的管道，并将太阳帆体呈花瓣状伸展开，面积达 $600m^2$。

2010 年，日本宇宙航空研究开发机构利用 H-2A 运载火箭在种子岛航天中心成功发射 Ikaros 太阳帆航天器，太阳帆利用航天器的自旋离心力展开后呈正方形，面积为 $200m^2$。其主要任务为：验证太阳帆的自旋离心力展开技术；利用太阳帆上薄膜太阳电池发电；利用定轨技术测试太阳辐射压加速；验证太阳导航和巡航技术。

2015 年，美国 NASA 的 LightSail-A 太阳帆航天器随 Atlas-V 火箭一同发射升空并顺利进入轨道，用于验证在轨展开及控制技术。航天器在发射两天后出现故障，不再向地面发送数据，8 天之后，太阳帆与地球恢复联系并向地球传回太阳帆展开图像，证明此次技术验证任务获得成功，为 NASA 后续开展太阳帆任务奠定了基础。此外，还有美国的 NanoSail-D 太阳帆、美国的 Sunjammer 太阳帆等。

虽然中国在光帆技术领域的研究起步较晚，但已经取得了显著的成果。2019 年中国科学院沈阳自动化研究所研制并发射了"天帆一号"（SIASAIL-Ⅰ）太阳帆，搭载长沙天仪研究院潇湘一号 07 卫星，在轨成功验证了多项太阳帆关键技术，这也是中国首次完成太阳帆在轨关键技术试验，标志着中国在光帆技术领域取得了重要突破。2023 年中国科学院发布了关于光帆技术的研究进展，提出将微型卫星与光帆技术结合，创造一种快速、廉价、轻便的太空航行新模式。

10.1.4　基于石墨烯等碳基材料的水力生电材料与器件

石墨烯是材料科学和凝聚态物理学中一颗冉冉升起的"新星"。石墨烯是二维材料，具有大的比表面积、高载流子迁移率、较高的机械强度、优异的柔韧性以及异常高的晶体和电子质量，尽管石墨烯问世时间尚短，但已经揭示了大量新的物理规律，并展现出广阔的应用前景。石墨烯是碳原子在单层上紧密排列成二维蜂窝晶格的结构，是构建其他维度的石墨材料的基本单元之一。它可以被卷成富勒烯、一维纳米管，或堆叠成 3D 石墨。石墨烯不寻常的电子光谱导致了一种"相对论"凝聚态物理新范式的出现，其中一些在高能物理中无法观测到的量子相对论现象，现在可以在桌面实验中进行模拟和测试。进一步来讲，石墨烯代表了一系列只有一个原子厚的新材料，因此，石墨烯为低维物理提供了新的研究方向并使之不断进步。

近年来，受自然资源的限制，新型能源的开发迫在眉睫，可再生能源的应用也被提上日程，现阶段较为常见的相关太阳能和水能的应用是：将太阳能转化为电能的太阳电池，将水光解出氢气的光电化学电池以及水资源发电。来自北京理工大学的曲良体教授和他的团队开发出了由氧化石墨烯制备的三维结构，氧化石墨烯（GO）是石墨烯重要的官能化材料之一，是一种具有丰富的含氧官能团的二维大分子，氧化石墨烯的亲水性很好，在许多领域被广泛地应用为化学官能化材料，与此同时，氧化石墨烯也被应用于能量的转化和存储装置。而水分子与这种特殊结构的石墨烯相互作用能够产生电能或者机械能等能量。此外，研究人员开发出了一系列基于石墨烯等碳基材料的水力生电材料与器件，如湿气发电机、水蒸发产电碳材料和湿气机械响应器件等。同时，研究人员还发现通过调整石墨烯的特殊微观结构，可以影响石墨烯和水的相互作用。因此，对石墨烯基材料进行合适的组装和加工，可以更有效地实现石墨烯在水利产能器件方面的应用。

10.1.4.1 基于石墨烯等碳基材料的湿气机械响应器件

石墨烯水致机械响应驱动器是基于水嵌入和嵌出过程引起体积变化的原理设计，Cheng等构建了基于单变形和双层石墨烯薄膜及三维石墨烯骨架的电化学致动器，通过尺寸限制水热策略和大规模自旋方法直接组装氧化石墨烯（GO），成功制备了石墨烯纤维（GFs），这些新型纤维具有纤维材料的共同特性，如纺织品所需的机械灵活性，但与传统的碳纤维相比，它们质量轻，易于功能化，这些优势使它们在纤维形式的可穿戴智能设备应用方面前景广阔。

新纺丝的氧化石墨烯纤维的定位激光还原导致区域不对称，一旦石墨烯/氧化石墨烯（G/GO）纤维暴露在水分中，该纤维就会表现出复杂的、控制良好的运动和变形。由于GO层具有丰富的含氧官能团，因此GO层拥有比G层更强的亲水性，从而导致GO层可以更快速地可逆膨胀/收缩。Cheng等还利用G/GO纤维的敏感响应，进一步设计了三线湿触须，当阳光明媚时触须优雅地站立着，当下雨时它们会低下头。因此不对称的G/GO纤维可以被用作湿气敏感性纤维驱动器，可用于构建各种具有特定应用的设备。石墨烯纤维具有重要的实践意义，因此，Cheng等制备出一种由湿气活化的、可以进行机械性高速旋转的石墨烯纤维电机。首先通过电机扭曲GO水凝胶纤维，然后重新构建石墨烯纤维并赋予它新功能，水分子的嵌入和嵌出作用，使得已预先加工成螺旋形状的GO纤维发生水分进出交替下的可逆扭转旋转。石墨烯纤维将单个石墨烯薄片的显著性能，如高强度和导电导热性，集成为一个有用的宏观系统。

此外，还有研究人员开发出以石墨烯薄膜为基础的机械响应驱动器，如湿气环境下响应驱动的GO膜，通过重力作用使得直接浇筑在平板上制备的GO膜两侧形成不对称的微结构，这种不对称的微结构使得该薄膜对温度、湿度和光线产生不对称响应，从而发生可逆形变。Jiang等制备出一种用于水分诱导制动、部分还原的氧化石墨烯/聚吡咯复合膜。通过自氧化-还原策略一步制备部分还原的氧化石墨烯-聚吡咯（prGO-PPy）薄膜，其中氧化石墨烯作为氧化剂将吡咯聚合成聚吡咯，导致氧化石墨烯自发部分还原，prGO与聚吡咯通过ππ 相互作用交联。利用这种简便的制备方法，设计了一种基于 GO/prGO-Ppy 薄膜的非对称致动器，该致动器具有良好的湿度响应和电化学响应，可用于多种受激驱动，在许多重要智能应用的先进致动器中发挥重要作用。

10.1.4.2　基于石墨烯等碳基材料的湿气产电装置

湿气产电源于 GO 中预先建立的含氧官能团梯度，当处于湿气环境时，在水分子的作用下，含氧官能团会电离出氢离子，含氧官能团梯度的存在，导致电离出的氢离子浓度存在明显梯度，进而引发氢离子的定向移动，产生电流。石墨烯/氧化石墨烯（G/GO）的微形态与结构的设计改变能够应用于机械响应性器件，氧化石墨烯的水诱导也可以产生电能，水分子的进入和离子梯度的构建在设计湿气敏感装置中是十分重要的。随着便携式设备的出现以及可穿戴电子设备的快速发展，便携式能源产生设备正在引起广泛关注。与传统的基于柔性基底的平面器件不同，纤维状器件可以直接编织到纺织织物中，用于可穿戴电子。

Liang 的团队展示了湿-电能转化（MEET）过程，以实现从环境中高效节能。MEET机制基于具有梯度分布的可电离基团的功能材料（如氧化石墨烯、氧化石墨烯）的水化作用，其中自由离子由水分子触发的电离释放，由浓度梯度驱动的自由离子的迁移引起了电压和电流的产生。MEET 过程产生的水力发电与功能材料的亲水性、渗透率和离子电导率直接相关。其中，Liang 的研究团队报道了一种石墨烯纤维从环境水分中收集能量的发电机（GF-Pg）。其原理主要为氧化石墨烯纤维从环境中的水分中获得能量，然后将其转化为电能。它是由湿法纺丝法制成的，通过沿着纤维的拉力来排列 GO 纳米片。在湿气环境下，GO 吸收水分导致氢离子（H^+）从含氧官能团中电离出来，由于含氧官能团存在浓度梯度，产生的氢离子也会产生浓度梯度，因此，导致氢离子从高浓度向低浓度区域移动，通过调整干燥的氮气和水的流量来控制湿度，从而提高湿气产电的功率输出。可以将这种潮湿的自动力纤维集成到柔性纺织品中，实现基于 GF-Pg 呼吸激活电子标签的信息存储/表达，从而形成一种新型、低成本、轻质、环保、可穿戴的电子标签。这种自供电的标签可以传达大量的信息，为可穿戴电子产品提供了广阔的发展前景。

Zhao 等制备了一种具有预制的含氧基团梯度、可用于发电的单个氧化石墨烯薄膜（g-GOF）。采用 MeA（moisture-electric annealing）法制备了具有含氧基团梯度的 GOF，成功构建含氧基团梯度后，当水分子进入 g-GOF 内部后，预设的浓度梯度使之在材料内部会产生 H^+ 的迁移，从而产生电流，实现了对水分变化的高灵敏度监测，即使是人类的呼吸水分也可以转化为电力。此外，g-GOF 设备可以巧妙地实时跟踪身体状况，而无需任何有望于发电和传感应用的外部电源。但是 g-GOF MEET 设备在初步研究中只能产生间歇性功率，未来有望和储能单元结合从而实现持续使用。

10.2　新型能量存储技术

新型能量存储技术是能源领域的一项关键技术，它旨在利用先进的技术手段来存储各种形式的能源，以满足能源供应的需求，实现能源的可靠、高效和可持续利用。这些技术涵盖了多个领域，包括但不限于电化学储能、热能存储、机械能存储等。

10.2.1 各种新型电池

化石燃料在世界范围内得到广泛应用，但随着其不断消耗，人们对可再生能源的利用日益关注。近年来，全球能源格局正在发生深刻变革，新能源的崛起成为全球能源领域的热点。在这个背景下，储能技术作为关键技术备受瞩目。可再生能源如风能和太阳能，尽管具有巨大的潜力，但其间歇性和不稳定性仍然是限制其大规模应用的主要挑战。在解决这一问题的过程中，电化学储能技术崭露头角，成为备受关注的焦点。锂离子电池因其高能量密度和长循环寿命，已经在移动设备、电动汽车等领域取得了巨大成功。然而，随着电动汽车和大规模储能系统的快速发展，锂资源的消耗加剧，导致锂离子电池价格逐渐上升。为满足不断增长的储能需求，其他新型电池技术，如，镁离子电池、钾离子电池、铅离子电池、钙离子电池和固态电池的研发成为新的解决思路。

10.2.1.1 镁离子电池

镁干电池早已被广泛用作军用电源。然而，早期的镁干电池由于低开路电压和不足的稳定性等问题未能取得成功，尽管其充放电的库仑效率已经达到了 99%。在 20 世纪 90 年代初，关于可充电镁离子电池的研究相对较少。1990 年，Gregory 等对镁离子格氏试剂电解质进行了探索；2000 年，Aurbach 等提出了可充电镁离子电池模型；2008 年，Mizrahi 等发现了具有更宽电位窗口的全苯基配合物（APC）电解质，这一发现被认为是可充电镁离子电池的重要突破。自 2010 年以来，可充电镁离子电池经历了快速发展，科研人员研制出了高压电解质。Davidson 等在特定电解质中发现了镁金属负极的枝晶。然而，与其他储能技术相比，可充电镁离子电池的发展仍然相对滞后，仍处于起步阶段。截至 2021 年，可充电镁离子电池的发展历程如图 10-10 所示。2021 年，全球首款安时级镁电池电芯研制成功，标志着镁电池从理论迈入了现实应用阶段。2022 年，"镁离子电池"项目荣获 2022 年国际"镁未来技术奖"。2024 年日本东北大学发明了高性能低温镁离子电池。

镁离子电池作为一种新型的电池技术，其原理类似于传统的锂离子电池，只是使用镁离子而不是锂离子进行电荷的储存和释放。以下是镁离子电池的基本原理。

正极：镁离子电池的阴极通常由一种或多种材料组成，这些材料能够吸收并储存镁离子。常见的材料包括二氧化钛（TiO_2）、氧化钒（V_2O_5）、氧化钴（CoO）等。当电池处于放电状态时，镁离子移动至正极材料表面并嵌入正极材料。

负极：镁离子电池的负极通常是由金属镁或类似的镁合金构成。在充电时，正极释放出镁离子进入电解质中，最终镁离子流向负极。

电解质：电解质是镁离子电池的一个重要组成部分，它使得镁离子能够在阴极和阳极之间传输。典型的电解质是镁盐溶液，如氯化镁（$MgCl_2$）或氟硼酸镁 $[Mg(BF_4)_2]$。

电池反应：在放电状态下，金属镁负极溶解在电解质中成溶剂化镁离子，并释放出电子。这些电子通过外部电路供应给负载（如电动车的驱动电机、手机等），完成电流的流动。溶剂化镁离子同时流向正极，在正极材料表面完成去溶剂化过程并吸附或嵌入正极材料内部，释放能量。在充电状态下，电池反应逆转，镁离子从正极材料中释放出来，并回到负极，同时吸收外部供给的电子，完成电池的充电过程。

镁离子电池相比传统的锂离子电池具有一些优势，包括镁离子具有更丰富的资源、更高的储能密度、更低的安全风险等。然而，镁离子电池技术仍处在发展中，面临着一些挑战，如电解质稳定性、电极材料的循环稳定性等，需要进一步地研究和改进。

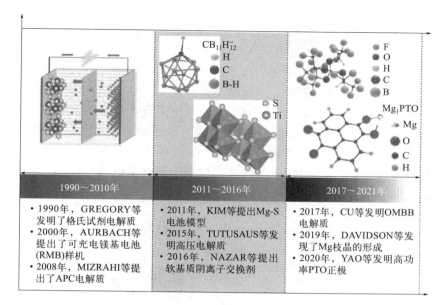

图 10-10　可充电镁离子电池的发展历程

10.2.1.2　钾离子电池

　　近期，研究者发现钾离子电池具有与锂离子电池相媲美的优点。钾离子与锂离子具有相似的物理化学性质，而且地壳中钾的储量远高于锂。此外，钾离子电池具有较高的工作电压和较快的离子迁移速度，使其在石墨等材料中的嵌入/脱出过程具有巨大潜力。在研究钾离子电池时，石墨被广泛用作负极材料。然而，石墨在嵌入/脱出过程中会引起体积变化，且储钾机制较为复杂。研究者们通过非原位 X 射线衍射等实验方法发现，钾离子在石墨负极中的嵌入/脱出过程存在多个阶段。同时，他们还提出了新的钾离子嵌入石墨的过程阶段，为石墨负极材料的改性提供了理论指导。此外，研究者们还合成了一种新型结构的多纳米晶石墨，具有优越的长循环性能。除此之外，石墨的改性形式也在不断探索，例如利用中空碳纳米材料等。在钾离子电池中，正极通常由钾盐化合物构成，例如普鲁士蓝及其类似物、层状过渡金属氧化物、聚阴离子化合物和有机正极材料等。

　　钾离子电池的基本原理是利用钾离子在正负极材料之间的移动来储存和释放电能。以下是以石墨作为负极和层状 K_xMnO_2（钾锰氧化物）作为正极的钾离子电池的工作原理介绍。

　　在钾离子电池中，正极通常由层状结构的钾锰氧化物构成，这种层状结构中包含可接受和释放钾离子的空间。在充电过程中，层状 K_xMnO_2 材料释放钾离子，钾离子移动到负极石墨表面并嵌入其结构中，形成 K_xC 化合物。同时，正极的锰发生氧化还原反应，使得正极材料接受电子。放电过程是充电过程的逆过程，石墨中的 K^+ 脱出并进入电解液中，进一步嵌入正极层状 K_xMnO_2 材料中。钾离子电池的电解质通常是含有钾盐（例如高氯酸钾）的有机液体或聚合物凝胶。这些电解质可以提供良好的离子传导性，促进钾离子在正负极之间的快速移动。通过以上过程，钾离子电池实现了钾离子在石墨负极和层状 K_xMnO_2 正极之间的储存和释放，从而完成了电能的储存和输出。

10.2.1.3　铝离子电池

自 19 世纪以来，铝金属一直被广泛应用于电池领域作为高能量载体。1972 年，美国的 Holleck 和 Giner 首次组装了类似于铝/空气电池的熔盐电解质的 Al/Cl 电池。这种系统属于燃料电池，与我们所讨论的可充电电池有所不同。1980 年，硫化物在高温熔盐体系中应用，并设计出了铝离子电池的雏形。然而，恶劣的条件、附带产生 Cl_2 和正极严重的腐蚀问题等阻碍了高温铝离子电池的应用。随后，在熔融盐体系中用有机盐替代无机盐（$AlCl_3$ 的替代物），由于有机盐离子较大的体积分散了电荷，降低了分子间的作用力，从而盐在室温下即可熔化，形成了具有相同阴离子的熔融体系。这种盐是由离子构成、在室温下呈液态的电解质，即离子液体（ils）。1985 年，离子液体首次应用于铝离子电池（AlBs），在室温条件下发生可逆的铝沉积/溶解。通常，由于去除了钝化膜以及快速的铝离子传输，从离子液体介质中成功地实现了可逆沉积/溶解。铝离子电池发展历史如图 10-11 所示。因此，离子液体为铝电极的发展注入了新活力，推动了室温铝离子电池的发展研究。

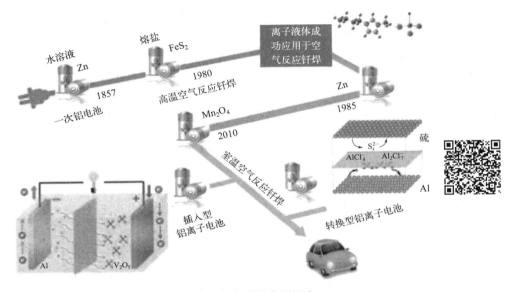

图 10-11　可充电铝电池的发展历史

需要特别注意的是，这与从溶液中进行金属沉积的经典理论不同。经典理论认为金属阳离子是从金属盐溶液中电离出来的，然后分散于溶剂中，而在 ils 中，电荷密度较高的 Al^{3+} 易与 Cl^- 产生强烈的配位键合作用。因此，Al^{3+} 一般不会单独游离于离子液体中，而是以络合离子（$AlCl_4^-$ 和 $Al_2Cl_7^-$）的形式存在。虽然负极反应得到了解决，但由于正极可逆性差，Zn/Al 铝离子电池在室温下只能进行 5 次循环。因此，寻找合适的正极材料成为优化 AlBs 的关键。AlBs 的一个具体应用是在 Al/Mn_2O_4 体系中，相关研究可追溯至 2010 年。随后，Archer 及其同事在 2011 年的开创性工作中，利用层状五氧化二钒（V_2O_5）作为嵌入式正极材料，实现了 Al^{3+} 的嵌入，并在 ［EMIm］$Cl/AlCl_3$ 离子液体中组装了 AlBs。从此，大量学者开始对可充电铝离子电池，尤其是嵌入型铝离子电池进行研究。

其原理为：在放电状态下，负极的铝材料中的铝离子被释放，并通过电解质传输到正极的 V_2O_5 材料中。同时，负极释放出电子，形成外部电路中的电流。正极的 V_2O_5 材料吸收铝离子并嵌入其结构中，释放能量。这一过程完成了电池的放电过程。在充电状态下，电池反应逆转。通过外部电源提供电流，正极的 V_2O_5 材料释放出铝离子，并通过电解质传输至负极，同时吸收外部提供的电子。负极的铝材料吸收铝离子，完成电池的充电过程。通过以上过程，铝离子电池实现了铝离子在 V_2O_5 正极和铝负极之间的储存和释放，完成了电能的储存和输出。

关于铝离子电池嵌入型正极材料的研究不断涌现，各种嵌入型材料，如 M_xO_y（M＝V，W，Zn）、$MoSe_2$、TiO_2 和 MoO_3 等，相继被用作铝离子电池正极，并取得了一定的容量贡献。然而，在电化学性能方面仍然存在许多问题需要解决。铝离子电池的早期研究逐渐失去了光芒，直到 2015 年，美国斯坦福大学的戴宏杰教授开发了 $AlCl_4^-$ 在三维泡沫石墨正极中的嵌入/脱出新型铝离子电池。在这种电池中，负极发生 Al^{3+} 的溶解/沉积，展现出高放电平台（约 2V）和出色的循环稳定性（循环 7500 次容量几乎不衰减），这极大地推动了铝离子电池研究的热潮。

基于嵌入型正极在电极/电解质界面中发生的电子和离子转移，电极在工作过程中体积增大，这与电极仅仅是电子导体的传统电化学理论明显不同。电荷转移即电极内部的离子传递通常非常缓慢，但在整体动力学中发挥着至关重要的作用。特别是相对于单价锂离子，多价阳离子由于静电相互作用较大，扩散动力学较差。Al^{3+} 必然引起更多的动力学问题。全面理解机制与性能之间的关系，有助于揭示正极反应动力学差的主要因素。

强静电相互作用：在典型的离子扩散过程中，嵌入的离子必须克服晶格金属阳离子的排斥力和阴离子的吸引力。通常，电荷密度较高的离子会遇到较强的静电相互作用，从而影响离子的扩散。

困难的电荷补偿：离子扩散通过电荷的重新分配来实现，以达到局部电中性。在导电的固体正极中，电荷补偿可以通过晶格金属阳离子（或阴离子）的化合价变化来实现。然而，传统的正极不容易容纳大量的电子嵌入。此外，大量电子嵌入时，阳离子半径的显著变化会导致大的晶格结构变化和应变，这对宿主正极是有害的。

界面电荷转移困难：由于铝离子在电解质中溶解程度高，界面上 Al—Cl 键的去溶剂化和断裂伴随着大部分 Al^{3+} 的扩散。因此，界面电荷转移可能与固态扩散共同阻碍正极反应。

嵌入和转化：在可充电铝电池中，嵌入通道与转化通道存在竞争。与嵌入型的电化学行为不同，转化反应在电池循环时伴随着较大的体积变化，亚稳态固体电解质界面（SEI）的形成使库仑效率较低，从而导致的循环性能差等问题也亟须解决。对于铝离子电池，Al_2O_3 是 Al^{3+} 与金属氧化物发生电化学反应的初步转化产物，在电化学中非常稳定。因此，电化学反应可能在热力学的驱动下沿着不必要的转化路径进行，失去了可逆性。

综上，铝离子电池的问题与多数多价离子嵌入具有共同特征。对铝离子电池来说，会面临更严峻的挑战，甚至某些未被注意到的因素可能对 Al^{3+} 的可逆脱嵌反应产生影响。非水系电解质比水系电解质更适用于铝离子电池，因为铝的标准电极电势相当低（−1.662V，相对于标准氢电极），铝的沉积尚未完成就发生了水的析氢反应，从而造成极低的负极效率。目前，研究得最深入的电解质体系是由咪唑氯化盐组成的 $AlCl_3$ 体系的离子液体。这个体系的路易斯酸度（Lewis acidity）可以通过调节 $AlCl_3$ 与 EMIC/BMIC 的摩尔比进行调节，对铝的沉积非常重要。在酸性条件下（$AlCl_3$：EMIC/BMIC＞1），电解质中主要存在 $Al_2Cl_7^-$，然而在中性条件下（$AlCl_3$：EMIC/BMIC＝1），电解质中只有 $AlCl_4^-$，在碱性条件下（AlCl₃：EMIC/BMIC<1），$AlCl_4^-$ 和 Cl^- 共存于电解质中。

10.2.1.4　钙离子电池

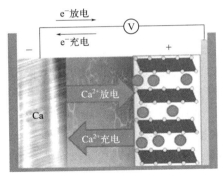

图 10-12　钙离子电池工作原理

钙离子电池的构成与锂离子电池相同，均由正极材料、负极材料、电解质、隔膜以及电池壳等部分组成，钙离子电池的工作原理示意图见图 10-12。钙离子电池相较于传统锂离子电池具有多种独特优势。首先，钙资源丰富，广泛存在于地壳中，无毒且成本低。其次，钙的电荷携带能力高于锂，理论上可以实现更高的电池容量。此外，与其他多价离子相比，钙离子具有较低的极化力，更易在材料中扩散，从而具有更好的倍率性能。这些优势使得钙离子电池成为探索的热点。然而，要将钙离子电池技术实现实际应用，仍然面临诸多挑战。例如，电解质的稳定性、正负极材料的选择、电池循环寿命等问题亟待解决。当前的研究重点主要集中在电解质的优化、高性能正负极材料的研发以及电池构型的改进等方面。一些新型电解质的设计和对钙离子嵌入/脱出机制的研究已经取得了一些突破，这为钙离子电池的实际应用奠定了基础。

随着科技的不断进步和研究的深入，相信钙离子电池在未来会迎来更加广阔的发展前景。这种新型电池技术的成功应用，将为可再生能源的储存提供高效、可靠的解决方案，为全球能源转型注入新的动力。因此，对钙离子电池的研究不仅仅是一项科学问题的探讨，更是为人类社会可持续发展探寻新的可能性。

10.2.1.5　固态电池

固态电池技术是当前电池领域的热门研究方向。根据电解质种类，锂电池技术体系可以分为液态电解质锂电池、混合固液电解质锂电池和全固态电解质锂电池三大类。液态电解质锂电池只含液体电解质，包括有机电解质、水系电解质和凝胶电解质等。混合固液电解质锂电池同时含有固态电解质和液体电解质，包括半固态电解质、准固态电解质。全固态电解质锂电池不含液体电解质，只含固态电解质，可以进一步分为氧化物、硫化物、聚合物全固态电池和复合电解质全固态电池。固态电池的发展旨在提高锂离子电池的能量密度、安全性和环境适应性，以及延长循环寿命、日历寿命。

在固态电解质领域，研究主要涉及氧化物、硫化物和聚合物固态电解质。氧化物固态电解质包括钙钛矿型、NASICON 型、LiSICON 型、石榴石型和非晶态氧化物电解质（LiPON）等。硫化物固态电解质具有较高的离子电导率，但在水和氧气中不稳定，需要在干燥气氛下进行研究。聚合物固态电解质中，聚环氧乙烷（PEO）和聚环氧丙烷（PPO）具有相对较高的离子电导率，但存在耐氧化性差的问题。

在固态电池的正负极材料方面，研究主要集中在金属锂负极、复合金属锂负极、纳米硅与微米硅负极、高镍三元正极、钴酸锂正极等材料上。目前，虽然已经研制出高倍率和高能量密度的固态电池，但仍需进行大量的基础研究，以找到更为成熟的材料体系匹配解决方案。

固态电池领域的研究重点包括固固界面问题、全固态电池、混合固液电解质固态电池等方面。固固界面问题主要包括解决界面物理接触差、界面反应产生不利离子传输的界面层、界面巨大的离子传输阻抗以及体系中的界面空间电荷层等。全固态电池需要解决循环过程中的界面离子电阻问题，以及与高电压正极和金属锂负极匹配的问题。混合固液电解质固态电池通过多种方式引入部分固态电解质，平衡电池的综合技术指标要求，可以匹配更高电压和容量的正负极材料。

　　我国在固态电池领域取得了显著进展，涉及领域广泛，涵盖了各种先进的测试、表征和计算方法。未来，对固态电池的研究将更加深入，利用先进的试验手段和计算方法，探索各类固态电池的应用，推动固态电池技术的发展。需要强化在固态电池领域的多方面研究，包括高通量计算、大尺度动力学计算、材料力学、人工智能、高空间时间分辨多尺度在线检测分析方法、电池材料精准制备、新一代的固态电池材料及电池设计与制造方法、热失控条件与机理，以及创新材料体系和电芯设计的研究。同时，还需要加大在固态电解质、电极材料、电池设计和生产工艺等方面的基础研究，提高我国固态电池的研发能力，推动固态电池技术的产业化和商业化。

10.2.2　光储一体

10.2.2.1　光储一体化技术简介

　　太阳能作为丰富的可再生能源具有广阔的发展前景。发展太阳电池等光电转化器件是实现太阳能高效利用的重要途径。然而，由于太阳辐射具有间歇性和不稳定性的特性，光电转化器件无法满足连续、全天候的功率输出要求。随着电化学储能技术（锂电池、钠电池等）的蓬勃发展，将光电转化器件（光伏等）和电化学储能器件进行集成已成为解决这一问题的有效方法，因此光储一体化技术应运而生。光储一体化器件是指能将太阳能直接转化并存储为电化学能的一个器件，它可以在光照下直接捕获并存储太阳能并能够直接发电，在无光照下能够可逆地释放之前储存的电力，具有巨大的发展潜力。近年来，光储一体化技术已成为研究热点，多种类型的光储一体化器件已被开发研究，并且已有部分光储一体化器件投入商业实践中。然而，目前光储一体化器件受制于器件效率、稳定性以及成本等多种因素，仍然无法大规模商业化应用。

10.2.2.2　光储一体化器件分类及其工作原理

　　光储一体化器件按照其组成结构可以被分为三大类，即光电转化器件与电化学储能器件通过导线串联直接连接的四电极体系，光电转化器件与电化学储能器件、公用电极的三电极体系，基于双功能电极材料的二电极体系，如图 10-13 所示。

　　通过电线将太阳电池与外部可充电电池（如锂离子电池、超级电容器等）连接起来 [图10-13（a）] 是最传统、最常见的实现光储一体化的方法。因太阳电池和储能电池各有两个电极，这类光储一体化器件也被泛指为四电极体系。此类光储一体化器件工作机理较为简单，太阳电池单元将太阳能转化为电能，产生的电能通过外电路对电化学储能单元进行充电，从而实现了太阳能转化与电化学能量存储一体化。虽然此种光储体系在特定形式下得到了实际应用，但是这种具有两个设备单元的集成系统往往体积庞大，特别是对智能电子产品和电动汽车而言，其灵活性不高；通过外部导线连接两个单元也加剧了能量在传输过程中的损失，降低了整个系统的能量利用效率。此外，太阳电池和储能电池之间通常存在工作状态

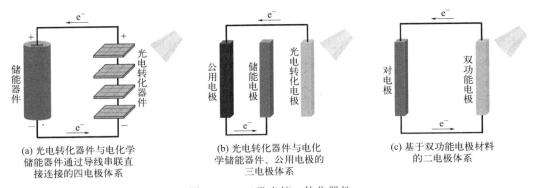

图 10-13　三类光储一体化器件

不匹配的现象，例如工作电压、电流、功率、器件物理面积与体积不匹配，无法保证两个独立的单元在最佳条件下工作，进一步降低了光储一体化器件的整体能量利用总效率。因此，开发能够使两个设备单元工作状态相匹配的方法是提升这类光储一体化器件性能的有效策略。

将光电转化单元与电化学储能单元进行集成是开发具有体积小、质量轻、灵活性高等优势的光储一体化器件的方向。通过减少电极数量可以有效增加光储一体化器件的集成性，其中当光电转化单元可以与电化学储能单元共用一个电极时，四电极体系可以被转化为三电极体系［图 10-13（b）］，公用电极参与太阳能转化与电化学储能两个过程，完成光储一体化整个过程。三电极体系的光储机理与四电极体系类似，当光电转化电极与公用电极接通时，在三个电极共同作用下，太阳能转化与电化学储能过程发生（光生载流子参与储能反应）；当储能电极与公用电极接通时，器件可以放电为用电器供电，此过程与电化学储能器件放电过程一致。在这个三电极系统中，需要各个电极的能级高度兼容与匹配，才能形成高效的氧化还原过程，从而高效利用光生电子与空穴。三电极体系虽然在一定程度上提高了光储一体化器件的集成度使器件结构更加简单，但是多数此类器件没有很好地解决四电极体系中存在的固有问题。

考虑到上述体系存在的问题，突破太阳电池与电化学储能电池现有结构，基于光电化学体系，利用双功能光电极材料设计光储一体化器件可以实现仅在两个电极配置中直接进行太阳能转化与储存，如图 10-13（c）所示。该体系进一步减少了电极使用数量，太阳能转化与存储仅在一个电极上发生，使器件达到高度集成。当光照射到双功能电极上时，光生空穴（电子）将在双功能电极处发生电化学储能氧化反应（还原反应），光生电子（空穴）将移动到对电极处发生电化学储能还原反应（氧化反应），从而实现太阳能转化与电化学储能一体化。在这类二电极体系中，兼具太阳能转化和电化学储能的双功能光电极材料是影响光储一体化性能的关键部分，决定着系统的成本、稳定性和器件的总效率。能够应用于光储一体化器件的双功能电极材料需要满足三个条件：①材料应具有光吸收能力，并且能够产生具有较长寿命的光生电子和空穴；②材料具有电化学储能的能力；③材料的导带和价带的位置能够满足光生载流子参与电化学储能反应的动力学要求。二电极体系的光储一体化器件出现时间较晚，目前尚处于发展的初步阶段，研究主要停留在概念的提出，因此器件总效率距离达到实际应用水平还有较大差距，并且有许多科学问题亟待深入研究与探索。但是，该类型器件具有结构简单、灵活便携等优势，并且实现了高度集成的光储一体化，在未来具有广阔的发展空间与应用前景。

四电极体系的光储一体化器件已基于钙钛矿这类新型光伏材料取得了一定的研究进展，使用四节 $CH_3NH_3PbI_3$ 串联的太阳电池（光电转化效率为 12.56%）对由 $LiFePO_4$ 正极和 $Li_4Ti_5O_{12}$ 负极构成的锂离子电池进行直接光充电，该器件实现了 7.80% 的总光储效率。将基于 $CH_3NH_3PbI_3$ 的太阳电池用于对聚吡咯基超级电容器进行光充电，该器件能够达到 10% 的光电转化效率，在光照条件下，该器件能够实现 1.45V 的总输出电压。三电极体系的光储一体化器件也取得了类似的科研成果，以硅基杂化太阳电池和基于聚吡咯的超级电容器为原型进行三电极体系光储一体化器件结构设计，通过以钛膜作为公用电极，n-Si 和聚吡咯分别作为另外两个电极，实现了器件结构的简化与集成，该器件取得了 10.5% 的总光储效率。将钙钛矿太阳电池与碳基超级电容器进行合理化设计也可以构建出三电极体系光储一体化器件，器件总光储效率实现 5.26%。二电极体系的光储一体化器件的研究目前取得了更加广泛的关注，V_2O_5、TiO_2、C_3N_4 等双功能光电极材料依据不同的储能机理配以不同的对电极材料已被应用于二电极体系的光储一体化器件中，然而目前基于锌离子电池、锂离子电池等储能原理构成的二电极体系的总光储效率大多低于 1%，基于液流电池的二电极体系的总光储效率可以高达 20.1%。

10.2.2.3　光储一体化器件展望

四电极体系的光储一体化器件是最早被运用与研究的，通过提升太阳电池等光电转化器件的光电转化效率或锂离子电池等电化学储能器件的充放电效率，能够提高器件的总光储效率。然而，随着光储一体化器件的发展，这种策略开始变得收效甚微。一方面光电转化器件的光电转化效率和电化学储能器件的充放电效率的提升空间较为有限，仅仅将高效组件用于光储一体化器件的构建并不能从根本上推动光储一体化技术的发展，并且四电极体系本身存在固有的体积相对大等问题。另一方面，光储一体化器件的总效率并不能简单地等于光电转化器件和电化学储能器件效率的乘积，通常来讲光储一体化器件实际总效率是远低于两者乘积的。其中的原因可以简单概括为光电转化器件与电化学储能器件的工作状态不匹配，这一点已在多篇报道中证实。一个较为典型的例子是当四电极体系采用追踪芯片后，光电转化单元能够稳定在最大功率点附近工作，这使得光储一体化器件的总效率出现了一个较为显著的提升。然而，通过采用追踪芯片的方法提升光储一体化器件的效率只考虑了光电转化单元在光储过程中的效率保持，忽略了电化学储能单元。此外，置有追踪芯片的光储一体化器件作为电源在对外供电时需要外置电源对追踪芯片供电，这大大限制了光储一体化器件的使用场景，亦违背了构建电源的初衷。

基于此，如何在避免外置电路的前提下实现光电转化单元和电化学储能单元在光储过程中的效率保持，即在光储过程中光电转化单元和电化学储能单元的效率尽可能接近它们单独工作时的最大效率，成为四电极体系光储一体化器件的一个十分有意义的研究方向。通过对光储两个单元本身的结构及工作特性进行分析，从器件选型、功能层材料选择、工作特性匹配等多个角度考量，设计能够最大程度保留光电转化以及电化学储能组件自身优势的光储一体化器件，不仅可以对四电极体系光储一体化器件性能的提升提供指导，而且能够为三电极体系和两电极体系的光储一体化器件的发展提供思路。

目前的研究证明，基于双功能电极材料的二电极体系光储一体化器件具有重大的研究意义，双功能电极材料可以有效地转化和储存太阳能，然后以多种电池形式——金属锂离子电池、锌离子电池、超级电容器等进行放电，实现对太阳能的光储一体化利用。当双功能电极材料受到光照时，它可以降低充电电压，尤其是在某些特定条件下可以在没有外部偏压的情况下实现光充电，并且放电容量可以大大增加。因此，灵活、便携、集成度高的二电极体系光储一体化器件能够很好地满足未来日益增长的能源需求以及新颖的能源消费形式。二电极体系光储一体化器件的大幅度推进能够带动无化石燃料技术的开发，促进基于光充电的电动汽车、可再生可穿戴的智能电子产品以及其他光电子产品的兴起。然而，目前大多数双功能电极材料及相应的光储一体化器件的研究与开发仍处于早期实验阶段，存在许多需要解决的问题和挑战，例如相关机理不完善、制造工艺复杂以及总光储效率较低等。

在推进光储一体化器件商业化进程的过程中，以下几个问题值得注意。

① 为了在集成器件上实现高性能，光电转化单元和电化学储能存储单元之间的参数匹配至关重要。重点关注两个单元之间的参数匹配，即电压匹配、电流匹配、能量匹配、功率匹配和寿命匹配等，通过理论研究建立相关机理有利于更好地预测以及提升光储一体化系统的性能。

② 高效光电转化和储能材料在光储一体化器件中发挥着重要作用，然而目前高效的光电转化材料（例如钙钛矿材料等）应用于光储一体化体系存在着稳定性等问题，进一步提高此类材料在电解质中的稳定性是一个重要的研究内容。此外，对光储一体化器件寿命的研究具有实际意义。一般来说，光电转化单元与电化学储能单元的寿命不同，一旦其中一个达到寿命，高度集成的器件将面临报废。

③ 目前很多光储一体化器件的充电模式是光辅助充电，进一步研究能够实现纯光充电的双功能电极材料以及光储一体化结构能够更大化地体现光储一体化技术带来的意义。此外，由于光电转化材料的能级结构和载流子传输特性会受到外加偏压的影响，因此，深入研究在非最佳偏压下进行光辅助充电过程能够进一步为光储一体化器件的发展提供重要的信息。

④ 依据电化学储能原理的不同，不同的光储一体化器件可能将开辟各自的应用方向，例如基于超级电容器的光储一体化器件可以作为太阳电池的稳定器、基于锂离子电池等的光储一体化器件可以应用于便携式电子设备中、基于液流电池的光储一体化器件在长期和大规模光储电站中能够发挥优势。因此，在对光储一体化器件及材料设计与研究的过程中，也应该更加关注它们未来的实际应用。

综上所述，在能源问题日益严峻的背景下，光储一体化技术的进步以及光储一体化器件的开发将有望成为推动能源消费与利用转型的重要发力点。目前光储一体化技术及器件的发展处于初步阶段，还需要更多的科研投入推动该领域的发展。

思考题

1. 钙钛矿太阳电池不稳定性的主要来源是什么？可以通过哪些方面去提升？
2. 当前限制钙钛矿太阳电池走向商业化的主要问题是什么？可能的解决途径有哪些？
3. 结合前几章所学知识内容，简要阐述一下钙钛矿太阳电池与硅基太阳电池的特性差异，以及这些特性差异赋予了它们怎样的应用潜力？
4. 主流的纳米发电机体系有哪几种？各自的机理是什么？

5. 温度对纳米太阳电池有什么影响？从材料本征结构和器件性能方面进行阐述。

6. 阐述 TENG 和 PENG 皮肤传感器的工作机制。

7. 简述基于双功能电极材料的光储一体化器件的工作原理。

8. 简述四电极体系光储一体化器件的优缺点。

参考文献

[1] Kojima A, Teshima K, Shirai Y, et al. Organometal halide perovskites as visible-light sensitizers for photovoltaic cells[J]. J Am Chem Soc, 2009, 131 (17): 6050-6051.

[2] Kim H S, Lee C R, Im J H, et al. Lead iodide perovskite sensitized all-solid-state submicron thin film mesoscopic solar cell with efficiency exceeding 9%[J]. Sci Rep, 2012, 2(1): 591.

[3] Jeong J, Kim M, Seo J, et al. Pseudo-halide anion engineering for α-FAPbI$_3$ perovskite solar cells[J]. Nature, 2021, 592(7854): 381-385.

[4] Liu M, Johnston M B, Snaith H J, Efficient planar heterojunction perovskite solar cells by vapour deposition[J]. Nature, 2013, 501(7467): 395-398.

[5] Park J, Kim J, Yun H S, et al. Controlled growth of perovskite layers with volatile alkylammonium chlorides[J]. Nature, 2023, 616(7958): 724-730.

[6] Jiang Q, Tong J, Xian Y, et al. Surface reaction for efficient and stable inverted perovskite solar cells [J]. Nature, 2022, 611(7935): 278-283.

[7] Wang T, Yang J, Cao Q, et al. Room temperature nondestructive encapsulation via self-crosslinked fluorosilicone polymer enables damp heat-stable sustainable perovskite solar cells[J]. Nat Commun, 2023, 14(1): 1342.

[8] Li C, Wang X, Bi E, et al. Rational design of Lewis base molecules for stable and efficient inverted perovskite solar cells[J]. Science, 2023, 379(6633): 690-694.

[9] Li Y, Nie T, Ren X, et al. In situ formation of 2d perovskite seeding for record-efficiency indoor perovskite photovoltaic devices[J]. Adv Mater, 2024, 36(1): 2306870. 1-2306870. 10.

[10] Yu J, Wang M, Lin S, Probing the soft and nanoductile mechanical nature of single and polycrystalline organic-inorganic hybrid perovskites for flexible functional devices[J]. ACS Nano, 2016, 10 (12): 11044-11057.

[11] Xie L S, Du S Y, et al. Molecular dipole engineering-assisted strain release for mechanically robust flexible perovskite solar cells[J]. Energy Environ Sci, 2023, 16(11): 5423-5433.

[12] Chen B, Yu Z H, Onno A, et al. Bifacial all-perovskite tandem solar cells[J]. Sci Adv, 2022, 8(47): eadd0377.

[13] Zeng Q, Lai Y, Jiang L, et al. Integrated photorechargeable energy storage system: Next-generation power source driving the future[J]. Advanced Energy Materials, 2020, 10(14): 1903930.

[14] Lv J, Xie J, Mohamed A G A, et al. Photoelectrochemical energy storage materials: Design principles and functional devices towards direct solar to electrochemical energy storage[J]. Chemical Society Reviews, 2022, 51(4): 1511-1528.

[15] Boruah B D, Mathieson A, Wen B, et al. Photo-rechargeable zinc-ion batteries[J]. Energy & Environmental Science, 2020, 13(8): 2414-2421.

[16] Wang R, Liu H, Zhang Y, et al. Integrated photovoltaic charging and energy storage systems: Mechanism, optimization, and future[J]. Small, 2022, 18(31): 2203014.

［17］　Xu J，Chen Y，Dai L，et al. Efficiently photo-charging lithium-ion battery by perovskite solar cell［J］. Nature Communications，2015，6：8103.

［18］　Xu X，Li S，Zhang H，et al. A power pack based on organometallic perovskite solar cell and supercapacitor ［J］. ACS Nano，2015，9(2)：1782-1787.

［19］　Liu R，Wang J，Sun T，et al. Silicon nanowire/polymer hybrid solar cell-supercapacitor：A self-charging power unit with a total efficiency of 10.5%［J］. Nano Letters，2017，17(7)：4240-4247.

［20］　Liu Z，Zhong Y，Sun B，et al. Novel integration of perovskite solar cell and supercapacitor based on carbon electrode for hybridizing energy conversion and storage ［J］. ACS Applied Materials & Interfaces，2017，9(27)：22361-22368.